CASOS CLÍNICOS
EM BIOQUÍMICA

NOTA

A bioquímica é uma ciência em constante evolução. À medida que novas pesquisas e a experiência clínica ampliam o nosso conhecimento, são necessárias modificações no tratamento e na farmacoterapia. Os autores desta obra consultaram as fontes consideradas confiáveis, em um esforço para oferecer informações completas e, geralmente, de acordo com os padrões aceitos à época da publicação. Entretanto, tendo em vista a possibilidade de falha humana ou de alterações nas ciências médicas, os leitores devem confirmar estas informações com outras fontes. Por exemplo, e em particular, os leitores são aconselhados a conferir a bula de qualquer medicamento que pretendam administrar, para se certificar de que a informação contida neste livro está correta e de que não houve alteração na dose recomendada nem nas contraindicações para o seu uso. Essa recomendação é particularmente importante em relação a medicamentos novos ou raramente usados.

C341   Casos clínicos em bioquímica / Eugene C. Toy ... et al. ;
             Tradução e revisão técnica: Maria Luiza Saraiva-Pereira.
             – 3. ed. – Porto Alegre : AMGH, 2016.
             xv, 480 p. : il. ; 23 cm.

             ISBN 978-85-8055-574-5

             1. Bioquímica – Casos clínicos. 2. Medicina I. Toy, Eugene C.

                                                         CDU 577.1:61

Catalogação na publicação: Poliana Sanchez de Araujo – CRB 10/2094

3ª Edição

CASOS CLÍNICOS EM BIOQUÍMICA

TOY • SEIFERT JR.
STROBEL • HARMS

Tradução e revisão técnica:
Maria Luiza Saraiva-Pereira
Professora Associada do Departamento de Bioquímica,
Programa de Pós-Graduação em Bioquímica, Programa de Pós-Graduação em
Genética e Biologia Molecular e Programa de Pós-Graduação em Biologia Celular
e Molecular da Universidade Federal do Rio Grande do Sul (UFRGS).
Farmacêutica-bioquímica pela UFRGS.
Mestre em Bioquímica pela UFRGS.
Doutora em Biologia Molecular pelo King's College London
– University of London.
Pós-Doutorado em Genética Molecular pelo Weatherall Institute of
Molecular Medicine – University of Oxford.

Mc Graw Hill Education
artmed

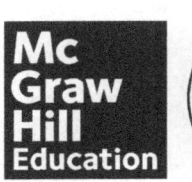

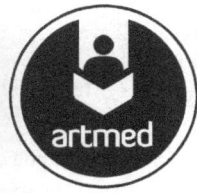

AMGH Editora Ltda.

2016

Obra originalmente publicada sob o título *Case Files Biochemistry*, 3rd Edition
ISBN 0071794883 / 9780071794886
Original edition copyright©2014, The McGraw-Hill Global Education Holdings, LLC, New York, New York 10121. All rights reserved.
Portuguese language translation copyright©2016, AMGH Editora Ltda., a Grupo A Educação S.A. company. All rights reserved.

Gerente editorial: *Letícia Bispo de Lima*
Colaboraram nesta edição
Coordenadora editorial: *Verônica de Abreu Amaral*
Editora: *Mirela Favaretto*
Preparação de originais: *Caroline Vieira e Daniela Ribeiro Costa*
Leitura final: *Rebeca dos Santos Borges*
Arte sobre capa original: *Márcio Monticelli*
Editoração: Bookabout – *Roberto Carlos Moreira Vieira*

Reservados todos os direitos de publicação, em língua portuguesa, à
AMGH EDITORA LTDA., uma parceria entre GRUPO A EDUCAÇÃO S.A.
e McGRAW-HILL EDUCATION
Av. Jerônimo de Ornelas, 670 – Santana
90040-340 – Porto Alegre – RS
Fone: (51) 3027-7000 Fax: (51) 3027-7070

Unidade São Paulo
Av. Embaixador Macedo Soares, 10.735 – Pavilhão 5 –
Cond. Espace Center – Vila Anastácio
05095-035 – São Paulo – SP
Fone: (11) 3665-1100 Fax: (11) 3667-1333

SAC 0800 703-3444

É proibida a duplicação ou reprodução deste volume, no todo ou em parte,
sob quaisquer formas ou por quaisquer meios (eletrônico, mecânico, gravação,
foto cópia, distribuição na Web e outros), sem permissão expressa da Editora.

IMPRESSO NO BRASIL
PRINTED IN BRAZIL
Impresso sob demanda na Meta Brasil a pedido de Grupo A Educação.

AUTORES

Eugene C. Toy, MD
Vice Chair of Academic Affairs and Residency Program Director
Obstetrics and Gynecology
The Methodist Hospital, Houston
Clinical Professor and Clerkship Director
Department of Obstetrics/Gynecology
University of Texas Medical School at Houston
Houston, Texas
John S. Dunn Senior Academic Chair
Department of Obstetrics and Gynecology
St Joseph Medical Center
Houston, Texas

William E. Seifert Jr., PhD
Adjunct Associate Professor
McGovern Center for Humanities andEthics
Former Medical Biochemistry Course Director
University of Texas Medical School at Houston
Houston, Texas

Henry W. Strobel, PhD
Professor
Department of Biochemistry and Molecular Biology
Distinguished Teaching Professor
Associate Dean for Faculty Affairs
University of Texas Medical School at Houston
Houston, Texas

Konrad P. Harms, MD
Clinical Assistant Professor
Weill Cornell College of Medicine
Associate Program Director
Obstetrics and Gynecology Residency
The Methodist Hospital, Houston
Houston, Texas

Alan E. Levine, PhD, MEd
Associate Professor, Deceased
Department of Diagnostics and Biomedical Sciences
University of Texas School of Dentistry at Houston
Houston, Texas
Hipercolesterolemia
Metotrexato
Estatinas
Doença de Tay-Sachs

Allison L. Toy
Senior Nursing Student
Scott & White Nursing School
Belton, Texas
Revisora de originais

Auinash Kalsotra, PhD
Assistant Professor
Departments of Biochemistry and Medical Biochemistry
Affiliate, Institute of Genomic Biology
University of Illinois, Urbana-Champaign
Urbana, Illinois
Eritromicina e Doença de Lyme
Quinolonas

Cheri M. Turman, PhD
Coats Aloe International, Inc.
Dallas, Texas
Síndrome do X Frágil
Cálculos Biliares

Daniel J. Ryder, PhD, MPH
Postdoctoral Associate
Department of Physical Therapy
University of Florida
Gainesville, Florida
Síndrome de Cushing

Jade M. Teakell, MD, PhD
Resident
Department of Internal Medicine
University of Texas Medical School at Houston
Houston, Texas
Porfiria

Jennifer L. Seifert, PhD
Faculty Associate Researcher
Department of Bioengineering
The University of Texas at Dallas and The University of

Texas Southwestern Medical Center
Dallas, Texas
Doença do Xarope do Bordo
Feocromocitoma

John A. Putkey, PhD
Professor
Department of Biochemistry and Molecular Biology
University of Texas Medical School at Houston
Houston, Texas
Doença falciforme

Julia E. Lever, PhD
Professor Emerita
Department of Biochemistry and Molecular Biology
University of Texas Medical School at Houston
Houston, Texas
Doença de Adison
Diabetes Insipidus
Hiperparatireoidismo
Hipotiroidismo
Menopausa

Leposava Antonovic, PhD
Assistant Professor
Department of Molecular & Integrative Physiology
University of Illinois, Urbana-Champaign
Urbana, Illinois
β-Talassemia
HIV

Martin E. Young, DPhil
Associate Professor
Department of Medicine
University of Alabama at Birmingham School of Medicine
Birmingham, Alabama
Anorexia Nervosa
Efeito Somogyi
Diabetes tipo 2

Michael R. Blackburn, PhD
Professor and Vice-Chair
Department of Biochemistry, Medical School
Dean, Graduate School of Biomedical Sciences
University of Texas Health Science Center at Houston
Houston, Texas
Deficiência de Adenosina Desaminase
Gota
Aminoácidos essenciais para vegetarianos

Nathaniel H.P. Strobel, MD
Assistant Professor
Division of Critical Care Medicine
Department of Pediatrics
University of Texas Medical School at Houston
Houston, Texas
Metabolismo anaeróbico acidose metabólica/Choque séptico

Phillip B. Carpenter, PhD
Associate Professor
Department of Biochemistry and Molecular Biology
University of Texas Medical School at Houston
Houston, Texas
Genes supressores de tumor e Câncer

Raegan D. Hunt, MD, PhD
Assistant Professor of Dermatology and Pediatrics
Baylor College of Medicine
Texas Children's Clinical Care Center
Houston, Texas
Colestase da Gravidez
Deficiência de folato

Richard J. Kulmacz, PhD
Professor
Departments of Internal Medicine and Biochemistry and Molecular Biology
University of Texas Medical School at Houston
Houston, Texas
AINEs

Sayeepriyadarshini Anakk, PhD
Assistant Professor
Department of Biology
University of Illinois
Urbana, Illinois
β-Talassemia
HIV

DEDICATÓRIA

Ao meu amigo, mentor e modelo, Dr. Benton Baker III, que me ensinou com seu exemplo a importância da integridade, do altruísmo e do trabalho em equipe.
– ECT

Para minha esposa, Heidi, e para Koen e Kort, por seu amor e apoio incondicional e por me lembrar, diariamente, o que realmente importa na vida.
– KPH

Para Dr. John A. DeMoss, fundador do Departamento de Bioquímica e Biologia Molecular da Escola de Medicina da Universidade do Texas, Houston. Dr. DeMoss, que atuou como chefe de Departamento de 1971 até 1992, continuando como professor até 2001, quando se tornou professor emérito, sua posição atual. Dr. DeMoss é aquele tipo único de acadêmico que se destaca na pesquisa e no ensino. Ele adora ensinar e é muito bom nesse aspecto. Dr. DeMoss não só ensinou e continua a ensinar gerações de estudantes, mas também ensina professores – especialmente os jovens do corpo docente – a ensinar e amar o ensino. Portanto, é em gratidão por seus ensinamentos que dedicamos este livro para Dr. John A. DeMoss.
– WES & HWS

AGRADECIMENTOS

A inspiração para esta série de ciências básicas aconteceu durante um retiro educacional conduzido pelo Dr. Maximillian Buja, que, naquela época, era o diretor da faculdade de medicina. Dr. Buja atuou como reitor da University of Texas Medical School, em Houston, de 1995 a 2003, antes de ser nomeado vice-presidente executivo para assuntos acadêmicos. Foi uma grande alegria trabalhar em parceria com os Drs. William Seifert e Henry Strobel, professores e cientistas talentosos, bem como com os demais colaboradores e excelentes autores. Foi também gratificante colaborar com o Dr. Konrad Harms, que eu assisti amadurecer de estudante de medicina para residente e, agora, como membro brilhante do corpo docente. Gostaria de agradecer à McGraw-Hill por acreditar na concepção de ensino por meio de casos clínicos: tenho uma dívida muito grande com Catherine Johnson, editora entusiástica e estimuladora. Também foi muito bom trabalhar com minha filha, Allison, estudante do último ano do curso de enfermagem na Scott and White School of Nursing. Ela é uma revisora perspicaz e, já no início da carreira, possui um bom discernimento clínico e uma redação objetiva.

Na University of Texas Medical School, em Houston, gostaríamos de agradecer ao Dr. Rodney E. Kellems, presidente do Department of Biochemistry and Molecular Biology, por seu incentivo e alegria com este projeto; Johnna Kincaid, ex-diretora de Management Operations, pelo seu apoio; Nina Smith e Bonnie Martinez por sua ajuda na preparação do manuscrito; e Amy Gilbert por sua ajuda com as figuras. Também gostaríamos de agradecer aos muitos alunos que nos permitiram ensiná-los ao longo dos anos e que nos ensinaram durante esse processo. Dr. Seifert agradece a sua esposa Margie pelo seu incentivo, paciência e apoio.

No Methodist Hospital, eu agradeço aos Drs. Mark Boom, Alan Kaplan e Judy Paukert. No St. Joseph Medical Center, gostaria de reconhecer os nossos ilustres administradores: Pat Mathews e Paula Efird. Agradeço o conselho e a assistência de Linda Bergstrom. Sem a ajuda dos meus colegas, Drs. Konrad Harms, Priti Schachel, Gizelle Brooks-Carter e Russell Edwards, este livro não teria sido escrito. O mais importante: agradeço pelo amor, carinho e incentivo de minha adorável esposa, Terri, e dos nossos quatro filhos, Andy e sua esposa Anna, Michael, Allison e Christina.

Eugene C. Toy

Drs. Seifert e Strobel gostariam de agradecer a Alan Levine, um professor inovador e talentoso que iniciou em nosso Department of Biochemistry and Molecular Biology quando as matérias básicas de Odontologia e de Medicina foram unidas, em 2005. Ele mergulhou nos nossos programas de ensino, ensinando com grande entusiasmo à procura de novas maneiras de transmitir o conteúdo, para que os estudantes, ao dominarem os princípios bioquímicos, tivessem mais subsídios para se tornar excelentes médicos, dentistas e pesquisadores. Alan foi extremamente generoso e altruísta, e o ensino veio naturalmente para ele, dom amplamente reconhecido em nossa instituição. Sentimos sua falta.

PREFÁCIO

Agradecemos todos os comentários e as sugestões recebidos de muitos estudantes de medicina durante os últimos cinco anos. Sua recepção positiva foi um incentivo incrível, especialmente à luz do dinamismo da série *Casos Clínicos*. Nesta 3ª edição de *Casos clínicos: bioquímica*, o formato básico do livro foi mantido. Melhorias foram feitas na atualização de muitos capítulos. Novos casos incluem deficiência de adenosina desaminase, doença do xarope do bordo, cetoacidose alcoólica, deficiência de glicose-6-fosfato desidrogenase, deficiência da desidrogenase de ácidos graxos de cadeia média, feocromocitoma e metemoglobinemia pediátrica. Embora os casos clínicos tenham sido revisados com a intenção de ficarem mais interessantes do ponto de vista da aprendizagem, suas apresentações de "vida real" modeladas após a experiência clínica real foram precisas e instrutivas. As questões de múltipla escolha foram cuidadosamente revisadas e reescritas para melhor compreensão. Nesta 3ª edição, esperamos que o leitor continue a se beneficiar do aprendizado do diagnóstico e do manejo por meio de casos clínicos simulados. É certamente um privilégio ser professor de tantos alunos e é com humildade que apresentamos esta edição.

Os organizadores

SUMÁRIO

SEÇÃO I
Aplicação das ciências básicas à medicina clínica 1

Parte 1. Abordagem ao aprendizado de bioquímica 2
Parte 2. Abordagem à doença 2
Parte 3. Abordagem à leitura 2

SEÇÃO II
Casos clínicos 7

SEÇÃO III
Lista de casos **457**

Lista pelo número do caso 459
Lista por doença (ordem alfabética) 460

Índice 463

INTRODUÇÃO

Muitas vezes, o estudante de medicina ficará assustado com o "trabalho pesado" das disciplinas de ciências básicas e verá pouca conexão entre uma área como a bioquímica e os problemas clínicos. No entanto, quando se tornam médicos, percebem com mais clareza a importância de saber mais sobre as ciências básicas, pois é por meio delas que se pode começar a compreender as complexidades do corpo humano e, assim, dispor de métodos racionais de diagnóstico e tratamento.

Dominar o conhecimento em uma disciplina como a bioquímica não é uma tarefa fácil. É ainda mais difícil manter esta informação e recuperá-la no cenário clínico. Para realizar esta síntese, a bioquímica é ensinada, de forma ideal, no contexto de situações médicas, o que é reforçado mais tarde durante a prática. O abismo entre as ciências básicas e o contato com o paciente é amplo. Talvez uma maneira de transpor esse abismo seja utilizando casos clínicos cuidadosamente planejados com perguntas orientadas para as ciências básicas. Na tentativa de atingir esse objetivo, criamos uma coleção de casos de pacientes para ensinar pontos relacionados à bioquímica. Mais importante, as explicações para esses casos enfatizam os mecanismos subjacentes e relacionam a prática clínica com os dados das ciências básicas. Exploramos os princípios em vez de estimular a memorização.

Este livro foi organizado para ser versátil ao permitir que o aluno "com pressa" possa navegar rapidamente pelos cenários e verificar as respostas relevantes, e também para fornecer informações mais detalhadas para o estudante que deseja explicações instigantes. As respostas são organizadas do mais simples para o complexo: um resumo dos pontos pertinentes, as respostas diretas, uma correlação clínica, uma abordagem a tópicos de bioquímica, um teste de compreensão no final como reforço ou ênfase e uma lista de referências para leitura. Os casos clínicos são organizados por sistemas, de forma a refletir a organização dentro das ciências básicas. Finalmente, com o objetivo de incentivar a pensar em mecanismos e correlações, usamos perguntas abertas nos casos clínicos. No entanto, várias questões de múltipla escolha foram incluídas no final de cada cenário, para reforçar conceitos ou introduzir temas relacionados.

COMO OBTER O MÁXIMO DESTE LIVRO

Cada caso é projetado para introduzir uma questão clinicamente relacionada e inclui perguntas abertas, geralmente fazendo uma pergunta da ciência básica; às vezes, contudo, para quebrar a monotonia, haverá uma questão clínica. As respostas estão organizadas em quatro partes distintas:

TÓPICO I

1. **Resumo**
2. Uma **resposta direta** é dada para cada questão aberta.
3. **Correlação clínica**: uma discussão dos pontos relevantes relacionando a ciência básica às manifestações clínicas e, talvez, introduzindo o aluno a questões como diagnóstico e tratamento.

TÓPICO II

Uma **abordagem ao conceito de ciências básicas** que consiste em três partes:

1. **Objetivos:** uma listagem de dois a quatro princípios fundamentais para a compreensão da bioquímica subjacente para responder a pergunta e relacionar com a situação clínica.
2. **Definições de terminologia básica**
3. **Discussão do tema**

TÓPICO III

Questões de compreensão: cada caso inclui várias questões de múltipla escolha que reforçam o aprendizado ou introduzem conceitos novos e afins. Perguntas sobre o conteúdo não encontrado no texto são explicadas nas respostas.

TÓPICO IV

Dicas de bioquímica: uma lista de vários pontos importantes, muitos clinicamente relevantes, reiterados como um resumo do texto, para permitir uma revisão rápida, como antes de um exame clínico.

SEÇÃO I

Aplicando a ciência básica à medicina clínica

Parte 1. Abordagem ao aprendizado de bioquímica
Parte 2. Abordagem à doença
Parte 3. Abordagem à leitura

1. Abordagem ao aprendizado de bioquímica

A bioquímica é mais bem compreendida por meio de uma abordagem sistemática, em primeiro lugar, aprendendo a **linguagem** da disciplina e, em seguida, entendendo a **função** dos vários processos. Cada vez mais, as biologias celular e molecular desempenham um papel importante na compreensão de processos das doenças e também no seu tratamento. Inicialmente, algumas das terminologias devem ser memorizadas da mesma maneira que o alfabeto deve ser aprendido de cor, no entanto, a valorização da forma como as palavras bioquímicas são construídas requer a compreensão de mecanismos e a manipulação de informações.

2. Abordagem à doença

Os médicos costumam enfrentar situações clínicas por meio da história (fazendo perguntas), realizando um exame físico, obtendo exames laboratoriais e de imagem específicos, e, em seguida, formulando um diagnóstico. O conglomerado da história, do exame físico e dos exames laboratoriais é chamado de **banco de dados clínicos**. Depois de alcançar um diagnóstico, normalmente um plano de tratamento é iniciado, e o paciente demonstra uma resposta clínica. A compreensão racional da doença e os planos para o tratamento são mais bem alcançados pelo aprendizado sobre os processos humanos normais em um nível de ciência básica; da mesma forma, estar ciente da forma como a doença altera os processos fisiológicos normais é entendido no nível da ciência básica.

3. Abordagem à leitura

Há seis questões-chave que ajudam a estimular a aplicação de informações da ciência básica para o ambiente clínico. Essas questões são:

1. Qual é o mecanismo bioquímico mais provável para a doença, causando os sintomas do paciente ou os achados ao exame físico?
2. Qual marcador bioquímico será afetado pelo tratamento de uma determinada doença ? Por quê?
3. Olhando para dados gráficos, qual é a explicação bioquímica mais provável para os resultados?
4. Com base na sequência do ácido desoxirribonucleico (DNA), qual é o aminoácido mais provável, ou a proteína resultante, e como vai se manifestar no cenário clínico?
5. Qual é a mais provável interação hormônio-receptor?
6. Como a presença ou a ausência de atividade enzimática afeta as condições bioquímicas (moleculares) e como, por sua vez, elas afetam os sintomas do paciente?

1. QUAL É O MECANISMO BIOQUÍMICO MAIS PROVÁVEL PARA A DOENÇA, CAUSANDO OS SINTOMAS DO PACIENTE OU OS ACHADOS AO EXAME FÍSICO?

Esta é a questão fundamental que os cientistas básicos se esforçam para responder – a causa subjacente de uma determinada doença ou sintoma. Uma vez que esse mecanismo subjacente é descoberto, então o progresso pode ser feito em relação a métodos de diagnóstico e tratamento. Caso contrário, as nossas tentativas são apenas *empíricas*, em outras palavras, apenas por tentativa e erro e observação da associação. Os alunos são incentivados a pensar sobre os mecanismos e causa subjacente, em vez de apenas memorizar.

Por exemplo, na doença falciforme, os alunos devem conectar os vários fatos, definindo a base para a compreensão da doença durante a vida toda. Na doença falciforme, valina (um aminoácido hidrofóbico) é substituído por glutamato (aminoácido hidrofílico carregado) na sexta posição da cadeia de β-globina da hemoglobina. Isso diminui a solubilidade da hemoglobina quando ela está no estado sem oxigênio, resultando na sua precipitação em fibras alongadas nos eritrócitos.

Com isso, os eritrócitos apresentam menor maleabilidade e, assim, uma forma de *foice*, levando à ruptura dos eritrócitos (hemólise) e bloqueio nos capilares pequenos. O depósito dos eritrócitos nos capilares pequenos causa má distribuição de oxigênio, isquemia e dor.

2. QUAL MARCADOR BIOQUÍMICO SERÁ AFETADO PELO TRATAMENTO DE UMA DETERMINADA DOENÇA? POR QUÊ?

Após o estabelecimento de um diagnóstico e o início da terapia, a resposta do paciente deve ser monitorada para garantir a melhora. De forma ideal, a resposta do paciente deve ser obtida de forma científica: imparcial, precisa e consistente. Apesar de mais de um médico ou enfermeiro poder estar monitorando a resposta, ela deve ser executada com pouca intervariação (de um pessoa para a outra) ou intravariação (uma pessoa medindo), e com o maior cuidado possível. Um das medidas terapêuticas inclui marcadores séricos ou de imagem, por exemplo, em cetoacidose diabética, os níveis de glicose e pH do soro seriam medidos para confirmar a melhora com a terapia. Outro exemplo seria verificar o volume de uma massa pulmonar fotografada por tomografia computadorizada após quimioterapia. O aluno deve saber o suficiente sobre o processo da doença para saber qual marcador medir e qual a resposta esperada ao longo do tempo.

3. OLHANDO PARA DADOS GRÁFICOS, QUAL É A EXPLICAÇÃO BIOQUÍMICA MAIS PROVÁVEL PARA OS RESULTADOS?

Medicina é arte e ciência. O aspecto **arte** consiste na maneira com que o médico lida com o aspecto humano do paciente, expressando empatia, compaixão, estabelecendo uma relação terapêutica e lidando com a incerteza. A **ciência** é a tentativa de compreender os processos da doença, estabelecendo planos de tratamento racionais e sendo objetivo nas observações. O médico, como cientista, deve ser preciso sobre como obter dados e cuidadosamente dar sentido à informação, usando evidências atualizadas. Exercícios para desenvolver as habilidades de análise de dados requerem interpretação de dados em várias representações, tais como em tabelas ou em gráficos.

4. COM BASE NA SEQUÊNCIA DO ÁCIDO DESOXIRRIBONUCLEICO (DNA), QUAL É O AMINOÁCIDO MAIS PROVÁVEL OU PROTEÍNA RESULTANTE E COMO VAI SE MANIFESTAR NO CENÁRIO CLÍNICO?

A colaboração cientista básico clínico requer que cada parte "fale a mesma língua" e traduza no sentido ciência para clínica e clínica para ciência. O pensamento bioquímico é muito metódico, por exemplo, a relação entre DNA, RNA, proteínas e achados clínicos. Devido ao fato de que as informações no genoma (DNA) codificam para proteínas que afetam alterações fisiológicas ou patológicas, é de fundamental importância que o aluno se sinta confortável a respeito dessas relações:

Caminho direto: DNA → Proteínas → Manifestações clínicas
Caminho reverso: Achados clínicos → Efeitos da proteína → DNA

5. QUAL É A MAIS PROVÁVEL INTERAÇÃO HORMÔNIO-RECEPTOR?

O **hormônio** é uma substância, normalmente um peptídeo ou esteroide, produzido por um tecido e transportado pela corrente sanguínea para outra parte do corpo para afetar a atividade fisiológica, como o crescimento ou o metabolismo. Um **receptor** é uma estrutura celular que faz a mediação entre um agente químico (hormônio) e a resposta fisiológica. A compreensão da forma de ação de um hormônio é vital, porque muitas doenças ocorrem como resultado da produção anormal do hormônio, interação anormal de receptores hormonais ou resposta celular anormal para o complexo hormônio-receptor. Por exemplo, o diabetes melito se manifesta clinicamente por níveis elevados de glicose no sangue. No entanto, no diabetes tipo 1 (geralmente início juvenil), a etiologia é secreção insuficiente de insulina pelo pâncreas (a insulina atua para colocar a glicose sérica para dentro das células ou armazená-la como glicogênio). Por outro lado, o mecanismo da diabetes tipo 2 (normalmente com início na idade adulta) é um defeito do mensageiro do receptor de insulina. Na verdade, os níveis de insulina nesses indivíduos são, em geral, mais elevados do que o normal. Compreender a diferença entre os dois mecanismos permite ao cientista abordar a terapia individualizada, o que permite que o clínico compreenda as diferenças nesses pacientes, tais como a razão pela qual as pessoas com diabetes tipo 1 são muito mais propensas a cetoacidose diabética (devido a deficiência de insulina).

6. COMO A PRESENÇA OU A AUSÊNCIA DE ATIVIDADE ENZIMÁTICA AFETA AS CONDIÇÕES BIOQUÍMICAS (MOLECULARES) E COMO, POR SUA VEZ, AFETAM OS SINTOMAS DO PACIENTE?

Enzimas são proteínas que atuam como catalisadores, acelerando a taxa em que as reações bioquímicas prosseguem, mas não alterando a direção ou a natureza das reações. A presença ou a ausência dessas substâncias importantes afeta as condições bioquímicas, as quais, em seguida, influenciam os outros processos fisiológicos no corpo. As deficiências enzimáticas são frequentemente herdadas como condições autossômicas recessivas e podem ser transmitidas de pai para filho. Claramente, quando os alunos começam a compreender o papel da enzima e a reação química governada por ela, eles começam a entender os meandros dos processos biológicos humanos.

DICAS DE BIOQUÍMICA

▶ Há seis questões-chave para estimular a aplicação de informações da ciência básica para a área clínica.
▶ A medicina envolve ambas: arte e ciência.
▶ O aspecto científico da medicina pretende recolher dados de forma objetiva, compreender os processos fisiológicos e patológicos à luz do conhecimento científico e propor explicações racionais.
▶ O médico talentoso deve ser capaz de transitar entre a ciência básica e a ciência aplicada.

REFERÊNCIA

Longo D, Fauci AS, Kasper KL, et al., eds. *Harrison's Principles of Internal Medicine*. 18th ed. New York:McGraw-Hill; 2011.

Seção II

Casos clínicos

CASO 1

Menina afro-americana de 15 anos vai à emergência com queixa de dor bilateral na coxa e no quadril. A dor está presente há um dia e é cada vez mais intensa em termos de gravidade. Paracetamol e ibuprofeno não aliviaram seus sintomas. Ela nega qualquer trauma recente ou exercícios excessivos e relata que tem se sentido cansada e apresenta ardor ao urinar, juntamente com aumento da frequência urinária. A paciente relata ter tido episódios de dor semelhantes no passado, algumas vezes sendo necessária hospitalização. Ao exame físico, ela está afebril (sem febre) e sem sofrimento agudo. Ninguém na sua família tem episódios semelhantes. Suas membranas conjuntiva e da mucosa estão um pouco pálidas na coloração. Ela apresenta dor inespecífica bilateral na parte anterior da coxa sem anomalia aparente. O restante de seu exame é normal. Sua contagem de leucócitos do sangue está alta, com valor de 17.000/mm^3, e seu nível de hemoglobina está diminuído para 7,1 g/dL. A análise da urina demonstrou um número anormal de várias bactérias.

▶ Qual é o diagnóstico mais provável?
▶ Qual é a genética molecular por trás desse distúrbio?
▶ Qual é o mecanismo fisiopatológico dos seus sintomas?

RESPOSTAS PARA O CASO 1
Anemia falciforme

Resumo: menina afro-americana de 15 anos de idade, com dor bilateral na coxa e no quadril recorrente, anemia e sintomas e evidência laboratorial de infecção do trato urinário.

- **O diagnóstico mais provável**: Anemia falciforme (crise de dor).
- **Mecanismo bioquímico de doença**: A substituição de um único aminoácido na cadeia β da hemoglobina, herdada de forma autossômica recessiva (1 em 12 afro-americanos nos Estados Unidos são portadores do traço).
- **Mecanismo fisiopatológico dos sintomas**: As hemácias falciformes causam infarto do osso, pulmão, rins e outros tecidos por vaso-oclusão.

ABORDAGEM CLÍNICA

A descrição da dor dessa menina de 15 anos é típica de uma crise de dor falciforme. Muitas vezes, a infecção é o gatilho, mais comumente para pneumonia ou infecção do trato urinário. Esse caso é compatível com infecção do trato urinário, indicado por seus sintomas da frequência urinária e ardor ao urinar (disúria). Sua contagem de leucócitos é elevada em resposta à infecção. O nível baixo de hemoglobina é consistente com anemia falciforme. Como ela é homozigota (os dois genes codificam para hemoglobina falciforme), ambos os pais têm o traço falciforme (heterozigotos) e, portanto, não têm sintomas. O diagnóstico pode ser estabelecido pela eletroforese da hemoglobina. O tratamento inclui a procura de uma causa subjacente da crise (infecção, hipóxia, febre, exercício excessivo e mudanças bruscas de temperatura), a administração de oxigênio, fluidos intravenosos para hidratação, controle da dor e consideração de transfusão de sangue.

ABORDAGEM À
Anemia falciforme

OBJETIVOS

1. Compreender os níveis primário, secundário, terciário e quaternário da estrutura proteica.
2. Descrever a estrutura da hemoglobina e seu papel na ligação e dissociação do oxigênio.
3. Descrever o mecanismo que uma substituição de aminoácido resulta em hemoglobina falciforme.

DEFINIÇÕES

EFETORES ALOSTÉRICOS: moléculas que se ligam às enzimas ou proteínas transportadoras em outros sítios além do sítio ativo ou do sítio de ligação. Na ligação, efetores alostéricos afetam positiva ou negativamente a atividade enzimática ou a capacidade da proteína para se conectar ao seu ligante.
GLOBINA: as proteínas globulares que são os componentes polipeptídicos da mioglobina e da hemoglobina. Elas contêm um bolso hidrofóbico que contém o grupo prostético heme.
SUBUNIDADE DA GLOBINA: a estrutura tridimensional (3D) das proteínas que é comum à mioglobina e as subunidades de hemoglobina.
HEME: um anel de porfirina que tem um íon Fe^{+2} coordenadamente ligado no centro da molécula. O heme liga oxigênio na hemoglobina e na mioglobina e serve como um transportador de elétrons nos citocromos.
HEMOGLOBINA: a proteína tetramérica em concentração elevada nas hemácias que liga oxigênio nos capilares dos pulmões e entrega-o nos tecidos periféricos. Cada subunidade de globina contém um grupo heme, que liga oxigênio quando o átomo de ferro está no estado ferroso (+2) de oxidação.
MIOGLOBINA: uma proteína com um único polipeptídeo de globina com um grupo heme ligado. Ela está localizada principalmente nas células musculares e armazena oxigênio para momentos em que existe alta demanda de energia.
ESTRUTURA PRIMÁRIA DA PROTEÍNA: a sequência de aminoácidos da proteína, listados a partir do aminoácido aminoterminal para o aminoácido carboxiterminal.
ESTRUTURA SECUNDÁRIA DA PROTEÍNA: o arranjo espacial 3D local de aminoácidos próximos um do outro na sequência primária. α-Hélices e folhas β são as estruturas secundárias predominantes das proteínas.
ESTRUTURA TERCIÁRIA DA PROTEÍNA: a estrutura 3D global de uma única cadeia polipeptídica, incluindo posições de pontes dissulfeto. Forças não covalentes, como ligação de hidrogênio, forças eletrostáticas e efeitos hidrofóbicos são também importantes.
ESTRUTURA QUATERNÁRIA DA PROTEÍNA: o arranjo 3D global de subunidades polipeptídicas em uma proteína de múltiplas subunidades.

DISCUSSÃO

A **atividade** de uma dada proteína é dependente do **enovelamento adequado** assumido por sua cadeia polipeptídica na **estrutura 3D**. A importância do enovelamento proteico para a medicina molecular é enfatizada pelo fato de que muitas mutações causadoras de doenças não afetam diretamente o sítio ativo ou local de ligação do ligante de proteínas, mas, em vez disso, causam **alterações locais ou globais na estrutura proteica** ou **atrapalham o caminho de enovelamento** de forma que o enovelamento da proteína nativa não é alcançado, ou interações indesejáveis com outras proteínas são realizadas. O defeito molecular que muda a hemoglobina adulta (HbA) para hemoglobina falciforme (HbS), levando à anemia falciforme, é um exemplo clássico de mutações que afetam a estrutura proteica.

A estrutura proteica é normalmente classificada em 4 níveis: primário, secundário, terciário e quaternário. A estrutura primária é a sequência de aminoácidos na proteína. A estrutura secundária é o arranjo espacial 3D local de aminoácidos que estão próximos uns dos outros na sequência primária. α-Hélices e folhas β compõem a maioria das estruturas secundárias em todas as proteínas conhecidas. A estrutura terciária é o arranjo espacial dos resíduos de aminoácidos que estão afastados na sequência primária linear de uma única cadeia polipeptídica e inclui pontes dissulfeto e forças não covalentes. Essas forças não covalentes incluem ligação de hidrogênio, que é também a força de estabilização primária para a formação de α-hélices e folhas β, interações eletrostáticas, forças de van der Waals e efeitos hidrofóbicos. A estrutura quaternária é a maneira em que as subunidades de uma proteína de múltiplas subunidades estão dispostas uma em relação à outra.

A **hemoglobina** normal **tem 4 subunidades chamadas globinas**. HbA tem 2 cadeias α ($α_1$ e $α_2$) e 2 cadeias β ($β_1$ e $β_2$) de globina. Cada cadeia de globina tem um grupo prostético heme associado, que é o local de ligação e liberação de oxigênio. Todas as cadeias de globina têm sequências primárias semelhantes. A estrutura secundária de cadeias de globina consiste em aproximadamente **75%** de α-hélice. A sequência primária semelhante promove uma estrutura terciária semelhante em todas as globinas que é chamado **enovelamento da globina**, a qual é compacta e globular na conformação global. A **estrutura quaternária da HbA pode ser descrita como um dímero de dímeros** $α_1β_1$ **e de** $α_2β_2$. Os dímeros **αβ** movem-se um em relação ao outro durante a ligação e liberação de oxigênio.

A **hemoglobina tem de permanecer solúvel** em elevadas concentrações nas hemácias para manter as propriedades normais de ligação e liberação de oxigênio. Isso é possível pela distribuição de **cadeias laterais de aminoácidos** nas quais os **resíduos hidrofóbicos são sequestrados no interior** das subunidades de globina enoveladas, enquanto **resíduos hidrofílicos** dominam a **superfície exposta à água** da globina. O grupo prostético heme em forma de disco está inserido em uma bolsa hidrofóbica formada pela globina.

A hemoglobina e a proteína monomérica homóloga mioglobina (Mb), ambos ligam e liberam oxigênio como uma função da concentração circundante ou pressão parcial de oxigênio. Um gráfico do percentual de saturação de hemoglobina ou de Mb ao oxigênio pela pressão parcial de oxigênio é chamado **curva de dissociação de oxigênio**. Ao contrário da Mb, que apresenta uma curva de dissociação do oxigênio hiperbólica simples, típica de ligação ao ligante para uma proteína monomérica, a **estrutura quaternária de HbA** permite que ela se ligue ao oxigênio com **cooperatividade positiva**, dando uma curva de dissociação de oxigênio **sigmoide** (Figura 1.1). Essencialmente, a ligação de oxigênio a uma subunidade de HbA aumenta a afinidade de ligação a outras subunidades no tetrâmero, deslocando assim o equilíbrio entre as formas oxi e desoxi. O efeito líquido dessa cooperatividade é que a HbA libera oxigênio, enquanto a globina da Mb seria mais saturada com oxigênio à pressão parcial de oxigênio normalmente encontrado em tecidos periféricos em descanso. A estrutura quaternária da HbA também permite-lhe responder ao **2,3 bisfosfoglicerato, dióxido de carbono** e **íons de hidrogênio**, todos eles são efetores alostéricos heterotrópicos negativos de ligação de oxigênio.

A **anemia falciforme** é devido a um defeito específico no **gene HBB**. O gene *HBB*, localizado no braço curto do cromossomo 11, codifica para a formação de globina β, produto de 146 aminoácidos do gene. Uma mutação de base única na região codificante, na posição do aminoácido 6 da proteína, resulta na conversão de um códon GAG para GTG, levando à **substituição não conservativa de um resíduo hidrofóbico de valina para um resíduo hidrofílico de glutamato na proteína**, que agora é chamada de **HbS**. Esta conversão traz as mudanças estruturais nas HbS desoxigenadas descritas abaixo. Devido ao fato de a anemia falciforme é uma **doença autossômica recessiva**, um indivíduo deve carregar duas cópias do gene da variante HbS para desenvolver os sintomas da doença. Os indivíduos com o alelo para uma proteína variante (HbS) e uma normal (HbA) são portadores e geralmente não apresentam sintomas. Se um dos pais tem o traço falciforme (HbAS) e o outro progenitor é homozigoto para HbA, então nenhuma descendência terá doença falciforme, mas alguns podem ser portadores (HBAs) e alguns homozigotos para hemoglobina A (HbAA). Por outro lado, se ambos os pais têm traço falciforme, há uma probabilidade de 1 para 4 que a criança será homozigota para HbA (HbAA), uma probabilidade de 2 para 4 que a prole será heterozigota (HBAs) e carrega o traço falciforme e uma probabilidade de 1 para 4 de que a descendência terá doença falciforme (HBSS), como ilustrado na Figura 1.1.

As propriedades intrínsecas de ligação de oxigênio de HbA e HbS são as mesmas, no entanto, a **solubilidade da desoxi HbS é reduzida**, porque a exposição de **Val-6** na **superfície da cadeia β** leva a uma interação hidrofóbica com resíduos hidrófobos na outra cadeia β. Devido ao fato que a hemoglobina está presente em concentrações muito elevadas nas hemácias, **desoxi HbS irá polimerizar e precipitar no interior da célula**. O precipitado assume a forma de fibras alongadas de-

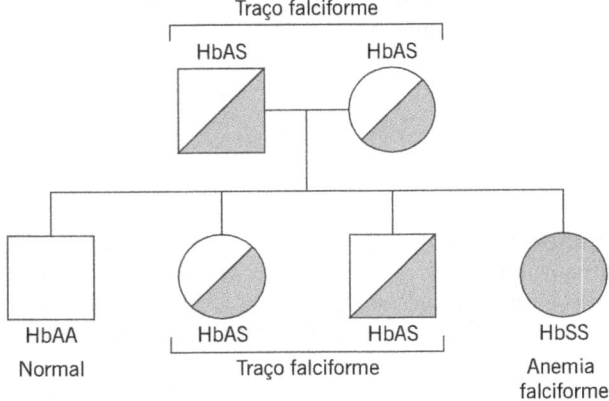

Figura 1.1 Genética da doença falciforme quando ambos os pais são heterozigotos para HbS (traço falciforme).

vido à associação de superfícies hidrofóbicas complementares nas cadeias β e α de desoxi HbS. Nos níveis de saturação de oxigênio encontrado no sangue arterial, a oxi HbS predomina e HbS não precipita porque Val-6 de cadeia β não está exposta à superfície.

A tendência de desoxi HbS para precipitar é o motivo pelo qual as manifestações clínicas da anemia falciforme são provocadas por **esforço** e, por isso, o **tratamento inclui administração de oxigênio**. O precipitado fibroso rígido faz a hemácia se deformar em um formato característico de foice e torna a célula, normalmente maleável, suscetível à hemólise.

Embora a doença falciforme possa ser a condição mais conhecida resultante de uma variante no gene *HBB*, outras condições também são conhecidas. Hemoglobina C é produzida quando o glutamato na posição 6 é alterado para um resíduo de lisina. Doença da hemoglobina SC ocorre quando um indivíduo tem um alelo HbS e um alelo HbC, resultando em sintomas semelhantes aos da anemia falciforme, e a gravidade da condição pode variar de leve a equivalente a da doença falciforme. No entanto, dois alelos para a hemoglobina C têm uma doença resultante mais branda que provoca anemia (doença da hemoglobina C). Hemoglobina E resulta da mudança do aminoácido na posição 26 do gene da globina **β** de ácido glutâmico para lisina. Quando um indivíduo carrega ambas HbS e HbE, os sintomas podem ser tão graves quanto na doença falciforme. Variantes da hemoglobina S e da hemoglobina C são mais comuns em linhagens do Oeste Africano, enquanto variantes da hemoglobina E são mais comuns naquelas com linhagens do Sudeste Asiático.

QUESTÕES DE COMPREENSÃO

1.1 Casal afro-americano recém-casado, ambos de famílias com histórico de boa saúde, está prestes a ter um filho. Se a incidência do traço falciforme é de aproximadamente 1 em 12 entre as pessoas de ascendência africana no Estados Unidos, então qual é a chance da mulher que vai dar à luz de ter uma criança afetada pela doença falciforme?

   A. 1 em 12
   B. 1 em 24
   C. 1 em 96
   D. 1 em 288
   E. 1 em 576

1.2 Homem afro-americano, de 25 anos de idade, com anemia falciforme e que foi hospitalizado várias vezes por crises falciformes dolorosas, tem estado livre destas crises com sucesso desde que está em terapia com hidroxiureia. O tratamento com hidroxiureia resulta em qual dos seguintes?

   A. Um aumento na afinidade de oxigênio pela HbS
   B. Um aumento nos níveis de hemoglobina F (HbF) nas hemácias

C. Uma diminuição da cooperatividade na ligação de oxigênio pela HbS
D. Uma modificação pós-traducional da HbS, que impede a polimerização
E. Uma diminuição da capacidade da HbS se ligar ao 2,3-bisfosfoglicerato (2,3-BPG)

1.3 Uma mulher grávida é capaz de transferir oxigênio para o feto, pois a hemoglobina fetal tem uma maior afinidade para o oxigênio do que a HbA. Por que a afinidade de hemoglobina fetal por oxigênio é maior?

A. A forma tensa da hemoglobina é mais prevalente na circulação do feto.
B. Há menos 2,3-BPG na circulação fetal em comparação com a circulação materna.
C. A hemoglobina fetal se liga ao 2,3-BPG com menor número de ligações iônicas do que a HbA.
D. O efeito Bohr está aumentado no feto.
E. A curva de ligação do oxigênio da hemoglobina fetal está deslocada para a direita.

RESPOSTAS

1.1 **E.** Devido ao fato que a anemia falciforme apresenta um padrão de herança autossômico recessivo e ao fato de que a incidência nos Estados Unidos em pessoas de ascendência africana é de, aproximadamente, 1 em 12, cada um dos pais tem a probabilidade de 1 em 12 de ser portador. Por ser um gene autossômico recessivo, a prole do casal teria uma chance de 1 em 4 de ser homozigoto, se ambos os pais fossem portadores. Assim, a probabilidade de ter uma criança com o traço falciforme é de 1 em 576 (ou [1/12] [1/12] [1/4]).

1.2 **B.** Ao inibir a enzima ribonucleotídeo-redutase, a hidroxiureia tem demonstrado aumentar os níveis de hemoglobina fetal (HbF, $\alpha_2\gamma_2$) por mecanismos não totalmente compreendidos. O aumento das concentrações de HbF tem o efeito de diminuir os níveis de HbS nas hemácias. O aumento da concentração de HbF interrompe a polimerização de HbS e diminui a incidência de crises falciformes. A hidroxiureia não afeta a afinidade de oxigênio ou a cooperatividade da ligação do oxigênio da HbS, nem reage com a HbS para causar uma modificação pós-traducional ou afetar a ligação ao 2,3-BPG.

1.3 **C.** Em HbA 2,3-BPG liga-se a resíduos ionizados na interface entre duas cadeias β, diminuindo assim a afinidade para o oxigênio. As cadeias γ da hemoglobina fetal têm menos resíduos ionizados na interface correspondente e ligam 2,3-BPG com menor afinidade, o que permite uma maior afinidade de ligação para o oxigênio.

DICAS DE BIOQUÍMICA

▶ A estrutura quaternária da HbA lhe permite ligar o oxigênio com cooperatividade positiva, resultando em uma curva de dissociação do oxigênio sigmoide.
▶ Anemia falciforme resulta de uma substituição não conservativa de valina por glutamato no sexto resíduo da cadeia β da hemoglobina.
▶ Precipitação de HbS é mais provável de ocorrer a partir do esforço e de desoxigenação. Portanto, o tratamento consiste em oxigênio e hidratação.
▶ O precipitado fibroso rígido de HbS permite que as hemácias se deformem na forma característica falciforme e torna a célula normalmente maleável suscetível a hemólise.

REFERÊNCIAS

Schultz RM, Liebman MN. Proteins II: structurefunction relationships in protein families. In: Devlin TM, ed. *Textbook of Biochemistry with Clinical Correlations*. 5th ed. New York: Wiley-Liss; 2002.

Weatherall DJ, Beaudet AL, Vogelstein B, et al. The hemoglobinopathies. In: Scriver CR, Beaudet AL, Sly W, et al, eds. *The Metabolic & Molecular Basis of Inherited Disease*. 8th ed. New York: McGraw-Hill; 2001.

CASO 2

Bebê do sexo feminino, de 1 mês de idade, é levado ao setor de emergência (SE) por sua mãe que tem preocupações sobre a diminuição dos níveis de atividade de seu bebê, como falta de apetite e piora nas assaduras que não foram resolvidas com tratamento com antifúngico. Trata-se de parto a termo e a mãe nega qualquer complicação na gravidez ou no nascimento. O bebê foi visto pelo pediatra há duas semanas e estava bem, mas teve frequentes sintomas de infecção das vias aéreas superiores. A mãe nega febre ou náusea/vômito no seu recém-nascido. No exame, o bebê está afebril, mas é observado por estar letárgico sem linfadenopatia. Leve hepatoesplenomegalia e hipotonia são vistos no exame físico. A radiografia de tórax demonstra ausência de sombra tímica, mas silhueta cardíaca normal. Valores laboratoriais revelaram níveis elevados de adenosina e desoxiadenosina na urina e no sangue.

▶ Qual é o diagnóstico mais provável?
▶ Qual é a base bioquímica para essa doença?
▶ Quais são as potenciais opções de tratamento para esse bebê?

RESPOSTAS PARA O CASO 2
Deficiência de adenosina desaminase

Resumo: bebê de 1 mês de idade, com uma história recente de sintomas de infecção respiratória das vias superiores, com ausência de sombra tímica na radiografia de tórax e níveis elevados de adenosina e de desoxiadenosina na urina e no sangue.

- **Diagnóstico provável:** Deficiência de adenosina desaminase (ADA)
- **Base bioquímica para esta doença:** A ADA é uma enzima envolvida na degradação de purinas. Especificamente, ela é a responsável pela desaminação da adenosina e de desoxiadenosina em inosina e em desoxi-inosina. Os indivíduos com mutações no gene *ADA*, geralmente herdada de forma autossômica recessiva, demonstram diminuição da atividade enzimática da ADA, juntamente com elevações na adenosina e na desoxiadenosina. A desoxiadenosina é altamente citotóxica, especialmente para os linfócitos. Assim, os indivíduos com deficiência de ADA demonstram uma grave imunodeficiência combinada e sofrem de complicações secundárias associadas ao comprometimento do sistema imune.
- **Opções potenciais de tratamento:** Transplante de medula óssea haploidêntico, terapia de reposição enzimática da ADA, terapia gênica *ADA*.

ABORDAGEM CLÍNICA

A deficiência de ADA é uma doença genética autossômica recessiva rara que resulta em grave doença de imunodeficiência combinada (SCID, do inglês, *severe combined immunodeficiency disease*) caracterizada pela diminuição dos níveis e função dos linfócitos T e B, bem como a diminuição dos níveis de células T *natural killer* (NK). A forma mais grave da doença, em geral associada com ausência quase completa da atividade enzimática da ADA, é vista em lactentes em que infecções secundárias resultantes de um sistema imunitário comprometido aparecem nos primeiros seis meses de vida. No entanto, existem formas menos graves de mutações associadas à doença na ADA, que ainda fornecem níveis baixos de atividade enzimática. Esses indivíduos com deficiência parcial de ADA apresentam manifestação mais tardia na infância. Embora o SCID associado com deficiência de ADA é claramente o fenótipo que leva ao surgimento de complicações mais graves nesses pacientes, existem outros fenótipos não imunes encontrados nesses pacientes. Os mais notáveis são os problemas neurológicos e a perda de audição. Outros fenótipos observados, mas menos comuns, incluem doença pulmonar, lesão hepatocelular, doença renal e distúrbios ósseos. Esses fenótipos não imunes devem estar associados ao acúmulo do substrato da ADA, a adenosina, que é uma molécula de sinalização celular potente. É claro que tanto os fenótipos imunes quanto os não imunes na deficiência de ADA são resultantes do acúmulo dos substratos da ADA, a desoxiadenosina (imunotóxica) e a adenosina (sinalização celular anormal). A natureza monogênica desse distúrbio em conjunto com a base bioquímica relativamente bem definida da doença levou a terapias eficazes que têm como alvo a restauração da atividade enzimática da ADA e a redução dos substratos da ADA.

ABORDAGEM AO Metabolismo da adenosina desaminase e associação com doença da imunodeficiência combinada grave

OBJETIVOS

1. Descrever as bases metabólicas da imunodeficiência associada à deficiência de ADA.
2. Explicar as opções de tratamento baseadas na capacidade de reverter os efeitos metabólicos da deficiência de ADA.

DEFINIÇÕES

ADENOSINA DESAMINASE (ADA): uma enzima importante envolvida na degradação de purinas. É responsável pela desaminação da adenosina e da 2'-desoxiadenosina em inosina e em 2'-desoxi-inosina. Essa enzima é encontrada no citoplasma da maioria das células, no entanto, é expressa em níveis especialmente elevados em linfócitos T em desenvolvimento, os quais representam a sensibilidade dessa população de células pela perda dessa enzima.

ADENOSINA: a adenosina é um nucleosídeo da purina que serve como um potente sinal extracelular. Ela sinaliza de forma autócrina e parácrina por meio de receptores de adenosina na superfície celular. A sinalização de adenosina tem várias funções fisiológicas e patológicas e sinalização anormal de adenosina pode ser responsável por muitos dos fenótipos não imune observados na deficiência de ADA.

DESOXIADENOSINA: a 2'-desoxiadenosina é gerada como um produto de degradação no catabolismo do DNA. Na continuidade do seu metabolismo, a desoxiadenosina é desaminada pela ADA. Se for permitido o seu acúmulo, como no caso de deficiência de ADA, a desoxiadenosina é citotóxica para as células por meio de um mecanismo que envolve sua fosforilação à desoxiadenosina trifosfato (dATP), a qual pode promover um processo de morte celular conhecido como apoptose. Este é o mecanismo pelo qual os linfócitos são mortos na deficiência de ADA.

TERAPIA DE REPOSIÇÃO DA ENZIMA ADA: a terapia de reposição enzimática da ADA é um tratamento eficaz para a deficiência de ADA. Ela envolve a injeção da proteína ADA purificada que foi modificada com polietilenoglicol (PEG-ADA). As injeções de PEG-ADA reduzem efetivamente os níveis dos substratos da ADA e aliviam os sintomas da deficiência de ADA.

TERAPIA GÊNICA DA ADA: a natureza monogênica desse distúrbio é adequada a estratégias eficazes de substituição gênica. A deficiência de ADA foi o primeiro caso de terapia gênica em seres humanos. A abordagem envolve a remoção de medula óssea do paciente, seguido pela transferência estável de um gene *ADA* "bom" nas células de medula óssea que são então transferidas de volta para os pacientes, onde elas se expandem e povoam o sistema imunitário. As alterações metabólicas são corrigidas, da mesma forma como são muitos dos outros fenótipos observados.

DISCUSSÃO

Os nucleotídeos desempenham um papel essencial em uma série de diferentes processos metabólicos, incluindo a síntese de RNA e de DNA e a transmissão de informação genética como reserva energética, como componentes estruturais de coenzimas e como moléculas sinalizadoras. Pela sua importância para o metabolismo em geral, os nucleotídeos são continuamente renovados. Embora o metabolismo dos nucleotídeos da purina, o adenilato (AMP), o 2'-desoxiadenilato (dAMP), o guanilato (GMP) e o 2'-desoxiguanilato (dGMP) possam ocorrer em todo o corpo, o principal local de degradação é o fígado.

O primeiro passo no catabolismo dos mononucleotídeos da purina é a hidrólise do fosfato por uma nucleotidase para formar o nucleosídeo correspondente. Guanosina e desoxiguanosina são convertidos para a base púrica guanina por remoção do açúcar de pentose por uma clivagem catalisada pela purina nucleosídeo fosforilase. A guanina desaminase remove hidroliticamente o grupo amino para converter guanina em xantina. A xantina-oxidase converte a xantina em ácido úrico. A via catabólica para a adenosina e para a desoxiadenosina é semelhante estrategicamente, mas tem mais etapas enzimáticas (Figura 2.1). A adenosina e a desoxiadenosina são primeiro desaminadas pela adenosina desaminase para se obter os nucleosídeos da inosina e desoxi-inosina. A purina nucleosídeo fosforilase em seguida remove os açúcares de pentose a partir dos nucleosídeos, libertando a base púrica hipoxantina. A hipoxantina é sequencialmente convertida em xantina e, em seguida, a ácido úrico pela enzima xantina-oxidase. O ácido úrico, o produto final do catabolismo das purinas, não é muito solúvel no sangue e é excretado. Se os níveis de ácido úrico no sangue são elevados, o urato de sódio pode cristalizar (geralmente nas articulações) para causar a gota.

A ADA, a enzima que catalisa a desaminação de adenosina e de desoxiadenosina em inosina e desoxi-inosina, respectivamente, está deficiente em alguns pacientes com imunodeficiência hereditárias. Mutações autossômicas recessivas na ADA levam à redução ou perda completa da atividade enzimática da ADA nas células (Figura 2.2, A), a qual, por sua vez, conduz a elevações na adenosina e na desoxiadenosina. Elevações da desoxiadenosina que ocorrem em resposta a deficiência da ADA são citotóxicas para as células, por uma via que envolve a fosforilação de desoxiadenosina em dATP. Elevações de dATP intracelular pode ativar vias que levam à apoptose, uma forma de morte celular. Esse é o mecanismo responsável pela perda de linfócitos na deficiência de ADA (Figura 2.2B). O acúmulo de adenosina extracelular leva à ativação dos receptores de adenosina em várias células que podem impactar o desenvolvimento de fenótipos não imunes associados com deficiência de ADA (Figura 2.3C). Esses fenótipos incluem problemas neurológicos e perda auditiva, assim como distúrbios no fígado, nos rins e no pulmão.

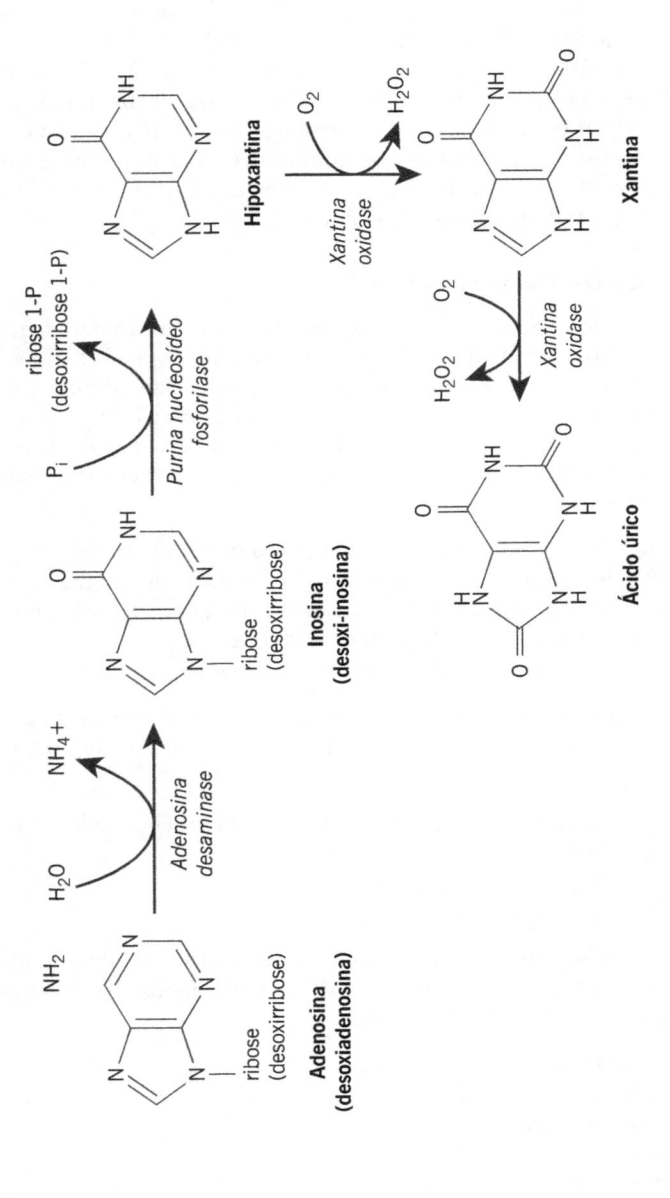

Figura 2.1 Via de degradação da adenosina e da desoxiadenosina.

A deficiência de ADA foi a primeira doença de imunodeficiência para a qual o defeito molecular foi identificado, tornando possível o diagnóstico molecular tanto pré como pós-natal. Além disso, a compreensão das bases metabólicas dessa doença ressaltou a importância do metabolismo normal das purinas para o desenvolvimento do sistema imune. Esse distúrbio também permitiu o desenvolvimento de novas estratégias de tratamento. PEG-ADA tornou-se a primeira proteína modificada com PEG a ser utilizada em uma estratégia terapêutica e abriu a porta para o desenvolvimento de outras proteínas modificadas com PEG que estão em amplo uso clínico atualmente. Além disso, a deficiência de ADA foi a primeira doença hereditária a ser tratada com terapia gênica.

QUESTÕES DE COMPREENSÃO

2.1 Um infante de 6 meses de idade apresenta-se com uma infecção fúngica oral e o histórico do paciente revela que houve infecções persistentes desde aproximadamente 1 mês de idade. Exames de sangue revelam diminuição do número de linfócitos T e B e você, portanto, suspeita de uma imunodeficiência. Quais dos seguintes resultados laboratoriais estariam especificamente implicados na deficiência de ADA como a base molecular para a imunodeficiência vista nesse paciente?

   A. Aumento de adenosina e de desoxiadenosina no sangue
   B. Níveis elevados de inosina e de desoxi-inosina no sangue
   C. Diminuição dos níveis de adenosina e de desoxiadenosina no sangue
   D. Aumento dos níveis de glicose no sangue
   E. Aumento dos níveis de creatinina no sangue

2.2 Com um paciente diagnosticado como SCID por deficiência de ADA, qual das seguintes abordagens de tratamento é mais provável de ser bem-sucedida?

   A. Transplante renal
   B. Transplante do fígado juntamente com tratamento de imunoglobulina
   C. Terapia de reposição enzimática de ADA
   D. Tratamento de imunoglobulina
   E. Restrição dietética de adenina

2.3 Quais dos seguintes parâmetros clínicos devem ser seguidos em um paciente com deficiência de ADA após o uso de terapia de reposição enzimática de ADA, para avaliar a eficácia do tratamento?

   A. Nitrogênio urêmico sanguíneo
   B. Contagens de hemácias
   C. Níveis de ferritina
   D. Níveis de hemoglobina
   E. Níveis de imunoglobulina

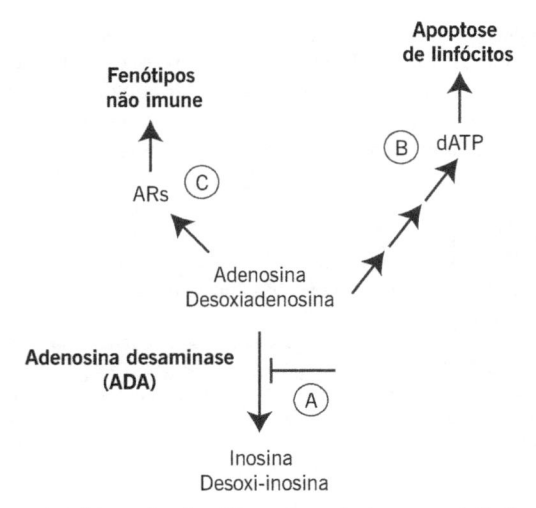

Figura 2.2 Bases metabólicas dos fenótipos associados com deficiência de ADA.

2.4 Uma deficiência de ADA pode levar a linfopenia e disfunção imune. O acúmulo de qual substância é mais provável em resultar nesses efeitos linfotóxicos?

A. Adenosina
B. Desoxiadenosina
C. Hipoxantina
D. Inosina
E. Ácido úrico

RESPOSTAS

2.1 **A.** A ADA é responsável pela desaminação de adenosina e de desoxiadenosina, dessa forma, elevações na adenosina e na desoxiadenosina são especificamente diagnósticas para deficiência de ADA.

2.2 **C.** A terapia de reposição enzimática de ADA é uma abordagem que pode aumentar a atividade enzimática de ADA em pacientes que conduzirá a uma diminuição dos substratos da ADA e uma atenuação dos fenótipos associados.

2.3 **E.** Os níveis diminuídos de imunoglobulina são indicativos da diminuição da função imune e são uma característica proeminente da deficiência de ADA. Assim, a monitoração dos níveis de imunoglobulina é uma forma de avaliar a eficácia da terapia de reposição da enzima ADA. Um aumento dos níveis de imunoglobulina é um resultado positivo.

2.4 **B.** A desoxiadenosina é a substância linfotóxica primária que se acumula como resultado de deficiência de adenosina desaminase. Ela pode ser fosforilada a dATP, cujo acúmulo leva à morte celular programada (apoptose) de células linfoides. Um acúmulo de adenosina também ocorre devido à deficiência de ADA, mas não é linfotóxica. A formação de adenosina pode levar a distúrbios neurológicos assim como distúrbios hepáticos, renais e pulmonares. A inosina, a hipoxantina e o ácido úrico são metabólitos a jusante de ADA e seu acúmulo não seria esperado com uma deficiência desta enzima.

DICAS DE BIOQUÍMICA

- ▶ Deficiência de ADA foi a primeira doença de imunodeficiência para qual o defeito molecular foi identificado.
- ▶ A ADA catalisa a desaminação da adenosina e da desoxiadenosina em inosina e desoxi--inosina, respectivamente.
- ▶ Elevações na desoxiadenosina que ocorrem em resposta à deficiência de ADA são citotóxicas para as células e conduzem à apoptose, uma forma de morte celular (neste caso perda de linfócitos).

REFERÊNCIA

Hershfield MS, Mitchell BS. Immunodeficiency diseases caused by adenosine deaminase deficiency and purine nucleoside phosphorylase deficiency. In: Valle D, Vogelstein B, Kinzler KW, et al, eds. *The Online Metabolic & Molecular Basis of Inherited Disease*. New York: McGraw-Hill, pp 2586-2588; http://dx.doi.org/10.1036/ommbid.137.

CASO 3

Mulher de 32 anos de idade está sendo tratada com metotrexato para um coriocarcinoma de ovário, diagnosticado recentemente, e apresenta-se com queixas de úlceras na mucosa bucal. A paciente lembra ter sido aconselhada a não tomar vitaminas contendo folato durante a terapia. Uma exploração cirúrgica simples foi realizada cinco semanas atrás com remoção do ovário afetado. A paciente vem tomando metotrexato por duas semanas e nunca teve qualquer um dos sintomas acima anteriormente. No exame, a paciente estava afebril e parecia doente. Várias úlceras foram vistas em sua boca. A paciente também tinha um pouco de fragilidade abdominal superior. Sua contagem de plaquetas está baixa com valor de 60.000/mm^3 (normal, 150.000-450.000/mm^3).

▶ Qual é a etiologia mais provável de seus sintomas?
▶ Qual é a explicação bioquímica de seus sintomas?
▶ Em que parte do ciclo celular atua o metotrexato?

RESPOSTAS PARA O CASO 3
Metotrexato e metabolismo do folato

Resumo: mulher de 32 anos de idade tem ulcerações orais e trombocitopenia (baixa contagem de plaquetas) após o início do tratamento com metotrexato devido ao diagnóstico recente de câncer de ovário. Ela lembra ter sido instruída a evitar folato durante o tratamento.

- **Provável causa de seus sintomas:** Eventos adversos de metotrexato (antimetabólito quimioterápico) que afeta as células em divisão rápida, como a mucosa oral.
- **Explicação bioquímica de seus sintomas:** Relacionados aos efeitos de metotrexato no ciclo celular de todas as células (em especial, nas células que se dividem rapidamente). Os antagonistas de folato inibem a di-hidrofolato redutase (tetra-hidrofolato é necessário para a síntese de purina).
- **Ciclo celular afetado pelo metotrexato:** Fase de síntese de DNA (S).

ABORDAGEM CLÍNICA

Os agentes quimioterápicos são utilizados para tratar vários tipos de câncer. Embora alguns sejam específicos para células cancerosas, a maioria dos agentes quimioterápicos são tóxicos, tanto para células normais, como para células cancerosas. O metotrexato atua como um antagonista de folato, afetando a síntese de DNA. Considerando que as células cancerosas se dividem mais rapidamente do que as células normais, uma proporção mais elevada dessas células neoplásicas morrerá. No entanto, as células normais que também se dividem rapidamente, como a mucosa gastrointestinal, a mucosa oral e as células da medula óssea, podem ser afetadas. O paciente foi orientado a evitar folato durante o tratamento, uma vez que o folato seria um "antídoto" e permitiria que as células cancerosas escapassem da morte celular.

ABORDAGEM AO
Ciclo celular

OBJETIVOS

1. Compreender os componentes do ciclo celular.
2. Saber como o folato está envolvido na síntese de DNA.
3. Familiarizar-se com a terminologia de nucleosídeos e nucleotídeos.

DEFINIÇÕES

CICLO CELULAR: o intervalo de tempo entre as divisões celulares nas células em proliferação. O ciclo celular é dividido em quatro fases: fase M, em que ocorre a

mitose; fase G_1, antes da síntese de DNA; fase S, em que o DNA e as histonas são sintetizados para duplicar os cromossomos; e fase G_2, durante o qual há crescimento celular e síntese de macromoléculas. Em certas condições, a célula pode entrar em um estágio quiescente, ou fase G_0, que não faz parte do ciclo celular regular.
DI-HIDROFOLATO REDUTASE (DHFR): a enzima necessária para converter ácido fólico em sua forma ativa, tetra-hidrofolato. Ele exige o cofator NADPH como uma fonte de equivalentes redutores para reduzir o folato, primeiro, a di-hidrofolato (DHF) e, em seguida, para tetra-hidrofolato.
METOTREXATO: Um fármaco que tem uma estrutura semelhante à DHFR. Ele liga-se à DHFR redutase e a inibe de forma competitiva, reduzindo assim os níveis de tetra-hidrofolato nas células. Ela para, efetivamente, a síntese de DNA em células que se dividem rapidamente, como células cancerosas.
TETRA-HIDROFOLATO (THF): a forma ativa da vitamina ácido fólico. O THF é um dos principais transportadores de unidades de um carbono em vários estados de oxidação para reações biossintéticas. Isso é necessário para a síntese do nucleotídeo timidilato (dTMP). Embora as bactérias possam sintetizar ácido fólico, os eucariotos devem obter folato a partir da dieta. As fontes alimentares de folato incluem vegetais de folhas verdes (p. ex., espinafre e nabo), frutas cítricas e leguminosas. Muitos cereais matinais, pães e outros produtos de grãos são fortificados com ácido fólico.
DNA: duas moléculas grandes compostas por desoxinucleotídeos conectados por ligações de hidrogênio de forma helicoidal e antiparalela.
NUCLEOSÍDEOS: base nitrogenada mais um açúcar (bases no DNA são a adenina [A], a timina [T], a citosina [C] e a guanina [G]; bases de RNA são A, C, G, mas uracila [U] em vez de T; porção de açúcar no DNA é a desoxirribose e no RNA é a ribose).
NUCLEOTÍDEO: nucleosídeo mais o grupo fosfato (Quadro 3.1).
DESOXITIMIDILATO (DTMP): Nucleotídeo de DNA constituído pelo açúcar desoxirribose, timidina como base nitrogenada e um fosfato.

DISCUSSÃO

O **ciclo celular** é definido como o intervalo de tempo entre as divisões celulares em células proliferativas. É importante notar que o ciclo celular não é um simples "relógio". O movimento por meio de ciclo celular é controlado por uma variedade

QUADRO 3.1 • TERMINOLOGIA DE ÁCIDOS NUCLEICOS	
Bases	Purina (adenina [A], guanina [G]); Pirimidina (uracila [U], citosina [C], timina [T])
Açúcar x	Desoxirribose (DNA), Ribose (RNA)
Base + Açúcar	Nucleosídeo
Base + Açúcar + Fosfato	Nucleotídeo

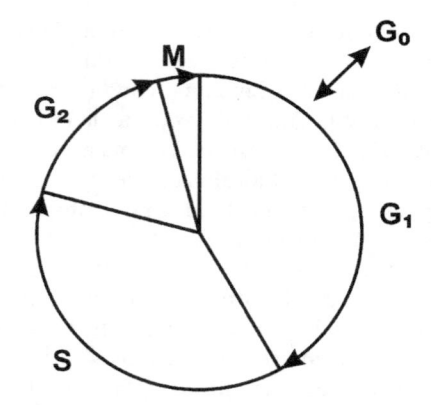

Figura 3.1 Ciclo celular. G_0, fase de descanso; G_1, crescimento celular; G_2, proteínas produzidas preparando para a divisão celular; M, mitose; S, síntese de DNA e replicação.

de proteínas que permitem que a célula responda a vários estímulos. O ciclo celular eucariótico é composto por 4 fases (Figura 3.1):

1. Fase M: Mitose
2. Fase G_1 (gap 1): Entre a mitose e o início da síntese de DNA
3. Fase S: Quando ocorre a síntese do DNA
4. Fase G_2 (gap 2): Crescimento celular e síntese de macromoléculas

Apesar de existir uma grande variação na duração do ciclo celular de mamíferos (horas a dias), de uma forma geral, as células de mamíferos dividem-se uma vez a cada 24 horas. As fases M e S do ciclo celular são relativamente constantes. Portanto, o comprimento do ciclo celular mamífero é determinado pelo comprimento das fases G_1 e G_2. A **divisão celular** ocorre durante a **fase M e a interfase mitótica** é composta por ($G_1 + G_2 + S$). A **fase M, ou mitose**, é dividida em quatro subfases: **prófase, metáfase, anáfase e telófase**. Na **prófase**, a membrana nuclear se rompe quando os cromossomos replicados se condensam e são liberados para o citoplasma. Os cromossomos ficam alinhados à placa equatorial da célula durante a **metáfase** e movem-se da placa equatorial para os polos durante a **anáfase**. A etapa final da fase M, **telófase**, é a nova formação da membrana nuclear em torno dos cromossomas seguido por citocinese, ou formação de duas células-filhas. Durante a fase G_1, a célula se "monitora" e monitora seu ambiente. A célula é metabolicamente ativa e passa por um crescimento contínuo, mas não ocorre síntese de DNA durante essa fase. Durante G_1 a célula toma a "decisão" de continuar no ciclo celular e se divide ou se "retira" do ciclo celular e se diferencia. A síntese de DNA e de histonas para formar dois conjuntos de cromossomos ocorre durante a fase S. O evento chave da fase G_2 para a célula é "garantir que todo o seu DNA foi replicado". Crescimento celular continuado e síntese de macromoléculas celulares também ocorrem durante a fase G_2, preparando para a divisão celular.

Sob certas condições, as células podem deixar G_1 e entrar na **fase G_0** do ciclo celular. Essa fase não faz parte do ciclo celular regular e representa um estado especializado, que pode ser temporário ou permanente. A entrada na fase G_0 pode ser desencadeada pela retirada de fatores de crescimento, por fatores de crescimento negativos ou por síntese proteica limitada. As células em G_0 estão em um **estado não proliferativo ou quiescente**, o qual pode ter duração bastante variável. Algumas células se diferenciam e nunca se dividem novamente. Outras podem retomar a proliferação para substituir células perdidas como resultado de lesão ou morte celular. Um ponto importante é que as células cancerosas, em geral, não têm uma fase G_0.

Proteínas reguladoras chave que regem o ciclo celular são as **cinases dependentes de ciclina (CDKs)**, que são proteínas cinases de serina/treonina, e as **ciclinas**, que são proteínas reguladoras que se ligam às CDKs. As proteínas que inibem a atividade de cinase (inibidores de cinase dependentes de ciclina [CDI]) também estão presentes na célula. As CDKs são reguladas pelos níveis de ciclinas e pelo complexo CDK/ciclina que fosforila proteínas em resíduos de serina ou treonina. As ciclinas ligam-se e ativam as CDKs por interações proteína-proteína. As ciclinas atuam como subunidades reguladoras, controlando a atividade e a especificidade da atividade de CDK. Essas ciclinas podem se fosforilar e se desfosforilar. O *acúmulo e degradação de ciclina controla a atividade do ciclo celular regular*. Por exemplo, a degradação de ciclinas específicas por proteólise na transição metáfase-anáfase finaliza a mitose.

O **THF é a principal fonte de unidades de um carbono** usado na biossíntese de muitas moléculas biológicas importantes. Esse **cofator** é derivado da **vitamina ácido fólico** e é um transportador de unidades carbono ativadas em vários **níveis de oxidação** (**metil, metileno, formil, formimino e metenil**). Esses compostos podem ser interconvertidos como exigido pelos processos celulares. O principal doador da unidade de um carbono é a serina na seguinte reação:

$$\text{Serina} + \text{THF} \rightarrow \text{Glicina} + N^5, N^{10}\text{-metileno-THF}$$

Todas as células, especialmente as células de crescimento rápido, devem sintetizar timidilato (dTMP) para a síntese de DNA. A diferença entre (T) e (U) é um grupo metil na posição 5 do carbono. O **timidilato é sintetizado por metilação do uridilato (dUMP)** em uma reação catalisada pela enzima **timidilato sintase**. Essa reação requer um doador de metila e uma fonte de equivalentes redutores, os quais são ambos fornecidos por N^5, N^{10}-metileno THF (Figura 3.2). Para que essa reação continue, a regeneração de THF a partir de di-hidrofolato (DHF) deve ocorrer.

$$\text{DHF} + \text{NADPH} + H^+ \rightarrow \text{THF} + \text{NADPH}^+$$

A enzima **di-hidrofolato redutase (DHFR)** catalisa essa reação, a qual é o alvo dos medicamentos **anticâncer aminopterina e metotrexato**. Esses fármacos são análogos do DHF e atuam como **inibidores competitivos do DHFR**. A inibição dessa enzima impede a regeneração de THF e **bloqueia a síntese de dTMP** devido a falta do doador de metila necessário para a reação da timidilato sintase.

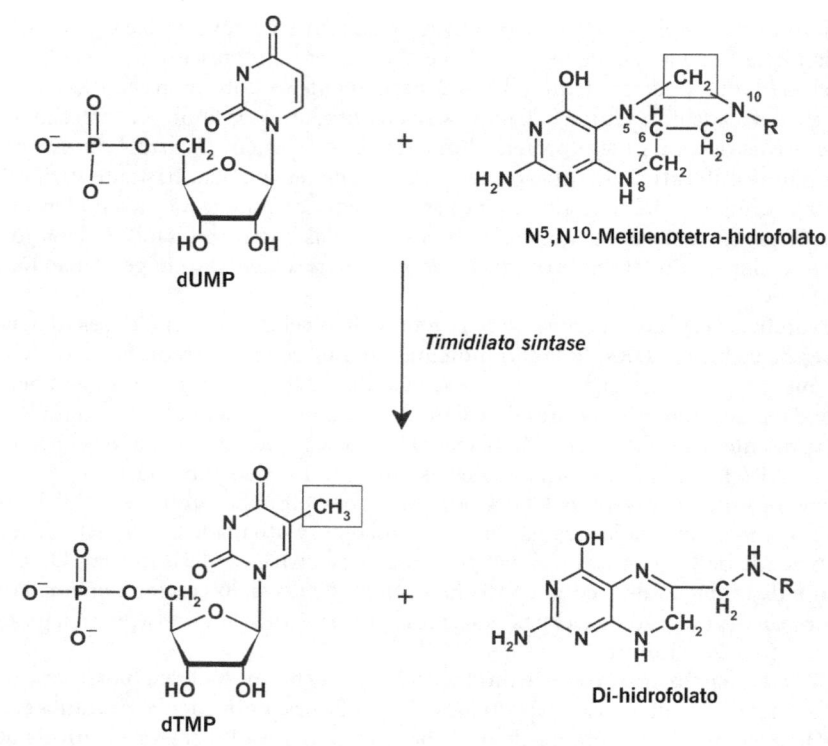

Figura 3.2 O timidilato sintetizado por metilação do uridilato (dUMP) em uma reação catalisada pela enzima timidilato sintase.

O **THF é também necessário como um doador de átomos de dois carbonos na síntese da estrutura de anel da purina encontrado na adenina e na guanina.** Os átomos de carbono doado pelo THF são indicados na Figura 3.3. Por conseguinte,

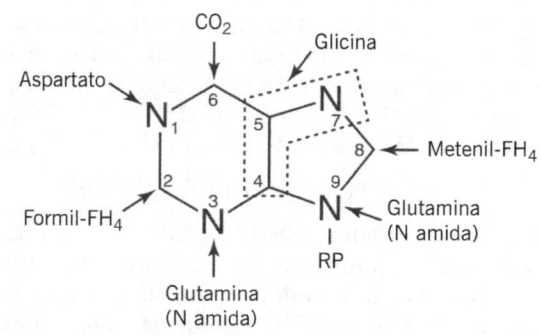

Figura 3.3 Origem dos átomos do sistema de anel da base púrica. RP, pentoses fosfato.

a falta de THF bloqueia a síntese da estrutura do anel da purina, devido à falta da capacidade da célula para sintetizar N^{10}-formil-THF.

Em resumo, **a síntese de DNA requer síntese de dTMP e das purinas adenina e guanina**. O THF, derivado da **vitamina ácido fólico**, é necessário para a biossíntese desses nucleotídeos. O tratamento com o metotrexato bloqueia a capacidade da célula de regenerar THF, levando à inibição dessas vias biossintéticas. A ausência de nucleotídeos impede a síntese de DNA e essas células cancerosas não podem se dividir sem síntese de DNA. Infelizmente, os efeitos do metotrexato não são específicos e outras células que se dividem rapidamente, como células epiteliais da cavidade oral, células do intestino, da pele e do sangue também são inibidas. Isso leva a eventos adversos associados ao metotrexato (e outros fármacos quimioterápicos do câncer), como feridas na boca, baixa contagem de leucócitos, dor de estômago, perda de cabelo, erupções cutâneas e coceira.

QUESTÕES DE COMPREENSÃO

3.1 Mulher de 44 anos de idade, que recentemente perdeu o emprego por causa de absentismo, chega ao seu médico com queixas de perda de apetite, fadiga, fraqueza muscular e depressão emocional. O exame físico revela um fígado dilatado que pode ser palpado como firme e nodular e há uma leve icterícia na esclera e um pouco de álcool em seu hálito. O perfil laboratorial inicial incluiu uma análise hematológica que mostrou que ela tinha uma anemia com aumento das hemácias (macrocíticas). Um aspirado de medula óssea confirmou a suspeita de anemia megaloblástica, porque mostrou um número maior de precursores de hemácias e de leucócitos, a maioria dos quais eram maiores do que o normal. Análises complementares revelaram que seu nível sérico de ácido fólico estava em 2,9 ng/mL normal = 6 a 15), o seu nível sérico de vitamina B_{12} era 153 pg/mL (normal = 150-750) e nível sérico de ferro estava normal. A anemia megaloblástica nesse paciente é mais provavelmente causada por qual dos seguintes?

A. Diminuição da síntese de metionina
B. Diminuição da conversão de dUMP para dTMP
C. Diminuição da síntese de fosfatidilcolina
D. Diminuição dos níveis de succinil-CoA
E. Diminuição da síntese de dUTP

3.2 A paciente apresenta infecção do trato urinário e é prescrito uma combinação de medicamentos que contêm trimetoprima e sulfametoxazol. Esses fármacos são eficazes porque eles fazem qual dos efeitos abaixo?

A. Ligam-se em operons para impedir a síntese de RNA mensageiro bacteriano
B. Bloqueia o transporte pelas paredes celulares de bactérias
C. Inibe a síntese de cobalamina (vitamina B_{12}) em bactérias
D. Inibe a síntese de THF em bactérias
E. Inibe a síntese de fosfolipídeos em bactérias

3.3 O metotrexato é frequentemente utilizado como um agente quimioterápico para o tratamento de pacientes com leucemia. Esse medicamento é eficaz porque inibe as células em que parte da ciclo celular?

A. Fase G_1
B. Fase S
C. Fase M
D. Fase G_2
E. Fase G_0

3.4 Pacientes com leucemia recebem, frequentemente, o composto leucovorina (N^5-formil THF) após o tratamento com o fármaco metotrexato. Qual o mecanismo pelo qual a leucovorina é útil como parte deste protocolo de tratamento?

A. Ele facilita a absorção de metotrexato pelas células.
B. Ele pode ser convertido em THF sem a necessidade de DHFR.
C. Ele atua como um ativador da timidilato sintase.
D. Ele impede a absorção de metotrexato por células normais.
E. Ele estimula as células do sistema imunitário.

RESPOSTAS

3.1 **B.** A anemia megaloblástica é ocasionada pela diminuição da síntese de desoxitimidilato e das bases púricas, geralmente causada por uma deficiência de THF ou de cobalamina ou de ambos. Isso resulta na diminuição da síntese de DNA, o que determina células hematopoiéticas, anormalmente grandes, criadas por alteração da divisão celular e na replicação e reparo do DNA. Esta paciente apresenta sinais de alcoolismo crônico, o que muitas vezes leva a deficiência de folato. Isso pode ocorrer devido a uma ingesta pobre, diminuição da absorção de folato devido a danos nas células da borda em escova do intestino e a resultante deficiência de conjugase e a pobre reabsorção renal de folato.

3.2 **D.** As bactérias devem sintetizar o folato necessário para os seus processos biossintéticos; eles não têm um transportador para colocar folato para dentro da célula. O trimetoprim inibe DHFR de procariotos (a de eucariotos não é afetada) e sulfametoxazol é um análogo do ácido p-aminobenzoico (PABA), um precursor do ácido fólico. As bactérias usarão esse analógo em vez de PABA e produzem um folato não funcional.

3.3 **B.** O metotrexato inibe a síntese de desoxitimidina, impedindo a regeneração de THF pela inibição da enzima DHFR. A inibição da síntese de desoxitimidilato evita que as células sintetizem seu DNA. A síntese de DNA ocorre exclusivamente durante a fase S do ciclo celular.

3.4 **B.** A leucovorina (N^5-formil THF, ácido folínico) é usada como um antídoto para células que apresentam níveis reduzidos de ácido fólico. O tratamento de pacientes com leucemia com metotrexato mata não apenas as células tumorais, mas também outras células que se dividem rapidamente mesmo normais.

N^5-formil THF é normalmente administrado 24 horas após o tratamento com metotrexato e pode ser convertido em THF por essas células normais, desconsiderando o bloqueio causado pelo metotrexato. Portanto, as células normais podem sintetizar desoxitimidina e realizar a síntese de DNA.

DICAS DE BIOQUÍMICA

- ▶ O ciclo celular eucarioto é composto pelas quatro fases a seguir: fase M, mitose; fase G_1 (gap 1), entre mitose e início da síntese de DNA; fase S, a síntese de DNA; e fase G_2 (gap 2), crescimento celular e síntese de macromoléculas.
- ▶ As células em G_0 estão em um estado não proliferativo ou quiescente, que pode variar muito na sua duração.
- ▶ A síntese de DNA requer a formação de dTMP e das purinas adenina e guanina. THF, derivado do ácido fólico, é necessário para o biossíntese desses nucleotídeos.
- ▶ O ciclo celular é regulado pelas proteínas específicas CDKs, que são proteínas cinases de serina/treonina, e pelas ciclinas, que são proteínas reguladoras que se ligam às CDKs.
- ▶ O tratamento com metotrexato bloqueia a capacidade das células de regenerar THF, levando à inibição dessas vias biossintéticas. Dessa forma, o metotrexato afeta a síntese de DNA.

REFERÊNCIAS

Alberts B, Johnson A, Lewis J, et al. The cell cycle and programmed cell death. *Molecular Biology of the Cell*. 5th ed. New York: Garland; 2007.

Cory JG. Purine and pyrimidine nucleotide metabolism. In: Devlin TM, ed. *Textbook of Biochemistry with Clinical Correlations*. 7th ed. New York: Wiley-Liss; 2010.

CASO 4

Mulher de 47 anos é levada para o pronto-socorro com queixas de mal-estar, náuseas, vômitos e fadiga. Revela uma longa história de abuso de álcool durante os últimos 10 anos e afirma necessitar de doses diárias de álcool, especialmente de manhã como um "abrir de olhos". Esteve em reabilitação em várias ocasiões por alcoolismo, mas não foi capaz de parar de beber. Atualmente, ela não tem casa e está desempregada. Nega tosse, febre, calafrios, sintomas respiratórios superiores, contatos com doentes, viagens recente, hematêmese e dor abdominal, mas tem fome e diz não ter comido muito bem por um longo período de tempo. No exame físico, notou-se desnutrição, mas não está em perigo, os demais achados são normais. Seu exame de sangue revela valores normais de leucócitos, mas demonstra anemia com hemácias grandes. Sua amilase, lipase e testes de função hepática estão normais.

▶ Qual é a causa mais provável da sua anemia?
▶ Qual é a base molecular para os eritrócitos grandes?

RESPOSTAS PARA O CASO 4
Deficiência de ácido fólico

Resumo: mulher branca de 47 anos alcoolista apresentando fadiga, mal-estar, náuseas, vômitos e pobre ingestão nutricional com anemia macrocítica e nenhuma evidência de pancreatite, doença hepática ou úlcera péptica.

- **Causa da anemia:** Deficiência de ácido fólico.
- **Base molecular da macrocitose:** Proliferação anormal de precursores eritrocitoides na medula óssea, porque a deficiência de folato onera a maturação dessas células por inibição da síntese de DNA.

ABORDAGEM CLÍNICA

O folato é uma vitamina essencial, encontrada em vegetais de folhas verdes. É também essencial para muitos processos bioquímicos no corpo, incluindo a síntese de DNA e a síntese de eritrócitos. Recentemente, foi demonstrado que a suplementação de folato é importante para a prevenção de defeitos do tubo neural de fetos, como anencefalia (ausência de córtex no cérebro e ausência do crânio ou da membrana que cobre o cérebro) e espinha bífida (malformação da medula espinal, na qual as meninges estão expostas, levando a déficits neurológicos). Em particular, as pessoas que abusam de álcool estão em risco de deficiência de folato por causa da absorção gastrointestinal prejudicada e da má nutrição. Anemia macrocítica (hemácias grandes) podem ser vistas com deficiência de folato. O tratamento consiste na reposição de ácido fólico (geralmente 1 mg/dia) por via oral com a correção da anemia após 1 a 2 meses. A dieta geralmente requer ajuste, e os problemas passíveis de correção devem ser tratados (desnutrição, neste caso). Notavelmente, a deficiência de ácido fólico na gravidez foi associada com defeitos do tubo neural (DTN) em fetos. Recomenda-se que mães tomem, pelo menos, 400 µg de ácido fólico por dia, três meses antes da concepção para reduzir o risco de DTN, em alguns casos, até mais de 400 µg de ácido fólico por dia é recomendada antes da concepção. Alguns exemplos específicos incluem história prévia de DTN, anemia falciforme, gestações múltiplas e doença de Crohn.

ABORDAGEM AO
Folato e síntese de DNA

OBJETIVOS

1. Compreender os papéis metabólicos importantes do ácido fólico com a produção de timina, a síntese de purinas e metionina.
2. Estar ciente da forma como a deficiência de folato causa anemia megaloblástica.

DEFINIÇÕES

S-ADENOSILMETIONINA: importante carreador de grupos metil ativados. Ela é formada pela condensação de ATP com o aminoácido metionina catalisada pela enzima metionina-adenosil-transferase em uma reação que libera trifosfato.

DI-HIDROFOLATO-REDUTASE: enzima que reduz primeiro o ácido fólico (folato) a di-hidrofolato e, em seguida, para o tetra-hidrofolato ativo. Di-hidrofolato-redutase utiliza NADPH como fonte de equivalentes redutores para a reação.

ÁCIDO FÓLICO: vitamina essencial constituída por um anel de pteridina ligado ao p-aminobenzoato, o qual está em uma ligação amida com um ou mais resíduos de glutamato. A forma ativa da enzima é tetra-hidrofolato (THF; FH_4), que é um importante transportador de unidades de um carbono em uma variedade de estados de oxidação.

ANEMIA MEGALOBLÁSTICA: anemia caracterizada por hemácias macrocíticas (grandes) produzida por uma proliferação anormal de precursores eritrocitários na medula óssea, em razão de uma limitação na síntese do DNA. O citoplasma continua a crescer, embora o núcleo não possa acompanhar devido a problemas de síntese de DNA.

METOTREXATO: um dos diversos medicamentos antifolato. É um análogo do ácido fólico que inibe competitivamente a di-hidrofolato-redutase. Devido ao fato que uma oferta abundante de THF é necessária para a síntese contínua do nucleotídeo de pirimidina timidilato, a síntese desse nucleotídeo é inibida, o que resulta na diminuição da síntese de DNA.

METIL TRAP: sequestrador de THF, como N^5-metil-THF, que diminui a conversão de homocisteína a metionina resultando na deficiência de metionina-sintase ou do seu cofator, a cobalamina (vitamina B_{12}).

DISCUSSÃO

O folato (ácido fólico) é uma vitamina essencial, que, na sua **forma ativa de THF** (Figura 4.1), **transfere grupos de um carbono a intermediários no metabolismo**. O folato tem um importante papel na **síntese de DNA**, e isso é necessário para a síntese de novo das **purinas** e para a conversão de **desoxiuridina-5-monofosfato (dUMP) para 5'-monofosfato-desoxitimidina (dTMP)**.

Além disso, derivados de folato participam na biossíntese de colina, serina, glicina e metionina. No entanto, em situações de deficiência de folato, não se observam sintomas da falta desses produtos, pois níveis adequados de aminoácidos e de colina são obtidos a partir da dieta (ver também Caso 3).

A **deficiência de ácido fólico** resulta na **anemia megaloblástica**. A anemia megaloblástica é caracterizada por **eritrócitos macrocíticos** produzidos pela **proliferação anormal de precursores eritrocitários na medula óssea**. A deficiência de folato dificulta a maturação dessas células por **inibição da síntese de DNA**. Sem uma oferta adequada de ácido fólico, a síntese de DNA é limitada pela **diminuição dos níveis de purina e de dTMP**.

O folato existe em um *pool* de intermediários interconvertíveis, cada um carregando um fragmento de um carbono em vários estados de oxidação diferentes

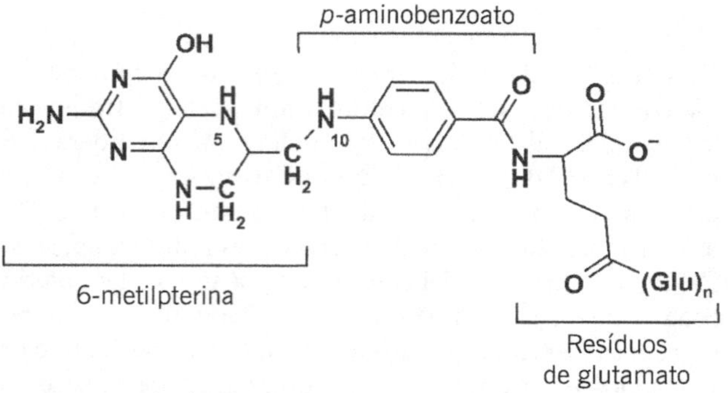

Figura 4.1 Estrutura do tetra-hidrofolato, a forma ativa do ácido fólico.

(Figura 4.2). O armazenamento total de folato no corpo é cerca de 110 mg/70 kg e, aproximadamente, 420 μg/70 kg é perdido por dia pela urina e fezes. **Duas formas diferentes de folato são necessárias para diferentes aspectos de biossíntese de nucleotídeos.** N^{10}-**formil-THF** proporciona os **átomos de carbono C-2 e C-8** para a síntese de novo dos **anéis de purina** e, assim, é essencial para o metabolismo do DNA.

A **forma metileno,** N^5,N^{10}-**metileno-THF,** é necessária para a produção de **dTMP a partir de dUMP.** Essa reação envolve a transferência de um grupo CH_2 e um átomo de hidrogênio a partir de N^5,N^{10}-metileno-THF. Nesse processo, o THF é oxidado a di-hidrofolato (DHF). Para a produção subsequente de dTMP, THF deve ser regenerado. THF é produzido a partir de DHF pela enzima DHF-redutase (DHFR) em uma reação que requer NADPH. DHFR é o alvo do metotrexato, um quimioterápico de câncer antifolato, que, ao limitar o *pool* disponível de N^5,N^{10}-metileno-THF inibe a síntese de DNA nas células cancerosas que estão se dividindo rapidamente. Terapia com metotrexato pode produzir efeitos adversos que se assemelham à deficiência de folato. Além disso, a DHFR bacteriana é um alvo para os agentes antimicrobianos.

Fora da síntese de DNA, o **folato desempenha um papel no metabolismo de metilação.** O principal **doador de metila é a S-adenosil-metionina (SAM),** que é necessária para muitas reações. Por exemplo, a SAM é necessária para a produção de **noradrenalina, a partir de adrenalina,** e para a **metilação do DNA,** que pode influenciar a **transcrição gênica.** Após a transferência de um grupo metila, SAM é convertida a **S-adenosil-homocisteína (SAH),** que é hidrolisada a **homocisteína e adenosina.** Para restaurar os níveis de metionina (um aminoácido essencial), a homocisteína deve ser metilada (Figura 4.3). Essa reação é dependente de N^5-metil-THF e vitamina B_{12}. **Níveis de metionina podem ser limitantes,** sendo crítica a disponibilidade de N^5-metil-THF para conversão de homocisteína a metionina. Além disso, na ausência de vitamina B_{12}, THF pode ficar aprisionado na forma N^5-metil-THF e, assim, ser removido do *pool* de THF. Essa condição é referida como *metil*

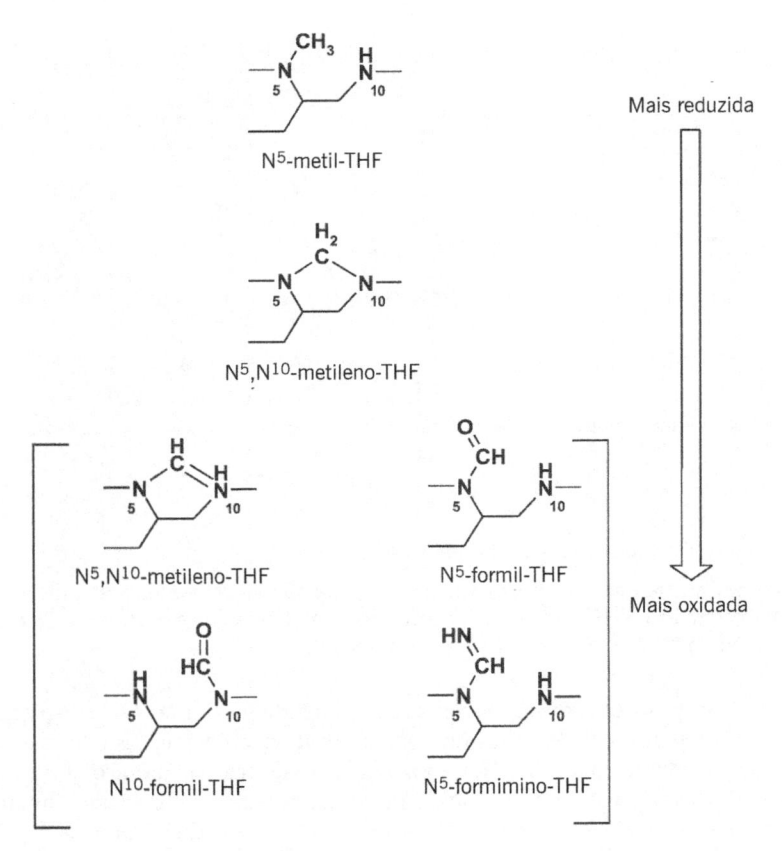

Figura 4.2 Estruturas de vários transportadores de um carbono do tetra-hidrofolato (THF). THF pode transportar unidades de um carbono em vários estados de oxidação do metanol (N^5-metil-THF), formaldeído (N^5, N^{10}-metileno-THF) ou ácido fórmico (demais estruturas).

trap, e pode ter impacto em outras áreas do metabolismo de um carbono, como a produção de dTMP.

A deficiência de folato perturba o metabolismo do DNA e as reações de metilação. **Vegetais verdes frondosos são boas fontes de folato**; no entanto, o folato é lábil e pode ser danificado durante a preparação dos alimentos. Outra fonte dietética de folato são os produtos à base de cereais, especialmente pães e cereais matinais que foram fortificados com ácido fólico. O folato também é produzido dentro do lúmen intestinal por bactérias intestinais; no entanto, a quantidade de folato absorvida a partir desta fonte é menor em seres humanos. Em sua forma mais simples, o folato

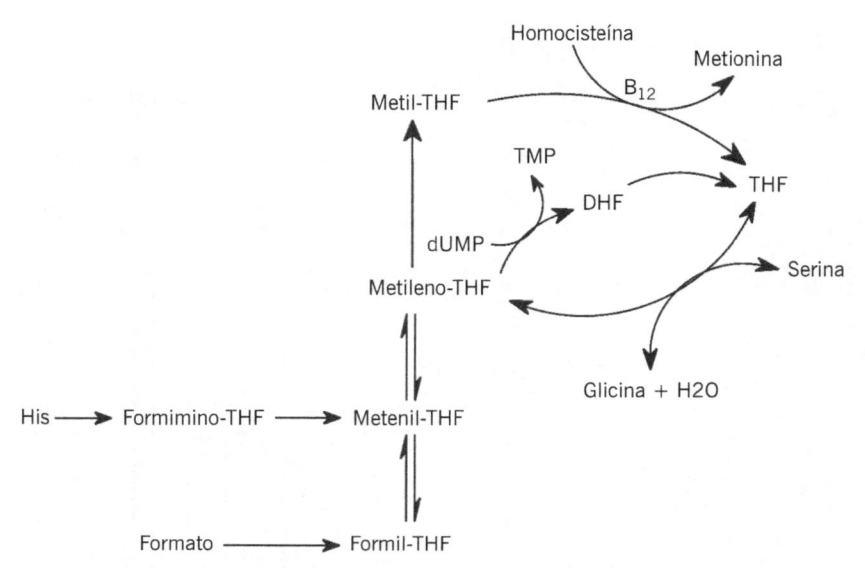

Figura 4.3 Vias metabólicas mostrando a interconversão de carreadores de um carbono do tetra-hidrofolato (THF). Observe que todas as interconversões são reversíveis, exceto a conversão de N^5,N^{10}-metileno-THF a N^5-metil-THF.

consiste em três porções químicas ligadas: um anel de pteridina (6-metil-pterina), ácido p-aminobenzoico (PABA) e glutamato. Na natureza, o folato é geralmente poliglutamatado (composto por 2 a 7 resíduos adicionais de ácido glutâmico). Conjugase (γ-glutamil-carboxipeptidase) no lúmen intestinal cliva resíduo de ácido glutâmico adicional, e folato é absorvido pela mucosa do intestino delgado (Figura 4.4).

Em casos de alcoolismo crônico, a deficiência de folato pode resultar em má nutrição ou má absorção de folato, secundárias a uma deficiência de conjugase. Uma vez que ocorre a deficiência de folato, pode ocorrer replicação anormal megaloblástica da mucosa epitelial, o que dificulta ainda mais a absorção de folato.

Depois da absorção, o folato é reduzido a THF pela di-hidrofolato-redutase. A maioria do folato circulante está na forma de N^5-metil-THF. As células usam transportadores específicos para captação de THF e a maquinaria celular adiciona resíduos de glutamato ao folato para ajudar na retenção celular.

Em resumo, **folato** é uma vitamina adquirida a partir da dieta **essencial para o metabolismo de um carbono.** Níveis inadequados de folato inibem a **síntese de DNA** limitando **nucleotídeos da purina e os níveis de dTMP**, o que resulta na proliferação celular anormal observado na **anemia megaloblástica**. O folato é também necessário para repor o *pool* de metionina para reações de metilação dependentes de SAM.

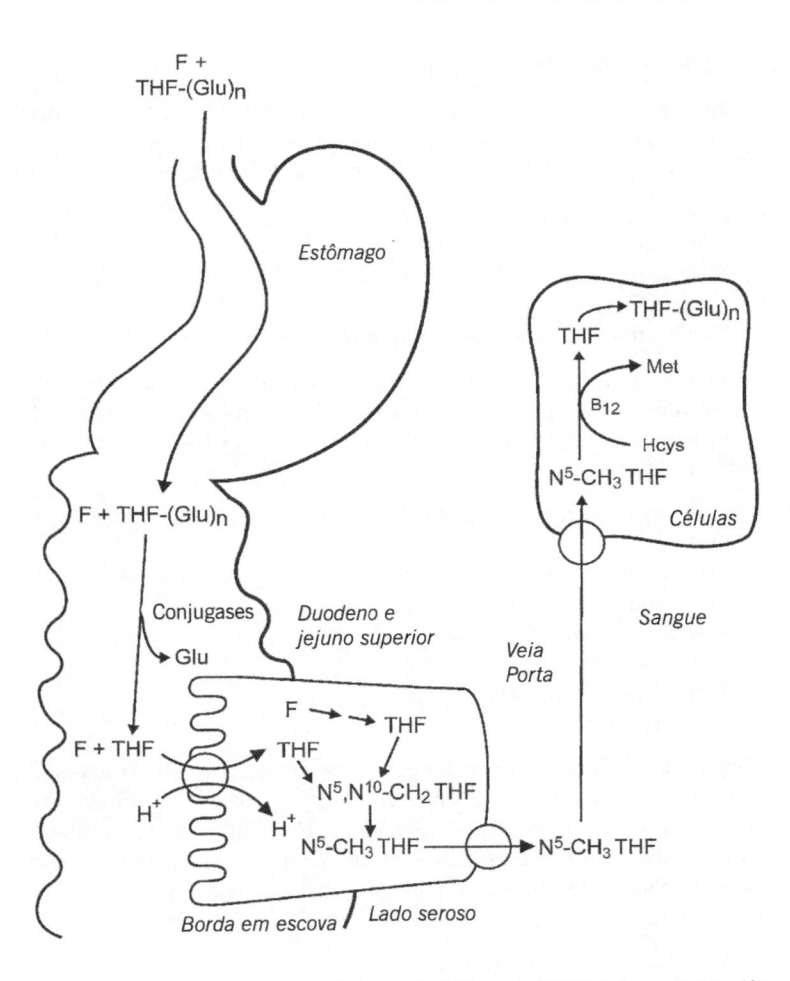

Figura 4.4 A absorção intestinal de folatos dietéticos (THF-[Glu]n) e ácido fólico (F), a partir de produtos à base de cereais fortificados e suplementos vitamínicos. No duodeno e jejuno superior, resíduo de glutamato adicional é clivado por conjugases (γ-glutamil-carboxipeptidase). Ambos, folato (F) e folato reduzido (THF), são absorvidos por um carreador de folato acoplado a prótons, de alta afinidade, em células da mucosa, convertido a N^5-metil-THF, e, em seguida, exportados para a circulação porta. N^5-metil-THF é absorvido pelas células por difusão facilitada, convertido em THF pela metionina-sintase dependente de vitamina B_{12} e, em seguida, convertido a um poliglutamato.

QUESTÕES DE COMPREENSÃO

4.1 Mulher de 35 anos tem nível de hemoglobina de 9 g/dL (intervalo normal: 12-14 g/dL). O tamanho das hemácias está aumentado. Qual dos seguintes testes seria ideal para distinguir entre deficiência de folato ou de vitamina B_{12}?

A. Atividade de metionina-sintase
B. Níveis sanguíneos de cistationina
C. Níveis sanguíneos de homocisteína
D. Níveis sanguíneos de metionina
E. Níveis sanguíneos de metilmalonato

4.2 Homem musculoso de 25 anos apresenta dermatite e língua inflamada. A história clínica revela que ele consome ovos crus como parte de sua dieta de treino há 6 meses. Qual das seguintes vitaminas é mais provável de estar deficiente neste paciente?

A. Ácido ascórbico (vitamina C)
B. Biotina
C. Cobalamina (vitamina B_{12})
D. Ácido fólico
E. Niacina (vitamina B_3)
F. Ácido pantotênico
G. Riboflavina (vitamina B_2)
H. Tiamina (vitamina B_1)

4.3 Homem de 30 anos vai ao seu dentista reclamando de dentes frouxos. O exame também revela que suas gengivas estão inchadas, roxas e esponjosas. O dentista também observa que os dedos do paciente têm múltiplas marcas hemorrágicas perto das extremidades distais da unha e que uma ferida no antebraço do paciente não regenerou corretamente. Qual das seguintes vitaminas é mais provável que esteja deficiente neste paciente?

A. Ácido ascórbico (vitamina C)
B. Biotina
C. Cobalamina (vitamina B_{12})
D. Ácido fólico
E. Niacina (vitamina B_3)
F. Ácido pantotênico
G. Riboflavina (vitamina B_2)
H. Tiamina (vitamina B_1)

4.4 Recém-nascido do sexo feminino apresenta espinha bífida pequena em sua coluna vertebral inferior que poderia afetar a bexiga e a função dos membros inferiores. Qual das seguintes vitaminas é mais provável de estar deficiente neste paciente?

A. Ácido ascórbico (vitamina C)
B. Biotina
C. Cobalamina (vitamina B_{12})
D. Ácido fólico
E. Niacina (vitamina B_3)
F. Ácido pantotênico
G. Riboflavina (vitamina B_2)
H. Tiamina (vitamina B_1)

RESPOSTAS

4.1 **E.** A vitamina B_{12} é um cofator em duas reações bioquímicas, a conversão de homocisteína a metionina pela enzima metionina-sintase e a conversão de L-metilmalonil-CoA em succinil-CoA pela metilmalonil-CoA-mutase. N^5-metil-THF é um doador de metila na reação metionina-sintase. A deficiência de folato resulta em atividade diminuída da metionina-sintase e diminui as concentrações de metionina e cistationina, enquanto os níveis de homocisteína estariam aumentados. A deficiência de vitamina B_{12} também daria esses mesmos resultados, mas, além disso, os níveis de metilmalonato iriam aumentar como uma consequência da diminuição da atividade de metilmalonil-CoA-mutase.

4.2 **B.** Ovos crus contêm avidina, uma proteína que se liga fortemente à biotina. Pelo fato de que avidina nativa é resistente à hidrólise por proteases digestivas, quando ela se liga a biotina impede a sua absorção. Avidina que foi desnaturada por cozimento será quebrada durante o processo digestivo. Deficiência de biotina manifesta-se como uma erupção da pele escamosa, eritematosa, e também pode causar queda de cabelo e conjuntivite. Deficiência de biotina também pode ocorrer após a nutrição parenteral total prolongada se biotina não for suplementada.

4.3 **A.** O paciente apresenta os sintomas clássicos de escorbuto, deficiência de vitamina C. Além de ser um importante antioxidante biológico, ácido ascórbico é necessário para hidroxilação de resíduos de prolina e lisina de pró-colágeno na síntese de colágeno. A deficiência de vitamina C leva a defeitos na síntese do colágeno, que afetam as substâncias intercelulares constitutivas do tecido conectivo, ossos e dentina.

4.4 **D.** O feto precisa de um fornecimento constante de cofatores para o desenvolvimento normal. Suplementos de ácido fólico de 400 µg/dia antes da concepção mostraram diminuir a incidência de defeitos do tubo neural, como espinha bífida.

DICAS DE BIOQUÍMICA

▶ O folato (ácido fólico) é uma vitamina essencial que, na sua forma ativa de tetra-hidrofolato, transfere grupos de um carbono a intermediários no metabolismo e desempenha importante função na síntese de DNA.
▶ THF é necessário para a síntese de novo de purinas e para a conversão de dUMP a dTMP.
▶ A principal alteração metabólica na deficiência de folato ocorre na anemia megaloblástica.

REFERÊNCIAS

Devlin TM, ed. *Textbook of Biochemistry with Clinical Correlations*. 7th ed. New York: Wiley-Liss; 2010.

Frenkel EP, Yardley DA. Clinical and laboratory features and sequelae of deficiency of folic acid (folate) and vitamin B_{12} (cobalamin) in pregnancy and gynecology. *Hematol Oncol Clin North Am*. 2000;14(5):1079-1100.

Lin Y, Dueker SR, Jones AD, et al. Quantitation of in vivo human folate metabolism. *Am J Clin Nutr*. 2004;80(3):680-691.

Que A, et al. Identification of an intestinal folate transporter and the molecular basis for hereditary folate malabsorption. *Cell*. 2006;127(5):917-928.

Murray RK, Bender DA, Botham KM, et al, eds. *Harper's Illustrated Biochemistry*. 29th ed. New York: Lange Medical Books/McGraw-Hill; 2012.

CASO 5

Homem de 32 anos foi atendido em uma clínica queixando-se de dor de garganta. Relatou que teve várias infecções das vias aéreas superiores nos últimos três meses, e também informou que usou vários antibióticos para essas infecções. A dor de garganta do paciente já vinha por quatro dias e estava piorando, além de não conseguir ingerir alimentos sólidos devido à dor. Nenhuma outra pessoa que teve contato com ele ficou doente. O paciente relatou um histórico de uso de drogas intravenosas (IV) e não relatou qualquer outro histórico sobre sua saúde. O exame revelou que a temperatura do paciente era 37,8 °C e o desconforto geral era mínimo. A faringe estava eritematosa e a garganta estava coberta por placas esbranquiçadas. O linfonodo cervical estava inchado, o peito estava límpido na auscultação e a frequência e batimentos cardíacos estavam normais. Contagem celular de linfócitos T CD4 foi realizada e estava menor do que 200 células/mm^3 (normal > 500 células/mm^3). O genoma do organismo responsável é formado por ácido ribonucleico (RNA).

▶ Qual é o diagnóstico mais provável?
▶ Qual é o mecanismo bioquímico que o patógeno utiliza para afetar as células do paciente?
▶ Qual enzima é necessária para que esse patógeno afete o genoma do hospedeiro?

RESPOSTAS PARA O CASO 5
HIV

Resumo: homem de 32 anos com histórico de uso de drogas IV apresentando vários sintomas de infecção das vias aéreas superiores e adenopatia. Apresenta, agora, garganta dolorida com várias placas esbranquiçadas. Apresentava também baixa contagem de CD4. O patógeno tem um genoma de RNA.

- **Diagnóstico mais provável:** Esofagite por candidíase secundária à infecção por HIV.
- **Mecanismo bioquímico da doença:** O genoma do HIV é formado por uma fita simples de RNA. Transcrição reversa do RNA viral é necessária para infectar as células do hospedeiro. O HIV causa imunossupressão porque ataca as células *T-helper* (células CD4), as células que mantém imunidade mediada por células.
- **Enzima necessária:** Transcriptase reversa.

ABORDAGEM CLÍNICA

Esse homem de 32 anos provavelmente adquiriu infecção por HIV pelo compartilhamento de agulhas com uma pessoa infectada. Inicialmente, a infecção por HIV causa sintomas sistêmicos, semelhantes aos da gripe, adenopatia e fadiga. Durante essa fase, o paciente apresenta viremia. A fase seguinte é amplamente assintomática e o vírus lentamente afeta células *T-helper* CD4. Quando os níveis dessas células importantes caem, o paciente já não pode se defender dos organismos que normalmente colonizam a pele, o trato gastrointestinal ou organismos do ar. O tratamento da infecção por HIV inclui agentes que atacam aspectos específicos do vírus, como análogos de nucleotídeos que inibem a transcriptase reversa e inibidores de protease.

ABORDAGEM AO
HIV

OBJETIVOS

1. Entender a transcrição e a tradução normais.
2. Ganhar familiaridade com transcriptase reversa e os mecanismos pelos quais o HIV opera.
3. Conhecer os mecanismos de ação de medicações anti-HIV.

DEFINIÇÕES

REPLICAÇÃO DO DNA: o processo pelo qual o DNA é duplicado nas células ocorre durante a fase S do ciclo celular. O DNA é duplicado de uma maneira semi-

conservativa, ou seja, cada nova dupla-fita de DNA contém uma das fitas originais (fitas parentais) e uma das fitas recém-sintetizadas (fitas filhas).
HIV: vírus da imunodeficiência humana, um retrovírus que causa Aids.
RETROVÍRUS: um vírus cujo material genético está localizado no RNA do vírus. A informação genética do retrovírus deve ser convertida em DNA no hospedeiro por um processo conhecido como transcrição reversa.
TRANSCRIÇÃO REVERSA: síntese de DNA a partir de um molde de RNA.
TRANSCRIÇÃO: processo pelo qual a informação contida no DNA nuclear é convertida em RNA mensageiro (mRNA) citosólico. Isso é realizado pela RNA-polimerase que sintetiza um mRNA que, por sua vez, possui uma sequência complementar à sequência da fita de DNA que é usada como molde.
TRADUÇÃO: síntese de proteínas a partir de mRNA. Esse processo ocorre nos ribossomos e necessita da participação de RNA transportador (tRNA) carregados com aminoácidos, mRNA e vários fatores de iniciação e de elongação.
ÉXONS: sequência de nucleotídeos que aparecem no RNA maduro.
ÍNTRONS: sequências de nucleotídeos que não aparecem no RNA maduro e que foram removidos para não aparecerem no mRNA.
SPLICEOSSOMO: complexo de partículas pequenas de ribonucleoproteínas (snRNP) que catalisam o *splicing* (remoção de íntrons) de precursores de mRNA.

DISCUSSÃO

O DNA é um material do planejamento biológico, que verdadeiramente carrega toda a informação necessária para a célula e que é passada de uma geração à outra. Portanto, é essencial que a célula preserve a integridade do DNA e o mantenha livre de erros o máximo possível. A versatilidade da molécula de DNA é impressionante. Ela determina tanto características única de um indivíduo ou célula como as características que são semelhantes as dos seus pais. Qual é o processo que ocorre na célula para duplicar e interpretar esse código genético em sinais funcionais? O DNA é duplicado de **maneira semiconservativa,** em um processo denominado **replicação do DNA.**

A **interpretação do DNA** obedece ao dogma central (Figura 5.1): primeiro, o DNA é **decodificado formando mRNA** no núcleo, por um processo denominado **transcrição**. A **transcrição** é um processo complexo que envolve a **enzima RNA-polimerase e vários fatores de transcrição.** A fita de DNA que dá as instruções para a síntese de RNA, por meio do **pareamento de bases complementares,** é denominada **molde**. A **síntese de RNA sempre é unidirecional no sentido 5' (fosfato) para 3' (hidroxila)**. A transcrição pode ser organizada em várias etapas:

1. **Ligação da RNA-polimerase** ao DNA.
2. Formação da **bolha de transcrição** (separação das fitas de DNA).
3. **Adição do primeiro resíduo do RNA.**
4. Adição do **segundo resíduo**, formação de uma **ligação fosfodiéster** entre os resíduos de ácido ribonucleico e **liberação de pirofosfato.**

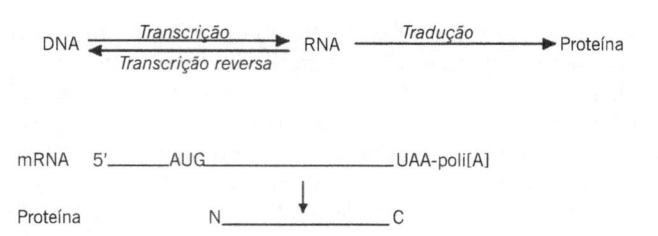

```
DNA  ⇌ Transcrição / Transcrição reversa ⇌  RNA  — Tradução →  Proteína

mRNA   5'_____AUG_____UAA-poli[A]
Proteína        N_____↓_____C
```

Figura 5.1 O dogma central.

O processo se repete continuamente até que um **sinal de** terminação seja encontrado. Uma vez que a **cadeia nascente de RNA emerge, ela recebe um capuz de metilguanilato na extremidade 5' e é poliadenilada na extremidade 3'**. Esse transcrito primário de RNA é a seguir processado pela maquinaria de *splicing*, para formar um mRNA maduro e funcional. O **RNA nuclear heterogêneo (hnRNA) contém éxons e íntrons**. Os íntrons são removidos e o **RNA maduro passa para o citoplasma**.

O **mRNA** é, então, processado no citoplasma por um processo denominado **tradução**. A tradução envolve os **ribossomos** juntamente com uma bateria de **fatores de iniciação (IF, do inglês, *initiation factors*), fatores de elongação (EF, do inglês, *elongation factors*) e fatores de liberação (RF, do inglês, *release factors*)**. É importante lembrar de uma regra: na tradução cada **códon é formado por uma trinca de nucleotídeos específica para um aminoácido específico (o código de três letras)**. Manter a ordem dos aminoácidos é importante para obter uma proteína funcional. O mRNA é traduzido em proteína com o auxílio de **tRNA**, que **carrega consigo um aminoácido (aminoacil-tRNA) e ribossomos**. Por sua vez, os ribossomos são compostos por muitas moléculas de proteína e várias moléculas de rRNA. Os passos da **tradução** são os seguintes:

1. Uma unidade ribossomal junta-se com **fatores de iniciação e formil-metionina (fMet)-tRNA ligando-se nas proximidades do códon de iniciação (AUG) na região** 5' do mRNA.
2. O **complexo ribossomal é formado por três sítios, os sítios A, P e E. O aminoacil-tRNA liga-se ao códon triplo no sítio A**. O grupo formil-metionina forma uma ligação peptídica com o aminogrupo do aminoacil-tRNA no **sítio P**, liberando o agora **tRNA$_{fMet}$ descarregado**, que deixa o ribossomo, agora montado por meio do **sítio E**.
3. A **elongação** prossegue até que o ribossomo encontre um dos **códons de terminação (UAA, UAG e UGA)**.
4. **A terminação da síntese da proteína** ocorre com a ajuda de fatores de liberação que clivam a cadeia peptídica do tRNA e dissociam o complexo ribossomal.

Nos **retrovírus como o HIV**, em que o material genético é **RNA** no lugar de DNA, ocorre **transcrição reversa**. O ciclo de vida do HIV inicia-se quando um vírion liga-se a receptores de superfície celular (receptores CD4) de um linfócito

T-helper. Isso provoca mudanças conformacionais, que fazem o revestimento do vírus se fundir com a membrana do linfócito, liberando assim o RNA e as proteínas do vírus no citosol, inclusive a transcriptase reversa e a integrase. O **genoma de RNA (Figura 5.2) é transcrito reversamente em uma molécula de DNA dupla-fita** com o auxílio da **enzima transcriptase reversa**. Essa enzima é uma **DNA-polimerase incomum, porque utiliza como molde tanto uma molécula de DNA como de RNA**. Ela produz DNA a partir de RNA e o usa para fazer a segunda fita de DNA. Esse DNA dupla-fita é transportada para o núcleo e é reconhecida pela **integrase (enzima do vírus)** que catalisa a sua inserção no genoma da célula hospedeira, estabelecendo assim uma infecção permanente. A etapa final é a transcrição do DNA viral integrado, produzindo uma grande quantidade de **RNA viral, que é embalado em um capsídeo** juntamente com proteínas essenciais e pode brotar da superfície da membrana plasmática. Baseado na patogênese do HIV, é muito importante entender o mecanismo de transcrição desse vírus. O ciclo de vida do HIV pode ser simplificado e esquematizado como é mostrado na Figura 5.3.

LTR	gag	pol	env	LTR

Figura 5.2 Genoma do HIV simplificado.

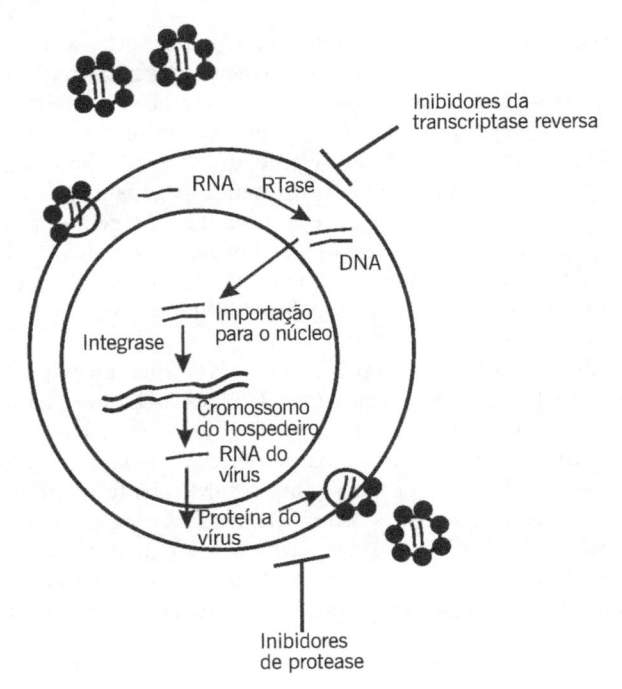

Figura 5.3 Ciclo de vida do HIV.

A **extensa extremidade terminal repetitiva (LTR, do inglês, *long terminal repeat*) contém as regiões do potencializador e do promotor** do HIV. O gene *gag* codifica as proteínas estruturais que ajudam a formar o capsídeo que empacota o RNA viral, gerando novas partículas do vírus. O gene *pol* codifica as duas enzimas críticas, a **transcriptase reversa e a integrase**. O *env* **codifica as proteínas do envelope** do vírus que juntamente com a membrana plasmática do hospedeiro ajudam a completar a partícula do vírus e fazê-lo brotar para fora da célula. Além dessas proteínas, **três proteínas regulatórias** (fator negativo **Nef**, transativador da transcrição **Tat** e regulador da expressão gênica do vírus **Rev**) podem afetar a transcrição do vírus. Especificamente, Tat estimula a atividade transcricional, ao passo que Rev é responsável pela mudança da expressão gênica inicial e tardia e localiza-se na região terminal 3' do gene *env*. Uma vez que pesquisas recentes têm identificado novas proteínas além das já conhecidas, pode-se sonhar em conseguir terapias antirretrovirais mais eficazes. Os fármacos disponíveis no mercado incluem **nucleosídeos inibidores da transcriptase reversa e da protease**.

Nucleosídeos inibidores da transcriptase reversa agem como substratos da enzima transcriptase reversa e necessitam de um evento de fosforilação para serem ativados. Os **fármacos nucleosídicos não possuem o grupo 3'-hidroxila**. Desse modo, sua incorporação no DNA viral efetivamente **termina o processo de elongação**. Essa classe de medicamentos inclui a zidovudina, a didanosina, a estavudina, a lamivudina e o abacavir. A forma como esses fármacos afetam os eventos iniciais da patogênese do HIV, é prevenindo a infecção aguda das células suscetíveis, mas o efeito sobre células já infectadas é pequeno. Os efeitos adversos mais comuns desses medicamentos são acidose láctica, hepatomegalia, anemia, anorexia, fadiga, náusea e insônia. Uma subcategoria deles é formada por inibidores não nucleosídeos, que agem por ligarem-se nas proximidades do sítio ativo introduzindo mudanças conformacionais e inibindo assim a função enzimática. Alguns membros dessa classe são a delavirdina, a nevirapina e o efavirenz. Uma desvantagem importante desses fármacos não nucleosídicos é que eles são metabolizados pelo sistema do citocromo P450 e são propensos a interações com outros medicamentos. Os efeitos adversos mais comuns são erupções cutâneas, aumento das funções hepáticas e comprometimento da concentração.

Inibidores de protease visam as **proteases do HIV, que são essenciais para ativar os precursores gag-pol. A protease do HIV é essencial para a** infectividade e cliva a poliproteína viral (gag-pol) nas enzimas virais ativas e nas proteínas estruturais. O mecanismo de ação desses medicamentos é a ligação reversível ao sítio ativo da protease do HIV, bloqueando assim a subsequente maturação do vírus. Essa classe de fármacos importantes inclui o saquinavir, o ritonavir, o indinavir e o nelfinavir. A toxicidade dos inibidores de protease inclui náusea, vômito e diarreia.

O tratamento com inibidores do HIV eventualmente leva a seleção de mutações que conferem resistência, uma razão importante para isso é que a transcriptase reversa é propensa a erros, porque ela não tem atividade exonucleásica 3'. Atualmente, combinações de inibidores direcionados a diferentes proteínas, por exemplo, dois nucleotídicos inibidores da transcriptase reversa e um inibidor de protease, são usados na terapia antiretroviral altamente ativa (HAART, do inglês, *highly active antirretroviral theraphy*). Para superar a resistência aos fármacos e encontrar uma cura definitiva para a infecção por HIV vários esforços estão em andamento visando desenvolver vacinas e também o uso de ribozimas direcionadas ao mRNA do HIV. Devido ao entendimento do HIV ao nível molecular, o futuro da terapia anti-HIV parece ser favorável, e promete uma cura efetiva para pacientes com AIDS.

QUESTÕES DE COMPREENSÃO

5.1 A estratégia terapêutica atual para pacientes infectados com HIV é baseada em um regime com o uso de vários medicamentos, conhecida como HAART. Um dos tipos de fármacos usado nessa terapia é análogo de nucleosídeos/nucleotídeos (por exemplo, didanosina). Qual das seguintes opções descreve melhor o mecanismo de ação desses medicamentos?

A. Inibem a síntese de proteínas virais
B. Ligam-se diretamente e inibem a transcriptase reversa
C. Evitam a hidrólise da poliproteína do vírus
D. Terminam prematuramente o DNA sintetizado pela transcriptase reversa
E. Inibem a enzima integrasse viral

5.2 ELISA (do inglês, *enzyme-linked immunosorbent assay*) é usada para a triagem rotineira de infecção por HIV e testes de *Western blot* são usados com sucesso como teste confirmatório. Qual das seguintes opções descreve melhor a estratégia utilizada para confirmar a presença de infecção por HIV usando análise por *Western blot*?

	Eletroforese em gel e *blot* realizado em:	Incubação do *blot* com:	*Blot* detecta:
A.	Padrões de proteínas do HIV	Soro de paciente	Presença de anticorpos anti-HIV no soro
B.	Soro do paciente	Anticorpos anti-HIV	Presença de proteínas do HIV no soro
C.	Padrões de anticorpos anti-HIV	Soro de paciente	Presença de proteínas do HIV no soro
D.	Soro de paciente	Oligonucleotídeos marcados	Presença de RNA do HIV no soro

5.3 O diagrama abaixo é uma representação esquemática do ciclo de vida do HIV. Qual das etapas marcadas indica melhor o sítio no qual inibidores da protease do HIV interrompe o ciclo?

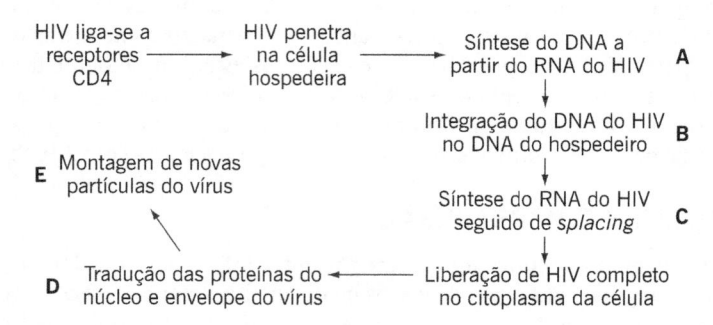

```
HIV liga-se a          HIV penetra
receptores      →      na célula        →    Síntese do DNA a
   CD4                 hospedeira            partir do RNA do HIV     A
                                                       ↓
                                             Integração do DNA do HIV
                                             no DNA do hospedeiro     B
     Montagem de novas                                 ↓
   E partículas do vírus                     Síntese do RNA do HIV
           ↖                                 seguido de splicing      C
             ↖                                         ↓
   D  Tradução das proteínas do    ←       Liberação de HIV completo
      núcleo e envelope do vírus            no citoplasma da célula
```

5.4 Dada a sequência de nucleotídeos de um mRNA, escolha qual a melhor sequência resultante na proteína. (Dica: use a tabela de aminoácidos das questões 13.2 e 13.3 do Caso 13, tendo em mente que [T] e [U] são análogos). mRNA 5'AUCGGAUGUCUCGGGUUCUGUAAAGGUAAUC 3'

A. Met-Ser-Arg-Val-Leu
B. Ser-Arg-Val-Leu
C. Met-Leu-Ser-Val
D. Ser-Arg-Val-Phe-Phe
E. Pro-Ser-Val-Gly

RESPOSTAS

5.1 **D.** Análogos de nucleosídeos/nucleotídeos como a azidotimidina e a didanosina são incorporados no DNA sintetizado pela transcriptase reversa do HIV. Uma vez que eles não têm grupo hidroxila na extremidade 3', não podem formar uma ligação com o nucleotídeo seguinte e a cadeia é terminada. A síntese de DNA da célula hospedeira não é afetada devido aos mecanismos de reparo do DNA nuclear.

5.2 **A.** Nos testes de *Western blot* confirmatórios, padrões de proteínas do HIV (*gag*, *pol* e *env*) são separadas por eletroforese em gel e então transferidas (*blot*) para uma membrana de nitrocelulose. A membrana então é incubada com soro de pacientes. Qualquer anticorpo anti-HIV se ligará à respectiva proteína na membrana. Finalmente, um anticorpo anti-humano marcado é adicionado para indicar a presença de qualquer anticorpo anti-HIV ligado. O teste é altamente específico, isto é, um resultado positivo é altamente indicativo de infecção por HIV.

5.3 **E.** As proteínas do HIV sintetizadas pela célula hospedeira são produzidas como uma poliproteína longa, que deve ser clivada liberando as enzimas ativas e as proteínas estruturais do HIV. Os inibidores de protease do HIV ligam-se e inibem a protease aspártica que hidrolisa a poliproteína, evitando assim a montagem de partículas infectantes virais.

5.4 **A.** O códon de iniciação é AUG e codifica para Met; UCU = Ser; CGG = Arg; GUU = Val; CUG = Leu; UAA = códon de terminação. O mRNA é lido na direção de 5' para 3'.

DICAS DE BIOQUÍMICA

▶ O DNA é decodificado para formar mRNA no núcleo por um processo denominado transcrição. A síntese de RNA é sempre unidirecional a partir da extremidade 5' (fosfato) para a 3' (hidroxila) e inicia-se na extremidade 3' da cadeia de DNA na direção da extremidade 5'.
▶ O mRNA é processado no citoplasma (tradução) com a participação de ribossomos. Cada códon de trinca de nucleotídeos codifica para um aminoácido específico (código genético de três letras).
▶ O RNA mensageiro é traduzido em proteína com a ajuda de tRNA, que traz um aminoácido consigo (aminoacil-tRNA), e por ribossomos.
▶ Alguns vírus, como o HIV, têm genomas de RNA e geralmente sofrem transcrição reversa em uma molécula de DNA dupla-fita utilizando-se da enzima transcriptase reversa.

REFERÊNCIAS

Levy JA. *HIV and the Pathogenesis of AIDS*. 2nd ed. Washington DC: ASM Press;1998.

Lodish H, Berk A, Kaiser CA, et al. *Molecular Cell Biology*. 7th ed. New York: Freeman; 2012.

Raffanti S, Haas DW. Anti-bacterial agents. In: Brunton L, Chabner B, Bjorn Knollman, eds. *Good-man and Gilman's The Pharmacological Basis of Therapeutics*. 12th ed. New York: McGraw-Hill; 2010.

CASO 6

Mulher de 21 anos de idade foi atendida no consultório com queixas de úlceras muito dolorosas na vulva. Ela relatou que tem sentido os sintomas por aproximadamente 3 dias e que eles estão piorando. A paciente disse que antes do aparecimento das ulcerações, ela sentiu ardência e formigamento da pele na mesma área. Ela havia sentido sintomas semelhantes a esses anteriormente e lhe disseram que era transmitido sexualmente. O exame revelou lesões múltiplas extremamente discretas, vesículas (parecendo bolhas) com base eritrematosa (vermelhas) tanto nos grandes lábios como na vulva. Ela apresentava aumento bilateral leve dos linfonodos inguinais. O médico usou um *swab* para tomar uma amostra das úlceras e enviar para análise.

▶ Qual o diagnóstico mais provável?
▶ Se a análise for pelo DNA, qual seria o método a ser usado para amplificar a amostra de DNA que foi colhida?

RESPOSTAS PARA O CASO 6
Herpes-vírus simples/reação em cadeia da polimerase

Resumo: mulher de 21 anos de idade apresenta episódios recorrentes de ulcerações dolorosas na vulva. O médico usou um *swab* para colher amostra da úlcera para fazer o diagnóstico. Ela também tem alguns sintomas neurológicos na vulva antes da aparição de lesões.

- **Diagnóstico mais provável:** Surto de herpes-vírus simples (HSV, do inglês, *herpes simplex virus*) tipo 2.
- **Técnica bioquímica:** Reação em cadeia da polimerase (PCR, do inglês, *polimerase chain reaction*) para amplificar a pequena quantidade de DNA do HSV. Essa é uma técnica de diagnóstico muito sensível que permite detectar pequenas quantidades do DNA do HSV e, por meio de técnicas *in vitro*, permite obter rapidamente grandes quantidades de DNA.

ABORDAGEM CLÍNICA

Essa paciente de 21 anos de idade apresenta episódios recorrentes de ulcerações na vulva acompanhadas de ardência e coceira na mesma região. Esses sintomas são causados pelo efeito do HSV no nervo aferente. Após uma infecção primária, o vírus do herpes permanece dormente no gânglio dorsal da raiz do nervo. Então, em situações de estresse ou por razões desconhecidas, o vírus torna-se ativo e trafega pelo nervo até a pele. Assim, frequentemente o paciente tem sintomas neurológicos mesmo depois da erupção na pele. O cultivo do vírus é um método preciso para o diagnóstico. Talvez ainda melhor é a PCR, a qual pode também ser usada para detectar numerosos agentes infecciosos, mutações genéticas e testes de medicina forense.

ABORDAGEM À
Reação em cadeia da polimerase

OBJETIVOS

1. Descrever o ciclo de vida dos HSVs.
2. Descrever o processo da PCR.
3. Conhecer os conceitos e objetivos das endonucleases de restrição e dos oligonucleotídeos.
4. Ganhar familiaridade com a forma como a PCR pode ser utilizada para identificar infecções e mutações.
5. Citar as vantagens da PCR sobre outras biotecnologias envolvendo DNA recombinante.

DEFINIÇÕES

ANELAMENTO: o processo que permite que um segmento de fita simples de DNA faça pareamento de bases de modo a formar um DNA de dupla-fita. É usado com mais frequência para indicar o processo de ligação de um "*primer*" (iniciador) de oligonucleotídeos ou sonda ("probe") a um fragmento de DNA.

DESNATURAÇÃO: o processo pelo qual a estrutura secundária e terciária das proteínas dos ácidos nucleicos é rompida, formando cadeias com estrutura aleatória. No caso do DNA, a desnaturação refere-se especificamente a separação de um segmentos de DNA dupla-fita em segmentos de fita simples pelo rompimento das ligações de hidrogênio que mantém as bases complementares pareadas, normalmente pelo aumento de temperatura.

REAÇÃO EM CADEIA DA POLIMERASE (PCR): a PCR é um método pelo qual o DNA ou segmentos de DNA podem ser amplificados por meio de várias etapas de desnaturação, anelamento e elongação. Por meio desse processo, a quantidade do DNA-alvo pode ser aumentada por um fator de 10^6 ou 10^9.

ENZIMAS DE RESTRIÇÃO: endonucleases isoladas de bactérias que seletivamente clivam DNA que possui uma sequência de nucleotídeos específica. A enzima reconhece sequências palindrômicas específicas de nucleotídeos e hidrolisa as duas fitas em posição interna a essa sequência. Os biologistas moleculares usam essas enzimas em várias técnicas de DNA recombinante.

TAQ DNA-POLIMERASE: uma DNA-polimerase isolada da bactéria termófila *Thermus aquaticus*. Ela tem a vantagem de permanecer ativa durante as etapas de PCR, nas quais a temperatura é aumentada para separar as fitas de DNA.

PALÍNDROME: possui a mesma sequência, tanto na fita complementar quanto na fita de DNA ou RNA original, quando lida na direção 5' para 3'.

ACICLOVIR (ACICLOGUANOSINA): a acicloguanosina, um produto que é ativado para a forma ativa acicloguanosina trifosfato (aciclo-GTP), inibe a polimerase de vírus, agindo como um terminador da cadeia de DNA.

DISCUSSÃO

HSVs são membros da família Herpesviridae, que também inclui o vírus Epstein-Barr (mononucleose infecciosa), o vírus da varicela-zóster (catapora) e o citomegalovírus (CMV). Os herpes-vírus são vírus grandes (diâmetro de 150 nm) e com um DNA viral dupla-fita envelopado. Devido ao envelope fosfolipídico, os herpes-vírus são sensíveis a ácidos, detergentes, solventes e dessecamento. Geralmente, a replicação dos herpes-vírus começa com a ligação da partícula viral à superfície da célula hospedeira, seguido pela fusão do envelope viral com a membrana celular e liberação do nucleocapsídeo viral no citoplasma da célula. O nucleocapsídeo liga-se ao envelope nuclear e então o genoma do vírus é liberado no núcleo da célula. O genoma do herpes-vírus é transcrito e traduzido pelos fatores da célula hospedeira, mas é replicado por uma DNA-polimerase codificada pelo vírus. Essa DNA-polimerase do HSV é um alvo importante para a terapia com medicamentos. Nucleocapsídeos virais são formados no núcleo e o envelope é adquirido a partir da membrana do núcleo ou da membrana do aparelho de Golgi. Partículas virais maduras são liberadas da célula hospedeira por exocitose ou lise celular. Dependendo do herpes-vírus e do tipo de célula que é infectada se estabelece uma infecção lítica, persistente (macrófagos ou linfócitos) ou latente (células nervosas).

Os herpes-vírus podem infectar muitos tipos de células (incluindo macrófagos, linfócitos e neurônios), causando infecção lítica, persistente ou latente. Uma vez que a célula nervosa está envolvida em uma infecção latente, a recorrência da doença é geralmente precedida de pródromo (sensação de ardência ou coceira). A infecção inicial por HSV-1 e HSV-2, em geral, se estabelece na membrana de mucosas. Embora HSV-1 e HSV-2 sejam respectivamente conhecidos como herpes oral e herpes genital devido aos locais típicos de infecção, ambos HSV-1 como HSV-2 podem ser encontrados tanto nos tecidos orais como nos genitais.

O diagnóstico pode ser feito examinando os tecidos ou células infectadas por efeitos citopatológicos específicos, isolamento e cultivo do vírus ou por sorologia. Métodos moleculares (como hibridização *in situ* de DNA e PCR do fluido das vesículas ou esfregaço) também são usados para o diagnóstico. Os métodos de diagnóstico molecular estão ganhando preferência porque eles permitem um diagnóstico rápido e identificam o tipo ou cepa do vírus. Devido a essas vantagens, a PCR é o método de preferência para o diagnóstico da encefalite por HSV.

A **PCR** é um método *in vitro* para a **amplificação exponencial de regiões específicas de DNA**. Atualmente, a PCR é uma das técnicas bioquímicas mais importantes e é aplicada praticamente em todos os campos da biologia molecular moderna. Os reagentes para a reação de PCR são muito simples: o **DNA-alvo a ser amplificado**, uma **DNA-polimerase termoestável**, os **4 desoxirribonuclotídeos, 2 oligonucleotídeos iniciadores (ou *primers*)** e **um tampão de reação**. A reação de PCR é feita em um único tubo, que contém todos esses componentes. O **segmento de DNA-alvo é amplificado** com alto grau de especificidade devido ao uso de **2 oligonucleotídeos iniciadores** que são complementares às sequências das regiões 3' que flanqueiam as extremidades das fitas opostas ao segmento-alvo. A amplificação por PCR ocorre por ciclos repetidos de **três etapas dependentes de temperatura** denominadas de **desnaturação, anelamento e extensão** (Figura 6.1). O DNA nativo existe como uma dupla-hélice. Assim, a primeira etapa (desnaturação) do processo separa as duas cadeias de DNA por **aumento de temperatura** da mistura de reação até 90 a 95° C. Na segunda etapa, **anelamento**, a mistura de reação é resfriada na faixa de 45 a 60° C, de modo que os **oligonucleotídeos iniciadores possam se ligar ou se anelar** às fitas separadas do DNA-alvo. Na etapa final do processo, **extensão**, a **DNA-polimerase adiciona nucleotídeos às extremidades 3' dos *primers*, de forma a completar uma cópia complementar do segmento do DNA-alvo**. Uma DNA-polimerase termoestável obtida da bactéria termófila *T. aquaticus* é usada para sintetizar as novas fitas de DNA na maioria das PCRs. Uma vez que essa Taq DNA-polimerase age melhor ao redor de 72° C, a temperatura da mistura de reação é aumentada até essa temperatura para que a extensão ocorra com eficiência. Ao final desse ciclo de 3 etapas, cada região alvo do DNA presente no tubo é duplicada. Esse ciclo de 3 etapas é então repetido muitas vezes. Cada nova fita de DNA pode então atuar como um novo molde no ciclo seguinte, produzindo aproximadamente

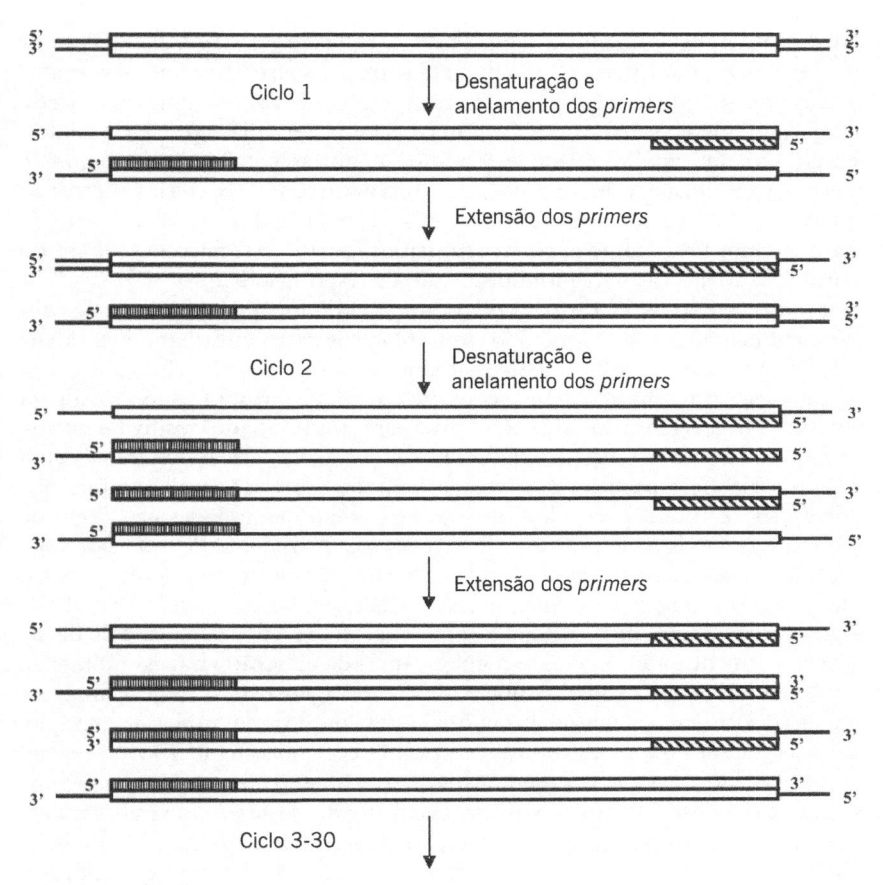

Figura 6.1 Diagrama da reação em cadeia da polimerase.

1 milhão de cópias do DNA-alvo após 20 ciclos. Desse modo, a PCR é um método capaz de amplificar qualquer sequência de DNA virtualmente sem limites e possibilita separar o ácido nucleico de interesse do seu contexto.

A PCR tem se tornado o principal método para a detecção de um número crescente de patógenos humanos. Os exemplos incluem o HSV, o papilomavírus humano, o HIV, os tipos 1 e 3 do vírus *T. lymphotropico* humano, o CMV, o vírus de Epstein-Barr, o herpesvirus-6 humano (HHV-6), o vírus da hepatite B, o parvovírus B16, os vírus JC e BK, o vírus da rubéola, microbactéria, o *Toxoplasma gondii*, o *Trypanosoma cruzi* e malária, com muito mais ainda por vir. A PCR pode ser aplicada como método de detecção para virtualmente todos os patógenos para os quais haja informação, mesmo que limitada, sobre sua sequência nucleotídica e quando uma amostra do tecido infectado possa ser facilmente obtida. Na maioria dos casos, a PCR pode ter mais poder de descriminação do que a sorologia convencional. Por exemplo, é difícil distinguir HSV-1 de HSV-2 ou HIV-1 de HIV-2 por sorologia, mas se pode diferenciar facilmente entre esses vírus, baseando-se na amplificação por PCR de sequências genéticas específicas para cada um desses vírus. A PCR proporciona resultados rápidos, em geral entre 1 e 2 dias no cenário clínico. Ela é aplicada a uma ampla variedade de amostras clínicas, patológicas ou forenses e também a tecidos fixados em formalina, culturas inativadas de bactérias e amostras arqueológicas. Entretanto, uma vez que a **PCR detecta ácidos nucleicos tanto de microrganismos vivos como de microrganismos mortos**, esse fato deve ser levado em consideração nos casos de monitoramento da resposta à terapia.

Antes do método da PCR para a detecção de HSV-1 e HSV-2, as amostras clínicas eram analisadas usando métodos imunológicos para confirmar a identidade do vírus, seguida do seu cultivo. Esses métodos são trabalhosos (3-12 dias) e caros. Além do mais, nem sempre se tem sucesso no cultivo de vírus. O tempo total para cultivar um vírus é, em média, de 108 horas para um resultado positivo e de 154 horas para um resultado negativo. Em comparação, o atual método da PCR para detecção de HSV é específico, relativamente rápido e preciso. O método permite a detecção de 1 a 10 partículas virais presentes em quantidades da ordem de micrograma de DNA celular ou DNA heterogêneo. O ensaio da PCR proporciona aumento de sensibilidade, especificidade e diminuição no tempo de diagnóstico (24-48 horas) em comparação com as técnicas tradicionais de cultivo de vírus. Esses métodos possibilitaram uma melhor compreensão sobre a fisiopatogenia de doenças. Particularmente, a PCR revelou a importância da excreção viral assintomática em pacientes infectados. A PCR também ajuda no diagnóstico de muitas situações nas quais o isolamento de vírus por cultivo é difícil ou impossível, por exemplo, em casos já tratados ou lesões atípicas ou em infecções no sistema nervoso central de recém-nascidos. A PCR tem demonstrado a existência de viremia em recém-nascidos infectados. A PCR ajuda no sequenciamento de genomas virais para estudos epidemiológicos adicionais ou na análise da resistência a fármacos antivirais. Recentemente, técnicas derivadas da PCR foram desenvolvidas para quantificar a carga viral em tempo real, possibilitando assim um diagnóstico em poucas horas.

Após a **amplificação das amostras** por PCR, a identificação das espécies de vírus pode ser feita com o uso de **digestão por enzimas de restrição** que produzem um padrão único de **fragmentos de tamanhos diferentes** que é característico para cada herpersvírus (ou outro patógeno). As **endonucleases de restrição são enzimas capazes de cortar DNA dupla-fita em sequências palindrômicas específicas**, geralmente de 4 a 6 nucleotídeos de comprimento. Ademais, um painel bem planejado de enzimas de restrição permite discriminar entre as variantes A e B do herpes-vírus 6 humano. Dessa maneira, esse método pode facilmente, em uma grande variedade de amostras clínicas, detectar herpes-vírus humano, incluindo ocasionais infecções múltiplas. Quando se compara ensaios por PCR para detecção de HSV em amostras clínicas com o isolamento do vírus ou microscopia eletrônica, todas as amostras positivas pelos métodos convencionais são também positivas por PCR. Entretanto, em um bom número de amostras clínicas nas quais HSV não pode ser detectado por métodos convencionais, a PCR é capaz de demonstrar a presença do vírus.

O tratamento do HSV envolve o uso de análogos de nucleosídeos como pró-fármacos que, uma vez ativados, inibem especificamente a DNA-polimerase do vírus, impedindo assim a replicação do genoma viral. Aciclovir é um análogo da guanosina (Figura 6.2) que se mostrou eficaz contra HSV. Aciclovir é primeiramente fosforilado ao derivado monofosfato pela timidilato-cinase do vírus. Cinases celulares então o converte na forma trifosfato. O fármaco agora ativo, ciclo-GTP, inibe a replicação do genoma viral. A DNA-polimerase do vírus incorpora o nucleotídeo acicloguanina no DNA viral durante o processo de replicação, mas como não há

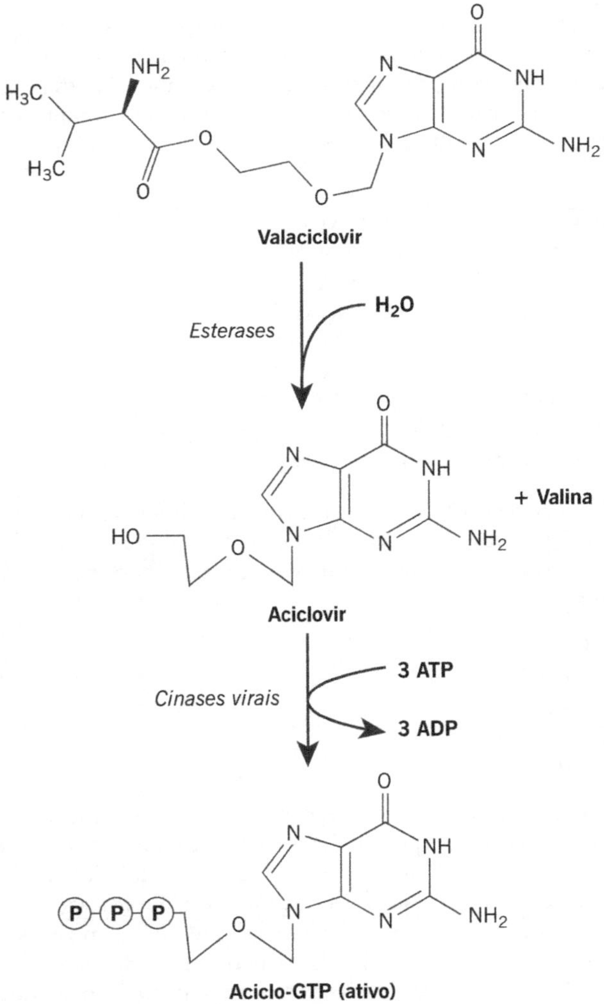

Figura 6.2 Conversão do pró-fármaco valciclovir em acicloguanosina trifosfato ativa.

uma hidroxila 3' para formar a ligação fosfodiéster seguinte, a cadeia de DNA termina e a replicação é interrompida.

O aciclovir tem uma biodisponibilidade oral relativamente fraca. O valaciclovir é uma versão modificada do aciclovir, o qual foi esterificado com o aminoácido valina. A sua biodisponibilidade oral é cerca de 3 a 5 vezes maior do que a do aciclovir. Quando absorvido, ele é convertido em aciclovir por esterases celulares e, posteriormente, fosforilado produzindo a forma ativa aciclo-GTP (Figura 6.2).

QUESTÕES DE COMPREENSÃO

6.1 Uma das etapas na amplificação de fragmentos de DNA por PCR é a etapa de desnaturação na qual a temperatura é aumentada para romper as ligações de hidrogênio que faz o pareamento das bases. Quais dos fragmentos de DNA abaixo tem maior probabilidade de necessitar de um aumento maior de temperatura para a desnaturação completa?

A. 5'-C·A·A·T·G·T·A·A·T·T·G·C·A·T·3'
   3'-G·T·T·A·C·A·T·T·A·A·C·G·T·A·5'
B. 5'-A·T·A·T·A·T·A·T·A·T·A·T·A·T·3'
   3'-T·A·T·A·T·A·T·A·T·A·T·A·T·A·5'
C. 5'-A·A·C·C·G·G·A·C·C·G·C·G·A·T·3'
   3'-T·T·G·G·C·C·T·G·G·C·G·C·T·A·5'
D. 5'-A·G·A·G·A·G·A·G·A·G·A·G·A·G·3'
   3'-T·C·T·C·T·C·T·C·T·C·T·C·T·C·5'
E. 5'-G·A·C·T·G·T·A·A·T·A·C·G·A·T·3'
   3'-C·T·G·A·C·A·T·T·A·T·G·C·T·A·5'

6.2 As enzimas de restrição são usadas para clivar DNA genômico em fragmentos menores. Qual das sequências de DNA fita simples mostradas abaixo tem a maior probabilidade de ser um sítio de ação para uma endonuclease de restrição?

A. T-A-G-C-T-T
B. C-T-G-C-A-G
C. A-A-C-C-A-A
D. G-T-G-T-G-T
E. A-A-A-C-C-C

6.3 Mulher de 21 anos de idade foi sequestrada ao fazer compras em uma loja de conveniência. O seu corpo foi encontrado na manhã seguinte em uma área de mato atrás da loja. A necropsia revelou que ela foi violentada sexualmente e estrangulada. Os investigadores da cena do crime conseguiram coletar uma amostra de sêmen na secreção vaginal, bem como amostras de tecido nas unhas da vítima. Amostras de DNA foram obtidas tanto da vítima como de três suspeitos. Uma análise de repetições em tandem em número variável (VNTR) foi realizada nas amostras de DNA coletadas na cena do crime da vítima e dos três suspeitos e os resultados foram comparados. Qual das seguintes técnicas é a mais apropriada para essa análise?

A. Sondas de oligonucleotídeos alelo-específicas
B. Sequenciamento de DNA
C. Northen blot
D. Southern blot
E. Western blot

6.4 Homem de 40 anos de idade queixou-se ao seu clínico geral de uma lesão dolorosa no escroto. No exame, o médico observou na parte de baixo, do lado esquerdo, o que pareciam ser vesículas de herpes. Ele prescreveu um tratamento com valaciclovir. O valaciclovir trata infecção por HSV por qual dos seguintes motivos?

A. Agindo como inibidor de proteases
B. Inibindo a tradução de proteínas
C. Inibindo a transcriptase reversa
D. Inibindo a organização de novas partículas virais
E. Inibindo a replicação do genoma do vírus.

RESPOSTAS

6.1 **C.** A temperatura na qual as fitas de DNA se separam depende do número de ligações de hidrogênio que fazem o pareamento entre as bases. Uma vez que os pares G-C tem três ligações de hidrogênio e os pares A-T têm apenas duas, a fita que tiver o maior número de pares G-C terá a maior temperatura de desnaturação, Tm, isto é, a temperatura na qual metade dos pareamentos entre bases é rompido. Curiosamente, o TATA box, o ponto de início da transcrição nos organismos eucariotos, tem as ligações mais fracas.

6.2 **B.** A maioria das sequências reconhecidas por endonucleases de restrição são palindrômicas, isto é, eles têm a mesma sequência de nucleotídeos nas duas fitas quando lidas na direção 5' para 3'. Uma vez que a opção B é única sequência que é palindrômica quando pareada com a sua fita complementar, ela é a mais provável de ser o sítio de reconhecimento de uma endonuclease de restrição (no caso, o sítio de reconhecimento da enzima de restrição *Pst*1).

6.3 **D.** A análise de VNTR examina as regiões hipervariáveis do genoma humano. Essas regiões contêm sequências que se repetem em tandem, um número variável de vezes e têm um comprimento único para cada indivíduo. Como trata-se de analisar fragmentos de DNA, o Southern blot é a técnica mais apropriada para separar e detectar essas regiões. O sequenciamento de DNA é muito demorado para ser aplicado na análise forense. Northern blot é usado para separar e detectar RNA e Western blot é usado para proteínas. Sondas de oligonucleotídicas alelo-específicas são usadas para testar a presença de mutações genéticas que podem introduzir ou remover algum sítio de restrição.

6.4 **E.** Valaciclovir é um pró-fármaco que é metabolizado em um análogo do GTP. O análogo de nucleotídeo é incorporado no DNA viral a medida que ele replica e termina o processo de replicação.

> ### DICAS DE BIOQUÍMICA
>
> ▶ A PCR é um método *in vitro* para a amplificação exponencial de uma região específica de DNA.
> ▶ A PCR envolve (1) desnaturação, que separa as duas cadeias de DNA pelo aquecimento da mistura de reação até 90 a 95° C, (2) anelamento ao resfriar até 45 a 60°C de modo que os oligonucleotídeos iniciadores (ou *primers*) possam se ligar ou se anelar às fitas separadas do DNA-alvo e (3) extensão na qual a DNA-polimerase (a 72° C quando *Taq* DNA-polimerase é usada) adiciona nucleotídeos à extremidade 3' dos *primers* até completar a cópia do DNA molde alvo.
> ▶ Pares GC formam três ligações de hidrogênio enquanto pares AT formam apenas duas ligações de hidrogênio, sendo então mais fracos.
> ▶ Uma DNA-polimerase termoestável obtida da bactéria termófila *T. aquaticus* é utilizada para sintetizar novas fitas na maioria das reações de PCR.
> ▶ Endonucleases de restrição, em geral, agem em sítios palindrômicos.

REFERÊNCIAS

Granner DK, Weil PA. Molecular genetics, recombinant DNA, & genomic technology. In: Murray RK, Granner DK, Mayes PA, et al, eds. *Harper's Illustrated Biochemistry*. 26ª ed. New York: Lange Medical Books/McGraw-Hill; 2003.

Johnson G, Nelson S, Petric M, et al. Comprehensive PCR-based assay for detection and species identification of human herpesviruses. *J Clin Microbiol*. 2000;38(9):3274-3279.

CASO 7

Mulher de 39 anos foi atendida em uma clínica para um exame de acompanhamento de saúde de rotina. A paciente relata que tem se sentido nervosa e ansiosa o tempo todo e com palpitações frequentes. Ao aprofundar a anamnese, ela informa ter tido diarreia e estar perdendo peso há algum tempo, além de informar ter notado alteração no crescimento do cabelo e das unhas e que muitas vezes se sentia quente, enquanto outras pessoas se sentiam com frio ou confortáveis. Nega qualquer história de depressão ou ansiedade e não está tomando nenhuma medicação. O exame clínico revelou frequência cardíaca de 110 batimentos/minuto. Tem tremor leve e reflexos aumentados em todas as extremidades. Na região da tireoide apresentava uma massa aumentada firme. O nível do hormônio estimulante da tireoide (TSH, do inglês, *thyroid-stimulating hormone*) estava baixo, em 0,1 mUI/mL. A paciente recebeu a informação de que tinha um processo autoimune de produção de anticorpos.

▶ Qual o diagnóstico mais provável?
▶ Qual o mecanismo bioquímico da doença?

RESPOSTAS PARA O CASO 7

Hipertireoidismo/regulação da transcrição mediada por esteroides

Resumo: mulher de 39 anos com sintomas de nervosismo, perda de peso, alterações na pele e gastrointestinais, palpitação cardíaca, intolerância ao calor e sintomas físicos de hiperflexia e bócio.

- **Diagnóstico provável:** Hipertireoidismo, provavelmente doença de Graves (bócio difuso).
- **Mecanismo bioquímico:** A causa mais frequente de hipertireoidismo, a doença de Graves, é um processo autoimune no qual a hipersecreção da tireoide é causada por imunoglobulinas circulantes que se ligam ao receptor de TSH nas células foliculares da tireoide e estimula a produção de hormônio pela tireoide. O diagnóstico é confirmado pelo aumento de anticorpos do tipo imunoglobulinas (Ig) G, que estimulam a tireoide, e é frequentemente observado em outros membros da família.

ABORDAGEM CLÍNICA

Essa mulher de 39 anos tem sintomas de hipertireoidismo, que é uma exacerbação da tireoide. Isso causa taquicardia, tremores, nervosismo, adelgamento da pele, perda de peso, devido a um estado hipermetabólico, e hiper-reflexia. Caso não sejam controlados, os níveis altos de hormônio da tireoide podem causar uma crise adrenérgica (crise tireotóxica), que tem altos índices de mortalidade. Geralmente, o hormônio da tireoide (tiroxina) está sob um controle rígido. A liberação de TSH pela hipófise é estimulada pela insuficiência de tiroxina e suprimida pelo excesso de tiroxina. Nos casos de doença de Graves, a causa mais comum de hipertireoidismo nos Estados Unidos, há a produção de uma imunoglobulina autoimune que estimula o receptor de TSH na hipófise. Isso pode ser confirmado tanto pela verificação da imunoglobulina que estimula a tireoide como pelo uso de um *scan* com radionuclídeo mostrando um aumento difuso de captação pela glândula tireoide. O tratamento agudo inclui antagonistas ß-adrenérgicos e agentes que inibam o catabolismo do hormônio da tireoide, como a propiltiouracila (PTU).

ABORDAGEM À

Regulação da transcrição mediada por esteroides

OBJETIVOS

1. Entender o mecanismo geral da ação dos hormônios.
2. Conhecer os mecanismos específicos pelos quais os hormônios ativam receptores.

a) Conhecer sobre hormônios que se ligam a receptores da membrana celular.
b) Conhecer sobre hormônios que agem por meio de nucleotídeos cíclicos.
c) Conhecer sobre hormônios que agem por meio do cálcio e do sistema do PIP_2.
d) Conhecer sobre hormônios que se ligam a receptores intracelulares e ativam genes.
3. Ganhar familiaridade com a maneira que as imunoglobulinas da doença de Graves causam hipertireoidismo.
4. Estar ciente do mecanismo de ação da PTU e do metimazol.
5. Compreender os níveis da regulação hormonal.

DEFINIÇÕES

EFETOR: proteína de uma via de transmissão de sinal (por exemplo, a resposta hormonal) que produz a resposta celular.
PROTEÍNA G: proteína que liga guanosina-trifosfato (GTP) e serve como um transdutor em uma via de transdução de sinal. A proteína G, ao ligar-se ao GTP e liberar guanosina-difosfato (GDP), torna-se capaz de ativar uma enzima efetora (por exemplo, a adenilato-ciclase).
DOENÇA DE GRAVES: doença autoimune na qual linfócitos B sintetizam uma imunoglobulina (imunoglobulina que estimula a tireoide [TSIg]), liga-se ao receptor de TSH e ativa-o de forma que os hormônios da tireoide não inibem por retroinibição a interação receptor-efetor, levando a um estado de hipertireoidismo.
HORMÔNIO: sinal químico produzido por um conjunto de células que determina a atividade de um outro conjunto de células em outro tecido, que podem ser endócrinas, parácrinas ou autócrinas.
RECEPTOR: proteína que percebe o sinal de um hormônio ou de outro sinal químico (por exemplo, um neurotransmissor), ligando-se ao hormônio ou ao outro tipo de sinalizador, e transmitindo esse sinal adiante na via de transdução de sinal.
SEGUNDO MENSAGEIRO: molécula sintetizada dentro da célula em resposta à ligação de um hormônio ao receptor.
PROTEÍNA TRANSDUTORA: proteína (como a subunidade α da proteína G) que transmite o sinal de um receptor ligado ao hormônio para o efetor proteico.

DISCUSSÃO

A bioquímica celular é um sistema complexo de reações e processos que devem ser regulados com eficiência e integrados com processos em andamento em outros tecidos e células. Um dos métodos pelos quais essa regulação é atingida é por meio da interação dos **hormônios com seus respectivos receptores**, que podem se localizar dentro ou na superfície de células. Hormônio é qualquer substância de um organismo que seja portadora de um sinal para alterar um processo metabólico da célula.

O **processo de sinalização hormonal** está resumido na Figura 7.1. Os hormônios são liberados de um tecido secretório em resposta a sinais metabólicos, sinais elétricos ou sinais químicos do sistema nervoso. O **hormônio liberado se liga a um receptor**, que pode estar tanto na **superfície da célula** ou, como no caso de **hormô-**

Hormônio
↓
Receptor
↓
Transdução
↓
Resposta celular

Figura 7.1 Processo de sinalização hormonal.

nios esteroides e similares, no interior da célula. O complexo hormônio-receptor desencadeia uma série de eventos cujo sinal é convertido para outras formas químicas que levam a **mudanças nas reações bioquímicas dentro da célula**.

Os hormônios podem ser agrupados em três classificações principais com base na estrutura química e em como eles são sintetizados. **Hormônios peptídicos** incluem os **hormônios polipeptídicos insulina e glucagon**, bem como peptídeos menores como o hormônio liberador de tireotrofina (TRH, do inglês, *thyrotropin releasing hormone*) e as encefalinas. Alguns hormônios peptídicos, como o **TSH**, são **glicoproteínas**. **Hormônios derivados de aminoácidos** são sintetizados a partir de aminoácidos precursores. As catecolaminas e a serotonina estão incluídas nesse grupo, assim como os hormônios da tireoide T_3 e T_4. A terceira classificação é a dos hormônios esteroides e dos hormônios semelhantes a esteroides, que inclui os **progestogênios, corticosteroides, androgênios, estrogênios e calcitriol (a forma ativa da vitamina D)**.

Os **receptores associados a células** são as formas moleculares primárias, responsáveis pelo **reconhecimento do sinal hormonal**. Quando o hormônio se liga ao receptor, o complexo hormônio-receptor inicia os eventos que culminam com a resposta celular. Esses receptores associados a hormônios podem ser classificados em duas categorias principais, receptores nucleares e receptores de superfície. Os **receptores nucleares** são **proteínas intracelulares** presentes **tanto no citoplasma como no núcleo,** que ligam o hormônio, o qual cruzou a membrana celular por difusão simples. Quando os **receptores nucleares** se ligam ao respectivo hormônio, sofrem **mudanças conformacionais que possibilitam sua ligação ao DNA em locais específicos,** denominados **elementos de resposta cis**. Quando o receptor nuclear-hormônio se liga especificamente a esses elementos de resposta, eles **influenciam a transcrição do DNA genômico em RNA mensageiro, ativando-o ou reprimindo-o.**

Receptores de superfície celular, como o nome indica, **ligam hormônios no lado extracelular da membrana celular.** Quando o hormônio se liga ao seu receptor na membrana celular, o **receptor ligado ao hormônio ativa ou forma um complexo com uma proteína transdutora na** membrana que pode levar a ativação de alguma **atividade enzimática** no citoplasma da célula. A atividade enzimática, algumas vezes denominada **efetor**, catalisa a produção de um segundo mensageiro que é o **mediador da resposta intracelular**.

A maioria das proteínas transdutoras que interagem com receptores da superfície celular são **proteínas que ligam GTP, em geral denominadas de proteínas G**. Geralmente, as proteínas G são formadas por **três subunidades: α, β e γ**. Quando o receptor está em um estado não ligado ao hormônio, todas as três subunidades da proteína G estão associadas, formando um heterotrímero, que está associado firmemente ao receptor de membrana. Nesse estado, GDP está ligado à subunidade α (Figura 7.2). A ligação do hormônio ao receptor provoca uma mudança de conformação de forma que a subunidade α passa a ter a capacidade de trocar o GDP ligado a ela por uma molécula de GTP. A subunidade α com GTP ligado separa-se do dímero βγ e pode interagir com a enzima efetora de uma maneira estimulatória ou inibitória, dependendo da natureza da subunidade α. Algumas das diferentes famílias de proteínas G são apresentadas no Quadro 7.1. **As enzimas efetoras comuns são a adenilato-ciclase, que converte ATP em 3',5'-AMP cíclico (cAMP); e a fosfolipase C (PLC)**, que hidrolisa o lipídeo de membrana fosfatidilinositol-4,5--bisfosfato (PIP_2) em diacilglicerol e inositol-1,4,5-trifosfato (IP_3). A interação com a enzima efetora persiste enquanto GTP estiver ligado à subunidade α. Entretanto, a subunidade α também possui uma **atividade GTPásica** intrínseca que hidrolisa GTP em GDP e fosfato inorgânico (P_i). Isso proporciona um mecanismo pelo qual o sinal hormonal pode ser interrompido, porque a hidrólise de GTP a GDP faz a subunidade α liberar a enzima efetora e reassociar-se às subunidades βγ.

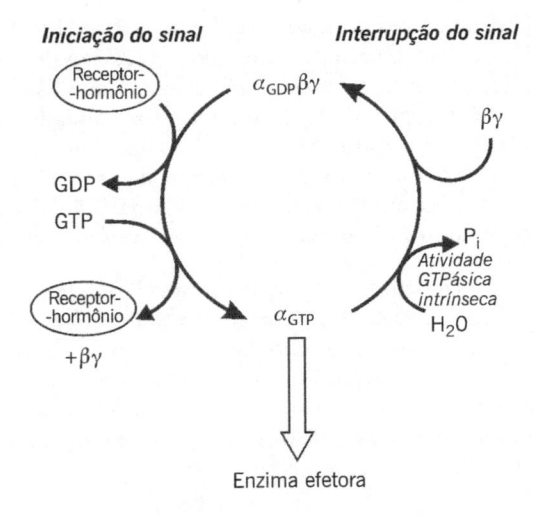

Figura 7.2 Transdução de sinal por proteínas G heterotriméricas.

QUADRO 7-1 • FAMÍLIAS DE PROTEÍNAS G E SUAS FUNÇÕES

Classe de proteína G	Iniciação do sinal	Prosseguimento do sinal
G_S	Aminas β-adrenérgicas, glucagon, hormônio da paratireoide, TSH, corticotrofina, muitos outros	Estimula adenilato-ciclase
G_i	Acetilcolina, aminas α-adrenérgicas, muitos neurotransmissores, quimocinas	Inibe adenilato-ciclase
G_q	Acetilcolina, aminas α-adrenérgicas, receptor do hormônio da tireoide, muitos neurotransmissores	Aumenta IP_3 e íons cálcio intracelulares
G_t (Transducina)	Fótons	Estimula a guanosina-monofosfato-cíclica (cGMP)-fosfodiesterase

A cascata hormonal conhecida como **eixo hipotalâmico-hipófise-tireoide** utiliza **transdutores de proteínas G que ativam tanto adenilato-ciclase como fosfolipase C**. Após receber um sinal elétrico do sistema nervoso central (SNC), o TRH é liberado do núcleo arqueado e eminência mediana do **hipotálamo**. O TRH é transportado para a adeno-hipófise por meio dos longos vasos do sistema porta. No hipotálamo anterior, o **TRH liga-se a receptores de TRH acoplados à proteína G, presentes na superfície dos tireotrofos**. Isso ativa a fosfolipase C, liberando tanto DAG como IP_3. **DAG ativa a proteína-cinase C (PKC), que, por sua vez, fosforila proteínas-alvo**. A liberação de IP_3 abre canais de Ca^{2+} no retículo endoplasmático, liberando, assim, Ca^{2+} dos depósitos e aumentando $[Ca^{2+}]$ citoplasmática. Esses dois eventos resultam em aumento na síntese e na liberação de tireotrofina, também conhecido como TSH, que é armazenada em grânulos secretórios dentro de tireotrófos. O TSH circulante liga-se a receptores de TSH na membrana basolateral de células foliculares da tireoide. O **receptor de TSH é um receptor acoplado à proteína G, que ativa adenilato-ciclase**, produzindo **cAMP** quando o hormônio forma uma ligação. O **aumento de cAMP dispara** uma série de eventos dentro da célula folicular que resultam na **secreção do hormônio da tireoide tiroxina (T4; 3,5,3',5'-tetraiodo-L-tironina) e 3,5,3'α-tri-iodo-L-tironina (T_3)**. Esses eventos incluem aumento de:

1. Transporte de íons iodeto através da membrana basolateral para dentro do folículo das células da tireoide via cotransportadores Na/I (NIS).
2. Iodação de resíduos tirosina na tireoglobulina coloidal no lúmen do folículo.
3. Conjugação de tirosinas iodadas formando T_3 e T_4 na tireoglobulina.
4. Endocitose da tireoglobulina para dentro da célula folicular a partir do lúmen.
5. Hidrólise da tireoglobulina nos lisossomos para liberar T_3 e T_4.
6. Secreção de T_3 e T_4 para a corrente sanguínea.

Embora os **hormônios da tireoide** sejam derivados de aminoácidos, eles **agem de maneira similar a dos hormônios esteroides**. Na circulação, praticamente todo o hormônio da tireoide (99,98% do T_4 e 99,5% do T_3) estão firmemente ligados às proteínas globulina ligante de tiroxina (TBG, do inglês, *thyroxine-binding globulin*), albumina e transtirretina. Entretanto, T_3 e T_4 livres, ou não ligados, **são responsáveis pelos efeitos biológicos** dos hormônios da tireoide. Os **hormônios da tireoide entram nas células tanto por difusão simples como por difusão facilitada por carreador através da membrana**. Uma vez no citoplasma, cerca de 50% do T_4 é deiodado para formar T_3. Esses **hormônios entram no núcleo onde se ligam ao receptor do hormônio da tireoide** (THR, do inglês, *thyroid hormone receptor*). A afinidade do THR é aproximadamente 10 vezes maior para T_3 do que para T_4, o que é uma das razões pelas quais T_3 tem maior atividade biológica que T_4. Quando T_3 ou T_4 se ligam a THR, o complexo pode então se ligar ao elemento de resposta à tireoide de genes específicos. O efeito resultante do aumento dos hormônios da tireoide é um aumento na taxa metabólica basal, o que é acompanhado pelo aumento da expressão de genes que codificam para enzimas tanto **de vias catabólicas como anabólicas dos lipídeos, dos carboidratos e das proteínas, assim como da expressão da bomba de Na-K**. A regulação precisa da secreção do hormônio da tireoide é, consequentemente, importante para a regulação geral do metabolismo. Assim, T_3 e T_4 fazem uma retroalimentação negativa na inibição da síntese de TRH pelo hipotálamo e a secreção de TSH pela adeno-hipófise, de modo que os níveis de T_3 e T_4 são rigidamente controlados.

A **doença de Graves é uma doença autoimune, na qual linfócitos B sintetizam Ig que se liga e ativa receptores de TSH** presentes na membrana de células foliculares da tireoide. Essa **TSIg** liga-se e ativa receptores de TSH de maneira que T_3 e T_4 **não exercem inibição por retroalimentação** nas interações receptor-efetor. Portanto, todo o processo descrito acima, que é consequência da ligação de hormônio ao receptor de TSH, é aumentado e resulta em uma condição de hipertireoide.

O tratamento não cirúrgico da doença de Graves inclui a administração de medicamentos antitireoide de tionamida, que incluem propiltiouracila PTU e metimazol e/ou tratamento com iodo radioativo. As tionamidas agem inibindo a enzima tireoide-peroxidase, enzima da membrana apical das células do folículo da tireoide exposta para o lúmen. Essa enzima catalisa a oxidação do íon iodeto (I^-) em iodo atômico (I^0), que é necessário para a iodação dos resíduos tirosil da tireoglobulina. Esses fármacos diminuem as quantidades de T_3 e T_4 sintetizadas e também diminuem a quantidade de TSIg, que é sintetizada por um mecanismo ainda desconhecido. O tratamento com iodo radioativo causa destruição progressiva das células da tireoide, reduzindo assim a função da tireoide em um período de várias semanas ou meses.

QUESTÕES DE COMPREENSÃO

7.1 Os hormônios da tireoide T_3 e T_4 são sintetizados nas células foliculares da glândula tireoide. A partir de qual dos seguintes aminoácidos essenciais são sintetizados os hormônios da tireoide?

    A. Isoleucina
    B. Lisina

C. Metionina
D. Fenilalanina
E. Valina

7.2 Os hormônios da tireoide T_3 e T_4 ligam-se ao THR nas células-alvo. Qual dos seguintes mecanismos melhor descreve o papel do THR?
   A. Inativação da adenilato-ciclase para produzir cAMP
   B. Inativação da cascata do fosfatidilinositol
   C. Ele é uma guanilato-ciclase solúvel
   D. Ele é uma tirosina-cinase
   E. Ele é um fator de transcrição

7.3 Um homem de 26 anos queixa-se de intolerância ao calor, sudorese excessiva, tremores e sentindo uma angustia interna. O exame físico revelou conjuntiva avermelhada e mãos quentes e úmidas, mas a glândula tireoide não estava visivelmente aumentada. Qual dos seguintes testes teria mais utilidade para obter um diagnóstico preciso?
   A. Eletrocardiograma
   B. Determinação do nível de tiroxina livre
   C. Determinação dos níveis séricos de cortisol
   D. Determinação de eletrólitos no soro
   E. Determinação do nível de glicose no soro

RESPOSTAS

7.1 **D.** Os hormônios da tireoide são sintetizados a partir de resíduos de tirosina da tireoglobulina no espaço coloidal das células foliculares da tireoide. Embora a tirosina possa ser obtida na dieta, ela também pode ser sintetizada pelo aminoácido essencial fenilalanina na reação da fenilalanina-hidroxilase.

7.2 **E.** Os hormônios da tireoide são semelhantes aos hormônios esteroides no que se refere ao fato de se ligam a receptores no núcleo das células. Uma vez ligado ao receptor, o complexo receptor-hormônio liga-se ao DNA afetando a transcrição de RNA mensageiro.

7.3 **B.** Parece que o paciente apresenta hipertireoidismo, mesmo sem um aparente aumento do tamanho da tireoide. Testes da função da tireoide seriam os mais úteis para determinar o diagnóstico. O nível de tiroxina livre mede diretamente a quantidade de T_4 livre, o T_4 biologicamente ativo, no soro. Aumento de T_4 livre indica uma situação de hipertireoidismo.

DICAS DE BIOQUÍMICA

- ▶ Hormônios ligam-se a receptores, que podem estar tanto na superfície das células ou, como no caso dos esteroides, dentro das células.
- ▶ O complexo hormônio-receptor inicia uma série de eventos pelos quais o sinal é convertido em outra forma química que leva a mudanças nas reações bioquímicas da célula.
- ▶ Os hormônios que se ligam a receptores da superfície celular ou formam um complexo com proteínas transdutoras na membrana levam a ativação de algumas atividades enzimáticas no citoplasma das células, produzindo um segundo mensageiro.
- ▶ Receptores nucleares são proteínas intracelulares presentes tanto no citosol como no núcleo e que ligam hormônios (esteroides), os quais atravessam a membrana celular por difusão simples. Os receptores nucleares sofrem mudanças conformacionais que permitem que eles se liguem a sítios específicos do DNA.

REFERÊNCIAS

Barrett EJ. The thyroid gland. In: Boron WF, Boulpaep EL, eds. *Medical Physiology: A Cellular and Molecular Approach*. 2nd ed. Philadelphia, PA: W.B. Saunders; 2011.

Farfel Z, Bourne HR, Iiri T. Mechanisms of disease: the expanding spectrum of G protein diseases. *N Engl J Med*. 1999;340(13):1012-1020.

Litwack G, Schmidt TJ. Biochemistry of hormones I: polypeptide hormones. In: Devlin TM, ed. *Textbook of Biochemistry with Clinical Correlations*. 7th ed. New York: Wiley-Liss; 2010.

CASO 8

Menino de 3 anos de idade é levado ao serviço médico em razão de uma tosse purulenta crônica que não responde aos antibióticos receitados recentemente. Ele não tem febre ou contato com outras pessoas doentes. Sua história médica inclui distensão abdominal, dificuldade para defecar e vômito quando criança. Ele continua a ter fezes volumosas e de odor fétido, mas não apresenta diarreia. Tem vários parentes com doença pulmonar crônica e problemas de "estômago", alguns até morreram em idade precoce. O exame físico demonstra um menino magro e com aparência abatida e debilitada. Ao examinar os pulmões revela-se respiração bilateral fraca na base e ronco grosso. Foi realizado teste de eletrólitos no suor com resultado positivo.

▶ Qual é o diagnóstico mais provável?
▶ Qual é o mecanismo da doença?
▶ Como a eletroforese em gel pode ajudar no estabelecimento do diagnóstico?

RESPOSTAS PARA O CASO 8
Fibrose cística

Resumo: menino caucasiano de 3 anos de idade tem história de doença pulmonar crônica, problemas gastrointestinais e apresenta resultado positivo no teste de eletrólitos no suor. Ele também tem história familiar de sintomas semelhantes.

- **Diagnóstico provável:** Fibrose cística.
- **Mecanismo da doença:** Doença autossômica recessiva resultante de canais iônicos de cloreto defeituosos nas glândulas exócrinas e no epitélio do pâncreas, de glândulas sudoríparas e glândulas mucosas nos tratos respiratório, digestivo e reprodutivo.
- **Eletroforese em gel:** Separa os fragmentos de DNA de comprimento variável e pode permitir identificação de uma sequência de genes específicos.

ABORDAGEM CLÍNICA

A fibrose cística é uma doença hereditária que afeta aproximadamente 1 a cada 2.500 indivíduos de origem caucasiana. Os pacientes afetados em geral apresentam secreção anormal na mucosa e nas glândulas sudoríparas, levando a infecções respiratórias, obstrução gastrointestinal e disfunção das enzimas pancreáticas, que, por sua vez, conduzem à má absorção de nutrientes e secreção excessiva de eletrólitos no suor. A proteína reguladora de condutância transmembrana da fibrose cística (CFTR, do inglês, *cystic fibrosis transmembrane conductance regulator*) está defeituosa, levando ao transporte anormal de cloreto. Cerca de 70% das mutações ocorrem por deleção de três pares de bases específicas na posição F508 do CFTR. Sondas de oligonucleotídeos podem ser utilizadas para identificar essa mutação, mas outros testes são necessários para identificar as mutações menos comuns.

ABORDAGEM À
Eletroforese em gel e clonagem

OBJETIVOS

1. Entender o processo de eletroforese em gel.
2. Conhecer a diferença entre os vários tipos de transferência e hibridização (*blots*).
3. Ganhar familiaridade com o sequenciamento de DNA utilizando o método de didesoxinucleotídeo de Sanger.
4. Compreender o processo e usos da clonagem de DNA.

DEFINIÇÕES

BLOTTING: transferência de proteínas ou de ácidos nucleicos de um gel de eletroforese para um suporte de membrana (como a nitrocelulose ou o *nylon*). A membrana do *blot* é incubada com sondas que ligam as moléculas de interesse.

DNA COMPLEMENTAR (cDNA): uma sequência de DNA copiada do RNA mensageiro (mRNA), que não contém íntrons presentes no DNA nativo.
CFTR: regulador da condutância transmembrana da fibrose cística; um canal de cloro controlado por ligante regulado por fosforilação. Ele é um membro da família de proteínas de transporte com cassete de ligação ao ATP (ABC).
ELETROFORESE: técnica pela qual moléculas em solução carregadas ionicamente são separadas em um campo elétrico de acordo com as suas diferentes mobilidades, num suporte.
ELETROFORESE EM GEL: eletroforese utilizando um gel como suporte. Os géis comuns são de poliacrilamida e de agarose.
***NORTHERN BLOT*:** técnica pela qual moléculas de RNA são separadas em gel de eletroforese, transferidas para uma membrana e incubadas com sondas de oligonucleotídeos marcados. A especificidade é obtida pela utilização de sondas de oligonucleotídeos que possuem sequências complementares ao RNA alvo.
***SOUTHERN BLOT*:** técnica pela qual as moléculas de DNA são separadas em gel de eletroforese, transferidas para uma membrana e incubadas com sondas de oligonucleotídeos marcadas. A especificidade é obtida pela utilização de sondas de oligonucleotídeos que têm sequências complementares ao DNA-alvo.
***WESTERN BLOT*:** técnica pela qual moléculas de proteína são separadas em gel de eletroforese, transferidas para uma membrana e incubadas com anticorpos marcados. A especificidade é obtida utilizando anticorpos que irão se ligar a molécula proteica de interesse.

DISCUSSÃO

A fibrose cística é a doença autossômica recessiva fatal mais comum que acomete a população caucasiana. Ela apresenta uma frequência de aproximadamente 1 a cada 2.500 indivíduos caucasianos e uma frequência de portadores de cerca de 1 em 25. A proteína afetada é a CFTR, a qual é um canal de íons cloreto. Existem mais de 1.000 mutações descritas no gene *CFTR*, e mais de 80% delas causam a doença. Essas mutações levam a: 1 produção de proteína defeituosa ou diminuída; processamento defeituoso da proteína; proteína defeituosa na regulação do canal de cloro; ou defeitos no transporte de íons cloreto. A mutação mais comum, uma deleção de um resíduo do aminoácido fenilalanina na posição 508 (Δ; F_{508}), resulta no enovelamento incorreto da proteína, que, consequentemente, não é transportada até a membrana.

Defeitos no CFTR diminui a capacidade das células de transportar Cl^- para alguns tecidos, especialmente o pâncreas, as células epiteliais das vias aéreas e as glândulas sudoríparas. Quando o transporte de Cl^- está com defeito no pâncreas, ocorre a diminuição da secreção de HCO_3^- e da hidratação, produzindo secreções espessas que bloqueiam os canais pancreáticos e destroem o órgão. Nos pulmões, a diminuição da absorção de íons Cl^- aumenta a absorção de líquido na superfície das vias aéreas, aumentando a viscosidade do muco, diminuindo o *clearance* mucociliar e aumentando a incidência de infecções das vias aéreas. Nas glândulas sudoríparas, defeitos no CFTR evitam a reabsorção de Cl^- no ducto da glândula sudorípara, que eleva a concentração de NaCl no suor. A presença de suor salgado em crianças com fibrose cística deu origem a um ditado do norte da Europa que diz: "Atenção para aquela criança que, ao ser beijada na testa, tem gosto de sal. Ela está enfeitiçada e deve morrer em breve. "

A **eletroforese em gel** é um método habitualmente utilizado em bioquímica e biologia molecular para **separar, identificar e purificar peptídeos, proteínas e fragmentos de DNA com base no seu tamanho**. A eletroforese é um método pelo qual **moléculas carregadas ionicamente em uma solução são separadas em um campo elétrico por causa das suas mobilidades diferentes**. A mobilidade de um íon no campo elétrico depende da **carga da molécula ionizada**, o **gradiente de tensão do campo elétrico** e a resistência de migração do **suporte**. O suporte de escolha para a maioria das análises de proteína e de peptídeos, bem como fragmentos de DNA pequenos, é o gel de poliacrilamida. Para fragmentos grandes de DNA, o gel de agarose fornece os melhores resultados.

Em geral, **as moléculas de DNA possuem uma razão carga-massa altamente negativa**, devido ao seu **esqueleto açúcar-fosfato**. Portanto, quando um campo elétrico é aplicado, o **DNA** irá **migrar** através do gel de agarose (ou de poliacrilamida) **para o polo positivo** no aparelho de eletroforese. Em razão da elevada relação carga-massa, a mobilidade eletroforética relativa do DNA depende principalmente do tamanho da molécula de DNA e da porosidade da matriz do gel, que pode variar de acordo com a concentração de agarose ou de poliacrilamida no gel. Durante a migração do DNA através do gel, **fragmentos pequenos de DNA movem-se rapidamente, ao passo que fragmentos grandes ficam para trás dos fragmentos menores**. Para estimar o tamanho do DNA nas amostras, marcadores de peso molecular (uma mistura de fragmentos de DNA de tamanho conhecido) são aplicados a uma das canaletas no gel. A eletroforese em gel separa as moléculas de DNA com base no seu coeficiente de migração, que depende do comprimento e da conformação do fragmento. Para a maioria das moléculas de DNA dupla-fita linear, a separação será de acordo com o seu peso molecular. No entanto, **moléculas de DNA circulares** (por exemplo, de bactérias ou de plasmídeos) podem adotar uma **estrutura superenrolada, que vai passar pelo gel com menor resistência do que o bastonete do DNA linear.**

A eletroforese em gel pode ser aplicada como um método para a detecção de doenças genéticas como a fibrose cística. Grandes deleções no gene *CFTR* farão com que ele se mova de forma diferente do que o gene inteiro do tipo selvagem. Na maioria dos casos, a amostra de DNA do paciente é amplificado por uma reação em cadeia da polimerase (PCR) utilizando iniciadores específicos. Após a eletroforese das amostras de PCR, as bandas são **visualizadas em luz ultravioleta (UV) usando a coloração com brometo de etídio.**

Bandas de moléculas separadas por eletroforese podem ser detectadas no gel por meio de vários métodos de coloração e de descoloração, como o já mencionado brometo de etídio. No entanto, a informação mais específica pode ser obtida com a aplicação de técnicas de **blotting**. Existem três diferentes técnicas de blotting, que se baseiam no DNA, no RNA ou na proteína a ser analisada. Entretanto, **todas as técnicas de *blotting* têm passos importantes em comum**, incluindo: o **isolamento das biomoléculas de interesse** (DNA, RNA ou proteína); a **separação da mistu-**

ra utilizando **gel de eletroforese**; e a subsequente transferência das **moléculas da amostra do gel para uma membrana de nitrocelulose ou de nylon**. A etapa final de identificação envolve a **incubação da membrana de transferência com sondas** que se ligam especificamente à molécula de interesse. O DNA é analisado utilizando **transferência de Southern** (ou *Southern Blot*), em homenagem E.M. Southern, que descreveu esse procedimento pela primeira vez em 1975. Com base nessa terminologia inicial, transferência de **Northern** (ou *Northern blotting*) e transferência de **Western** (ou *Western blotting*) foram dadas como nomes se referindo a transferência de RNA e de proteína, respectivamente. A diferença principal entre os procedimentos envolve as sondas usadas para detecção e identificação de moléculas de interesse. *Southern blot* e *Northern blot* **tiram proveito da capacidade de hibridização da cadeia de ácido nucleico complementar**.

No *Southern blot*, após a transferência dos fragmentos de DNA do gel de eletroforese para a membrana, eles estão autorizados a interagir com uma cadeia simples de oligonucleotídeo do DNA que contém a sequência de ácidos nucleicos do gene de interesse. **A sonda de oligonucleotídeo é marcada radioativamente**, o que permite a identificação da banda de DNA após exposição a filme de raio X. Os *Northern blot* **são utilizados para monitorar a expressão de um gene de interesse por meio da determinação da quantidade de mRNA presente**. Em seguida, o mRNA é isolado, separado por eletroforese e, após a transferência para uma membrana, é permitida sua interação com um **polinucleotídeo de DNA radioativo** que tem uma sequência do gene de interesse. **A visualização ocorre por exposição a um filme de raio X**. No caso de um *Western blot* de uma mistura de proteínas, depois da transferência das proteínas para a membrana, ela é **ligada com um anticorpo que se associa especificamente à proteína-alvo/antígeno**. O anticorpo pode ser radioativo ou acoplado a um cromóforo fluorescente para permitir detecção fácil.

A capacidade para sequenciar o DNA e analisar genes a nível dos nucleotídeos tem se tornado uma ferramenta poderosa em muitas áreas de análise e pesquisa. **O método de didesoxinucleotídeo de Sanger para sequenciamento de DNA** foi desenvolvido pela primeira vez em 1975, por Frederick Sanger, que dá nome a técnica. A estratégia utilizada nesse método é a criação de **quatro conjuntos de fragmentos marcados, correspondentes aos quatro desoxirribonucleotídeos**. Ela envolve a duplicação enzimática de uma cadeia de DNA complementar a cadeia de interesse. No método de Sanger, **2',3'-didesoxirribonucleotídeos (ddNTP) são usados**, além dos desoxirribonucleotídeos trifosfatos (dNTP). Como nos **ddNTP não tem o grupo 3'-OH, eles irão terminar o alongamento da cadeia de DNA**, porque não podem formar uma ligação fosfodiéster com o próximo dNTP. Cada uma das quatro reações de sequenciamento (A, C, G e T), então, conteriam: um molde de DNA de cadeia simples; uma sequência iniciadora; DNA-polimerase para iniciar a síntese onde o iniciador é hibridizado com o molde; mistura de 4 desoxirribonucleotídeo trifosfatos (dATP, dTTP, dCTP e dGTP), para estender a cadeia de DNA; um dNTP marcado (utilizando um elemento radioativo ou um corante); e um ddNTP, que termina a cadeia crescendo onde quer que ele seja incorporado. O **tubo A teria ddATP, o tubo C ddCTP e assim por diante**. Como a concentração do ddNTP é baixa (aproximadamente 1% de dNTP), a **cadeia terminará aleatoria-**

mente em várias posições ao longo da cadeia, produzindo, assim, uma variedade de fragmentos de DNA de comprimentos diferentes, cada um terminado com um didesoxirribonucleotídeo específico. Os **fragmentos de comprimento variável são então separados por eletroforese em canaletas paralelas** (cada uma correspondendo aos 4 desoxirribonucleotídeos), e as posições dos fragmentos analisadas para determinar a sequência. Os fragmentos são separados com base no tamanho, por isso os fragmentos menores se movem mais rapidamente e aparecem na parte inferior do gel. A **sequência é, portanto, lida da parte inferior para a parte superior, obtendo-se a sequência no sentido 5' para 3'**.

A capacidade de sequenciar o DNA rapidamente tornou-se uma ferramenta importante para a biologia molecular. Por exemplo, o método de PCR necessita da informação da sequência flanqueando a região de interesse para ser capaz de desenhar **oligonucleotídeos específicos (iniciadores) para amplificar uma determinada região de DNA**. Outro uso importante é identificar sítios de restrição em plasmídeos, o que é útil na clonagem de um gene exógeno no plasmídeo. Antes do sequenciamento de DNA, os biologistas moleculares tiveram que sequenciar proteínas de forma direta, ou seja, um processo desafiador e trabalhoso. Agora, as sequências de aminoácidos podem ser determinadas mais facilmente pelo **sequenciamento de um pedaço de cDNA e o encontro de uma fase aberta de leitura**. Na expressão de genes eucarióticos, o sequenciamento possibilitou identificar motivos de sequência conservados e determinar sítios importantes nas regiões promotoras. Além disso, o sequenciamento pode ser utilizado para identificar o sítio de uma mutação ou outras alterações no genoma.

A **tecnologia de DNA recombinante** permite a **transferência de um fragmento de DNA de interesse em um elemento genético autorreplicante, como um plasmídeo bacteriano ou vírus**. Essa tecnologia permitiu que vários genes humanos fossem clonado em *Escherichia coli*, levedura ou até mesmo em células de mamíferos, o que possibilitou a fácil produção *in vitro* de proteínas recombinantes humanas. Entre essas proteínas estão: insulina para pacientes com diabetes; fator VIII para homens com hemofilia A; hormônio do crescimento humano (GH); eritropoietina (EPO) para o tratamento de anemia; 3 tipos de interferons; várias interleucinas; adenosina desaminase (ADA) para o tratamento de algumas formas de imunodeficiência severa combinada (SCID); angiostatina e endostatina para ensaios clínicos com medicamentos anticâncer e do hormônio da paratireoide; e muitos outros em desenvolvimento.

Esforços para terapia gênica fazem uso da tecnologia do DNA recombinante. No caso de fibrose cística, que é o resultado de um defeito em um único gene, a inserção direta do gene normal deveria, teoricamente, restaurar a função de CFTR nas células tratadas do paciente com fibrose cística. Como **a insuficiência respiratória é a principal causa de morte (95%) em fibrose cística**, as células pulmonares tornaram-se o alvo primário para os esforços de tratamento da fibrose cística com terapia gênica. Outra vantagem é a capacidade de liberação dos vetores que contêm o gene *CFTR* funcional diretamente nas vias aéreas do paciente por aerossol, sem causar trauma para qualquer outra parte do corpo. Até o momento, **ensaios clínicos** em fibrose cística confiam em adenovírus, vírus adeno-associado (AAV, do inglês, adeno-associated virus) e lipossomos catiônicos para mediar a transferência de genes para o epitélio nasal e para as células epiteliais do aparelho respiratório. Os adenovírus não se integram no cromossomo hospedeiro; por conseguinte, os vetores derivados desses vírus têm a vantagem de potencial oncogênico negligenciável. As desvantagens são o desenvolvimento de inflamação e a expressão transiente dos genes recombinantes. AAV são únicos entre os vírus de animais, porque requerem a coinfecção com um vírus ajudante não relacionado (adenovírus ou vírus herpes) para a infecção produtiva em cultura de células. No entanto, AAV tem a capacidade de integrar-se no genoma do hospedeiro na ausência de um vírus auxiliar, mas porque se integra em uma localização específica, o risco de mutagênese induzida por vírus e oncogênese é reduzida. No entanto, os **lipossomos** são bicamadas lipídicas sintéticas formando vesículas esféricas, com um tamanho que varia entre 25 nm a 1 mm de diâmetro, dependendo de como eles são preparados. Os lipossomos podem transfectar uma variedade de tipos celulares, são biodegradáveis, hipoimunogênicos e podem ser produzidos em um padrão de fármaco. Teoricamente, não existe nenhuma restrição quanto ao tamanho do DNA a ser liberado pelo lipossomo. As desvantagens são: expressão de curto prazo do gene transferido, sem capacidade de direcionamento específico, e uma baixa taxa de transfecção *in vivo*.

QUESTÕES DE COMPREENSÃO

8.1 Criança de 30 meses, cuja taxa de crescimento foi no décimo percentil ao longo do último ano, apresenta tosse crônica não purulenta e diarreia com fezes de odor fétido. É diagnosticada com fibrose cística. Para qual das seguintes vitaminas essa criança pode provavelmente estar em risco de deficiência?

   A. Ácido ascórbico (vitamina C)
   B. Biotina
   C. Ácido fólico
   D. Retinol (vitamina A)
   E. Riboflavina (vitamina B_2)

8.2 Algumas formas de doenças genéticas, como a fibrose cística e a anemia falciforme, podem ser diagnosticada pela detecção de polimorfismos de comprimento de fragmentos de restrição (RFLP). Qual das opções abaixo é mais provável de ser utilizada na análise RFLP?

   A. Didesoxinucleotídeos
   B. Espectrometria de massa
   C. *Northern blot*
   D. *Southern blot*
   E. *Western blot*

8.3 Seu paciente foi diagnosticado com fibrose cística e determinado que ele tem a mutação mais comum no gene, a ΔF508. Qual das seguintes alternativas é o método mais custo e tempo efetivo para os membros da família verificarem quem são portadores da mutação?

A. Análise por sonda de oligonucleotídeo alelo-específica
B. Análise de DNA *fingerprinting*
C. Sequenciamento de DNA
D. Análise de polimorfismos de comprimento de fragmentos de restrição

RESPOSTAS

8.1 **D.** Como a fibrose cística conduz a danos no pâncreas e diminuição da capacidade de secretar HCO_3^- e enzimas digestivas pancreáticas, com o resultado de que gordura e proteínas não são absorvidas adequadamente. Retinol é uma vitamina lipossolúvel que deve ser absorvida juntamente com micelas lipídicas; outras vitaminas lipossolúveis são E, D e K. As outras vitaminas mencionadas são solúveis em água e a sua absorção não é afetada significativamente.

8.2 **D.** Análise de polimorfismos de comprimento de fragmentos de restrição detecta mutações no DNA que introduz ou elimina um local de reconhecimento para uma enzima de restrição. Isto é detectado por meio da realização de uma análise por *Southern blot* no DNA do paciente após incubação com uma enzima de restrição específica e comparando-a a uma análise realizada em DNA obtido a partir de um gene normal.

8.3 **A.** Se a mutação é conhecida, sondas radioativas ou fluorescentes podem ser produzidas para alelos que contêm a mutação e para aqueles que têm uma sequência de DNA normal. As amostras de DNA são imobilizadas em membrana de nitrocelulose em bandas estreitas. A membrana é então incubada com a sonda para a sequência normal ou com a sonda para a sequência mutante. Como esse procedimento não envolve a etapa da eletroforese, esse tipo de análise é mais rápida e mais barata.

DICAS DE BIOQUÍMICA

▶ *Northern blot* utiliza sondas de oligonucleotídeos para identificar RNA, *Southern blot* identifica DNA e *Western blot* identifica moléculas de proteína.
▶ Tecnologia do DNA recombinante permite transferência de um fragmento de DNA de interesse para um elemento genético autorreplicante, como um plasmídeo bacteriano ou vírus.
▶ Análise de polimorfismos de comprimento de fragmentos de restrição detecta mutações no DNA, que introduz ou elimina um local de reconhecimento para uma enzima de restrição.
▶ Sondas de oligonucleotídeos podem ser dirigidas contra sequências de DNA específicas e produzir um resultado rápido e acurado.

REFERÊNCIAS

Schwiebert LM. Cystic fibrosis, gene therapy, and lung inflammation: for better or worse? *Am J Physiol Lung Cell Mol Physiol.* 2004;286(4):L715-L716.

Welsh MJ, Ramsey BW, Accurso F, et al. Fibrose cística. In: Scriver CR, Beaudet AL, Sly WS, et al, eds. *The Metabolic & Molecular Bases of Inherited Disease.* 8th ed. New York: McGraw-Hill; 2001.

CASO 9

Homem de 40 anos procurou atendimento médico com várias queixas seis meses após ter retornado de uma viagem de caça a veado em uma região dos Estados Unidos. Relata dor nas juntas que estão piorando e artrite em várias articulações que parecem migrar para locais diferentes, também se queixa de dormência nos pés, bilateralmente. Nega qualquer outro problema médico e tinha feito sua avaliação médica anual antes da viagem de caça e os resultados foram normais. Após mais algumas perguntas, ele lembrou de ter erupções em seu corpo, com lesões circulares e que pareciam terem se curado no centro. Lembrou que realmente tinha se sentido mal e assim que retornou para casa teve dores musculares (mialgias), dores nas articulações (artralgias), rigidez na nuca e forte dor de cabeça, também lembrou que muitos de seus companheiros de caçada foram mordidos por pulgas e picados por carrapatos e é quase certo que ele tenha sido mordido também. O exame físico é essencialmente normal, exceto por um pouco de sensibilidade no joelho esquerdo e ombro direito. Depois de fazer o diagnóstico o médico receitou eritromicina.

▶ Qual é o diagnóstico mais provável?
▶ Qual é o mecanismo bioquímico de ação da eritromicina?

RESPOSTAS PARA O CASO 9
Eritromicina e doença de Lyme

Resumo: homem de 40 anos apresentado artralgias migratórias e alterações neurológicas, que foram precedidas por recuperação da área central de exantemas, mialgias e dor de cabeça depois de uma viagem de caça, em que foi exposto a pulgas e carrapatos.

- **Diagnóstico:** Doença de Lyme.
- **Local bioquímico de ação de eritromicina:** Inibe a biossíntese de proteínas bacterianas na etapa de translocação na tradução.

ABORDAGEM CLÍNICA

A doença de Lyme é uma doença multissistêmica causada pela espiroqueta (bactérias em forma de espiral), *Borrelia burgdorferi*, quase sempre transmitida por picada de carrapato. A doença de Lyme é muito mais comum na região da Nova Inglaterra (nos Estados Unidos), geralmente durante o final da primavera e início do verão. O carrapato de cervídeos é o principal vetor de transmissão. A primeira fase da doença é uma infecção aguda com uma pápula vermelha evoluindo no local da picada, às vezes com linfadenopatia e febre. A segunda fase inclui infecção disseminada e pode levar a um comprometimento do coração, cérebro, articulações e pele. A lesão típica em forma de alvo pode ser facilmente observada. A terceira etapa é uma infecção crônica e pode durar anos. Antibióticos são o tratamento de escolha, normalmente tetraciclinas ou penicilinas.

ABORDAGEM À
Biossíntese de proteínas

OBJETIVOS

1. Compreender a biossíntese de proteínas (iniciação, elongação, translocação, terminação).
2. Conhecer as diferenças-chave entre síntese de proteínas em procariotos e eucariotos.
3. Conhecer o papel do RNA ribossomal (rRNA).
4. Conhecer o mecanismo de ação de diferentes antibióticos na biossíntese de proteínas.

DEFINIÇÕES

SÍTIO A: sítio aceptor no ribossomo em que um RNA transportador (tRNA) carregado com um aminoácido se liga, por ter um anticódon que é complementar ao

códon, no RNA mensageiro (mRNA). O ribossomo então catalisa a formação de uma ligação peptídica entre o grupo aminoacil nesse tRNA e a cadeia do peptídeo nascente.
ANTICÓDON: sequência de três bases em um tRNA que fará o pareamento de bases com a sequência de três bases no mRNA. O anticódon é específico para cada aminoácido, pois traduz a sequência de DNA em uma sequência de aminoácidos na síntese de proteínas.
CÓDON: sequência de três bases de um mRNA que codifica um determinado aminoácido.
FATORES DE ELONGAÇÃO: proteínas necessárias para trazer o aminoacil-tRNA para o sítio A, códon de reconhecimento, e para a translocação do peptidil-tRNA recém elongado do sítio A para o sítio P.
FATORES DE INICIAÇÃO: proteínas necessárias para a montagem do complexo ribossômico com mRNA e Met-tRNA de modo que a síntese da proteína possa ocorrer.
REGIÃO DE ORGANIZAÇÃO NUCLEOLAR (NOR, do inglês, *nucleolar organizing region*): área do nucléolo onde ocorre uma grande quantidade de transcrição e síntese de rRNA.
SÍTIO P: sítio peptidil no ribossomo em que o Met-tRNA faz o pareamento com a sequência AUG no mRNA. Também incluí o sítio no qual o peptidil-RNA se movimenta em um processo conhecido como translocação, que se segue à formação da nova ligação peptídica.
MODIFICAÇÃO PÓS-TRANSCRICIONAL DO tRNA: síntese de tRNA envolve a modificação de alguns nucleotídeos de uridina em nucleotídeos incomuns, como a pseudouridina, a ribotimidina e a di-hidrouridina.
RIBOSSOMOS: complexos de proteínas e rRNA nos quais ocorre a síntese de proteínas. Todos os ribossomos apresentam duas subunidades principais, uma subunidade maior (50S nos procariotos e 60S nos eucariotos) e uma subunidade menor (30S nos procariotos e 40S nos eucariotos).

DISCUSSÃO

A **síntese de proteínas** envolve a **conversão de uma sequência de nucleotídeos de regiões específicas de DNA em mRNA (transcrição)**, seguido pela **formação de ligações peptídicas** em um complexo conjunto de reações que ocorrem nos **ribossomos (tradução)**. Antes de serem incorporados à proteína, os aminoácidos são **ativados por ligação a uma família de moléculas de tRNA**, cada um dos quais reconhece, **por interações entre pares de bases complementares**, conjuntos específicos de **três nucleotídeos (códons) no mRNA**. As proteínas são sintetizadas nos ribossomos ligando aminoácidos na ordem linear específica estipulada pela sequência de códons presente em um mRNA. **Os ribossomos são partículas de ribonucleoproteínas compactas presentes no metabolismo de todas as células. Todos os ribossomos são formados por uma subunidade pequena e uma subunidade grande.** As duas subunidades contém rRNAs de diferentes comprimentos, assim como de diferentes conjuntos de proteínas. **Todos os ribossomos consistem em duas moléculas** maiores de rRNA (rRNA 23S e 16S em bactérias e 28S e 18S nos eucariotos) e 1 ou 2 sRNA pequenos. As subunidades pequenas e grandes são mantidas associadas por uma molécula de mRNA e a síntese de proteínas inicia imediatamente. Depois que a proteína é sintetizada, as subunidades do ribossomo se separam e são reutilizadas.

A síntese de proteínas é dividida em três etapas: iniciação, elongação e terminação.

Iniciação da cadeia: **A iniciação necessita da subunidade menor do ribossomo, um tRNA de iniciação (com um anticódon 5'-CAU-3'), mRNA com um códon de iniciação (5'-AUG-3')** e vários fatores de iniciação, tudo formando um complexo de iniciação ribossomal. O complexo de iniciação está terminando de se formar quando um **tRNA carregando o aminoácido metionina liga-se por ligações de hidrogênio a um códon AUG no mRNA.** Quando esses componentes estão associados, a subunidade maior do ribossomo junta-se ao complexo de maneira que o iniciador Met-tRNA$_{Met}$ fica localizado no sítio P ou sítio peptidil (Figura 9.1). A fase de iniciação termina e um segundo aminoácido pode ser inserido.

Elongação da cadeia: A **elongação** ocorre ligando um **tRNA carregado a um aminoácido ao sítio A, ou sítio aceptor,** seguida pela **formação de uma ligação peptídica e a translocação do tRNA do sítio A para o sítio P.** Proteínas denominadas fatores de elongação são os cavalos de batalha no processo de elongação de uma cadeia polipeptídica nascente, adicionando um aminoácido por vez. Os fatores de elongação estão envolvidos no seguinte ciclo de três etapas:

1. **Reconhecimento do códon:** há formação de ligações de hidrogênio entre o códon do mRNA e o anticódon do tRNA do aminoácido seguinte no sítio A vazio do ribossomo.
2. **Formação da ligação peptídica:** uma enzima denominada de peptidil--transferase presente na subunidade maior do ribossomo catalisa a formação de uma ligação peptídica entre o polipeptídeo do peptidil-tRNA no sítio P e o aminoacil-tRNA recém-chegado no sítio A.
3. **Translocação:** o tRNA é liberado do sítio P de forma que o novo peptidil--tRNA formado, localizado no sítio A, muda-se para o sítio P deixando o sítio A livre para receber o próximo aminoacil-tRNA carregado com seu aminoácido.

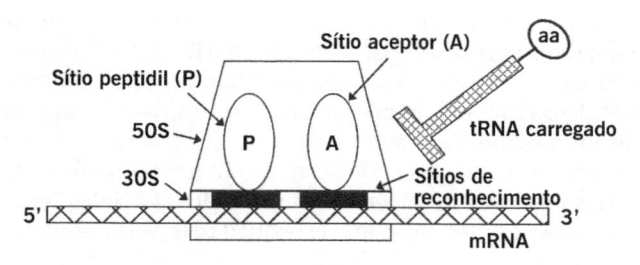

Figura 9.1 Vários sítios de ação de antibióticos na síntese de proteínas.

Terminação da cadeia: **a elongação chega ao fim quando é encontrado um ou mais dos três códons de terminação (UAA, UAG, UGA)**. Uma proteína denominada fator de liberação, então, liga-se diretamente ao códon de terminação no sítio A. A proteína recém-sintetizada é hidrolisada do tRNA e tanto o tRNA como a proteína são liberados do ribossomo.

O Quadro 9.1 mostra uma lista com as diferenças-chave entre os procariotos e eucariotos no que se refere à síntese de proteínas. Entre essas diferenças inclui-se a existência de múltiplos fatores de iniciação nos eucariotos que servem para facilitar a montagem da maquinaria ribossômica de síntese de proteínas, ao passo que os **procariotos possuem apenas três**. Um **sítio de iniciação nos mRNA bacterianos consiste em um códon de iniciação** precedido por uma sequência de aproximadamente 10 bases do hexamero de polipurinas conhecido como sequência de Shine-Dalgarno, ao passo que o Cap 5' (um resíduo de 7-metilguanilato em ligação trifosfato 5'5') atua como o sinal de iniciação em eucariotos. Em **procariotos, o primeiro aminoácido é uma formil-metionina (fMet)**, mas, nos eucariotos, o primeiro aminoácido é normalmente uma **metionina**. Além do mais, o tamanho e a natureza dos ribossomos dos procariotos são um tanto diferentes dos ribossomos dos eucariotos.

O **rRNA é um componente dos ribossomos, a fábrica da síntese proteica** nas células. **Moléculas de rRNA são extremamente abundantes, perfazendo até 80% das moléculas de RNA** encontradas em uma célula eucariótica típica. Praticamente, todas as proteínas dos ribossomos estão em contato com moléculas de rRNA. A maioria dos contatos entre as subunidades do ribossomo é feita entre os rRNA 16S e 23S de modo que as interações envolvendo rRNA são um componente-chave da função dos ribossomos. O ambiente dos sítios de ligação com o tRNA é, em grande parte, determinado pelo rRNA. As moléculas de rRNA têm várias funções na síntese de proteínas. O rRNA 16S tem um papel ativo na função da subunidade 30S. Ele interage diretamente com o mRNA, com a subunidade 50S e com os anticódons do tRNA nos sítios P e A. A atividade peptidil-transferase localiza-se exclusivamente no rRNA 23S. Finalmente, as moléculas de rRNA tem uma função estrutural. Elas se envelam em uma arquitetura tridimensional que formam o arcabouço no qual as proteínas do ribossomo se associam.

QUADRO 9.1 DIFERENÇAS NA SÍNTESE PROTEICA EM PROCARIOTOS E EUCARIOTOS

Organismo	Procariotos	Eucariotos
Início	fMet-tRNA$_f^{Met}$	Met-tRNA$_i^{Met}$
Sequência de reconhecimento	Sequência de Shine-Dalgarno	5' Cap direciona os e-IFs
Fatores de iniciação (IFs)	IF-1, IF-2, IF-3	Múltiplos e-IFs (>10)
Fatores de elongação (EFs)	EF-Tu, EF-G, EF-Ts	eEF-1, eEF-2, eEF-3 multissubunidades

Muitos antibióticos agem por inibirem a síntese de proteínas nos procariotos sem afetarem muito as células dos eucariotos. Vários alvos importantes foram identificados na síntese de proteínas, que são bloqueados por esses agentes para prejudicar o crescimento de microrganismos (ver Figura 9.1). Os aminoglicosídeos interferem na ligação do fMet-tRNA ao ribossomo, evitando assim a que a síntese proteica inicie corretamente e, assim, deixando o complexo imobilizado. Por outro lado, a puromicina provoca a terminação prematura da síntese proteica porque tem semelhança com o tirosil-tRNA. Ela pode se ligar ao sítio A do ribossomo, e a peptidil-transferase formará uma ligação peptídica entre o peptídeo nascente e a puromicina. Entretanto, uma vez que não há anticódon para se ligar ao mRNA após a formação da ligação peptídica, a molécula peptídeo-puromicina é liberada do ribossomo, interrompendo assim a síntese. As tetraciclinas inibem a síntese de proteínas em **bactérias bloqueando o sítio A do ribossomo e inibindo a ligação dos aminoacil-tRNAs. Macrolídeos (ver a seguir) ligam-se à subunidade 50S perto do sítio P causando mudanças conformacionais e inibindo a translocação do peptidil-tRNA do sítio A para o sítio P.** Lincosamidas ligam-se perto do sítio P e interferem na ligação do aminoacil terminal dos AA-tRNA. Elas ocupam o sítio ou provocam mudanças na conformação do ribossomo de maneira que o ribossomo é desestabilizado, e as cadeias nascentes de peptídeos são liberadas do mRNA. O cloranfenicol inibe a síntese de proteínas pelos ribossomos de bactérias por bloquear a transferência do peptídeo. Ele inibe a formação da ligação peptídica entre AA-tRNA e a cadeia nascente no sítio P por inibir a peptidil-transferase. Neomicina, canamicina e gentamicina interferem com o sítio de decodificação nas vizinhanças do nucleotídeo 1.400 no rRNA 16S da subunidade 30S. Essa região interage com a base oscilante no anticódon do tRNA e bloqueia o autoprocessamento (auto *splicing*) de íntrons do grupo I. A estreptomicina, um trissacarídeo básico, provoca erro de leitura do código genético em bactérias quando em concentrações relativamente baixas, mas pode inibir a iniciação quando em altas concentrações.

Antibióticos macrolídeos formam um grupo de moléculas com 12 a 16 anéis lactônicos substituídos com um ou mais resíduos de açúcar, alguns podendo ser aminoaçúcares. Macrolídeos como a eritromicina (Figura 9.2) geralmente são bacteriostáticos, embora alguns desses medicamentos sejam bactericidas quando em concentrações muito altas. Bactérias gram-positivas acumulam aproximadamente 100 vezes mais eritromicina do que microrganismos gram-negativos. As células são consideravelmente mais permeáveis a forma não ionizada do fármaco, o que explica a atividade antimicrobiana observada em pH alcalino. Os novos macrolídeos tem modificações na estrutura, como metilação no átomo de nitrogênio do anel lactônico, o que aumenta a estabilidade em ácidos e a penetração nos tecidos. Os macrolídeos agem inibindo reversivelmente as subunidades dos ribossomos de microrganismos sensíveis e, consequentemente, inibindo a síntese de proteínas. A resistência a macrolídeos em isolados clínicos é, frequentemente, o resultado de metilação pós-transcipcional de um resíduo de adenina do RNA ribossomal 23S, o que leva a resistência cruzada dos macrolídeos. Também foram detectados outros mecanismos de resistência envolvendo a permeabilidade celular ou a inativação

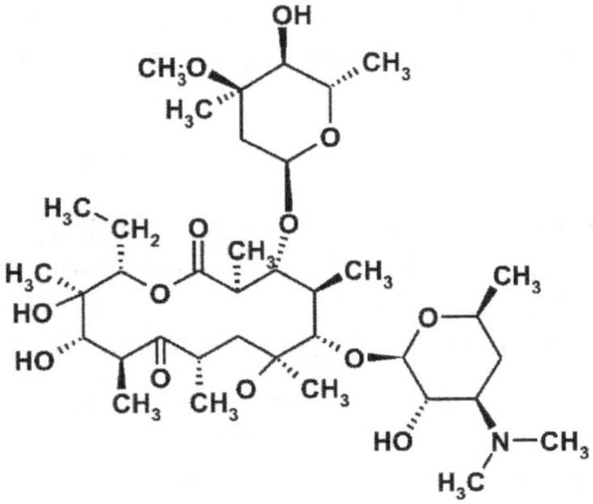

Figura 9.2 Estrutura química da eritromicina.

de fármacos. Pensa-se que a eritromicina não inibe a formação da ligação peptídica diretamente, mas inibe a etapa de translocação quando uma molécula de peptidil-tRNA recém-sintetizada desloca-se do sítio aceptor do ribossomo para o sítio peptidil ou sítio doador. A eritromicina, que não reage com o centro reativo da peptidil-transferase, induz a dissociação de peptidil-tRNA contendo 6, 7 ou 8 resíduos de aminoácidos.

QUESTÕES DE COMPREENSÃO

Indique, qual o antibiótico (A-J) inibe mais apropriadamente as etapas da síntese de proteína nos organismos procariotos nas questões 9.1 a 9.3.

A. Aminoglicosídeos
B. Cloranfenicol
C. Eritromicina
D. Gentamicina
E. Canamicina
F. Lincosamidas
G. Neomicina
H. Puromicina
I. Estreptomicna
J. Tetraciclina

9.1 Transferência do peptídeo do peptidil-tRNA para o aminoacil-tRNA e formação da ligação peptídica.
9.2 Ligação do aminoacil-tRNA ao sítio A do complexo ribossomal.
9.3 Translocação do peptidil-tRNA do sítio A para o sítio P.
9.4 Menino de seis anos, filho de um trabalhador migrante, foi levado para atendimento médico apresentando dor de cabeça, vômito e irritação na garganta. O exame físico revelou coloração acinzentada na região das amígdalas. A história

clínica revela que o paciente não foi vacinado contra difteria. A toxina diftérica é potencialmente letal em pacientes não vacinados devido a qual das seguintes possibilidades?

A. Inativa o fator de elongação necessário para a translocação na síntese de proteínas
B. Liga-se ao ribossomo e impede a formação da ligação peptídica
C. Impede a ligação do mRNA à subunidade 60S do ribossomo
D. Inativa um fator de iniciação
E. Inibe a síntese do tRNA carregado com um aminoácido

9.5 A replicação de uma determinada sequência de DNA está geralmente sobre um controle inibitório. Entretanto, quando uma substância A é adicionada, ela liga-se ao repressor tornando o repressor inativo e possibilitando que a transcrição ocorra. Qual dos seguintes termos descreve o agente A?

A. Histona
B. Operon
C. Polimerase
D. Transcritor
E. Indutor

RESPOSTAS

9.1 **B.** O cloranfenicol inibe a síntese de proteínas por inibir a peptidil-transferase. O grupo peptidil não pode ser transferido ao aminoacil-tRNA no sítio A.
9.2 **J.** As tetraciclinas ligam-se ao sítio A dos ribossomos dos organismos procariotos e impedem a ligação dos aminoacil-tRNA. Dessa forma, a síntese de proteínas é interrompida porque novos aminoácidos não podem ser adicionados à proteína nascente.
9.3 **C.** A eritromicina e outros antibióticos macrolídeos ligam-se à subunidade 50S perto do sítio P e provocam mudanças conformacionais que inibem a translocação do peptidil-tRNA do sítio A para o sítio P.
9.4 **A.** Toxina diftérica tem duas subunidades. A subunidade B liga-se a um receptor da superfície celular e facilita a entrada da subunidade A na célula. A subunidade A então catalisa a ADP-ribosilação do fator de elongação 2 (EF2). Assim, EF2 é impedido de participar no processo de translocação na síntese de proteínas e, então, a síntese de proteínas é interrompida.
9.5 **E.** Um indutor é uma molécula pequena que se liga a um repressor inativando-o, de forma que a sequência de DNA pode ser transcrita. Um operon é um conjunto de genes de organismos procariotos que estão próximos e todos eles são coordenados para estarem "todos desligados" ou "todos ligados". Um indutor pode atuar para "ligar" o operon. Um exemplo clássico é o *lac operon*. Quando há presença de alolactose, que serve como um indutor, o operon é ligado e, portanto, permite que as proteínas que metabolizam lactose sejam formadas.

DICAS DE BIOQUÍMICA

▶ A síntese de proteínas envolve a conversão de sequências de nucleotídeos de regiões específicas do DNA em mRNA (*transcrição*), seguida pela formação de ligações peptídicas em um conjunto complexo de reações que ocorrem nos ribossomos (*tradução*).
▶ A síntese de proteínas é dividida em três etapas: iniciação, elongação e terminação.
▶ O rRNA é um componente dos ribossomos, a fábrica da síntese proteica das células.
▶ Muitos antibióticos aproveitam-se das diferenças entre os rRNA de células de organismos eucariotos e procariotos.

REFERÊNCIAS

Alberts B, Johnson A, Lewis J, et al. *Molecular Biology of the Cell*. 5th ed. New York and London: Garland; 2007.

Lodish H, Berk A, Kaiser CA, et al. *Molecular Cell Biology*. 7th ed. New York: Freeman; 2012.

Petri WA. antimicrobial agents. In: Goodman AG, Gilman LS, eds. *The Pharmacological Basis of Therapeutics*. 10th ed. New York: McGraw-Hill; 2001.

Prescott LM, Harley JP, Klein DA. *Microbiology*. 3rd ed. Boston, MA: W.C. Brown; 1996.

Voet D, Voet JG, Pratt CW. *Fundamentals of Biochemistry*. Upgrade ed. New York: John Wiley; 2002.

CASO 10

Bebê do sexo masculino, com quatro dias de vida, chega ao setor de emergência apresentando vômitos e letargia crescente. O paciente era saudável ao nascimento e não houve complicações no parto. O padrão de alimentação da criança decaiu ao longo dos últimos dois dias e os pais negam qualquer trauma. Ao exame, o paciente está afebril e sua urina tem um odor doce. Hipotonia muscular é alternada com hipertonia. Uma tomografia computadorizada (TC) da cabeça revela edema cerebral. Resultados de punção lombar mostraram líquido cerebrospinal (LCS) claro, contendo quatro leucócitos por campo, sem hemácias, 45 mg% de proteína, 46 mg% de açúcar e não foram encontradas bactérias no hemograma corado por Gram. A cultura do LCS é negativa. Corpos cetônicos e cetoácidos são detectados na urina, e análise do soro revela níveis elevados de aminoácidos de cadeia ramificada.

▶ Qual é o diagnóstico mais provável?
▶ Qual é o mecanismo molecular que causa esta doença?
▶ Qual é o mecanismo fisiopatológico de seus sintomas?

RESPOSTAS PARA O CASO 10
Doença do Xarope de Bordo

Resumo: bebê do sexo masculino, com quatro dias de vida, apresenta história de má alimentação, sinais consistentes com encefalopatia e evidências laboratoriais de disfunção metabólica.

- **Diagnóstico mais provável:** Doença do xarope de bordo (DXB).
- **Mecanismo molecular da doença:** A mutação em uma ou mais das subunidades do complexo da desidrogenase dos α-cetoácidos de cadeia ramificada (DCCR), herdadas de forma autossômica recessiva.
- **Mecanismo fisiopatológico dos sintomas:** O complexo enzimático não funcional é incapaz de degradar os aminoácidos de cadeia ramificada (AACR), resultando no acúmulo de leucina, entre outros. Isto leva a hiperosmolaridade aguda e edema cerebral.

ABORDAGEM CLÍNICA

DXB é uma doença autossômica recessiva causada por DCCR não funcional incapaz de degradar AACR, como leucina, isoleucina e valina. Níveis elevados de leucina no plasma e nos órgãos afetam a regulação do volume celular, levando a edema cerebral e outros problemas neurológicos (hipotonia/hipertonia). O odor característico da urina é o resultado do metabólito isoleucina elevado encontrado na urina.

DXB, em geral, aparece em recém-nascidos, no entanto, existem algumas formas da doença que podem se apresentar mais tardiamente. O diagnóstico é confirmado pelos níveis plasmáticos elevados de AACR e de seus metabólitos. A triagem neonatal também está disponível imediatamente após o nascimento. O tratamento envolve a modificação da dieta (limitando a ingestão de AACR) e o reconhecimento precoce da descompensação metabólica com a intervenção apropriada.

ABORDAGEM À
Doença do Xarope de Bordo

OBJETIVOS
1. Descrever a estrutura e a função normal do complexo DCCR.
2. Explicar como a estrutura e a função do complexo DCCR estão alterados na DXB.
3. Relacionar a função de manutenção da proporção de aminoácidos no cérebro para alterações patológicas na DXB.

DEFINIÇÕES
MUTAÇÃO AUTOSSÔMICA: uma mutação genética que afeta igualmente homens e mulheres. O cromossomo afetado não é um cromossomo sexual.

AMINOÁCIDOS DE CADEIA RAMIFICADA (AACR): um aminoácido que apresenta cadeias laterais alifáticas com ramificação (um átomo de carbono ligado a mais de dois outros átomos de carbono). Entre os aminoácidos proteinogênicos, existem três AACR: leucina, isoleucina e valina.
COMPLEXO DA DESIDROGENASE DE α-CETOÁCIDOS DE CADEIA RAMIFICADA (DCCR): a desidrogenase dos α-cetoácidos de cadeia ramificada é um complexo multienzimático associado a membrana interna das mitocôndrias, que atua no catabolismo de aminoácidos de cadeia ramificada. O complexo é composto por várias cópias de três componentes: descarboxilase dos α-cetoácidos de cadeia ramificada (E1), lipoamida aciltransferase (E2) e lipoamida desidrogenase (E3).
MUTAÇÃO FUNDADORA: em genética, mutação fundadora é uma mutação que aparece no DNA de uma ou mais pessoas que são fundadores de uma população distinta. Mutações fundadoras se originam com mudanças que ocorrem no DNA e são transmitidas para a descendência.
CINASE: uma enzima que catalisa a transferência de um grupo fosfato ou um outro grupo molecular de alta energia para uma molécula receptora. Cada uma dessas cinases é denominada conforme seu receptor, como acetato cinase, frutocinase ou hexocinase.
FOSFATASE: qualquer grupo de enzimas capazes de catalisar a hidrólise de ácido fosfórico esterificado, com a liberação de fosfato inorgânico, encontrado em praticamente todos os tecidos, fluidos corporais e células, incluindo eritrócitos e leucócitos.
TRANSAMINASE: qualquer grupo de enzimas que catalisam a transferência de um grupo amino de um aminoácido para um cetoácido receptor, resultando na formação de um novo aminoácido e a conversão do aminoácido inicial a um cetoácido; também denominada aminotransferase.

DISCUSSÃO

DXB é causada por um defeito no metabolismo dos AACR (leucina, isoleucina, e valina). Esses aminoácidos normalmente são degradados por uma sequência de reações, a acetil-CoA, acetoacetato e succinil-CoA. O segundo passo nesse processo é catalisado pela DCCR mitocondrial, que converte um α-cetoácido em um acil-CoA via descarboxilação oxidativa. DCCR é um complexo multienzimático composto por seis subunidades. O complexo contém quatro subunidades enzimáticas (E1 [α e β], E2 e E3), DCCR-cinase e DCCR-fosfatase. A fosforilação do complexo o inativa, porém, por outro lado, ele é ativado por fosforilação. Os genes que codificam os componentes enzimáticos são subunidade α do gene da DCCR descarboxilase (E1), subunidade β do gene da DCCR descarboxilase (E1), subunidade do gene da di-idrolipoil-transacetilase (E2) e subunidade do gene da lipoamida desidrogenase (E3). O complexo utiliza as coenzimas tiamina-pirofosfato, lipoamida, FAD e o agente oxidante terminal NAD^+ (Figura 10.1).

DXB é causada por uma mutação autossômica hereditária em E1α (DXB tipo 1A), E1β (DXB tipo 1B) ou E2 (DXB tipo 2). As mutações também podem ocor-

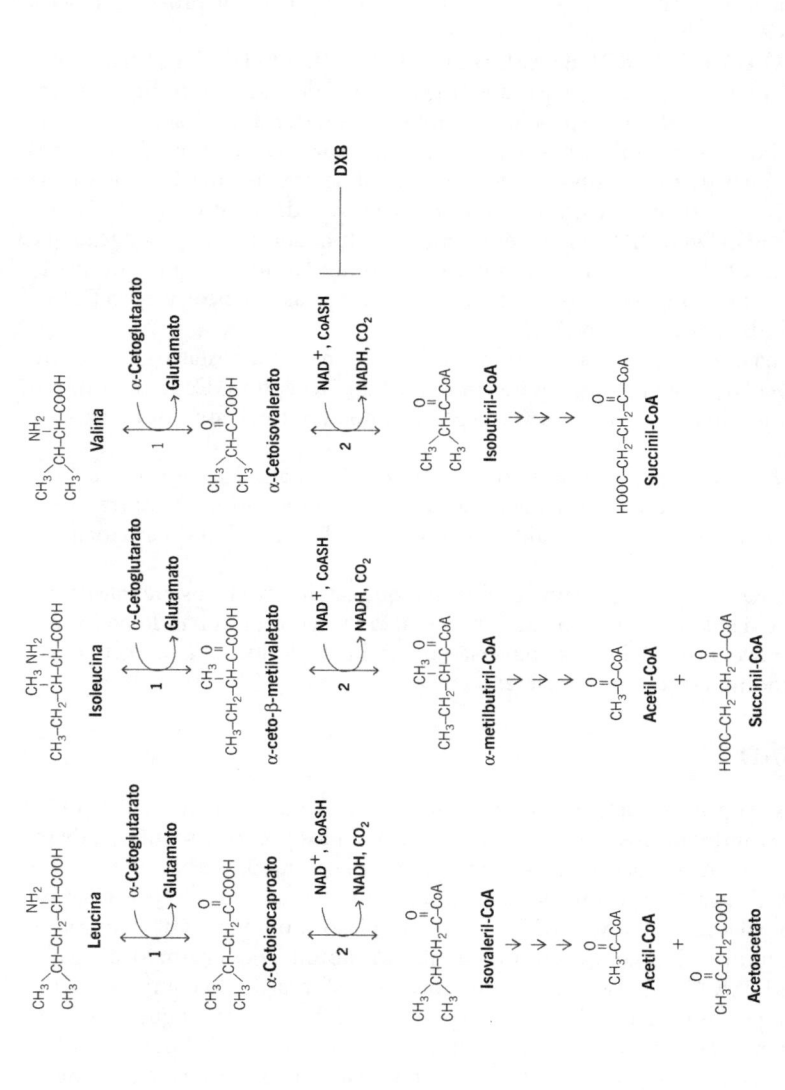

Figura 10.1 Via metabólica abreviada de degradação de AACR mostrando a perda de função do complexo DCCR na segunda etapa da via observada em casos de DXB. Passo 1 (AACR transaminase) e 2 (complexo DCCR) são comuns para leucina, valina e isoleucina. AACR = aminoácidos de cadeia ramificada, DCCR = complexo desidrogenase de α-cetoácidos ramificados, DXB = doença do xarope de bordo

rer na subunidade E3, mas causam um fenótipo diferente. A taxa de incidência na população em geral é estimada em 1:185.000 nascidos vivos, embora possa aumentar para 1:176 se for considerada a população Menomita da Europa. Uma mutação fundadora em DCCR (E1α) é prevalente neste grupo, com uma frequência de portadores de DXB clássica de 1 em 10. Essa mutação fundadora resulta em uma mutação de tirosina para asparagina no componente E1, que impede a interação adequada das subunidades α e β. Na ausência dessa interação, a estrutura tetramérica normal da subunidade E1 é interrompida, dando origem a uma enzima com atividade funcional diminuída ou nula.

DXB pode ser classificada como clássica, intermediária ou intermitente, e os critérios para a classificação dependem muito do nível de atividade da enzima. Casos clássicos de DXB têm atividade residual de DCCR baixa ou nula (0 a 2% da atividade normal) e apresentam sintomas poucos dias após o nascimento. Formas intermediárias e intermitentes da doença normalmente têm algum grau de atividade da enzima (3 a 30% e 5 a 20%, respectivamente). Pacientes com DXB intermediário parecem normais no período neonatal, mas apresentam os mesmos sintomas fenotípicos na infância ou mais tardiamente (em geral, entre 5 meses e 7 anos). Pacientes com DXB intermitente em geral se desenvolvem normalmente e só apresentam sintomas durante períodos de estresse fisiológico.

A falta do funcionamento do complexo DCCR resulta no acúmulo dos AACR e de seus derivados cetoácidos. Como esses produtos se acumulam, acabam tornando-se tóxicos para os órgãos e, em especial, para o cérebro. Níveis elevados de leucina interferem no transporte dos outros aminoácidos neutros grandes através da barreira hematoencefálica, reduzindo a disponibilidade desses aminoácidos essenciais. Essa deficiência de aminoácidos no cérebro afeta negativamente o crescimento cerebral e dificulta a síntese de neurotransmissores (dopamina, serotonina, noradrenalina e histamina) necessários para a comunicação célula a célula. A leucina é considerada neurotóxica porque promove uma síndrome neuroquímica que afeta a deposição proteica no cérebro, a síntese de neurotransmissores, a regulação do volume celular, o crescimento dos neurônios e a síntese de mielina. Além disso, o acúmulo cerebral do ácido α-cetoisocaproico foi implicado na inibição da cadeia transportadora de elétrons mitocondriais, levando aos níveis elevados de lactato no cérebro observados na encefalopatia aguda da DXB.

O tratamento de DXB envolve limitar a ingesta de aminoácidos de cadeia ramificada na dieta, principalmente a leucina. Ao contrário da leucina, concentrações sanguíneas elevadas de valina e isoleucina parecem ser suportadas com mais facilidade. Restrição de proteína na dieta, que naturalmente contém menos valina e isoleucina do que leucina, pode levar a deficiências de valina e isoleucina, mesmo quando as concentrações de leucina estão elevadas. Deficiências de isoleucina e de valina podem ser ainda mais problemáticas para o cérebro, uma vez que todos os AACR usam o mesmo transportador para atravessar a barreira hematoencefálica. Assim, a monitoração cuidadosa dos níveis de AACR no sangue é determinante, e a suplementação de valina e isoleucina pode ser necessária.

QUESTÕES DE COMPREENSÃO

10.1 A presença de cetonas na urina é característica da DXB. Para uma triagem rápida é necessária a adição de dinitrofenilidrazina (2-DNP) na amostra de urina do paciente. O resultado positivo é indicado pela formação de um precipitado branco-amarelado. O tipo de reação responsável por este produto pode ser mais bem descrito como qual dos seguintes?

A. Reação de isomerização
B. Reação de condensação
C. Reação de combustão
D. Reação ácido-base

10.2 Além da DXB, existem outros erros inatos de metabolismo que também apresentam encefalopatia neonatal. Entre eles estão as síndromes de hipercetose, como a deficiência de β-cetotiolase, defeitos do ciclo da ureia, encefalopatia glicina e acidemia propiônica ou metilmalônica. Qual dos seguintes testes permitiria o diagnóstico definitivo de DXB?

A. Análise de proteínas na urina
B. Tomografia computadorizada de crânio
C. Cultura do LCS
D. Análise de aminoácidos no plasma

10.3 Um casal saudável descendente dos Menomitas da Europa está se preparando para ter um filho. Considerando que a incidência de portadores do traço é 1 em 10, qual é a probabilidade que o filho deles tenha DXB?

A. 1 em 10
B. 1 em 100
C. 1 em 400
D. 1 em 200

RESPOSTAS

10.1 **B.** Esta reação pode ser descrita como uma reação de condensação, com a união de duas moléculas com a perda de água. Neste caso, a reação é a seguinte:

$$RR'C = O + C_6H_3(NO_2)_2NHNH_2 \rightarrow C_6H_3(NO_2)_2NHNCRR' + H_2O$$

(cetona + DNPH → dinitrofenil-hidrazona + água)

Os outros tipos de reações não se aplicam. Em uma reação de isomerização, o arranjo estrutural de um composto é alterado, mas a sua composição atômica líquida continua a mesma. Já uma reação de combustão é um tipo de reação redox, em que um material combustível se combina com um oxidante para formar produtos oxidados e gerar calor. Uma reação acidobásica é uma reação do tipo duplo deslocamento que ocorre entre um ácido e uma base. O íon H^+ no ácido reage com o íon OH^- na base para formar água e um sal iônico.

10.2 **D.** Nos casos de DXB, os níveis plasmáticos de AACR será elevado. Isso não é verdadeiro para os outros distúrbios metabólicos descritos. A análise de proteínas na urina e a cultura de LCS seriam negativas para esses transtornos e não permitiriam a diferenciação. Por outro lado, a tomografia computadorizada de crânio em cada tipo de caso mostra sinais de edema cerebral.

10.3 **C.** DXB é herdada de forma autossômica recessiva, ou seja, para ser afetada, a descendência teria que ser homozigota para o traço. Assim, um em cada quatro filhos teria esse genótipo. Dada a taxa de incidência aproximada do traço na população Menonita, cada um dos pais tem uma probabilidade de 1/10 de ser um portador. Portanto, a probabilidade que a criança ser afetada é (1/10) x (1/10) x (1/4) = 1/400.

DICAS DE BIOQUÍMICA

- Os AACR são degradados, em parte, pelo complexo multienzimático DCCR.
- DXB resulta de uma mutação em uma das subunidades enzimáticas dessa enzima.
- Os sintomas de DXB são causados pelo acúmulo de AACR e de cetoácidos de cadeia ramificada.

REFERÊNCIAS

Bodamer O, Hahn S, Tepas E. Overview of Maple Syrup Urine Disease. Up-to-date. August 8, 2012.

Chuang DT, Chuang JL, Wynn RM. Lessons from genetic disorders of branched-chain amino acid metabolism. *J Nutr.* 2006;136:243S-249S.

Chuang DT, Wynn RM, Shih VE. Maple syrup urine disease (branched-chain ketoacidosis). In: Valle D, et al, eds. *Scriver's The Online Metabolic & Molecular Bases of Inherited Disease.* McGraw-Hill; accessed June 12, 2012.

Strauss KA, Puffenberger EG, Morton DH. Maple syrup urine disease. In: Gene Reviews. [Internet.] Seattle (WA): University of Washington, Seattle; Initial Posting: January 30, 2006; Last Update: December 15, 2009.

Voet D, Voet JG. Amino acid metabolism. *Biochemistry.* 3rd ed. City, NJ: John Wiley & Sons, Inc; 2004.

CASO 11

Mulher de 32 anos chega ao consultório com preocupações sobre um nódulo na mama direita, detectado recentemente. A mamografia revelou uma massa na mama direita com 3 cm e inúmeras microcalcificações sugestivas de câncer de mama. Em conversa com a paciente, ela revelou que tem uma irmã que foi diagnosticada com câncer de mama aos 39 anos, que sua mãe faleceu com câncer de ovário aos 40 anos e uma tia materna teve câncer de mama e de colo. A paciente foi submetida a um exame, que revelou uma massa fixa e rígida na mama no lado direito, medindo 3 cm, com leve linfadenopatia axilar direita. Não foi notado envolvimento da pele e a biópsia realizada revelou carcinoma intraductal.

- Qual gene de câncer pode estar associado a este cenário clínico?
- Qual é o mecanismo provável do gene de câncer neste caso?

RESPOSTAS PARA O CASO 11
Oncogenes e câncer

Resumo: mulher de 32 anos com forte histórico familiar de câncer de mama, de colo e de ovário, apresenta uma lesão mamária fixa que, pela biópsia, é comprovada ser carcinoma.

- **Gene de câncer mais provável:** BRCA.
- **Mecanismo mais provável:** Inibição de gene supressor de tumor.

ABORDAGEM CLÍNICA

Câncer de mama aos 32 anos, em jovem com história de dois parentes de primeiro grau com câncer da mama e de ovário, ambos antes da menopausa, indica uma provável mutação do gene BRCA. BRCA1 reside no cromossomo 17. Esse gene codifica uma proteína que, provavelmente, é importante na reparação do DNA. Assim, uma mutação no gene BRCA1 pode conduzir a propagação de células anormais sem verificação. Uma mulher com uma mutação no BRCA1 tem 70% de risco de desenvolver câncer de mama e de 30 a 40% de desenvolver câncer de ovário. A maioria dos casos de câncer de mama não é genética, mas ocorre esporadicamente. No entanto, os cânceres de mama com base familiar são mais comuns por causa das mutações no BRCA1. BRCA2 é outra mutação, mais comumente associada ao câncer de mama masculino. Outros mecanismos genéticos de câncer incluem os oncogenes, que são genes anormais que, em geral, causam câncer por mutações. Os proto-oncogenes são genes normais, presentes em células normais e envolvidos no crescimento e desenvolvimento normais, mas, se ocorrer mutações, podem se tornar oncogenes.

ABORDAGEM AOS
Oncogenes

OBJETIVOS

1. Conhecer as definições de oncogenes e proto-oncogenes.
2. Compreender o papel das funções de promotor e repressor da síntese de DNA.
3. Conhecer a replicação normal do DNA.
4. Estar familiarizado com as mutações no DNA (mutações de ponto, inserções, deleções).
5. Conhecer o processo de reparo do DNA.
6. Compreender a recombinação e a transposição de genes.

DEFINIÇÕES

FRAGMENTO DE OKAZAKI: pequenos segmentos de DNA (aproximadamente 1.000 nucleotídeos em procariotos, 100 a 200 nucleotídeos em eucariotos) sintetizado na fita descontínua durante a replicação do DNA. À medida que a forquilha de replicação é aberta, a RNA-polimerase primase sintetiza um iniciador de RNA pequeno, que é estendido pela DNA-polimerase até atingir o fragmento de Okazaki anterior. O iniciador de RNA no fragmento de Okazaki precedente é removido, o espaço é preenchido com DNA e as fitas ligadas.
ONCOGENE: genes cujos produtos estão envolvidos na transformação de células normais para células tumorais. A maioria dos oncogenes são formas mutantes de genes normais (proto-oncogenes).
PRIMASE: uma polimerase de RNA que sintetiza um iniciador pequeno de RNA complementar a um molde na fita de DNA que está sendo replicada, que, por sua vez, serve como iniciador de RNA no ponto de partida para a adição de nucleotídeos na replicação da fita, servindo como um molde.
RECOMBINAÇÃO: qualquer processo em que fitas de DNA são cortadas e unidas novamente resultando em uma troca de material entre as moléculas de DNA.
GENES SUPRESSORES DE TUMOR: genes que codificam para proteínas que inibem a progressão de uma célula através do ciclo celular. Se esses genes são mutados, uma deficiência em proteínas supressoras cria um crescimento celular desregulado, uma condição permissiva para tumorogênese.

DISCUSSÃO

A **replicação do DNA** ocorre, em geral, durante a **fase S do ciclo celular**. A replicação do DNA ocorre de forma semiconservativa, em razão da **natureza antiparalela intrínseca da dupla-hélice**. Todas as polimerases de DNA conhecidas sintetizam **DNA no sentido 5' para 3'**; isso significa que uma fita será sintetizada continuamente e a outra deverá ser sintetizada por meio de um **mecanismo descontínuo e a produção de fragmentos de Okazaki**. Depois de concluído esse processo, a célula irá dividir o material recém-replicado na mitose. Em alguns casos, a célula irá replicar seu DNA uma e outra vez sem a realização de uma mitose, o que gera células com conteúdo de DNA anormalmente elevado, ou seja, uma forma anormal de controle de replicação do DNA.

A **replicação do DNA inicia pela separação das fitas de DNA parental.** Isto é alcançado por enzimas denominadas **helicases**, que **separam as fitas**, movimentam-nas em uma direção fixa, as custas de ATP, e **abrindo as fitas de modo que as DNA-polimerases possam ligar-se a elas.** Para evitar o reanelamento das duas fitas, as proteínas de ligação à fita simples ligam-se as duas fitas complementares. O **passo seguinte no processo de replicação é a síntese de um iniciador de RNA**, a qual é catalisada pela enzima **primase**. DNA-polimerases alongam a fita pela adição de **desoxirribonucleotídeos na extremidade 5' terminal do iniciador de RNA**. Elas fazem isso de **forma ininterrupta na fita contínua**, mas, para a **fita descontínua,** aquela com a extremidade 5' orientada para a forquilha de replicação, uma série de pequenos segmentos denominados fragmentos de Okazaki precisa ser sintetizada. Os iniciadores de RNA dos fragmentos de Okazaki são removidos conforme a DNA-polimerase alcança o fragmento de Okazaki anterior, e os segmentos de DNA são, então, unidos por DNA-ligase.

Mutações no DNA surgem a partir de uma variedade de fatores intrínsecos e extrínsecos. Nosso genoma está constantemente sob o ataque de vários **agentes genotóxicos, como a radiação ionizante, os radicais livres de oxigênio e a luz UV.** Esses agentes servem para introduzir **quebras no DNA fita dupla (DSB; do inglês,** *double-strand breaks*)**, bem como dímeros timina-timina na DNA. DSB podem gerar mutações do tipo deleção ou inserção e alterar o fase de leitura do código genético, um evento que facilmente leva ao mau funcionamento de uma proteína. Dímeros induzidos por ultravioleta (UV) podem gerar mutações de ponto que também alteram o fase de leitura.

Para responder às diversas formas de danos no DNA, as células desenvolveram uma série de **mecanismos de reparo** do DNA que servem para restaurar o material genético. Dependendo da natureza do dano no DNA (por exemplo, DSB contra dímeros de timina induzidos por UV), a célula vai recorrer a um mecanismo diferente de reparo. Além disso, a fase do ciclo celular em que a lesão é detectada e processada pode ativar vias independentes de reparo do DNA. Por exemplo, se uma cromátide--filha molde estiver presente na **fase S ou G_2 do ciclo celular, a célula irá utilizar essa molécula parceira intacta para corrigir um DSB.** Esse processo é conhecido como recombinação homóloga (RH) e representa uma etapa importante do processo de reparo do DNA. No entanto, se o dano ocorre durante a **fase G_1 do ciclo celular,** que é **um período desprovido de uma cromátide para servir como molde** para o reparo, **um processo geral de ligação de extremidades** será utilizado. Esse processo, conhecido como **ligação de extremidades não homólogas (LENH),** une as extremidades quebradas praticamente sem considerar a perda de sequências de intervenção. Portanto, **LENH é considerado um processo sujeito a erros,** mas considerando o grande tamanho do genoma e a presença de muitas formas de "DNA lixo", o processo de LENH não necessariamente perturba as sequências de DNA que codificam as proteínas. Em contraste com LENH, **RH é um processo livre de erros,** em razão do fato de que uma **cromátide-filha é utilizada como molde para o reparo.**

Recombinação e transposição de genes são dois processos que **transformam o material genético.** Como já explicado, a recombinação é parte integrante do processo de reparo de DNA. Quando a recombinação de DNA é prejudicada pela mutação de genes específicos (como *BRCA1* ou *Rad51*), ocorre uma recombinação aberrante, produzindo cromossomos anormais que possuem translocações a partir de dois ou mais cromossomos. **Genes podem transpor translocações** de um ambiente cromossômico para outro, o que conduz frequentemente a ruptura da expressão gênica. Esses eventos são conhecidos por causar **amplificação gênica,** um fenômeno frequentemente associado ao câncer. Eles podem também gerar cromossomos que possuem dois centrômeros (dicêntricos), levando a uma variedade de defeitos celulares na mitose.

A replicação do DNA é controlada de forma rigorosa por uma variedade de proteínas que atuam para promover o processo (as DNA-polimerases e os elementos atuando em *cis* que se ligam ao DNA e recrutam fatores envolvidos no processo), bem como aquelas que inibem a síntese do DNA, direta ou indiretamente. Um fator que inibe indiretamente a síntese do DNA é o **supressor de tumor p53. Denomina-se supressores de tumor a classe geral de proteínas que funcionam para desacelerar e alterar o crescimento** e o desenvolvimento de células por meio de uma variedade de mecanismos. Na ausência desses fatores, as células terão uma redução da capacidade de execução de uma variedade de funções essenciais para manter a estabilidade genômica. O **p53 funciona para controlar a fronteira G_1 S do ciclo celular** e, se a célula não está preparada para entrar na fase S, então a síntese de DNA será regulada negativamente.

Uma das principais causas de câncer de mama familiar resulta da mutação no gene de susceptibilidade ao câncer de mama, *BRCA1*. Originalmente identificado em 1994, somente em 1997, quando David Livingston e colaboradores demonstraram que *BRCA1* **é uma proteína nuclear,** que sua função começou a ser entendida. Eles descobriram que, após o tratamento de células com agentes conhecidos por gerar danos no DNA (ou seja, hidroxiureia, luz UV, radiação ionizante), ***BRCA1* foi encontrado juntamente com discretas estruturas nucleares denominadas** *foci*. Essas *foci* são conhecidas por correlacionar com os locais de danos no DNA ou os sítios de forquilhas de replicação paralisadas na fase S do ciclo celular. Além da localização nuclear intrigante de *BRCA1* em resposta a agentes danificadores do DNA, observou-se também que a **proteína BRCA1 foi fosforilada em resposta a esses agentes**. Com base na riqueza de dados obtidos a partir do estudo do ciclo celular em sistemas modelo de levedura, concluiu-se que *BRCA1* funcionava como um regulador do ciclo celular em resposta a danos no DNA.

Estudos adicionais têm implicado *BRCA1* na resposta celular ao DSB no DNA, uma forma potencialmente letal de danos no DNA. **Células deficientes em *BRCA1*** apresentam numerosas características citológicas e biológicas que a anos são correlacionadas com alteração na manutenção da estabilidade do cromossomo. Isto inclui **aneuploidia, amplificação do centrossomo, quebras espontâneas no cromossomo, eventos de recombinação aberrantes, sensibilidade à radiação ionizante e *checkpoints* do ciclo celular prejudicados**. Além disso, uma variedade de experimentos demonstrou papéis para *BRCA1* em fazer cumprir a transição G_2/M do ciclo celular, recombinação homóloga entre cromátides-irmãs, bem como o reinício da replicação parada na fase S.

O **supressor de tumor BRCA1 interage com um grande número de proteínas celulares em complexos grandes**, incluindo diversas proteínas implicadas em vários processos de reparo de DNA e do ciclo celular. Na verdade, tem sido relatado que o *BRCA1* pode interagir com cerca de **50 proteínas**. Além disso, foi demonstrado que *BRCA1* funciona em diversos mecanismos de transcrição, sugerindo que a função dessa proteína importante pode ir muito além do seu papel documentado no reparo DSB. Como a inativação de *BRCA1*, um gene atuando em vias de reparo de DNA que parecem genéricas para vários tipos de células e predispõe as mulheres a formas hereditárias de câncer de mama, continua a ser um mistério e um assunto de muito debate. Dado que *BRCA1* parece ter papéis fundamentais na regulação da transcrição, foi sugerido que *BRCA1* poderia influenciar tecido mamário pelas vias metabólicas que atingem a biologia do estrogênio e os metabólitos relacionados ao estrogênio. Além disso, tem sido sugerido que o tecido mamário difere de outros tecidos quanto aos tipos de processos de reparo do DNA para os quais são utilizados. Talvez existam vias de reparo de DNA redundantes nos tecidos não mamários. De qualquer forma, o comportamento complexo do *BRCA1* promete desafiar futuros pesquisadores na busca dos mecanismos subjacentes que iniciam o câncer de mama familiar.

QUESTÕES DE COMPREENSÃO

11.1 Retinoblastoma hereditário é uma doença genética de herança autossômica dominante. Os pacientes com retinoblastoma hereditário desenvolvem precocemente tumores na retina, em geral em ambos os olhos. O gene afetado (*RB1*) foi o primeiro gene supressor de tumor a ser identificado. Qual das seguintes alternativas descreve melhor a função da proteína codificada pelo *RB1*?

   A. *RB1* se liga a fatores de transcrição necessários para a expressão de enzimas de replicação do DNA
   B. *RB1* inibe alostericamente a DNA-polimerase
   C. *RB1* se liga à região do promotor do DNA e evita a transcrição
   D. *RB1* fosforila proteínas de transdução de sinal

11.2 Mutações no gene supressor de tumores *BRCA1* são transmitidos de forma autossômica dominante. Quando uma célula é transformada em célula de tumor nos indivíduos que herdaram um alelo mutante desse gene supressor de tumor, qual das seguintes opções provavelmente ocorre?

   A. Superexpressão de um fator de transcrição
   B. Deleção ou mutação do gene normal no outro cromossomo
   C. Translocação cromossômica
   D. Duplicação gênica do gene mutante

11.3 As mulheres que herdam um gene *BRCA1* mutante tem 60% de chance de desenvolver câncer de mama com idade de 50 anos. A proteína produzida pelo gene *BRCA1* está envolvida no reparo de DSB de DNA. Qual dos processos abaixo é o mais provável de ser prejudicado por uma deficiência na proteína BRCA1?

   A. Remoção de dímeros de timina
   B. Remoção de iniciadores de RNA
   C. Remoção de adutos de carcinogênios
   D. Recombinação homóloga
   E. Correção de erros de mau pareamento

RESPOSTAS

11.1 **A.** A proteína RB1 se liga a fatores de transcrição E2F, impedindo-os de ativar a transcrição dos genes que codificam as enzimas necessárias para replicação do DNA, como a DNA-polimerase. O complexo RB1-E2F atua como repressor de transcrição. No meio da fase G_1, RB1 é fosforilada por cinases dependentes de ciclina, libertando E2F para ativar a transcrição. Deficiência de RB1 leva a transcrição não regulada de enzimas de replicação de DNA e da síntese do DNA.

11.2 **B.** Porque *BRCA1* é herdado de forma autossômica dominante, então 1 alelo é suficiente para produzir a proteína BRCA1. No entanto, se o alelo normal está somaticamente mutado ou deletado, então a célula afetada não pode produzir a proteína BRCA1 e pode ser transformada em uma célula de tumor.

11.3 **D.** *BRCA1* desempenha um papel significativo no reparo de DSB; portanto, uma vez que a recombinação homóloga requer uma clivagem de ambas as fitas de uma molécula de DNA, esse evento será mais suscetível de ser afetado por uma deficiência nessa proteína. Dímeros de timina, erros de mau pareamento e adutos de DNA com agentes cancerígenos são removidos de maneira eficaz por um processo de reparo da excisão, em que uma parte de uma das fitas de DNA é removida.

DICAS DE BIOQUÍMICA

▶ A replicação do DNA ocorre normalmente durante a fase S do ciclo celular.
▶ Replicação do DNA ocorre de forma semiconservativa, e isso é devido à natureza intrínseca antiparalela da dupla-hélice.
▶ Todas as DNA-polimerases conhecidas sintetizam DNA no sentido 5' para 3'.
▶ Para responder às diversas formas de danos no DNA, as células desenvolveram uma série de mecanismos de reparo de DNA que servem para restaurar o código genético.
▶ Supressores de tumor referem-se a uma classe geral de proteínas que funcionam para retardar e alterar o crescimento e o desenvolvimento de células por meio de uma variedade de mecanismos. O gene supressor de tumor *BRCA*, quando mutado, aumenta o risco de câncer de mama.
▶ Inativação de *BRCA1*, um gene que parece funcionar em vias metabólicas de reparo de DNA que parecem genéricas para vários tipos de células, predispõe as mulheres a formas hereditárias de câncer de mama, mas o mecanismo exato desse processo ainda é desconhecido.

REFERÊNCIAS

Couch FJ, Weber BL. Breast cancer. In: Scriver CR, Beaudet AL, Sly WS, et al, eds. *The Metabolic and Molecular Basis of Inherited Disease*. 8th ed. New York: McGraw-Hill; 2001:999-1031.

Edenberg HJ. DNA replication, recombination, and repair. In: Devlin TM, ed. *Textbook of Biochemistry with Clinical Correlations*. 7th ed. New York: Wiley-Liss; 2010.

Scully R, Chen J, Ochs RL. Dynamic changes of BRCA1 subnuclear location and phosphorylation state are initiated by DNA damage. *Cell*. 1997;90(3):425-435.

Scully R, Livingston DM. In search of the tumor-suppressor functions of BRCA1 and BRCA2. *Nature*. 2000;408(6811):429-432.

CASO 12

Mulher de 25 anos e de origem mediterrânea vai à consulta no seu obstetra com 12 semanas de gestação para primeira visita pré-natal. Trata-se de sua primeira gravidez e ela está preocupada com o bebê e o risco de herdar a doença do "sangue" como outros membros da família. A paciente relata história pessoal de anemia leve, mas não tão grave como a de seu irmão, que necessitava de transfusões frequentes e morreu aos 10 anos. A paciente foi informada pelo médico de que não precisa tomar suplemento de ferro para sua anemia e nega ter quaisquer sintomas de anemia. Seu exame físico é consistente com uma gravidez de 12 semanas e a ultrassonografia confirmou uma gravidez intrauterina de 12 semanas de gestação. A hemoglobina (Hb) da paciente mostra anemia hipocrômica e microcítica (células vermelhas de tamanho pequeno) (Hb, 9 g/dL) e a eletroforese de Hb demonstrou aumento do nível de HbA2 (4%) e aumento do nível de Hb fetal, um padrão consistente com β-talassemia menor. A paciente foi submetida à biópsia de vilosidades coriônicas para avaliar se o feto seria afetado e o diagnóstico foi devolvido em algumas horas.

▸ Qual é a genética molecular que causa essa doença?
▸ Qual foi o teste provável e qual é a sua base bioquímica?

RESPOSTAS PARA O CASO 12

Talassemia/Sonda de oligonucleotídeo

Resumo: mulher grávida de 25 anos e de origem mediterrânea com história de hipocromia leve assintomática, anemia microcítica, níveis elevados de HbA2 e HbF na eletroforese. Seu irmão tinha doença hemolítica grave que necessitava de transfusões e causou sua morte prematura aos 10 anos. É diagnosticada com β-talassemia menor.

- **Genética molecular:** Produção inadequada da cadeia peptídica de β-globina. Grande número de mutações tem sido identificado na produção de RNA, incluindo a região promotora e as junções de *splice*.
- **Teste provável:** Sonda de oligonucleotídeo. Após a realização da biópsia de vilosidades coriônicas, uma sonda radiativa pode ser usada e hibridizada com mutações genéticas específicas no DNA do feto, permitindo a detecção rápida e o diagnóstico pré-natal.

ABORDAGEM CLÍNICA

Anemia é o nível anormalmente baixo de Hb ou massa de hemácias, que tem o potencial de limitar o fornecimento de oxigênio aos tecidos. Sem dúvida, a causa mais comum da anemia é por deficiência de ferro, que leva a um volume pequeno de hemácias (microcítica). Outra causa comum de anemia microcítica é a talassemia. Algumas etnias têm maior incidência de talassemia, como é o caso de descendentes de populações mediterrâneas, da Ásia Oriental.

Essa paciente é de origem mediterrânea, o que torna a talassemia mais provável. Além disso, a anemia microcítica (tamanho pequeno das hemácias) em face dos níveis elevados de HbA2 e HbF é consistente com β-talassemia menor. Os pacientes com β-talassemia maior (anemia de Cooley) normalmente têm anemia grave, necessitando de transfusões frequentes, e curta expectativa de vida. As crianças parecem saudáveis após o nascimento, mas como os níveis de HbF caem, a criança torna-se gravemente anêmica. Mulheres com β-talassemia maior que sobrevivem além da infância geralmente são estéreis.

ABORDAGEM À

Sonda de oligonucleotídeo

OBJETIVOS

1. Conhecer sobre o uso de sondas de oligonucleotídeos para detecção de mutações.
2. Saber como segmentos de oligonucleotídeos são sintetizados.

3. Ganhar familiaridade com as mutações comuns que causam talassemias (substituições na caixa TATA, mutações em junção de *splice* e mudanças no códon de parada).

DEFINIÇÕES

ERITROPOIESE: é o desenvolvimento de eritrócitos maduros contendo Hb (eritrócitos) a partir de células tronco pluripotentes, por uma cascata linear.

MUTAÇÃO DE MUDANÇA DA FASE DE LEITURA: inserção ou deleção de um número de nucleotídeos que não são divisíveis por três em uma sequência codificante, causando assim uma alteração na fase de leitura de toda a sequência a jusante da mutação.

REGIÃO DE CONTROLE DO *LOCUS*: região reguladora que pode controlar a transcrição abrindo e remodelando a estrutura da cromatina. Também podem ter atividade potencializadora.

SEQUÊNCIA DO PROMOTOR: região regulatória presente a uma distância curta a montante da extremidade 5' terminal de um sítio de iniciação da transcrição, que funciona como o sítio de ligação para a RNA-polimerase iniciar a transcrição. A caixa TATA e caixa CAAT são sequências consensuais de DNA na região do promotor.

TALASSEMIA: grupo de distúrbios genéticos que se caracteriza pela ausência ou diminuição da síntese de uma ou mais das quatro cadeias de globina na Hb. As sequelas podem variar de benigna a fatal, dependendo da gravidade da diminuição na cadeia de globina.

TRANSPOSONS: são segmentos de DNA que podem se mover para diferentes posições no genoma de uma única célula. No processo, eles podem causar mutações e aumentar (ou diminuir) a quantidade de DNA no genoma. Esses segmentos móveis de DNA são chamados "**genes saltadores**".

DISCUSSÃO

A talassemia é uma condição comum na região do Mediterrâneo e suas características clínicas foram descritas em 1925. O termo talassemia é proveniente da palavra grega, que significa "o mar". A transmissão mendeliana da talassemia foi descoberta em 1938. Mais tarde, tornou-se evidente que a talassemia não é uma doença única, mas um **grupo de doenças genéticas**, todas elas originárias de **anomalias na síntese de Hb**. As talassemias são caracterizadas por **ausência ou redução da síntese de uma ou mais das quatro cadeias de globina da Hb**. Há quatro *loci* genéticos diferentes que controlam a formação das cadeias α, β, γ e δ da Hb. A **Hb fetal** (HbF) é formada a partir de **duas cadeias α e duas cadeias γ**. Em adultos, a cadeia γ é substituída pelas cadeias β e δ, que se combinam com duas cadeias α para formar a **HbA** ($\alpha_2\beta_2$, aproximadamente 97%) e HbA$_2$ ($\alpha_2\gamma_2$, cerca de 3%; Figura 12.1). No final de 1970, o gene α foi localizado no cromossomo 16, ao passo que os genes β, γ e δ estão agrupados no cromossomo 11. Assim, embora a talassemia não ocorra no feto, uma vez que os genes de *β-globina* são ativados apenas depois do nascimento, o diagnóstico pré-natal é possível de ser realizado.

As **talassemias são denominadas de acordo com a cadeia de globina afetada**, assim, uma alteração da cadeia α seria uma **talassemia-α** e um distúrbio da cadeia β seria uma **β-talassemia**. Há duas formas principais de talassemia, uma na qual a cadeia β da globina não é produzida (β^0) e outra em que existem níveis significativamente reduzidos de cadeia β globina (β^+). A categoria positiva inclui variantes com níveis anormalmente elevados de HbF e HbA_2, variantes com níveis normais de HbA_2, variantes silenciosas ou benignas, aquelas que são herdadas de forma dominante, e variantes que não estão ligadas ao *cluster* do *gene β*.

Uma diminuição acentuada nos níveis de β-globina leva à precipitação da cadeia α, que, por sua vez, provoca um defeito na maturação do precursor eritroide e da eritropoiese, reduzindo a sobrevivência das células vermelhas. A anemia profunda nos indivíduos afetados estimula a produção de eritropoietina, que conduz a expansão da medula óssea e deformidades esqueléticas subsequentes. A hiperplasia da medula óssea induz a absorção de ferro aumentada levando à deposição de ferro nos tecidos. Se a concentração de ferro nos tecidos torna-se demasiadamente elevada, isso pode levar a falência de órgãos e morte, caso medidas terapêuticas adequadas não forem tomadas.

Há pelo menos **200 alelos de β-talassemia** caracterizados até o momento. **Talassemias-β** são causadas principalmente por mutações de ponto dentro do gene da *β-globina* e nas regiões flanqueadoras vizinhas. Há duas exceções, atribuídas a deleções grandes que variam de 290 pares de bases (pb) a mais de 60 kpb. Uma delas é uma família de deleções a montante, que diminui a regulação da região de controle do *locus* e a outra afeta a região promotora do gene da *β-globina*. As **deleções na região do promotor** normalmente incluem o sítio CAP do RNA mensageiro (mRNA), a caixa TATA e os elementos CAAT. Além de deleções, existem inserções de retrotransposons de 6 a 7 kbp no gene da *β-globina* que diminuem o nível de transcrição para 15% em relação ao controle. Além disso, existem também algumas

Normal:

$\alpha_2\gamma_2$ ⟶ $\alpha_2\beta_2$

HbF   HbA

β-Talassemia:

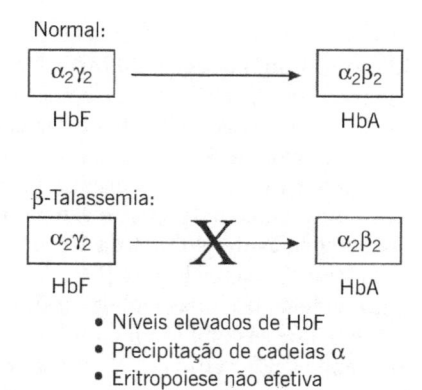

$\alpha_2\gamma_2$ —X⟶ $\alpha_2\beta_2$

HbF   HbA

- Níveis elevados de HbF
- Precipitação de cadeias α
- Eritropoiese não efetiva

Figura 12.1 Maturação da hemoglobina da forma fetal para a forma adulta. Nas talassemias-β, devido ao defeito no gene da *β-globina*, a cadeia γ não pode ser efetivamente substituída pela cadeia β.

mutações da talassemia que segregam independentemente do gene da β-globina, como as envolvendo fatores regulatórios que agem em *trans* afetando a expressão do gene da β-globina. Assim, é possível classificar as diferentes classes de mutações que resultam em β-talassemia como segue:

1. **Transcrição** (por exemplo, deleção, inserção)
2. **Processamento de mRNA** (por exemplo, sítios de junção crípticos, sequências consensuais, sítio de adição de cauda de poliA)
3. **Tradução** (iniciação, mutações sem sentido, mutações de mudança da fase de leitura)
4. **Estabilidade pós-traducional** (cadeia β altamente instável)
5. Determinantes não vinculados ao *cluster* do gene da β-globina

As **mutações de ponto mais comuns** ocorrem na **caixa CAAT ou caixa TATA** na sequência do **promotor**. A substituição de base única de A para G na posição -29 em indivíduos de descendência africana leva a uma forma leve da doença, ao passo que a substituição A para C em pessoas de ascendência chinesa leva a talassemia maior. Além disso, a substituição de um único nucleotídeo na junção de processamento AG/GT pode levar a um mRNA mal processado que não permite a tradução de uma cadeia de β-globina funcional. A mutação de C para T na posição -101 provoca um déficit extremamente leve na cadeia β da globina. O efeito é tão leve que o chamamos de uma mutação "silenciosa" ou benigna em heterozigotos. Todas as mutações de ponto que impedem a tradução do mRNA da β globina (por exemplo, alterando o códon de iniciação de ATG para GTG ou TGT para o códon de parada TGA) ou a mudança de um único nucleotídeo na fase de leitura dão origem ao fenótipo $β^0$.

Existem várias técnicas bioquímicas que podem ser utilizadas para determinar com precisão o defeito genético que resulta em uma talassemia específica. Muitas dessas técnicas utilizam a **reação em cadeia da polimerase (PCR)**, que amplifica o DNA e permite a detecção de várias mutações de uma só vez.

O **sistema de amplificação refratário de mutações** (ARMS, do inglês, *amplification refractory mutation system*) é uma técnica na qual o DNA-alvo é amplificado, utilizando um iniciador comum e um iniciador para uma mutação específica para a β-talassemia ou um iniciador para a sequência selvagem no gene-alvo. Esse método proporciona um rastreio rápido do DNA para detectar se o paciente é portador do gene mutante ou não. Quando ambos os iniciadores são utilizados da mesma reação de PCR, eles competem para amplificar o alvo, e a técnica é denominada iniciador competitivo de oligonucleotídeo. Os iniciadores são marcados com corantes fluorescentes diferentes para permitir a detecção.

A **análise de PCR com enzimas de restrição** aproveita a ocorrência de aproximadamente 40 mutações de talassemia, que introduzem ou removem um sítio de reconhecimento para uma endonuclease de restrição. A sequência-alvo amplificada por PCR é digerida utilizando enzimas de restrição (enzimas que clivam o DNA em sequências específicas de nucleotídeos) e o padrão de resolução dos fragmentos em um gel de agarose define a presença ou a ausência de uma mutação específica.

Sondas de oligonucleotídeos de DNA de fita simples marcadas com radioatividade podem ser anelados a fita-alvo em uma **análise de hibridização com oligonucleotídeos**. Em geral, o DNA-alvo é fixado a uma membrana de nitrocelulose ou de nylon. A sonda forma duplexes estáveis com as sequências-alvo da mistura heterogênea de muitas sequências de DNA genômico e é detectado por autorradiografia usando filme de raios X. Em populações que têm uma mutação comum predominantemente, um ensaio de hibridização muito bem-sucedido e eficiente é a análise de **PCR com oligonucleotídeo alelo-específico**. Isto exige que a sequência da mutação comum seja conhecida. O DNA genômico amplificado é transferido para uma membrana de nylon e hibridizado utilizando um oligonucleotídeo específico para um alelo, isto é, aquele que é complementar à sequência de DNA que contém a mutação. A membrana é hibridizada tanto com oligonucleotídeos contendo a sequência mutante como a sequência selvagem de DNA do gene da β-globina. O genótipo do DNA é determinado por presença ou ausência do sinal de hibridização. Recentemente, *microchips*, que são um conjunto de oligonucleotídeos imobilizados em uma placa de vidro, têm sido utilizados para detectar as talassemias. DNA marcado com fluorescência a partir de um indivíduo é hibridizado a este *microchip*, e a reação é monitorada com um microscópio de fluorescência. Essa técnica permite o estudo de uma mutação específica usando várias centenas de oligonucleotídeos de forma simultânea. É altamente sensível com um baixo ruído de fundo; no entanto, o poder de resolução é baixo.

Utilizando uma ou mais das ferramentas de análise de DNA descritas anteriormente, a detecção pré-natal eficaz de várias mutações no *cluster* de genes da β-*globina* tem sido obtida com êxito. Embora a terapia gênica para doenças genéticas esteja em estágios iniciais, o futuro trará opções de tratamento eficazes para pacientes acometidos com talassemia.

QUESTÕES DE COMPREENSÃO

12.1 Micawley Talltwin é um ator infantil de 7 anos que foi levado ao pediatra por seus pais, depois que eles perceberam que o menino se sentia muito cansado. Eles também observaram que seu abdome parecia estar dilatado. Exame revela um aumento do baço. Além disso, ele tem tomado vitaminas e suplementos de ferro ao longo dos últimos meses. Testes de laboratório mostram uma anemia microcítica e níveis elevados de ferro nos tecidos. Qual das seguintes condições é a mais consistente com os achados neste paciente?

    A. Anemia aplástica
    B. Anemia de Cooley
    C. Anemia perniciosa
    D. Talassemia maior
    E. Talassemia menor

12.2 Após o diagnóstico do paciente na questão 12.1 e a verificação de que ele não é agranulocítico, seu médico prescreve infusão subcutânea de deferroxamina, um quelante de ferro, e o monitora durante várias semanas. Qual é a condição mais provável na sua reavaliação?

A. Níveis diminuídos de ferro, mas ele permanece anêmico
B. Níveis diminuídos de ferro e recuperação da anemia
C. Ele desenvolve agranulocitose irreversível e grave
D. Níveis diminuídos de ferro e de vitamina C

12.3 Uma análise eletroforética dos níveis de Hb no paciente das questões 12.1 e 12.2 indica que, embora exista um decréscimo na quantidade relativa da cadeia β em relação à cadeia α, ambas migram na mesma posição que cadeias normais. Sua anemia é, provavelmente, causada por quais das seguintes opções?

A. Defeito em uma enzima envolvida na síntese do heme
B. Mutação de ponto na região codificadora do gene que codifica para a cadeia β
C. Mutação de mudança da fase de leitura na região codificadora do gene que codifica para a cadeia β
D. Mutação no promotor do gene da cadeia β
E. Mutação no gene estrutural da cadeia β

12.4 Como médico geneticista, você analisa o DNA do paciente da questão 12.1 e descobre que ele é homozigoto para talassemia. Assumindo que a doença é autossômica recessiva, o que você pode deduzir sobre o genótipo do Sr. e da Sra. Talltwin?

A. Sr. Talltwin é um portador da doença e Sra. Talltwin é normal
B. Sra. Talltwin é uma portadora da doença e Sr. Talltwin é normal
C. Sr. Talltwin é homozigoto e Sra. Talltwin é normal
D. Sra. Talltwin é homozigota e Sr. Talltwin é normal
E. Ambos, Sr. e Sra. Talltwin são portadores da doença

RESPOSTAS

12.1 **E.** O diagnóstico correto é talassemia menor, pois o paciente permaneceu assintomático até os 7 anos. Se ele tivesse talassemia maior ou anemia de Cooley, ele teria apresentado sintomas antes mesmo do seu primeiro aniversário. A anemia perniciosa leva a uma anemia macrocítica ou megaloblástica, ao passo que a anemia aplástica é caracterizada por eritrócitos de tamanho normal.

12.2 **A.** O quelante de ferro ajuda na excreção de ferro, mas não tem um papel no aumento da produção de células sanguíneas vermelhas para neutralizar a anemia.

12.3 **D.** Devido ao fato de que a cadeia β está diminuída em relação à cadeia α, é mais provável que haja uma mutação que diminui a expressão do gene da cadeia β, que poderia ser o resultado de uma mutação na região promotora. Uma mutação de ponto na cadeia β responsável por substituição de aminoácidos pode levar a alterações na mobilidade eletroforética, mas não altera os níveis de expressão. Uma mutação de mudança na fase de leitura da cadeia β resultará na diminuição da cadeia β no eletroferograma.

12.4 **E.** A talassemia é autossômica recessiva; portanto, Micawley Talltwin só poderá ter a doença se ambos os pais forem heterozigotos (ou portador) dessa característica específica.

DICAS DE BIOQUÍMICA

- As talassemias caracterizam-se pela ausência ou pela síntese reduzida de uma ou mais das quatro cadeias de globina da hemoglobina.
- Talassemias são denominadas de acordo com a cadeia de globina afetada; assim, uma alteração da cadeia α seria uma talassemia-α e um distúrbio da cadeia β seria uma β-talassemia.
- **ARMS** é uma técnica na qual o DNA-alvo é amplificado utilizando um iniciador comum e um iniciador específico para uma mutação de β-talassemia ou um iniciador para a sequência selvagem.
- **Análise de PCR com enzimas de restrição** utiliza a vantagem da ocorrência de aproximadamente 40 mutações β-talassemia que introduzem ou removem um sítio de reconhecimento de endonuclease de restrição.
- Sondas de oligonucleotídeos de DNA de fita simples marcadas com radioatividade podem ser anelar com a cadeia-alvo em uma **análise de hibridização com oligonucleotídeo**.
- Com uma mutação comum, uma análise de hibridização eficiente e bem-sucedida é a **análise de PCR com oligonucleotídeo alelo-específico**. Essa análise requer que a sequência da mutação comum seja conhecida

REFERÊNCIAS

Kanavakis E, Traeger-Synodino J, Vrettou C, et al. Prenatal diagnosis of the thalassaemia syndromes by rapid DNA analytical methods. *Mol Hum Reprod.* 1997;3(6):523-528.

Weatherall DJ, Clegg, JB. T*he Thalassaemia Syndromes.* 4th ed. London: Blackwell Science; 2001.

CASO 13

Menino de 8 anos é levado ao pediatra pela mãe porque ela estava preocupada com os problemas de fala e de linguagem que a criança tem apresentado. O menino é hiperativo e seus professores disseram que ele poderia ter alguma deficiência intelectual. A mãe relata forte história familiar de deficiência intelectual em indivíduos do sexo masculino. No exame, verificou-se uma mandíbula grande, orelhas proeminentes e testículos aumentados (macro-orquidismo). Conforme a mãe, sua família teria um problema genético que causa deficiência intelectual. O paciente foi submetido a uma série de exames de sangue e foi agendada uma consulta de aconselhamento genético, na qual foi dito que a etiologia do defeito genético provavelmente teria sido transmitida pela mãe. O aconselhador genético afirma que a mãe pode ter uma mutação silenciosa.

- Qual é o diagnóstico mais provável?
- Qual cromossomo é o mais provável de ser afetado?
- Quais são alguns tipos de mutações bioquímicas?
- Qual é a base bioquímica dos diferentes tipos de mutações?

RESPOSTAS PARA O CASO 13
Síndrome do X frágil

Resumo: menino de 8 anos tem retardo mental, problemas de fala e linguagem e hiperatividade, achados físicos de mandíbula grande, orelhas proeminentes e macro-orquidismo, tem forte história familiar de deficiência intelectual. O aconselhador genético informa à mãe que ela é portadora de uma mutação silenciosa.

- **Diagnóstico mais provável:** Síndrome do X frágil (forma mais comum de deficiência intelectual familiar)
- **Cromossomo afetado:** Cromossomo X
- **Tipos de mutações:** *Mutação silenciosa*, significa produto proteico não afetado; *mutação de sentido trocado*, significa substituição de um único aminoácido que conduz a alterações significativas (como célula em formato de foice); e *mutação sem sentido*, em que um códon de terminação é formado.
- **Base molecular da doença:** Mutação resultando em um aumento do número de repetições CGG no cromossomo X. Quando o número de repetições atinge um tamanho crítico, pode ser metilado e inativado, resultando na doença. Indivíduos que carregam 50 a 199 repetições são fenotipicamente normais e carregam uma pré-mutação. Se as repetições excederem 200, então, o paciente tem uma mutação completa; e se ocorre metilação, então ele ou ela será afetado.

ABORDAGEM CLÍNICA

A síndrome do X frágil é a forma hereditária mais comum de deficiência intelectual, afetando principalmente indivíduos do sexo masculino. A apresentação clínica pode variar, mas em geral o indivíduo tem deficiência intelectual moderada a grave, hiperatividade e fácies típicas, como mandíbula e orelhas grandes; lesões pigmentadas da pele (café com leite) também podem ser observadas. Em razão de as mulheres terem duas cópias do cromossomo X, eles são "resistentes" a mutações em um gene. A síndrome "do X frágil" afeta o braço longo do cromossomo X, com múltiplas cópias de repetições de trincas, geralmente CGG, levando a metilação do DNA. O produto do gene *FMR* é afetado e, por meio de um mecanismo pouco compreendido, leva a deficiência intelectual.

ABORDAGEM A
Mutações

OBJETIVOS

1. Conhecer as definições de mutações de ponto (silenciosa, de sentido trocado e sem sentido), inserções, deleções e mutações *do quadro de leituara*.
2. Ganhar familiaridade com o defeito na síndrome do X frágil.

DEFINIÇÕES

MUTAÇÃO DE PONTO: substituição de um único nucleotídeo no material genético de um organismo. Incluem mutações silenciosa, de sentido trocado e sem sentido.
MUTAÇÃO SILENCIOSA: um único nucleotídeo é trocado por outro, mas essa alteração não altera o aminoácido para o qual os códons codificam. O produto proteico final permanece inalterado.
MUTAÇÃO DE SENTIDO TROCADO: um único nucleotídeo é trocado por outro e essa alteração tem um efeito sobre o aminoácido codificante. O produto proteico final é também modificado. A modificação pode ou não ser deletéria para a proteína, dependendo da função do aminoácido.
MUTAÇÃO SEM SENTIDO: um único nucleotídeo é trocado por outro, que produz um novo códon de parada nessa posição. Esse códon de parada prematuro resulta, geralmente, em uma forma truncada da proteína e, na maioria das vezes, deixa-a em uma forma inativa.
DELEÇÃO: um ou mais nucleotídeos são removidos da sequência genética. Se as deleções são múltiplos de 1 ou 2, ocorrerá uma mudança no fase de leitura, que provavelmente danificará o produto final da proteína. Uma deleção de 3 ou de um múltiplo de 3 nucleotídeos não muda o fase de leitura. Em vez disso, seria simplesmente remover um códon(s). O produto final da proteína perderia aminoácido(s), que pode ou não deixa-lo inoperante.
INSERÇÃO: um ou mais nucleotídeos são adicionados à sequência genética. Eles são o oposto das deleções.
EXPANSÃO DE REPETIÇÕES NUCLEOTÍDICAS: amplificação de uma geração para a próxima de 3 repetições nucleotídicas nas regiões codificantes ou não codificantes de DNA. O mecanismo pode surgir da derrapagem de uma cadeia de DNA complementar. Isto é associado com a síndrome do X frágil e distrofia miotônica.
METILAÇÃO DE DNA: processo pelo qual grupos metil são adicionados às bases de DNA (na maioria das vezes citosina). A metilação funciona para regular a expressão gênica, porque genes fortemente metilados não são expressos. Além disso, as bactérias utilizam DNA metilado como um mecanismo de defesa. Cada organismo tem diferentes padrões de metilação DNA e as bactérias "aproveitam" essa situação para destruir o DNA estranho por meio de nucleases, enzimas que cortam o DNA em regiões específicas.

DISCUSSÃO

Replicação frequentemente produz **mudanças na composição química do DNA**. Muitas dessas mudanças são facilmente reparadas. No entanto, essas **alterações na sequências de base do DNA, que não são reparadas, são designadas como mutações**. Existem vários tipos de mutações, incluindo **mutações de ponto, deleções e inserções**.

As **mutações de ponto** surgem quando **um par de base é substituído por outro**; eles são os **tipos mais comuns de mutações**. As mutações de ponto podem ser ainda subdivididas em 3 categorias: **silenciosa, de sentido trocado e sem sentido. Mutações silenciosas não afetam o mRNA transcrito ou o produto final da proteína, por isso o nome silenciosa.** O código genético é degenerado, que significa que a maioria dos aminoácidos são codificados por vários códons diferentes ou trincas de bases de DNA/RNA. Portanto, é possível trocar uma única base, mas não alterar o produto de proteína resultante (Tabela 13.1). O **traço falciforme** é um resultado de uma **mutação de sentido trocado.** Esse tipo de mutação de ponto, na verdade, não altera o produto proteico. No caso da anemia falciforme, a adenina é substituída por timina, causando a substituição de um ácido glutâmico hidrofílico por uma valina hidrofóbica na proteína resultante (Tabela 13.2). Em uma **mutação sem sentido, a mutação provoca uma parada prematura do gene de interesse**, porque o códon alterado agora representa um códon de parada (Tabela 13.3). Isso, geralmente é visto em distrofias musculares e em alguns casos de fibrose cística. Os **aminoglicosídeos estão sendo usados atualmente para tratar códons de parada prematuros,** uma vez que eles afetam a precisão de translação do RNA transportador (tRNA), permitindo assim o reconhecimento de códons incorretos, incluindo o códon de parada. Em última análise, a maquinaria de tradução continua a leitura por meio do códon de parada prematuro, devido à inserção de aminoácidos altera-

TABELA 13.1 • EXEMPLOS DE EVENTOS MUTACIONAIS DE MUTAÇÃO SILENCIOSA

Código genético		Mutação silenciosa			
CÓDON	AMINOÁCIDO	CÓDON	AMINOÁCIDO	CÓDON MUTANTE	AMINOÁCIDO
GCC	Alanina	GCC	Alanina	GCT	Alanina
GCT	Alanina				
GCA	Alanina				
GCG	Alanina				

TABELA 13.2 • MUTAÇÕES DE SENTIDO TROCADO

Cadeia β da hemoglobina normal	GTG	CAC	CTG	ACT	CCT	GAG	GAG
	Gly	His	Leu	Thr	Pro	Glu	Glu
Uma mutação de sentido trocado encontrada na cadeia β da hemoglobina da anemia falciforme	GTG	CAC	CTG	ACT	CCT	GTG	GAG
	Gly	His	Leu	Thr	Pro	**Val**	Glu

CASOS CLÍNICOS EM BIOQUÍMICA

TABELA 13.3 • MUTAÇÕES SEM SENTIDO

Normal	GGC	CTG	ACA	GGG	CAA	AAA	CTG
	Gly	Leu	Thr	Gly	Gln	Lys	Leu
Uma mutação sem sentido encontrada na distrofia muscular de Ducchenne	GGC	CTG	ACA	GGG	TAA	AAA	CTG
	Gly	His	Leu	Thr	**FIM**		

da por tRNA e produz a proteína completa em vez de uma proteína truncada ou de RNA mensageiro (mRNA) degradado.

Outro tipo de mutação é uma **deleção em que uma ou mais bases de DNA foram removidas**, já uma inserção é uma mutação em que uma ou mais bases de DNA foram adicionadas. Esses dois tipos de mutações podem causar uma mudança no fase de leitura, denominadas **mutações de mudança do fase de leitura**, de um gene se a **inserção ou a deleção** é um **múltiplo de 1 ou 2 bases**. Em geral, uma mutação de mudança do fase de leitura irá resultar em **doença como resultado de alteração do produto proteico, deixando-o não funcional, ou a produção de um códon de parada prematuro**, que confere uma forma truncada da proteína alterada (Tabela 13.4). Ambos os casos apresentam grandes problemas, pois a proteína alterada pode não ser capaz de desempenhar as funções normais que lhe forem

TABELA 13.4 • MUTAÇÕES DE MUDANÇA DE FASE DE LEITURA

Mudança do fase de leitura resultando em proteína alterada							
CCC	GCA	TA**T**		CAT	TTT	ACC	
Pro	Ala	Tyr		His	Phe	Thr	
↓ Deleção de **TA**							
CCC	GCA	TCA		TTT	TAC		
Pro	**Ala**	**Ser**		**Phe**	**Tyr**		
Mudança de fase de leitura causando parada prematura							
CCC	GCA	TAT	**C**AT	TTT	ACC		
Pro	Ala						
↓ Deleção de **TC**							
CCC	GCA	TAA					
Pro	Ala	**FIM**					

solicitadas. Uma vez que códons são lidos em múltiplos de 3, uma inserção ou uma deleção de 3 ou um múltiplo de 3 podem ou não ser tão prejudiciais para o gene, como múltiplos de 1 ou 2. Neste caso, a proteína resultante pode incluir aminoácidos adicionais no caso de inserções ou perder aminoácidos no caso de deleções, o que pode prejudicar a proteína em seu funcionamento normal.

Muitas formas da **síndrome do X frágil** são exemplos de **inserções em múltiplos de 3**, quando o resultado é prejudicial não por causa da sequência de aminoácidos alterada, mas sim pela **perda de expressão da proteína**. É comum **deleções e inserções** ocorrerem em **sequências altamente repetitivas e isso é exatamente o que é visto no X frágil. A síndrome do X frágil é a forma mais comum de retardo mental hereditário.** Afeta cerca de 1 em 4.000 indivíduos do sexo masculino e 1 em 8.000 em indivíduos do sexo feminino. As mutações do cromossomo X, incluindo X frágil, podem ser responsáveis pelo número maior de pacientes do sexo masculino em instalações que abrigam deficientes mentais. O **gene FMR1 é altamente conservado**. Indivíduos normais têm 7 a 60 repetições (CGG) na região 5' não traduzida e as repetições são, muitas vezes, interrompidas por AGG. **Muitos indivíduos com X frágil têm um aumento no número de repetições CGG, que pode expandir-se para mais de 230 repetições,** o que se denomina *mutação completa*. Repetições entre 60 e 230 são chamados de pré-mutação. O portador de uma pré-mutação tem níveis normais da proteína do retardo mental do X frágil (FMRP, do inglês, *fragile X mental retardation protein*), mas o gene é instável na sua transmissão para a prole.

O fenótipo do X frágil é causado principalmente pela **perda da FMRP resultante da expansão da repetição trinucleotídica CGG do *FMR1***. No entanto, algumas mutações de ponto e deleções no gene *FMR1* mostram o mesmo fenótipo que a expansão das repetições. A alteração resultante da expansão de repetições trinucleotídicas dentro da região promotora do *FMR1* leva a um aumento da metilação do local e, em última análise, silenciamento transcricional. Metilação do DNA causam saliências na hélice de DNA nas quais as citosinas metiladas interferem com a ligação do fator de transcrição. Isto é uma propriedade comum usada para a regulação do gene, contudo, no caso do X frágil, os sinais de metilação detêm toda a expressão da *FMRP*. Perda da FMRP confere as características fenotípicas comumente observadas em pacientes com X frágil.

QUESTÕES DE COMPREENSÃO

13.1 Menino de 6 anos é levado ao seu médico, porque os pais notaram comportamento autista e problemas de fala. A família da mãe tem história de retardo mental, por isso o médico sugeriu uma triagem genética de *FMR1* para a síndrome do X frágil. A reação em cadeia da polimerase (PCR) revelou resultados limítrofes para síndrome do X frágil. Que situação mais provável explica esse resultado?

    A. Perda total da FMRP
    B. Expansão de repetições CGG no gene *FMR1* de 60 repetições com a metilação parcial do DNA

C. Expansão de repetições CGG no gene *FMR1* de 230 repetições com pouca metilação do DNA
D. Expansão de repetições CGG no gene *FMR1* de 280 repetições com a metilação completa do DNA

Usando o código genético abaixo, preveja o tipo de mutação que teriam que ocorrer para mostrar estas alterações no produto final de proteína para as perguntas 13.2 e 13.3:

	T	C	A	G	
T	Phe Phe Leu Leu	Ser Ser Ser Ser	Tyr Tyr STOP STOP	Cys Cys STOP Trp	T C A G
C	Leu Leu Leu Leu	Pro Pro Pro Pro	His His Gln Gln	Arg Arg Arg Arg	T C A G
A	Ile Ile Ile Met	Thr Thr Thr Thr	Asn Asn Lys Lys	Ser Ser Arg Arg	T C A G
G	Val Val Val Val	Ala Ala Ala Ala	Asp Asp Glu Glu	Gly Gly Gly Gly	T C A G

13.2

Phe	Thr	Val	Tyr	Leu	Gly	Met	→	Phe	Thr	Val	FIM
TTT	ACA	GTT	TAT	CTC	GGG	ATG					

A. Mutação de sentido trocado
B. Mutação sem sentido
C. Mutação silenciosa
D. Expansão de repetições

13.3

Phe	Thr	Val	Tyr	Leu	Gly	Met	→	Phe	Thr	Phe	Ile	FIM
TTT	ACC	GTT	TAT	CTA	GGG	ATG						

A. Deleção de G no terceiro códon
B. Deleção de A no segundo códon
C. Inserção de T entre o segundo e o terceiro códon
D. Inserção de GT entre AC e A do segundo códon

RESPOSTAS

13.1 **C.** A expansão da repetição CGG de 230 pares de bases está apenas no limite do número de repetições necessárias para ter a mutação completa. Expansões de 7 a 60 são observadas em pacientes normais e aquelas superiores a 230 são positivas para síndrome do X frágil. Porque parte do DNA foi metilado, isto poderia ajudar no silenciamento da expressão de *FMRP* e causar um pouco do fenótipo do paciente. Portanto, esse cenário seria considerado limítrofe para X frágil.

13.2 **B.** Uma mutação sem sentido causa uma parada prematura de um códon em uma substituição de um único nucleotídeo. A sequência original, TAT, que codifica para uma tirosina, deve ter sido mutada para TAG ou TAA, deixando um códon de parada no lugar da tirosina.

13.3 **A.** A eliminação de G no terceiro códon dá a sequência:

TTT ACC **G**TT TAT CTA GGG ATG →
TTT ACC TTT ATC TAG GGA TG

Isso causa a produção de uma mudança do fase de leitura e um códon de parada prematuro. Portanto, o produto final da proteína seria parecido com o que está sendo questionado.

Phe	Thr	Val	Tyr	Leu	Gly	Met	→	Phe	Thr	Phe	Ile	FIM
TTT	ACC	GTT	TAT	CTA	GGG	ATG		TTT	ACC	TTT	ATC	TAG

DICAS DE BIOQUÍMICA

▶ Mutações são alterações na sequência de bases de DNA que não foram reparadas.
▶ Existem vários tipos de mutações, incluindo mutações de ponto, deleções e inserções.
▶ Mutações de ponto surgem quando um par de base é substituído por outro, e são os tipos mais comuns de mutações.
▶ Mutações de ponto podem ser subdivididos em três categorias: silenciosa, de sentido trocado e sem sentido.
▶ Muitos indivíduos com X frágil tem um aumento no número de repetições CGG, que pode expandir até mais de 230 repetições.

REFERÊNCIAS

Crawford DC, Acuna JM, Sherman SL. FMR1 and the fragile X syndrome: human genome epidemiology review. Genet Med. 2001;3(5):359-371.

Warren ST, Sherman SL. The fragile X syndrome. In: Scriver CR, Beaudet AL, Sly WS, et al, eds. The Metabolic and Molecular Basis of Inherited Disease. 8th ed. New York: McGraw-Hill; 2001.

CASO 14

Mulher de 40 anos foi admitida no setor de emergência com queixas de dor na parte inferior das costas, febre, náusea, vômitos, mal-estar, calafrios, síncope, tontura e respiração ofegante. A paciente relatou que sentia ardência ao urinar (disúria) e apresentava febre que chegava a 39,4°C, quando estava em casa de manhã cedo. Tem história de diabetes melito não dependente de insulina, mas nega qualquer outro problema médico. No exame, apresentou angústia moderada com temperatura de 38,9°C, pulso de 110 batimentos por minuto, ritmo respiratório de 30 por minuto e pressão sanguínea de 70/30 mmHg. Apresentava extremidades frias, pulso fraco, pulmões limpos na auscultação bilateral, taquicardia a um ritmo regular e significativa sensibilidade costo-vertebral no lado direito. Verificou-se número de leucócitos (WBC, do inglês, *white blood cells*) elevado (20.000/mm^3), com hemoglobina e hematócrito normais, glicose moderadamente elevada (200 mg/dL) e o nível de bicarbonato no soro estava baixo. A gasometria arterial mostrou pH de 7,28 e parâmetros consistentes com acidose metabólica. O exame de urina mostrou um número anormal de cilindros gram-negativos.

▶ Qual o diagnóstico mais provável?
▶ Qual o mecanismo bioquímico da acidose metabólica?

RESPOSTAS PARA O CASO 14
Metabolismo anaeróbio

Resumo: mulher de 40 anos com diabetes apresenta febre de 38,9°C, calafrio, náusea, vômito, dor nas costas (sensibilidade costrovertebral), aumento no número de leucócitos, hipotensão e acidose metabólica.

- **Diagnóstico mais provável:** Choque séptico e pielonefrite.
- **Causa mais provável da acidose metabólica:** Produção de ácido láctico por células em metabolismo anaeróbio resultante da hipoperfusão de tecidos devido ao choque.

ABORDAGEM CLÍNICA

A paciente apresentou choque séptico, hipotensão relacionada à infecção e pressão sanguínea baixa. A diminuição na pressão sanguínea fez todos os tecidos do corpo receberem uma quantidade insuficiente de hemácias e de oxigênio. Assim, os tecidos tiveram que mudar o metabolismo de aeróbio para anaeróbio. O lactato que se acumula, leva à acidemia. O tratamento inicial do choque séptico é a administração intravenosa de soro, pois o corpo tem seu volume diminuído como resultado da vasodilatação, que é uma resposta à infecção. Às vezes, a pressão permanece baixa mesmo depois da administração intravenosa de vários litros de soro. Nesses casos, administra-se fármacos vasoativos, como a dopamina, para provocar vasoconstrição e assim elevar a pressão sanguínea. Antibióticos são também importantes para tratar a infecção. Finalmente, controlar a origem da sepse é urgente, e pode incluir cirurgia para remover um abscesso, uma parte necrosada do intestino, um corpo estranho ou apenas debridamento. Portanto, o choque séptico deve ser tratado com a manutenção da pressão sanguínea, bem como com a administração de antibióticos e o controle da origem da sepse. Piora da acidemia e acúmulo de lactato é um mal prognóstico no choque séptico.

ABORDAGEM AO
Metabolismo aeróbio e anaeróbio

OBJETIVOS
1. Ganhar familiaridade com o ciclo dos ácidos tricarboxílicos (TCA).
2. Conhecer as diferenças na produção de energia em condições aeróbias e anaeróbias.

DEFINIÇÕES

CONTROLE PELO ACEPTOR: a regulação da velocidade de uma reação enzimática pela concentração de 1 ou mais dos substratos.

CASOS CLÍNICOS EM BIOQUÍMICA **127**

GLICÓLISE ANAERÓBIA: o processo bioquímico pelo qual a glicose é convertida em lactado com a produção de 2 mols de adenosina trifosfato (ATP). Esse processo aumenta quando a demanda celular por ATP é maior do que a capacidade do ciclo dos TCA e da fosforilação oxidativa de produzi-lo, em razão da diminuição da tensão de oxigênio ou exercício intenso.
GLICÓLISE: processo bioquímico pelo qual a glicose é convertida em piruvato no citosol da célula. Isso resulta na produção de 2 mols de ATP e 2 mols do cofator reduzido nicotinamida adenina dinucleotídeo (NADH), que transfere equivalentes redutores das mitocôndrias para a produção de ATP na fosforilação oxidativa.
CICLO DE KREBS: ciclo do ácido cítrico, ou ciclo dos TCA, é o processo mitocondrial pelo qual os grupos acetila da acetil-CoA são oxidados a CO_2. Os equivalentes redutores são capturados como NADH e $FADH_2$, os quais alimentam o sistema de transporte de elétrons da mitocôndria para produzir ATP via fosforilação oxidativa.

DISCUSSÃO

A maior parte da energia que o organismo necessita para se manter, fazer um trabalho e crescer é obtida pela **oxidação total da acetil coenzima A (acetil-CoA) produzida pelo catabolismo dos carboidratos, ácidos graxos e aminoácidos.** Essa oxidação da acetil-CoA é **obtida pelas enzimas mitocondriais que formam o ciclo dos ácidos tricarboxílicos (ciclo dos TCA, também chamado de ciclo do ácido cítrico ou ciclo de Krebs). Todas as enzimas** dessa via metabólica estão **localizadas na matriz da mitocôndria, exceto uma, a succinato-desidrogenase. A succinato-desidrogenase é uma proteína ligada à membrana que se localiza na membrana interna da mitocôndria, voltada para a matriz.** Os dois carbonos que entram no ciclo dos TCA como **grupo acetila** são efetivamente **oxidados a dióxido de carbono. O oxigênio** não está envolvido diretamente nesse processo; em vez disso, os equivalentes reduzidos são capturados pelos transportadores de elétrons NAD^+ e flavina adenina dinucleotídeo (FAD) produzindo 3 (NADH + H^+) e 1 $FADH_2$. Uma ligação fosfato de alta energia também é produzida na forma de GTP. Os cofatores reduzidos, NADH e $FADH_2$ são então reoxidados ao passarem seus equivalentes redutores para o O_2 por meio do sistema de transporte de elétrons (ETS, do inglês, *electron transport system*) da mitocôndria com a produção de água e ATP via fosforilação oxidativa.

O **ciclo dos TCA** é representado na Figura 14.1. Na primeira etapa, a **acetil-CoA é condensada com oxaloacetato**, produzindo citrato e liberando coenzima A livre, em uma reação catalisada pela **citrato-sintase**. Citrato é então **isomerizado a isocitrato pela enzima aconitase**. A etapa seguinte envolve a **descarboxilação oxidativa do isocitrato, produzindo α-cetoglutarato**. A enzima que catalisa essa reação, a **isocitrato-desidrogenase, necessita do transportador de elétrons NAD^+** na forma oxidada para receber os elétrons liberados na oxidação, produzindo o primeiro NADH + H^+. O **α-cetoglutarato é então convertido à succinil-CoA** na segunda reação de descarboxilação oxidativa, catalisada pela **α-cetoglutarato-desidrogenase**. Essa reação requer a participação de dois cofatores, NAD^+ oxidado e CoA, e produz o segundo NADH + H^+. **Succinil-CoA** é então transformado em **succinato pela succinato-tiocinase com a liberação de CoA livre.** A alta energia liberada pela

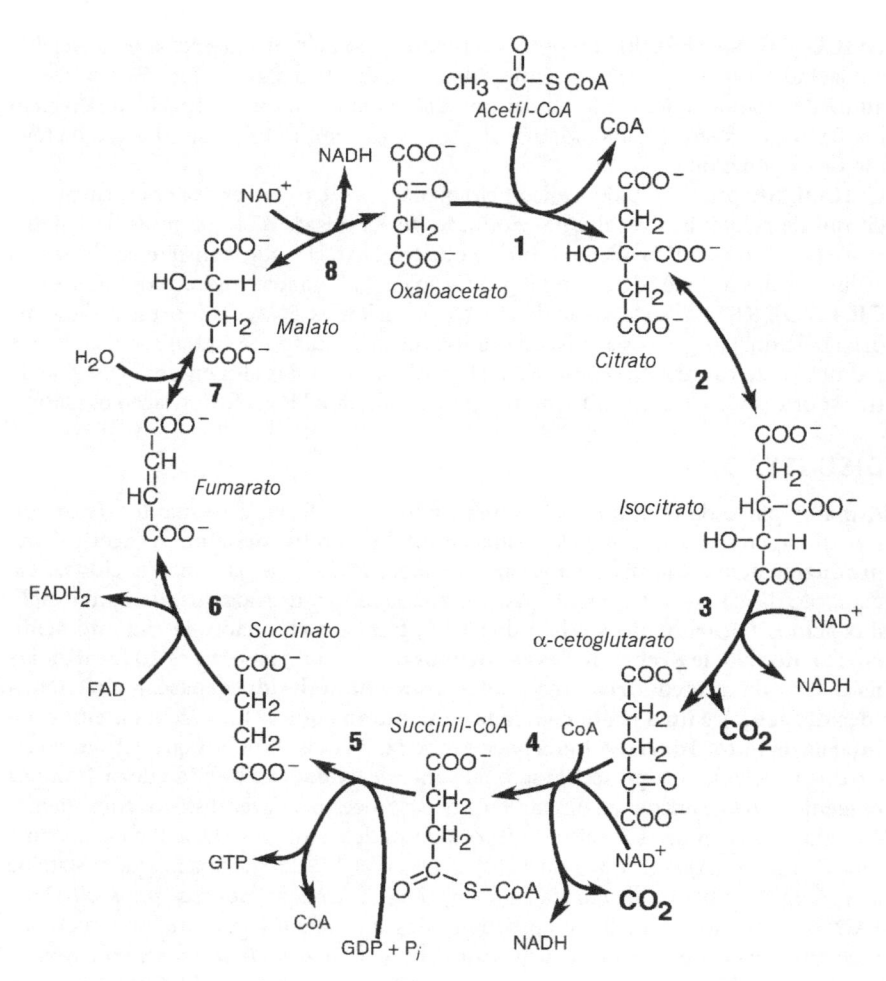

Figura 14.1 O ciclo dos ácidos tricarboxílicos (TCA), também conhecido como ciclo do ácido cítrico ou ciclo de Krebs. A reação total é:

AcCoA + 3NAD$^+$ + FAD + GDP + P$_i$ → 2CO$_2$ + 3NADH + FADH$_2$ + GTP + CoA

1. Citrato-sintase
2. Aconitase
3. Isocitrato-desidrogenase
4. α-cetoglutarato-desidrogenase
5. Succinato-tiocinase
6. Succinato-desidrogenase
7. Fumarase
8. Malato-desidrogenase

hidrólise da ligação etabolis da succinil-CoA é a força motora da **fosforilação do GDP, produzindo GTP. Succinato é então convertido em oxaloacetato** em uma série de reações que lembram a β-oxidação dos ácidos graxos. Uma ligação dupla é introduzida no succinato em uma oxidação catalisada pela **succinato-desidrogenase, a única enzima ligada à membrana no ciclo dos TCA**. Os equivalentes reduzidos são capturados como $FADH_2$. O **fumarato resultante é então hidratado, formando malato, pela enzima fumarase. Oxaloacetato é então regenerado pela oxidação do malato pela malato-desidrogenase**, com a produção de outro $NADH + H^+$.

Embora o ciclo dos TCA não envolva diretamente a participação de **oxigênio** molecular como substrato, os cofatores reduzidos NADH e $FADH_2$ **devem ser reoxidados** pelo sistema de transporte de elétrons da mitocôndria para que o ciclo opere continuamente. Assim, **a velocidade da oxidação da acetil-CoA no ciclo dos TCA** é, em grande parte, **regulada** pela disponibilidade dos **cofatores oxidados NAD^+ e FAD**. Quando os tecidos não recebem oxigênio suficiente em decorrência de hipoperfusão, o sistema de transporte de elétrons não pode regenerar esses cofatores com velocidade suficiente e as reações que os utilizam são então inibidas devido à falta de um dos substratos necessários (controle pelo aceptor). Assim, a acetil-CoA que é formada na mitocôndria depleta os níveis de CoA livre. Níveis diminuídos de NAD^+ e CoA também inibem a conversão de piruvato em acetil-CoA pela piruvato-desidrogenase.

Quando o sistema de transporte de elétrons e a fosforilação oxidativa estão comprometidos pela **falta de oxigênio, os níveis citosólicos de ATP baixam, ao passo que os níveis de ADP e AMP aumentam**. O fluxo de glicose pela via glicolítica aumenta em razão da **ativação alostérica da fosfofrutocinase e da piruvato-cinase** por meio da diminuição na concentração de ATP e o aumento da concentração de AMP. Isso leva a um **aumento na produção de NADH e piruvato pela via glicolítica**. Entretanto, uma vez que o transporte de elétrons está inibido pela falta de oxigênio, a **regeneração de NAD^+** pelas **lançadeiras do glicerol 3-fosfato e do malato-aspartato** e o **sistema de transporte de elétrons também são inibidos**. Para que a produção de ATP continue na via glicolítica, **NAD^+ deve ser regenerado** para poder aceitar mais equivalentes redutores quando o **gliceraldeído 3-fosfato é oxidado a 1,3-bifosfoglicerato**. A lactato-desidrogenase é ativada pelo aumento dos níveis de piruvato e de NADH e converte piruvato em lactato com a concomitante regeneração de NAD^+ (Figura 14.2). O **lactato** não pode ser reutilizado pelas

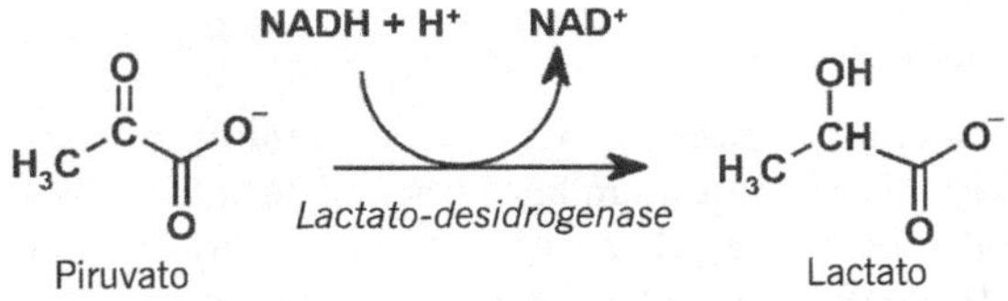

Figura 14.2 A conversão de piruvato em lactato pela enzima lactato-desidrogenase. A reação, que é reversível, utiliza os equivalentes redutores do NADH e regenera NAD^+ para a continuação da via glicolítica quando o oxigênio é limitante.

células que o produzem, sendo então **transportado para fora da célula e entrando na corrente sanguínea.**

O lactato tem dois destinos metabólicos, a combustão completa até CO_2 e H_2O ou a reconversão à glicose por meio da gliconeogênese. Ambos os processos necessitam tanto o sistema de transporte de elétrons como a fosforilação oxidativa estejam ativos. Portanto, a redução na oxigenação das células diminui a utilização do lactato e aumenta sua produção, o que resulta em **acidose láctica.**

Quando os tecidos são hipoperfundidos, a condição **anaeróbia** resultante tem consequências energéticas. Primeiro, **todos os processos catabólicos que necessitam um sistema de elétrons e a fosforilação oxidativa ativos** (por exemplo, **β-oxidação dos ácidos graxos e degradação dos aminoácidos) estão inibidos.** Portanto, certas fontes de energia não podem ser usadas pela célula. As necessidades energéticas devem ser supridas pelo catabolismo dos carboidratos por meio da via glicolítica. Entretanto, uma vez que, sob essas condições anaeróbias, a **piruvato-desidrogenase, o ciclo dos TCA e a fosforilação oxidativa estão comprometidos,** é produzida apenas a fração da energia química obtida pela oxidação da glicose sob condições aeróbias. A glicose oxidada completamente a CO_2 e H_2O sob condições aeróbias irá produzir entre **36 e 38 móis de ATP por mol de glicose,** dependendo da lançadeira usada para transportar equivalentes redutores citosólicos para a mitocôndria. **Apenas 2 moles de ATP são produzidos por mol de glicose convertida a lactato via glicólise anaeróbia.** As necessidades de ATP da célula são supridas pelo aumento da via glicolítica.

QUESTÕES DE COMPREENSÃO

14.1 Phil Hardy decidiu treinar para uma maratona. Com idade próxima aos 50 anos, Phil calculou que ao final dos treinos ele deveria manter um ritmo de 5 minutos e meio por quilometro, o que faria ele terminar a corrida em aproximadamente 4 horas. Uma vez mantendo-se hidratado nas estações de fornecimento de água ao longo do percurso corrida, qual é o combustível primário que os músculos das suas pernas usariam já no final dos 42 km e 195 metros da corrida?

   A. Ácidos graxos do sangue
   B. Glicerol do sangue
   C. Glicogênio armazenado no músculo
   D. Glicose do sangue
   E. Corpos cetônicos do sangue

14.2 Um paciente em pós-operatório recebendo infusão de líquidos desenvolveu lesões na boca (estomatite angular). O exame de urina indicou excreção de 15 µg de riboflavina por mg de creatinina, o que é anormalmente baixo. Quais das seguintes enzimas do ciclo dos TCA estaria afetada?

   A. Citrato-sintase
   B. Isocitrato-desidrogenase
   C. Fumarase

D. Malato-desidrogenase
E. Succinato-desidrogenase

14.3 Depois de beber em excesso por um grande período de tempo e com alimentação pobre, um homem de meia-idade foi admitido em um hospital com insuficiência cardíaca grave. Qual das seguintes enzimas estaria inibida?

A. Aconitase
B. Citrato-sintase
C. Isocitrato-desidrogenase
D. α-cetoglutarato-desidrogenase
E. Succinato-tiocinase

RESPOSTAS

14.1 **A.** Depois de 4 horas de exercício intenso, o glicogênio armazenado no fígado é consumido. O glicerol livre não pode ser usado pelo músculo porque ele não tem a enzima (glicerol-cinase) que fosforila o glicerol para que ele entre na via glicolítica. Embora glicose e corpos cetônicos possam ser captados pela célula muscular e usados para fornecer energia, a oxidação dos ácidos graxos fornece a maior parte do ATP para o corredor da maratona neste ponto da corrida.

14.2 **E.** O paciente apresenta deficiência de riboflavina (excreção urinária menor do que 30 μg/mg de creatinina é clinicamente considerado deficiência). A riboflavina é um dos componentes do cofator FAD, o qual é necessário para a conversão de fumarato pela succinato-desidrogenase.

14.3 **D.** Esse paciente apresenta sintomas da doença beribéri, a qual é o resultado da deficiência nutricional de vitamina B_1 (tiamina). A forma ativa da vitamina, a tiamina pirofosfato, é um fator necessário para a α-cetoglutarato-desidrogenase.

DICAS DE BIOQUÍMICA

▶ A maior parte da energia que o corpo necessita para sua manutenção, trabalho e crescimento é obtida pela oxidação completa da acetil-CoA, que é produzida pelo catabolismo dos carboidratos, ácidos graxos e aminoácidos.
▶ A oxidação da acetil-CoA é realizada por enzimas mitocondriais que participam do ciclo dos TCA (também chamado de ciclo do ácido cítrico ou ciclo de Krebs).
▶ Quando o sistema de transporte de elétrons e a fosforilação oxidativa estão comprometidos pela falta de oxigênio, os níveis citosólicos de ATP baixam, ao passo que os níveis de ADP e AMP aumentam.
▶ O fluxo de glicose através da via glicolítica é aumentada devido à ativação alostérica da fosfofrutocinase e da piruvato-cinase pela diminuição da concentração de ATP e aumento de AMP.
▶ Os intermediários de 4 carbonos do ciclo dos TCA podem ser repostos ou aumentados por metabólitos dos aminoácidos glicogênicos, entrando como α-cetoglutarato, succinil-CoA ou oxaloacetato. Além disso, o *pool* de intermediários de 4 carbonos pode ser aumentado pela carboxilação do piruvato a oxaloacetato, catalisada pela piruvato-carboxilase.

REFERÊNCIAS

Beattie DS. Bioenergetics and oxidative metabolism. In: Devlin TM, ed. *Textbook of Biochemistry with Clinical Correlations*. 7th ed. New York: Wiley-Liss; 2010.

Harris RA. Carbohydrate metabolism I: major metabolic pathways and their control. In: Devlin TM, ed. *Textbook of Biochemistry with Clinical Correlations*. 7th ed. New York: Wiley-Liss; 2010.

CASO 15

Homem de 59 anos é levado ao setor de emergência pelos serviços médicos de emergência, após um membro da família tê-lo encontrado extremamente confuso e desorientado, com uma marcha instável e movimentos estranhos e irregulares dos olhos. O paciente foi alcoólatra no passado. Ele não apresenta problemas médicos conhecidos e nega o uso de qualquer outra droga. No exame, ele está afebril com um pulso de 110 batimentos/minuto e pressão arterial normal. Está extremamente desorientado e agitado, e seu movimento horizontal rápido dos olhos no olhar lateral é observado bilateralmente. Sua marcha é muito instável, mas o restante do seu exame é normal. A triagem de drogas na urina foi negativa, mas ele tinha níveis positivos de álcool no sangue. O médico da emergência administrou tiamina.

▶ Qual é o diagnóstico mais provável?
▶ Qual é importância da tiamina em reações bioquímicas?

RESPOSTAS PARA O CASO 15
Deficiência de tiamina

Resumo: homem de 59 anos com história de uso abusivo de álcool apresenta transtorno mental, confusão, ataxia e oftalmoplegia.

- **Diagnóstico mais provável:** Síndrome de Wernicke-Korsakoff (deficiência de tiamina) frequentemente associada com usuários crônicos de álcool.
- **Importância da tiamina:** Uma vitamina hidrossolúvel importante usada como cofator em reações enzimáticas que envolvem a transferência de um grupo aldeído. Sem tiamina, os indivíduos podem desenvolver demência, anemia macrocítica (deficiência de folato), gastrite, úlcera péptica, doença hepática, depressão, deficiências nutricionais, miocardiopatia e pancreatite.

ABORDAGEM CLÍNICA

A tiamina, também conhecido como vitamina B_1, é bastante ubíqua, sua deficiência é incomum, exceto em alcoólatras, como resultado de deficiências nutricionais e má absorção. A tríade clínica clássica de demência, ataxia (dificuldade em andar) e achados oculares pode ser observada, pórem, na maioria das vezes, apenas o esquecimento é notado. Às vezes, deficiência de tiamina pode levar a sintomas vagos, como dormência nas pernas ou formigamento. Devido ao fato de que a tiamina é solúvel em água, ela pode ser adicionada a fluidos intravenosos e assim administrada. Outras manifestações incluem a doença beri béri, cujo envolvimento cardíaco leva à deficiência cardíaca elevada e a vasodilatação. Pacientes afetados muitas vezes se sentem quentes e corados, e podem ter insuficiência cardíaca.

ABORDAGEM À
Tiamina pirofosfato

OBJETIVOS

1. Conhecer a função da tiamina pirofosfato (TPP) na piruvato-desidrogenase.
2. Compreender a função da TPP na α-cetoglutarato-desidrogenase e da TPP na transcetolase na via das pentoses fosfato.
3. Ganhar familiaridade com a forma como a deficiência de tiamina resulta na diminuição da produção de energia e na diminuição da produção de ribose e de NADPH.

DEFINIÇÕES

CARBÂNION: um átomo de carbono dentro de uma molécula que possui uma carga negativa por causa da remoção de um próton (íon hidrogênio).

DESCARBOXILAÇÃO: processo de remoção de um grupo carboxila (-COOH) de uma molécula. Frequentemente ocorre por oxidação do composto em um processo conhecido como descarboxilação oxidativa.
DESIDROGENASE: uma enzima que oxida uma molécula por meio da remoção de um par de elétrons e 1 ou 2 prótons.
ADIÇÃO NUCLEOFÍLICA: processo de formação de uma ligação entre um grupo rico em elétrons (nucleófilo) e um átomo elétron-deficiente (eletrofílico).
OXIDAÇÃO: remoção de elétrons de um átomo ou composto.
TIAMINA: vitamina B_1; uma vitamina solúvel em água que contém um anel tiazólio. A forma ativa da vitamina é a tiamina pirofosfato, uma coenzima importante para muitas reações bioquímicas.

DISCUSSÃO

A **tiamina (vitamina B_1) é uma importante vitamina solúvel em água** que, na sua **forma ativa de tiamina pirofosfato**, é usada como **cofator em reações enzimáticas, envolvendo a transferência de um grupo aldeído**. A tiamina pode ser sintetizada por plantas e alguns microrganismos, mas não por animais. Assim, **os seres humanos devem obter tiamina a partir da dieta**, embora pequenas quantidades possam ser obtidas pela síntese das bactérias intestinais. Devido a sua importância em reações metabólicas, ela está presente em grandes quantidades no musculo esquelético, coração, fígado, rim e cérebro. Assim, tem uma ampla distribuição em alimentos, mas pode haver uma perda substancial de tiamina durante o cozimento (acima 100 °C).

A tiamina é absorvida no intestino por ambos mecanismos de transporte ativo e difusão passiva. A forma ativa do cofator, **TPP, é sintetizada pela transferência enzimática de um grupo de pirofosfato do ATP para a tiamina** (Figura 15.1). A TPP

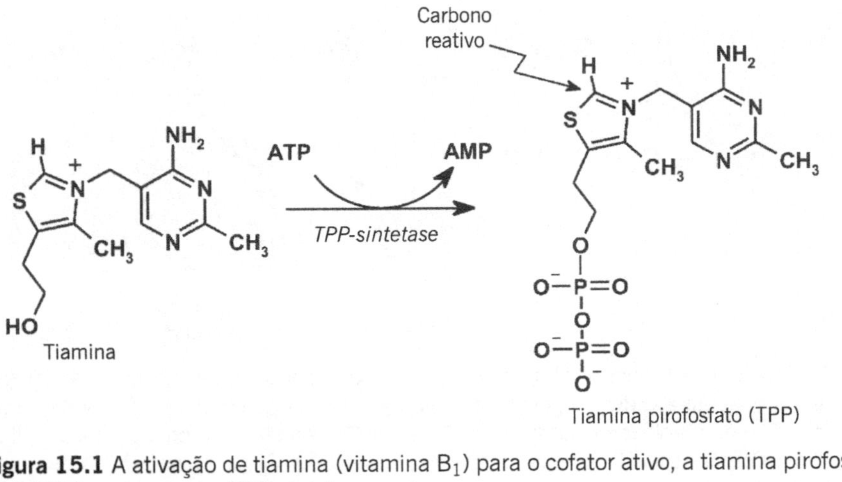

Figura 15.1 A ativação de tiamina (vitamina B_1) para o cofator ativo, a tiamina pirofosfato (TPP), pela enzima TPP-sintetase.

resultante tem um carbono reativo no anel tiazólico que é facilmente ionizado, para formar um carbânion, que pode ser submetido a reações de adição nucleofílica.

Tiamina pirofosfato é um cofator essencial para as enzimas que catalisam a **descarboxilação oxidativa de α-cetoácidos para formar uma coenzima A acilada (acil-CoA)**. Estas incluem **piruvato desidrogenase (piruvato → acetil-CoA), α-cetoglutarato desidrogenase (α-KG → succinil-CoA) e a desidrogenase dos α-cetoácidos de cadeia ramificada**. Essas três enzimas operam por um mecanismo catalítico semelhante (Figura 15.2). Cada uma delas é um complexo de múltiplas subunidades com três atividades enzimáticas que requerem a participação de vários cofatores. A primeira atividade (E_1) é o **complexo desidrogenase**, que tem TPP como o cofator ligado a enzima. A forma carbânion da TPP ataca o carbono da carbonila do α-cetoácido, liberando CO_2 e deixando um intermediário hidroxialquil--TPP. O grupo hidroxialquil reage com a forma oxidada da lipoamida, o grupo prostético de di-hidrolipoil-transacetilase (E_2), que é o segundo componente do complexo. A acil-lipoamida resultante reage com coenzima A (HSCoA) para formar o produto, acil-CoA, deixando a lipoamida na forma totalmente reduzida. Para regenerar a forma totalmente oxidada da lipoamida para outros ciclos de reação, que interage com o **terceiro componente do complexo, di-hidrolipoil-desidrogenase (E_3)**, o qual tem o **FAD** ligado covalentemente. O FAD aceita os equivalentes redutores da lipoamida reduzida para formar $FADH_2$ e lipoamida oxidado. Os

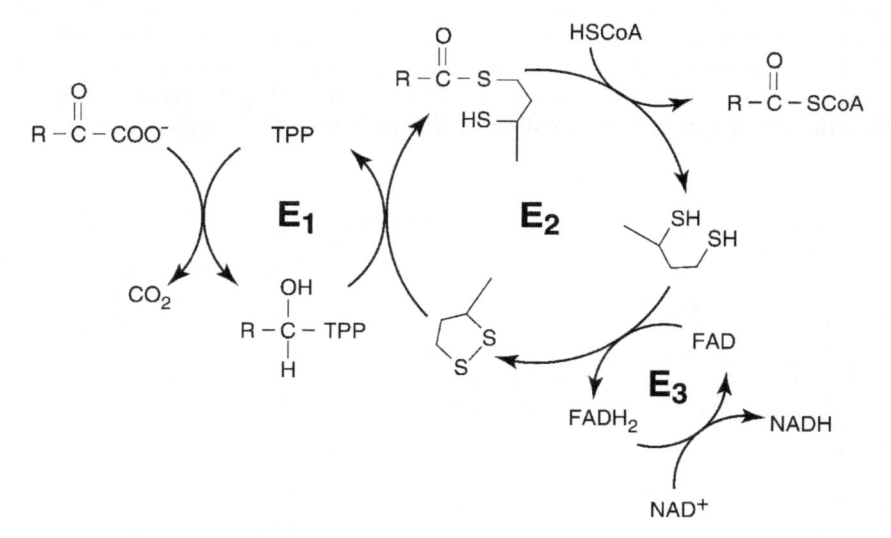

Figura 15.2 O mecanismo catalítico compartilhado pelas enzimas piruvato-desidrogenase, α-cetoglutarato-desidrogenase e desidrogenase de α-cetoácidos de cadeia ramificada. E_1 é o complexo desidrogenase; E_2 é a subunidade di-hidrolipoil-transacetilase e E_3 é o componente di-hidrolipoil-desidrogenase. E_1 e E_2 são específicos para cada enzima e E_3 é comum a todas as três enzimas.

equivalentes redutores são então transferidos a NAD^+ para formar NADH, a qual é regenerada por meio do sistema de transporte de elétrons com a produção de ATP.

Tiamina pirofosfato é um cofator essencial para as enzimas que catalisam a descarboxilação oxidativa de α-cetoácidos para formar uma coenzima A acilada (acil-CoA). Estas incluem **piruvato desidrogenase (piruvato → acetil-CoA)**, **α-cetoglutarato desidrogenase (α-KG → succinil-CoA) e a desidrogenase dos α-cetoácidos de cadeia ramificada**. Essas três enzimas operam por um mecanismo catalítico semelhante (Figura 15.2). Cada uma delas é um complexo de múltiplas subunidades com três atividades enzimáticas que requerem a participação de vários cofatores. A primeira atividade (E_1) é o complexo desidrogenase, que tem TPP como o cofator ligado a enzima. A forma carbânion da TPP ataca o carbono da carbonila do α-cetoácido, liberando CO_2 e deixando um intermediário hidroxialquil-TPP. O grupo hidroxialquil reage com a forma oxidada da lipoamida, o grupo prostético de di-hidrolipoil-transacetilase (E_2), que é o segundo componente do complexo. A acil-lipoamida resultante reage com coenzima A (HSCoA) para formar o produto, acil-CoA, deixando a lipoamida na forma totalmente reduzida. Para regenerar a forma totalmente oxidada da lipoamida para outros ciclos de reação, que interage com o **terceiro componente do complexo, di-hidrolipoil-desidrogenase (E_3)**, o qual tem o **FAD** ligado covalentemente. O FAD aceita os equivalentes redutores da lipoamida reduzida para formar $FADH_2$ **e lipoamida oxidado**. Os equivalentes redutores são então transferidos a NAD^+ para formar NADH, a qual é regenerada por meio do sistema de transporte de elétrons com a produção de ATP.

Os componentes de E_1 e E_2 são específicos para cada um dos complexos, a piruvato desidrogenase, a α-cetoglutarato desidrogenase e a desidrogenase dos α-cetoácidos de cadeia ramificada. No entanto, o **componente de E_3 é idêntico** para todas as enzimas.

Tiamina pirofosfato é também um cofator importante para as reações da **transcetolase na via das pentoses-fosfato do metabolismo de carboidratos** (Figura 15.3). Essas reações são importantes na **transformação reversível de pentoses nos intermediários glicolíticos frutose-6-fosfato e gliceraldeído-3-fosfato**. Mais uma vez, é o carbono reativo sobre o anel de tiazólico de TPP que reage com uma cetose fosfato (xilulose-5-fosfato) para provocar a liberação de uma aldose fosfato com dois átomos de carbonos a menos (gliceraldeído-3-fosfato). A unidade glicoaldeídica ligada a TPP é então transferida para um aldose fosfato diferente (ribose-5-fosfato ou eritrose-4-fosfato), para produzir uma cetose fosfato que tem dois átomos de carbono a mais (sedoeptulose-7-fosfato ou frutose-6-fosfato).

Uma **deficiência de tiamina irá diminuir a eficiência das enzimas para as quais TPP é necessário como um cofator.** Assim, a taxa de conversão de piruvato em acetil-CoA e o fluxo de acetil-CoA por meio do ciclo de ácido tricarboxílico será diminuído como resultado da ineficiência das enzimas que necessitam de TPP, a piruvato-desidrogenase e α-cetoglutarato-desidrogenase. A produção do carreador de elétrons reduzido, NADH, e o ATP produzido a partir dele por meio de fosforilação oxidativa será reduzido, como consequência. Porque **o tecido nervoso e o coração utilizam altas taxas de ATP** sintetizado a partir **da oxidação de NADH,**

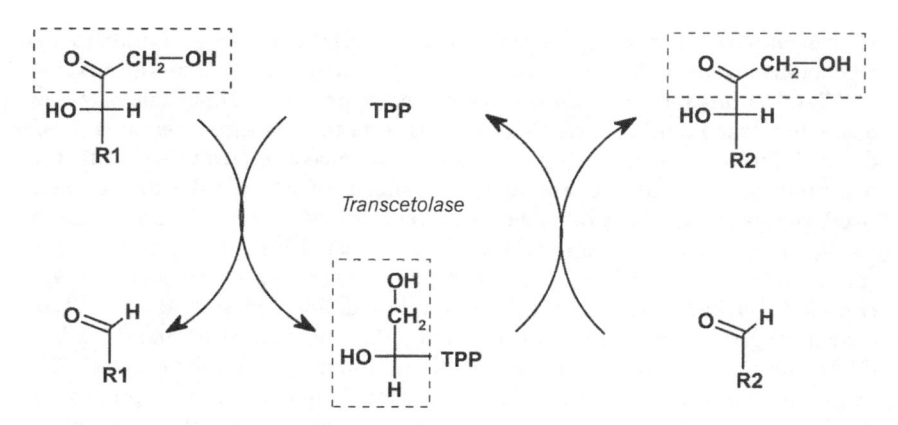

Figura 15.3 A reação catalisada pela enzima transcetolase, que transfere um grupo glicoaldeído de uma cetose para uma aldose.

produzido a partir da conversão do piruvato a acetil-CoA e do ciclo dos ácidos tricarboxílicos (TCA), **esses tecidos são os mais afetados por uma deficiência em tiamina.** Quando deficiente em tiamina, o cérebro não pode metabolizar de maneira eficiente piruvato através do ciclo dos TCA para produzir ATP e, portanto, deve convertê-lo em lactato para produzir ATP. Esse aumento da conversão de piruvato a lactato diminui o pH em áreas do cérebro que têm rápidas taxas de recuperação de ATP e leva à destruição celular.

Uma **deficiência de tiamina também afeta de forma adversa o fluxo de glicose metabolizada pela via das pentoses-fosfato.** A atividade da transcetolase requer o cofator TPP para transferir a unidade glicoaldeído de uma cetose para uma aldose, em reações de remodelação da via. Quando essas reações não podem prosseguir, os precursores metabólicos se acumulam e o fluxo através da via é diminuído, o que resulta em **diminuição na produção de NADPH e na diminuição da conversão de glicose a pentose, incluindo a ribose.** Isso pode levar a uma diminuição de regeneração da glutationa reduzida e a **susceptibilidade ao estresse oxidativo.**

O *turnover* da tiamina é rápido por causa da presença ubíqua das **enzimas tiaminase** que **hidrolisam tiamina nos seus componentes pirimidina e tiazol.** Assim, **os sintomas de deficiência de tiamina podem aparecer dentro de duas semanas de dieta deficiente em tiamina.** Nas sociedades ocidentais, a deficiência de tiamina grave é mais frequentemente encontrada em **alcoólatras.** Os pacientes que abusam de álcool são propensos a deficiência de tiamina devido a vários fatores, incluindo má nutrição e má absorção e armazenamento, bem como um aumento da degradação de TPP. O álcool é conhecido por inibir a absorção ativa de tiamina.

A deficiência de tiamina é com frequência avaliada analisando a atividade de transcetolase em eritrócitos tanto na presença como na ausência de adição de TPP. Se as células vermelhas do sangue têm tiamina suficiente, a transcetolase será completamente saturada com TPP, e não será observado aumento na atividade quando TPP for adicionado ao sistema de ensaio. Um aumento na atividade da transcetolase indica que o paciente está deficiente em tiamina.

CASOS CLÍNICOS EM BIOQUÍMICA   139

QUESTÕES DE COMPREENSÃO

15.1 Uma criança do sexo feminino a termo não consegue ganhar peso e apresentou acidose metabólica no período neonatal. Um exame físico aos 6 meses mostrou atraso de desenvolvimento, hipotonia, pequena massa muscular, retardo mental e uma acidose persistente (pH 7,0-7,2). Lactato sanguíneo, piruvato e alanina foram muito elevados. O tratamento com tiamina não aliviou a acidose láctica. Qual das seguintes enzimas é a mais provável de estar deficiente neste paciente?

   A. Alanina aminotransferase
   B. Fosfoenolpiruvato-carboxicinase
   C. Piruvato-carboxilase
   D. Piruvato-desidrogenase
   E. Piruvato-cinase

15.2 Um bebê do sexo masculino de três meses desenvolveu convulsões e piora progressiva, mostrando hipotonia, retardo psicomotor e pouco controle da cabeça. Ele tinha acidose láctica e níveis plasmáticos elevados de piruvato, ambos foram mais do que sete vezes a quantidade normal. A atividade da piruvato-carboxilase foi medida usando extratos de fibroblastos e verificou-se ser inferior a 1% dos níveis normais. A administração oral de qual dos seguintes aminoácidos você recomendaria como a melhor terapia para este paciente?

   A. Alanina
   B. Glutamina
   C. Leucina
   D. Lisina
   E. Serina

15.3 A deficiência de tiamina (vitamina B_1) provocaria provavelmente qual das seguintes manifestações clínicas?

   A. Diminuição da atividade da enzima carboxilase
   B. Diminuição das concentrações séricas de lactato
   C. Diminuição da atividade de transcetolase nas hemácias
   D. Aumento do metilmalonato urinário
   E. Aumento do tempo de protrombina

RESPOSTAS

15.1 **D.** O aumento das concentrações de piruvato, lactato e alanina indicam que existe um bloqueio no percurso do piruvato para o ciclo dos TCA. A deficiência de piruvato-desidrogenase conduziria a formação de piruvato. Piruvato tem três outros destinos além da conversão de acetil-CoA pela piruvato-desidrogenase: conversão em oxaloacetato pela piruvato-carboxilase, redução a lactato pela lactato-desidrogenase e transaminação para o aminoácido alanina. Assim, uma vez que o piruvato acumula, um aumento na concentração de lactato e alanina seria esperado, se a piruvato-desidrogenase fosse deficiente.

15.2 **B.** Uma deficiência em piruvato-carboxilase resulta na diminuição de oxaloacetato, o C_4 ácido que atua como aceptor de um grupo acetil da acetil-CoA. A fim de que o ciclo dos TCA possa continuar de maneira eficiente, os C_4 ácidos devem ser reabastecidos. Aminoácidos cujos esqueletos de carbono alimentam o ciclo dos TCA e aumentam o *pool* de C_4 vão conseguir isso. A glutamina, que é convertida a α-cetoglutarato, levará a um aumento em todos os C_4 ácidos (succinato, fumarato, malato e oxaloacetato). A alanina e a serina são convertidas em piruvato, que como resultado da deficiência de piruvato-carboxilase não vai aumentar o *pool* de C_4. A lisina e a leucina são aminoácidos cetogênicos e assim também não aumentam o *pool* de C_4.

15.3 **C.** Além de ser um cofator importante para as enzimas envolvidas na descarboxilação oxidativa do piruvato do α-cetoglutarato e de α-cetoácidos ramificados, tiamina é também um cofator para a enzima transcetolase, a enzima que transfere um grupo glicoaldeído de uma cetose para uma aldose na via das pentoses-fosfato. Uma das ferramentas de diagnóstico para determinar a deficiência de tiamina é a determinação da atividade da transcetolase nas hemácias na presença e na ausência da adição de tiamina. A deficiência de tiamina seria esperada para aumentar as concentrações de lactato no sangue. Deficiência de biotina levaria a diminuição da atividade da carboxilase, ao passo que um aumento da concentração de metilmalonato seria observado na deficiência de vitamina B_{12}. A deficiência de vitamina K levaria a um aumento do tempo de protrombina.

DICAS DE BIOQUÍMICA

▶ A tiamina (vitamina B_1) é uma vitamina importante solúvel em água que, na sua forma ativa de TPP, é usada como cofator em reações enzimáticas que envolvem a transferência de um grupo aldeído.
▶ A deficiência de tiamina é incomum, exceto em pessoas que abusam do álcool que, como consequência de deficiências nutricionais e má absorção, pode tornar-se deficiente.
▶ A tríade clínica clássica de demência, ataxia (dificuldade em andar) e achados oculares pode ser observada, mas comumente, apenas o esquecimento é observado.
▶ Tiamina pirofosfato é também um cofator importante para muitas reações de desidrogenase, bem como as reações da transcetolase na via da pentoses-fosfato do metabolismo de carboidratos.

REFERÊNCIAS

Murray RK, Bender DA, Botham KM, et al, eds. Harper's Illustrated Biochemistry. 29th ed. New York: Lange Medical Books/McGraw-Hill; 2012.

Wilson JD. Vitamin deficiency and excess. In: Longo D, Fauci AS, Kaspar D, et al, eds. Harrison's Principles of Internal Medicine. 18th ed. New York: McGraw-Hill; 2011.

CASO 16

Mulher de 68 anos com crise hipertensiva esteve em tratamento em uma unidade de tratamento intensivo com administração intravenosa de nitroprussiato por 48 horas. A pressão sanguínea da paciente retornou aos níveis normais, mas ela se queixou de uma sensação de queimação na boca e na garganta, seguida de náuseas e vômitos, sudorese, agitação e dispneia. A enfermeira notou um hálito de amêndoa doce na respiração. Uma gasometria arterial mostrou acidose metabólica significativa e testes no sangue revelaram níveis tóxicos de tiocianato, um metabólito do nitroprussiato.

- Qual é causa mais provável dos sintomas?
- Qual é o mecanismo bioquímico do problema?
- Qual é o tratamento para essa condição?

RESPOSTAS PARA O CASO 16
Envenenamento por cianeto

Resumo: mulher de 68 anos apresentou novos sintomas de sensação de ardência na boca e na garganta, náusea, vômito, agitação e diaforese após um erro de medicação. A gasometria arterial mostrou acidose metabólica e níveis de tiocianato estavam em um nível tóxico.

- **Diagnóstico:** Envenenamento por cianeto devido a dose tóxica de nitroprussiato.
- **Mecanismo bioquímico:** O cianeto inibe a citocromo oxidase mitocondrial, bloqueando o transporte de elétrons e impedindo a utilização de oxigênio. Há produção secundária de acidose láctica devido ao metabolismo aneróbio.
- **Tratamento:** Terapia de suporte, descontaminação gastrointestinal, oxigênio e terapia com antídotos, usando nitrito de amila, nitrito de sódio e tiossulfato de sódio.

ABORDAGEM CLÍNICA

Emergências devido a hipertensão são definidas como episódios de elevação severa da pressão sanguínea, como níveis sistólicos de 220 mmHg e/ou pressão diastólica maior do que 120 mmHg com sintomas de disfunção dos órgãos vitais no paciente. Esses sintomas podem incluir dor de cabeça, déficit neurológico, dor no peito ou sintomas de falha cardíaca. Emergências devido a hipertensão necessitam que se diminua imediatamente a pressão sanguínea para níveis mais baixos (mas não necessariamente para níveis normais). Por outro lado, urgências devido à hipertensão são circunstâncias de pressão sanguínea marcadamente elevadas, sem que o paciente manifeste sintomas; baixar a pressão sanguínea por 24 a 48 horas é um procedimento razoável nesses casos.

Um dos perigos da diminuição abrupta da pressão é provocar uma hipotensão e isquemia subsequente no cérebro ou no coração. Em outras palavras, o próprio tratamento visando prevenir a falência dos órgãos vitais pode ser a causa do problema. Para evitar uma hipotensão precipitada é preferível usar agentes que induzam uma queda suave da pressão sanguínea, como o nitroprussiato de sódio, um agente intravenoso titulável que é usado na hipertensão maligna. Entre as suas propriedades desejáveis inclui-se a capacidade de afetar a pressão aumentando ou diminuído com precisão a velocidade de infusão. Um efeito colateral do nitroprussiato de sódio é o fato de que é metabolizado em tiocianato e o uso prolongado pode resultar em envenenamento por cianeto, que inibe a cadeia transportadora de elétrons. Assim, na prática clínica, nitroprussiato é usado por períodos curtos ou os níveis séricos tiocianato são monitorados.

ABORDAGEM AO
Sistema de transporte de elétrons e cianeto

OBJETIVOS

1. Conhecer a função da cadeia transportadora de elétrons (ETC, do inglês, *electron transport chain*).
2. Compreender os fatores que podem inibir a ETC.
3. Ganhar familiaridade com os processos bioquímicos pelos quais a terapia para o envenenamento por cianeto funciona.
4. Reconhecer outros sítios da ETC e agentes inibidores.

DEFINIÇÕES

FOSFORILAÇÃO OXIDATIVA: processo mitocondrial pelo qual elétrons do NADH ou de flavina reduzida ligada a enzimas são transferidos por meio de uma cadeia transportadora de elétrons para o oxigênio, formando água e fornecendo energia pela formação de um gradiente de íons hidrogênio através da membrana interna da mitocôndria. O gradiente de íons hidrogênio é usado como força-motriz na formação de ATP a partir de ADP e fosfato inorgânico (P_i). Esse processo é também chamado de **fosforilação acoplada à oxidação** para enfatizar que a formação de ATP a partir de ADP e P_i está acoplada e ligada com o transporte de elétrons de modo que a inibição de um também inibe o outro.

GRADIENTE DE ÍONS HIDROGÊNIO: uma situação desenvolvida por meio da membrana interna da mitocôndria quando a concentração de íons hidrogênio fora da mitocôndria é maior do que a concentração de dentro. Os íons hidrogênios são expelidos da mitocôndria pela transferência de elétrons do complexo I para a coenzima Q, da coenzima Q para o complexo III e do complexo III para o complexo IV. O gradiente é disperso pela ATP sintase, que faz os íons hidrogênio entrarem na mitocôndria e, sendo assim, a força motriz da fosforilação do ADP pelo P_i.

CADEIA TRANSPORTADORA DE ELÉTRONS: está presente na membrana da mitocôndria em um arranjo linear de carreadores de elétrons com atividade redox constituída de NADH desidrogenase, coenzima Q, citocromo C redutase e citocromo oxidase, assim como proteínas ferro-enxofre auxiliares. Os transportadores de elétrons são organizados segundo a ordem decrescente dos seus potenciais de redução, de modo que o último carreador tem o potencial de redução mais positivo e transfere elétrons para o oxigênio.

POTENCIAL DE REDUÇÃO: a tendência de um carreador de elétrons de doar elétrons, especificada em elétron volts, é denominada potencial de redução. Em qualquer reação de oxidação-redução, os elétrons fluem das espécies com potencial de redução mais negativo para as espécies com potencial de redução mais positivos.

CITOCROMO: uma proteína de transferência de elétrons que contém heme (protoporfirina IX). Alguns grupos heme são ligados covalentemente ao componente proteico (citocromo C), ao passo que outros tem cadeias laterais isoprenoides (citocromos A e A_3).

PROTEÍNAS FERRO-ENXOFRE: elas carregam um elétron e contém centros que quelam ferro com enxofre orgânico e inorgânico. Alguns centros contém um único átomo de ferro quelado com enxofres de quatro cisteínas, outros contém dois átomos de ferro quelados por enxofre de quatro cisteínas e dois enxofres inorgânicos e, ainda, outros contém quatro átomos de ferro quelados com enxofres de quatro cisteínas e quatro enxofres inorgânicos.

COENZIMA Q (UBIQUINONA): uma quinona aceptora de dois elétrons que pode aceitar ou transferir um elétron por vez, permitindo existir em um estado de semiquinona assim como de quinona totalmente oxidada ou totalmente reduzida no estado di-hidroxi. Está ligada a múltiplas unidades isoprenoides (a ubiquinona tem dez unidades), o que permite que se ligue à membrana.

FLAVINA MONONUCLEOTÍDEO (FMN): um anel isoaloxazina ligado a ribosil monofosfato por ligação N-glicosídica. FMN pode receber dois elétrons e doar, um por vez, para um outro aceptor de elétrons.

FLAVINA ADENINA DINUCLEOTÍDEO (FAD): um anel isoaloxazina ligado a ribosil monofosfato por ligação N-glicosídica, que está ligado a adenosina monofosfato. Assim como FMN, FAD pode receber ou doar dois elétrons, um por vez, para um outro aceptor de elétrons.

DISCUSSÃO

A cadeia transportadora de elétrons (ETC) ou sistema de transporte de elétrons (ETS) localiza-se na **membrana interna da mitocôndria** e é responsável por **aproveitar a energia livre** liberada a medida que os **elétrons passam de um carreador mais reduzido (potencial de redução, E_0', mais negativo) para um carreador mais oxidado (E_0' mais positivo)**, para permitir a fosforilação do ADP formando ATP (Figura 16.1). O complexo I aceita um par de elétrons do NADH (E_0' = -0,32 V) e passa o par de elétrons por meio de carreadores participantes ao **complexo** IV, que passa os elétrons para um átomo de oxigênio molecular (E_0' = +0,82 V), formando água com íons hidrogênio (H^+) do meio.

O transporte de elétrons pelos carreadores é **altamente acoplado à formação de ATP a partir de ADP e P_i**, pela formação e dissolução de um **gradiente de prótons através da membrana interna da mitocôndria formado pelo transporte de elétrons**. Cada vez que **elétrons são transportados entre os complexos I e III, entre os complexos III e IV** ou **entre o complexo IV e o oxigênio, prótons são expelidos da matriz mitocondrial** através da membrana interna para o espaço intermembrana/citosol. A membrana externa da mitocôndria não é barreira para a passagem de prótons, ou seja, a energia ganha a partir dessa transferência de elétrons é usada para bombear prótons do lado da matriz da mitocôndria para o lado do citosol. Como a membrana interna da mitocôndria é impermeável a prótons, há a formação de um gradiente com a maior concentração de prótons do lado de fora da matriz. Os prótons então retornam por meio do complexo da ATP sintase pelos poros de prótons, e, à medida que eles retornam para a matriz mitocondrial, ADP

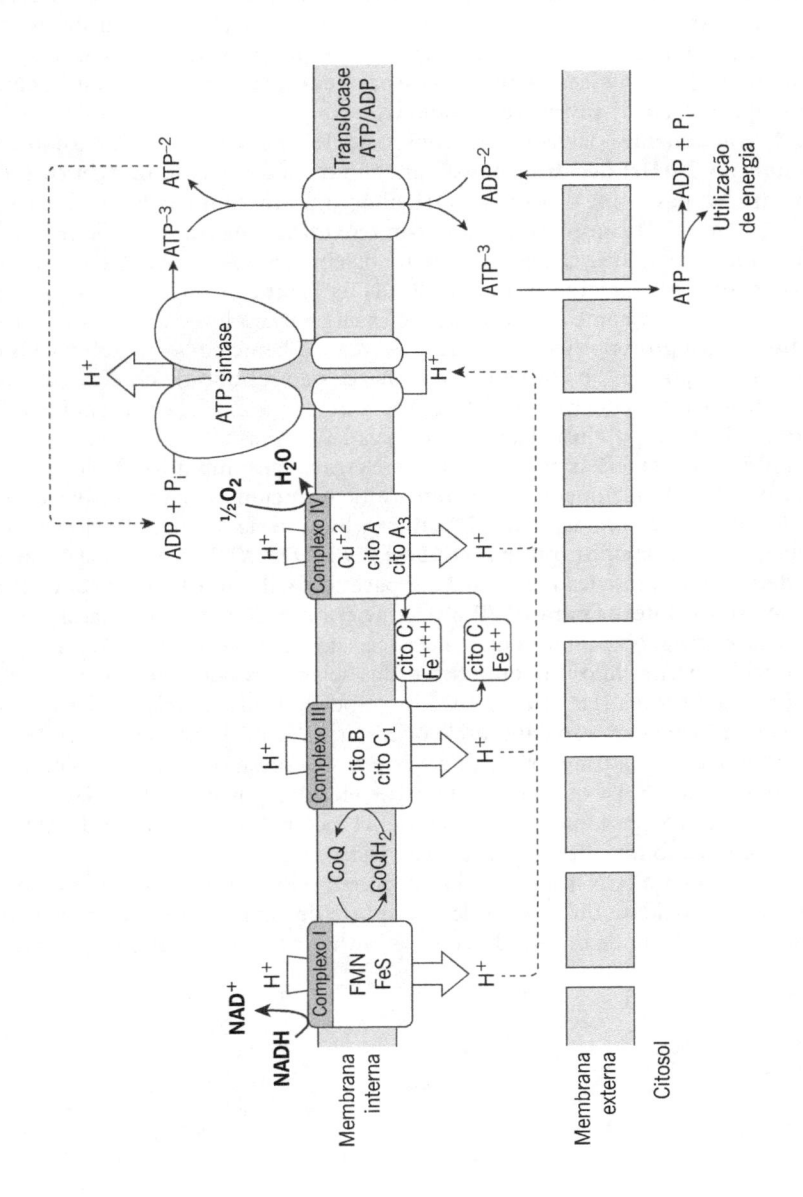

Figura 16.1 Diagrama esquemático da cadeia transportadora de elétrons, da ATP sintase e da ATP/ADP translocase.

é fosforilado formando ATP. Desse modo, uma vez que o processo de transporte de elétrons é firmemente acoplado à fosforilação do ADP, ADP deve estar presente para que o transporte de elétrons aconteça e, assim, a ADP/ATP translocase possa trocar uma molécula de ADP do citosol por ATP (recém-sintetizada) na matriz mitocondrial. Quando **esses vários processos operam em conjunto na mitocôndria** diz-se que se trata de **respiração acoplada**.

Os componentes da cadeia de transporte de elétrons têm vários **cofatores**. O **complexo I, NADH desidrogenase,** contém **flavina como cofator e centros ferro- -enxofre,** ao passo que o **complexo III, citocromo redutase,** contém citocromo B e citocromo C_1. O **complexo IV, citocromo oxidase,** que transfere elétrons para o **oxigênio,** contém **íons cobre** assim como os **citocromos A e A_3**. A estrutura geral dos cofatores dos citocromos está mostrada na Figura 16.2. Cada um dos citocromos possuem um heme como cofator, mas eles variam levemente. Os citocromos do tipo B têm protoporfirina IX, que é idêntica ao heme da hemoglobina. Os citocromos do tipo C estão covalentemente ligados ao resíduo de cisteína na posição 10 da proteína. Os citocromos do tipo A tem uma longa cadeia isoprenoide [$(CH_2$-$CH=C(CH_3)$-$CH_2)_n$] ligada a um lado da cadeia lateral.

Inibição da cadeia transportadora de elétrons em uma mitocôndria acoplada pode ocorrer em qualquer dos três constituintes funcionais do processo: transporte de elétrons *per si*, formação de ATP ou translocação de ADP/ATP pelo antiporter (Tabela 16.1). **O melhor inibidor conhecido da ADP/ATP translocase é o atractilosídeo. Na sua presença nenhum ADP para fosforilação é transportado através da membrana interna para a ATP sintase e nenhum ATP é transportado para fora da mitocôndria.** Na ausência da fosforilação de ADP, o gradiente de prótons não é reduzido, permitindo que outros prótons sejam enviados para o espaço intermembrana devido a [H^+] elevada e, desse modo, a transferência de elétrons cessa. De maneira semelhante, o antibiótico oligomicina inibe diretamente a ATP sintase, causando parada na transferência de elétrons. Do mesmo modo, um bloqueio do complexo I, III ou IV que inibe o fluxo de elétrons por meio da cadeia até o O_2 também interrompe tanto a formação de ATP como a translocação de ADP/ATP através da membrana interna da mitocôndria.

O **íon cianeto (CN-)** é um inibidor potente do complexo IV, o componente citocromo C oxidase do sistema de transporte de elétrons no estado oxidado do heme (Fe^{3+}). Ele pode ser levado ao sistema de transporte de elétrons dos tecidos

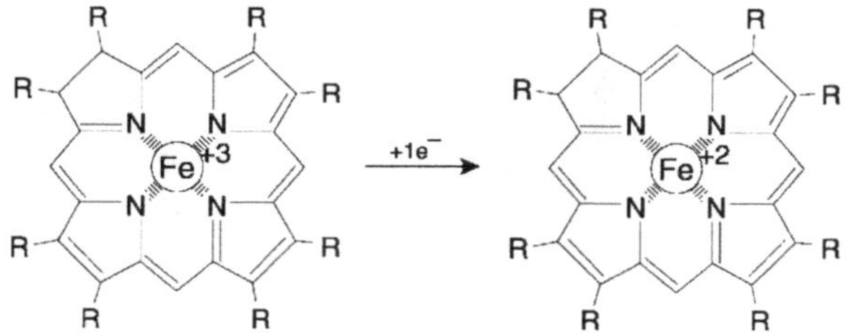

Figura 16.2 Heme do centro ativo dos citocromos A, B e C que compõem a cadeia transportadora de elétrons.

TABELA 16.1 • SÍTIOS DA CADEIA RESPIRATÓRIA E INIBIDORES	
Sítio da cadeia respiratória	Inibidor
Complexo I: NADH: CoQ redutase	Piericidina Amital Rotenona
Complexo III: Citocromo C redutase	Antimicina A
Complexo IV: Citocromo oxidase	Íon cianeto Monóxido de carbono
ATP sintase	Oligomicina
ADP/ATP translocase	Atractilosideo, Bongcrecato

como um gás dissolvido após a inalação de HCN ou ingerido como um sal, como o KCN ou como um medicamento que leva a formação de CN^-, como o nitroprussiato. **CN^- compete de maneira eficiente com o oxigênio pela ligação ao citocromo C oxidase no sítio de ligação do oxigênio.** A ligação com o cianeto e, portanto, o envenenamento por cianeto é reversível, se tratado apropriada e imediatamente. A estratégia do tratamento baseia-se na dissociação do cianeto do citocromo a/a_3 (Fe^{3+}). **O aumento da porcentagem do oxigênio inalado aumenta a competição do oxigênio sobre o cianeto pelo citocromo a/a_3 (Fe^{3+}).** Outros dois medicamentos reforçam essa competição. O íon nitrito (NO_2^-) é administrado para converter parte da oxi-hemoglobina [$HbO_2(Fe^{2+})$] em metemoglobina [met-HbOH(Fe^{3+})], outro competidor pela ligação com o cianeto (Figura 16.3). Forma-se um aduto entre o cianeto e a metemoglobina que libera a citocromo oxidase na forma Fe^{3+}, que facilmente liga-se ao oxigênio e desinibe a cadeia transportadora de elétrons. Para remover o aduto de cianeto, de uma forma não tóxica, administra-se íon tiossulfato. A enzima mitocondrial rodanese catalisa a conversão do cianeto e tiossulfato em tiocianato e sulfito. Tiocianato é incapaz de inibir a citocromo oxidase e é excretado. A metemoglobina pode ser reconvertida à oxi-hemoglobina por NADH e meta-hemoglobina redutase.

Outros sítios da cadeia transportadora de elétrons podem ser alvo de inibidores baseados em semelhanças a componentes estruturais das enzimas ou com substratos de vários componentes. Por exemplo, o veneno de peixe rotenona assemelha-se ao anel da isoaloxazina do cofator FMN do complexo I, a NADH CoQ redutase. A rotenona liga-se à enzima muito avidamente e evita a transferência de elétrons

$$Hb(Fe^{+2})O_2 + NO_2^- \longrightarrow MetHb(Fe^{+3})OH + NO_3^-$$

$$MetHb(Fe^{+3})OH + cit\ a/a_3(Fe^{+3})\text{-}CN^- \longrightarrow cit\ a/a_3(Fe^{+3}) + MetHb(Fe^{+3})\text{-}CN^-$$

$$MetHb(Fe^{+3})\text{-}CN^- + S_2O_3^{-2} \xrightarrow{Rodanase} SCN^- + SO_3^{-2} + MetHb(Fe^{+3})OH$$

Figura 16.3 Estratégia para reverter a ligação do cianeto à citocromo oxidase (cit a/a_3Fe^{3+}).

do NADH para a coenzima Q, por meio do centro ferro-enxofre, inibindo assim a oxidação do NADH e a subsequente redução do oxigênio em água. Por outro lado, o monóxido de carbono assemelha-se ao oxigênio molecular e liga-se ao complexo IV, o componente citocromo oxidase, com mais afinidade do que ao oxigênio e assim inibe a transferência de elétrons para o oxigênio.

QUESTÕES DE COMPREENSÃO

16.1 Menina de 16 meses ingeriu 30 mL de um removedor de unhas a base de acetonitrila e vomitou 15 minutos depois da ingestão. O centro de controle de envenenamentos foi contactado, mas não recomendou tratamento porque foi confundido com removedor de unhas a base de acetona. A criança foi colocada para dormir no horário habitual, cerca de 2 horas após a ingestão. Quando a criança foi colocada na cama apareceram distúrbios respiratórios e ela foi encontrada morta na manhã seguinte. A inibição de qual das enzimas abaixo teria maior probabilidade de ser a causa da morte da menina?

A. Citocromo C redutase
B. Citocromo oxidase
C. Coenzima Q redutase
D. NADH desidrogenase
E. Succinato-desidrogenase

16.2 Qual das opções abaixo descreve melhor as razões para a latência da toxicidade da acetonitrila e qual tratamento imediato poderia ter evitado o distúrbio respiratório e a morte da criança da questão 16.1?

A. Acetonitrila atravessa a membrana mitocondrial lentamente
B. Acetonitrila induz hemólise por inibir a glicose-6-fosfato desidrogenase
C. Acetonitrila é mal absorvida pelo sistema intestinal
D. A ligação da acetonitrila ao complexo IV do sistema de transporte de elétrons é fraca
E. Enzimas do grupo do citocromo P450 oxidam acetonitrila e liberam cianeto lentamente

16.3 A inibição da fosforilação oxidativa pelo íon cianeto leva ao aumento de qual das seguintes opções?

A. Gliconeogênese para fornecer mais glicose para o metabolismo
B. Transporte de ADP para a mitocôndria
C. Utilização de ácidos graxos como substrato para aumentar a utilização de glicose
D. Utilização de corpos cetônicos para geração de energia
E. Ácido láctico no sangue causando acidose.

16.4 Qual dos seguintes procedimentos descreve uma intervenção de emergência no envenenamento por cianeto?

A. Diminuição da pressão parcial de oxigênio

B. Tratamento com nitritos para converter hemoglobina em metemoglobina
C. Tratamento com tiossulfato para formar tiocianato
D. Uso de N-acetilcisteína oral.

16.5 Um trabalhador não qualificado de um viveiro de plantas foi enviado para limpar um derramamento de pó branco no depósito da empresa. Mais tarde, ele apresentou dificuldade respiratória e convulsões. Análise posterior identificou o pó branco como sendo rotenona. A dificuldade respiratória induzida pela exposição à rotenona é devido ao fato de que ela inibe o complexo que catalisa qual das seguintes opções?

A. Transferência de elétrons do NADH para a coenzima Q
B. Oxidação da coenzima Q
C. Redução do citocromo C
D. Transferência de elétrons do citocromo C para o citocromo a_1/a_3
E. Transferência de elétrons do citocromo a_1/a_3 para o oxigênio

16.6 Qual das seguintes opções é a maior consequência de alterações na transferência de elétrons na mitocôndria?

A. Produção de aumentada de NADPH
B. Oxidação aumentada de NADH
C. Redução aumentada de O_2 a H_2O
D. Diminuição na regeneração de NAD^+
E. Redução diminuída de FAD

RESPOSTAS

16.1 **B.** O culpado é o cianeto produzido a partir da acetonitrila. O cianeto inibe a citocromo oxidase da cadeia transportadora de elétrons.

16.2 **E.** A acetonitrila por si mesmo não é o agente tóxico, mas sofre metabolização e produz cianeto, que é o agente tóxico neste caso.

16.3 **E.** A gliconeogênese necessita ATP, cujo suprimento está baixo, desviando o catabolismo da glicose para lactato devido à ausência de uma cadeia transportadora de elétrons intacta. ADP não pode ser transportado para a mitocôndria porque ATP, o seu antiporter, não é formado pela fosforilação oxidativa em razão da inibição da citocromo oxidase por cianeto. Como o metabolismo dos ácidos graxos e dos corpos cetônicos necessitam que a cadeia transportadora de elétrons esteja funcionando para o seu metabolismo essas possibilidades também são também excluídas.

16.4 **B.** O oxigênio aumentado compete com o cianeto pela ligação com a citocromo oxidase e desloca o cianeto. Nitritos ligam-se à hemoglobina e a convertem em metemoglobina, que liga cianeto mais firmemente que a ciano-hemoglobina e empurra o cianeto da ciano-hemoglobina para formar cianometemoglobina. Tiossulfato é usado para deslocar cianeto da cianometemoglobina para formar tiocianato, que pode ser excretado e, assim, se efetiva o envenenamento por cianeto. N-acetilcisteína é usada para intoxicação por acetaminofeno e não para intoxicação por cianeto.

16.5 **A.** Rotenona liga-se avidamente à flavoproteína NADH CoQ redutase, complexo I (também chamado de NADH desidrogenase). A porção central da estrutura da rotenona assemelha-se ao anel isoaloxazina da molécula de FMN e, quando a rotenona se liga ao complexo I, ela evita a transferência de elétrons do NADH para a coenzima Q.

16.6 **D.** A inibição da cadeia transportadora de elétrons desliga a maioria das vias de regeneração de NAD^+ a partir do NADH produzido no metabolismo intermediário. Isso força a conversão citosólica de piruvato em lactato para regenerar NAD^+, de modo que a glicólise pode continuar na ausência de um sistema de transporte de elétrons efetivo.

DICAS DE BIOQUÍMICA

- ▶ A cadeia transportadora de elétrons, ou sistema de transporte de elétrons, localiza-se na membrana interna da mitocôndria e é responsável por aproveitar a energia livre. A cadeia consiste em uma série de carreadores organizados ao longo da membrana interna da mitocôndria, que transportam elétrons do NADH e de carreadores contendo flavina reduzida para o oxigênio molecular.
- ▶ Há liberação de energia à medida que os elétrons passam de um carreador mais reduzido (potencial de redução, E'_0, mais negativo) para um carreador mais oxidado (E'_0 mais positivo) para dirigir a fosforilação de ADP à ATP.
- ▶ Os componentes da cadeia transportadora de elétrons têm vários cofatores, que formam complexos vitais.
- ▶ Perturbações nos diversos complexos podem interferir com a cadeia transportadora de elétrons, levando à inabilidade em produzir ATP.
- ▶ A energia ganha com a transferência de elétrons é usada para dirigir prótons para fora da matriz da mitocôndria, isto é, para o citosol, estabelecendo um gradiente de prótons. ADP é fosforilado à ATP devido ao fato de que prótons retornam para a matriz via complexo da ATP sintase.
- ▶ Mitocôndrias normais produzem ATP ao transportarem elétrons para o oxigênio. Qualquer interferência com a síntese de ATP ou sua translocação através da membrana mitocondrial inibe a transferência de elétrons.
- ▶ Rotenona liga-se avidamente à flavoproteína NADH CoQ redutase, complexo I (também denominado de NADH desidrogenase).

REFERÊNCIAS

Brunton L, Chabner B, Bjorn Knollman, eds. *Goodman and Gilman's The Pharmacological Basis of Therapeutics*. 12th ed. New York: McGraw-Hill; 2010.

Davidson VL, Sittman DB. *National Medical Series–Biochemistry*. Philadelphia, PA: Harwol; 1994:381-383.

Devlin TM, ed. *Textbook of Biochemistry with Clinical Correlations*. 7th ed. New York: Wiley-Liss; 2010.

McGilvery RW. *Biochemistry: A Functional Approach*. Philadelphia, PA: W.B. Saunders; 1979:297-400.

CASO 17

Homem de 42 anos foi atendido no setor de emergência com muitas queixas de dor epigástrica, náusea intratável e vômito durante os últimos três dias. Informou que bebeu demais na semana anterior, mas que deixou de beber e comer alguns dias antes desses sintomas se iniciarem. No momento ele é sem-teto e alcoólatra e frequentemente vai ao setor de emergência. Informou não ter nenhum outro problema de saúde. Apresentava febre, hipotensão leve e taquipneia. O exame mostrou estar mal nutrido, letárgico e embotado. No exame abdominal apresentou sensibilidade epigástrica, mas sem evidências de abdome agudo. Seu hálito tinha odor de frutas. Os exames laboratoriais realizados mostraram acidose metabólica, em razão dos altos níveis de ânion gap com altos níveis de corpos cetônicos no soro, e níveis séricos de glicose baixos.

▶ Qual o diagnóstico mais provável?
▶ Qual o tratamento inicial?

RESPOSTAS PARA O CASO 17

Cetoacidose alcóolica

Resumo: homem de 42 anos com histórico de abuso de álcool foi atendido no setor de emergência depois de um episódio de bebedeira seguido por um período de jejum com letargia, dor epigástrica, acidose metabólica devido a níveis elevados de ânion gap e níveis de corpos cetônicos sérico elevados.

- **Diagnóstico:** A cetoacidose alcóolica (AKA, do inglês, *alcoholic ketoacidosis*) resulta da diminuição da ingesta de carboidratos (mal nutrição) e da inibição da gliconeogênese, induzida por álcool. Esses dois fatores se combinam para aumentar a liberação de ácidos graxos para o fígado e a presença de cetoácidos no sangue e na urina.
- **Melhor tratamento:** Administração intravenosa (IV) de soro contendo glicose é o melhor tratamento. Antes da administração de glicose deve-se dar tiamina como prevenção para a encefalopatia de Wernicke ou síndrome de Korsakoff. As complicações da cetoacidose alcóolica incluem convulsões, arritmia, parada cardíaca, edema pulmonar e *delirium tremens*.

ABORDAGEM CLÍNICA

Embora a cetoacidose seja vista como uma complicação do diabetes melito não controlado, existem outras causas para esse problema. Pacientes malnutridos e alcoolismo também são fatores de risco para o desenvolvimento desse distúrbio metabólico. Quando o organismo está malnutrido e sofre a diminuição da ingesta de carboidratos, há diminuição na secreção de insulina e aumento na secreção de glucagon. Os principais sintomas são náusea, vômito e dor abdominal. Os achados no exame clínico incluem taquicardia, taquipneia, hipotensão, distensão abdominal e fragilidade. A gasometria do sangue arterial revela acidose metabólica devido ao ânion gap, e o nível de glicose pode ser normal ou diminuído. O álcool inibe a gliconeogênese e aumenta a lipólise. Os efeitos combinados da má nutrição e do alcoolismo levam à formação de cetoácidos. O tratamento da AKA se baseia em reverter as três causas básicas: (1) perda de fluidos, (2) esgotamento do glicogênio e (3) elevada relação NADH em relação à NAD^+. Assim, o tratamento com administração intravenosa de soro glicosado aumenta a secreção de insulina e diminui a secreção de glucagon, revertendo as causas básicas do desequilíbrio bioquímico.

ABORDAGEM À

Cetoacidose alcóolica

OBJETIVOS

1. Descrever como o etanol é metabolizado pelo fígado.

2. Explicar o mecanismo pelo qual o consumo de altas quantidades de álcool, seguido de jejum, resulta em um estado de cetoacidose.
3. Comparar os perfis metabólicos da AKA com a cetoacidose diabética (DKA, do inglês, *diabetic ketoacidosis*).

DEFINIÇÕES

ÁLCOOL-DESIDROGENASE: família de isoenzimas citosólicas que oxidam álcoois aos aldeídos correspondentes usando NAD^+ como aceptor de elétrons, convertendo-o em $NADH + H^+$. Caso o substrato for etanol, o produto será acetaldeído.
ACETALDEÍDO-DESIDROGENASE: enzima que oxida acetaldeído à acetato com a conversão de NAD^+ em $NADH + H^+$. A maior parte do acetaldeído é metabolizada nas mitocôndrias do fígado (cerca de 80%) pela ALDH2, e a isoenzima citosólica (ALDH1) metaboliza o restante.
CETOSE: estado metabólico no qual a produção de corpos cetônicos está elevada, provocando hipercetonemia (cetonas elevadas no sangue).
CETOACIDOSE: estado metabólico patológico caracterizado por cetose descontrolada que leva a uma diminuição do pH sanguíneo em razão do aumento de cetoácidos. A acetona, produto de degradação do acetoacetato, geralmente pode ser detectada no hálito.
CORPOS CETÔNICOS: os metabólitos acetoacetato, β-hidroxibutirato e acetona, os quais são produzidos pelo catabolismo dos ácidos graxos e aminoácidos cetogênicos.
SISTEMA MICROSSOMAL DA OXIDAÇÃO DO ETANOL (MEOS, do inglês, *microsomal ethanol oxidizing system*): uma enzima do sistema do citocromo P450 localizada no retículo endoplasmático do fígado, que oxida etanol em acetaldeído. O sistema enzimático consiste da citocromo P450-redutase e CYP2E1, o citocromo P450 que tem grande especificidade por etanol. Enquanto o etanol é oxidado a acetaldeído, o NADPH é oxidado a $NADP^+$ e o O_2 é reduzido à H_2O.

DISCUSSÃO

O etanol é uma molécula anfipática pequena que é facilmente absorvida pelo trato intestinal por difusão passiva simples e entra na corrente sanguínea. A maior parte do etanol ingerido é metabolizado no fígado, embora uma pequena porcentagem (< 10%) seja excretada pela respiração ou pela urina. A medida que o fígado filtra o etanol da corrente sanguínea, os hepatócitos oxidam-no a acetaldeído, usando a álcool-desidrogenase, uma enzima citosólica, e NAD^+ como aceptor de elétrons, formando assim NADH como produto (Figura 17.1). O acetaldeído é um produto tóxico e é metabolizado logo após o ácido acético. O acetaldeído deve entrar primeiro na mitocôndria, onde uma enzima denominada acetaldeído-desidrogenase o oxida à ácido acético, enquanto reduz NAD^+ a NADH (Figura 17.2). Assim, ambas as etapas da conversão de etanol em ácido acético levam à produção de NADH às expensas de NAD^+, aumentando, portanto, a relação $[NADH]/[NAD^+]$ no fígado. Embora o acetato produzido possa ser ativado à acetil-CoA no fígado e usado para

$$CH_3CH_2OH \xrightarrow[\text{Álcool-desidrogenase}]{NAD^+ \quad NADH + H^+} CH_3C\overset{O}{\underset{H}{\diagdown}}$$
Etanol　　　　　　　　　　　　　　Acetaldeído

Figura 17.1 Conversão de etanol a acetaldeído pela álcool-desidrogenase.

$$CH_3C\overset{O}{\underset{H}{\diagdown}} \xrightarrow[\text{Acetaldeído-desidrogenase}]{NAD^+ \quad NADH + H^+} CH_3C\overset{O}{\underset{OH}{\diagdown}}$$
Acetaldeído　　　　　　　　　　　　　Acetato

Figura 17.2 Conversão de acetaldeído a acetato pela acetaldeído-desidrogenase.

a geração de energia, a maior parte é secretada na corrente sanguínea, liberando-o no tecido muscular, onde ele pode ser ativado à acetil-CoA, completamente oxidado à CO_2 via ciclo dos ácidos tricarboxílicos (TCA) e gerar ATP via fosforilação oxidativa.

O fígado também tem um sistema alternativo que responde por 10 a 20% do metabolismo do etanol. O MEOS está localizado no retículo endoplasmático e utiliza o sistema da enzima citocromo P450 para converter etanol em acetaldeído. MEOS é um complexo enzimático de uma oxidase de função mista, que está ligada à membrana do retículo endoplasmático (Figura 17.3). O complexo consiste no citocromo P450 redutase e citocromo P450 2E1 (CYP2E1), que juntos oxidam etanol em acetaldeído e reduzem oxigênio molecular em água. Os equivalentes redutores adicionais necessários para a reação são obtidos pelo citocromo P450 redutase ao converter NADPH em $NADP^+$ e transferir esses elétrons para a CYP2E1.

A cetoacidose alcóolica é uma sequela do aumento da relação [NADH]/[NAD^+] devido ao metabolismo do etanol e aos baixos níveis de glicose sanguínea, em ra-

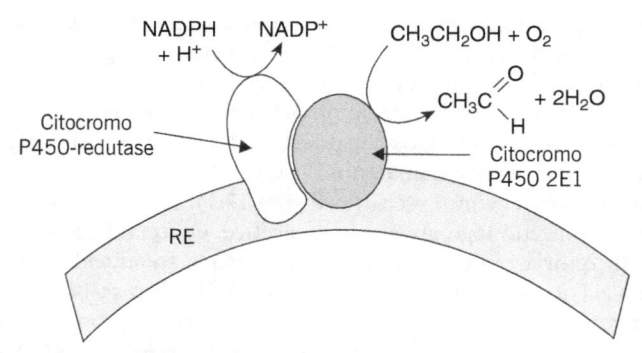

Figura 17.3 O sistema microssomal de oxidação do etanol.

zão da ingesta alimentar diminuída. Muitos pacientes com cetoacidose alcóolica acabaram de ter um período de consumo excessivo de álcool. Devido ao vômito repetitivo e dor epigástrica, eles evitam se alimentar, o que resulta em baixa concentração de glicose sanguínea e no esgotamento da reserva de glicogênio do fígado. O aumento da relação [NADH]/[NAD$^+$] devido ao metabolismo do etanol prejudica a gliconeogênese, por inibir a conversão de lactato em piruvato e de glicerol em di-hidroxiacetonafosfato (DHAP), ambos processos que necessitam de NAD$^+$. Piruvato e DHAP são duas fontes importantes de carbonos para a síntese de glicose via gliconeogênese.

Glicose sanguínea baixa em razão da ingesta diminuída de alimentos promove a secreção de glucagon e de hormônios lipolíticos, que estimulam a liberação de ácidos graxos dos depósitos de triglicerídeos do tecido adiposo para a corrente sanguínea. Após ser captado pelo fígado, os ácidos graxos são ativados em acil-CoA graxo. Embora a velocidade da β-oxidação esteja diminuída em razão da alta relação [NADH]/[NAD$^+$], a acetil-CoA produzida pela β-oxidação dos ácidos graxos é direcionada para a produção dos corpos cetônicos acetoacetato e β-hidroxibutirato. Isso porque a relação [NADH]/[NAD$^+$] alta na mitocôndria favorece a redução de acetoacetato a malato, tornando-o menos disponível para a condensação com acetil-CoA para formar citrato. Para a liberação de CoA livre para outras reações, duas moléculas de acetil-CoA combinam-se para formar acetoacetil-CoA, que, por sua vez, é convertido em acetoacetato e β-hidroxibutirato (Figura 17.4). O excesso de produção desses corpos cetônicos leva à cetoacidose. Na circulação, o acetoacetato pode sofrer uma reação de descarboxilação não enzimática espontânea, produzindo acetona, que é exalada e pode ser sentida na respiração.

Embora pacientes com cetoacidose diabética ou cetoacidose alcóolica tenham perfil bioquímico semelhante, existem algumas diferenças importantes. Além do aumento dos níveis de corpos cetônicos e diminuição no pH sanguíneo, os pacientes que geralmente apresentam uma diminuição nos níveis de insulina também apresentam aumento de glucagon, de cortisol e das catecolaminas.

No caso dos pacientes com cetoacidose diabética, esse perfil hormonal alterado geralmente leva a uma hiperglicemia pelo aumento da produção de glicose via gliconeogênese e pela diminuição de captação de glicose pelos tecidos periféricos. Entretanto, na cetoacidose alcóolica, a glicemia está normalmente baixa em razão da baixa ingesta calórica resultante da náusea e vômito. A relação [NADH]/[NAD$^+$] elevada resultante do metabolismo de grandes quantidades de etanol diminui a gliconeogênese. Também, a relação [NADH]/[NAD$^+$] elevada leva a uma relação lactato/piruvato alta e aumento na relação β-hidroxibutirato/acetoacetato, que é observada na cetose diabética. Devido ao fato de que os pacientes com cetose alcóolica têm uma relação β-hidroxibutirato/acetoacetato alta, a quantidade de corpos cetônicos na urina pode ser subestimada, se for testada apenas com tiras de teste para cetonas, as quais medem apenas acetoacetato. O uso de tiras de teste de cetonas para monitorar o tratamento pode dar a falsa impressão que a cetoacidose está piorando, quando, na realidade, o β-hidroxibutirato está sendo oxidado de novo para acetoacetato e, assim, a relação NADH/NAD$^+$ está retornando ao normal.

$$CH_3-\overset{O}{\underset{\|}{C}}-S-CoA \quad + \quad CH_3-\overset{O}{\underset{\|}{C}}-S-CoA$$
Acetil-CoA   Acetil-CoA

β-Cetotiolase ↓ → CoA-SH

$$CH_3-\overset{O}{\underset{\|}{C}}-CH_2-\overset{O}{\underset{\|}{C}}-S-CoA$$
Acetoacetil-CoA

HMG-CoA-sintase ↓ ← $CH_3-\overset{O}{\underset{\|}{C}}-S-CoA$
→ CoA–SH

$$CH_3-\underset{\underset{CH_2-COO^-}{|}}{\overset{\overset{OH}{|}}{C}}-CH_2-\overset{O}{\underset{\|}{C}}-S-CoA$$

β-Hidroxi-β-metilglutaril-CoA (HMG-CoA)

HMG-CoA-liase ↓ → $CH_3-\overset{O}{\underset{\|}{C}}-S-CoA$

$$\underset{\text{Acetoacetato}}{CH_3-\overset{O}{\underset{\|}{C}}-CH_2-COO^-} \quad \underset{\substack{\text{β-Hidroxibutirato-}\\\text{-desidrogenase}}}{\overset{NADH + H^+ \quad NAD^+}{\rightleftarrows}} \quad \underset{\text{β-Hidroxibutirato}}{CH_3-\overset{OH}{\underset{|}{C}H}-CH_2-COO^-}$$

Não enzimático ↓ → CO_2

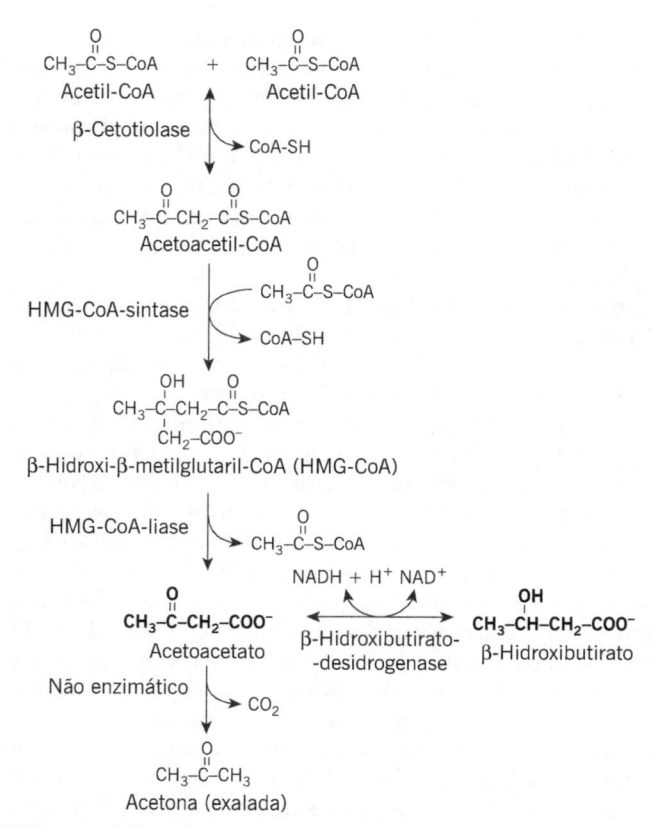

$$CH_3-\overset{O}{\underset{\|}{C}}-CH_3$$
Acetona (exalada)

Figura 17.4 Via metabólica da formação de corpos cetônicos.

QUESTÕES DE COMPREENSÃO

As questões 17.1 à 17.3 referem-se ao seguinte quadro clínico:

Homem desorientado com muita náusea e vômito e com forte cheiro de álcool foi conduzido ao setor de emergência por duas pessoas que o encontraram caído no seu jardim. Durante o exame foram coletadas amostras para exames de laboratório que revelaram glicemia muito baixa e altos níveis séricos de corpos cetônicos.

17.1 Quais das seguintes opções é a causa mais provável dos níveis de corpos cetônicos e baixa glicemia observados?

   A. Aumento do fluxo de acetil-CoA no ciclo dos ácidos tricarboxílicos
   B. Ingesta alimentar inadequada
   C. Aumento do metabolismo proteico
   D. Aumento da atividade da piruvato-carboxilase

CASOS CLÍNICOS EM BIOQUÍMICA **157**

17.2 A desorientação observada no paciente é, provavelmente, causada por quais das seguintes possibilidades?

   A. Dano renal devido ao álcool
   B. Diminuição da eficácia do surfactante pulmonar devido a ingesta excessiva de álcool
   C. Aumento de corpos cetônicos que estimulam a diurese
   D. Raciocínio perturbado pelos níveis elevados de corpos cetônicos
   E. Metabolismo neuronal e glial reduzido

17.3 O paciente é tratado pela administração endovenosa de soro contendo tiamina e glicose. Embora o paciente pareça estar melhorando, teste de corpos cetônicos com fita indicaram aumento nos corpos cetônicos urinários. Isso é melhor explicado por qual das possibilidades abaixo?

   A. Conversão de β-hidroxibutirato em acetoacetato
   B. Diminuição da atividade do ciclo dos ácidos tricarboxílicos
   C. Aumento do catabolismo dos aminoácidos cetogênicos
   D. Inibição da piruvato-desidrogenase
   E. Conversão de lactato a piruvato

17.4 A metabolização do álcool ocorre em vários compartimentos celulares, incluindo citosol, mitocôndria e retículo endoplasmático. Qual das seguintes reações afetaria com menos probabilidade a síntese de glicose?

   A. Etanol → acetaldeído, pela álcool-desidrogenase citosólica
   B. Etanol → acetaldeído, pelo sistema microssomal de oxidação de etanol
   C. Acetaldeído → ácido acético, pela acetaldeído-desidrogenase mitocondrial
   D. β-Hidroxibutirato → acetoacetato

RESPOSTAS

17.1 **B.** O aumento da piruvato-carboxilase poderia favorecer o aumento da gliconeogênese. O aumento da metabolização de proteínas também poderia favorecer a síntese de glicose. Aumentando o fluxo de acetil-CoA no ciclo dos ácidos tricarboxílicos pode-se diminuir a produção de corpos cetônicos. A falta de nutrição adequada devido a náuseas e vômitos, como resultado do excesso de consumo de álcool levaria a hipoglicemia. A gliconeogênese está diminuída devido a relação $NADH/NAD^+$ alta, mas os ácidos graxos continuam a ser oxidados para elevar a produção de corpos cetônicos.

17.2 **E.** Nenhuma das quatro alternativas afeta a função cerebral. Os neurônios e a glia necessitam de glicose como única fonte para a produção de energia. Com glicemia baixa devido a diminuição da gliconeogênese, os neurônios e a glia não têm a energia que precisam para exercerem suas funções.

17.3 **A.** O aumento de corpos cetônicos detectado por tiras reativas para corpos cetônicos é mais provável pela conversão da β-hidroxibutirato em acetoacetato do que a normalização da relação NADH/NAD$^+$. O tratamento com administração endovenosa de soro glicosado irá resolver a glicemia baixa, que irá diminuir a necessidade da β-oxidação de ácidos graxos e a produção de acetil-CoA, de corpos cetônicos e de NADH. A medida que a relação NADH/NAD$^+$ diminui, o equilíbrio entre acetoacetato e β-hidroxibutirato muda na direção do acetoacetato.

17.4 **B.** A conversão de etanol em acetaldeído pela álcool-desidrogenase, de acetaldeído em ácido acético e de β-hidroxibutirato em acetoacetato têm NADH + H$^+$ como produtos. O aumento da relação NADH/NAD$^+$ inibe as reações que necessitam de NAD$^+$ como aceptor de elétrons. Várias reações da gliconeogênese necessitam de NAD$^+$, portanto, essas reações serão inibidas por baixa concentração de NAD$^+$. O MEOS não produz NADH, pelo contrário, ele necessita de NADH como fonte de equivalentes redutores. Desse modo, a oxidação do etanol a acetaldeído pelo MEOS não iria inibir a gliconeogênese.

DICAS DE BIOQUÍMICA

▶ Má nutrição e diminuição no consumo de carboidratos levam ao aumento na secreção de glucagon e diminuição na secreção de insulina.
▶ O aumento da relação [NADH]/[NAD$^+$] no metabolismo do álcool prejudica a gliconeogênese por inibir a conversão de lactato em piruvato e de glicerol em DHAP.
▶ Comparado com a cetose diabética, na cetose alcóolica os níveis de glicose são baixos.

REFERÊNCIAS

Umpierrez GE, DiGirolamo M, Tuvlin JA, et al. Differences in metabolic and hormonal milieu in diabetic- anháalcohol-induced ketoacidosis. *J Crit Care.* 2000;15(2):52-59.

Ngatchu T, Sangwaiya A, Dabiri A, et al. Alcoholic ketoacidosis with multiple complications: a case report. *Emerg Med J.* 2007;24(11):776-777.

CASO 18

Homem de 27 anos foi admitido na emergência de um hospital com sinais e sintomas de apendicite aguda. Foi imediatamente enviado para a sala de cirurgia para uma apendicectomia e recebeu halotano como anestésico por inalação. Dois minutos após a administração do anestésico, o paciente apresentou temperatura extremamente elevada, rigidez muscular e taquipneia. Gasometria arterial revelou estado de acidose metabólica e a dosagem de eletrólitos no soro mostrou hiperpotassemia. Uma enfermeira imediatamente entrou em contato com os familiares sobre os eventos e recebeu a informação de que apenas uma outra pessoa da família havia feito uma cirurgia e teve uma reação semelhante que a levou a morte. O médico fez diagnóstico de hipertermia maligna (MH, do inglês, *malignant hyperthermia*).

▶ Qual é a base bioquímica desta doença?
▶ Qual o melhor tratamento para este quadro?

RESPOSTAS PARA O CASO 18
Hipertermia maligna

Resumo: homem de 27 anos com apendicite aguda submetido ao anestésico halotano por inalação apresentou quadro de hipertermia, taquipneia, acidose respiratória e hiperpotassemia condizente com a história familiar de eventos semelhantes. A hipótese diagnóstica é hipertermia maligna.

- **Mecanismo bioquímico:** Desacoplamento da fosforilação oxidativa.
- **Tratamento:** Tratamento de suporte com tentativas de baixar a temperatura, correção das anormalidades nos gases e eletrólitos sanguíneos e administração de dantroleno.

ABORDAGEM CLÍNICA

A hipertermia aguda é uma resposta indesejável de indivíduos suscetíveis a anestesia pré-operatória usando halotano e succinilcolina, outros anestésicos por inalação como enflurano e isoflurano são reconhecidos por serem indutores leves dessa complicação da anestesia. A frequência dessa ocorrência é de 1 caso em 15.000 crianças e 1 caso em 100.000 adultos. A herança é dominante em 50% dos casos e recessiva em 20%, sugerindo que as bases para essa resposta são ainda mais complexas. Os achados clínicos incluem rigidez muscular, hipertermia, convulsão, arritmia cardíaca e algumas vezes morte. A chave é a prevenção, cada paciente deve ser perguntado sobre história pessoal ou familiar de complicações durante cirurgias. Uma vez que um paciente apresente MH, os profissionais de saúde devem alertar outros membros da família sobre a mesma possibilidade. O relaxante muscular dantroleno é o tratamento de escolha. Mesmo com o pronto reconhecimento e tratamento, a taxa de mortalidade pode ser alta (5%).

ABORDAGEM À
Fosforilação oxidativa (desacoplamento)

OBJETIVOS

1. Entender como o desacoplamento da fosforilação oxidativa causa MH.
2. Entender os mecanismos bioquímicos da produção de calor.
3. Ganhar familiaridade com o mecanismo da reversão dos efeitos por dantroleno.

DEFINIÇÕES

HIPERTERMIA MALIGNA (MH): resposta incomum à inalação de certos anestésicos como o halotano no qual há uma considerável elevação da temperatura corporal assim como taquipneia, rigidez muscular e hiperpotassemia.

SINALIZAÇÃO POR CÁLCIO: muitas enzimas do metabolismo e das vias de sinalização respondem a concentrações de Ca^{2+}. O cálcio é mantido nos tecidos (por exemplo, nas cisternas do retículo endoplasmático do músculo) e liberado por sinais que levam ao aumento da concentração de Ca^{2+} no compartimento citosólico e a respostas induzidas por Ca^{2+}. O aumento da concentração de cálcio estimula a atividade da fosforilase-cinase muscular e ativa a piruvato-desidrogenase-fosfatase para aumentar o fluxo metabólico de glicose para CO_2 e H_2O.
CANAL DE CÁLCIO: um sistema de transporte que permite passagem de íons cálcio carregados através da membrana.

DISCUSSÃO

Hipertermia é uma **complicação rara da anestesia** ainda não totalmente compreendida. A maioria das evidências apontam para **produto gênico defeituoso do receptor rianodina (cromossomo 19q13.1)**. Esse receptor é o **canal de liberação de Ca^{2+} do retículo sarcoplasmático muscular**. A estimulação desse canal leva a **liberação excessiva de Ca^{2+}** da cisterna do retículo sarcoplasmático e o Ca^{2+} induz a contração muscular, o aumento da temperatura corporal, taquicardia e a acidose metabólica subsequente.

O esquema mostrado na Figura 18.1 resume os efeitos da liberação de Ca^{2+} nos processos que levam à complexidade de sintomas que se manifestam na hipertermia maligna. **Aumento na liberação de Ca^{2+} dispara ligação de miosina carregada com** adenosina trifosfato **(ATP) com actina para iniciar a contração muscular.** Essa contração muscular pode se repetir ao ponto de levar à **rigidez muscular com dano ao músculo e liberação de mioglobina.** A concentração muscular sustenta-

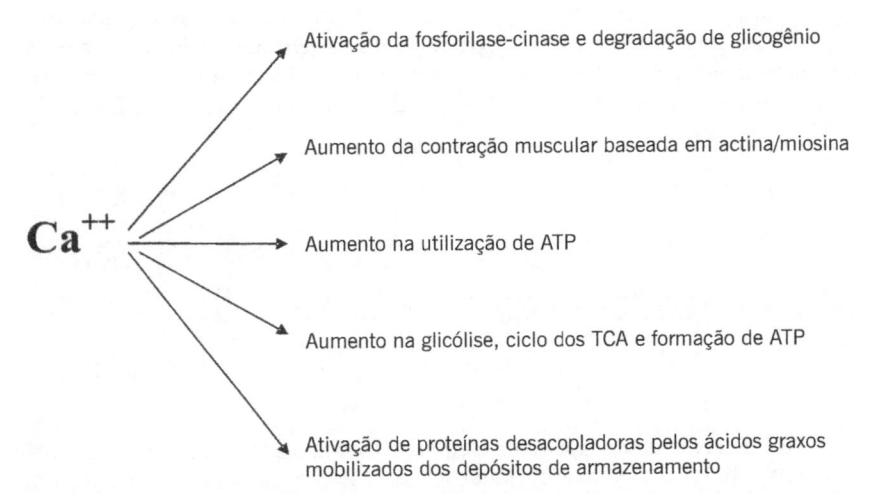

Ca^{++} →
- Ativação da fosforilase-cinase e degradação de glicogênio
- Aumento da contração muscular baseada em actina/miosina
- Aumento na utilização de ATP
- Aumento na glicólise, ciclo dos TCA e formação de ATP
- Ativação de proteínas desacopladoras pelos ácidos graxos mobilizados dos depósitos de armazenamento

Figura 18.1 Efeitos diretos e indiretos da liberação de Ca^{2+} na resposta aberrante aos anestésicos halotano e succinilcolina.

da utiliza quantidades crescentes de **ATP**, aumentando a demanda na **glicólise, no ciclo dos ácidos tricarboxílicos (TCA) e na fosforilação oxidativa**. A liberação de Ca^{2+} leva à ativação, ao menos parcial, da **fosforilase-cinase**, que acelera a mobilização dos depósitos de glicogênio para produção de ATP. O conjunto dessas modificações leva a um aumento na ativação da degradação do glicogênio e na lipólise. Ácidos graxos servem de sinal para o aumento dos níveis de **proteínas desacopladoras** em vários tecidos. **As proteínas desacopladoras formam canais nas mitocôndrias, permitindo a reentrada de prótons na matriz mitocondrial.** Uma vez que a fosforilação da adenosina difosfato (ADP) em ATP depende do gradiente de prótons para a ATP-sintase, esses canais **destroem o gradiente de prótons permitindo que o transporte de elétrons ocorra sem a fosforilação de ADP** (Figura 18.2). Uma vez que o ATP é consumido em uma taxa elevada, a produção mitocondrial de ATP fica comprometida, e a glicólise aumenta para compensar a deficiência na produção de ATP. **As concentrações de piruvato e lactato, os produtos finais da glicólise, aumentam e dão origem à acidose metabólica** observada.

As **proteínas de desacoplamento (UPC, do inglês, *uncoupling proteins*; numeradas de 1 a 5) são um mecanismo fisiológico para a manutenção da temperatura corporal** por meio **do desacoplamento seletivo do transporte de elétrons da síntese de ATP**. A **energia livre liberada** normalmente captada na formação da ligação fosfato de alta energia quando o ADP é fosforilado à ATP é perdida como **calor** e altera a temperatura corporal. Fisiologicamente, a ativação do sistema simpático e de hormônios catecolaminas rapidamente levam a síntese de mais proteínas desacopladoras em resposta à sensibilidade do hipotálamo à diminuição da temperatura corporal. No caso da hipertermia maligna, esse mecanismo é disparado pelo anestésico ao modificar o canal de liberação de cálcio, o que leva as subsequentes mudanças metabólicas e no desarranjo na sinalização já descrito.

O tratamento da MH depende da interrupção da anestesia, de medidas mecânicas para baixar a temperatura e da correção dos níveis sanguíneos de eletrólitos e gases para níveis normais. Além disso, dantroleno é administrado inicialmente de forma endovenosa, ou também pode ser dado via oral (Figura 18.3). **Dantroleno**

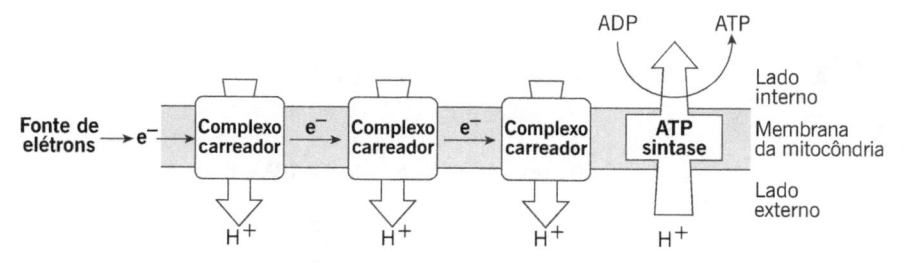

Figura 18.2 Sistema de transporte de elétrons mostrando a formação de um gradiente de prótons fora da membrana da mitocôndria devido a passagem de elétrons pela cadeia.

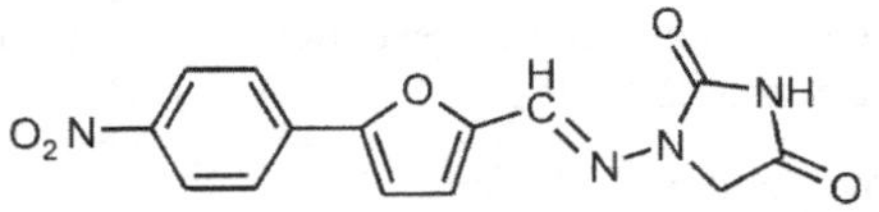

Figura 18.3 Estrutura do dantroleno (1-{[5-(4-nitrofenil)-2-furil]metilidenoamino}imidazolidina-2,4-diona).

leva à redução da contração muscular no músculo esquelético por diminuir a quantidade de Ca^{2+} liberada do retículo sarcoplasmático. Um efeito adverso grave do dantroleno é sua potencial hepatoxicidade.

A hepatoxicidade é fatal entre 0,1 e 0,2% em pacientes tratados por 60 dias ou mais. Por isso, o uso de dantroleno por períodos maiores do que 45 dias precisa ser monitorado com marcadores hepáticos.

QUESTÕES DE COMPREENSÃO

18.1 Um jovem e, até então, saudável estudante sendo preparado para um procedimento cirúrgico simples apresentou temperatura elevada e aumento na taxa respiratória com rigidez muscular logo após o início da administração de halotano e succinilcolina. Achados laboratoriais mostraram níveis elevados de cálcio, íon hidrogênio, piruvato e lactato. O diagnóstico foi MH. A rigidez muscular observada nesse paciente é a consequência mais provável de quais das seguintes hipóteses?

A. Medo da cirurgia
B. Aumento dos níveis de íon hidrogênio, tornando os músculos imóveis
C. Aumento dos níveis de Ca^{2+} no tecido muscular, disparando a contração muscular
D. Aumento no piruvato e lactato, levando à precipitação de proteínas musculares
E. Aumento da temperatura corporal

18.2 Uma elevação rápida da temperatura corporal foi observada no paciente da questão 18.1. Entre as seguintes possibilidades, qual é causa subjacente desse episódio pirético?

A. Ajuste da temperatura corporal pelo hipotálamo em resposta à baixa temperatura da sala de cirurgia
B. Produção de calor pelos músculos devido a uma exacerbação das contrações
C. Proteínas desacopladoras levando à dissipação do gradiente de íons hidrogênio na mitocôndria com liberação de energia na forma de calor
D. Metabolismo dos ácidos graxos mobilizados dos depósitos lipídicos liberando calor
E. Consumo elevado de ATP para manter a contração muscular liberando calor

18.3 Qual das seguintes afirmações descreve melhor o mecanismo de ação do dantroleno no tratamento da MH?
   A. Diminuição da liberação de Ca^{2+}
   B. Redução da temperatura corporal por regulação da temperatura pelo hipotálamo
   C. Efeito na produção mitocondrial de ATP
   D. Atenuação da transcrição no núcleo
   E. Reacoplamento dos canais de sódio e de ATP

RESPOSTAS

18.1 **C.** A liberação de Ca^{2+} ativa a reação actina-miosina, levando à contração muscular. Nem medo de cirurgia e nem os níveis de íons hidrogênio levam a uma contração muscular. Aumento nos níveis de piruvato/lactato ou de temperatura tendem a contrabalançar a contração.

18.2 **C.** A MH não envolve o controle cerebral central da temperatura, ao contrário, ela é causada por alterações metabólicas. Independentemente da fonte de energia, se tanto ácidos graxos como ATP forem utilizados para manter a contração muscular, a cadeia transportadora de elétrons estará envolvida. O desacoplamento da oxidação a partir da fosforilação do ADP é causado por proteínas desacopladoras que dissipam energia na forma de calor. Isso causa o aumento na temperatura corporal observado nesse paciente.

18.3 **A.** Dantraleno leva à redução na contração do musculo esquelético por diminuir a quantidade de Ca^{2+} liberada do retículo sarcoplasmático. Também é preciso usar cuidados de suporte para diminuir a temperatura corporal e corrigir a acidose metabólica e o balanço eletrolítico.

DICAS DE BIOQUÍMICA

▶ MH é mais provável, uma vez que os agentes anestésicos estimulam a liberação de um canal de cálcio, levando a liberação excessiva de Ca^{2+} das cisternas do retículo sarcoplasmático, por sua vez causando alternadamente contração muscular, aumento da temperatura corporal, taquicardia e acidose metabólica subsequente.
▶ Embora as UCP 1 a 5 sejam um mecanismo fisiológico para manutenção da temperatura corporal por meio do desacoplamento seletivo de transporte de elétrons a partir da síntese de ATP, a MH é um exagero patológico desse processo.
▶ O tratamento da MH inclui interrupção da anestesia, resfriamento do paciente e administração de dantroleno, o qual reduz a contração muscular pela diminuição da quantidade de Ca^{2+} liberada do retículo sarcoplasmático.

REFERÊNCIAS

Brunton L, Chabner B, Bjorn Knollman, eds. *Goodman and Gilman's The Pharmacological Basis of Therapeutics*. 12th ed. New York: McGraw-Hill; 2010.

CASO 19

Mulher obesa de 40 anos foi atendida no setor de emergência de um hospital, apresentando queixa de náusea, vômito e dor abdominal cada vez piores. Indica dor localizada na área do epigástrico e no quadrante superior do abdome, e relata estar com febre subjetiva e não ter diarreia. A dor é aguda e persistente, mas, anteriormente, era intermitente e com cólicas apenas após a ingestão de comida gordurosa. O exame clínico mostrou temperatura de 37,8°C e os demais sinais vitais normais. Apresenta sensibilidade epigástrica e no quadrante superior do abdome e bloqueio abdominal, mas sem repercussão. Além disso, o abdome era flácido sem distensão e aparentando movimentos intestinais. Os testes de laboratório mostraram valores normais, com exceção do aumento nos testes de função hepática, contagem de leucócitos e amilase sérica. A ultrassonografia da vesícula biliar mostrou a presença de cálculos biliares e espessamento da parede da vesícula. Foi providenciada cirurgia imediatamente.

▶ Qual o diagnóstico mais provável?
▶ Qual o papel da amilase na digestão?

RESPOSTAS PARA O CASO 19
Pancreatite

Resumo: mulher de 40 anos com história de dor intermitente no quadrante superior direito do abdome, piorando depois de refeições gordurosas e apresentando dor constante na região epigástrica, náusea e vômitos com níveis elevados de amilase nos testes de função hepática.

- **Diagnóstico:** Pancreatite por cálculo biliar.
- **Papel da amilase:** Enzima do metabolismo dos carboidratos que digere glicogênio e amido.

ABORDAGEM CLÍNICA

A **pancreatite aguda** é um processo inflamatório no qual as enzimas do pâncreas são ativadas e causam autodigestão da glândula. Nos Estados Unidos, o **consumo de álcool é a causa mais comum** e, geralmente, os episódios são precipitados após bebedeiras. A segunda causa mais comum é doença do trato biliar (passagem de cálculos no ducto biliar comum). A hipertrigliceridemia também é uma causa bastante comum, ocorrendo quando os níveis dos triglicerídeos séricos são maiores que 1.000 mg/dL, como se observa em pacientes com dislipidemia familiar ou diabete. Quando os pacientes parecem ter pancreatite "idiopática", isto é, quando não aparecem cálculos na ultrassonografia e nenhum outro fator predisponente é identificado, a causa mais provável é doença do trato biliar: colitiase (microlitiase) ou disfunção do esfíncter de Oddi. A **dor abdominal é o sintoma cardinal da pancreatite.** Geralmente a dor é intensa, na **parte superior do abdome** e **irradia para as costas**; é aliviada ficando em pé ou se curvando para a frente; e aumenta após as refeições. Habitualmente os pacientes também têm **náusea** e **vômito** que, também, são precipitados pela ingestão de alimento via oral. O tratamento inclui não ingerir alimentação oral, hidratação por via intravenosa (IV), controle da dor e monitoramento das complicações.

ABORDAGEM À
Amilase e metabolismo dos carboidratos

OBJETIVOS

1. Conhecer o papel da amilase no metabolismo dos carboidratos.
2. Entender as causas do aumento da amilase na pancreatite.
3. Compreender porque o tratamento de suporte (administração de líquidos por via IV, não ingerir alimentação oral [NPO, do inglês, *nothing by mouth*], medicação para a dor e possivelmente passar um tubo nasogástrico) é eficaz nessa condição.

DEFINIÇÕES

α-AMILASE: Uma endossacaridase que catalisa a hidrólise da ligação glicosídica $\alpha(1\rightarrow4)$ presentes no glicogênio e no amido. Essa enzima está presente tanto na saliva como no suco digestivo pancreático (a Figura 25-1b do Caso 25 apresenta um diagrama que mostra as ligações glicosídicas $\alpha(1\rightarrow4)$ no amido).
ENDOSSACARIDASE: Enzima que hidrolisa, de forma aleatória, as ligações glicosídicas dos polissacarídeos.
LIPASE: Enzima que hidrolisa a ligação éster entre ácido graxo e glicerol nos triglicerídeos.
PÂNCREAS: Órgão endócrino e exócrino importante localizado atrás do estômago. Ele secreta o suco pancreático no duodeno que neutraliza o conteúdo que vem do estômago e fornece enzimas digestivas. Ele também secreta os hormônios insulina, glucagon e somatostatina na corrente sanguínea a partir de células das ilhotas de Langerhans.
ZIMOGÊNIO: Pró-enzima, precursor inativo de uma enzima armazenada em grânulos secretórios. Após a secreção, o zimogênio é ativado pela clivagem de determinadas ligações peptídicas, tanto por pH baixo como por outras enzimas.

DISCUSSÃO

O **pâncreas** é o **principal órgão exócrino** que **sintetiza e secreta enzimas digestivas.** Ele também produz e secreta $NaHCO_3$ para neutralizar o conteúdo ácido que vai do estomago para o intestino; e têm um importante papel endócrino, porque sintetiza os hormônios **insulina, glucagon** e **somatotastina** nas ilhotas de Langerhans e os secreta para a corrente sanguínea.

O pâncreas exócrino é dividido em pequenos glóbulos que drenam para um ducto intralobular. Os ductos intralobulares, por sua vez, desembocam no ducto interlobular, que se junta ao ducto pancreático principal. O ducto pancreático principal junta-se ao ducto biliar (geralmente) na ampola hepatopancreática, que termina no duodeno. A unidade secretória do pâncreas consiste nos ductos ácino e intercalado. As células epiteliais dos ductos pancreáticos têm alta concentração da enzima anidrase carbônica, que gera HCO_3^- a partir de CO_2 e H_2O para neutralizarem o ácido do estômago que entra no duodeno. Os ácinos são formados por um conjunto de células acinares, que se agrupam ao redor dos ductos pancreáticos e são células epiteliais especializadas, que sintetizam e secretam 20 ou mais enzimas utilizadas na digestão de macromoléculas no lúmen do intestino. A maior parte das enzimas digestivas, principalmente aquelas que digerem proteínas, são sintetizadas como zimogênios ou pró-enzimas que precisam ser ativados. Essas pró-enzimas são sintetizadas nos ribossomos ligados ao retículo endoplasmático rugoso. Elas são transportadas para o aparelho de Golgi e isoladas em grânulos de zimogênios até serem secretadas. Seu armazenamento, na forma inativa em grânulos de zimogênios, protege a célula acinar da autodigestão. A secreção desses zimogênios é regulada por receptores de colecistocinina e por receptores muscarínicos da acetilcolina. As pró-enzimas são ativadas no intestino, em geral por ação da tripsina. Existem algumas enzimas que são sintetizadas e armazenadas nos grânulos de zimogênios como enzimas ativas, entre elas estão **α-amilase, lipase de ésteres carboxílicos, lipase, colipase,** RNAse e DNAse.

A **pancreatite aguda** é consequência de mudanças anatômicas proveniente de dois eventos. O primeiro é a autodigestão das células acinares pela ativação inadequada de enzimas pancreáticas (especialmente do tripsinogênio) no interior da célula. O segundo é a resposta ao dano intracelular mediada por citocinas pró-inflamatórias. Os mecanismos pelos quais as enzimas digestivas são ativadas no interior das células acinares ainda não são bem conhecidos. Entretanto, essa ativação inadequada das enzimas pancreáticas leva a destruição das células acinares e dos depósitos de gordura que as rodeiam, ao enfraquecimento das fibras elásticas dos vasos sanguíneos e seu consequente rompimento.

A **obstrução do ducto pancreático principal,** em razão dos **cálculos biliares** localizados no interior ou nas proximidades da ampola hepatopancreática, pode levar a uma pancreatite aguda. Teoriza-se que essa obstrução aumenta a pressão interna do ducto pancreático principal, esse aumento na pressão causa edema intersticial que prejudica o fluxo sanguíneo para os ácinos. A falta de fluxo sanguíneo leva a danos das células acinares por isquemia, resultando na liberação de enzimas digestivas no espaço intersticial. Ainda não é bem conhecido como isso leva à ativação prematura das pró-enzimas armazenadas nas células acinares.

A **α-amilase e a lipase são duas enzimas digestivas** sintetizadas e armazenadas nas células acinares como enzimas ativas. A amilase é uma endossacaridase que catalisa a hidrólise de ligações glicosídicas α(1→4), as quais formam a espinha dorsal dos polissacarídeos amido e glicogênio. Embora também presente na saliva e no suco pancreático, é a forma pancreática da enzima que quebra a maior parte dos polissacarídeos da dieta. A α-amilase hidrolisa o amido e o glicogênio da dieta em glicose, maltose, maltotriose e um oligossacarídeo denominado α-dextrina limite.

A **lipase pancreática é a principal enzima da degradação dos triglicerídeos.** Ela age sobre os triglicerídeos hidrolisando as ligações éster de acilas graxas; é específica para as ligações éster das posições 1' e 3', produzindo ácidos graxos livres e β-monoacilgliceróis; e é fortemente inibida por ácidos biliares, necessitando, assim, da presença da colipase, uma proteína pequena que se liga a lipase, ativando-a.

Uma vez que a α-amilase e a lipase são armazenadas no pâncreas como enzimas ativas, são marcadores sanguíneos importantes que ajudam no diagnóstico da pancreatite aguda. O nível sérico de α-amilase aumenta nas primeiras 12 horas após o início de uma pancreatite aguda, nas 48 a 72 horas seguintes, os níveis geralmente retornam aos valores normais. Os níveis séricos da lipase também aumentam, mas mantém-se elevados mesmo depois que os níveis de α-amilase retornam ao normal e podem levar de 7 a 10 dias para se normalizar.

A **maioria dos casos de pancreatite aguda** (85-90%) causados por **cálculos biliares** se curam espontaneamente, de modo que as modalidades de tratamento de suporte são as indicadas. Esses tratamentos incluem o controle da dor com analgésicos, a administração de soluções intravenosas para manter o volume intravascular, o balanço eletrolítico e também a remoção de alimentação via oral, para diminuir a secreção do suco pancreático. Sucção por sonda nasogástrica também é usada para diminuir a liberação de gastrina no estômago e para eliminar o conteúdo gástrico que passaria para o duodeno. Contudo, ensaios clínicos controlados não demonstraram que a sucção nasogástrica seria eficiente no tratamento dos casos de pancreatites agudas leves e moderadas.

QUESTÕES DE COMPREENSÃO

19.1 Muitos maratonistas tentam aumentar sua concentração de glicogênio antes das corridas por meio da ingestão de alimentos ricos em amido, como macarrão. A α-amilase secretada pelo pâncreas digere o amido em quais dos principais produtos abaixo?

A. Amilose, amilopectina e maltose
B. Glicose, galactose e frutose
C. Glicose, sacarose e maltotriose
D. Dextrinas limite, maltose e maltotriose
E. Dextrinas limite, lactose e sacarose

19.2 Bebê de 3 meses apresenta hepatoesplenomegalia e deficiência de crescimento. Uma biópsia do fígado mostrou estrutura do glicogênio anormal, estrutura semelhante a estrutura da amilopectina com cadeias externas longas. Quais das seguintes enzimas provavelmente estaria deficiente?

A. α-amilase
B. Enzima ramificadora
C. Enzima desramificadora
D. Glicogênio-fosforilase
E. Glicogênio-sintase

19.3 Menina de 3 anos e ascendência caucasiana apresenta diarreia crônica com fezes oleosas e deficiência no crescimento. A anamnese revelou que ela teve aleitamento materno e não apresentou problemas até ser desmamada. Qual das seguintes enzimas poderia estar deficiente após estimulação com secretina?

A. Colesteril-esterase
B. Lipase gástrica
C. Lipase sensível a hormônio
D. Lipase lipoproteica
E. Lipase pancreática

Relacione as opções abaixo com as enzimas das questões de 19.4 a 19.6.

A. Sacarose e lactose
B. Glicose e frutose
C. Glicose e galactose
D. Glicose

19.4 Lactase
19.5 Sacarase
19.6 Maltase

RESPOSTAS

19.1 **D.** A α-amilase hidrolisa ligações glicosídicas α(1→4) presentes no amido (amilose e amilopectina) de maneira aleatória, liberando primariamente o dissacarídeo maltose, o trissacarídeo maltotriose e um oligossacarídeo conhecido como α-dextrina limite, o qual é formado por 6 a 8 resíduos de glicose com uma ou mais ligações glicosídicas α(1→6). Galactose e frutose não estão presentes no amido.

19.2 **B.** A amilopectina é um amido vegetal que tem alguns pontos de ramificação α(1→6), mas não tantos como no glicogênio normal. O glicogênio, que tem estrutura parecida com a da amilopectina, tem menos pontos de ramificação do que o glicogênio normal e é menos solúvel no interior da célula. Uma deficiência na enzima ramificadora introduzirá menos pontos de ramificação α(1→6).

19.3 **E.** A lipase sensível a hormônio ou lipase lipoproteica não são enzimas digestivas. Os sintomas do paciente são consistentes com uma incapacidade de absorver triglicerídeos, o que eliminaria a possibilidade de deficiência na colesteril-esterase. Uma vez que o paciente não apresentava problemas durante a amamentação materna, é mais provável que a deficiência seja na lipase pancreática, pois a lipase gástrica é mais ativa sobre triglicerídeos com cadeias curtas, como aqueles encontrados no leite materno.

19.4 **C.** A lactase degrada a lactose em glicose e galactose.

19.5 **B.** A sacarase degrada a sacarose em glicose e frutose.

19.6 **D.** A maltase e a isomaltase convertem maltose e isomaltose em glicose.

DICAS DE BIOQUÍMICA

▶ O pâncreas é um grande órgão exócrino que tem papel na digestão dos alimentos, assim como é um órgão endócrino que secreta insulina, somatostatina e glucagon.
▶ A pancreatite aguda decorre da autodigestão das células acinares pela inativação inapropriada de enzimas pancreáticas (especialmente tripsinogênio) dentro da própria célula, levando a dano celular mediado por citocinas pró-inflamatórias.
▶ Os três principais produtos da degradação da amilase são maltose, maltotriose e α-dextrinas. Enzimas presentes na borda em escova dos intestinos continuam a digestão dos carboidratos.

REFERÊNCIAS

Hopfer U. Digestion and absorption of basic nutritional constituents. In: Devlin TM, ed. *Textbook of Biochemistry with Clinical Correlations.* 7th ed. New York: Wiley-Liss; 2010.

Greenberger NJ, Toskes PP. Acute and chronic pancreatitis. In: Fauci AS, Braunwald E, Kasper KL, et al, eds. *Harrison's Principles of Internal Medicine*. 14th ed. New York: McGraw-Hill; 1998.

Kumar V, Cotran RS, Robbins SL. *Robbins Basic Pathology*. 7th ed. Philadelphia, PA: W.B. Saunders; 2003.

Marino CS, Gorelick FS. Pancreatic and salivary glands. In: Boron WF, Boulpaep EL, eds. *Medical Physiology: A Cellular and Molecular Approach*. 2th ed. Philadelphia, PA: W.B. Saunders; 2011.

CASO 20

Jovem primípara de 21 anos em sua 35ª semana de gravidez foi atendida em hospital com queixas de náusea, vômito e mal-estar ao longo dos últimos dias. A paciente também relatou que os olhos estavam ficando amarelados, mas exceto isso, seu histórico pré-natal era perfeito. O exame revelou que ela estava com pressão alta, proteinúria, testes de função hepática com valores aumentados, tempo de coagulação aumentado, hiperbilirrubinemia, hipofibrinogenemia e hipoglicemia. A ultrassonografia da região pélvica mostrou uma gravidez intrauterina viável com aproximadamente 35 semanas de gestação. Após a baixa hospitalar, a paciente foi submetida a uma cesariana e, subsequentemente, a hipoglicemia e a coagulopatia pioraram e ela entrou em coma com falência renal. Após revisão de todos os exames laboratoriais e do quadro clínico foi feito diagnóstico de esteatose hepática aguda da gravidez (AFLP, do inglês, *acute fatty liver of pregnancy*).

▶ Qual é a disfunção bioquímica associada com o quadro?
▶ Qual é a etiologia da hipoglicemia?

RESPOSTAS PARA O CASO 20
Esteatose hepática aguda da gravidez

Resumo: mulher de 21 anos na 35ª semana de gestação apresentou mal-estar, náusea e vômito, icterícia, pressão alta, testes de função hepática com valores aumentados, coagulopatia, hipoglicemia e subsequente coma hepático e falência renal. O diagnóstico foi AFLP.

- **Defeito bioquímico associado:** Deficiência fetal da desidrogenase da 3-hidroxiacilcoenzima A de cadeia longa (LCHAD, do inglês, *long chain 3-hidroxiacilcoenzima A dehydrogenase*).
- **Causa da hipoglicemia:** Diminuição do glicogênio hepático devido a infiltração de ácidos graxos no fígado e consequente falência renal. O exame histológico revela hepatócitos inchados com o citoplasma repleto de gordura microvesicular.

ABORDAGEM CLÍNICA

A esteatose hepática aguda da gravidez (AFLP) é uma doença com pouco conhecimento que afeta apenas mulheres grávidas com manifestações clínicas de hipoglicemia, falência hepática, acidose metabólica, falência renal e coagulopatia. As pacientes afetadas podem apresentar icterícia e encefalopatia por falência renal, que geralmente se reflete por níveis elevados de amônia. Hipoglicemia intensa é comum. A taxa de mortalidade é de cerca de 10 a 15%. O tratamento é o parto com medidas de suporte, como sulfato de magnésio para prevenir o mal-estar, reposição de sangue ou dos fatores de coagulação e manutenção da pressão sanguínea. A fisiopatologia pode estar relacionada com deficiência fetal de LCHAD.

ABORDAGEM AO
Metabolismo do glicogênio e de carboidratos

OBJETIVOS

1. Conhecer o armazenamento, a síntese e a degradação do glicogênio.
2. Ganhar familiaridade com a regulação da síntese e da degradação do glicogênio.
3. Entender o papel do glicogênio hepático no metabolismo dos carboidratos.

DEFINIÇÕES

TRANSPORTADOR DE GLICOSE ISOFORMA 2 (GLUT2): transportador de glicose por difusão facilitada presente nas células hepáticas, nas células β do pâncreas e na superfície basolateral das células do epitélio intestinal.

ADENILATO-CICLASE: enzima que, quando ativada pela ligação de certos hormônios aos respectivos receptores, catalisa a ciclização da adenosina trifosfato (ATP) para adenosina monofosfato cíclico (cAMP), com a liberação de pirofosfato.

ENZIMA RAMIFICADORA: enzima ramificadora 1,4-α-glicano; uma enzima que remove um oligossacarídeo de aproximadamente sete resíduos glicosil da extremidade não redutora da cadeia de glicogênio e o transfere para outra cadeia, criando uma ligação glicosídica α(1→6).
ENZIMA DESRAMIFICADORA: uma enzima bifuncional que catalisa duas reações na degradação do glicogênio. Ela transfere um trissacarídeo de uma extremidade não redutora de uma cadeia de resíduos 4-glicosila para a sua extremidade não redutora ou para a extremidade de uma molécula adjacente de glicogênio (atividade oligo-1,4-1,4-glicanotransferase). Ela também hidrolisa a ligação α(1→6) do resíduo glicosila da cadeia, liberando assim glicose livre (atividade amilo-1,6-glicosidase).
GLICOGÊNIO: forma de armazenamento de glicose nos tecidos. É um polissacarídeo grande composto por resíduos de glicose primariamente em ligação glicosídica α(1→4) com alguns pontos de ramificação α(1→6).
GLICOGÊNESE: síntese de glicogênio a partir de glicose-1-fosfato.
GLICOGENÓLISE: degradação do glicogênio em glicose-1-fosfato (e pequenas quantidades de glicose livre).
GLICOGÊNIO-FOSFORILASE: enzima que causa a liberação de glicose-1-fosfato do glicogênio. Ela faz isso catalisando a fosforólise dos resíduos glicosila do glicogênio, isto é, quebra a ligação glicosídica α(1→4) pela adição de fosfato inorgânico, liberando glicose-1-fosfato.
GLICOGÊNIO-SINTASE: enzima que catalisa a adição de resíduos glicosila a uma molécula de glicogênio em crescimento usando uridina difosfato (UDP)-glicose e liberando pirofosfato inorgânico.

DISCUSSÃO

A AFLP é uma doença rara (incidência de 1 em 7.000 a 16.000 partos), mas potencialmente fatal que, em geral, se desenvolve no terceiro trimestre da gestação. As pacientes geralmente apresentam sintomas clínicos e achados laboratoriais indicando falência aguda do fígado com diminuição da atividade metabólica hepática. Os achados clínicos mais comuns são **hipoglicemia**, náusea, vômito, icterícia, mal-estar geral, pressão alta, coagulação intravascular disseminada, hemorragia, infecção e encefalopatia. A etiologia da síndrome não é clara, embora relatos recentes associam a doença com **erro inato do metabolismo dos ácidos graxos do feto**. Parece que, para a maioria dos casos em que não ocorre o erro inato no feto, a causa da doença é desconhecia.

Uma das **funções primárias do fígado** é a **manutenção dos níveis sanguíneos de glicose**. Quando os níveis de glicose no sangue estão elevados logo após uma refeição, o fígado capta glicose por meio do transportador de glicose insensível à insulina de alta capacidade GLUT2 e a converte em glicogênio para armazenamento, metaboliza a glicose em piruvato pela glicólise ou utiliza a glicose para produzir NADPH e pentoses para os processos biossintéticos pela via das pentoses fosfato. Quando os níveis de glicose no sangue caem, devido ao jejum ou exercício intenso, o fígado metaboliza o seu depósito de glicogênio em resposta ao glucagon e a adrenalina, e exporta glicose para o sangue. A medida que os níveis de glicogênio são esgotados completamente, o fígado inicia a síntese de glicose via gliconeogênese. Além de uma fonte de carbonos para sintetizar glicose, que são obtidos tanto do lactato como da degradação de aminoácidos, o fígado também necessita de uma fonte de energia para formar ATP. A β-oxidação dos ácidos graxos fornece os equivalentes redutores (NADH e $FADH_2$), pelo qual o ATP é sintetizado por meio do sistema de transporte de elétrons e da fosforilação oxidativa.

A **forma de armazenamento da glicose é o glicogênio**, que é **armazenado tanto no músculo como no fígado**. Entretanto, a função do glicogênio armazenado é diferente nesses dois tecidos. Enquanto o músculo usa o glicogênio como combustível para fornecer ATP para suas próprias necessidades, o fígado usa o glicogênio armazenado como uma reserva de glicose para manter seus níveis no sangue. Quando a concentração de glicose no sangue cai, ocorre a liberação de **glucagon e adrenalina** para a corrente sanguínea, os quais se ligam aos respectivos receptores nos hepatócitos. A ligação desses hormônios aos receptores ativa a **adenilato-ciclase** produzindo **3',5'-cAMP**. Quando o cAMP se liga à proteína cinase dependente de cAMP (PKA) ela é ativada e pode fosforilar suas proteínas-alvo. Isso leva à **ativação da glicogênio-fosforilase**, a enzima primariamente responsável por mobilizar glicose do glicogênio. **A fosforilase, que é estabilizada por piridoxal fosfato (vitamina B6), catalisa a fosforólise do glicogênio**; ela **cliva a ligação glicosídica 1,4** de um resíduo de glicose terminal de uma **extremidade não redutora da molécula de glicogênio**, usando fosfato inorgânico (Figura 20.1). Os produtos são glicose-1--fosfato e uma molécula de glicogênio diminuída em um resíduo de glicose.

A mobilização dos depósitos de glicogênio também necessita da participação da **enzima desramificadora**, porque a fosforilase para sua ação de clivar as ligações glicosídicas α-1,4 dos resíduos 4-glicosil no local da ramificação α-1,6. A enzima desramificadora tem duas atividades catalíticas: uma **atividade de transferase e uma atividade de glicosidase**. A atividade transferásica da enzima remove um oligossacarídeo composto por três resíduos glicosila terminais de uma ramificação de quatro resíduos e o transfere para um grupo 4-hidroxil livre de um resíduo terminal

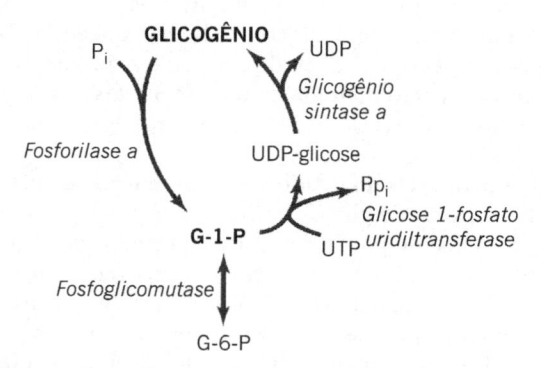

Figura 20.1 Reações envolvidas na síntese e degradação do glicogênio.

de outra ramificação. O resíduo remanescente, ligado por ligação glicosídica α-1,6, é então hidrolisado pela atividade glicosidásica para liberar glicose livre.

A **glicose-1-fosfato** liberada do glicogênio pela fosforilase é convertida à **glicose-6-fosfato** pela **fosfoglicomutase**. A glicose-6-fosfato, que está presente apenas no fígado e nos outros tecidos gliconeogênicos, hidrolisa o fosfato e produz glicose livre. A glicose é então exportada do fígado via o transportador GLUT2 para aumentar a concentração de glicose no sangue.

Após as refeições, as concentrações de glicogênio no fígado aumentam e rapidamente atingem níveis altos, o que pode perfazer até 10% do peso úmido do fígado. A glicose sanguínea é transportada para dentro dos hepatócitos pelo transportador GLUT2 e convertida em glicose-6-fosfato pela glicocinase. A **fosfoglicomutase** então catalisa a reação altamente reversível que **converte glicose-6-fosfato em glicose-1-fosfato**. A glicose-1-fosfato é posteriormente ativada a **UDP-glicose** pela **glicose-1-fosfato uridiltransferase**, em uma reação que consome uridina trifosfato (UTP) e produz fosfato inorgânico. Essa reação é favorecida termodinamicamente pela hidrólise do pirofosfato pela pirofosfatase, fazendo que também a formação de UDP-glicose seja uma reação irreversível. A glicogênio sintase catalisa a adição de resíduos glicosila para a molécula de glicogênio, usando UDP-glicose como substrato, formando uma ligação glicosídica α(1→4) e liberando UDP. Uma vez que a glicogênio-sintase não é capaz de criar uma ligação glicosídica α(1→6), é necessário a participação de uma enzima adicional para formar as ramificações. Quando uma cadeia formada por pelo menos 11 resíduos é sintetizada, a enzima de ramificação 1,4-α-glicano remove uma cadeia de cerca de sete resíduos glicosila e os transfere para uma outra cadeia, criando uma ligação glicosídica α(1→6). Esse novo ponto de ramificação deve estar ao menos a quatro resíduos glicosila distante de um outro ponto de ramificação.

Devido ao fato de que a **síntese e a mobilização do glicogênio**, em conjunto, formam potencialmente um ciclo fútil, os processos antagônicos devem ser **regulados para evitar o gasto de ATP/UTP**. Isso é conseguido tanto por **controle hormonal como por controle alostérico**. A cascata enzimática, que é ativada quando glucagon ou adrenalina ligam-se aos seus respectivos receptores nas células hepáticas está demonstrada na Figura 20.2. O cAMP que é produzido pela ativação da adenilato-ciclase liga-se à PKA e a ativa de forma que ela pode então fosforilar suas proteínas-alvo, que incluem a **fosforilase-cinase, glicogênio-sintase e inibidor 1**. Fosforilação da glicogênio-sintase converte essa enzima na forma inativa, ao passo que a fosforilação da fosforilase-cinase e o inibidor 1 ativam essas moléculas. O inibidor 1 fosforilado liga-se fortemente a proteína-fosfatase 1, mas ele é hidrolisado lentamente por ser um substrato fraco. Quando o inibidor 1 fosforilado estiver ligado à fosfatase, inibirá a ação da fosfatase sobre outras proteínas fosforiladas. Assim, quando a proteína fosfatase 1 está inibida, aquelas proteínas que são ativadas por fosforilação permanecem ativas e aquelas que são inibidas por fosforilação permanecem na forma inativa.

Fosforilação ativa parcialmente a fosforilase-cinase de modo que pode fosforilar a **fosforilase b para a sua forma ativa**. A fosforilase-cinase é também ativada

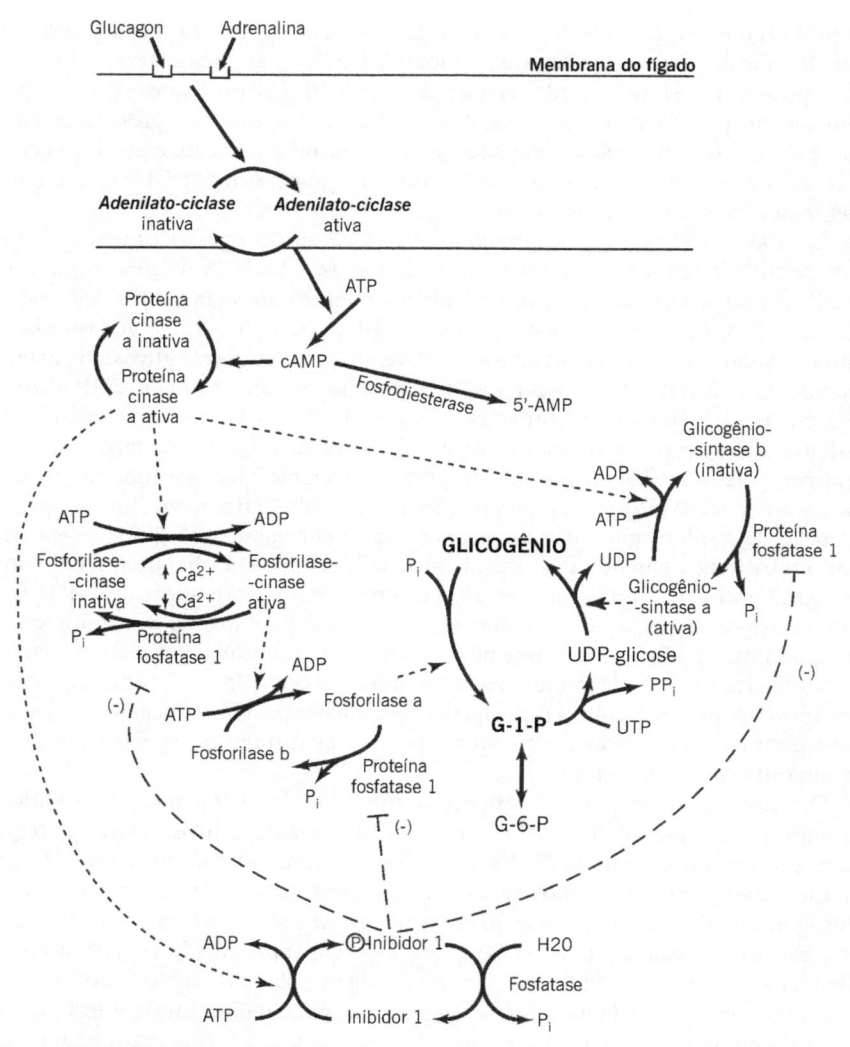

Figura 20.2 Mobilização do glicogênio hepático em resposta à sinalização hormonal. A ligação dos hormônios glucagon, adrenalina, ou de ambos, causa ativação da adenilato-ciclase, resultando na produção de adenosina monofosfato cíclica (cAMP), que ativa a proteína cinase A (PKA). Por meio de reações de fosforilação, a PKA inativa a glicogênio-sintase, ativa a cascata que resulta na ativação da glicogênio-fosforilase e produz um inibidor inativo da proteína fosforilase 1.

parcialmente por Ca^{2+}. A ativação total é atingida quando ela estiver fosforilada e também tiver Ca^{2+} ligado. A conversão da fosforilase b em fosforilase permite que a glicose-1-fosfato seja liberada do glicogênio, assim, o glucagon e a adrenalina iniciam uma cascata que mobiliza glicose do glicogênio e, ao mesmo tempo, inibe o armazenamento de glicose na forma de glicogênio.

Quando os níveis de glicose no sangue estão elevados, há secreção de **insulina** pelas células pancreáticas. A ligação de insulina a receptores hepáticos de insulina resulta na ativação de uma **série complexa de cinases** que levam à **ativação da proteína fosfatase 1**. A proteína fosfatase 1 desfosforila a fosforilase-cinase, a fosforilase e o inibidor 1, inativando-os e inibindo a fosforólise do glicogênio. Ela também desfosforila a glicogênio sintase, convertendo-a na forma ativa e permitindo que a glicose seja armazenada como glicogênio. Além disso, a forma hepática da fosforilase *a* é inibida por concentrações intracelulares elevadas de glicose. Assim, a insulina favorece o armazenamento de glicogênio e inibe sua mobilização.

Embora a etiologia da AFLP ainda não esteja clara, parece tratar-se de um defeito que afeta processos mitocondriais. A biópsia do fígado geralmente mostra ruptura da mitocôndria e depósitos de gordura microvesiculares, indicando diminuição da β-oxidação dos ácidos graxos. Uma vez que os ácidos graxos não podem ser oxidados na mitocôndria, são convertidos em triglicerídeos, que irão se acumular nos hepatócitos. A infiltração de gordura diminui a quantidade de glicogênio que pode ser armazenada e mobilizada para manter os níveis de glicose no sangue. A gliconeogênese é também diminuída por falta de disponibilidade de ATP da oxidação de ácidos graxos. Assim, os níveis de glicose no sangue diminuem.

Como ressaltado anteriormente, existem alguns relatos associando alguns casos de AFLP com um defeito no metabolismo dos ácidos graxos no feto. Esses defeitos incluem **deficiência fetal da desidrogenase de 3-hidroxiacil-coenzima A de cadeia longa (LCHAD), da carnitina-palmitoil-transferase 1 (CPT 1) e da desidrogenase de acilcoenzima A de cadeia média (MCAD)**. O mecanismo pelo qual uma oxidação de ácidos graxos defeituosa no feto causa a doença na mãe não é conhecido. Entretanto, uma vez que o feto metaboliza essencialmente glicose para suas necessidades energéticas, é possível que produtos tóxicos da placenta, que usa oxidação de ácidos graxos, causem a falência do fígado da mãe.

QUESTÕES DE COMPREENSÃO

As questões 20.1 e 20.2 referem-se ao seguinte caso:

Bebê do sexo feminino aparentemente normal no nascimento desenvolveu sintomas de doença hepática e fraqueza muscular aos três meses. Apresentou períodos de hipoglicemia, especialmente ao acordar, e seu exame revelou fígado aumentado. Análises laboratoriais da paciente em jejum revelaram cetoacidose, pH sanguíneo de 7,25 e elevação tanto nos níveis de alanina-transaminase (ALT) como de aspartato-transaminase (AST). A administração de glucagon seguida de uma refeição de carboidratos conduziu a elevação normal dos níveis de glicose, mas os níveis de glicose não subiam quando glucagon era administrado depois de jejum noturno. A biópsia do fígado mostrou aumento no conteúdo de glicogênio (6% do peso úmido).

20.1 Qual das seguintes enzimas é a deficiência genética mais provável nesse paciente?

A. Enzima ramificadora
B. Enzima desramificadora
C. Glicose-6-fosfatase
D. Glicogênio-sintase
E. Fosforilase muscular

20.2 Qual dos seguintes suplementos dietéticos é mais apropriado para a prevenção dos episódios de hipoglicemia nessa paciente?

A. Caseina (proteína do leite)
B. Óleo de peixe
C. Frutose
D. Lactose
E. Amido de milho cru

20.3 Rapaz de 17 anos apresentou queixa por não poder fazer exercícios com muito esforço sem sentir câimbras dolorosas e fraqueza. Ele relatou que exercícios moderados ou leves não desencadeavam o problema. Análises de testes de exercício isquêmico mostrou que as concentrações de lactato no soro não aumentavam significativamente. Qual das seguintes enzimas tem a maior possibilidade de ser a causa das câimbras?

A. Carnitina palmitil-transferase II
B. Glicose-6-fosfatase
C. Glicogênio-fosforilase
D. Glicogênio-sintase
E. Desidrogenase de acil-CoA de cadeia muito longa

20.4 Homem de 23 anos estava trabalhando vigorosamente no canteiro de obras quando sentiu tonturas de hipoglicemia. Ele bebeu uma lata de refrigerante e está consciente da competição entre o armazenamento da glicose como glicogênio hepático ao seu uso como fonte energética no músculo. Qual das seguintes explicações é a mais apropriada em relação ao destino da glicose no refrigerante?

A. O baixo km da hexocinase comparado com o km da glicocinase irá desviar a glicose para a glicólise.
B. A quantidade de glicose do refrigerante elevará os níveis de glicose, induzindo o armazenamento de glicose como glicogênio no fígado.
C. O músculo está usando altos níveis de glicose, levando a um aumento nos níveis de glicose-6-fosfato e assim inibindo a glicocinase.
D. A glicose será usada igualmente pelo metabolismo do músculo e do fígado para armazenar glicogênio.

RESPOSTAS

20.1 **B.** O diagnóstico definitivo deve esperar o resultado da análise da estrutura do glicogênio da atividade das enzimas. Entretanto, a hepatomegalia, o aumento do conteúdo de glicogênio no fígado, hipoglicemia no jejum e fraqueza muscular são consistentes com a doença de Cori, doença de depósito de glicogênio tipo 3. O aumento no conteúdo de glicogênio é resultante da inabilidade da fosforilase degradar glicogênio além da dextrina limite. A deficiência da enzima desramificadora deixa o glicogênio com ramificações externas curtas.

20.2 **E.** Pacientes com doença de armazenamento de glicogênio tipo 3 devem se alimentar com carboidratos com muita frequência, porque a hipoglicemia de jejum ocorre em razão da incapacidade da fosforilase degradar glicogênio além de dextrina limite. Amido de milho cru é um suplemento eficaz porque ele é digerido lentamente e assim há liberação de glicose lentamente na corrente sanguínea, ajudando a manter as concentrações de glicose no sangue.

20.3 **C.** Embora deficiências em muitas enzimas possam levar à incapacidade de realizar exercício físico, a falta de aumento nos níveis séricos de lactato, quando em exercício isquêmico, indica que a incapacidade apresentada pelo paciente ocorre em razão de um defeito na degradação do glicogênio no músculo. O músculo depende da glicogenólise para realizar exercício intenso e a fadiga se estabelece logo que o glicogênio é esgotado completamente. Pacientes com deficiência na isoforma muscular da glicogênio-fosforilase (doença de McArdle) toleram exercícios leves ou moderados, mas têm câimbras quando fazem um exercício vigoroso devido à falta de glicogenólise na célula muscular.

20.4 **A.** Hexocinase é encontrada na maioria dos tecidos e, devido ao seu km (concentração do substrato quando a enzima atinge uma velocidade que é a metade da sua velocidade máxima) muito baixo para glicose, ela está desenhada para trabalhar no seu potencial máximo em fornecer ATP para o tecido, mesmo em baixa concentração de glicose. A hexocinase é inibida por glicose-6-fosfato e é mais ativa em baixos níveis de glicose-6-fosfato. A glicocinase é encontrada no fígado, tem um km alto para a glicose e é muito ativa após as refeições. A glicose no refrigerante será possivelmente usada para a produção de ATP.

DICAS DE BIOQUÍMICA

▶ A etiologia da síndrome não é clara, embora relatos recentes tenham associado alguns casos de AFLP com um erro inato do metabolismo dos ácidos graxos no feto.
▶ Após as refeições, a concentração de glicogênio no fígado aumenta rapidamente para níveis elevados, podendo chegar até a 10% do peso úmido do fígado.
▶ Insuficiência hepática pode estar associada com hipoglicemia.

REFERÊNCIAS

Castro M, Fassett MJ, Telfer RB, et al. Reversible peripartum liver failure: A new perspective on the diagnosis, treatment, and cause of acute fatty liver of pregnancy, based on 28 consecutive cases. *Am J Obstet Gynecol.* 1999;181(2):389-395.

Rakheja D, Bennett MJ, Rogers BB. Long-chain L-3-hydroxyacyl-coenzyme A dehydrogenase deficiency: a molecular and biochemical review. *Lab Invest.* 2002;82(7):815-824.

Roe CR, Ding J. Mitochondrial fatty acid oxidation disorders. In: Scriver CR, Beaudet AL, Sly WS, et al, edts. *The Metabolic and Molecular Basis of Inherited Disease.* 8ª ed. New York: McGraw-Hill; 2001:2297-2326.

Saudubray J-M, Charpentier C. Clinical phenotypes: diagnosis/algorithms. In: Scriver CR, Beaudet AL, Sly WS, et al, edts. *The Metabolic and Molecular Basis of Inherited Disease.* 8ª ed. New York: McGraw- Hill; 2001:1327-1403.

Yang Z, Yamada J, Zhao Y, et al. Prospective screening for pediatric mitochondrial trifunctional protein defects in pregnancies complicated by liver disease. *JAMA.* 2002;288(17):2163-2166.

CASO 21

Homem de 29 anos foi atendido em um setor de emergência com queixas de urina escura, cansaço generalizado, mialgia e fraqueza após completar uma maratona. O paciente informou que era sua primeira maratona. Não apresentava história médica anterior e negou ter tomado qualquer medicação ou ser usuário de drogas. O exame mostrou que ele estava moderadamente indisposto e afebril, mas apresentava sinais vitais normais. O exame físico revelou fraqueza difusa dos músculos esqueléticos e o exame de urina, a presença de grande quantidade de sangue (hemoglobina e mioglobina). A creatina-fosfocinase (CPK) sérica estava significativamente elevada e o exame dos eletrólitos mostrou aumento dos níveis de potássio. O nível sérico de lactato estava nitidamente elevado.

▶ Qual o diagnóstico mais provável?
▶ Qual o tratamento mais apropriado?
▶ Qual é a base bioquímica para os altos níveis de lactato sérico observados?

RESPOSTAS PARA O CASO 21
Rabdomiólise

Resumo: corredor da maratona de sexo masculino, 29 anos, com episódio agudo de mialgia generalizada, fraqueza, fadiga e urina escura com mioglobina/hemoglobina, hipercalemia e aumento significativo de isoenzima da CPK.

- **Diagnóstico mais provável:** Rabdomiólise (lise do músculo esquelético) depois de exercício extenuante.
- **Tratamento:** Hidratação intravenosa intensa para ajudar a remover o excesso de mioglobina do soro e corrigir as anomalias nos eletrólitos e tratamento da falência hepática, caso presente.
- **Bases bioquímicas para o aumento do lactato:** Os níveis de nicotinamida adenina dinucleotídeo reduzido (NADH) **aumentam devido à falta relativa de oxigênio para o músculo**, as concentrações de adenosina difosfato (ADP) e adenosina monofosfato (AMP) aumentam no citoplasma e levam a um aumento no fluxo de glicose através da via glicolítica no músculo, com o consequente aumento dos níveis de piruvato. O piruvato é reduzido por NADH à lactato em uma reação catalisada pela lactato-desidrogenase. O lactato é transportado da célula muscular para o sangue.

ABORDAGEM CLÍNICA

O músculoesquelético tem necessidade de oxigênio e de combustíveis (glicose e ácidos graxos). O exercício de curta duração permite que esses importantes substratos sejam repostos. Entretanto, demandas musculares extenuantes e de longa duração, como uma corrida de maratona, podem levar à privação de oxigênio (em razão do exercício demasiado ou da desidratação e fluxo de sangue insuficiente aos músculos). Essa falta de oxigênio induz a produção adenosina trifosfato (ATP) a ser feita pela via glicolítica e não pela via do ciclo do ácido tricarboxílico (TCA). Foi observado que correr uma maratona tem como efeito aumento nas concentrações sanguíneas e urinárias de vários parâmetros bioquímicos, resultantes do dano muscular causado pelo exercício (rabdomiólise) e hemólise. Entre esses parâmetros, incluem-se mioglobina sérica, CPK, bem como aumento no "gap" aniônico, que leva a uma acidose metabólica. No caso de corredores da maratona, geralmente isso é causado pelo aumento na concentração sérica de lactato. Outras causas de rabdomiólise incluem intoxicação por cocaína, hipertermia, convulsões e toxinas.

ABORDAGEM À
Fosforilação oxidativa e lactato

OBJETIVOS

1. Compreender como a hipoxemia (por exemplo, na rabdomiólise) induz uma redução na fosforilação oxidativa e aumento na produção de ácido láctico.
2. Ganhar familiaridade com o ciclo do piruvato e sua importância para os níveis de NADH.
3. Conhecer a via do ácido láctico.

DEFINIÇÕES

ÂNION "GAP": cálculo dos cátions medidos rotineiramente menos os ânions medidos. Uma vez que, em todos os fluidos, a soma de cargas positivas (cátions) deve ser balanceada pela soma de cargas negativas (ânions), o "gap" de ânions é um artifício de avaliação. Como [K^+] é pequena, ela geralmente é omitida do cálculo. A equação mais usada é

$$AG = [Na^+] - ([Cl^-] + [HCO_3^-])$$

GLICONEOGÊNESE: série de reações bioquímicas pelas quais a glicose é sintetizada no fígado (e em outros tecidos gliconeogênicos) a partir de ácidos orgânicos pequenos, como lactato, piruvato e oxaloacetato.
HEMATINA: heme no qual o ferro está coordenado no estado de oxidação férrico (Fe^{3+}).
MIOGLOBINA: proteína grande que contém ferro e que é capaz de ligar oxigênio e liberá-lo em tecidos nos quais a tensão de oxigênio é baixa.
β-OXIDAÇÃO: uma série de reações bioquímicas pelas quais os ácidos graxos são degradados à acetil-CoA que, então, entra no ciclo do ácido tricarboxílico para produzir energia na forma de equivalentes redutores e guanosina trifosfato (GTP). Cada volta da β-oxidação encurta o ácido graxo em dois átomos de carbono e, além de acetil-CoA, produz NADH e $FADH_2$, que abastecem ao sistema de transporte de elétrons para produção de ATP.

DISCUSSÃO

As **fontes de energia para o músculo em exercício são primariamente glicose e ácidos graxos.** O músculo obtém glicose a partir do sangue ou da degradação do glicogênio armazenado no próprio músculo. Os ácidos graxos são obtidos a partir do sangue, na forma de ácidos graxos livres, ou da degradação de triglicerídeos armazenados no músculo. Para haver a oxidação completa dessas fontes de energia, o **intermediário metabólico acetil coenzima A (acetil-CoA)** deve ser **oxidado** por meio do **ciclo do ácido tricarboxílico,** e os equivalentes redutores que são então produzidos (NADH e FADH$_2$) devem ser transferidos para o oxigênio por meio do sistema mitocondrial de transporte de elétrons. Esse processo de transferência de elétrons produz um **gradiente de prótons** através da membrana interna da mitocôndria, que é a força motriz da síntese de ATP pela ATP-sintase. Para esse processo continuar é necessário que os tecidos sejam supridos de oxigênio.

Estima-se que, no início de uma maratona, um competidor que esteja correndo em um ritmo razoável consome energia a uma proporção de 75% de carboidratos e 25% de ácidos graxos. Essa proporção diminui à medida que as reservas de glicogênio do corpo diminuem. Entretanto, com a continuidade do exercício e a dependência dos músculos caindo mais sobre a ß-oxidação dos ácidos graxos para fornecer a energia necessária, a demanda por oxigênio aumenta, colocando um peso maior no coração para fornecer sangue oxigenado. Caso o corredor não providencie a reposição dos fluidos perdidos pelo suor, ocorre desidratação e consequente diminuição da perfusão dos músculos com sangue oxigenado.

Caso o músculo utilize ATP a uma velocidade maior do que a velocidade com que o ATP é produzido pela fosforilação oxidativa, seja por exercício intenso ou porque a tomada de oxigênio é limitada, os **níveis de NADH aumentam tanto na mitocôndria como no citoplasma**. As concentrações de ADP e AMP citoplasmáticas aumentam devido a utilização de ATP para a contração muscular. Isso leva a um aumento no fluxo de glicose através da via glicolítica no músculo, causando aumento dos níveis de piruvato. Para regenerar o cofator NAD$^+$ oxidado, que é necessário para a conversão de gliceraldeído-3-fosfato em 3-fosfoglicerato, o **piruvato é reduzido a lactato por NADH** em uma reação catalisada pela lactato-desidrogenase. O lactato é transportado da célula muscular ao sangue.

O lactato sanguíneo é captado pelo fígado e utilizado como fonte de carbono na síntese de novas moléculas de glicose pela via gliconeogênica. Primeiro o fígado deve reoxidar o lactato em piruvato em uma reação catalisada pela lactato--desidrogenase, gerando NADH. O piruvato não pode ser convertido diretamente em fosfoenolpiruvato (PEP) pela piruvato-cinase sob condições fisiológicas, porque a reação é termodinamicamente irreversível; favorece a formação de piruvato. Em vez disso, o piruvato entra na mitocôndria e é carboxilado pela enzima **piruvato-carboxilase**, formando **oxaloacetato** em uma reação que necessita de biotina como cofator (Figura 21.1). O oxaloacetato é então reduzido a malato pela malato--desidrogenase, e o **malato** sai da mitocôndria. No citosol, o malato é reoxidado de volta a **oxaloacetato** pela malato-desidrogenase citoplasmática. O oxaloacetato do citoplasma é então convertido a **PEP pela PEP-carboxicinase** em uma reação que necessita de GTP. (Em uma via alternativa menos importante, o oxaloacetato mitocondrial pode ser convertido a PEP pela forma mitocondrial da enzima PEP-carboxilase. O PEP então sai da mitocôndria para o citoplasma). A via de PEP até glicose é idêntica a via da glicólise, exceto por duas reações (Figura 21.2). A **frutose-1,6-bisfosfato** é convertida em frutose 6-fosfato pela hidrólise do fosfato pela **enzima frutose-1,6-fisfosfatase**. A reação final é a hidrólise de glicose-6-fosfato em glicose pela enzima glicose-6-fosfatase. A glicose produzida no fígado pela gliconeogênese é então direcionada para o sangue para o uso do cérebro e do músculo.

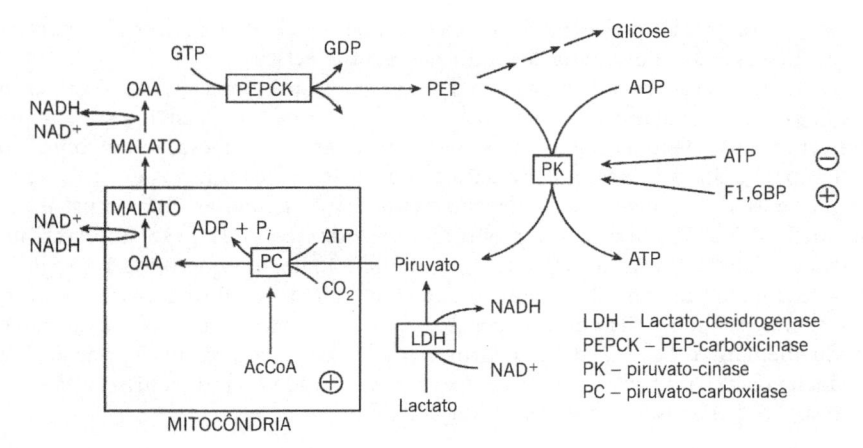

Figura 21.1 Interconversão de fosfoenolpiruvato (PEP) e piruvato. A conversão de PEP em piruvato é termodinamicamente irreversível nas células. Para converter piruvato de volta em PEP para a gliconeogênese, o piruvato deve entrar na mitocôndria, ser carboxilado a oxaloacetato (OAA) e reduzido a malato. Após sair da mitocôndria, o malato é oxidado de volta a OAA e convertido em PEP por ação da fosfoenolpiruvato-carboxicinase.

Esse processo, no qual o lactato extra-hepático retorna ao fígado, **convertendo lactato em glicose pela gliconeogênese** e retornando aos tecidos extra hepáticos, é denominado de **ciclo de Cori**. Quando a velocidade de produção de lactato pelo

Figura 21.2 Reações das etapas irreversíveis termodinamicamente da glicólise e da gliconeogênese. Essas etapas compõem um ciclo potencialmente "fútil" que deve ser regulado cuidadosamente.

músculo é maior do que a velocidade com a qual o ciclo de Cori pode operar, **há acúmulo de lactato no sangue, levando a acidemia láctica.**

Durante uma corrida de maratona, há uma constante contração e relaxamento das fibras da musculatura das pernas cada vez que o pé toca o chão. Esse choque constante causa dano às células musculares, resultando na liberação de conteúdo celular para a matriz extracelular e para a circulação. As concentrações de mioglobina, que está em concentração elevada na contração lenta das fibras musculares (vermelhas), e o K^+, que está concentrado em todas as células, vão aumentar no sangue. Quando a concentração de mioglobina é maior do que 0,5 a 1,5 mg/dL, ela é excretada na urina. Normalmente, a mioglobina não é tóxica para os rins. Entretanto, quando o pH da urina cai abaixo de 5,6, a mioglobina sofre oxidação e produz hematina (Fe^{3+} ligado a porfirina), que é tóxica para os rins e pode levar a uma falência renal aguda. Esse efeito tóxico é exacerbado quando a urina está concentrada, como o resultado da desidratação.

QUESTÕES DE COMPREENSÃO

21.1 Durante o percurso de uma maratona, o corredor gasta uma grande quantidade de energia e usa as fontes de combustível que têm armazenado, assim como também oxigênio. Comparando a situação no início da corrida (primeiro quilômetro) com a situação ao final da corrida (após correr por quase 42 km), qual das seguintes opções descreve melhor a utilização de glicogênio e ácidos graxos como combustíveis e a quantidade de oxigênio consumida?

	Uso de glicogênio	Uso de ácidos graxos	Consumo de oxigênio
A.	↑	↑	↑
B.	↑	↓	↓
C.	↑	↓	↑
D.	↓	↑	↑
E.	↓	↑	↓

22.2 Durante um exercício prolongado, as enzimas envolvidas na via glicolítica do tecido muscular degradam glicose ativamente para fornecer energia para o músculo. O fígado, para manter os níveis sanguíneos de glicose, permanece sintetizando glicose pela via da gliconeogênese. Qual das enzimas abaixo mencionadas, que participa dessa via, provavelmente estaria apresentando uma cinética de Michaelis-Menten (i. e., uma curva hiperbólica em um gráfico mostrando a concentração do substrato em função da velocidade de reação)?

   A. Frutose-1,6-bisfosfatase
   B. Hexocinase
   C. Lactato-desidrogenase

D. Fosfofrutocinase 1
E. Piruvato-cinase

21.3 Uma pessoa conhecida por abusar de álcool foi encontrada caída aos pés de uma escada em estado semiconsciente com o braço quebrado pela proprietária do imóvel, que chamou a ambulância para levá-la a um setor de urgência. Exames iniciais de laboratório mostraram um ânion gap relativamente alto (34, quando a faixa normal é entre 9 e 15). O álcool no sangue estava elevado (245 mg/dL, nível de intoxicação entre 150 e 300 mg/dL) e nível de glicose de 38 mg/dL (abaixo do normal). Qual das seguintes opções explica corretamente o ânion gap e a hipoglicemia?

A. Diminuição da secreção de glucagon
B. Aumento da secreção de insulina
C. Aumento do volume de urina como consequência do efeito diurético do álcool
D. Inibição das enzimas desidrogenases pelo NADH
E. Inibição da glicogenólise pelo etanol

RESPOSTAS

21.1 **D.** No início da corrida, um corredor correndo a um ritmo razoável consome energia a uma relação de 75% de carboidratos e 25% de ácidos graxos. Entretanto, no final da corrida, as reservas de glicogênio foram esgotadas em sua maior parte e a geração de ATP deve vir da ß-oxidação dos ácidos graxos, que produz equivalentes redutores para a fosforilação oxidativa. Isso necessita de um consumo maior de oxigênio.

21.2 **C.** A atividade de enzimas regulatórias, como a frutose-1,6-bisfosfatase, hexocinase, fosfofrutocinase 1 e piruvato-cinase, é geralmente controlada pela ligação de moduladores alostéricos. Essas enzimas alostéricas geralmente apresentam uma cinética sigmoide. A lactato-desidrogenase não é controlada por moduladores alostéricos e, portanto, espera-se que apresente uma cinética de Michaelis-Menten.

21.3 **D.** Pessoas que abusam do álcool geralmente não se alimentam enquanto bebem e, assim, são mais propensas que suas reservas de glicogênio hepático se esgotem, não podendo aumentar os níveis de glicose no sangue. O estresse metabólico leva a um aumento na secreção de adrenalina e de outros hormônios que mobilizam ácidos graxos das reservas de triglicerídeos das células do tecido adiposo. Esses ácidos graxos sofrem ß-oxidação no fígado, mas são convertidos em corpos cetônicos, devido a inibição do ciclo do ácido tricarboxílico pelos níveis altos de NADH resultantes da oxidação do etanol, inicialmente até acetaldeído e acetato. Desidrogenases-chave da gliconeogênese, incluindo a lactato-desidrogenase, a glicerol-3-fosfato-desidrogenase e a malato-desidrogenase, também são inibidas pelos níveis elevados de NADH.

DICAS DE BIOQUÍMICA

▶ Fontes de energia do músculo em exercício são primariamente glicose e ácidos graxos.
▶ Devido à insuficiência de oxigênio para suprir as demandas do músculo, os níveis de NADH aumentam na mitocôndria e no citoplasma, as concentrações de ADP e AMP aumentam no citoplasma e a glicose é desviada para via glicolítica no músculo. O piruvato é convertido em lactato, o qual causa acidose metabólica.
▶ Lesão muscular pode levar a mioglobinemia e mioglobinúria (urina vermelha) que pode cristalizar nos túbulos renais, levando a insuficiência renal.

REFERÊNCIAS

Brady HR, Brenner BM. Acute renal failure. In: Longo D, Fauci AS, Kaspar D, et al, eds. *Harrison's Principles of Internal Medicine*. 18th ed. New York: McGraw-Hill; 2011.

Kratz A, Lewandrowski KB, Siegel AJ, et al. Effect of marathon running on hematologic and biochemical laboratory parameters, including cardiac markers. *Am J Clin Pathol.* 2002;118(12):856-863.

Murakami K. Rhabdomyolysis and acute renal failure. In: Glew RH, Ninomiya Y, eds. *Clinical Studies in Medical Biochemistry*. 2nd ed. New York: Oxford University Press; 1997.

CASO 22

Mulher de 50 anos e origem "hispânica" chega à clínica com queixas de sede intensa, aumento da ingesta de líquidos e micção excessiva. Relata não sentir sintomas de infecção do trato urinário e não ter qualquer outro problema médico. Entretanto, não é examinada por um médico há muitos anos. O exame mostrou que estava obesa, porém sem qualquer perturbação aguda. O exame físico está normal e o de urina mostrou a presença de 4+ de glicose e nível de açúcar no sangue de 320 mg/dL.

▶ Qual é o diagnóstico mais provável?
▶ Quais outros órgãos ou sistemas podem estar envolvidos na doença?
▶ Qual é a base bioquímica desta doença?

RESPOSTAS PARA O CASO 22
Diabetes tipo 2

Resumo: mulher obesa de 50 anos e origem "hispânica" apresentando polidipsia, polifagia, micção frequente e nível de açúcar no sangue elevado (320 mg/dL).

- **Diagnóstico:** Diabetes tipo 2.
- **Outros órgãos e sistemas envolvidos:** Cardiovascular, olhos, nervos periféricos, gastrointestinal, rins.
- **Base bioquímica:** Resistência à insulina resultante de defeito no receptor pós-insulina. Os níveis de insulina são normais ou aumentados, em comparação com indivíduos normais. Entretanto, a insulina não é "reconhecida" e assim os níveis de glicose permanecem elevados.

ABORDAGEM CLÍNICA

O diabetes melito é caracterizado por níveis sanguíneos de glicose elevados. É constituído por dois tipos, dependendo da patogênese. O diabetes tipo 1 caracteriza-se por deficiência de insulina e geralmente se manifesta durante a infância ou a adolescência, também pode ser denominado como diabetes "propenso à cetose". Já o diabetes tipo 2 é causado por resistência à insulina, manifestando-se, em geral, com níveis de insulina elevados. Diagnosticado na vida adulta, o diabetes tipo 2 é muito mais comum do que o diabetes tipo 1. Os fatores de risco incluem obesidade, história familiar, estilo de vida sedentário e, nas mulheres, estado hiperandrogênico ou anovulação.

O diabetes melito é reconhecido atualmente como uma das doenças mais comuns e importantes que afetam norte-americanos e outras populações. Estima-se que entre 1 e 4 das crianças nascidas hoje desenvolverão diabetes melito durante sua vida, em razão da obesidade e da inatividade. Além disso, o diabetes melito tem um efeito severo nos vasos sanguíneos, particularmente na patogênese da aterosclerose (bloqueio das artérias por lipídeos e placas), que levam ao infarto do miocárdio ou ataque cardíaco. O tratamento do diabetes melito é considerado como o equivalente precursor de um evento cardiovascular, pelo risco de uma futura doença aterosclerótica. O diabetes melito também é associado com imunossupressão, insuficiência renal, cegueira, neuropatia e outros distúrbios metabólicos.

ABORDAGEM À
Insulina e glicose

OBJETIVOS

1. Compreender o papel da insulina no metabolismo dos carboidratos.
2. Estar ciente do papel do glucagon no metabolismo dos carboidratos.
3. Conhecer os processos de gliconeogênese e glicogenólise.

DEFINIÇÕES

DIABETES MELITO: doença endócrina caracterizada por concentração de glicose no sangue elevada. Existem duas formas principais de diabetes melito: tipo 1, ou dependente de insulina; e tipo 2, ou não dependente de insulina. O tipo 1 é causado por ausência severa ou total de insulina e o tipo 2 é causado por resistência à insulina, isto é, inabilidade de responder a concentrações fisiológicas de insulina.
FRUTOSE-2,6-BIFOSFATO: metabólito da frutose-6-fosfato produzido pela enzima bifuncional 6-fosfofrutocinase-2 (PFK-2)/frutose-bifosfatase-2 (FBPase-2). Atua como um efetor alostérico que ativa a 6-fosfofrutocinase-1 e inibe a frutose-bifosfatase-1, estimulando o fluxo de glicose através da via glicolítica e inibindo a gliconeogênese.
GLUCAGON: hormônio polipeptídico sintetizado e secretado pelas células α das ilhotas de Langerhans do pâncreas. O glucagon é liberado em resposta aos baixos níveis de glicose sanguínea e estimula a glicogenólise e a gliconeogênese no fígado.
INSULINA: hormônio polipeptídico sintetizado e secretado pelas células β das ilhotas de Langerhans no pâncreas. A insulina é liberada em resposta a uma elevação na glicose sanguínea e promove a captação de glicose pelas células, por aumentar o número de receptores de glicose GLUT 4 na superfície celular.
PROTEÍNA-CINASE A: enzima que fosforila proteínas-alvo. É ativada por aumento da concentração de adenosina monofosfato cíclica (AMP cíclico ou cAMP) intracelular em resposta a ativação da adenilato-ciclase, devido à ligação de certos hormônios na superfície celular.

DISCUSSÃO

Todas as células do corpo humano utilizam **glicose** como fonte de energia, porém, certas células têm necessidade obrigatória de glicose para satisfazerem suas demandas energéticas (por exemplo, eritrócitos). Os **neurônios**, embora possam utilizar fontes de energia alternativas em condições extremas (por exemplo, **corpos cetônicos** no jejum prolongado), têm uma forte preferência pela utilização de glicose. Deste modo, os níveis circulantes de glicose devem ser mantidos suficientemente altos para satisfazerem as demandas energéticas do organismo. A elevação crônica dos níveis de glicose também é deletéria, porque está associada ao estresse oxidativo e à glicação de proteínas celulares. Foi proposto que esta última esteja envolvida nas complicações associadas com a hiperglicemia crônica, como nos casos de doença microvascular diabética e retinopatia.

Embora seja variável o intervalo entre refeições durante o dia, os níveis de glicose são normalmente mantidos dentro de uma faixa precisa. Isso é possível, em grande parte, pela ação regulatória oposta dos hormônios peptídicos **insulina** e **glucagon**. A insulina, secretada pelas células β das ilhotas do pâncreas quando os níveis de glicose aumentam, promove a utilização de glicose e reprime a produção endógena de glicose (Figura 22.1a). Ao contrário, o **glucagon**, secretado pelas células α das ilhotas do pâncreas quando os níveis sanguíneos de glicose são baixos, reprime a utilização de glicose e promove a produção endógena de glicose (Figura 22.1b).

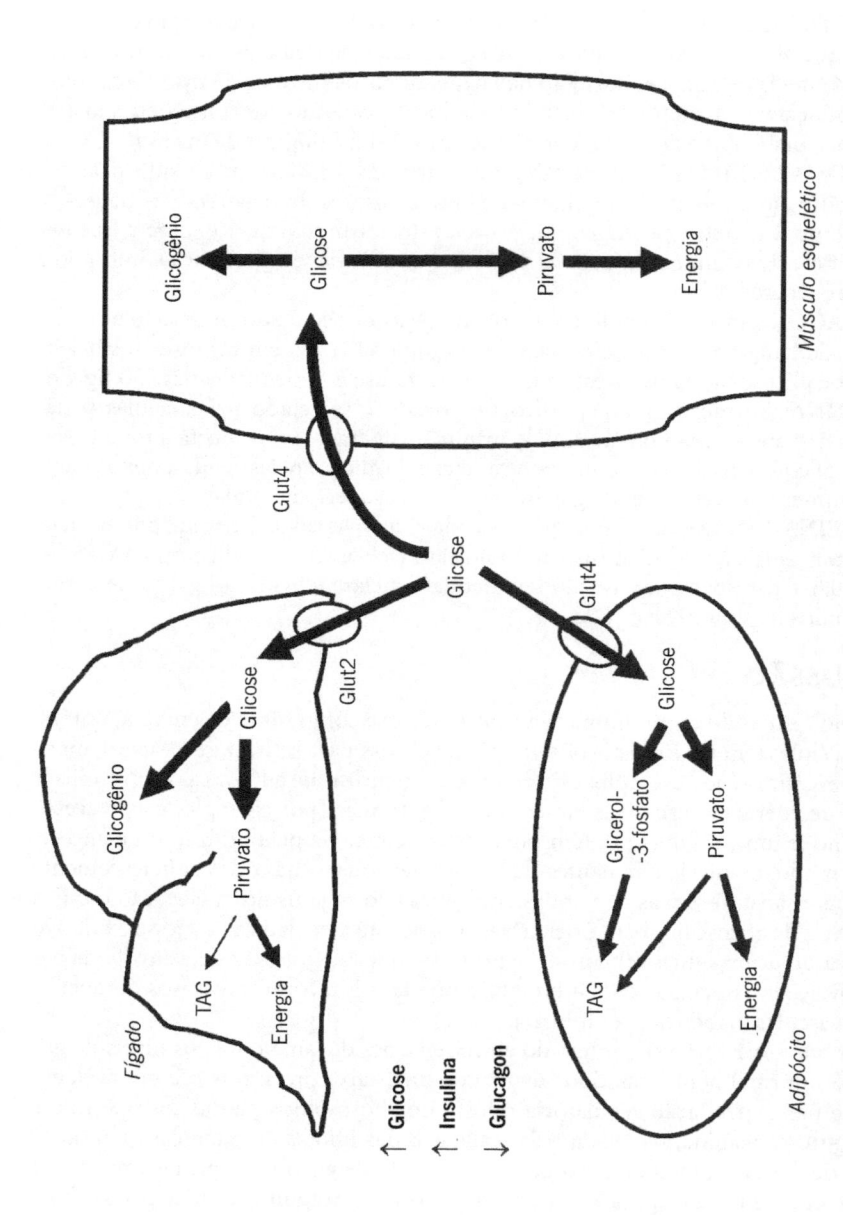

Figura 22.1a Fluxo de glicose para os tecidos sob condições de concentração elevada de glicose. Quando a [glicose]$_{sanguínea}$ está elevada a relação insulina:glucagon é alta, levando a captação de glicose pelos tecidos. TAG = triacilgliceróis.

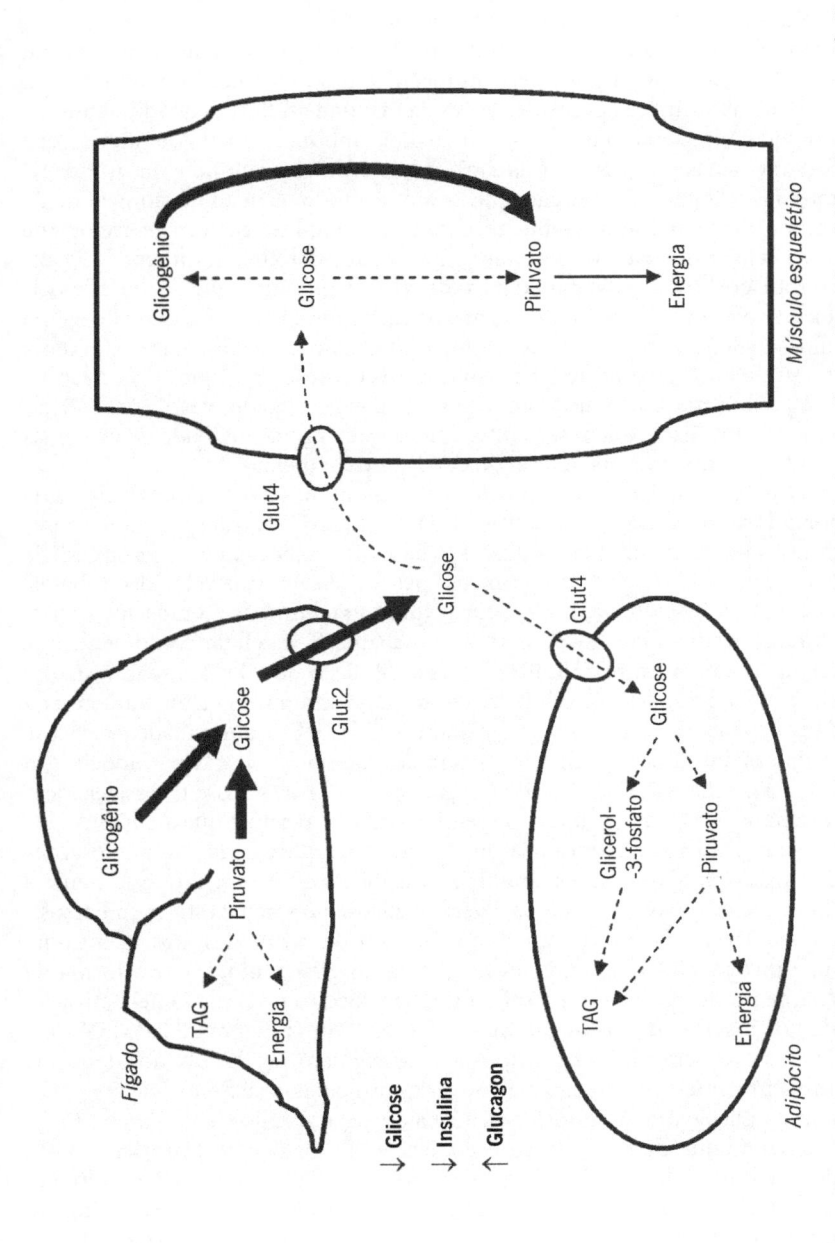

Figura 22.1b Fluxo de glicose para os tecidos sob condições de concentração baixa de glicose. Quando a [glicose]$_{sanguínea}$ está diminuída, a relação insulina:glucagon é baixa, levando o fígado a fazer glicogenólise e gliconeogênese. TAG = triacilgliceróis.

Portanto, o balanço preciso entre as ações da insulina e do glucagon ajuda na manutenção dos níveis de glicose dentro da faixa normal.

Os **receptores de insulina** são essencialmente expressos de maneira ubíqua, em grande parte como resultado da ação mitogênica desse hormônio peptídico. Em termos do metabolismo da glicose, as ações da insulina no fígado, os adipócitos e o músculoesquelético serão o foco dessa discussão, embora não haja dúvidas de que alterações mediadas pela insulina na saciedade e o fluxo sanguíneo têm um papel na homeostase da glicose no organismo como um todo. A insulina, ao ligar-se ao seu receptor na superfície da célula, dispara uma complexa cascata de eventos de sinalização celular que não foram totalmente esclarecidos até o momento. Isso aumenta o transporte de glicose para dentro da célula (músculoesquelético e adipócito), promove o armazenamento do excesso de carbonos da glicose como glicogênio (músculoesquelético e fígado) e triglicerídeos (TAG, fígado e adipócitos), aumenta a utilização de glicose como fonte de combustível (músculo esquelético, fígado e adipócito) e diminui a produção endógena de glicose (fígado, ver Figura 22.1a). Essas ações da insulina podem ser tanto agudas (afetando a atividade de proteínas preexistentes) como crônicas (alterando os níveis de proteína).

O músculoesquelético e os adipócitos expressam duas isoformas principais de **transportadores de glicose**, **GLUT 1 e GLUT 4**. O GLUT 1, transportador de glicose expresso de forma ubíqua, localiza-se quase que exclusivamente na superfície da célula, onde facilita a captação de glicose pela célula em uma velocidade "basal" constante. Por outro lado, o GLUT 4, cuja expressão é limitada ao músculo esquelético, coração e adipócitos, localiza-se tanto na superfície celular como dentro de vesículas intracelulares especializadas. A redistribuição de GLUT 4, das vesículas intracelulares para a superfície celular em resposta à insulina, leva a um aumento na velocidade de transporte de glicose, facilitando assim a disponibilidade de glicose estimulada por insulina. Ao contrário do músculoesquelético e dos adipócitos, o fígado expressa GLUT 2. O GLUT 2 é um transportador de glicose reversível, localizado permanentemente na superfície celular. GLUT 2 permite que a glicose passe através de um gradiente de concentração, fazendo com que o fígado aumente a captação de glicose quando os níveis sanguíneos de glicose estiverem altos e aumente o efluxo hepático de glicose quando os níveis de glicose no sangue estiverem baixos.

Uma vez dentro da célula, a glicose segue um de vários destinos. A insulina estimula a incorporação de unidades de glicose no **glicogênio**, que é a forma de armazenamento de glicose nos mamíferos. Esse processo é acionado pela ativação mediada por insulina da **fosfoproteína-fosfatase 1** (PP1; Figura 22.2a). PP1 desfosforila (remoção hidrolítica de grupos fosfato regulatórios de resíduos de serina ou treonina presentes nas proteínas-alvo) várias proteínas-chave envolvidas no metabolismo do glicogênio. A desfosforilação e a ativação da glicogênio-sintase (GS), com a concomitante desfosforilação e inativação da glicogênio-fosforilase (GP), estimulam a síntese de glicogênio (glicogênese) pelo fígado e pelo músculo, em resposta à insulina. Uma das maneiras pelas quais a insulina estimula os efeitos no metabolismo do glicogênio, mediados por PP1, é pelo direcionamento de PP1 para partículas de glicogênio, uma partícula subcelular composta do próprio glicogênio e das enzimas necessárias para síntese de degradação do glicogênio. A subunidade que liga o glicogênio é uma proteína de acoplamento que permite a associação de PP1 com a partícula de glicogênio. A insulina induz a fosforilação de resíduo de tirosina dessa subunidade, o que permite a ligação de PP1 e, portanto, aumenta a glicogênese.

A capacidade das células em armazenar glicogênio tem um limite, uma vez que esse limite é atingido, o excesso de glicose deve seguir um destino metabólico alternativo. A insulina estimula o fluxo de glicose pela via glicolítica (glicose → piruvato), em parte, por ativar PP1 (ver Figura 22.2a). Como a glicogenólise é a via metabólica recíproca da glicogênese, a gliconeogênese (síntese de glicose) é a via metabólica recíproca da glicólise. A gliconeogênese ocorre primariamente no fígado e, em menor extensão, nos rins. PP1 aumenta o fluxo glicolítico no fígado por meio da ativação da fosfofrutocinase (PFK, efeito indireto da desfosforilação de uma enzima bifuncional que resulta no aumento dos níveis intracelulares de frutose-2,6-bifosfato, um ativador alostérico da PFK) e da piruvato cinase (PK, efei-

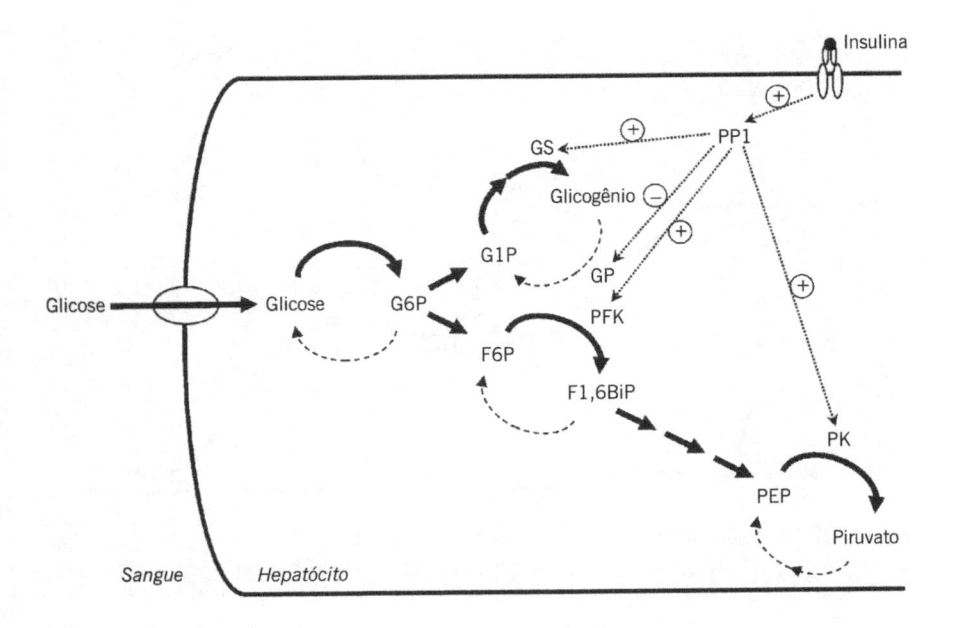

Figura 22.2a Estimulação do fluxo de glicose através da via glicolítica pela insulina. A insulina ativa a fosfoproteína-fosfatase 1, que, por sua vez, ativa a glicogênio-sintase, a fosfofruto-cinase e a piruvato-cinase. F1,6BiP = Frutose-1,6-bifosfato, F6P = frutose-6-fosfato, G1P = glicose-1-fosfato, G6P = glicose-6-fosfato, GP = glicogênio-fosforilase, GS = glicogênio-sintase, PEP = fosfoenolpiruvato, PFK = fosfofruto-cinase, PK = piruvato-cinase, PP1 = fosfoproteína-fosfatase.

to direto). O piruvato, formado glicoliticamente, tem potencial para seguir dois destinos no fígado: oxidação completa (via ciclo de Krebs e fosforilação oxidativa), entrar na via da síntese dos ácidos graxos, ou ambos. Entretanto, a pessoa submetida a uma dieta ocidental, na qual o excesso de calorias é frequentemente devido a uma mistura de carboidratos e gordura, tende a usar o carboidrato ingerido como combustível, ao passo que os ácidos graxos são armazenados como triglicerídeos no tecido adiposo. Este último, é estimulado pela insulina.

Quando os níveis de glicose no sangue começam a diminuir (por exemplo, durante o jejum noturno), a secreção de insulina também diminui. Por outro lado, os níveis circulantes de **glucagon** aumentam. O **metabolismo hepático da glicose** no ser humano é o alvo primário do glucagon, aumentando a produção de glicose e diminuindo a sua utilização. Ao ligar-se a seus receptores na superfície celular, o glucagon aumenta a atividade da **proteína-cinase A** (PKA, Figura 22.2b). A PKA,

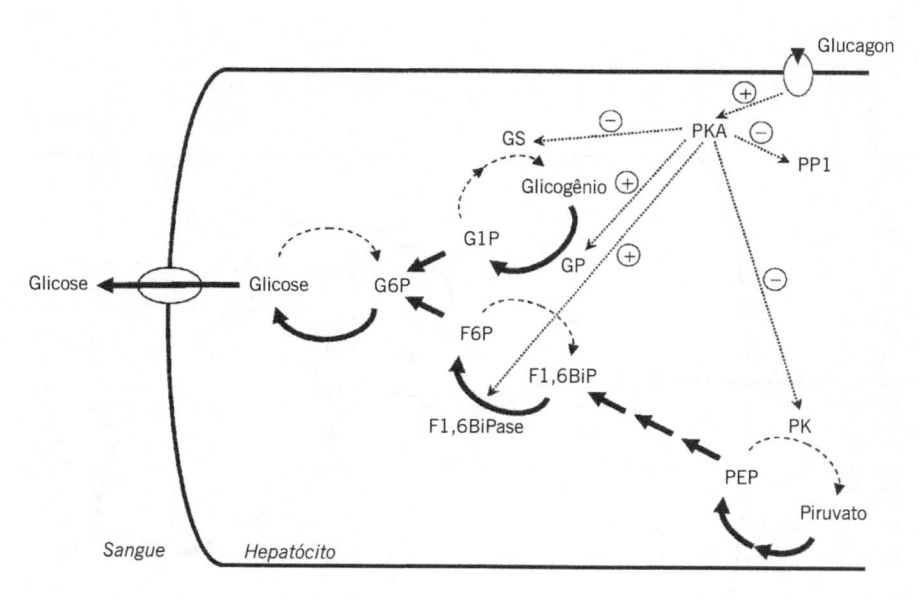

Figura 22.2b Estimulação da glicogenólise e da gliconeogênese hepáticas pelo glucagon. A ligação do glucagon leva a ativação da proteína-cinase A, que ativa a glicogênio-fosforilase e a frutose-1,6-bifosfatase e também inibe a glicogênio-sintase, a piruvato-cinase e a fosfoproteína-fosfatase 1. F1,6BiP = Frutose-1,6-bifosfato, F6P = frutose-6-fosfato, G1P = glicose-1-fosfato, G6P = glicose-6-fosfato, GP = glicogênio-fosforilase, GS = glicogênio-sintase, PEP = fosfoenolpiruvato, PFK = fosfofrutocinase, PK = piruvato-cinase, PKA = proteína-cinase A, PP1 = fosfoproteína-fosfatase 1.

por sua vez, estimula a degradação do glicogênio (glicogenólise) por meio da fosforilação da fosforilase-cinase (aumento de atividade) e glicogênio-sintase (diminuição da atividade). A fosforilase-cinase fosforila e ativa a glicogênio-fosforilase. Além disso, a PKA antagoniza os efeitos da insulina por meio da inativação da PP1. A PKA fosforila um resíduo específico de serina na subunidade que liga glicogênio, provocando a liberação da PP1 da partícula de glicogênio. Uma vez liberada, PP1 liga-se ao inibidor 1, inativando ainda mais a atividade da PP1. A gliconeogênese é também estimulada pela ativação da PKA induzida por glucagon, por meio da ativação da frutose-1,6-bifosfatase (F1,6BiPase, efeito indireto da fosforilação da enzima bifuncional, resultando na diminuição dos níveis intracelulares de frutose-2,6-bifosfato, um inibidor alostérico da F1,6BiPase) e da piruvato-cinase (reverte o efeito da PP1). A glicose proveniente da glicogenólise e da gliconeogênese é exportada para fora do fígado para manter os níveis sanguíneos de glicose.

Anormalidades no que foi descrito acima para os mecanismos homeostáticos da glicose aparecem durante o diabetes melito. Existem **duas formas principais de diabetes melito**, o diabetes dependente de insulina (tipo 1) e o diabetes não dependente de insulina (tipo 2). **Diabetes tipo 1 é** causado por uma **falta grave ou por ausência completa de insulina**. Também conhecida como diabetes de início precoce, essa doença geralmente é causada pela destruição autoimune de células β do pâncreas. Por outro lado, o diabetes **tipo 2** é causado por **resistência à insulina devido à insuficiência de insulina**. Resistência à insulina é definida como uma incapacidade de resposta à concentrações fisiológicas de insulina. Inicialmente, o pâncreas compensa produzindo mais insulina. Nesse estágio, o paciente é descrito como intolerante à glicose, mas à medida que a doença progride, o grau de resistência à insulina frequentemente piora. O diabetes tipo 2 ocorre quando a secreção de insulina é insuficiente para manter uma normoglicemia. A doença é assim caracterizada tanto por hiperinsulinemia como por hiperglicemia (Figura 22.3). O grau em que os diferentes órgãos desenvolvem resistência à insulina quase nunca é uniforme. A disponibilização de glicose mediada por insulina no músculoesquelético (que, em geral, é responsável por 60% do total de glicose disponível no sangue) é mais afetada, seguida pela supressão da liberação de glicose do fígado estimulada por insulina. A combinação da diminuição da utilização periférica de glicose e o aumento da produção de glicólise no fígado (direcionado pela resistência hepática à glicose assim como pelo aumento nos níveis circulantes de glucagon nas pessoas com diabetes tipo 2) contribuem em conjunto para a hiperglicemia. A sinalização por insulina no tecido adiposo parece menos afetada em pessoas com diabetes tipo 2. **Hiperinsulinemia, em face da hiperglicemia e dislipidemia (frequentemente associada com diabetes do tipo 2), estimula a lipogênese no tecido adiposo** de modo a contribuir com a obesidade que, muitas vezes, está associada a essa doença.

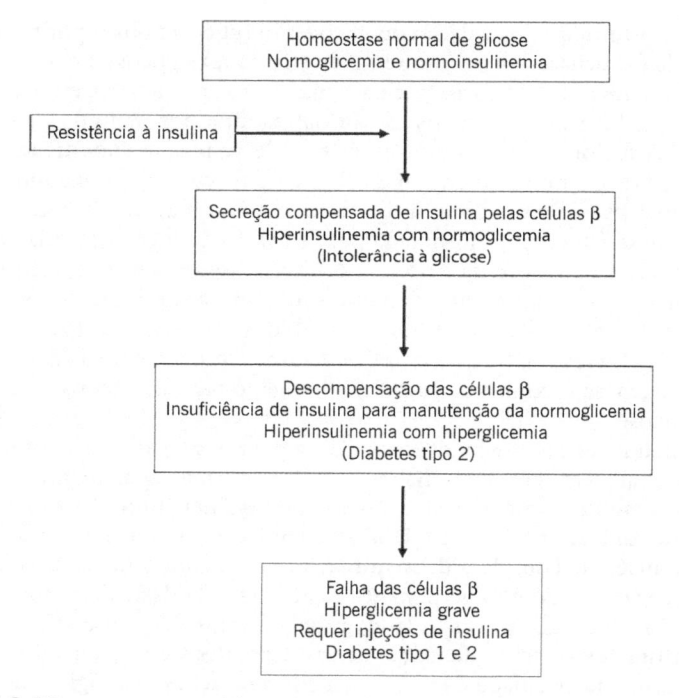

```
                    ┌─────────────────────────────────────┐
                    │   Homeostase normal de glicose      │
                    │   Normoglicemia e normoinsulinemia  │
                    └─────────────────────────────────────┘
┌──────────────────────┐                │
│ Resistência à insulina│───────────────┤
└──────────────────────┘                ▼
          ┌──────────────────────────────────────────────────┐
          │ Secreção compensada de insulina pelas células β  │
          │      Hiperinsulinemia com normoglicemia          │
          │            (Intolerância à glicose)              │
          └──────────────────────────────────────────────────┘
                                        │
                                        ▼
      ┌────────────────────────────────────────────────────────┐
      │            Descompensação das células β                │
      │ Insuficiência de insulina para manutenção da normoglicemia│
      │          Hiperinsulinemia com hiperglicemia            │
      │                  (Diabetes tipo 2)                     │
      └────────────────────────────────────────────────────────┘
                                        │
                                        ▼
                       ┌──────────────────────────────┐
                       │     Falha das células β      │
                       │     Hiperglicemia grave      │
                       │  Requer injeções de insulina │
                       │       Diabetes tipo 1 e 2    │
                       └──────────────────────────────┘
```

Figura 22.3 Diagrama esquemático mostrando os efeitos da resistência à insulina levando o diabetes melito.

QUESTÕES DE COMPREENSÃO

22.1 Homem de 64 anos queixa-se ao seu médico de família de episódios frequentes de tontura e entorpecimento nas pernas. Pela anamnese e exame clínico, o médico observou que o paciente leva um estilo de vida sedentário, é obeso (índice de massa corporal de 32 kg/m^2) e apresenta hipertensão (pressão de 200/120 mmHg). Solicitou-se retorno do paciente após uma semana, em estado de jejum, para coleta de sangue e teste de tolerância à glicose. Os exames na amostra de sangue revelam hiperglicemia de jejum, hiperinsulinemia, dislipidemia e intolerância à glicose. O diagnóstico é de diabetes melito tipo 2.
As alterações no metabolismo de substratos que poderiam causar os resultados da análise de sangue ocorreriam em quais dos seguintes órgãos:

A. Cérebro
B. Rim
C. Fígado
D. Coração
E. Baço

22.2 Uma mutação, causando diminuição da atividade, no gene codificando para qual dessas proteínas é mais consistente com essa apresentação clínica?
   A. Glucagon
   B. Isoforma 1 do transportador de glicose
   C. GP
   D. Piruvato-carboxilase
   E. PP1

22.3 Qual das seguintes complicações é menos provável de ocorrer em pessoas com diabetes tipo 2, em comparação com aquelas com diabetes tipo 1?
   A. Retinopatia
   B. Ganho de peso
   C. Doença cardiovascular
   D. Coma hiperglicêmico
   E. Neuropatia

RESPOSTAS

22.1 **C.** Entre os órgãos listados, alterações no metabolismo hepático são mais prováveis de afetarem a glicose circulante e os lipídeos. Isso, por sua vez, influencia a secreção pancreática de insulina. No curso do diabetes tipo 2, o aumento da liberação de glicose pelo fígado contribui para a hiperglicemia observada e subsequente hiperinsulinemia, ao passo que alterações complexas no metabolismo dos lipídeos contribuem para a dislipidemia. Por outro lado, mudanças nos fluxos metabólicos no cérebro, rins, coração e baço geralmente são consequências e não causa desse ambiente. Por exemplo, o coração aumenta ainda mais sua capacidade de usar ácidos graxos como combustível no ambiente diabético.

22.2 **E.** A causa elementar do diabetes tipo 2 é a resistência à insulina (inabilidade em responder as concentrações fisiológicas de insulina). PP1 é um mediador dos efeitos metabólicos da insulina. A deficiência em ativar PP1 de forma adequada, em resposta à insulina, consequentemente atenua as ações metabólicas desse hormônio. A diminuição da atividade do transportador 1 de glicose, GP, e da atividade da piruvato-carboxilase influenciaria o transporte basal de glicose, a glicogenólise e a gliconeogênese, respectivamente. Diminuição dos níveis de glucagon favorece ainda mais a eficiência da ação da insulina.

22.3 **D.** Hipoglicemia é uma complicação comumente associada a pacientes com diabetes tipo 1 hipersuplementados com insulina. Isso é menos comum em pacientes com diabetes tipo 2 porque a terapia com insulina geralmente ocorre apenas nos últimos estágios da patogênese dessa doença. Retinopatia, doença cardiovascular e neuropatia são complicações comumente associadas com as duas formas de diabetes melito. Diferentemente do diabetes tipo 1, pacientes com diabetes tipo 2 tendem a apresentar sobrepeso. Ainda está em discussão se o ganho de peso é causa ou consequência do avanço da doença.

> ### DICAS DE BIOQUÍMICA
>
> ▶ Os níveis de glicose no soro são rigidamente controlados: a insulina induz a utilização de glicose e reprime a produção endógena de glicose, ao passo que o glucagon reprime a utilização de glicose e induz a produção endógena de glicose.
> ▶ Existem vários tipos de proteínas transportadoras de glicose em diferentes tecidos, afetando o movimento de glicose através das membranas celulares.
> ▶ A glicose é convertida em glicogênio, a forma de armazenamento de glicose dos mamíferos, em um processo regulado por insulina e pela ativação da PP1 mediada por insulina.

REFERÊNCIAS

Cohen P. Dissection of the protein phosphorylation cascades involved in insulin and growth factor action. *Biochem Soc Trans.* 1993;21(3):555-567.

Gould GW, Holman GD. The glucose transporter family: structure, function and tissue-specific expression. *Biochem J.* 1993;295(2):329-341.

Newsholme EA, Leech AR. *Biochemistry for the Medical Sciences.* New York: Wiley; 1983.

CASO 23

Menina negra de dois anos foi encaminhada para um hematologista depois do pediatra ter diagnosticado anemia severa com esplenomegalia e icterícia. Sua mãe relatou uma história familiar de possíveis "problemas no sangue", mas não tinha certeza disso. A eletroforese da hemoglobina foi normal, o hemograma completo revelou anemia normocítica e contagem de plaquetas e de leucócitos estava normal. No esfregaço de sangue periférico foi verificado um grande número de eritrócitos (hemácias) de aparência estranha, inclusive a presença de células em espículas. Foi atribuído o diagnóstico de defeito da piruvato-cinase.

▶ Qual o mecanismo bioquímico dessa doença?
▶ Como é que essa doença é herdada?

RESPOSTAS PARA O CASO 23
Anemia hemolítica

Resumo: menina negra de dois anos, apresentando anemia normocítica, icterícia, esplenomegalia e esfregaço de sangue periférico mostrando células espiculadas. É possível que a família tenha um histórico com os mesmos sintomas.

- **Mecanismo bioquímico:** A deficiência de piruvato-cinase geralmente se manifesta com sintomas clínicos nas hemácias sem aparente anormalidade metabólica em outras células. Quantidade insuficiente de adenosina trifosfato (ATP) é produzida nas hemácias e sua membrana é afetada, rígida e as hemácias são removidas pelo baço.
- **Herança:** Autossômica recessiva.

ABORDAGEM CLÍNICA

A anemia hemolítica não é uma causa comum de anemia, mas deve ser considerada quando o paciente apresentar níveis séricos ou urinários elevados de bilirrubina. A lise de hemácias pode ocorrer por vários mecanismos, como medicamentos, anticorpos contra hemácias, infecções, coagulopatias e processos mecânicos, como válvulas cardíacas anormais, e deficiências enzimáticas nas hemácias. Os pacientes podem sentir fadiga e tonturas em razão da anemia e apresentar urina escura (classicamente cor de "coca-cola") devido à bilirrubinemia.

A confirmação da hemólise pode ser verificada pela presença de fragmentos de hemácias em esfregaços de sangue periférico ou pelo aumento da bilirrubinemia sérica ou pela diminuição da haptoglobina sérica. Imunoglobulinas podem provocar lise de hemácias ao atacarem várias proteínas da superfície dos eritrócitos, processos autoimunes (o organismo ataca a si mesmo) ou processos aloimune (imunoglobulinas externas), como as provenientes de transfusão de sangue ou da mãe para o feto. O teste de Coombs pode identificar imunoglobulinas nas hemácias ou circulantes no sangue. Geralmente, a hemólise de eritrócitos está associada a um aumento de precursores de hemácias na medula óssea e também de formas de eritrócitos imaturos na circulação. Assim, concentração aumentada de reticulócitos tentam compensar o aumento na destruição de hemácias.

ABORDAGEM AO
Metabolismo do piruvato

OBJETIVOS

1. Entender a função da piruvato-cinase no metabolismo do piruvato.
2. Ganhar familiaridade com a via de Embden-Meyerhof no metabolismo das hemácias.
3. Entender como a deficiência de piruvato-cinase leva à anemia.

DEFINIÇÕES

ANEMIA HEMOLÍTICA: uma condição patológica na qual há diminuição anormal do número de hemácias circulantes, causado por ruptura de hemácias devido a anormalidades na membrana ou deficiências enzimática(s) nas hemácias.
GLICOSE-6-FOSFATO-DESIDROGENASE: enzima que catalisa a etapa marca-passo na via da hexose-monofosfato, a qual fornece nicotinamida dinucleotídeo fosfato reduzido (NADPH), necessária para inativar radicais de oxigênio e assim proteger a membrana das hemácias contra ruptura por ataque de radicais livres.
PIRUVATO-CINASE: última etapa da glicólise que produz ATP. É uma etapa determinante para que as hemácias mantenham o suprimento de energia (níveis de ATP).
METEMOGLOBINA-REDUTASE: enzima eritrocitária que utiliza NADH para converter o ferro da hemoglobina oxidada (metemoglobina) da forma férrica (Fe^{3+}) para o estado ferroso reduzido (Fe^{2+}) da hemoglobina. É a única forma com capacidade de ligar oxigênio.

DISCUSSÃO

A anemia hemolítica tem várias causas, embora o caso apresentado esteja marcado por baixo suprimento de hemácias, em razão de uma deficiência enzimática nas hemácias, em vez de anomalias na membrana ou fatores ambientais, como autoanticorpos ou trauma mecânico.

No decorrer de sua maturação, as hemácias perdem as mitocôndrias, ribossomos e o núcleo e, consequentemente, as funções associadas com estas organelas, como a síntese de novas enzimas e a formação de energia mitocondrial. **Portanto, o conteúdo enzimático presente no momento da maturação das hemácias não pode ser substituído.** Em termos de produção de energia, as hemácias **têm disponível apenas a via glicolítica (via de Embden-Meyerhof).** Essa via, junto com a via da hexose-monofosfato (via das pentoses-fosfato; Figura 23.1), são as únicas vias metabólicas que as hemácias possuem para utilização de glicose. Como consequência dessa limitação na capacidade metabólica, a glicose é o único combustível que as hemácias possuem para gerar ATP. O metabolismo da glicose é necessário para que as hemácias mantenham: o ambiente iônico dentro da célula; o heme, cofator da hemoglobina, no estado reduzido (Fe^{2+}); os grupos sulfidrila reduzidos; a forma da membrana plasmática; e para produzir 2,3-bisfosfoglicerato, um modulador da afinidade da hemoglobina por oxigênio. Para cumprir essas tarefas, as hemácias metabolizam aproximadamente 90% da sua glicose diretamente a piruvato/lactato e, aproximadamente, 10% é metabolizado pela via da hexose-monofosfato antes de reentrarem na via glicolítica.

Cerca de 90% de todos os casos conhecidos de deficiência enzimática em hemácias envolvem alteração na proteína ou **diminuição nos níveis proteicos da piruvato-cinase**, ao passo que 4% dos casos são variantes da glicose-6-fosfato-isomerase, que converte glicose-6-fosfato em frutose-6-fosfato. A maioria dessas deficiências enzimáticas é herdada de forma autossômica recessiva.

Como está mostrado na Figura 23.1, 2 mol de ATP são formados por 1 mol de glicose, que é metabolizada na via glicolítica. O produto final principal da metabolização da glicose pela glicólise nas hemácias não é o piruvato, como ocorre a maior parte do tempo nos demais tecidos, mas o lactato. Uma vez que as hemácias não possuem mitocôndria, o NAD^+ não pode ser regenerado a partir do NADH produzido na glicólise e enviado para a cadeia transportadora de elétrons mitocondrial. Assim, a única opção para que a glicólise continue é a regeneração de NAD^+, a partir de NADH pela redução de piruvato em lactado por meio da reação da lactato-desidrogenase. Entretanto, o lactato não é o único produto da glicólise nas hemácias. A metemoglobina-redutase utiliza parte do NADH produzido na glicólise para reduzir metemoglobina (Fe^{3+}) de volta em hemoglobina ativa (Fe^{2+}), capaz de ligar oxigênio para transportá-lo para os tecidos. Portanto, o produto final é uma mistura de lactato e piruvato, sendo que o produto principal é o lactato.

Nos demais tecidos, mas não nas hemácias, o piruvato tem destinos metabólicos alternativos que, dependendo do tecido, inclui gliconeogênese, conversão à acetil--CoA pela piruvato-desidrogenase para posterior metabolização a CO_2 no ciclo do ácido tricarboxílico (TCA), transaminação à alanina ou carboxilação a oxaloaceto pela piruvato-carboxilase (Quadro 23.1). Entretanto, nas hemácias, o conteúdo enzimático restrito impede todos esses destinos, menos a conversão a lactato. O piruvato e o lactato produzidos são os produtos finais da glicólise nas hemácias, e são transportados para fora das hemácias para o fígado, onde podem sofrer alguma das conversões metabólicas listadas acima.

Como o comprometimento da piruvato-cinase leva à anemia? Nas hemácias, a reação da piruvato-cinase fica no final da via glicolítica e é seguida apenas pela reação da lactato-desidrogenase. Em qualquer via metabólica, em que o produto de uma reação é o substrato da reação seguinte, o comprometimento de uma reação afeta toda a via. As hemácias dependem exclusivamente da glicólise para produzir ATP para uso de todas as funções que necessitam de energia. A atividade da piruvato-cinase é determinante para a via e, portanto, crítica para a produção de energia. Se não houver produção de ATP em quantidade suficiente para suprir as necessidades de demanda de energia, então todas essas funções ficam comprometidas. A energia é necessária para manter o balanço Na^+/K^+ nas hemácias e para manter a forma discoide e flexível da célula. Na falta de quantidades suficientes de atividade da piruvato-cinase e, portanto, de ATP, o balanço iônico fica falho e a membrana fica deformada. Hemácias refletindo insuficiência de piruvato-cinase, em vez de modificarem a composição da membrana são removidas da circulação pelos macrófagos no baço. Isso leva a um aumento no número de reticulócitos circulantes e, possivelmente, a hiperplasia da medula óssea, que consiste na resposta biológica ao número baixo de hemácias resultantes da hemólise dos eritrócitos.

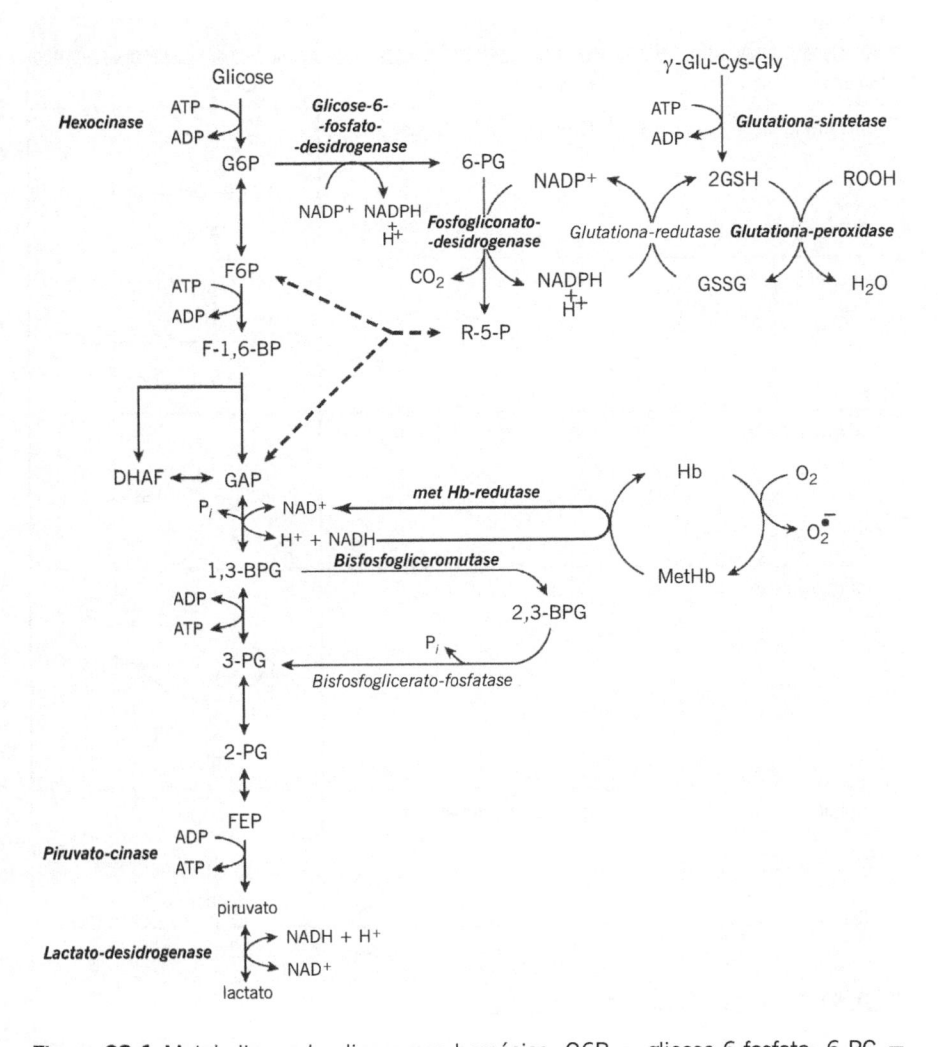

Figura 23.1 Metabolismo da glicose nas hemácias. G6P = glicose-6-fosfato; 6-PG = 6-fosfogliconato; γ-Glu-Cys = γ-glutamil-cisteína; Gly = glicina; GSH = glutationa reduzida; GSSG = glutationa dissulfeto; ROOH = hidroperóxido orgânico; F6P = frutose-6-fosfato; R-5-P = ribulose-5-fosfato; F-1,6-BP = frutose-1,6-bisfosfato; DHAF = di-hidroxiacetonafosfato; GAP = gliceraldeído-3-fosfato; Hb = hemoglobina (Fe^{+2}); metHB = hemoglobina (Fe^{+3}); 1,3-BPG = 1,3-bisfosfoglicerato; 2,3-BPG = 2,3-bisfosfoglicerato; 3-PG = 3-fosfoglicerato; 2-PG = 2-fosfoglicerato; PEP = fosfoenolpiruvato.

QUADRO 23.1 • DESTINO METABÓLICO DO PIRUVATO		
Reação	Enzima	Produto
Transaminação	Alanina-transaminase	$\text{CH}_3-\text{CH}(\text{NH}_3^+)-\text{COO}^-$ Alanina
Carboxilação	Piruvato-carboxilase	$^-\text{OOC}-\text{C}(=\text{O})-\text{CH}_2-\text{COO}^-$ Oxalacetato
Descarboxilação	Piruvato-desidrogenase	$\text{CH}_3-\text{C}(=\text{O})-\text{SCoA}$ Acetil-CoA
Gliconeogênese	Muitas	Glicose
Redução	Lactato-desidrogenase	$\text{CH}_3-\text{CH}(\text{OH})-\text{COO}^-$ Lactato

QUESTÕES DE COMPREENSÃO

23.1 Um homem jovem com anemia normocítica, icterícia e esplenomegalia foi diagnosticado com deficiência de piruvato-cinase nas hemácias após exame de esfregaço de sangue periférico revelar células espiculadas. Como a piruvato--cinase está anormal nesse paciente, não só uma menor quantidade de piruvato é formada, mas também os intermediários da via glicolítica anteriores ao piruvato estão aumentados, diminuindo a velocidade da via. Qual dos produtos abaixo pode não ser formado em quantidades apropriadas nas hemácias devido a deficiência de piruvato?

A. Glicose
B. Oxaloacetato
C. Acetil-CoA
D. Lactato

23.2 Nas hemácias do paciente acima, qual das opções abaixo seria esperada?

A. A relação ADP/ATP estaria acima do normal.
B. $NADP^+$ estaria aumentado em relação a NADPH.
C. Os níveis de ribulose-5-fosfato estariam diminuídos.
D. A relação $NADH/NAD^+$ estaria diminuída.
E. Os níveis de metemoglobina estariam aumentados.

23.3 A via glicolítica é um processo de muitas etapas pela qual a glicose é degradada até um metabólito de 3 carbonos. Algumas dessas etapas estão listadas abaixo:

1. Conversão de 3-fosfoglicerato em 2-fosfoglicerato
2. Conversão de fosfoenolpiruvato em piruvato
3. Conversão de gliceraldeído-3-fosfato em 1,3-bisfosfoglicerato
4. Conversão de glicose em glicose-6-fosfato
5. Conversão de frutose-6-fosfato em frutose-1,6-bisfosfato

Qual entre as opções abaixo mostra a ordem correta dessas conversões?

4 → 5 → 1 → 2 → 3
4 → 3 → 1 → 2 → 5
4 → 1 → 3 → 5 → 2
4 → 1 → 3 → 5 → 2
4 → 5 → 3 → 2 → 1

RESPOSTAS

23.1 **D.** Hemácias não possuem mitocôndria e assim não podem formar glicose a partir de piruvato, acetil-CoA ou oxaloacetato. As hemácias possuem lactato--desidrogenase e a conversão a lactato depende dos níveis de piruvato.

23.2 **A.** Nas hemácias, a deficiência de piruvato-cinase tenderá a desviar glicose por meio da via da hexose-monofosfato, aumentando assim os níveis de ribulose-5-P e a relação entre $NADP^+$ e NADPH diminuirá. As relações entre NADH e NAD^+ aumentariam em decorrência dos níveis baixos de piruvato disponibilizarem mais NADH para reduzir metemoglobina e regenerar NAD^+. Como a piruvato-cinase está deficiente, o último sítio de formação de ATP está comprometido e, consequentemente, também a formação de ATP nas hemácias estará comprometida, elevando a relação entre ADP e ATP.

23.3 **C.** Glicose em glicose-6-fosfato → frutose-6-fosfato → frutose-1,6-bisfosfato → gliceraldeído-3-fosfato → 1,3-bisfosfoglicerato → 3-fosfoglicerato → 2-fosfoglicerato → fosfoenolfosfato → piruvato.

DICAS DE BIOQUÍMICA

- O conteúdo de enzimas presente na maturação das hemácias não pode ser substituído e apenas a via glicolítica (via de Embden-Meyerhof) está disponível para a produção de energia nas hemácias.
- O metabolismo da glicose é necessário para as hemácias manterem o ambiente iônico dentro da célula, a maioria pela conversão a lactato.
- A maioria das deficiências enzimáticas em hemácias envolve tanto proteína alterada como a diminuição dos níveis de piruvato-cinase.
- A insuficiência de piruvato-cinase compromete a produção de ATP nas hemácias, levando ao desbalanço iônico e à deformação na forma da membrana celular. Essas células são removidas da circulação por macrófagos no baço.
- A piruvato-cinase catalisa uma das três etapas irreversíveis da via glicolítica. As outras etapas são a fosforilação de glicose em glicose-6-fosfato e a fosforilação de frutose-6--fosfato em frutose-2,6-bisfosfato.

REFERÊNCIA

Longo D, Fauci AS, Kaspar D, et al, eds. *Harrison's Principles of Internal Medicine*. 18th ed. New York: McGraw-Hill; 2011.

CASO 24

Menino de três anos deu entrada no setor de emergência após vários episódios de vômito e letargia. Seu pediatra estava preocupado com seu desenvolvimento e uma possível falência hepática, além dos episódios recorrentes de vômito e letargia. Após a história ter sido cuidadosamente investigada, observou-se que esses episódios ocorriam depois da ingestão de certos alimentos, principalmente aqueles com alto conteúdo de frutose. O açúcar no sangue do menino foi avaliado no setor de emergência e apresentou um nível muito baixo.

▶ Qual o diagnóstico mais provável?
▶ Quais as bases bioquímicas desses sintomas clínicos?
▶ Qual o tratamento para essa doença?

RESPOSTAS PARA O CASO 24
Intolerância à frutose

Resumo: menino de 3 anos com problemas de desenvolvimento e possível falência hepática. Apresenta hipoglicemia e episódios recorrentes de vômito e náusea após a ingestão de alimentos ricos em frutose.

- **Diagnóstico:** Intolerância à frutose.
- **Bases bioquímicas do problema:** Em razão de uma doença genética, a enzima hepática aldolase B é deficiente. Essa enzima funciona na glicólise, mas não no metabolismo da frutose. A produção de glicose é inibida por concentrações elevadas de frutose-1-fosfato. A ingestão de frutose resulta em hipoglicemia grave.
- **Tratamento:** Evitar dieta contendo frutose.

ABORDAGEM CLÍNICA

Pessoas com uma deficiência da aldolase B desenvolvem uma doença conhecida como intolerância à frutose. Assim como a maioria das deficiências enzimáticas, essa doença também é autossômica recessiva. Não causa dificuldades desde que o paciente não consuma alimentos contendo frutose ou sacarose. Crianças com intolerância à frutose precisam evitar doces e frutas – comportamento que deve causar preocupação. Por esse motivo, geralmente essas crianças não têm muitas cáries dentária, entretanto, se expostas cronicamente a alimentos contendo frutose, bebês e crianças pequenas podem apresentar baixo ganho de peso, cólicas abdominais ou vômito.

ABORDAGEM AO
Metabolismo dos dissacarídeos

OBJETIVOS
1. Descrever o metabolismo dos dissacarídeos, principalmente da frutose.
2. Explicar o papel da aldolase B no metabolismo da frutose.

DEFINIÇÕES

DISSACARÍDEO: duas moléculas de açúcar (monossacarídeo) unidas por uma ligação glicosídica. Os principais dissacarídeos obtidos na dieta são maltose (4-[α-d-glicosil]-d-glicose), sacarose (β-d-frutofuranosil-α-d-glicopiranosídeo) e lactose (4-[β-d-galactosil]-d-glicose).

FRUTOSÚRIA ESSENCIAL: condição genética benigna rara, na qual há eliminação de frutose na urina, porque o fígado, os rins e o intestino não possuem a enzima frutocinase.

FRUTOCINASE: enzima presente no fígado, rins e intestino que fosforila frutose à frutose-1-fosfato utilizando adenosina trifosfato (ATP).
INTOLERÂNCIA À FRUTOSE: deficiência genética na enzima hepática aldolase B. A ausência dessa enzima leva a produção de frutose-1-fosfato e depleção hepática de ATP e das reservas de fosfato.
GLUT5: isoforma 5 do transportador de glicose (por transporte facilitado) presente no intestino delgado e em outros tecidos que transportam frutose (e glicose em menor extensão) através da membrana plasmática.
β-GLICOSIDASE: enzima bifuncional ligada à membrana e localizada na borda em escova do intestino delgado. Essa enzima de uma só cadeia polipeptídica tem duas atividades, lactase e glicosilceramidase, localizadas em domínios diferentes da proteína. Hidrolisa lactose em glicose e galactose.
SGLT1: transportador de glicose dependente de sódio localizado na face luminal do epitélio intestinal. Transporta glicose e galactose pela célula intestinal utilizando um gradiente de íon sódio.
SGLT2: transportador de glicose dependente de sódio que possuí alta especificidade para glicose e é específico dos rins.
COMPLEXO SACAROSE-ISOMALTOSE: complexo enzimático formado por duas unidades enzimáticas, que possuem alta atividade α-1,4-glicosidásica e hidrolisam maltose e maltotriose, produzindo glicose. A unidade sacarásica também hidrolisa sacarose em frutose e glicose e a unidade de isomaltase hidrolisa as ligações α-1,6 presentes na isomaltose e na dextrina limite do amido.

DISCUSSÃO

Os **principais dissacarídeos** obtidos na dieta são **maltose, sacarose e lactose**. A **maltose** é obtida fundamentalmente pelo consumo de **polissacarídeo de reserva das plantas, o amido**. O amido é degradado à glicose e pequenos oligossacarídeos ramificados, denominados dextrina limite, por meio de hidrólise exaustiva realizada pela **α-amilase**. A seguir, as dextrinas limite são hidrolisadas de forma enzimática a um tetrassacarídeo ramificado pela glicoamilase à maltotriose e à maltose e, por fim, à glicose pelo complexo da sacarase-isomaltase. Ambos complexos enzimáticos estão localizados na **membrana em escova do intestino delgado**. A **sacarose**, ou açúcar de cozinha, é hidrolisada a **glicose e frutose pela subunidade sacarase** do complexo sacarase-isomaltose. A **lactose**, ou açúcar do leite, é convertida enzimaticamente à **glicose e galactose pela β-glicosidase**, que também se localiza na membrana em escova do intestino delgado. Essa enzima ligada à membrana é formada por um único polipeptídeo, que tem as atividades de lactase e glicosilceramidase localizadas em domínios diferentes da proteína.

A **glicose e a galactose** são absorvidas do lúmen do intestino pelo **transportador de glicose dependente de sódio** (SGLT1; do inglês, *sodium-dependent glucose transporter*), que localiza-se na face luminal das células do epitélio intestinal. A absorção da **frutose** não depende de gradiente de sódio. Ela é transportada para dentro das células intestinais por **difusão facilitada** por uma das isoformas do transportador, o **GLUT5**. O transporte de frutose é mais lento do que o da glicose.

O GLUT5 não tem alta capacidade de transporte; assim, em muitos indivíduos, a ingestão de frutose em quantidades maiores do que 0,5 a 1,0 g/kg de peso corporal pode levar à má absorção. A frutose entra na corrente sanguínea, juntamente com a glicose e a galactose, por meio do **transportador GLUT2**. A frutose é captada pelo fígado por meio do mesmo transportador GLUT2, assim como a glicose e a galactose. Nas células hepáticas há um forte gradiente entre as concentrações intracelulares e as extracelulares de frutose, indicando que a velocidade de captação de frutose pelos hepatócitos é baixa.

No fígado, rins e intestino a **frutose** pode ser convertida em intermediários das vias glicolítica e gliconeogênica pela ação de três enzimas: **frutocinase, aldolase B e triose-cinase** (também denominada de triose-cinase), como mostrado na Figura 24.1. Nesses tecidos, a frutose é rapidamente fosforilada à frutose-1-fosfato (F1P) pela frutocinase com gasto de uma molécula de ATP. Isso tem o efeito de reter a frutose no interior da célula. A deficiência nessa enzima leva a uma condição rara, mas benigna, conhecida como frutosúria essencial. Em outros tecidos, como o músculo, o tecido adiposo e as hemácias, a hexocinase pode fosforilar frutose em frutose 6-fosfato (F6P), um intermediário da via glicolítica.

F1P é metabolizada em di-hidroxiacetona-fosfato (DHAP) e gliceraldeído pela isoforma hepática da enzima aldolase, que catalisa, reversivelmente, uma reação de condensação aldólica. A **aldolase** está presente em 3 isoformas diferentes. A aldolase A é encontrada em altas concentrações no **músculo esquelético**, ao passo que a isoforma B predomina no fígado, rins e intestino. A aldolase C é a isoforma cerebral. A aldolase B possui atividades semelhantes tanto sobre a frutose-1,6-bifosfato (F16BP) como sobre a F1P. Entretanto, as isoformas A e C têm atividade apenas residual quando o substrato é F1P.

O **gliceraldeído** pode ser convertido em **gliceraldeído-3-fosfato (GAP)**, um intermediário da via glicolítica, pela ação da enzima triose-cinase. Essa enzima fosforila gliceraldeído à custa de uma molécula de ATP. O GAP pode então entrar na via glicolítica e ser convertido em piruvato ou se recombinar com DHAP para formar F16BP pela ação da aldolase.

Uma **deficiência na aldolase B** leva a uma condição conhecida como intolerância à frutose. Essa condição hereditária é benigna desde que o paciente não consu-

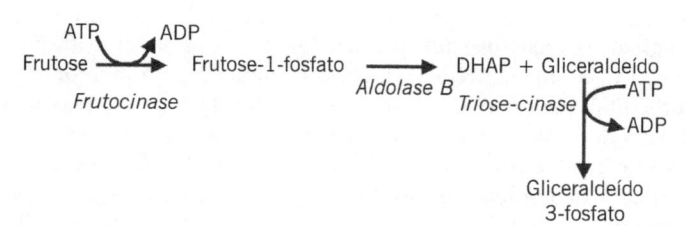

Figura 24.1 Via metabólica da entrada da frutose na via glicolítica. A frutocinase converte rapidamente a frutose à frutose-1-fosfato que, no fígado, é clivada pela aldolase B, formando di-hidroxiacetona-fostato (DHAP) e gliceraldeído.

ma nenhum alimento contendo frutose ou sacarose. Pacientes com essa condição em geral desenvolvem aversão a doces precocemente, o que contribui para que não apresentem cárie dentária. Entretanto, quando expostos a alimentos contendo frutose, bebês e crianças pequenas apresentam vômitos, má alimentação e deficiência de crescimento. Um defeito no gene da aldolase B leva a um decréscimo na atividade da enzima que apresenta apenas 15% ou menos da atividade de controles normais, levando a um aumento nos níveis de F1P nos hepatócitos.

Os níveis intracelulares tanto de ATP como de fosfato inorgânico (P_i) estão diminuídos significativamente porque a velocidade máxima da fosforilação da frutose pela frutocinase é muito alta (cerca de uma ordem de magnitude maior do que a velocidade máxima da glicocinase). A queda na concentração de ATP prejudica vários eventos celulares, incluindo a detoxicação de amônia, a formação de AMP cíclico (cAMP) e as sínteses de RNA e de proteína. A diminuição nas concentrações intracelulares de P_i leva a uma condição hiperuricemica em razão do aumento na formação de ácido úrico. A AMP-desaminase é inibida por concentrações celulares normais de P_i. Quando seus níveis caem, a inibição é relaxada, e AMP é convertido em IMP e, finalmente, em ácido úrico (Figura 24.2).

Os efeitos tóxicos da F1P podem aparecer em pacientes que não têm deficiência na aldolase B, caso eles sejam alimentados por via parenteral com soluções contendo frutose. A alimentação parenteral com soluções contendo frutose pode resultar em concentrações sanguíneas de glicose várias vezes mais altas do que as que podem ser alcançadas pela administração oral. Devido ao fato de a entrada nos hepatócitos depender de um gradiente de frutose pela célula, a administração parenteral de frutose leva ao aumento de sua entrada no fígado e ao aumento na formação de F1P. Uma vez que a formação de F1P é muito mais rápida do que o seu catabolismo, isso resulta em hiperuricemia e hiperuricosúria pelos mecanismos descritos acima.

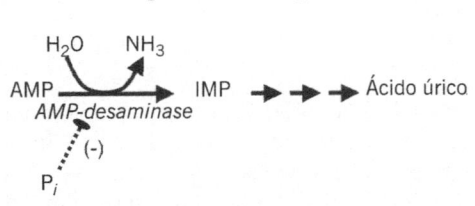

$$AMP \xrightarrow[\text{AMP-desaminase}]{H_2O \quad NH_3} IMP \rightarrow \rightarrow \rightarrow \text{Ácido úrico}$$

$(-)$
P_i

Figura 24.2 Inibição da AMP-desaminase por fosfato inorgânico (P_i). Um decréscimo na [P_i] aumenta a atividade da AMP e leva a um aumento na produção de ácido úrico.

QUESTÕES DE COMPREENSÃO

24.1 Soldado de 22 anos entrou em colapso por desidratação durante manobras realizadas no deserto e foi enviado a um hospital militar. Antes do seu alistamento militar, um médico observou que ele tinha níveis altos de glicose na urina. Inicialmente, não foi permitido que ele se alistasse por suspeita de diabetes. Entretanto, testes adicionais mostraram que ele tinha níveis de insulina normais. Um teste de tolerância à glicose mostrou um padrão normal. Testes de laboratório realizados após o episódio de desidratação repetiram esses achados, mas novos testes de urina revelaram um aumento apenas de D-glicose. Nenhum outro açúcar estava elevado. Os níveis elevados de glicose na urina e o episódio de desidratação estão associados a quais das seguintes possibilidades?

A. GLUT2
B. GLUT4
C. Receptor de insulina
D. SGLT1
E. SGLT 2

24.2 Seu paciente é um bebê de 7 meses do sexo feminino, o segundo filho de pais não aparentados. Como ela não respondia bem ao aleitamento materno, na quarta semana de vida, ele foi totalmente trocado por uma fórmula baseada em leite de vaca. Entre a 7ª e a 12ª semana de vida foi levada duas vezes a um hospital, apresentando história de choro alto após a alimentação, mas foi dispensada sem diagnóstico específico após um período de observação. A eliminação do leite de vaca da alimentação não abrandou os sintomas. A mãe informou que os acessos de choro pioravam após a ingestão de suco e que ela frequentemente tinha gases e abdome distendido. Análise de uma biópsia hepática por punção não revelou deficiência de nenhuma das enzimas do fígado. De maneira geral, a menina estava se desenvolvendo (peso > 97º percentil) sem achados anormais no exame físico.
Se uma biópsia do tecido intestinal da sua paciente fosse feita e analisada, qual das seguintes possibilidades estaria possivelmente deficiente ou defeituosa?

A. GLUT2
B. GLUT5
C. Isomaltase
D. Lactase
E. SGLT1

24.3 Mulher de 24 anos de descendência afro-americana reclama de inchaço abdominal, gases, cólicas e diarreia após a ingestão de produtos lácteos. Um teste de tolerância à lactose confirmou a suspeita de que ela tinha deficiência de lactase no intestino. Quais dos seguintes laticínios seria o menos provável de causar dificuldades no futuro?

A. Leite condensado
B. Queijo minas
C. Sorvete
D. Leite desnatado
E. Iogurte

RESPOSTAS

24.1 **E.** O paciente tem níveis sanguíneos normais de insulina e teste de tolerância à glicose normal. Isso indica que a absorção de glicose do intestino é normal e ela é removida do sangue. A presença de glicose na urina é possivelmente relacionada a um problema renal. O fato de que o defeito parece envolver apenas D-glicose e nenhum outro açúcar aponta para um transportador de alta especificidade. O rim possuí os transportadores GLUT2, SGLT1 e SGLT2. GLUT2 e SGLT1 também estão presentes em outros tecidos e se esperaria que algum defeito em um deles levasse a sequelas mais sérias. SGLT2 é um transportador de glicose dependente de sódio específico do rim, que tem alta especificidade por glicose. A glicose está presente na urina por uma falha em sua reabsorção como consequência de um defeito no SGLT2. Isso também leva a perda de água, a qual é reabsorvida junto com a glicose.

24.2 B. Pelo fato de as enzimas hepáticas estarem normais, muitos dos problemas se relacionam à ingestão de suco de fruta, provavelmente os sintomas estão associados a inabilidade em absorver frutose. Uma vez que a remoção do leite de vaca da dieta não eliminou o problema, pode-se descartar uma deficiência de lactase. GLUT5 é o transportador primário de frutose no intestino e uma deficiência nesse transportador pode levar a uma insuficiência na absorção de frutose no trato digestivo. Essa frutose passa a ser, então, substrato para o metabolismo bacteriano, que produz vários gases, incluindo tanto hidrogênio como ácidos orgânicos.

24.3 E. Os microrganismos que convertem leite em iogurte (*Streptococcus salivarius thermophilus* e *Lactobacillus delbrueckii bulgaricus*) metabolizam a maior parte da lactose do leite, removendo assim a fonte da perturbação intestinal. Iogurte também é uma boa fonte de cálcio na dieta.

DICAS DE BIOQUÍMICA

▶ Os principais dissacarídeos obtidos na dieta são maltose, sacarose e lactose.
▶ A sacarose, ou açúcar de cozinha, é hidrolisado em glicose e frutose.
▶ A lactose, ou açúcar do leite, é convertida enzimaticamente em glicose e galactose pela β-glicosidase, também localizada na borda em escova da mucosa do intestino delgado.
▶ A deficiência da aldolase B leva a uma condição conhecida como intolerância à frutose.

REFERÊNCIAS

Gitzelmann R, Steinmann B, Van den Berghe G. Disorders of fructose metabolism. In: Ludueña RF. *Learning Biochemistry: 100 Case-Oriented Problems*. New York: Wiley-Liss; 1995.

Scriver CR, Beaudet AL, Sly WS, et al., eds. *The Metabolic and Molecular Bases of Inherited Disease*. 7ª ed. New York: McGraw-Hill; 1995.

Semenza G, Auricchio S. Small-intestinal disaccharidases. In: Scriver CR, Beaudet AL, Sly WS, et al., eds. *The Metabolic and Molecular Bases of Inherited Disease*. 7ª ed. New York: McGraw-Hill; 1995.

CASO 25

Mulher de 38 anos apresentou-se na clínica com queixas alternadas de diarreia e constipação. Relata desconforto abdominal e inchaço, mas que aliviavam com movimentos intestinais. Afirma que os episódios pioram em épocas de estresse. Nega a presença de sangue nas fezes quando tem diarreia e qualquer perda de peso ou anorexia. Seu exame físico encontra-se dentro dos limites da normalidade. Foi prescrito suplemento alimentar contendo celulose com a informação de que o volume das fezes aumentaria.

▶ Qual o diagnóstico mais provável?
▶ Qual o mecanismo bioquímico do efeito do suplemento alimentar no intestino?

RESPOSTAS PARA O CASO 25

Síndrome do cólon irritável

Resumo: mulher de 38 anos com queixas de constipação e diarreia alternadas associadas a períodos de estresse e cólicas e inchaço aliviados por movimentos intestinais. A prescrição foi de um suplemento alimentar a base de celulose.

- **Diagnóstico:** Síndrome do cólon irritável.
- **Mecanismo bioquímico:** Alimentos contendo celulose não são digeridos, mas incham pela absorção de água e estão associados a fezes maiores e mais moles. O aumento de fibra na dieta também eleva o tempo de trânsito intestinal e diminui a pressão no cólon, levando a uma diminuição dos sintomas do cólon irritável.

ABORDAGEM CLÍNICA

A síndrome do cólon irritável afeta muitas pessoas nos países ocidentais e se manifesta por cólicas e inchaço na ausência de doença. Acredita-se que seja causada pelo aumento de espasmos nos intestinos. Pode apresentar constipação com ou sem episódios de diarreia. Perda de peso, febre, vômito, fezes sanguinolentas ou anemia podem incomodar, mas não devem ser atribuídas à síndrome do cólon irritável. Geralmente, os pacientes afetados são ansiosos e podem estar sob estresse. Uma vez que qualquer outra doença seja descartada, experimentar uma dieta contendo fibras, redução no estresse e eliminação de alimentos que agravam a situação constituem uma terapia eficaz. Os pacientes devem ser avisados para evitar o uso de laxantes. Raramente, agentes antiespasmódicos ou antiperistálticos podem ser usados. O aumento de fibra na dieta pode também diminuir a absorção de gorduras e diminuir o risco de câncer de cólon.

ABORDAGEM A

Polissacarídeos não digeríveis

OBJETIVOS

1. Conhecer sobre os polissacarídeos não digeríveis.
2. Saber sobre as ligações β-1,4 da celulose.
2. Conhecer sobre os principais tipos de fibras da dieta.

DEFINIÇÕES

CELULOSE: um polissacarídeo composto de unidades de β-D-glicopiranose unidas por uma ligação glicosídica β(1→4), a qual não é hidrolisada por enzimas no trato digestivo humano.

GOMAS: polissacarídeos complexos compostos por arabinose, fucose, galactose, manose, ramnose e xilose. As gomas são solúveis em água e, devido a sua natureza mucilaginosa, levemente digestíveis.
HEMICELULOSE: polissacarídeos com estrutura aleatória e amorfa que fazem parte das paredes das células vegetais. Estruturalmente não são relacionadas com a celulose, pois são compostas por vários monossacarídeos, incluindo alguns açúcares ácidos, sendo a xilose o mais prevalente.
FIBRAS INSOLÚVEIS: componentes da parede das células vegetais insolúveis em água e não degradadas por enzimas digestivas do corpo.
LIGNINAS: polímeros aromáticos formados pela desidratação irreversível de açúcares. Devido a sua estrutura, elas não podem ser degradadas pelas enzimas digestivas e perfazem parte da massa fecal.
MUCILAGENS: possuem características semelhantes à natureza viscosa e pegajosa das colas.
PECTINAS: uma das fibras solúveis da dieta, formada principalmente por polímeros de ácido galacturônico com quantidades variáveis de resíduos de outras hexoses e pentoses.
FIBRAS SOLÚVEIS: fibras mucilaginosas como a pectina e as verdadeiras gomas vegetais que são solúveis em água e digeridas pelas enzimas do trato intestinal. Por absorverem água e formarem géis viscosos, diminuem a velocidade do esvaziamento gástrico.

DISCUSSÃO

De maneira simples, as fibras alimentares são a porção do alimento que permanece intacta e não é absorvida após o processo digestivo humano. São constituídas pelos componentes da parede da célula vegetal que não é degradada pelas enzimas digestivas do corpo. As fibras alimentares podem ser agrupadas em duas categorias principais: as solúveis e as insolúveis em água. As fibras solúveis incluem pectinas, gomas, hemiceluloses solúveis e polissacarídeos de reserva (amido e glicogênio); já as fibras insolúveis incluem celulose, a maior parte das hemiceluloses e ligninas.

A celulose é o principal componente estrutural da parede das células vegetais. A celulose é um polímero longo e linear de unidades de glicose (β-D-glicopiranose) unidas por ligações glicosídicas $\beta(1\rightarrow 4)$ (Figura 25.1a). As moléculas de celulose têm uma estrutura estendida rígida, que é estabilizada por ligações de hidrogênio intercadeia. O amido, polissacarídeo de reserva das plantas, também é um polímero de glicose, mas sua estrutura é diferente, pois os monômeros de glicose são ligados por ligações glicosídicas $\alpha(1\rightarrow 4)$ (Figura 25.1b). O amido é composto por dois tipos de polímeros, a amilose, que possui uma estrutura de hélice não ramificada; e a amilopectina, que é ramificada com ligações glicosídicas $\beta(1\rightarrow 6)$ que ligam as ramificações à cadeia principal do polímero. A celulose não pode ser hidrolisada, embora o amido seja facilmente digerido pelas amilases salivar e pancreática e pelas dissacaridases, presentes no epitélio da borda em escova da mucosa intestinal. As ligações glicosídicas $\beta(1\rightarrow 4)$ da cadeia de celulose não podem ser clivadas pelas amilases presentes no trato intestinal.

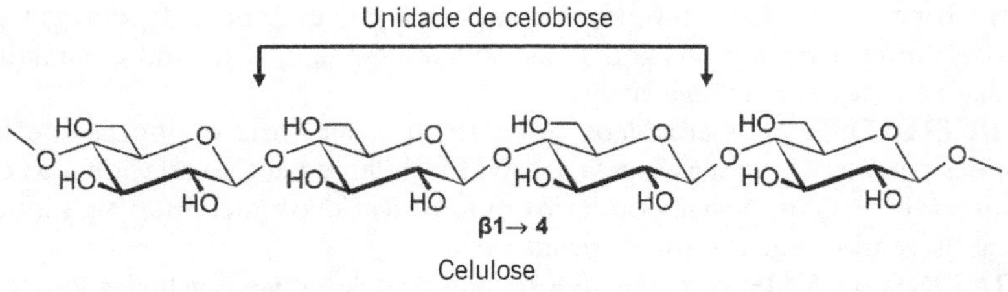

Figura 25.1a Estrutura molecular da celulose, indicando a unidade dissacarídica repetitiva, a celobiose.

As hemiceluloses também são polissacarídeos que fazem parte da estrutura da parede das células vegetais, entretanto, apesar do nome sugerir, elas não são relacionadas com a celulose. São polímeros formados por uma grande variedade de monômeros de açúcares que incluem glicose, galactose, manose, arabinose e xilose, assim como formas ácidas desses monossacarídeos. A xilose é o monossacarídeo mais abundante. As hemiceluloses possuem uma estrutura aleatória e amorfa, que é apropriada para sua localização na matriz da parede celular das células vegetais. Dependendo das suas estruturas moleculares, as hemiceluloses são parcialmente digestíveis.

As ligninas são formadas por desidratação irreversível de açúcares, o que resulta em estruturas aromáticas. Os grupos OH alcoólicos e fenólicos remanescentes podem reagir um com o outro e com grupos aldeído ou cetona de modo a formarem polímeros. Um exemplo de molécula de lignina em estágio inicial de condensação é mostrado na Figura 25.2. Esses polímeros não podem ser degradados pelas enzimas digestivas e, da mesma forma que a celulose e a porção indigerível das hemiceluloses, constituem a massa fecal.

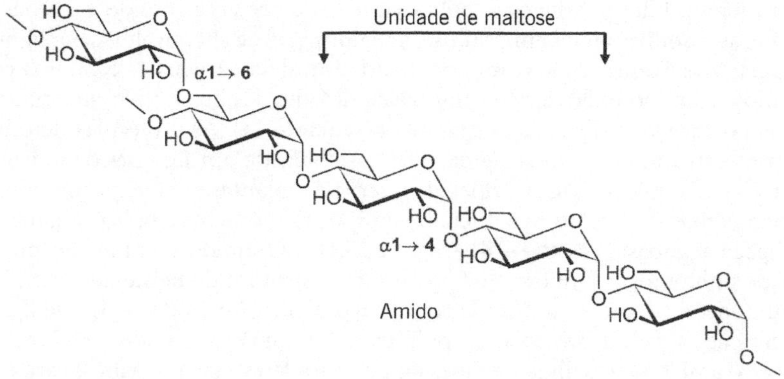

Figura 25.1b Estrutura molecular do amido, indicando a unidade dissacarídica repetitiva, a maltose, e também a ligação glicosídica α-1,6 presente nos pontos de ramificação da amilopectina.

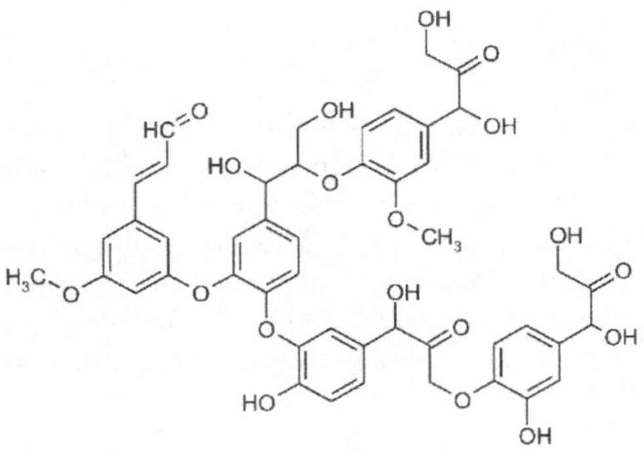

Figura 25.2 Uma molécula de lignina em estágio inicial de condensação. Os anéis aromáticos resultam da desidratação irreversível de resíduos de açúcares.

As fibras solúveis como as pectinas e as verdadeiras gomas vegetais são mucilaginosas e são digeríveis. As pectinas são formadas predominantemente por ácidos poligalacturônicos com quantidades variáveis de resíduos de hexoses e pentoses. As gomas vegetais verdadeiras são polissacarídeos complexos formados principalmente por arabinose, fucose, galactose, manose, ramnose e xilose. As gomas são solúveis em água e digeridas pelas enzimas do trato intestinal. Tanto as pectinas como as gomas são mucilaginosas, ou seja, absorvem água e assim formam géis viscosos no estômago que diminuem a velocidade de esvaziamento gástrico.

Embora a celulose e a hemicelulose sejam insolúveis, absorvem água para inchar e aumentar o volume fecal. Isso resulta em fezes mais moles e em maior volume. Foi demonstrado que dietas ricas em fibras insolúveis levam também a um aumento na velocidade do trânsito do bolo alimentar no trato digestivo e à diminuição na pressão no cólon. Além de aumentarem o volume fecal, as ligninas também ligam moléculas orgânicas, como o colesterol e muitas moléculas com potencial carcinogênico. A natureza mucilaginosa das fibras solúveis, pectinas e gomas faz a velocidade da digestão e absorção dos carboidratos diminuir, reduzindo assim o aumento dos níveis sanguíneos de glicose e consequente aumento na concentração de insulina.

QUESTÕES DE COMPREENSÃO

25.1 Um paciente com diabetes melito tipo 1 tem níveis de glicose em jejum e após as refeições geralmente acima da faixa normal, mesmo seguindo rigorosamente a sua terapia com insulina. Ele foi enviado a um nutricionista especializado em pacientes com diabetes, que recomendou ao paciente incorporar à dieta alimentos ricos em fibras. Quais das fibras alimentícias abaixo seria mais útil para manter os níveis sanguíneos de glicose dentro de valores normais?

   A. Celulose
   B. Hemicelulose

C. Ligninas
D. Pectinas

25.2 Alguns indivíduos queixam-se de flatulência após refeições ricas em feijão, ervilha, soja ou outras plantas leguminosas. Todas as leguminosas contêm oligossacarídeos rafinose e estaquiose, que possuem ligações glicosídicas dificilmente hidrolisadas pelas enzimas intestinais, mas são boa fonte de energia para as bactérias intestinais que convertem esses açúcares em H_2. Quais das seguintes ligações glicosídicas presentes na rafinose e estaquiose que não são hidrolisadas pelas nossas enzimas intestinais, mas que podem estar presentes na flora intestinal?

A. Galactose (α1→6) glicose
B. Galactose (β1→4) glicose
C. Glicose (β1→2) frutose
D. Glicose (α1→4) glicose
E. Glicose (β1→4) glicose

25.3 A celulose é o polissacarídeo mais abundante e um importante componente estrutural da parede celular. Vegetarianos consomem uma grande quantidade de celulose, porém ela não é uma fonte de energia, que não é digerida no trato intestinal humano. A celulose é indigerível porque contém qual das seguintes ligações glicosídicas?

A. Galactose (β1→4) glicose
B. Galactose (β1→6) galactose
C. Glicose (α1→4) glicose
D. Glicose (β1→2) frutose
E. Glicose (β1→4) glicose

RESPOSTAS

25.1 **D.** As pectinas e as gomas são fibras alimentares solúveis que absorvem água, formando géis mucilaginosos. Ao fazerem isso, retardam o esvaziamento do estômago e diminuem a velocidade pela qual os monossacarídeos, como a glicose e frutose, e dissacarídeos são absorvidos pelo trato intestinal. Por diminuírem a velocidade de absorção de açúcares reduzem os picos de concentração de glicose logo após as refeições.

25.2 **A.** A rafinose e a estaquiose são moléculas de sacarose que têm um e dois resíduos de galactose em ligação glicosídica α1→6. Essas ligações não são hidrolisadas pelas enzimas intestinais, mas podem ser quebradas por bactérias intestinais para produzirem CO_2 e H_2. Embora elas contenham a ligação glicose (β1→2) frutose, a sacarase não pode hidrolisar essa ligação. As ligações galactose (β1→4) glicose, glicose (α1→4) glicose e glicose (β1→4) glicose não são encontradas nesses oligossacarídeos.

25.3 **E.** A celulose é um polímero de glicose com ligações glicosídicas β1,4. Essa ligação não é hidrolisada pelas enzimas intestinais ou pela flora intestinal humana. Eles formam a parte consistente das fezes.

DICAS DE BIOQUÍMICA

▶ As fibras alimentares incluem os componentes que não são digeríveis e podem ser agrupadas em duas categorias principais, as solúveis e as insolúveis em água.
▶ As fibras solúveis incluem pectinas, gomas, alguma hemiceluloses e polissacarídeos de reserva (amido e glicogênio). As fibras insolúveis incluem celulose, a maioria das hemiceluloses e as ligninas.
▶ A celulose é um polímero linear longo de unidades de glicose (β-d-glicopiranose) ligadas por **ligações glicosídicas β(1→4), que não podem ser quebradas por enzimas humanas.**
▶ O amido, o polissacarídeo de reserva das plantas, que também é um polímero de glicose, difere na sua estrutura pelo fato de que as unidades de monômeros de glicose são ligadas por ligações glicosídicas α(1→4).

REFERÊNCIAS

Chaney SG. Principles of nutrition I: macronutrients. In: Devlin TM, ed. *Textbook of Biochemistry with Clinical Correlations.* 7ª ed. New York: Wiley-Liss; 2010.

Mayes PA. Nutrition. In: Murray RK, Granner KK, Mayes PA, et al., eds. *Harper's Illustrated Biochemistry.* 26ª ed. New York: Lange Medical Books/McGraw-Hill; 2003:656-657.

Pettit JL. Fiber. *Clin Rev.* 2002;12(9):71-75.

CASO 26

Homem de 56 anos vai à consulta médica de acompanhamento do diabetes que tem desde os 12 anos e sempre foi tratada com o uso de insulina. Relata sentir tremores e sudorese às 2 horas da madrugada com açúcar sanguíneo muito baixo, na ordem de 40 mg/dL. Entretanto, nota que pela manhã, ao levantar em jejum, os níveis de açúcar no sangue estão altos, mesmo sem ingerir qualquer carboidrato. Seu médico explicou que os níveis altos de açúcar ao amanhecer eram o resultado de processos bioquímicos em resposta à hipoglicemia noturna.

▶ Quais são os processos bioquímicos que governam a resposta à hipoglicemia noturna?

RESPOSTAS PARA O CASO 26
Efeito Somogyi

Resumo: homem de 56 anos com longa história de diabetes, dependente de insulina, com hipoglicemia noturna e hiperglicemia matinal em jejum.

- **Mecanismo bioquímico da hipoglicemia:** Baixo nível de açúcar no sangue durante a noite estimula hormônios contrarregulatórios na tentativa de elevar o nível de glicose. Entre esses hormônios incluem-se adrenalina, glucagon, cortisol e hormônio do crescimento, que afetam os níveis de glicose e os faz aumentar ao amanhecer.

ABORDAGEM CLÍNICA

Essa pessoa apresenta a manifestação clássica do efeito de Somogyi, que se constitui em hiperglicemia ao acordar em jejum como resposta à hipoglicemia na madrugada e ao amanhecer. É preciso atentar para o fato de que, se os níveis de açúcar no sangue durante a noite não são medidos, o médico pode interpretar como se o paciente tivesse hiperglicemia e precisasse de doses ainda mais altas de insulina. Essa conduta seria errada, porque a hipoglicemia está provocando uma reação hormonal contrarregulatória. O diagnóstico é feito medindo os níveis de glicose às 2 horas da madrugada e, quando confirmado, deve-se diminuir a dose de insulina neutra Hagedorn (NPH, do inglês, *neutral protamine Hagedorn*) (insulina de efeito intermediário ou de longa duração) na hora de dormir.

ABORDAGEM À
Glicose e aos hormônios contrarregulatórios

OBJETIVOS

1. Descrever a regulação da produção de glicogênio e de glicose.
2. Explicar como a insulina e a adrenalina afetam os níveis de glicose.
3. Resumir a regulação dos glucagons.
4. Descrever a cetoacidose diabética e seu mecanismo bioquímico.

DEFINIÇÕES

ADRENALINA: hormônio do grupo das catecolaminas derivado dos aminoácidos fenilalanina ou tirosina que é sintetizado e secretado pela medula suprarrenal em resposta ao estresse.

GLUT2: isoforma 2 do transportador de glicose; uma proteína de transporte localizada na membrana plasmática do fígado, pâncreas, intestino e rins que faz a glicose atravessar a membrana, dependendo do gradiente de concentração. O GLUT2 é o transportador que possibilita que a glicose seja exportada do fígado.

CETOÁCIDOSE: elevação na concentração de corpos cetônicos no organismo que diminui o pH do sangue arterial até uma situação patológica.

CETOGÊNESE: produção de corpos cetônicos no fígado em resposta a um aumento na β-oxidação com diminuição na velocidade do ciclo de Krebs devido a um desvio dos ácidos de quatro carbonos da mitocôndria para a síntese de glicose via gliconeogênese.

CORPOS CETÔNICOS: acetoacetato, β-hidroxibutirato e acetona. Acetona e β-hidroxibutirato são formados por enzimas hepáticas que condensam moléculas de acetil-CoA, regenerando, assim, CoA para que a β-oxidação possa continuar a usar ácidos graxos. A acetona é um produto da decomposição espontânea do acetoacetato. Os corpos cetônicos são exportados do fígado e podem ser utilizados por alguns tecidos extra-hepáticos para a geração de energia.

FOSFORILAÇÃO OXIDATIVA: processo pelo qual adenosina trifosfato (ATP) é sintetizada por meio de um gradiente de íon hidrogênio através da membrana interna da mitocôndria. O gradiente de íons hidrogênio é formado pela ação de complexos proteicos na membrana mitocondrial que, em sequência, transferem elétrons dos cofatores nicotinamida adenina dinucleotídeo (NADH) e $FADH_2$ reduzidos para oxigênio molecular. O movimento dos íons hidrogênio de volta para a mitocôndria por meio da ATP-sintase impulsiona a síntese de ATP.

FOSFOPROTEÍNA-FOSFATASE 1: enzima que hidrolisa grupos fosfato de uma proteína-alvo como a glicogênio-sintase, a fosforilase, a fosforilase-cinase e a forma fosforilada do inibidor 1. O inibidor 1 fosforilado é um substrato que se liga bem à enzima, mas é hidrolisado lentamente. Enquanto está ligado à fosfoproteína-fosfatase 1, o inibidor 1 fosforilado atua como um inibidor da enzima.

DISCUSSÃO

O **fígado é um órgão altamente especializado** que desempenha um papel central no **metabolismo da glicose** do corpo todo. Durante os períodos de grande disponibilidade de glicose, o fígado aumenta a captação, o armazenamento e a utilização de glicose. De maneira oposta, quando a disponibilidade de glicose exógena diminui (por exemplo, durante o jejum noturno) o fígado aumenta a produção de glicose, auxiliando a manter os níveis sanguíneos de glicose. O fígado usa dois mecanismos para a **produção endógena de glicose**, a mobilização do glicogênio intracelular (glicogenólise) e a **síntese de glicose a partir de outros precursores que não os carboidratos (gluconeogênese**, Figura 26.1). Essas vias convergem em **glicose-6-fosfato**. Esta última é hidrolisada à glicose livre pela glicose-6-fosfatase, enzima específica dos tecidos gliconeogênicos, como é o caso do fígado. Uma vez produzida, a concentração de glicose diminui por intermédio de um gradiente de concentração (por exemplo, do citosol da célula hepática para o sangue nos períodos de baixos níveis de glicose no sangue, pela isoforma 2 do transportador de glicose [$GLUT_2$]).

Durante os períodos de alta disponibilidade de glicose (por exemplo, após as refeições), a glicose que excede a demanda energética do organismo é armazenada na forma de **glicogênio** (a forma de armazenamento de glicose nos mamíferos).

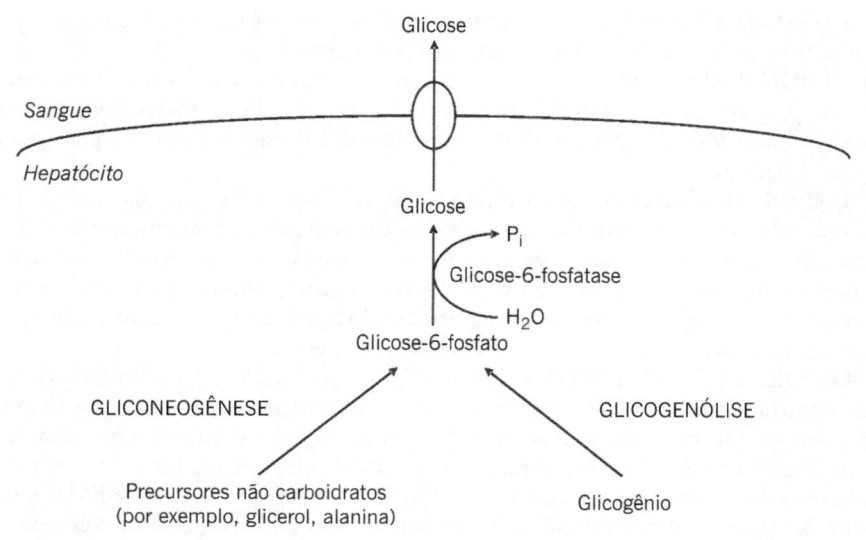

Figura 26.1 Diagrama esquemático mostrando eventos que levam a exportação de glicose pelo fígado durante os períodos de baixa glicose sanguínea.

Embora presentes no citosol de praticamente todas as células, o glicogênio está concentrado nos músculos (cardíaco e esquelético) e no fígado. A finalidade da síntese de glicogênio (glicogênese) é se antecipar aos períodos de diminuição da disponibilidade de glicose (por exemplo, durante o jejum noturno), quando o glicogênio é mobilizado como uma fonte de glicose altamente disponível. No caso do músculo, o miócito usa seu próprio glicogênio como fonte de energia. O glicogênio do fígado, ao contrário, é mobilizado para ajudar a manter os níveis sanguíneos de glicose. As vias bioquímicas da glicogênese e da glicogenólise estão ilustradas na Figura 26.2.

Uma vez que a glicogênese é a via recíproca da glicogenólise, a gliconeogênese é a via recíproca da glicólise. Glicólise, a lise da glicose em duas moléculas de piruvato, é uma via metabólica ubíqua, ao passo que a gliconeogênese ocorre apenas em um número seleto de tecidos, incluindo o fígado. Durante os períodos de disponibilidade aumentada de glicose, o fluxo através da via glicolítica aumenta, utilizando assim essa fonte de energia disponível. De maneira oposta, durante os períodos de diminuição da disponibilidade de glicose a velocidade da gliconeogênese aumenta, em uma tentativa de manter os níveis de glicose no sangue. As fontes de carbono para a gliconeogênese dependem da situação metabólica específica (por exemplo, exercício, jejum, diabetes melito), e incluem glicerol, aminoácidos e lactato. Embora a maioria dos carbonos provenientes de ácidos graxos não possam ser usados para a síntese líquida de glicose, o metabolismo dos ácidos graxos exerce um papel central na gliconeogênese. A gliconeogênese é um processo que demanda muita energia e é impulsionado pela β-oxidação dos ácidos graxos. Quando a velocidade da produção de acetil-CoA pela β-oxidação dos ácidos graxos excede a velocidade de

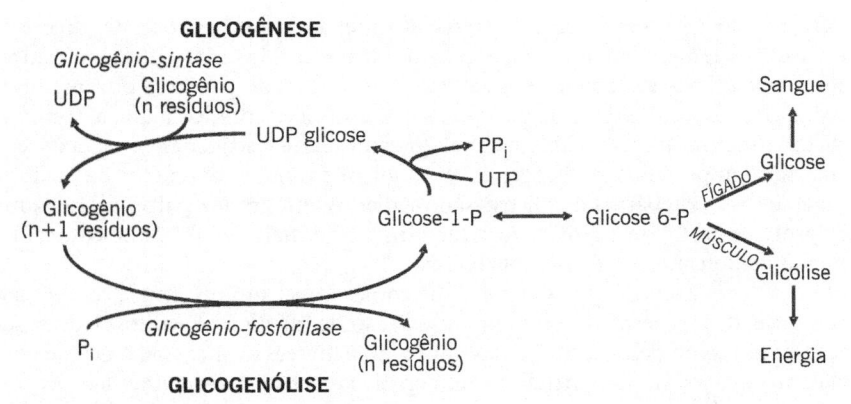

Figura 26.2 Vias bioquímicas de síntese de glicogênio (glicogênese) e degradação até glicose-6-fosfato (glicogenólise).

oxidação da acetil-CoA via ciclo de Krebs e fosforilação oxidativa, há acúmulo de acetil-Coa. Essa acetil-CoA é desviada para a via da síntese de corpos cetônicos (cetogênese), o que permite a continuidade da β-oxidação e, portanto, a manutenção de altas taxas de gliconeogênese. As relações entre glicólise, gliconeogênese, β-oxidação e cetogênese estão ilustradas na Figura 26.3.

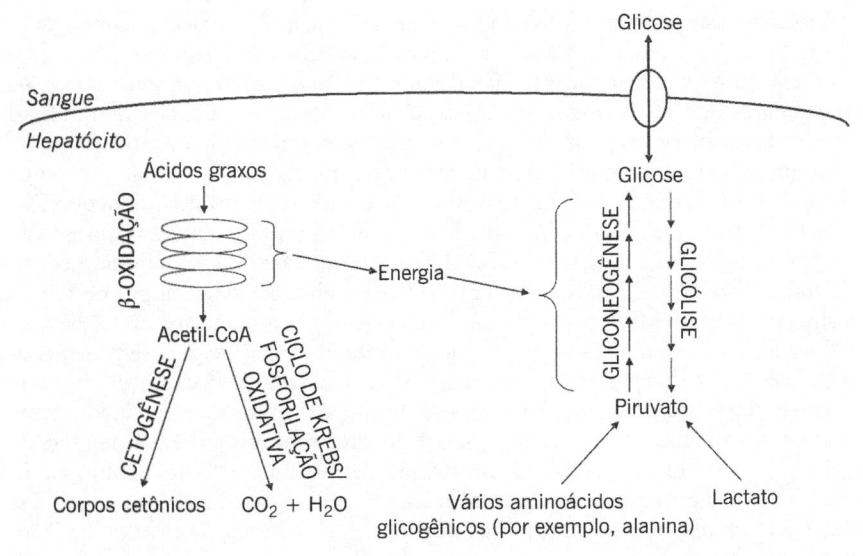

Figura 26.3 Diagrama esquemático das relações entre a degradação dos ácidos graxos e a formação de corpos cetônicos com a síntese (gliconeogênese) e a degradação da glicose (glicólise). A β-oxidação dos ácidos graxos fornece a energia que conduz à formação de glicose.

O fluxo de carbonos através das vias do metabolismo hepático da glicose já descritos é extremamente influenciado pelos hormônios insulina, glucagon e adrenalina. A insulina é secretada pelas células β das ilhotas do pâncreas durante períodos de alta disponibilidade de glicose. Esse hormônio peptídico ajuda a diminuir a glicose sanguínea para a faixa normal ao estimular a glicogênese e a glicólise e, ao mesmo tempo, inibir a glicogenólise e a gliconeogênese. Os efeitos da insulina no metabolismo hepático da glicose são mediados, em grande parte, pela enzima fosfoproteína-fosfatase 1 (PP1). Para uma discussão mais detalhada de como PP1 afeta o metabolismo da glicose, veja o Caso 22.

Quando os níveis de glicose no sangue começam a diminuir (por exemplo, no jejum noturno) o mesmo ocorre com a secreção de insulina. Por outro lado, a secreção de glucagon pelas células α das ilhotas do pâncreas é estimulada. O glucagon tem como alvo primário o metabolismo hepático da glicose, aumentando a produção de glicose (via gliconeogênese e glicogenólise) e, ao mesmo tempo, diminuindo a sua utilização. O **glucagon** atua, em grande parte, revertendo os efeitos da ativação de PP1 mediada por insulina. Ao se ligar ao seu receptor na superfície da célula, o glucagon aumenta a atividade da proteína-cinase A (PKA), que fosforila muitas das proteínas e enzimas que a PP1 desfosforila. Para uma discussão mais detalhada do mecanismo de ação da PKA, veja o Caso 22.

Da mesma maneira que o glucagon, a secreção de **adrenalina** aumenta durante os períodos de baixa disponibilidade de glicose. A ligação da adrenalina aos receptores β-adrenérgicos da superfície dos hepatócitos resulta na ativação da PKA, aumentando, assim, a produção de glicose pela glicogenólise e pela gliconeogênese (Figura 26.4). A adrenalina é também capaz de se ligar a um segundo receptor na superfície do hepatócito, receptor β-adrenérgico, levando ao aumento dos níveis intracelulares de Ca^{2+}. Este último, ativa alostericamente uma cinase denominada de fosforilase-cinase que, por sua vez, aumenta a ativação da glicogenólise.

No diabetes melito aparecem as alterações no mecanismo homeostático da glicose descrito anteriormente. Existem duas formas de diabetes melito, dependente de insulina (tipo 1) e não dependente de insulina (tipo 2). O diabetes tipo 1 é causado por uma deficiência severa ou total de insulina. Essa doença, também conhecida como diabetes de aparecimento precoce, é geralmente causada por destruição autoimune de células β pancreáticas. A falta de insulina, somada aos níveis elevados de glucagon e adrenalina, leva a uma alta taxa de liberação de glicose pelo fígado, mantida pela β-oxidação dos ácidos graxos. Essa alta taxa de β-oxidação de ácidos graxos resulta em uma produção excessiva de corpos cetônicos e cetoacidose subsequente. O tratamento do diabetes tipo 1 envolve o monitoramento regular dos níveis de glicose no sangue e a administração de insulina. A terapia com insulina associada com o jantar leva a uma diminuição nos níveis de glicose no sangue. Essa baixa glicemia dispara a liberação dos hormônios contrarregulatórios, glucagon e adrenalina, estimulando assim a produção hepática de glicose. Inadvertidamente, isso resulta em níveis elevados de glicose ao amanhecer (o efeito Somogyi). Ao contrário do diabetes tipo 1, o diabetes tipo 2 é causado por uma resistência à insulina junto da suficiência de insulina. Assim, a doença é caracterizada tanto por hiper-

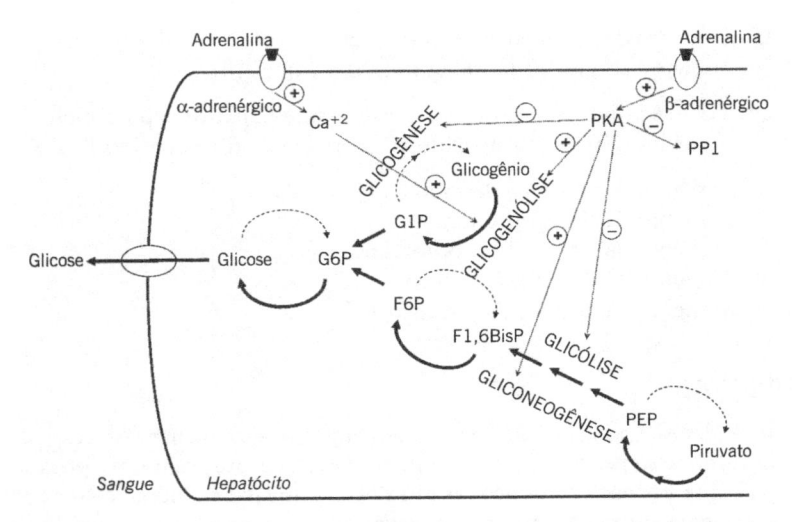

Figura 26.4 Diagrama esquemático mostrando como a adrenalina conduz à quebra de glicogênio, a síntese de glicose e o envio de glicose para a corrente sanguínea. A adrenalina se liga a ambos receptores α e β-adrenérgicos na membrana plasmática dos hepatócitos, levando ao aumento da liberação de Ca^{+2} e à ativação da adenilato-ciclase e da proteína-cinase A.

glicemia como por hiperinsulinemia. A cetoacidose é uma complicação menos comum no diabetes tipo 2.

QUESTÕES DE COMPREENSÃO

26.1 Homem de 27 anos foi admitido às pressas em um setor de emergência devido a um colapso repentino com perda de consciência. O exame dos pertences pessoais revelou que o paciente é um diabético dependente de insulina. A rápida diminuição de quais dos fatores hormonais a seguir teria maior probabilidade de ter desencadeado o colapso repentino do paciente?

A. Insulina
B. Glucagon
C. Ácidos graxos
D. Glicose
E. Triglicerídeos

26.2 Qual das opções a seguir teria *menor* probabilidade de contribuir com a hiperglicemia associada com diabetes tipo 1 descontrolada.

A. Diminuição da captação de glicose pelo músculo esquelético
B. Diminuição da lipogênese nos adipócitos
C. Aumento da lipólise nos adipócitos

D. Aumento da gliconeogênese hepática
E. Aumento da glicogenólise no músculo esquelético

26.3 Qual das seguintes alterações no metabolismo hepático explica melhor o aumento da incidência da cetoacidose observada no diabetes tipo 1?
A. Aumento da captação de glicose
B. Aumento da síntese proteica
C. Aumento da síntese de lipoproteínas
D. Aumento da β-oxidação
E. Aumento da degradação de glicogênio

RESPOSTAS

26.1 **D.** A glicose é a fonte primária de energia para o sistema nervoso central. Uma diminuição repentina nos níveis circulantes de glicose prejudica a produção de ATP, que, por sua vez, impede as funções cognitivas. Se a hipoglicemia persistir, o paciente entrará em coma e, eventualmente, morrerá. Essa complicação, comum em pessoas com diabetes tipo 1, é consequência de supersuplementação de insulina. Por outro lado, uma repentina diminuição na insulina, glucagon, ácidos graxos ou triglicerídeos circulantes produz poucos efeitos imediatos nas funções cognitivas.

26.2 **E.** Ao contrário do fígado, o músculoesquelético não pode exportar glicose para a circulação. Uma vez que a glicose entra nos miócitos, seu destino é ser usado por essas células. Assim, o glicogênio intramiocelular é utilizado como fonte de combustível pelo músculoesquelético e não pode contribuir para hiperglicemia observada no diabetes tipo 1 não controlado. Por outro lado, a diminuição da utilização de glicose mediada por insulina no músculoesquelético e no tecido adiposo contribui para a hiperglicemia, assim como a supressão da liberação de glicose pelo hepatócito mediada por insulina. A diminuição da supressão da lipólise mediada por insulina contribui indiretamente para a hiperglicemia, ao fornecer combustíveis alternativos, que não glicose (ácidos graxos e corpos cetônicos), para órgãos como o músculoesquelético e o fígado.

26.3 **D.** Níveis circulantes diminuídos de insulina sinalizam para a necessidade do aumento da produção hepática de glicose. Esse é um processo que demanda muita energia, fornecida pela β-oxidação dos ácidos graxos. Entretanto, a acetil--CoA, o principal produto da β-oxidação, não pode ser usada para a produção de glicose. Em vez disso, a acetil-CoA é desviada para a via da síntese de corpos cetônicos (cetogênese). De maneira oposta, os carbonos do glicogênio intra--hepático contribuem menos para a síntese de corpos cetônicos no diabetes tipo 1 não controlado. A captação líquida de glicose, síntese de proteínas e de lipoproteínas estão diminuídas, ao contrário de aumentadas, no diabetes tipo 1 não controlado.

DICAS DE BIOQUÍMICA

▶ O fígado utiliza dois mecanismos para a produção endógena de glicose, a mobilização do glicogênio intracelular (glicogenólise) e a síntese de glicose a partir de precursores que não sejam carboidratos (gliconeogênese).
▶ O fluxo de carbonos através das vias do metabolismo hepático de glicose descrito no texto é fortemente influenciado pelos hormônios insulina, glucagon e adrenalina.
▶ A falta de insulina, em face de glucagon e adrenalina elevados, leva a altas taxas de liberação de glicose pelo fígado, aumentando a β-oxidação dos ácidos graxos. Esse aumento na β-oxidação resulta em excessiva produção de corpos cetônicos e consequente cetoacidose.

REFERÊNCIAS

Cohen P. Dissection of the protein phosphorylation cascades involved in insulin and growth factor action. *Biochem Soc Trans.* 1993;21:555.

Newsholme EA, Leech AR. *Biochemistry for the Medical Sciences.* New York: Wiley; 1983.

CASO 27

Homem de 51 anos chega ao setor de emergência com dor no peito. Informa que sentia um desconforto no peito ou pressão intermitente durante o último ano, especialmente em situações em que aumentava sua atividade, e descreve a dor no peito como uma pressão atrás do osso do peito que se espalha pelo lado esquerdo até a nuca. De maneira diferente do que vinha ocorrendo, ele estava deitado, assistindo televisão, quando sentiu essa dor novamente. A dor no peito durou aproximadamente 15 minutos e então parou sozinha. Ele também relatou que teve náusea e suor durante o episódio. Afirma não ter conhecimento de qualquer problema médico, mas já fazia muitos anos que não era examinado por um médico. O exame mostrou que ele não tinha nenhuma alteração aguda nos sinais vitais, os pulmões estavam límpidos na auscultação bilateral e o coração tinha frequência e ritmo regulares sem sopro. O eletroencefalograma (ECG) revelou elevação do segmento ST e picos de onda T nas derivações II, III e aVF. Os níveis séricos de troponina I e T estavam elevados.

▶ Qual o diagnóstico mais provável?
▶ Qual a lançadeira de elétrons que pode ser ativada para produzir mais adenosina trifosfato (ATP) por molécula de glicose?

RESPOSTAS PARA O CASO 27
Infarto do miocárdio

Resumo: homem de 51 anos com histórico de dor no peito ao fazer esforço se apresenta com pressão no peito retroesternal que irradia para a nuca. Ele tem náusea e diaforese quando em repouso. O paciente tem elevação no segmento ST e picos na onda T nas derivações inferiores do ECG. Os níveis de troponina I e T estão elevados.

- **Diagnóstico mais provável:** Infarto agudo do miocárdio.
- **Bioquímica lançadeira de elétrons:** A lançadeira de elétrons malato-aspartato está presente, principalmente, no coração, fígado e rim. Essa lançadeira necessita das formas citosólica e mitocondrial da malato-desidrogenase, da glutamato-oxaloacetato-transaminase e de dois antiporters, o antiporter malato-α-cetoglutarato e o antiporter glutamato-aspartato, ambos localizados na membrana mitocondrial interna. Nessa lançadeira, a nicotinamida adenina dinucleotídeo (NADH) é oxidada para gerar NAD^+ no citosol pela redução de oxaloacetato a malato pela malato-desidrogenase citosólica.

ABORDAGEM CLÍNICA

A causa mais comum de óbitos na América do Norte é a doença coronariana. Os sintomas do paciente nesse caso são muito típicos do infarto do miocárdio, isto é, pressão ou dor no peito, geralmente irradiando para a nuca ou para o braço esquerdo. A dor, em geral, é descrita como se o peito estivesse sendo apertado com força. O músculo cardíaco é perfundido pelas artérias coronárias com pouquíssima circulação redundante ou colateral. Desse modo, a oclusão de uma artéria coronária leva à isquemia ou necrose do músculo cardíaco correspondente. A confirmação laboratorial do infarto do miocárdio (morte de músculo cardíaco) inclui ECG mostrando elevação do segmento ST, um aumento de enzimas cardíacas na circulação ou ambos. Quando a disponibilidade de oxigênio para o músculo cardíaco é insuficiente, a via glicolítica deve ser usada, o que leva a produção de uma quantidade muito pequena de ATP por molécula de glicose. A lançadeira do malato-aspartato pode proporcionar 2 ou 3 vezes mais ATP por molécula de glicose ao oxidar NADH para regenerar NAD^+ no citosol pela redução do oxaloacetato em malato pela malato-desidrogenase citosólica.

ABORDAGEM À
Glicólise e lançadeira de elétrons malato-aspartato

OBJETIVOS

1. Ganhar familiaridade com a glicólise.
2. Conhecer o papel do glicerol-3-fosfato e da lançadeira de elétrons malato-aspartato.
3. Estar ciente da função da mitocôndria na glicólise.

DEFINIÇÕES

INFARTO DO MIOCÁRDIO: uma área do músculo cardíaco é perfundida inadequadamente como resultado de oclusão de um vaso do coração ocasionando isquemia, morte celular e liberação dos constituintes celulares, inclusive enzimas, para a circulação. Alterações no eletrocardiograma ocorre devido à lesão do tecido cardíaco.
ANGINA: perturbação transitória do fluxo sanguíneo adequado em uma parte do músculo cardíaco, levando a dor e mudança temporária para glicólise anaeróbia, produzindo piruvato e lactato, liberados na circulação.
GLICÓLISE AERÓBIA: metabolismo da glicose a piruvato. Em presença de oxigênio suficiente, o piruvato pode ser metabolizado a CO_2 via ciclo do ácido tricarboxílico pela produção mitocondrial de NADH e $FADH_2$, que fornecem elétrons por meio da cadeia transportadora de elétrons para o oxigênio molecular, produzindo H_2O e ATP.
GLICÓLISE ANAERÓBIA: metabolismo da glicose a lactato na ausência de oxigênio suficiente. Quando o oxigênio está ausente, o piruvato é convertido em lactato e nenhuma via oxidativa adicional está disponível.
LANÇADEIRA DE ELÉTRONS: processos enzimáticos nos quais elétrons do NADH são transferidos através da barreira mitocondrial. A **lançadeira do glicerol-3-fosfato** usa a redução da di-hidroxiacetona-fosfato a glicerol-3-fosfato e reoxidação ao transferir elétrons do NADH citosólico para a coenzima Q na cadeia transportadora de elétrons. A **lançadeira do malato-aspartato** usa malato e aspartato em uma troca de dois elementos para transferir elétrons do NADH citosólico para NADH mitocondrial (Figuras 27.1 e 27.2).

DISCUSSÃO

Infarto do miocárdio ocorre quando a perfusão do músculo cardíaco é inadequada, levando a deficiência no suprimento de oxigênio dessa porção do músculo cardíaco. Isso induz o músculo afetado a se apoiar no metabolismo anaeróbio para suprir suas necessidades energéticas, com a concomitante produção de ácido láctico. Mesmo isquemias transitórias podem levar a mudanças no tecido muscular,

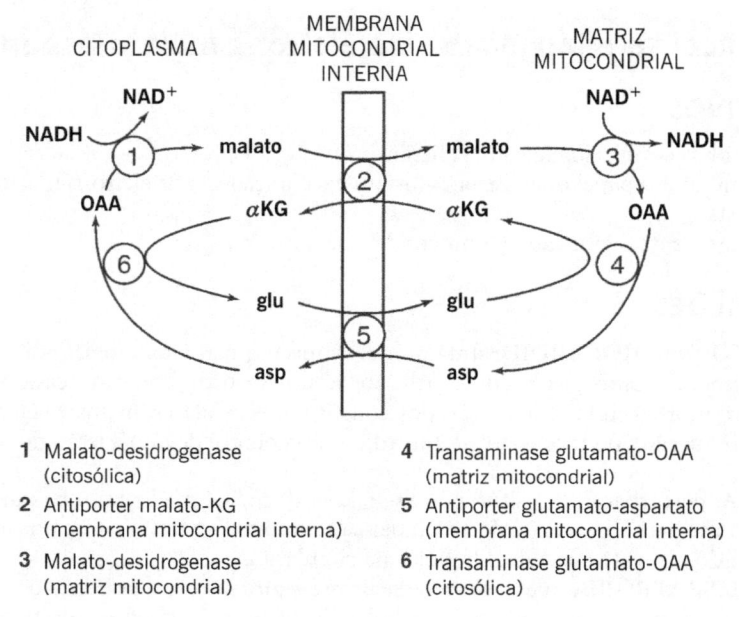

```
                           MEMBRANA
      CITOPLASMA          MITOCONDRIAL           MATRIZ
                            INTERNA           MITOCONDRIAL
          NAD⁺                                    NAD⁺
  NADH ↘                                               ↗ NADH
         (1) → malato  ─────→  malato → (3)
                         (2)
   OAA          αKG ←─────── αKG          OAA
    ↑ (6)                                    (4) ↓
         → glu  ─────────→ glu
                         (5)
           asp ←─────────── asp
```

1 Malato-desidrogenase (citosólica)
2 Antiporter malato-KG (membrana mitocondrial interna)
3 Malato-desidrogenase (matriz mitocondrial)
4 Transaminase glutamato-OAA (matriz mitocondrial)
5 Antiporter glutamato-aspartato (membrana mitocondrial interna)
6 Transaminase glutamato-OAA (citosólica)

Figura 27.1 Lançadeira de elétrons do malato-aspartato.

```
                                                    MEMBRANA
      CITOSOL         CH₂–O–℗                     MITOCONDRIAL
                      C=O                            INTERNA
                      CH₂–OH
  NADH ↘                                    FADH₂ ↘    CoQ
         ┌──────┐ → DHAP ←----- DHAP →     ┌──────┐
         │      │                          │      │
  NAD⁺ ↗ └──────┘ → G3P ------→ G3P →      └──────┘
                                            FAD ↗     CoQH₂
                      CH₂–O–℗
   glicerol-3-fosfato-  H–C–OH             glicerol-3-fosfato-
   -desidrogenase       CH₂–OH             -desidrogenase
   ligada ao NAD⁺                          ligada ao FAD
      (citosólica)                          (membrana
                                            mitocondrial interna)
```

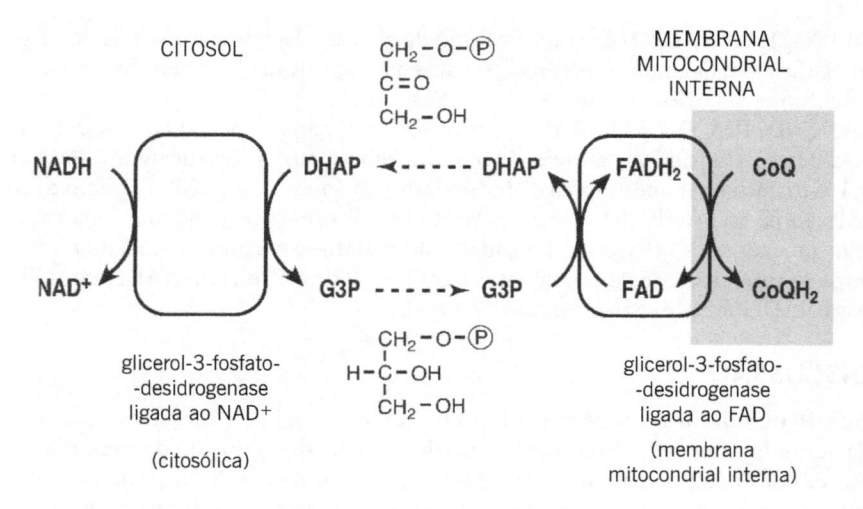

Figura 27.2 Lançadeira de elétrons do glicerol-3-fosfato.

mas isquemia prolongada leva a destruição das células musculares e liberação das proteínas celulares, como **creatina-cinase, lactato-desidrogenase e troponina I**. A reperfusão devido ao tratamento trombolítico, ou por meios mecânicos, pode restaurar os níveis de oxigênio e retomar os processos do metabolismo aeróbio. Uma consequência secundária da reperfusão é o dano causado pela reperfusão, no qual um estado altamente reduzido de células afetadas encontra concentrações de oxigênio aumentadas e produz radicais de oxigênio reativos. Entre eles, o mais notável é o radical hidroxil (OH·), que ataca componentes dos tecidos, como os lipídeos e grupos sulfidrila das proteínas. O infarto do miocárdio causa mudanças nas vias de produção de energia que são ativadas pela insuficiência de oxigênio no músculo cardíaco afetado.

A **via glicolítica** de todas células em condições de oxigenação tecidual adequada é demonstrada na Figura 27.3. **Duas moléculas de ATP** são necessárias para iniciar a via – uma na etapa da **hexocinase** para fosforilar glicose à glicose-6-fosfato e a outra para **fosforilar frutose-6-fosfato à frutose-1,6-bisfosfato**. A clivagem da frutose-1,6-bisfosfato produz 2 triose-fosfatos, gliceraldeído-3-fosfato e di-

1 Hexocinase
2 Glicose-6-P-isomerase
3 6-Fosfofrutocinase
4 Frutose-1,6-bisfosfato-aldolase
5 Triosefosfato-isomerase
6 3-Fosfofosfogliceraldeído-desidrogenase
7 Fosfoglicerato-cinase
8 Fosfofosfoglicero-mutase
9 Enolase
10 Piruvato-cinase

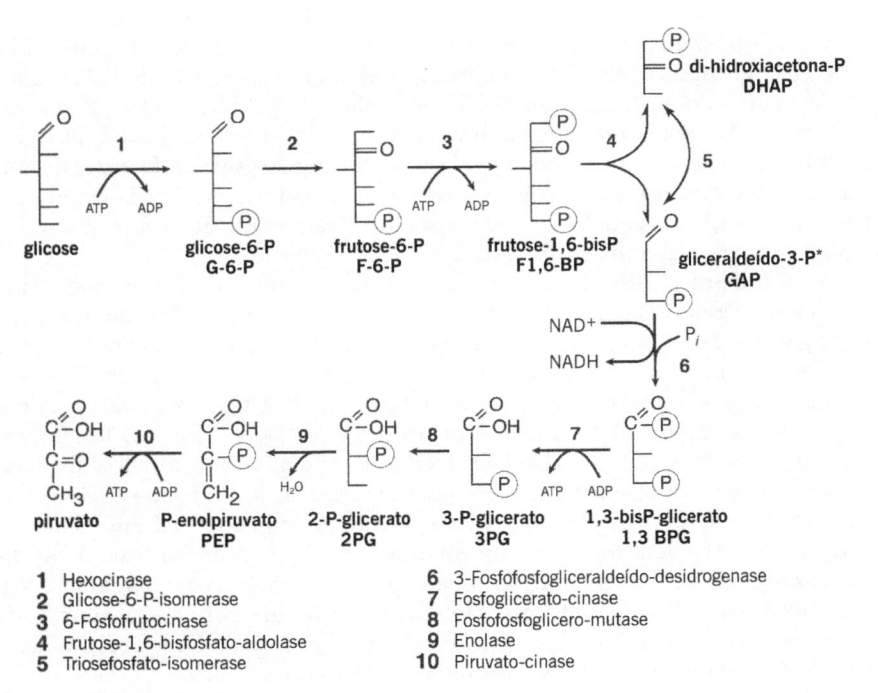

Figura 27.3 Via glicolítica.
*A partir do gliceraldeído-3-fosfato em diante, moléculas de 2,3 carbonos/glicose seguem pela via necessitando de 2 NAD^+ e 4 ADP, produzindo um total de 4 ATP, 2 NADH e 2 H_2O.

-hidroxiacetona-fosfato, que é isomerizada a gliceraldeído-3-fosfato pela triose--fosfato-isomerase. A oxidação do grupo aldeído para ácido pela redução de NAD^+ a NADH com a concomitante ligação de fosfato inorgânico, produzindo 1,3-bifosfoglicerato, é catalisada pela 3-fosfogliceraldeído-desidrogenase. Essa etapa requer a regeneração de NAD^+ para continuar. O fosfato inorgânico está presente nos tecidos em alta concentração (geralmente 25 mM) e não é limitante. A primeira fosforilação ao nível do substrato ocorre em seguida, na qual a fosfoglicerato-cinase catalisa a transferência de um grupo acil-fosfato do 1,3-bisfosfoglicerato para a adenosina difosfato (ADP), produzindo ATP e 3-fosfoglicerato. A fosfoglicomutase muda o fosfato do 3-fosfoglicerato para o carbono 2, produzindo 2-fosfoglicerato. A enolase catalisa a remoção dos elementos da água entre os carbonos das posições 2 e 3, produzindo fosfoenolpiruvato. A piruvato-cinase, então, catalisa a segunda fosforilação do ADP ao nível do substrato, produzindo ATP e piruvato, o produto final da glicólise aeróbia. Como frutose-1,6-bisfosfato é clivada em duas porções de 2-triose-fosfato e cada triose fosfato produz duas moléculas de ATP, é produzido um total de 4 ATP por fosforilação ao nível do substrato. Entretanto, duas moléculas de ATP são consumidas na ativação da hexose, deixando um ganho líquido de duas moléculas de ATP na fosforilação ao nível de substrato da glicólise.

Como observado, o NAD^+ deve ser regenerado a partir do NADH produzido, ou o ciclo glicolítico cessa. Em condições aeróbias, a regeneração do NAD^+ citosólico a partir do NADH citosólico é obtida pela transferência de elétrons através da barreira da membrana mitocondrial para a cadeia transportadora de elétrons, onde os elétrons são transferidos ao oxigênio. **Dois mecanismos diferentes de lançadeiras de elétrons** possibilitam a transferência de elétrons através da membrana para que a regeneração de NAD^+ no citosol seja alcançada: a lançadeira glicerol-3--fosfato e a lançadeira malato-aspartato.

A **lançadeira glicerol-3-fosfato** funciona principalmente no **músculoesquelético e no cérebro** (Figura 27.2). A lançadeira se aproveita do fato de que a enzima glicerol-3-fosfato-desidrogenase existe em duas formas: uma citosólica, que usa NAD^+ como cofator, e uma mitocondrial, ligada ao FAD. A glicerol-3-fosfato-desidrogenase citosólica utiliza elétrons do NADH citosólico para reduzir o intermediário da via glicolítica di-hidroxiacetona-fosfato a glicerol-3-fosfato, regenerando assim NAD^+ no citosol. O recém-formado glicerol-3-fosfato é liberado da forma citosólica da enzima e atravessa a membrana, sendo ligado a glicerol-3--fosfato-desidrogenase ligada ao FAD da membrana mitocondrial interna. Ali, a glicerol-3-fosfato-desidrogenase mitocondrial reoxida o glicerol-3-fosfato em di--hidroxiacetona-fosfato (mantendo o balanço estequiométrico), reduzindo o seu cofator FAD a $FADH_2$. Os elétrons são então transferidos para a coenzima Q da cadeia transportadora de elétrons e até o oxigênio, gerando duas moléculas adicionais de ATP por par de elétrons e, portanto, por glicerol-3-fosfato.

Por outro lado, a **lançadeira malato-aspartato** funciona principalmente no **coração, fígado e rim** (Figura 27.3). Essa lançadeira necessita das formas citosólica e mitocondrial da malato-desidrogenase, da transaminase glutamato-oxaloacetato e de dois antiporters, o antiporter malato-α-cetoglutarato e o antiporter glutamato-aspartato, ambos localizados na membrana mitocondrial interna. Nessa lançadeira de elétrons, o NADH citosólico é oxidado para regenerar NAD$^+$ citosólico, por meio da redução do oxaloacetato a malato pela malato-desidrogenase citosólica. O malato é transportado para dentro da matriz da mitocôndria, ao passo que o α-cetoglutarato é transportado para fora da mitocôndria pelo antiporter malato-α-cetoglutarato, mantendo a estequiometria. A seguir, o malato é oxidado de volta a oxaloacetato, produzindo NADH a partir de NAD$^+$ na matriz mitocondrial pela malato-desidrogenase mitocondrial. O oxaloacetato não pode ser transportado de por si só através da membrana da mitocôndria, ele precisa ser transaminado para formar aspartato a partir do doador de NH$_3$ glutamato, pela transaminase glutamato-oxalacetato mitocondrial. O aspartato é transportado para fora da matriz, ao passo que o glutamato é transportado para dentro pelo antiporter glutamato-aspartato presente na membrana da mitocôndria, desfazendo a aparente impressão de desequilíbrio estequiométrico percebida acima. A última etapa da lançadeira é catalisada pela transaminase glutamato-oxalacetato citosólica e regenera o oxalacetato no citosol, a partir do aspartato, e o glutamato no citosol, a partir do α-cetoglutarato, as duas moléculas que foram anteriormente transportadas em direções opostas pelo antiporter malato-α-cetoglutarato. O efeito líquido dessa lançadeira é o transporte de elétrons do NADH citosólico para o NAD$^+$ mitocondrial. Desse modo, esses elétrons podem ser passados do NADH recém-formado para o complexo I do sistema de transporte de elétrons, produzindo assim três moléculas de ATP pela fosforilação oxidativa. É importante observar que dependendo de qual das lançadeiras é usada (ou seja, qual tecido está catalisando a glicólise) podem ser produzidos tanto duas como três moléculas extras de ATP pela fosforilação oxidativa por triose-fosfato que segue para as últimas etapas da glicólise.

Na glicólise anaeróbia, como é o caso dos tecidos submetidos a episódios isquêmicos (por exemplo, infarto do miocárdio), não há produção das moléculas extra de ATP produzidas pelas lançadeiras e nem das moléculas de ATP produzidas pela passagem normal de elétrons por meio do sistema de transporte de elétrons, devido à insuficiência de oxigênio. Para suprir as demandas de energia, deve haver aumento da velocidade da glicólise. Esse aumento de velocidade está comprometido nos tecidos lesionados. Mais ainda, o mecanismo de lançadeiras que regenera NAD$^+$ a partir do NADH formado pela glicólise não está disponível, como mostrado na Figura 27.4. Em condições isquêmicas, as necessidades de NAD$^+$ para a glicólise são supridas pela redução do piruvato, o produto final da via glicolítica, a lactato usando os equivalentes redutores do NADH.

Sob condições isquêmicas, lactato, o novo produto final da via, acumula nas células do músculo e causa dano às membranas celulares com seu pH baixo, causando ruptura da célula e perda do conteúdo celular, como mioglobina e troponina I. Esses compostos, assim como outros produtos finais, combinam-se para causar aumento na ruptura de células e dor.

Reabrir a vasculatura para restaurar a perfusão o mais rápido possível é a primeira etapa no tratamento. Trombólise dentro de uma hora após o infarto produz os melhores resultados. Após um infarto é necessário dar tratamento de suporte,

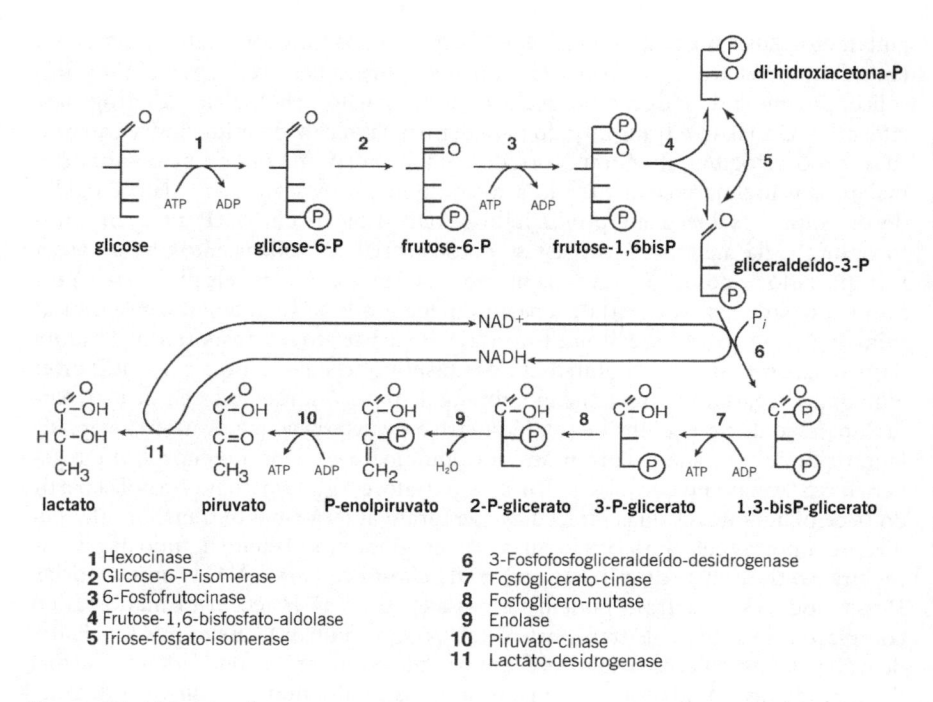

Figura 27.4 Via glicolítica sob condições de oxigênio insuficiente.

1 Hexocinase
2 Glicose-6-P-isomerase
3 6-Fosfofrutocinase
4 Frutose-1,6-bisfosfato-aldolase
5 Triose-fosfato-isomerase
6 3-Fosfofosfogliceraldeído-desidrogenase
7 Fosfoglicerato-cinase
8 Fosfoglicero-mutase
9 Enolase
10 Piruvato-cinase
11 Lactato-desidrogenase

regulação da frequência cardíaca e da pressão, para possibilitar uma recuperação do episódio isquêmico e reparar os tecidos lesionados. É necessário monitorar a dieta, tanto para a reparação dos tecidos como para prevenir uma recorrência.

QUESTÕES DE COMPREENSÃO

27.1 Depois de um episódio de pressão no esterno que se irradia para a nuca, associado com náusea e diaforese em repouso, um homem de meia idade foi diagnosticado com angina instável e, possivelmente, infarto do miocárdio. Exames laboratoriais mostraram níveis séricos aumentados de troponina I e de enzimas cardíacas compatíveis com o diagnóstico. Se esse paciente na verdade teve angina, qual da(s) seguinte(s) alteração(ões) no metabolismo afetaram a área onde ocorreu o problema?

A. Aumento da fosforilação oxidativa
B. Aumento na taxa de oxidação dos ácidos graxos
C. Aumento da conversão de piruvato em acetil-CoA
D. Aumento na formação de lactato
E. Aumento no uso de corpos cetônicos

CASOS CLÍNICOS EM BIOQUÍMICA **245**

27.2 No caso descrito na questão 27.1 parece muito provável que tenha ocorrido um episódio isquêmico. Quais alterações ocorreriam no metabolismo da glicose?
   A. Diminuição da taxa geral de utilização de glicose.
   B. Inibição alostérica da piruvato-cinase.
   C. Aumento da taxa de produção de ATP no citosol.
   D. Reoxidação de NADH a NAD^+ pela lançadeira do glicerol-3-fosfato.
27.3 Se o paciente descrito na questão 27.1 não teve angina, ele tem uma lesão focal na qual apenas uma região do músculo cardíaco foi afetada, ao passo que outras regiões continuaram a receber um suprimento adequado de oxigênio, possibilitando que a lançadeira malato-aspartato funcione. Qual das alternativas abaixo está envolvida com essa lançadeira de elétrons da barreira mitocondrial?
   A. Antiporter malato-aspartato
   B. Antiporter malato-α-cetoglutarato
   C. Antiporter glutamato-α-cetoglutarato
   D. Simporter aspartato-α-cetoglutarato
   E. Simporter malato-glutamato

RESPOSTAS
27.1 **D.** Neste caso, o problema é que o oxigênio que alcança uma área do músculo cardíaco é insuficiente, de modo que o uso da cadeia transportadora de elétrons para gerar ATP a partir de ADP está muito comprometido e todos os precursores da cadeia se acumulam, reduzindo assim a formação dos produtos do ciclo do ácido tricarboxílico. A oxidação dos ácidos graxos, a formação de acetil-CoA a partir da oxidação do piruvato dos corpos cetônicos e a fosforilação oxidativa estão todos comprometidos. Na glicólise, em condições de oxigênio reduzido, um piruvato é convertido em lactato para reoxidar NADH a NAD^+ e permitir que a glicólise continue. Portanto, a formação do lactato está aumentada.
27.2 **C.** A taxa de utilização tanto de glicose como da produção de ATP pela glicólise está aumentada para compensar a deficiência na produção de ATP na fosforilação oxidativa devido à falta de oxigênio. Nessas circunstâncias, o ATP é usado assim que ele é produzido, de modo a não estar em concentração suficiente para inibir a piruvato-cinase. Ainda, a frutose-1,6-bisfosfato tende a estimular a atividade da piruvato-cinase.
27.3 **B.** O antiporter malato-α-cetoglutarato carrega malato do citosol para a mitocôndria, onde ele é oxidado a oxaloacetato pela enzima mitocondrial malato--desidrogenase, formando NADH. Para que o antiporter malato-α-cetoglutarato funcione, uma molécula de α-cetoglutarato deve ser transportada da matriz mitocondrial para o citosol. O único outro transportador envolvido nesse mecanismo de lançadeira de elétrons é o antiporter aspartato-glutamato. Nenhum dos outros transportes sugeridos é necessário para o mecanismo dessa lançadeira.

> ### DICAS DE BIOQUÍMICA
>
> ▶ A doença coronariana é a causa mais comum de morte entre os norte-americanos.
> ▶ O infarto do miocárdio é suspeitado na presença de dor torácica típica, resultado de elevação do segmento ST no ECG e aumento das enzimas cardíacas.
> ▶ Quando há deficiência de oxigenação, é usada a via da glicólise anaeróbia.
> ▶ Duas lançadeiras de elétrons possibilitam que mais ATP seja gerado sob condições aeróbias: a lançadeira glicerol-3-fosfato, que funciona principalmente no músculoesquelético e no cérebro, e a lançadeira malato-aspartato, principalmente no coração, fígado e rim.

REFERÊNCIAS

Devlin TM, ed. *Textbook of Biochemistry with Clinical Correlations*. 7th ed. New York: Wiley-Liss; 2010.

Longo D, Fauci AS, Kaspar D, et al, eds. *Harrison's Principles of Internal Medicine*. 18th ed. New York: McGraw-Hill; 2011.

CASO 28

Casal de judeus de origem europeia oriental chega à clínica para aconselhamento pré-natal depois da morte precoce do seu único filho na infância. A família não conseguia lembrar o nome da doença, mas disse que era comum em sua ascendência. Sua primeira criança era normal no nascimento, com a circunferência da cabeça um pouco maior do que o normal, "achado ocular" anormal e doença neurológica progressiva grave com diminuição da coordenação motora e, eventualmente, a morte. Os resultados da necropsia são consistentes com doença de Tay-Sachs.

▶ Qual é o tipo de herança dessa doença?
▶ Qual é a causa bioquímica da doença?

RESPOSTAS PARA O CASO 28
Doença de Tay-Sachs

Resumo: casal de judeus de origem europeia oriental chega para aconselhamento pré-natal depois de ter perdido uma criança com uma doença neurológica progressiva com perda de habilidades motoras e cabeça anormalmente grande e exame oftalmológico anormal. A necropsia mostra doença de Tay-Sachs.

- **Herança:** Autossômica recessiva; frequência de portadores de 1:30 em judeus Ashkenazi.
- **Base molecular do distúrbio:** Doença lisossômica de depósito com deficiência da enzima hexosaminidase A, resultando no acúmulo de gangliosídeos GM_2 ao longo do corpo.

ABORDAGEM CLÍNICA

Doença de Tay-Sachs é uma doença genética fatal, na qual grandes quantidades de lipídeos, denominados gangliosídeo GM_2, acumulam nas células nervosas e cerebrais das pessoas afetadas. Crianças com esse distúrbio são normais nos primeiros meses de vida, mas, em seguida, como os lipídeos distendem as células nervosas e as células cerebrais, ocorre deterioração progressiva. A criança fica cega, surda e, eventualmente, incapaz de engolir. Doença de Tay-Sachs ocorre principalmente em crianças judias de origem europeia oriental, e a morte, por broncopneumonia, ocorre em geral aos 3 ou 4 anos. Uma mancha avermelhada na retina também se desenvolve e os primeiros sintomas aparecem em torno dos 6 meses. É uma doença lisossômica de depósito com atividade insuficiente da enzima hexosaminidase A, que catalisa a biodegradação dos gangliosídeos. O diagnóstico é feito pela suspeita clínica e níveis séricos de hexosaminidase. Atualmente, não existe tratamento para essa doença.

ABORDAGEM AO
Depósito lisossômico

OBJETIVOS

1. Descrever os defeitos enzimáticos que levam às doenças lisossômicas de depósito.
2. Descrever a síntese e degradação de esfingolipídeos.

DEFINIÇÕES

CERAMIDA: componente de todos os esfingolipídeos composto por um grupo acil-graxo de cadeia longa em uma ligação amida com a esfingosina.
GANGLIOSÍDEO: glicoesfingolipídeos ricos em carboidratos complexos contendo três ou mais monossacarídeos esterificados à ceramida com, pelo menos, um dos

açúcares sendo o ácido N-acetilneuramínico (ácido siálico). Os gangliosídeos são componentes de membrana encontrados em terminações nervosas.

GANGLIOSIDOSES: acúmulo de gangliosídeos no lisossomo como resultado da deficiência de uma ou mais enzimas envolvidas na degradação de gangliosídeos.

MUCOLIPIDOSE II: doença em que há acúmulo de diferentes biomoléculas que são normalmente degradadas no lisossomo, como resultado da deficiência de uma enzima que modifica as enzimas lisossômicas, de modo que elas são direcionadas para o lisossomo.

DOENÇAS LISOSSÔMICAS DE DEPÓSITO: doenças genéticas que são o resultado da deficiência de uma ou mais enzimas presentes no lisossomo. Isso leva ao acúmulo de biomoléculas que, em geral, são degradadas no lisossomo.

ESFINGOLIPÍDEO: qualquer um de um número de moléculas de lipídeos que contêm esfingosina como parte de sua estrutura molecular; incluem: ceramida, esfingomielina, cerebrosídeos, sulfatídeos e gangliosídeos.

DOENÇA DE TAY-SACHS: doença genética que é o resultado de uma deficiência de hexosaminidase A (β-N-acetil-hexosaminidase), uma enzima envolvida na degradação de gangliosídeos no lisossomo. A doença é prevalente em crianças judias de origem europeia oriental e leva ao acúmulo de gangliosídeo GM_2 em células nervosas do cérebro e disfunção neuronal.

DISCUSSÃO

Os **esfingolipídeos** são uma classe de **lipídeos** encontrados em **membranas biológicas**, nas quais a **espinha dorsal da molécula lipídica é a esfingosina, um amino-álcool de 18 carbonos.** Essa formação está em contraste com o esqueleto de glicerol encontrados em lipídeos, como fosfolipídeos. As moléculas precursoras para a síntese de esfingosina são palmitoil-CoA e serina, que se condensam para formar 3-desidroesfinganina (3-cetodi-hidroesfingosina; Figura 28.1). Isto é seguido por uma reação de redução, utilizando NADPH para formar esfinganina (di-hidroesfingosina). A ceramida é formada em uma reação de dois passos por meio da formação de uma ligação amida entre a esfinganina e um ácido graxo de cadeia longa (geralmente ácido beénico, um ácido graxo C-22 saturado). Segue-se, então, uma reação de oxidação utilizando FAD, que introduz uma ligação dupla do tipo *trans* na espinha dorsal da esfinganina.

A ceramida é um bloco de construção para todos os outros esfingolipídeos. A Figura 28.2 mostra a síntese de alguns desses esfingolipídeos de ceramida. A reação de fosfatidilcolina e ceramida (pela esterificação) produz esfingomielina, uma subclasse de esfingolipídeos contendo fosfato encontrado no tecido nervoso de animais superiores. A adição de um ou mais resíduos de açúcar à ceramida produz os glicoesfingolipídeos. O cerebrosídeo glicoesfingolipídeo contém um resíduo de glicose ou galactose.

Gangliosídeos são esfingolipídeos complexos ricos em carboidratos contendo três ou mais resíduos de açúcar esterificado com a ceramida, com um dos açúcares sendo ácido siálico (ácido N-acetilneuramínico). Os gangliosidos são sintetizados pela adição gradual de nucleosídeos, contendo resíduos de açúcar ativados à ceramida. A nomenclatura dos gangliosídeos é um pouco incomum. O gangliosídeo é representado pela letra G, seguida por um letra subscrita e um número. A letra

$$\text{Palmitoil-CoA} + {}^-\text{O}-\overset{\overset{\text{O}}{\|}}{\text{C}}-\underset{\underset{\text{NH}_3^+}{|}}{\text{CH}}-\text{CH}_2-\text{OH}$$

Serina

$\downarrow \!\! \searrow \text{CO}_2 + \text{CoA}$

$$\text{CH}_3\text{-}(\text{CH}_2)_{14}\text{-}\overset{\overset{\text{O}}{\|}}{\text{C}}-\underset{\underset{\text{NH}_3^+}{|}}{\text{CH}}-\text{CH}_2\text{OH}$$

3-Desidroesfinganina

$\downarrow\!\!\begin{array}{l}\swarrow \text{NADPH}\\ \searrow \text{NADP}^+\end{array}$

$$\text{CH}_3\text{-}(\text{CH}_2)_{14}\text{-}\underset{\underset{}{}}{\overset{\overset{\text{OH}}{|}}{\text{CH}}}-\underset{\underset{\text{NH}_3^+}{|}}{\text{CH}}-\text{CH}_2\text{OH}$$

Esfinganina

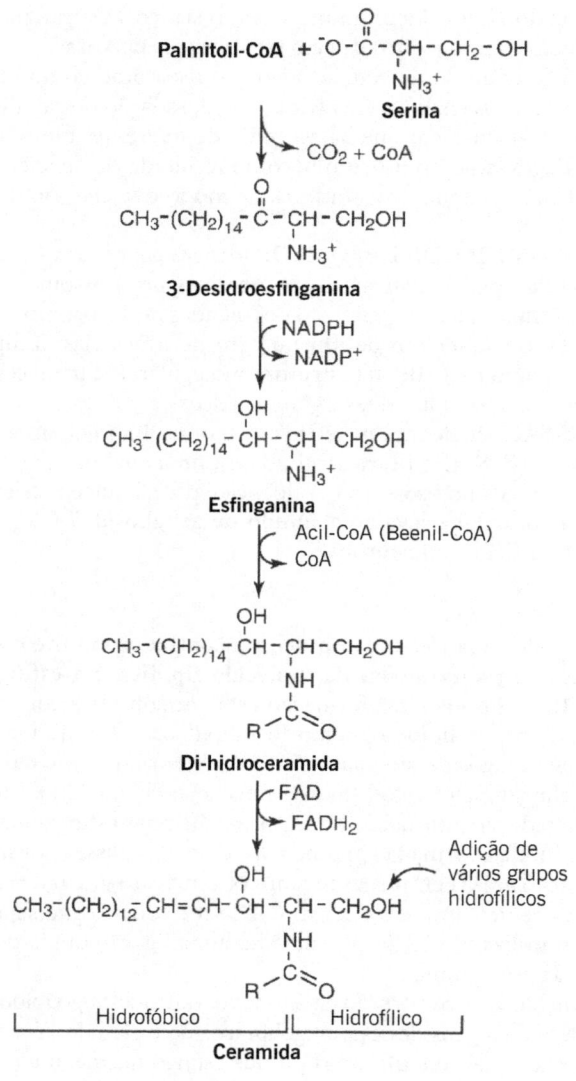

$\downarrow\!\!\begin{array}{l}\swarrow \text{Acil-CoA (Beenil-CoA)}\\ \searrow \text{CoA}\end{array}$

$$\text{CH}_3\text{-}(\text{CH}_2)_{14}\text{-}\overset{\overset{\text{OH}}{|}}{\text{CH}}-\underset{\underset{\text{NH}}{|}}{\text{CH}}-\text{CH}_2\text{OH}$$
$$\text{R}\underset{\diagdown}{}\overset{\text{C}\!=\!\text{O}}{}$$

Di-hidroceramida

$\downarrow\!\!\begin{array}{l}\swarrow \text{FAD}\\ \searrow \text{FADH}_2\end{array}$

$$\text{CH}_3\text{-}(\text{CH}_2)_{12}\text{-}\text{CH}\!=\!\text{CH-}\overset{\overset{\text{OH}}{|}}{\text{CH}}-\underset{\underset{\text{NH}}{|}}{\text{CH}}-\text{CH}_2\text{OH}$$

Adição de vários grupos hidrofílicos

| Hidrofóbico | Hidrofílico |

Ceramida

Figure 28.1 Biossíntese da ceramida.

subscrita indica o número de resíduos de ácido siálico presentes na molécula (M = 1, D = 2, T = 3) e o número é igual a 5 menos o número de açúcares neutros. Mais de 60 gangliosídeos têm sido caracterizados e a estrutura de um deles, o gangliosídeo G_{M1}, está representada esquematicamente na Figura 28.3. A função dos glicoesfingolipídeos no reconhecimento célula-célula e imunidade de tecidos. Os gangliosídeos são encontrados nas terminações nervosas e podem ser importantes na transmissão de impulsos nervosos.

CASOS CLÍNICOS EM BIOQUÍMICA 251

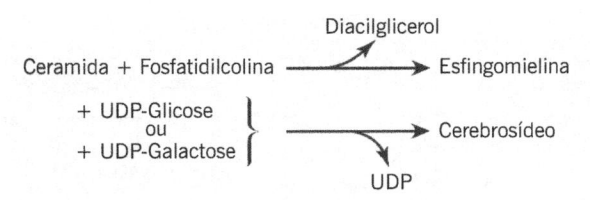

```
                          Diacilglicerol
Ceramida + Fosfatidilcolina ─────────▶ Esfingomielina
    + UDP-Glicose   ⎫
         ou         ⎬ ─────────▶ Cerebrosídeo
    + UDP-Galactose ⎭       ↘
                           UDP
```

Figura 28.2 A formação de esfingomielina e cerebrosídeos a partir de ceramida.

Os esfingolipídeos estão constantemente sendo entregue nos lisossomos de células por enzimas hidrolíticas específicas que removem os açúcares em uma forma gradual. Os defeitos nestas enzimas podem ocorrer e resultar em estados de doença, que resultam do acúmulo de esfingolipídeos não degradados. As doenças lisossômicas de depósito constituem um grupo de aproximadamente 40 doenças diferentes, que ocorrem em cerca de 1 a cada 5 mil nascidos vivos. Muitas dessas doenças são caracterizadas pela deficiência na enzima lisossômica específica, mas algumas doenças podem ser causadas pela incapacidade da translocação de enzimas para o lisossomo (Mucolipidose II), o transporte defeituoso de moléculas pequenas para fora do lisossomo (cistinose) ou uma deficiência nas proteínas ativadoras de esfingolipídeos, que são proteínas de baixo peso molecular que participam da degradação de esfingolipídeos. O resultado em todas essas doenças é a falta da capacidade da célula para degradar esfingolipídeos no lisossomo. O acúmulo dessas macromoléculas ou seus derivativos parciais no lisossomo resultam em condições patológicas associadas com as doenças lisossômicas de depósito conhecidas como esfingolipidoses.

As proteínas destinadas para o lisossomo devem conter determinados sinais de carboidratos. Na mucolipidose II, a enzima que catalisa a adição de uma manose-6--fosfato na proteína é defeituosa. Sem a adição desse resíduo de manose, as proteínas não podem ser transportadas para o lisossomo.

A doença de Tay-Sachs resulta de uma deficiência na **enzima hexosaminidase A** (β-N-acetil-hexosaminidase). O gene humano para essa enzima está localizado no **cromossomo 15 na posição 15q23-q24**. A deficiência de hexosaminidase A leva ao acúmulo de gangliosídeo G_{M2} nas células nervosas do cérebro. A hexosaminidase A remove um resíduo de N-acetilgalactosamina terminal do gangliosídeo G_{M2} para formar o gangliosídeo G_{M3} (Figura 28.4). A incapacidade dos pacientes com

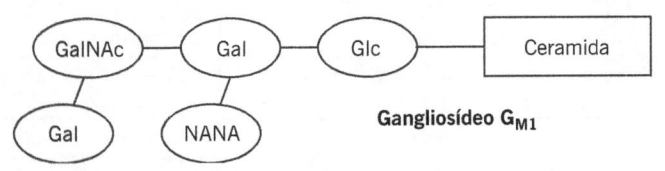

```
   GalNAc ─ Gal ─ Glc ─ Ceramida
     │
    Gal   NANA        Gangliosídeo G_M1
```

Figura 28.3 A estrutura esquemática do gangliosídeo G_{M1}. A nomenclatura é como se segue: L significa para gangliosídeo; a letra subscrita indica o número de resíduos de ácido siálico; o numeral é igual a 5 menos o número de açúcares neutros. Gal = galactose; GalNAc = N-acetilgalactosamina; Glc = glicose; NANA = ácido N-acetilneuramínico (ácido siálico).

Gangliosídeo G_{M2}

GalNAc — Gal — Glc — Ceramida
         |
        NANA

Hexosaminidase A → GalNAc

Gangliosídeo G_{M3}

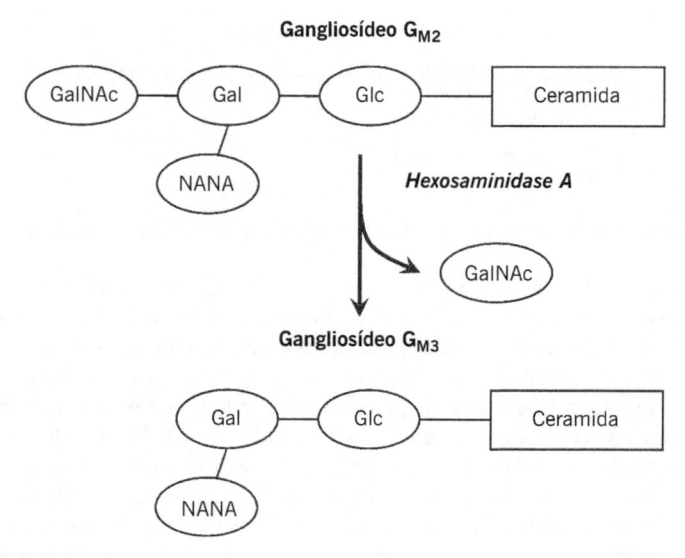

Gal — Glc — Ceramida
 |
NANA

Figura 28.4 A reação catalisada pela hexosaminidase A, a enzima deficiente em pacientes com doença de Tay-Sachs.

a doença de Tay-Sachs de remover esses resíduos de açúcar resulta no acúmulo de gangliosídeos no lisossomo. Isso resulta no inchaço dos neurônios que contêm esses lisossomos cheios de lipídeos e a alteração da função neuronal.

Outras doenças lisossômicas de depósito incluem a gangliosidose G_{M1}, Gangliosidoses G_{M2}, doença de Gaucher, doença de Niemann-Pick, doença de Fabry, fucosidosis, doença de Schindler, leucodistrofia metacromática, doença de Krabbe, deficiência múltipla de sulfatases, doença de Farber e doença de Wolman. O Quadro 28.1 ilustra as deficiências enzimáticas em algumas dessas doenças.

QUADRO 28.1 • DOENÇAS LISOSSÔMICAS DE DEPÓSITO		
Doença	Enzima deficiente	Consequência
Doença de Tay-Sachs	β-N-acetil-hexosaminidase	Aumento de gangliosídeo G_{M2}
Doença de Gaucher	β-Glicosidase	Aumento de glicocerebrosídeos
Doença de Fabry	α-Galactosidase A	Acúmulo de glicoesfingolipídeos com α-galactosil
Doença de Farber	Ceramidase	Aumento de ceramida
Doença de Niemann-Pick	Esfingomielinase	Acúmulo de esfingomielina
Mucolipidose II	N-Acetilglicosaminil-1-fosfotransferase	Empacotamento incorreto das enzimas lisossômicas, prejudicando a função do lisossomo

CASOS CLÍNICOS EM BIOQUÍMICA **253**

QUESTÕES DE COMPREENSÃO

28.1 Um casal vai ao seu consultório para o aconselhamento genético sobre a doença de Tay-Sachs. Eles são muito bem preparados e solicitam mais informações sobre a enzima específica que está defeituosa nessa doença. Você explica que Tay-Sachs resulta da falta da atividade enzimática necessária para qual dos seguintes?

A. Remoção de N-acetilgalactosamina do gangliosídeo G_{M2}
B. Adição de N-acetilgalactosamina para o gangliosídeo G_{M2}
C. Remoção do dissacarídeo galactose-N-acetilgalactosamina do gangliosídeo G_{M2}
D. A adição do dissacarídeo galactose-N-acetilgalactosamina para gangliosídeo G_{M2}
E. Remoção de um resíduo de galactose do gangliosídeo G_{M2}

28.2 Doença de Tay-Sachs envolve o metabolismo de gangliosídeos. Os gangliosídeos são compostos por uma espinha dorsal de ceramida com, pelo menos um, quais dos seguintes?

A. Resíduo de açúcar fosforilado
B. Resíduo de glicose
C. Resíduo de galactose
D. Resíduo de ácido siálico
E. Resíduo de frutose

28.3 A doença genética que resulta de uma mutação no gene que codifica para a enzima hexosaminidase (β-N-acetil-hexosaminidase) é chamada de?

A. Doença de Huntington
B. Síndrome de Lesch-Nyhan
C. Doença de Tay-Sachs
D. Esclerose lateral amiotrófica
E. Neurofibromatose

RESPOSTAS

28.1 **A.** A doença de Tay-Sachs é o resultado da falta da enzima β-N-acetil-hexosaminidase. Essa enzima hidrolisa um terminal N-acetilgalactosamina a partir do gangliosídeo G_{M2}. Esse gangliosídeo é encontrado em alta concentrações no sistema nervoso e é normalmente degradado no lisossomo pela remoção sequencial de açúcares terminais. A falta de β-N-acetil-hexosaminidase resulta no acúmulo do gangliosídeo parcialmente degradado no lisossomo levando ao inchaço significativo do lisossomo. O nível anormalmente elevado de lipídeos no lisossomo do neurônio afeta a sua função, resultando na doença.

28.2 **D.** Gangliosídeos são lipídeos ricos em carboidratos em que uma cadeia oligossacarídica está ligada à ceramida. A cadeia oligossacarídica deve conter pelo menos um açúcar ácido, como o N-acetilneuraminato ou N-glicosilneuraminato. Esses açúcares são comumente referidos como resíduos de ácido siálico. Os gangliosídeos são sintetizados pela adição passo a passo de resíduos de açúcar à ceramida.

28.3 **C.** Doença de Tay-Sachs é o resultado da falta da enzima β-N-acetil-hexosaminidase. Crianças afetadas mostram fraqueza e retardo das habilidades motoras antes do primeiro ano. Outras anormalidades ocorrem a seguir e a morte ocorre normalmente antes dos três anos.

DICAS DE BIOQUÍMICA

▶ Os esfingolipídeos são uma classe de lipídeos encontrados em membranas biológicas cuja espinha dorsal da molécula lipídica é esfingosina, um amino álcool de 18 carbonos.
▶ Os esfingolipídeos são entregues constantemente aos lisossomos de células por enzimas hidrolíticas específicas que removem os açúcares em uma forma gradual. Defeitos nestas enzimas podem resultar no acúmulo de esfingolipídeos não degradados.
▶ Essa doença resulta de uma deficiência na enzima hexosaminidase A (β-N-acetil-hexosaminidase). A deficiência de hexosaminidase A leva ao acúmulo de gangliosídeo G_{M2} nas células nervosas do cérebro.
▶ Outras doenças lisossômicas de depósito incluem a gangliosidose G_{M1}, gangliosidoses G_{M2}, doença de Gaucher, doença de Niemann-Pick, doença de Fabry, fucosidose, doença de Schindler, leucodistrofia metacromática, doença de Krabbe, deficiência múltipla de sulfatases, doença de Farber e doença de Wolman.

REFERÊNCIAS

Berg JM, Tymoczko JL, Stryer L. *Biochemistry*. 5th ed. New York: Freeman; 2002:721-722.

Devlin TM, ed. *Textbook of Biochemistry with Clinical Correlations*. 7th ed. New York: Wiley-Liss; 2010.

CASO 29

Menino de 6 anos é levado ao seu pediatra com retardo mental profundo. Ao ser questionada, a mãe relata que vários membros da família dos pais tiveram retardo mental e que também notou o filho muito ativo e inquieto, criando problemas na escola com frequência. No exame, o menino parece inquieto e sua fala é significativamente arrastada e incompreensível, tem características faciais grosseiras, mas, por outro lado, tem um exame normal. Os exames laboratoriais revelam um nível elevado heparan sulfato.

▶ Qual é o diagnóstico mais provável?
▶ Qual é o padrão de herança dessa doença?
▶ Quais são algumas outras causas de mucopolissacaridoses (MPS)?

RESPOSTAS PARA O CASO 29
Síndrome de Sanfilippo

Resumo: menino de 6 anos, com retardo mental grave, história familiar de retardo mental, atraso de linguagem e problemas de comportamento.

- **Diagnóstico:** Síndrome de Sanfilippo
- **Padrão de herança:** Autossômica recessiva
- **Outras causas:** Síndrome de Hunter, síndrome de Hurler ou síndrome de Morquio

ABORDAGEM CLÍNICA

O acúmulo excessivo de proteínas, ácidos nucleicos, carboidratos e lipídeos podem ser o resultado da deficiência de uma ou mais hidrolases lisossômicas. Doenças lisossômicas de depósito são classificadas pelo material armazenado. O acúmulo de glicosaminoglicanos resulta em MPS. As causas comuns dessa doença incluem síndrome de Hunter, síndrome de Hurler e síndrome de Sanfilippo. A síndrome de Sanfilippo é herdada de forma autossômica recessiva e se caracteriza clinicamente por retardo mental profundo, falha de desenvolvimento normal e atraso de linguagem significativo. A síndrome de Sanfilippo resulta em um excesso de heparan sulfato e pode ser causada por várias deficiências enzimáticas.

ABORDAGEM À
Degradação lisossômica de glicosaminoglicanos

OBJETIVOS

1. Entender as funções estruturais dos glicosaminoglicanos e proteoglicanos.
2. Descrever a forma como os glicosaminoglicanos e proteoglicanos são sintetizados.
3. Descrever os caminhos bioquímicos necessários para o catabolismo dos glicosaminoglicanos.
4. Explicar o motivo pelo qual as deficiências enzimáticas lisossômicas e o acúmulo de glicosaminoglicanos resultam em sinais/sintomas clínicos.

DEFINIÇÕES

ENDOGLICOSIDASE: uma enzima que hidrolisa uma ligação glicosídica entre dois açúcares no oligossacarídeo ou no polissacarídeo para produzir dois oligossacarídeos menores.
EXOGLICOSIDASE: uma enzima que hidrolisa a ligação glicosídica entre dois açúcares terminais de um oligossacarídeo ou um polissacarídeo, liberando o açúcar terminal a partir da extremidade não redutora do polímero, deixando assim um açúcar mais curto.
GLICOSAMINOGLICANOS (GAG): anteriormente conhecido como mucopolissacarídeos; um heteropolissacarídeo composto por um dissacarídeo repetitivo de

uma hexosamina-N-acetilada (glicosamina ou galactosamina) e uma hexose ácida (ácido glicurônico ou ácido idurônico); essa unidade dissacarídica repetida é frequentemente sulfatada em uma ou mais posições; a maioria dos glicosaminoglicanos estão covalentemente ligados a uma proteína do núcleo em estruturas conhecidas como proteoglicanos.
HIALURANO: anteriormente conhecido como ácido hialurônico; um composto de glicosaminoglicano de resíduos alternados de ácido glicurônico e N-acetilglucosamina. O hialurano não é sulfatado nem é covalentemente ligado a uma proteína.
MUCOPOLISSACARIDOSE: doença genética que envolve a falta de uma enzima lisossômica necessária para a degradação de glicosaminoglicanos, conduzindo ao acúmulo de glicosaminoglicanos no lisossomo e excreção aumentada de fragmentos de glicosaminoglicanos na urina.
SULFATASE: uma enzima que catalisa a hidrólise da ligação éster sulfato, liberando sulfato inorgânico livre do substrato.

DISCUSSÃO

A matriz extracelular que envolve e se liga a certos tipos de células é composta por componentes numerosos, incluindo as proteínas estruturais fibrosas, como colágenos, proteínas adesivas (laminina e fibronectina, por exemplo) e proteoglicanos que formam o gel no qual as proteínas estruturais fibrosas são incorporadas. Proteoglicanos são macromoléculas muito grandes constituídas por uma proteína central a qual cadeias de polissacarídeos muito longas, chamadas de glicosaminoglicanos, estão ligadas covalentemente. Devido à alta carga negativa dos glicosaminoglicanos, os proteoglicanos são altamente hidratados, uma propriedade que permite aos proteoglicanos formarem uma matriz de gel que pode expandir e contrair. Os proteoglicanos são também lubrificantes eficazes.

Os glicosaminoglicanos (GAG), antigamente chamados de mucopolissacarídeos, são polímeros lineares longos de unidades dissacarídicas de repetição, contendo um açúcar ácido (ácido glicurônico ou ácido idurônico) e uma hexosamina (glicosamina ou galactosamina, ambas geralmente N-acetiladas). A exceção a essa estrutura geral é o queratan sulfato, que tem galactose no lugar de hexose ácida. A Tabela 29.1 lista os diversos tipos de GAG e as estruturas de suas unidades dissacarídicas repetitivas. Os GAG são, muitas vezes, altamente sulfatados, o que aumenta a sua carga negativa e a sua capacidade de ligar moléculas de água. Todos os GAG, exceto o ácido hialurônico, estão covalentemente ligados em uma das aproximadamente 30 proteínas centrais diferentes para formar os proteoglicanos. A proteína central é sintetizada no retículo endoplasmático rugoso e transferida para o Golgi, onde nucleosídeos ácidos ativados por difosfatos e açúcares aminados são adicionados de forma alternada à extremidade não redutora do polissacarídeo crescente por glicosiltransferases, resultando na característica estrutura de repetições dissacarídicas comum aos GAG. O ácido hialurônico, que não é sulfatado nem está covalentemente ligado a uma proteína central, é sintetizado na membrana plasmática por hialurano-sintases. Hialurano-sintases são proteínas de membrana que catalisam a adição alternada de UDP-glicuronato e UDP-N-acetilglicosamina na extremidade redutora do polímero de ácido hialurônico em crescimento na superfície interna

TABELA 29.1 • COMPOSIÇÃO DE GLICOSAMINOGLICANOS	
Glicosaminoglicanos	Unidades dissacarídicas de repetição*
Ácido hialurônico	GlcA β(1→3) GlcNAc β(1→4)
Condroitin sulfato	GlcA β(1→3) GalNAc β(1→4)
Dermatan sulfato	IdoA β(1→3) GalNAc β(1→4)
Heparan sulfato**	GlcA β(1→4) GlcNAc α(1→4) IdoA α(1→4) GlcNAc α(1→4)
Queratan sulfato I e II	Gal β(1→4) GlcNAc β(1→3)

*Elipses tracejadas indicam possíveis locais de sulfatação
**Heparan sulfato contém principalmente GlcA; heparina contém principalmente IdoA
Gal = galactose; GalNAc = N-acetilgalactosamina; GlcA = ácido glicurônico; GlcNAc = N-acetilglicosamina; IdoA = ácido idurônico.

da membrana plasmática, enviando a extremidade não redutora do GAG para o espaço extracelular. O ácido hialurônico pode, então, se acoplar a grandes complexos macromoleculares com outros proteoglicanos, que são ligados não covalentemente ao ácido hialurônico por proteínas de ligação.

A degradação de proteoglicanos durante a renovação normal da matriz extracelular inicia-se com a clivagem proteolítica da proteína central por proteases na matriz extracelular, que, em seguida, entram na célula por endocitose. Os endossomos entregam seu conteúdo para os lisossomos, nos quais as enzimas proteolíticas completam a degradação das proteínas centrais e uma matriz de glicosidases e sulfatases hidrolisam os GAG a monossacarídeos. Os lisossomos contêm tanto endoglicosidases, que hidrolisam os polímeros longos em oligossacarídeos mais curtos, como exoglicosidases, que clivam açúcares ácidos e açúcares aminados dos fragmentos de GAG.

O catabolismo lisossômico de GAG procede de forma gradual a partir da extremidade não redutora, como é mostrado com a degradação de heparan sulfato, na Figura 29.1. Se o açúcar terminal está sulfatado, a ligação sulfato deve ser hidrolisada por uma sulfatase específica antes que o açúcar possa ser removido. Quando o sulfato é removido, uma exoglicosidase específica hidrolisa o açúcar terminal da extremidade não redutora do oligossacarídeo, deixando-o um açúcar mais curto. A degradação continua dessa forma gradual, alternando entre a remoção de sulfatos por sulfatases e clivagem dos açúcares terminais por exoglicosidases. Se a remoção de um sulfato deixa um resíduo de glicosamina terminal, então ele deve ser primeiro acetilado a N-acetilglicosamina, porque o lisossomo não tem a enzima necessária para remover a glicosamina. Esse processo é realizado por uma acetiltransferase, que utiliza acetil-CoA como o grupo doador de acetila. Quando o resíduo de glicosamina é N-acetilado, esse resíduo pode ser hidrolisado pela α-N-acetilglicosaminidase, permitindo a continuação da degradação gradual do GAG.

Os estados patológicos conhecidos como mucopolissacaridoses (MPS) ocorrem quando houver uma deficiência genética das enzimas envolvidas na degradação lisossômica dos GAG. Uma deficiência de qualquer dessas enzimas pode conduzir ao acúmulo de GAG parcialmente degradados nos lisossomos e no aumento da excreção urinária de fragmentos de GAG. Exames histológicos das células afetadas mostra grandes vacúolos, que são lisossomos ingurgitados com GAG parcialmente degradados. Devido ao fato de que os GAG estão presentes em todo o corpo, as deficiências de enzimas que degradam esses compostos afetam os ossos, os tecidos conectivos e outros órgãos.

A MPS é classificada em sete tipos clínicos e todos são transmitidos de forma autossômica recessiva, exceto para a síndrome de Hunter (MPS II, deficiência de iduronato-sulfatase), que é uma doença ligada ao X. O diagnóstico da doença específica é feito pela medida das atividades enzimáticas específicas nos leucócitos ou fibroblastos de pele cultivados. Como é preciso algum tempo para que os GAG se acumulem, indivíduos com uma mucopolissacaridose geralmente têm um período de desenvolvimento normal antes da manifestação dos sintomas. Dependendo do tipo e da gravidade da doença, sintomas físicos podem incluir características faciais grosseiras, nanismo e deformidades do esqueleto, comprometimento cardiovascular, hepatoesplenomegalia, déficits neurológicos e retardo mental. Como mostrado na Figura 29.1, a síndrome de Sanfilippo pode ser causada pela deficiência de uma

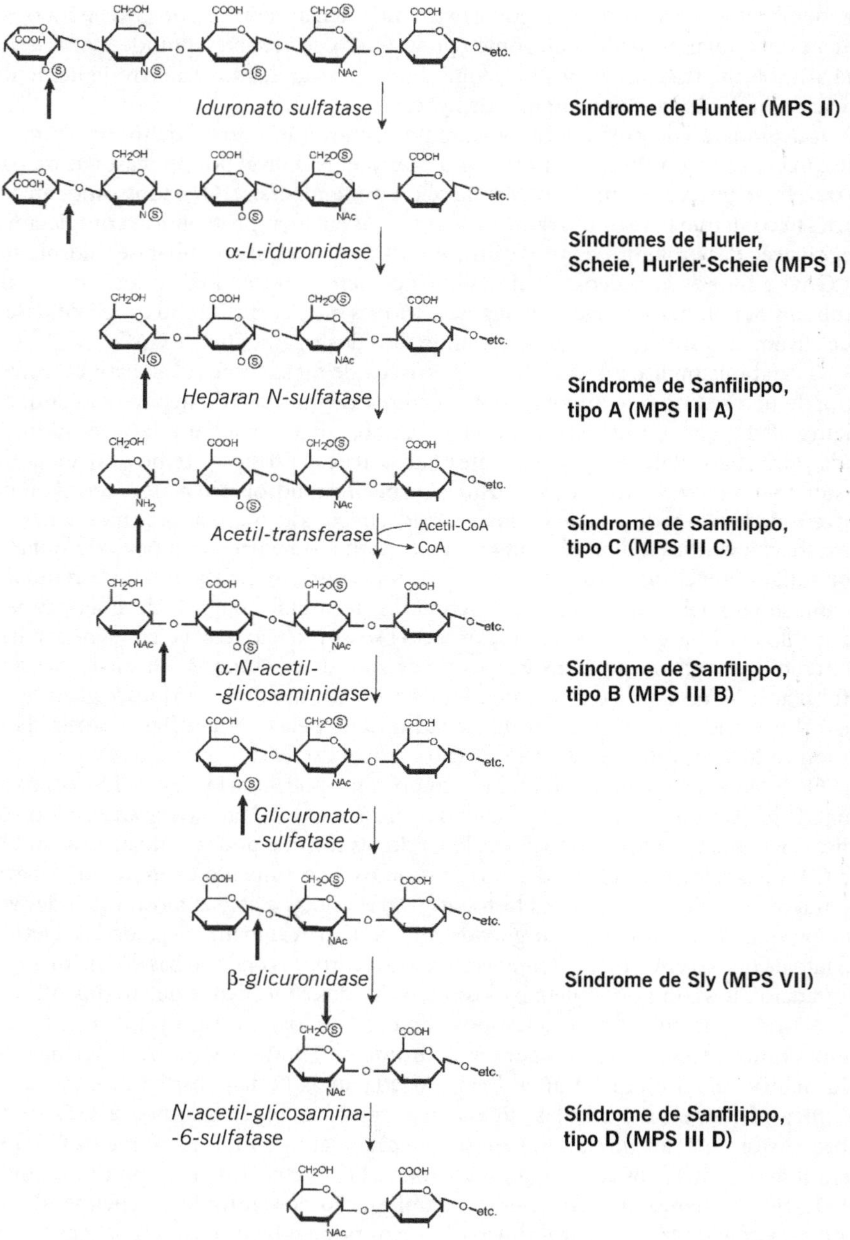

Figura 29.1 Degradação lisossômica de heparan sulfato. As setas escuras indicam o local de ação da enzima, que está listada em itálico. Mucopolissacaridoses (MPS), causada por deficiência das enzimas anteriormente indicadas, estão listadas em negrito a direita da enzima.

de quatro enzimas diferentes que degradam heparan sulfato. Embora os sinais de fácies grosseiras sejam leves em indivíduos com síndrome de Sanfilippo, o acúmulo de heparan sulfato nos lisossomos leva ao comprometimento neurológico grave e deficiência mental que resultam em morte, em geral, no final da segunda década de vida.

QUESTÕES DE COMPREENSÃO

29.1 Menino de 5 anos é examinado por um pediatra porque seus pais estão preocupados com o seu comportamento agressivo, hiperatividade e perda de habilidades de fala. Ele também está se tornando cada vez mais instável em seus pés e teve convulsões recentemente. Presença de sinais leves de fácies grosseiras é notado. Qual dos processos abaixo é o mais provável de estar afetando essa criança?

   A. Mobilização do glicogênio
   B. Gliconeogênese
   C. Reaproveitamento de bases da purina
   D. Degradação de glicosaminoglicanos
   E. Metabolismo do colesterol

29.2 Menina branca de 15 meses é levada ao pediatra devido a infecção recorrente do trato respiratório superior. Durante o exame físico, a menina apresenta baixa estatura, alguns sinais de opacificação da córnea, sinais de fácies grosseiras e língua alargada. Ela também parece ter alguma perda auditiva e outros atrasos no desenvolvimento. O pediatra suspeita que a criança tenha uma mucopolissacaridose. Qual das alternativas abaixo é menos provável que ela apresente?

   A. Síndrome de Hurler (MPS I)
   B. Síndrome de Hunter (MPS II)
   C. Síndrome de Morquio (MPS IV)
   D. Síndrome de Sly (MPS VI)
   E. Síndrome de Sanfilippo (MPS III)

29.3 Menino de 3 anos, com fácies grosseiras características, perda progressiva de habilidades motoras, hepatoesplenomegalia e diarreia crônica é suspeito de ter síndrome de Hunter (MPS II). Qual dos seguintes resíduos de monossacarídeo é provável de ser encontrado na extremidade não redutora dos glicosaminoglicanos na urina desse paciente?

   A. N-Acetilglicosamina
   B. N-Acetilgalactosamina
   C. Glicuronato
   D. Iduronato
   E. Iduronato-2-sulfato

RESPOSTAS

29.1 **D.** O paciente está apresentando os sintomas clássicos da síndrome de Sanfilippo, que é uma deficiência em uma das quatro diferentes enzimas lisossômicas que degradam glicosaminoglicanos, levando ao acúmulo de heparan sulfato e dermatan sulfato nos lisossomos.

29.2 **B.** Todos os tipos de MPS são transmitidos por herança autossômica recessiva, exceto a síndrome de Hunter (MPS II), uma deficiência de iduronato-sulfatase, que é recessiva ligada ao X. Como a síndrome de Hunter é ligada ao cromossomo X, é quase que exclusivamente vista em indivíduos do sexo masculino. Como a paciente é do sexo feminino, provavelmente ela não tenha uma doença ligada ao X.

29.3 **E.** Porque esse paciente tem suspeita de apresentar síndrome de Hunter, uma deficiência na iduronato-sulfatase, iduronato-2-sulfato estaria presente na extremidade não redutora de glicosaminoglicanos encontrados na sua urina. A deficiência de iduronato-sulfatase impediria a hidrólise da ligação éster de sulfato de resíduos de iduronato-2-sulfato e a degradação subsequente dos glicosaminoglicanos estaria comprometida.

DICAS DE BIOQUÍMICA

- Muitas vezes, deficiências enzimáticas são herdadas como doenças autossômicas recessivas, de modo que ambos os cromossomos estão com defeito para o indivíduo ser afetado.
- MPS ocorre quando há uma deficiência genética das enzimas envolvidas na degradação lisossômica dos glicosaminoglicanos.
- Na síndrome de Sanfilippo, o acúmulo de heparan sulfato nos lisossomos leva ao comprometimento neurológico grave e deficiência mental, que resulta em morte, geralmente no final da segunda década de vida.

REFERÊNCIAS

Bittar T, Washington ER III. Mucopolysaccharidosis. http://emedicine.medscape.com/article/1258678-overview.

Baloghova J, Schwartz RA, Baranova Z. Mucopolysaccharidoses Types I-VII. http://emedicine.medscape.com/article/1115193-overview.

Neufeld EF, Muenzer J. The mucopolysaccharidoses. In: Scriver CR, Beaudet AL, Sly WS, et al, eds. *The Metabolic and Molecular Bases of Inherited Disease.* 8th ed. New York: McGraw-Hill; 2001.

CASO 30

Homem de 48 anos chega à clínica devido a preocupações com doenças cardíacas. Ele relata que seu pai morreu de um ataque cardíaco aos 46 anos e seu irmão mais velho também teve um ataque cardíaco aos 46 anos, mas sobreviveu e está usando medicamentos para o colesterol elevado. O paciente relata dor no peito, ocasionalmente, com deambulação em torno de sua casa e não é capaz de subir escadas sem dor no peito significativa e falta de ar. Os achados do exame físico são normais e o médico solicita eletrocardiograma (ECG), um teste ergométrico e exames de sangue. O resultado do nível de colesterol do paciente é de 350 mg/dL (normal 200). O médico prescreve medicação direcionada ao passo limitante da velocidade de biossíntese do colesterol.

▶ Qual é o passo limitante da velocidade do metabolismo do colesterol?
▶ Qual é a classe de medicação prescrita?

RESPOSTAS PARA O CASO 30
Hipercolesterolemia

Resumo: homem de 48 anos, com forte histórico familiar de doença cardíaca, apresenta agora angina, dispneia e níveis de colesterol significativamente elevados. Um medicamento é prescrito dirigido para o passo limitante da velocidade de biossíntese de colesterol.

- **Passo limitante da velocidade:** A enzima hidroximetilglutaril-CoA redutase (HMG-CoA-redutase) catalisa um passo inicial limitante da biossíntese do colesterol.
- **Medicação provável:** Inibidor da HMG-CoA-redutase, também conhecidas como "estatinas".

ABORDAGEM CLÍNICA

A hiperlipidemia é um dos fatores de risco mais tratáveis da doença vascular aterosclerótica, em particular, pois sabe-se que o nível da lipoproteína de baixa densidade (LDL, do inglês, *low-density lipoprotein*) colesterol se correlaciona com a patogênese da aterosclerose. Exercício, ajustes na dieta e perda de peso são a terapia inicial da hiperlipidemia. Se eles não forem suficientes, então terapia farmacológica é necessária. Os níveis de LDL a serem atingidos dependem do risco do paciente de doença cardiovascular. Por exemplo, se um indivíduo teve um evento cardiovascular anterior (ataque cardíaco ou acidente vascular cerebral), então o LDL deve atingir 100 mg/dL; 1 a 2 fatores de risco sem eventos prévios = 130 mg/dL; e se não há fatores de risco = 160 mg/dL.

ABORDAGEM AO
Metabolismo de lipídeos

OBJETIVOS

1. Descrever o metabolismo do colesterol.
2. Explicar a função das lipoproteínas séricas.
3. Listar os tipos de hiperlipidemias hereditárias.
4. Explicar o motivo pelo qual os níveis de LDL colesterol está aumentado com hipercolesterolemia familiar.

DEFINIÇÕES

APOLIPOPROTEÍNA: componente proteico de uma lipoproteína; além de ser um componente estrutural de uma lipoproteína, apolipoproteínas também servem como ativadores de enzimas e ligantes para receptores.

QUILOMÍCRONS: lipoproteína sintetizada pelo intestino para transportar lipídeos da dieta para os tecidos periféricos e para o fígado.

HDL: lipoproteína de alta densidade; sintetizada no fígado, a HDL serve como uma fonte de apolipoproteínas para outras lipoproteínas, como o local de ação para a conversão de colesterol em ésteres de colesterol no plasma pela enzima lecitina-colesterol-aciltransferase (LCAT, do inglês, *lectin-cholesterol acyltransferase*), e libera ésteres de colesterol derivados das membranas periféricas para o fígado. É comumente chamada de "colesterol bom".

LDL: lipoproteína de baixa densidade; um produto da degradação de lipoproteínas de densidade muito baixa (VLDL, do inglês, *very-low-density lipoprotein*) pela ação da lipase lipoproteica. LDL são captadas por endocitose mediada por receptor por ambos tecidos periféricos e fígado. É comumente chamada de "colesterol ruim".

LIPOPROTEÍNA: uma partícula macromolecular constituída por quantidades variáveis de proteínas, triacilgliceróis, fosfolipídeos, colesterol e ésteres de colesterol. A estrutura da lipoproteína tem uma camada externa de fosfolipídeos e colesterol livre em torno de um núcleo composto de triacilglicerol e ésteres de colesterol, com as proteínas embutidas na superfície. Eles servem como transportadores de lipídeos na circulação.

VLDL: lipoproteína de densidade muito baixa; sintetizada pelo fígado para transportar triacilgliceróis a partir do fígado para os tecidos periféricos.

DISCUSSÃO

Embora o colesterol possa ser sintetizado em quase todas as células, fígado, intestino e tecidos esteroidogênicos, como as glândulas suprarrenais e os tecidos reprodutivos, são os sítios primários. No **fígado**, o colesterol é sintetizado no **retículo endoplasmático** juntamente com fosfolipídeos, triacilglicerídeos e apoproteínas. Partículas de pré-lipoproteínas são montadas no retículo endoplasmático e, em seguida, transferidas para o Golgi. O processamento adicional e a adição de **ésteres de colesterol ocorrem no Golgi**, culminando na formação de grânulos de secreção contendo **partículas de lipoproteínas**. Essas vesículas, em seguida, se fundem com a membrana plasmática e enviam colesterol da célula por exocitose na forma de VLDL (ver a seguir), que entram na circulação. Como os complexos de lipoproteínas são transportados através da corrente sanguínea, eles são convertidos de VLDL em lipoproteínas de densidade intermédia (IDL) para LDL pela remoção de triacilglicerídeos pela lipase lipoproteica, que está localizada na superfície de células epiteliais dos capilares.

    Colesterol e triacilglicerídeos (TAG) são transportados como complexos na forma de partículas de lipoproteínas. Essas **partículas de lipoproteínas** contêm um núcleo de TAG e ésteres de colesterol rodeado por uma monocamada de fosfolipídeos, colesterol e proteínas específicas, chamadas de apoproteínas. As **apoproteínas**, específicas para cada tipo de lipoproteína, permitem que os lipídeos hidrofóbicos sejam transportados no ambiente aquoso da corrente sanguínea. Também contêm sinais que enviam partículas de lipoproteína às células ou ativam enzimas. As partículas de lipoproteínas variam em densidade dependendo da razão lipídeo/proteína e são denominadas com base nessas densidades. Quanto maior a razão de lipídeo/proteína, menor a densidade da partícula.

As principais classes de lipoproteínas (Quadro 30.1) e algumas de suas propriedades são:

- Quilomícrons
  - Menor densidade
  - Transporta lipídeos da dieta do intestino para os tecidos-alvo
- VLDL
  - Produzidas por células do fígado para o transporte de lipídeos sintetizados endogenamente para as células-alvo
  - Produção controlada pela disponibilidade de lipídeos
  - Contém cinco apoproteínas diferentes
- IDL
- LDL
  - Principalmente ésteres de colesterol
  - Apoproteína B-100
- HDL
  - Secretada pelo fígado e intestino
  - Contém apoproteína A-1
  - "Colesterol bom", níveis elevados estão associados com baixa incidência de aterosclerose

As LDL (contendo ésteres de colesterol) são absorvidas pelas células por um processo conhecido como **endocitose mediada por receptor**. O receptor de LDL media a endocitose, que é importante para o metabolismo do colesterol. LDL se ligam a esses receptores, que reconhecem a apoproteína B-100. Depois de se ligar ao

QUADRO 30.1 • PRINCIPAIS APOPROTEÍNAS ENVOLVIDAS NO TRANSPORTE DE LIPÍDEOS PELAS LIPOPROTEÍNAS

Apoproteína	Localização	Função
A	HDL	Ativa a lecitina-colesterol-aciltransferase
B-48	Quilomícrons, quilomícrons remanescentes	Estrutural, liga-se ao receptor B-48:E no fígado
B-100	VLDL, IDL, LDL	Estrutural, liga-se ao receptor de LDL no fígado e tecidos extra-hepáticos
C-II	Quilomícrons, VLDL, (IDL), HDL	Liga-se e ativa a lipase lipoproteica
E	Quilomícrons, quilomícrons remanescentes, VLDL, (IDL), HDL	Estrutural, liga-se ao receptor B-48:E no fígado

receptor de LDL, o complexo ligante-receptor se agrupa sobre a membrana plasmática em depressões revestidas, que, em seguida, se invaginam, formando vesículas revestidas. Essas vesículas revestidas são internalizadas e a clatrina, proteína que compõe a estrutura em poços revestidos por membrana, é removida. Essas vesículas são agora chamadas endossomos que se fundem com o lisossomo. O broto contendo os receptores LDL é enviado para fora e, reciclado pela membrana plasmática. A fusão de lisossomos e endossomos libera proteases lisossomais que degradam as apoproteínas em aminoácidos. As enzimas lisossômicas também hidrolisam os ésteres de colesterol em colesterol e ácidos graxos livres. O colesterol livre é liberado no citoplasma da célula, e esse colesterol livre fica então disponível para ser utilizado pela célula. O excesso de colesterol é reesterificado pela acil-CoA:colesterol--aciltransferase (ACAT, do inglês, *acyl-CoA: cholesterol acyltransferase*), que utiliza acil-CoA graxo como fonte de ácido graxo ativado. O colesterol livre afeta o metabolismo do colesterol pela inibição da biossíntese do colesterol. O colesterol inibe a enzima β-hidroxi-β-metilglutaril-CoA-redutase (HMG-CoA-redutase), que catalisa um passo inicial limitante da velocidade da biossíntese do colesterol. HMG-CoA-redutase é o alvo das estatinas amplamente utilizadas no tratamento de pacientes com níveis elevados de colesterol. Além disso, o colesterol livre inibe a síntese do receptor de LDL, limitando assim a quantidade de LDL captada pela célula.

A **hiperlipidemia** é definida como níveis elevados de lipoproteínas no plasma, a qual pode ser primária ou secundária. Vários tipos diferentes de hiperlipidemias hereditárias foram definidos.

- Tipo 1: deficiência hereditária relativamente rara da atividade da lipase lipoproteica ou da proteína ativadora da lipase lipoproteica apo C-II. Isto resulta na incapacidade de remoção efetiva de quilomícrons e triglicerídeos VLDL do sangue.
- Tipo 2: inclui hipercolesterolemia familiar, descrita em detalhes a seguir.
- Tipo 3: associada com alterações da apolipoproteína E (apo E) e com defeito na conversão e remoção de VLDL do plasma.
- Tipo 4: distúrbio comum caracterizado por elevações variáveis de triglicerídeos plasmáticos, contidos predominantemente na VLDL. Isto leva a uma eventual predisposição a aterosclerose e, muitas vezes, tem uma distribuição familiar.
- Tipo 5: distúrbio incomum, algumas vezes familiar, associado com defeito de remoção dos triglicerídeos exógenos ou endógenos; apresenta risco de pancreatite com risco de morte.

A doença **hipercolesterolemia familiar** resulta de uma mutação no gene do receptor de LDL encontrado no **cromossomo 19**. O fenótipo global da incapacidade de internalizar o receptor de LDL pode ocorrer por três tipos diferentes de defeitos: no primeiro tipo, o receptor de LDL não é produzido; o segundo tipo é o resultado de uma mutação na região terminal do receptor, que resulta em um receptor de LDL incapaz de ligar LDL; e o terceiro tipo, que é causado por uma mutação na região C-terminal que impede que o complexo receptor-LDL seja endocitado. Na falta de um receptor de LDL funcionante, os níveis de colesterol LDL são bastante elevados em indivíduos com essa doença. Essa elevação resulta na aterosclerose prematura das artérias coronárias. Defeitos genéticos na apoproteína B-100, a proteína na LDL que é reconhecida pelo receptor de LDL, também ocorrem e levam a LDL elevada, porque o complexo LDL não é reconhecido pelo receptor de LDL. Uma dieta pobre em gordura e colesterol, uma rotina de exercícios e medicamentos anticolesterol são utilizados no tratamento da doença.

QUESTÕES DE COMPREENSÃO

30.1 Um paciente chega ao seu consultório com níveis muito elevados de colesterol sérico. Após uma série de testes, você concluiu que o paciente tem altos níveis circulantes de colesterol LDL, mas tem níveis normais do receptor de LDL no fígado. Qual das seguintes alternativas apresenta uma explicação possível para essa observação?

A. O paciente tem uma forma mutada de apoproteína B-100
B. A incapacidade de remover seletivamente o colesterol do complexo de LDL
C. A ausência da enzima lipase lipoproteica
D. Diminuição dos níveis de acil-CoA:colesterol-aciltransferase
E. Fosforilação alterada do receptor de LDL

30.2 Um paciente com hiperlipidemia tipo 1 hereditária apresenta-se com níveis elevados de quilomícrons e triglicerídeos VLDL no sangue. A principal função dos quilomícrons na circulação é fazer qual dos seguintes processos?

A. Transporte de lipídeos do fígado
B. Transporte de lipídeos da dieta do intestino para os tecidos-alvo
C. Transporte do colesterol do IDL para LDL
D. Atuar como um receptor para triacilgliceróis no fígado
E. Ligar ésteres de colesterol exclusivamente

30.3 Colesterol livre pode afetar o metabolismo de colesterol no organismo inibindo a biossíntese do colesterol. A etapa em que o colesterol livre inibe a sua biossíntese ocorre por inibição de quais dos seguintes processos?

A. Ciclização de esqualeno para formar lanosterol
B. Redução de 7-desidrocolesterol para formar colesterol
C. Formação do mevalonato a partir de hidroximetilglutaril-CoA
D. Cinase que fosforila a hidroximetilglutaril-CoA-redutase
E. Condensação de acetil-CoA e acetoacetil-CoA para formar hidroximetil-glutaril-CoA

30.4 Um paciente chega ao seu consultório com níveis muito elevados de colesterol sérico. Ele afirma que tentou seguir a dieta e os exercícios que você lhe prescreveu no ano passado. Você decide que esse paciente se beneficiaria de um medicamento como a atorvastatina, uma vez que essa classe de fármacos é eficaz no tratamento de hipercolesterolemia porque tem qual efeito?

A. Estimula a fosforilação da enzima β-hidroxi-β-metilglutaril-CoA-redutase
B. Diminui a estabilidade da proteína β-hidroxi-β-metilglutaril-CoA-redutase
C. Liga colesterol impedindo que ele seja absorvido pelo intestino
D. Previne diretamente a deposição de colesterol nas paredes das artérias
E. Inibe a enzima β-hidroxi-β-metilglutaril-CoA-redutase

RESPOSTAS

30.1 **A.** Uma mutação genética comum levando a níveis altos de colesterol LDL circulante é causada por mutações no receptor de LDL. A falta do receptor funcional impede a remoção do colesterol LDL da circulação. Apoproteína B-100 encontra-se no complexo LDL-colesterol e é a proteína de reconhecimento pelo receptor de LDL. Neste paciente, o receptor de LDL é normal, por isso é razoável concluir que o motivo pelo qual o colesterol LDL permanece na circulação é pelo fato de ele não ser reconhecido pelo receptor LDL normal. Uma mutação na apoproteína B-100 de forma que ela não seja reconhecida pelo receptor levaria a níveis elevados de LDL-colesterol.

30.2 **B.** O fígado e o intestino são as principais fontes de lipídeos circulantes. Quilomícrons transportam triacilgliceróis e ésteres de colesterol do intestino para outros tecidos-alvo. VLDL transportam lipídeos do fígado para a circulação. Lipoproteínas são uma mistura de lipídeos e proteínas específicas e esses complexos são classificados com base na sua razão de lipídeo-proteína. Lipases lipoproteicas degradam os triacilgliceróis nos quilomícrons e VLDL, com a liberação simultânea de apoproteínas. Esse é um processo gradual que converte as VLDL em IDL e, em seguida, em LDL.

30.3 **C.** A principal enzima reguladora do metabolismo do colesterol, β-hidroxi-β-metilglutaril-CoA-redutase, é regulada por três mecanismos distintos. O primeiro é fosforilação por uma proteína cinase dependente de cAMP. Fosforilação da β-hidroxi-β-metilglutaril-CoA-redutase inativa a enzima. Os outros dois mecanismos envolvem os níveis de colesterol. A degradação da enzima é controlada pelos níveis de colesterol. A meia-vida de β-hidroxi-β-metilglutaril-CoA-redutase é regulada pelos níveis de colesterol, com altas concentrações de colesterol levando a uma meia-vida mais curta. O último mecanismo regulatório envolve o controle da expressão do gene da β-hidroxi-β-metilglutaril-CoA-redutase. Altos níveis de colesterol conduzem a uma diminuição dos níveis de mRNA que codificam para β-hidroxi-β-metilglutaril-CoA-redutase.

30.4 **E.** A classe de fármacos estatina – atorvastatina, lovastatina e sinvastatina – é usada para o tratamento de hipercolesterolemia. Essa classe de medicamentos diminui os níveis de colesterol pela inibição da biossíntese de colesterol.

Especificamente, esses fármacos inibem a enzima hidroxi-β-metilglutaril-CoA-β-(HMG-CoA)-redutase, a qual catalisa a reação que converte HMG-CoA em mevalonato. Esse é o passo limitante da velocidade de biossíntese do colesterol. Além dos fármacos de estatina, que inibem a HMG-CoA-redutase, vários outros medicamentos são utilizados para diminuir os níveis de colesterol. O primeiro são resinas, também conhecidas como sequestradoras dos ácidos biliares, como a colestiramina. As resinas funcionam por meio da ligação aos ácidos biliares, seguida da excreção do complexo resina-ácidos biliares. Para compensar a perda dos ácidos biliares, o corpo converte colesterol em ácidos biliares, reduzindo assim os níveis de colesterol.

Outro tipo de fármaco utilizado são os fibratos, como a genfibrozila. Esses compostos funcionam diminuindo os níveis de triglicerídeos e aumentando os níveis do HDL "bom". Niacina também é eficaz na redução dos níveis de colesterol, quando utilizada em doses elevadas (mais do que o necessário para uma vitamina como a niacina). Niacina atua para diminuir os níveis de triglicerídeos e LDL, aumentando os níveis do HDL "bom".

Os medicamentos, como a ezetimiba, que inibe a absorção de colesterol no intestino, são eficazes na redução dos níveis de colesterol. Esse medicamento é frequentemente administrado em combinação com uma estatina, e essa terapia combinada é bastante eficaz na redução dos níveis de colesterol.

DICAS DE BIOQUÍMICA

▶ O colesterol pode ser sintetizado em quase todas as células, mas o fígado, o intestino e os tecidos esteroidogênicos, como as glândulas suprarrenais e os tecidos reprodutivos, são os sítios primários.
▶ As principais classes de lipoproteínas são os quilomícrons (menor densidade), VLDL, IDL, LDL e HDL (considerado o "colesterol bom").
▶ Hiperlipidemia familiar é subdividida em cinco tipos, com o tipo 5 sendo o mais comum, pois caracteriza-se por elevações variáveis de triglicerídeos plasmáticos contidos predominantemente nas VLDL.
▶ O passo limitante da velocidade de biossíntese do colesterol é a enzima HMG-CoA-redutase, que é o alvo das estatinas.

REFERÊNCIAS

Berg JM, Tymoczko JL, Stryer L. *Biochemistry*. 5th ed. New York: Freeman; 2002:722-731.

Devlin TM, [ed]. *Textbook of Biochemistry with Clinical Correlations*. 7th ed. New York: Wiley--Liss; 2010.

CASO 31

Mulher de 45 anos chega a clínica médica devido a desconforto epigástrico ocasional, náusea e vômito após a ingestão de alimentos gordurosos. Os sintomas desaparecem gradualmente até não sentir mais desconforto. Nega qualquer hematêmese e relata que a dor é pior após as refeições, também menciona que no passado apresentou níveis de colesterol elevados e que estava em um programa de exercícios, mas não está mais. O exame clínico mostrou que ela não tinha febre e os sinais vitais estavam normais e sem evidência de dor abdominal. Uma ultrassonografia abdominal foi realizada e mostrou poucos cálculos na vesícula biliar, sem espessamento da parede da vesícula biliar.

▶ Quais fatores se consideraria para avaliar a necessidade de colecistectomia?
▶ Do que os cálculos são formados?
▶ Os cálculos podem ser observados em uma radiografia abdominal?

RESPOSTAS PARA O CASO 31
Cálculo biliar

Resumo: mulher de 45 anos apresentando hipercolerestolemia, evidência de cálculo biliar por ultrassonografia e sintomas recorrentes de problemas na vesícula.

- **Indicação cirúrgica:** Ataques frequentes e graves, complicações prévias de cálculo biliar, presença de condições predisponentes a risco aumentado de doença da vesícula biliar.
- **Composição dos cálculos biliares:** Colesterol, bilirrubinato de cálcio e sais biliares.
- **Radiografia abdominal e diagnóstico:** Pedras mistas podem ser observadas no raio X secundárias a calcificações, o que perfaz aproximadamente 10% dos cálculos biliares.

ABORDAGEM CLÍNICA

Essa pessoa pode ser considerada um paciente "clássico" de doença da vesícula biliar (isto é, mulher de meia-idade com sobrepeso). A vesícula biliar funciona como um local de armazenamento de sais biliares produzidos no fígado. A vesícula biliar é estimulada para se contrair quando o alimento passa para o intestino delgado. Os sais biliares, então, passam pelo ducto biliar e pela ampola de Vater para o duodeno. Os sais biliares agem emulsificando as gorduras, ajudando assim a digestão delas. Os cálculos biliares se formam pela precipitação dos solutos da vesícula biliar. Os dois tipos principais de pedras são: pedras de colesterol, geralmente têm uma aparência amarelo-esverdeada e perfazem cerca de 80% do total dos cálculos biliares; e pedras pigmentadas, em geral, formadas por bilibirrubina e com aparência escura. Os pacientes podem ter dor em função dos cálculos biliares, geralmente após uma refeição gordurosa. A dor é quase sempre epigástrica ou no quadrante direito superior do abdome com possível irradiação para o ombro direito. Caso a vesícula biliar se inflame ou se infecte, pode chegar a uma colecistite. As pedras podem seguir pelo ducto biliar e obstruir o fluxo biliar, levando a uma hepatite (coloração amarelada da pele), ou irritar o pâncreas e causar pancreatite.

ABORDAGEM AO
Metabolismo dos sais biliares

OBJETIVOS

1. Conhecer o metabolismo dos sais biliares.
2. Ser capaz de identificar onde os sais biliares são sintetizados.
3. Saber onde os sais biliares emulsificam as gorduras da dieta.

DEFINIÇÕES

SAIS BILIARES: Derivados do colesterol com propriedades de detergência usados para solubilizar colesterol, auxiliar na absorção de vitaminas lipossolúveis e emulsificar os lipídeos da dieta que atravessam o intestino para permitir a digestão e a absorção de gorduras por exporem as gorduras à lipase pancreática.
ÁCIDOS BILIARES: forma neutra, protonada, dos sais biliares.
ÁCIDOS BILIARES PRIMÁRIOS: sintetizados a partir do colesterol como ácido cólico e ácido quenodesoxicólico. São secretados conjugados com taurina e glicina.
ÁCIDOS BILIARES SECUNDÁRIOS: produzidos pela desconjugação e pela redução dos ácidos primários. Bactérias intestinais removem o grupo 7α-hidroxila, liberando os ácidos graxos secundários.
COLESTEROL 7α-HIDROXILASE (CYP7A1): oxidase de função mista da superfamília do citocromo P450 que catalisa a reação inicial, a reação marca-passo, da conversão de colesterol em ácidos biliares.
β-HIDROXI-β-METILGLUTARIL-COENZIMA A (HMG-COA) REDUTASE: enzima marca-passo da via de síntese de colesterol.

DISCUSSÃO

Os sais biliares são derivados do colesterol que se constituem no principal componente da bile. Eles são detergentes muito eficientes quando conjugados a aminoácidos, devido à presença tanto de regiões polares como regiões apolares. Essa propriedade auxilia na emulsificação da gordura da dieta no intestino, ajudando assim na digestão e na absorção de gordura, por tornarem-na vulnerável à ação da lipase pancreática. Outras funções dos **sais biliares** (forma desprotonada, ionizada) e dos **ácidos biliares** (forma protonada, neutra) é solubilizar o colesterol, evitando a precipitação de cristais de colesterol e facilitando a excreção de colesterol. A única maneira significativa de remover o excesso de colesterol do organismo é pela excreção de sais biliares. Por fim, eles ajudam na absorção intestinal de vitaminas lipossolúveis.

A conversão de colesterol em ácidos biliares é um processo multienzimático. **A etapa inicial e a reação marca-passo na síntese de ácidos biliares é a oxidação do colesterol a 7α-hidroxicolesterol por uma oxidase de função mista da superfamília do citocromo P450, colesterol 7α-hidroxilase (CYP7A1:** Figura 31.1). As demais etapas incluem a redução da dupla ligação Δ^5, diminuição do comprimento da cadeia e oxidação. Os produtos dessa via, ácido cólico e ácido quenodesoxicólico são denominados de ácidos biliares primários, porque são sintetizados de novo a partir do colesterol. Para aumentar a faixa de pH na qual os ácidos biliares permanecem ionizados e servem como bons detergentes, eles devem ser conjugados, via ligação amida, com os aminoácidos glicina ou taurina (Figura 31.2).

Os ácidos e sais biliares são sintetizados no fígado, armazenados e concentrados na vesícula biliar e secretados no intestino, onde sofrem **desconjugação** e redução por bactérias intestinas, produzindo ácidos biliares secundários (ver Figura 31.1). Uma vez

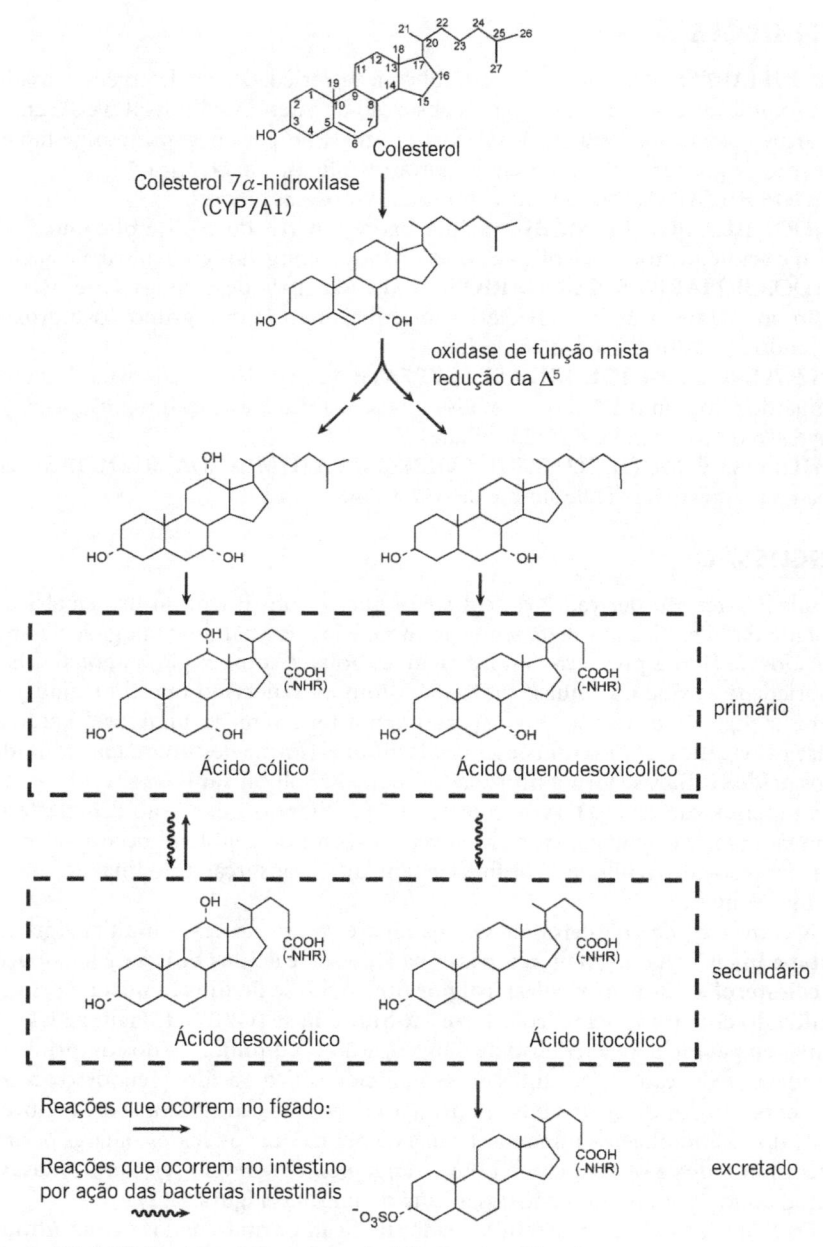

Figura 31.1 Via da biossíntese dos sais biliares simplificada.

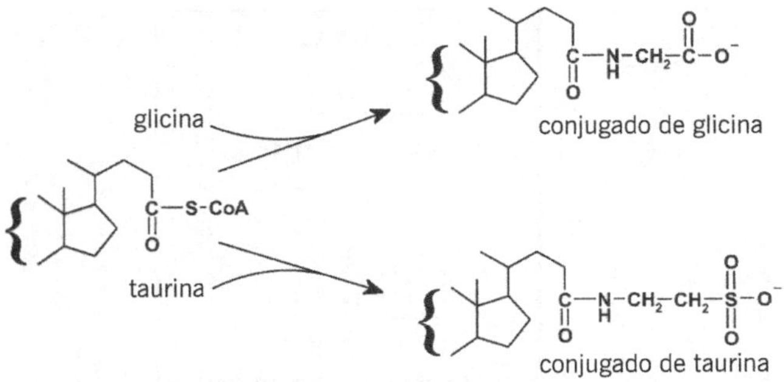

Figura 31.2 Conjugação dos sais biliares.

formados no fígado, os sais e ácidos biliares são secretados através dos ductos biliares, passam para vesícula biliar, onde são armazenados na forma de bile e, por fim, passam para o intestino. A maior parte dos ácidos e sais biliares é desconjugada no íleo e reduzida a ácidos biliares por bactérias que removem o grupo 7α-hidroxila, por meio de uma reação de desidroxilação. Embora uma parte seja perdida pela excreção, 90% dos ácidos e sais biliares são reabsorvidos na parte final do íleo e retornam ao fígado. O fígado não é capaz de fornecer quantidade suficiente de ácidos biliares recém sintetizados para as necessidades diárias do organismo, por isso, o organismo depende da circulação entero-hepática (Figura 31.3) para manter os níveis necessários de ácidos biliares. A veia porta transporta os ácidos biliares do intestino de volta para o fígado na forma de complexos com a albumina sérica.

A síntese dos sais biliares está sob um controle muito rígido para manter a homeostasia do colesterol e fornecer quantidades suficientes de detergente para o intestino. Isso é, em parte, controlado por um mecanismo de retroalimentação sobre a colesterol 7α-hidroxilase, a enzima marca-passo na via de síntese. Concentrações aumentadas de ácidos biliares inibem a colesterol 7α-hidroxilase ao passo que os níveis baixos atenuam a inibição. Níveis elevados de colesterol ativam a enzima, aumentando assim a biossíntese de ácidos biliares. Tanto os níveis de colesterol como os de ácidos biliares afetam a concentração da colesterol 7α-hidroxilase, e essa regulação parece ser controlada ao nível da transcrição por meio de receptores nucleares. Portanto, a ligação de ácidos biliares ou colesterol a um determinado receptor nuclear regula a expressão do gene *CYP7A1*, ativando sua expressão no caso da ligação com colesterol e reprimindo a expressão quando ligado a ácidos biliares. Desse modo, a manutenção apropriada dos níveis de ácidos biliares pode evitar o acúmulo de colesterol.

No ocidente, 80% dos cálculos biliares resultam da precipitação de colesterol na bile, uma condição conhecida como colelitíase. O mecanismo patogênico da formação de cálculos biliares normalmente envolve o acúmulo de eventos deletérios envolvendo as vias do colesterol e dos ácidos e sais biliares. O primeiro desses eventos é que a concentração de colesterol na bile fica supersaturada. A bile é formada por uma mistura controlada de colesterol, ácidos biliares e fosfolipídeos (com pequenas

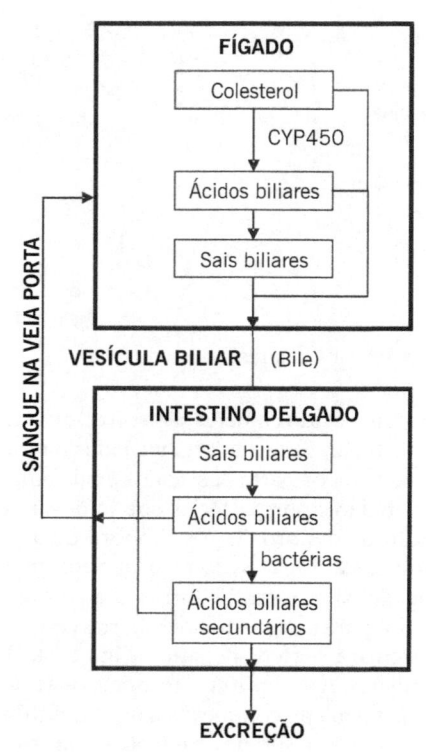

Figura 31.3 Circulação entero-hepática dos ácidos biliares.

quantidades de pigmentos biliares), caso os níveis de colesterol estejam elevados ou os níveis dos sais e ácidos biliares diminuídos, a relação nas quantidades dos três componentes principais é alterada, de modo que o colesterol fique menos protegido do ambiente aquoso e tenda a precipitar. Níveis elevados de colesterol podem ocorrer devido a um excesso da atividade da HMG-CoA-redutase, a enzima marca--passo na biossíntese do colesterol. Essa condição é, muitas vezes, observada na obesidade. De forma alternativa, níveis reduzidos de acil-CoA:colesterol-aciltransferase (ACAT), a enzima que esterifica o colesterol nas células, ou níveis reduzidos de colesterol 7α-hidroxilase podem provocar elevação dos níveis de colesterol. Deoxicolato, um ácido biliar secundário sintetizado por bactérias intestinais, inibe o *CYP7A1*. Portanto, altos níveis de deoxicolato levam a uma exposição prolongada das bactérias intestinais a ácidos biliares, o que resulta em altos níveis de colesterol na bile. Além de níveis elevados de colesterol na bile, deve haver um tempo adequado para a nucleação dos cristais de colesterol, que formam as pedras. O jejum, do mesmo modo que o sono noturno, possibilita um longo tempo de armazenamento da bile na vesícula biliar, o que pode ser um tempo suficiente para a nucleação dos cristais.

QUESTÕES DE COMPREENSÃO

31.1 Qual das seguintes alternativas corresponde a modificação dos sais biliares que aumentam a natureza anfipática e a faixa de pH na qual eles funcionam?

A. 7α-hidroxilação
B. Desidroxilação por bactérias intestinais
C. Esterificação
D. Conjugação com taurina ou glicina

31.2 Um novo medicamento, um corticosteroide denominado de CT2033, chegou ao estágio de teste clínico. Esse fármaco foi planejado para tratar inflamação, mas parece que também causa um efeito colateral indesejável ao perturbar a homeostasia do colesterol e dos ácidos biliares. Qual das seguintes alternativas tem *menor probabilidade* de explicar os efeitos adversos causados por CT2033?

A. O medicamento diminui a expressão do gene do transportador hepatobiliar dos ácidos biliares.
B. O medicamento inibe proteína transportadora hepatobiliar, diminuindo assim a secreção de ácidos biliares.
C. O medicamento compete com o colesterol pela ligação com *CYP7A1*.
D. O medicamento liga-se à lipase pancreática, inibindo-a.

31.3 Homem de 53 anos com níveis elevados de lipoproteína de baixa densidade (LDL) colesterol, apresentando sinais prematuros de doença de pedras de colesterol e com níveis elevados de triglicerídeos, foi examinado pelo seu médico em uma consulta de retorno para acompanhar o seu estado. O paciente recebeu terapia com várias estatinas e inibidores da HMG-CoA-redutase nos últimos dois anos, entretanto, após o ajuste do tratamento depois dessa consulta, as complicações não diminuíram. Esse paciente tem problemas semelhantes a dois de seus irmãos. Qual das seguintes afirmações explica melhor a dislipidemia desse paciente?

A. Influxo de fosfolipídeos anormais na vesícula resultantes de doença do íleo
B. Perda da função da HMG-CoA-redutase
C. Perda da função da CYP7A1 (colesterol 7α-hidroxilase)
D. Níveis elevados de ACAT

RESPOSTAS

31.1 **D.** A conjugação de ácidos biliares a estes dois aminoácidos, por meio de ligação amida é importante para manter as propriedades detergentes dos sais biliares na ampla faixa de pH presente no trato intestinal. A conjugação diminui o pKa dos sais biliares assegurando sua ionização e solubilidade nos intestinos.

31.2 **D.** Qualquer das situações das alternativas de A a C poderiam afetar diretamente a homeostase do colesterol e da bile. Muitos dos transportadores de ácidos biliares são regulados por receptores nucleares, por isso, um ligante do receptor nuclear, como o CT2033, pode alterar os níveis de expressão dos transportadores, podendo levar a problemas na secreção de ácidos biliares e, provavelmente, ao acúmulo de colesterol. O mesmo resultado poderia ocorrer caso o novo fármaco se ligasse direto ao transportador de modo a inibi-lo. Uma vez que os corticosteroides são derivados do colesterol, é razoável pensar que CT2033 se liga ao mesmo bolsão de ligação na CYP7A1, competindo então com o colesterol. Isso poderia levar ao acúmulo de colesterol porque a CYP7A1 é necessária para converter colesterol em sais biliares. O medicamento poderia agir para diminuir efetivamente os níveis de CYP7A1 ativo. Entretanto, a alternativa D é a menos provável de afetar o colesterol e os ácidos biliares, porque a lipase pancreática está envolvida na degradação de gorduras. Os ácidos biliares emulsificam as gorduras, possibilitando assim que sejam degradadas pela lipase pancreática. Portanto, a inibição da lipase pancreática não estaria relacionada com algum efeito na homeostase do colesterol e dos ácidos biliares.

31.3 **C.** Uma perda de função da CYP7A1 evitaria o catabolismo do colesterol para sais biliares. Níveis elevados de LDL-colesterol, sinal precoce de doença de cálculos biliares de colesterol e níveis substancialmente elevados de triglicerídeos são complicações decorrentes do bloqueio da enzima que degrada o colesterol. Portanto, altos níveis de colesterol acumulam-se na bile, com diminuição na produção de sais biliares para auxiliar a dissolução do colesterol, e há formação de cálculos de colesterol. A terapia com estatinas não é eficiente porque ela bloqueia a enzima que controla a velocidade de síntese de colesterol, mas não faz nada relacionado à degradação do colesterol. O aumento dos triglicerídeos séricos quando a CYP7A1 está deficiente ainda não está bem elucidado, mas os níveis de triglicerídeos parecem ter uma relação recíproca com a síntese de ácidos biliares. Por fim, isso parece decorrer de uma doença genética, porque os irmãos do paciente apresentam o mesmo fenótipo, que aponta para a possibilidade de gene mutado e possivelmente impedindo a função da CYP7A1.

DICAS DE BIOQUÍMICA

▶ Sais biliares são o componente principal da bile e são "detergentes" muito eficientes quando conjugados a aminoácidos, devido à presença tanto de regiões polares como de regiões apolares, ajudando na digestão das gorduras.
▶ A etapa inicial e a etapa marca-passo na síntese dos ácidos biliares é a oxidação do colesterol a 7α-hidroxicolesterol por uma oxidase de função mista pertencente à superfamília do citocromo P450, a colesterol 7α-hidroxilase (CYP7A1).
▶ A síntese dos sais biliares é mantida sob controle regulatório rígido, principalmente por um mecanismo de retroalimentação sobre a colesterol 7α-hidroxilase, a enzima marca-passo na via da biossíntese.

REFERÊNCIAS

Chiang JYL. Regulation of bile acid synthesis. *Front Biosci.* 1998;3:D176-D193.

Pullinger CR, Eng C, Salen G, et al. Human cholesterol 7α-hydroxylase (CYP7A1) deficiency has ahypercholesterolemic phenotype. *J Clin Invest.* 2002;110(1):109-117.

Russell DW. The enzymes, regulation, and genetics of bile acid synthesis. *Annu Rev Biochem.* 2003;72:137-174.

Trauner M, Boyer JL. Bile salt transporters: molecular characterization, function, and regulation. *Physiol Há.* 2003;83(2):633-671.

CASO 32

Mulher de 63 anos chega à clínica com queixas de dor intermitente no epigástrio nos últimos 3 meses. Relata pequeno alívio após as refeições, mas o desconforto retorna, já tentou vários medicamentos de venda sem prescrição médica, mas eles não tiveram efeito. Também queixa-se de cansaço e que aumentou o uso de ibuprofeno, que utilizava para aliviar a artrite. Nega náusea, vômitos ou diarreia. O exame clínico mostrou que tem sensibilidade aumentada no epigástrio e teste do guaiacol positivo. O hemograma completo revelou anemia microcítica e contagem normal de células brancas, consistente com deficiência de ferro. A paciente foi encaminhada a um gastroenterologista que realizou uma endoscopia gastrointestinal superior que identificou úlceras gástricas. O gastroenterologista suspeitou que o ibuprofeno, um medicamento anti-inflamatório não esteroide (AINE), seria a causa dos problemas e sugeriu trocá-lo por algum anti-inflamatório do grupo coxibe (inibidor da cicloxigenase 2), como o celecoxibe.

▶ Qual seria a etiologia mais provável do problema?
▶ Por que medicamentos do grupo coxibe geralmente apresentam menor incidência de problemas gastrointestinais que outros AINE?
▶ Qual a principal diferença entre o ácido acetilsalicílico e os outros AINE no que se refere à função plaquetária?

RESPOSTAS PARA O CASO 32

Gastrite associada a anti-inflamatórios não esteroides (AINE)

Resumo: paciente do sexo feminino de 63 anos com artrite e utilizando AINE apresenta sintomas de dor epigástrica que aliviava após as refeições, teste positivo para sangue oculto nas fezes e anemia ferropriva. A endoscopia mostrou úlceras gástricas.

- **Etiologia bioquímica:** Inicialmente, os AINE inibem a cicloxigenase (COX-1), enzima necessária para a síntese de prostaglandinas, que possuem um efeito protetor na mucosa gástrica. Um fator contribuinte é o dano direto na mucosa devido à natureza ácida dos AINE.
- **Diminuição dos efeitos colaterais gástricos por coxibes:** AINE tradicionais, como o ibuprofeno e o ácido acetilsalicílico, inibem tanto a COX-1 quanto a COX-2. Os coxibes são inibidores seletivos da COX-2, possibilitando a produção continuada de prostaglandinas protetoras por meio da COX-1 gástrica.
- **Diferença entre o ácido acetilsalicílico e outros AINE:** O ácido acetilsalicílico modifica covalentemente a COX-1 das plaquetas, bloqueando irreversivelmente a formação de tromboxano e diminuindo a função plaquetária por toda a vida das plaquetas (plaquetas não podem sintetizar novas proteínas). A ação inibitória sobre a COX-1 das plaquetas por outros AINE não é covalente e é eventualmente revertida quando a concentração do fármaco diminui na circulação.

ABORDAGEM CLÍNICA

Anti-inflamatórios não esteroides (AINE), também conhecidos como inibidores da síntese de prostaglandinas ou inibidores da COX, podem induzir irritação ou úlcera no trato digestivo superior. Os AINE incluem ácido acetilsalicílico, iburofeno, naproxeno e indometacina. Esses medicamentos são usados para dor, inflamação, cólica menstrual, dor de cabeça, artrite e febre. Esses compostos agem como agentes anti-inflamatórios e antipiréticos por inibirem a atividade cicloxigenásica da prostaglandina-sintase H (PGHS). Existem duas isoenzimas da PGHS: PGHS-1 (ou COX-1), geralmente é a enzima basal encontrada em vários tecidos, inclusive nas plaquetas e na mucosa gástrica; a PGHS-2 (ou COX-2) é uma enzima induzível expressa habitualmente em resposta a citocinas e agentes mitógenos nos sítios de inflamação ou de proliferação celular.

Os AINE mais antigos, como o ácido acetilsalicílico e o ibuprofeno, inibem tanto a COX-1 como a COX-2, ao passo que uma classe mais nova de AINE, denominados coxibes, são inibidores seletivos da COX-2. Por inibirem pouco a produção de prostaglandinas citoprotetoras pela COX-1 da mucosa, os coxibes apresentam problemas menores de irritação e ulceração no trato gastrointestinal superior.

A produção de tromboxana pela COX-1 plaquetária, juntamente com uma enzima de etapas posteriores da via da coagulação, é protrombótica, assim o ácido acetilsalicílico e outros AINE causam disfunção plaquetária e aumentam o tempo

CASOS CLÍNICOS EM BIOQUÍMICA   281

de sangramento. O ácido acetilsalicílico é singular por causar inibição covalente, irreversível, da proteína COX, ao passo que outros AINE têm ação não covalente e reversível. Assim, uma vez que as plaquetas não podem sintetizar mais proteínas COX, elas são afetadas irreversivelmente pelo ácido acetilsalicílico e apenas temporariamente por outros AINE. Doses baixas de ácido acetilsalicílico são usadas com frequência na profilaxia antitrombótica.

As ações protrombótica e vasoconstritora dos tromboxanos produzidos devido a atividade da COX-1 na vasculatura é contraposta pela prostaglandina antitrombótica e vasodilatadora prostaciclina, originada da COX-2 nas células do endotélio vascular. Portanto, coxibes seletivos para COX-2 tendem a diminuir os níveis de prostaciclina nos vasos sanguíneos sem que haja redução nos níveis de tromboxanos. Acredita-se que essa tendência explicaria o pequeno, embora significativo, aumento no risco cardiovascular associado com a retirada de dois coxibes do mercado nos Estados Unidos.

ABORDAGEM AO
Metabolismo das prostaglandinas

OBJETIVOS

1. Descrever as vias biossintéticas e de sinalização celular envolvendo prostanoides.
2. Diferenciar os papeis patofisiológicos das duas isoformas de PGHS.
3. Citar os alvos farmacológicos dos AINE e as características que distinguem coxibes e ácido acetilsalicílico dos outros AINE.

DEFINIÇÕES

EICOSANOIDES: moléculas sinalizadoras de lipídeos oxigenados contendo 20 carbonos derivados de ácidos graxos poli-insaturados liberados de fosfolipídeos de membrana por ação da fosfolipase A_2. Ente eles, incluem-se os prostanoides produzidos pela via da cicloxigenase e dos leucotrienos produzidos pela via da lipoxigenase.
PROSTANOIDES: moléculas sinalizadoras de lipídeos oxigenados derivadas de ácidos graxos poli-insaturados liberados de fosfolipídeos de membrana pela ação da fosfolipase A_2. Os prostanoides incluem as prostaglandinas, as prostaciclinas e os tromboxanos.
PROSTAGLANDINA: molécula sinalizadora de lipídeo oxigenado que tem um sistema de anel de cinco átomos derivada do ácido araquidônico e de outros ácidos graxos poli-insaturados de 20 carbonos. As prostaglandinas são moléculas tipo-hormônios que regulam eventos celulares nos locais nos quais elas são sintetizadas.
TROMBOXANO: molécula sinalizadora de lipídeo oxigenado que possui um sistema de anel de seis átomos derivada do ácido araquidônico e de outros ácidos graxos poli-insaturados de 20 carbonos. Os tromboxanos estão envolvidos na agregação plaquetária assim como na vasoconstrição e broncoconstrição e na proliferação de linfócitos.
PGH-SINTASE: prostaglandina H-sintase, a enzima que catalisa a formação de prostaglandina H a partir de ácidos graxos poli-insaturados de 20 carbonos. A PGH-sintase possui duas atividades: a atividade de cicloxigenase introduz um anel de cinco átomos no ácido graxo poli-insaturado enquanto também introduz um

endoperóxido entre os carbonos 9 e 10 e um hidroperóxido no carbono 15; e a atividade peroxidásica reduz o hidroperóxido a um grupo hidroxila usando glutationa como fonte dos equivalentes redutores. Existem duas formas da PGH-sintase, PGHS-1 e PGHS-2. A PGHS-1 é a isoforma "basal" e é expressa constitutivamente, ao passo que a PGHS-2 é a isoforma induzível e tem sido implicada na proliferação celular e na inflamação.

MEDICAMENTO ANTI-INFLAMATÓRIO NÃO ESTEROIDE (AINE): inibe a atividade da COX da PGH-sintase, inibindo assim a produção de prostaglandinas e tromboxanos.

COXIBE: classe de AINE que é seletiva para a inibição da atividade cicloxigenásica da PGHS-2 e com ação fraca contra a cicloxigenase PGHS-1.

DISCUSSÃO

Prostanoides são moléculas sinalizadoras de lipídeos oxigenados derivadas de **ácidos graxos poli-insaturados.** A maioria dos prostanoides sintetizados a partir do protótipo de um ácido graxo poli-insaturados, o ácido araquidônico, são as prostaglandinas (PG) D_2, PGE_2, PGF_{2a}, PGH_2, PGI_2 (também conhecida como **prostaciclina**) e o tromboxano (TX) A_2. A cascata de sinalização de prostanoides inicia com um estímulo externo, muito frequentemente pela ligação de um ligante a um receptor de superfície celular que ativa uma ou mais fosfolipases A_2. Essas últimas são enzimas que liberam ácido araquidônico da sua forma esterificada nos fosfolipídeos de membrana, como fosfatidiletanolamina e fosfatitidilinositol. O araquidonato é convertido em PGH_2 por uma das isoformas da PGH-sintase (PGHS-1), enzimas localizadas na membrana do retículo endoplasmático e no envelope nuclear.

PGH_2, por sua vez, é metabolizada aos lipídeos sinalizadores prostanoides (PGD_2, PGE_2, PGF_{2a}, PGH_2, PGI_2 ou TXA_2) por alguma das enzimas secundárias, denominadas de acordo com o prostanoide específico que produzem (Figura 32.1). O tipo de prostanoide produzido é determinado pela enzima que está presente na sequência. Normalmente uma dessas enzimas predomina em determinada célula. Por exemplo, **a enzima secundária que predomina em plaquetas é a tromboxano-sintase**, ao passo que **as células do endotélio vascular apresentam prostaciclina (PGI) sintase**. Moléculas sinalizadoras prostanoides geralmente estão presentes em células que os produzem em resposta a receptores de superfície acoplados à proteína G da mesma célula ou de células das vizinhanças (denominadas de ação autócrina ou parácrina). Alguns prostanoides podem ser metabolizados a ligantes de um subgrupo de receptores nucleares, os receptores ativados de proliferadores de peroxissomos (PPARs). Os prostanoides ativos são convertidos de forma rápida em metabólitos inativos por enzimas presentes em vários tipos de células. Como resultado, os prostanoides sinalizadores tem meia-vida muito curta na circulação e não são hormônios no sentido convencional.

A conversão do araquidonato em PGH_2 **é a etapa regulatória fundamental na biossíntese de prostanoides.** Cada uma das isoformas da PGHS catalisa duas reações separadas (Figura 32.2). A primeira reação (**araquidonato → PGG_2**) envolve a inserção de duas moléculas de oxigênio e a ciclização do esqueleto de carbono do ácido graxo. Essa etapa é catalisada pela atividade **COX** da PGHS-1 ou da PGHS-2. É essa atividade COX (também denominada COX-1 e COX-2) que é **inibida pelos AINE.**

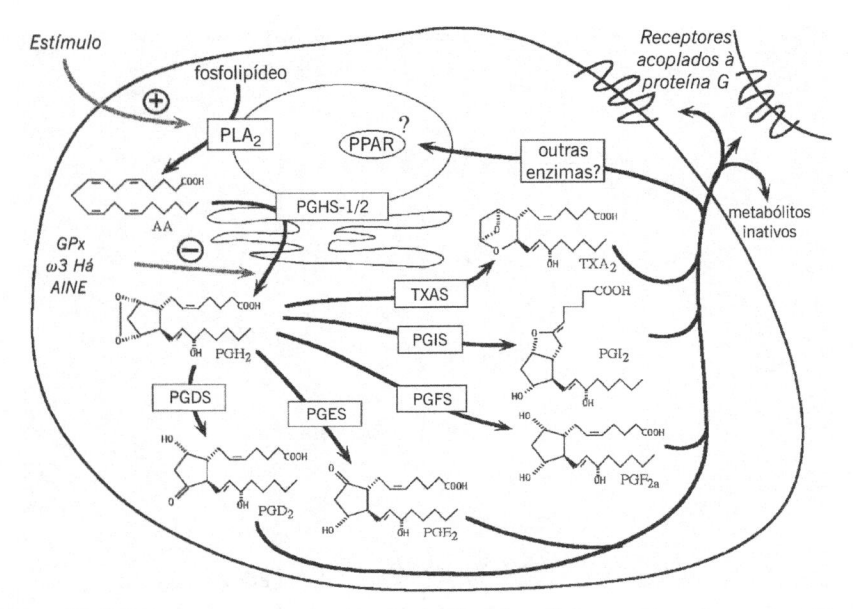

Figura 32.1 Diagrama ilustrando vias de sinalização celular envolvendo prostanoides.

A **segunda etapa** ($PGG_2 \rightarrow PGH_2$) envolve a **redução do hidroperóxido** no carbono 15 a um álcool e é **catalisada pela atividade peroxidásica da PGHS-1 e da PGHS-2**.

Apesar das duas isoformas da PGHS possuírem atividades cicloxigenásica e peroxidásica e serem proteínas com estrutura semelhante, elas têm funções fisiopatológicas muito diferentes. Muitas células, incluindo plaquetas e células da mucosa gástrica, têm níveis moderados da isoforma "basal", PGHS-1. As funções atribuídas à PGHS-1 incluem a regulação da etabolis e do tônus vascular, função renal e manutenção da integridade da mucosa gástrica. Em resposta a citocinas ou mitógenos, um pequeno número de células, como macrófagos, células do endotélio vascular e fibroblastos, regulam os níveis da isoforma "induzível" (PGHS-2), aumentando-os. A PGHS-2 tem sido implicada com proliferação celular, inflamação, carcinogênese e parto.

Muitos dos inibidores da COX foram desenvolvidos e as suas estruturas variam um pouco (Figura 32.3). Todos os inibidores conhecidos competem com o ácido graxo substrato pela ligação com o sítio cicloxigenásico da enzima. O **ácido acetilsalicílico** é um dos primeiros AINE descobertos e é largamente utilizado como agente analgésico e anti-inflamatório. Recentemente, o ácido acetilsalicílico surgiu como um **agente antitrombótico** muito útil devido a sua ação contra a **atividade da COX das plaquetas**. O ácido acetilsalicílico é o arquétipo dos modos da inibição da COX. O primeiro modo envolve a ligação rápida e reversível do inibidor (I) no sítio COX da enzima (E), formando um complexo EI. O segundo modo envolve a conversão lenta de EI em um complexo de maior afinidade, EI'(Equação 1).

$$E + I \longleftrightarrow EI \rightarrow EI' \qquad \text{Equação 1}$$

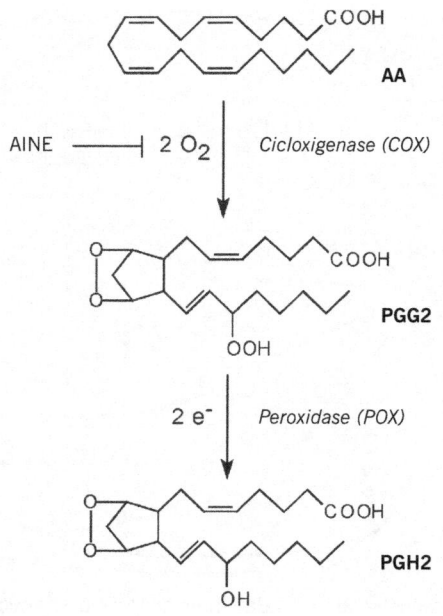

Figura 32.2 Etapas da conversão do ácido araquidônico em PGH$_2$ pela PGH-sintase. Um cossubstrato, indicado por e⁻, é necessário para fornecer dois equivalentes redutores para a reação da peroxidase.

EI e EI' não podem ligar ácido graxo e assim nenhuma delas pode catalisar a reação da cicloxigenase. No caso do **ácido acetilsalicílico, a conversão de EI em EI' é acompanhada pela modificação covalente da proteína, tornando a transição**

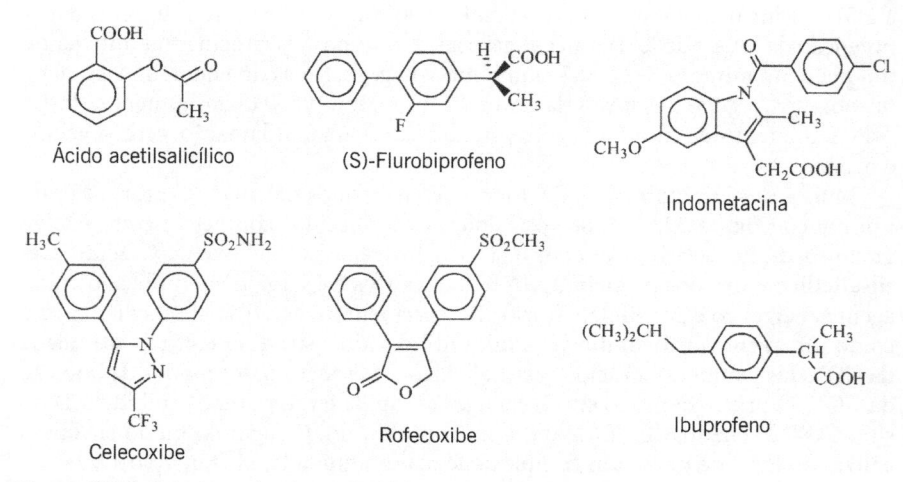

Figura 32.3 Estrutura de alguns inibidores da cicloxigenase.

CASOS CLÍNICOS EM BIOQUÍMICA 285

irreversível. A formação do complexo EI' produz uma inibição maior da COX, porque o inibidor não é facilmente deslocado pelo substrato e porque a inibição persiste mesmo quando o inibidor livre for removido. **O flurobiprofeno e a indometacina** formam complexos tanto com PGHS-1 como com PGHS-2, embora não modifiquem covalentemente nenhuma das enzimas. O ibuprofeno forma complexos EI apenas com as duas isoformas. Os coxibes (como colexosib e refocoxib) derivam a sua inibição seletiva refinada sobre a atividade cicloxigenásica da PGHS-2 da sua habilidade para formar complexos EI' não covalentes com a PGHS-2 e não com a PGHS-1. Essa seletividade faz os coxibes serem úteis para terapias anti-inflamatórias e antiproliferativas, com redução dos eventos adversos sobre o trato gastrointestinal, mas também os fazem ineficazes como agentes antiplaquetários e, consequentemente, podem aumentar os riscos cardiovasculares.

QUESTÕES DE COMPREENSÃO

32.1 Os coxibes, incluindo celecoxibe, formam uma classe de AINE desenvolvida recentemente. Eles apresentam ação anti-inflamatória sem afetar a função plaquetária. Esses efeitos são atribuídos a inibição seletiva de quais das seguintes opções?

   A. Isoenzima citosólica da fosfolipase A_2 ($cPLA_2$)
   B. Atividade COX da isoenzima "basal" da prostaglandina H-sintase (PGHS-1)
   C. Atividade COX da PGHS-2 "induzível"
   D. Isoenzima microsomal da prostaglandina E-sintase (mPGES-1)

32.2 As prostaglandinas constituem em uma família de moléculas sinalizadoras lipídicas oxigenadas derivadas de ácidos graxos poli-insaturados como ácido araquidônico. Elas estão envolvidas na regulação de vários processos celulares. Algumas das prostaglandinas atuam aumentando a vasodilatação e os níveis de cAMP em células, ao passo que outras aumentam a vasoconstrição, a broncoconstrição e a contração do músculo liso. Na conversão do ácido araquidônico em prostaglandinas, a etapa de oxigenação é realizada pela enzima que sintetiza qual dos seguintes compostos?

   A. Prostaglandina D_2
   B. Prostaglandina E_2
   C. Prostaglandina $F_{2\alpha}$
   D. Prostaglandina H_2
   E. Prostaglandina I_2

32.3 A sinalização por meio de prostanoides inicia-se pela interação de um prostanoide com o seu receptor. Em qual parte da célula o receptor envolvido geralmente se localiza?

   A. Membrana plasmática de uma célula que esteja nas proximidades da célula que sintetiza o prostanoide
   B. Núcleo de uma célula em um órgão diferente daquele da célula que sintetiza o prostanoide

C. Retículo endoplasmático da célula que sintetiza o prostanoide
D. Lisossomo de uma célula da circulação sanguínea
E. Aparelho de Golgi de uma célula da circulação sanguínea

RESPOSTAS

32.1 **C.** Os coxibes foram planejados para inibirem a atividade da forma induzível da PGH-sintase para não inibirem a produção constitutiva de prostaglandinas e tromboxanos. Eles inibem a primeira fase do processo, que é catalisada pela atividade COX da PGH-sintase-2.

32.2 **D.** A primeira etapa da síntese das prostaglandinas e tromboxanos é a reação catalisada pela atividade cicloxigenásica da PGHS. Essa reação causa a ciclização do ácido graxo e ao mesmo tempo introduz um endoperóxido instável entre os carbonos 9 e 10 e um hiperperóxido no carbono 15, produzindo PGG_2, que, por sua vez, é rapidamente reduzido a PGH_2 pela atividade peroxidásica da PGHS.

32.3 **A.** Os prostanoides possuem uma ampla variedade de efeitos fisiológicos, entretanto eles regulam estes processos localmente ao se ligarem a um receptor na membrana plasmática de uma célula próxima àquela onde o prostanoide foi sintetizado. A ligação do prostanoide ao seu receptor em geral ativa uma proteína que liga GTP, a qual age ativando (ou inibindo) uma cascata de adenilato ciclase ou de fosfatidilinositol.

DICAS DE BIOQUÍMICA

▶ A conversão do araquidonato à PGH_2 por meio da catálise pela COX é a etapa regulatória fundamental na biossíntese dos prostanoides.
▶ O ácido acetilsalicílico surgiu como um agente antitrombótico muito útil devido a sua ação contra a atividade da COX de plaquetas.
▶ Os coxibes (por exemplo, o celecoxibe) derivam sua refinada seletividade da cicloxigenase da COX-2 da sua capacidade de formar um complexo não covalente EI' com COX-2 e não com COX-1.
▶ A maior seletividade dos coxibes por COX-2 do que por COX-1 confere as atividades anti-inflamatória e antiproliferativa dessas moléculas com efeitos adversos reduzidos sobre o trato gastrointestinal, mas os torna não efetivos como agentes antiplaquetários, pode então aumentar os riscos de infarto do miocárdio e ataque cardíaco.

REFERÊNCIAS

Blobaum AL, Marnett LJ. Structural and functional basis of cyclooxygenase inhibition. *J Med Chem.* 2007;50(7):1425-1441.

Funk CD. Prostaglandins and leukotrienes: advances in eicosanoid biology. *Science.* 2001;294(5548): 1871-1875.

Grosser T, Fries S, FitzGerald GA. Biological basis for the cardiovascular consequences of COX-2 inhibi- tion: therapeutic challenges and opportunities. *J Clin Invest.* 2006;116(1):4-15.

Parfitt JR, Driman DK. Pathological effects of drugs on the gastrointestinal tract: a review. *Hum Patetabolismologr*:527-536.

CASO 33

Homem libanês de 28 anos chega ao consultório com queixas de fadiga e dificuldade para recuperar o fôlego com sua rotina normal de exercícios, desde uma visita recente feita à família de sua esposa. Ele afirma que é saudável, nega febre, calafrios, náusea, vômito e diarreia. Relata que não teve contato com doentes ou outras viagens além da casa dos parentes de sua esposa, onde ele comeu a famosa sopa de feijão-fava. Após mais algumas perguntas, ele relata que sua urina ficou muito mais concentrada e escura apesar da ingestão adequada de líquidos. No exame físico, está com aparência de doente, parecendo ainda cansado e pálido, sua esclera está ictérica e a conjuntiva está pálida. Seu coração está com leve taquicardia, com 110 batimentos/minuto, e sua reposição de sangue capilar é atrasada, mas o resto do exame é normal. O exame de urina coletado revelou urina muito escura. Seu hematócrito é de 21% (normal: 40-49%).

- Qual é o diagnóstico mais provável?
- Qual é o padrão de herança dessa doença?

RESPOSTAS PARA O CASO 33

Deficiência de glicose-6-fosfato-desidrogenase

Resumo: homem libanês de 28 anos, com manifestação de fadiga, falta de ar, icterícia e anemia após uma viagem recente para a casa dos familiares de sua esposa, onde comeu sopa de feijão-fava.

- **Diagnóstico provável:** Anemia hemolítica aguda causada por subjacente deficiência de glicose-6-fosfato-desidrogenase (G6PD).
- **Padrão de herança:** Ligada ao X (predominantemente vista em indivíduos do sexo masculino)

ABORDAGEM CLÍNICA

A G6PD é uma doença genética ligada ao cromossomo X que provoca instabilidade da membrana das hemácias, conduzindo à ruptura das células. Feijão-fava desencadeia anemia hemolítica aguda em indivíduos com níveis baixos de G6PD e, assim, baixa também os níveis de NADPH, reduzindo os equivalentes redutores para suprimir os danos oxidativos. A formação de radicais livres danifica e compromete a integridade da membrana de hemácias, conduzindo à hemólise (anemia hemolítica) e aos sintomas clínicos descritos no caso. Além da ingestão de feijão-fava, outras causas comuns de anemia hemolítica por deficiência de G6PD incluem fármacos (primaquina), produtos químicos (produtos contra traças, corantes de anilina, compostos de hena), infecções (*Escherichia coli*, *Salmonella*) e cetoacidose diabética. Pacientes com essa deficiência confirmada devem estar cientes desses gatilhos.

ABORDAGEM À

Deficiência de glicose-6-fosfato-desidrogenase

OBJETIVOS

1. Descrever como NADPH é produzido na hemácia e seu papel na manutenção da integridade dos eritrócitos.
2. Explicar como desafios alimentares podem levar a hemólise em indivíduos com baixa atividade de G6PD.
3. Reconhecer o padrão de herança e a distribuição da população das deficiências de G6PD.

DEFINIÇÕES

ANEMIA HEMOLÍTICA AGUDA: uma condição patológica em que há uma queda súbita no número de eritrócitos circulantes precipitados por um desafio agudo, o qual supera a capacidade do eritrócito para se defender contra um ataque oxidativo dos lipídeos da membrana eritrocitária, resultando em ruptura de membranas.

GLICOSE-6-FOSFATO-DESIDROGENASE (G6PD): enzima que catalisa o passo limitante da velocidade da via da hexose monofosfato, a qual produz equivalentes redutores na forma de NADPH necessários para inativar os radicais de oxigênio que atacam lipídeos da membrana eritrocitária e protegem a membrana do eritrócito de ruptura.

FEIJÃO-FAVA: *vicia faba*, um feijão da espécie *Fabaceae*. É nativo de regiões do sudoeste da Ásia e norte da África, mas é cultivada amplamente ao redor do mundo. As evidências indicam que o feijão-fava teria sido cultivado no Mediterrâneo Oriental desde 6.000 a.C, se não antes.

VICINA, CONVICINA, DIVICINA E ISOURAMIL: compostos ativos no desencadeamento de anemia hemolítica aguda resultante da ingestão de favas por um indivíduo com uma atividade comprometida de G6PD. Vicina e convicina são glicosídeos que ocorrem naturalmente, ao passo que divicina e isouramil são as agliconas resultantes de remoção enzimática da porção glicosídica.

DISCUSSÃO

A anemia hemolítica é uma condição em que os eritrócitos são incapazes de transportar oxigênio suficiente para os tecidos em todo o corpo para atender as demandas de geração de energia do metabolismo, geralmente devido à destruição prematura das células vermelhas do sangue. A condição pode ser de qualquer origem extrínseca ou intrínseca. Defeitos nas propriedades estruturais da membrana das células vermelhas do sangue e alterações nas proteínas (por exemplo, enzimas) dentro do eritrócito são causas intrínsecas de anemia hemolítica, ao passo que as anormalidades na eritropoiese, coágulos de sangue nos pequenos vasos, determinadas infecções e os "efeitos colaterais" de certas substâncias terapêuticas constituem causas extrínsecas de anemia hemolítica. As anemias hemolíticas também podem ser descritas como crônica (por exemplo, um defeito na hemopoiese) ou aguda (por exemplo, uma infecção ou o efeito colateral de um fármaco ou componente da dieta). A anemia hemolítica surge como consequência de uma deficiência, em que G6PD é descrita como intrínseca (deficiência enzimática) e aguda, porque as pessoas com essa condição são livres de sintomas, até que os eritrócitos entrem em contato com substâncias tóxicas específicas ou componentes da dieta. Nesse caso, o acontecimento que desencadeou episódio de anemia hemolítica aguda foi a ingestão do feijão-fava. Essa sensibilidade ao feijão-fava é bem conhecida em pessoas do Mediterrâneo, Oriente Médio e origens africanas, e requer uma deficiência genética na G6PD e um componente da dieta, infecção ou agente medicamentoso para a expressão dos sintomas.

O traço genético está localizado no cromossomo X na posição q28. Como o traço é ligado ao X e recessivo, a condição é mais prevalente em homens do que em mulheres, as quais precisam duas cópias do alelo alterado para a expressão da condição. Mais de 400 alelos variantes foram identificados, cada um conduzindo a uma redução da atividade de G6PD.

Função da glicose-6-fosfato-desidrogenase na manutenção da integridade da membrana eritrocitária

G6PD é a primeira enzima de três reações, e o passo limitante da taxa da via da hexose-monofosfato (via das pentoses-fosfato), que oxida a glicose-6-fosfato a ribulose-5-fosfato, CO_2 e duas moléculas de NADPH (mostrado esquematicamente na Figura 33.1). O produto da atividade de G6PD é NADPH e gliconolactona-6-P, que é submetido a hidrólise pela enzima gliconolactona-6-P-lactonase para formar 6-fosfogluconato. Uma terceira enzima, 6-fosfogluconato-desidrogenase, oxida 6-fosfogluconato a CO_2, ribulose-5-P e a segunda molécula de NADPH. Os valores de K_m das desidrogenases para $NADP^+$ e os valores K_i para NADPH são muito próximos, de modo que as enzimas são altamente reguladas, essencialmente fazendo uma NADPH quando um é usado.

Na extremidade oposta do esquema mostrado na Figura 33.1 é ilustrado o último uso dos equivalentes redutores NADPH na manutenção da integridade da membrana das células vermelhas do sangue. Os resíduos acil-graxos da membrana, presentes na bicamada fosfolipídica, podem sofrer oxidação para formar hidroperóxidos de acil-graxo ($R-HCH-CH_2-R$), os quais enfraquecem a membrana, tornando-a mais suscetível à ruptura quando a hemácia é apertada pelos diâmetros estreitos dos leitos capilares dos tecidos. Equivalentes redutores convertem o hidroperóxido de um substituinte hidroxila, fazendo a membrana menos suscetível à ruptura. Esse processo requer o uso de um transportador intermediário de equivalentes redutores a glutationa reduzida e duas enzimas adicionais, glutationa-redutase, que transfere elétrons a partir de NADPH para a glutationa oxidada, e a glutationa-peroxidase, que utiliza a glutationa reduzida para diminuir a porção hidroperóxido para o nível de geração de hidroxila, produzindo glutationa oxidada como um segundo produto.

Se um indivíduo do sexo masculino tem uma das mutações que expressa atividade baixa de G6PD, então, estará em risco de um episódio de anemia hemolítica,

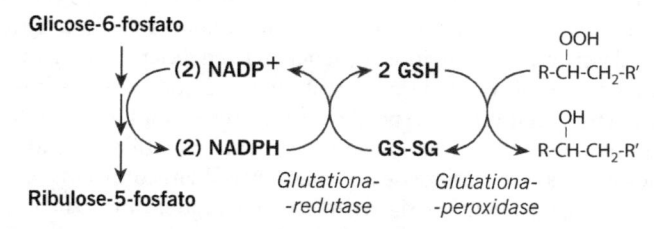

Figura 33.1 A glutationa-redutase e o sistema peroxidase. A glicose-6-fosfato-desidrogenase catalisa a reação representada pela primeira seta descendente na conversão em três passos de glicose-6-fosfato a ribulose-5-fosfato. Essa conversão fornece o NADPH que reduz glutationa oxidada (GS-SG). A glutationa reduzida (GSH) é usada pela glutationa-peroxidase para reduzir hidroperóxidos orgânicos até álcoois.

caso coma uma refeição contendo feijão-fava. Os sintomas se desenvolvem devido a atividade deficiente de G6PD não ser capaz de evitar a destruição membrana da célula vermelha do sangue (hemólise) depois de comer a refeição contendo feijão-fava. Após a eliminação dos produtos de digestão do feijão-fava, a eritropoiese normal irá substituir os eritrócitos em falta e os sintomas irão diminuir.

Função das favas induzindo um episódio hemolítico

Os componentes ativos causadores de episódios hemolíticos em pessoas com atividade deficiente de G6PD foram identificados como o alcaloide β-glicosídico vicina e convicina (Figura 33.2). Esses dois compostos dão origem à desglicosilação, a duas agliconas divicina e isouramil, que também causam hemólise de eritrócitos. Na verdade, a divicina tem sido demonstrada como mais tóxica para os eritrócitos do que a vicina, e parece ser uma causa direta de favismo-hemólise de eritrócitos após a exposição a estes compostos. Como pode ser visto na Figura 33.2, as estruturas de divicina e isouramil são redox ativas, permitindo a redução da forma de quinona para a forma hidroxila e o processo inverso também. Esses compostos podem ser reduzidos com NADPH como o elétron doador final e, nos indivíduos com atividade deficiente de G6PD, a capacidade para fornecer equivalentes redutores está sobrecarregada. Isso torna possível a formação do ânion superóxido ($O_2^{\cdot-}$) e o radical hidroxila ($OH^\cdot$), que pode danificar os lipídeos na membrana, predispondo a hemácia a ruptura pelas pressões físicas exercida sobre o eritrócito quando ele atravessa os espaços estreitos da rede capilar. O resultado é a anemia hemolítica aguda desencadeado pela ingestão de favas.

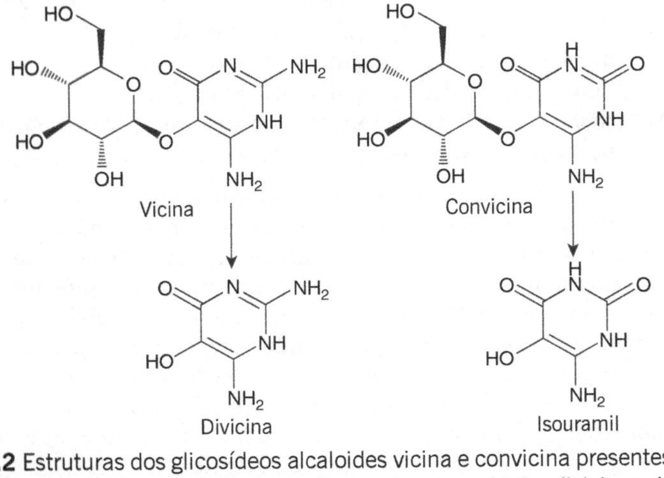

Figura 33.2 Estruturas dos glicosídeos alcaloides vicina e convicina presentes no feijão-fava. Cada um é metabolizado ao seu aglicona correspondente, divicina e isouramil.

QUESTÕES DE COMPREENSÃO

33.1 Um jovem paciente do sexo masculino saudável queixa-se de fraqueza e tem baixa contagem de eritrócitos. Você suspeita de uma crise hemolítica recente e verifica seus eritrócitos e níveis de G6PD. A contagem de eritrócitos é baixa e a G6PD é normal. Você sabe que o caminho para proteger a membrana do eritrócito dos danos é complexo e que glutationa-peroxidase está envolvida. Peroxidases utilizam equivalentes redutores produzidos pelo metabolismo de glicose para reduzir hidroperóxidos orgânicos para hidroxila. Qual das seguintes afirmativas descreve melhor a ação da glutationa-peroxidase?

   A. Glutationa-peroxidase reduz glutationa dissulfeto de volta a glutationa reduzida
   B. Glutationa-peroxidase produz uma molécula de CO_2 no seu ciclo de reação
   C. Glutationa-peroxidase requer um cofator de íons de selênio
   D. Glutationa-peroxidase reduz hidroperóxidos orgânicos para compostos de hidroxila
   E. Glutationa-peroxidase pode usar NADPH ou NADH diretamente como fonte de equivalentes redutores

33.2 Um paciente sob seus cuidados teve um evento de crise hemolítica e você tem no seu diagnóstico diferencial que o evento pode indicar uma disfunção de G6PD. Você sabe que G6PD no glóbulo vermelho usa glicose-6-fosfato da via glicolítica para formar NADPH por meio de uma série de reações. Uma pessoa com deficiência de G6PD seria de se esperar ter todas as características exceto qual das seguintes?

   A. Aumento da proporção do metabolismo da glicose em piruvato contra ribulose-5-fosfato do que em indivíduos normais
   B. Diminuição da atividade da glutationa-redutase
   C. Diminuição da atividade de glutationa-peroxidase
   D. Aumento da redução de hidroperóxidos orgânicos para produtos hidroxila
   E. Diminuição da produção de gluconolactona-6-fosfato

33.3 No seu terceiro ano, durante seus rounds de hematologia, um paciente que teve um episódio de hemólise fica aos seus cuidados. Com base no consumo recente de sopa de feijão-fava e à sua descendência do Oriente Médio, você suspeita de um episódio induzido por feijão-fava de radicais de oxigênio ativos que possam ter causado a hemólise. Você sabe que favas contêm divicina, isouramil e agliconas que são redox ativas, permitindo a transferência de elétrons a partir de um composto para o outro. Quando espécies de radicais livres são formadas em indivíduos com atividade deficiente de G6PD, lipídeos de membrana podem ser submetidos à formação de hidroperóxido. Qual das seguintes afirmações é menos precisa sobre eritrócitos no seu paciente?

   A. Elasticidade da membrana dos eritrócitos está reduzida.
   B. Eritrócitos são mais facilmente hemolisados.

CASOS CLÍNICOS EM BIOQUÍMICA 293

C. Eritrócitos são mais permeáveis.
D. Eritrócitos atravessam facilmente os leitos capilares.
E. Eritrócitos são menos capazes de reduzir hidroperóxidos de ácidos graxos para formas hidroxila.

33.4 Um paciente jovem do sexo masculino com um episódio de crise hemolítica retorna para sua clínica vários meses depois com outro episódio. Ele não seguiu seu conselho para evitar certos gêneros alimentícios. Você tem agora mais uma oportunidade para identificar a causa exata da doença. Você sabe que em G6PD o passo limitante da velocidade de via da hexose-monofosfato é regulada pela relação de NADPH/NADP$^+$ e que as alterações na eficiência de ligação poderiam alterar a capacidade de proteger os eritrócitos. Quais das condições sinalizaria a enzima para aumentar a sua atividade?

Condição	NADPH/NADP$^+$	Conteúdo peróxido acil-graxo	Concentração vicina + convincina
A	↓	↓	↓
B	↑	↑	↑
C	↓	↑	↑
D	↑	↓	↓
E	↑	↑	↓

RESPOSTAS

33.1 **D.** A glutationa-peroxidase é a enzima ativa na remoção de produtos de hidroperóxido, resultantes de ataques de espécies reativas de oxigênio sobre substituintes de ácidos graxos na membrana. A glutationa-redutase reduz a glutationa dissulfeto a glutationa reduzida. 6-fosfogluconato-desidrogenase produz uma molécula de CO_2, uma NADPH e ribulose-5-fosfato. A glutationa-redutase requer selênio como cofator. Glutationa-peroxidase só pode usar glutationa reduzida como doador de elétrons, não podendo usar NADPH e nem NADH.

33.2 **D.** Se G6PD está deficiente, então a via para e não pode haver a produção de glutationa reduzida e, portanto, não ocorre remoção de hidroperóxidos.

33.3 **D.** Os eritrócitos com hidroperóxidos de ácidos graxos têm membranas "duras", que não conseguem se espremer pelos diâmetros menores dos capilares. Permeabilidade da membrana está aumentada e os eritrócitos rompem em vez de passar através dos capilares.

33.4 **C.** Os níveis elevados de NADPH poderiam inibir a atividade de G6PD porque [NADP$^+$], um substrato necessário para a reação, está diminuída. Desse modo, as alternativas B, D e E podem ser eliminadas. Diminuição do conteúdo de hidroperóxidos de acil-graxos da membrana exigiria menor atividade de peroxidase e, por conseguinte, menor atividade de G6PD, ao passo que níveis elevados tenderiam a aumentar a atividade de G6PD se os níveis de NADPH são reduzidos. Níveis elevados de vicina e convicina aumentariam o conteúdo de hidroperóxidos acil-graxos de membrana, assim uma necessidade maior da atividade de peroxidase e, por conseguinte, um aumento da atividade de G6PD se os níveis de NADPH são baixos. A alternativa A pode ser eliminada, porque existe uma ausência de necessidade da atividade de G6PD em razão dos níveis baixos de acil hidroperóxidos e vicina/convicina. A condição C tenderá a aumentar a atividade de G6PD.

DICAS DE BIOQUÍMICA

▶ Deficiência de glicose-6-fosfato-desidrogenase é uma doença hereditária ligada ao cromossomo X.
▶ Glicose-6-fosfato desidrogenase ajuda na conversão de glicose-6-fosfato a 6-fosfogluconato, resultando na formação de NADPH.
▶ Equivalentes redutores NADPH atuam para suprimir os danos oxidativos na membrana dos eritrócitos. Os pacientes com essa deficiência não têm a capacidade redutora do NADPH, levando a instabilidade da membrana dos eritrócitos e hemólise.
▶ Consumo de feijão-fava é apenas um potencial agente desencadeante de hemólise em pacientes com essa deficiência. Outras etiologias incluem drogas, produtos químicos, infecção e cetoacidose diabética.

REFERÊNCIAS

McMillan DC, Bolchoz LJC, Jollous, DS. Favism: effect of divicine on rat erythrocyte sulfhydryl status, hexose monophosphate shunt activity, morphology and membrane skeletal proteins. *Toxicol Sci.* 2001;62:353-359.

Glader B, Schrier S, Mahoney D, Landaw S. Clinical Manifestations of Glucose-6-phosphate Dehydrogenase Deficiency. www.uptodate.com.

CASO 34

Mulher de 49 anos foi atendida pelo médico para acompanhamento do uso de nova medicação (lovastatina) para controle de colesterol elevado. Ela não apresentava queixas e se sentia bem. A repetição da dosagem de colesterol sérico mostrou diminuição nos níveis de colesterol. A paciente perguntou se deveria continuar com a medicação e quais seriam os potenciais efeitos colaterais e os benefícios de continuar com a medicação. O médico explicou que esse medicamento inibe a etapa limitante e a enzima-chave da biossíntese do colesterol.

▶ Qual é o mecanismo de ação deste medicamento?

RESPOSTAS PARA O CASO 34
Tratamento com estatinas

Resumo: mulher de 49 anos com história de colesterol elevado em tratamento com lovastatina, aparenta melhora nos níveis séricos de colesterol.

- **Mecanismo de ação da lovastatina:** Inibidor da β-hidroxil-β-metilglutaril coenzima A (HMG-CoA) redutase.

ABORDAGEM CLÍNICA

A hiperlipidemia é um dos fatores de risco mais tratáveis da doença coronariana. Inicialmente, quando a avaliação indica que no jejum a lipoproteína de baixa densidade (LDL)-colesterol está elevada, recomenda-se modificações no estilo de vida, como modificação da dieta, realização de atividade física e perda de peso. Os lipídeos são avaliados novamente depois de um intervalo de 3 a 6 meses. Caso o nível da LDL-colesterol ainda esteja acima de determinado limite, inicia-se uma terapia medicamentosa. Um dos agentes medicamentosos mais comuns é a estatina, que atua inibindo a HMG-CoA-redutase. Os possíveis efeitos colaterais incluem elevação nos valores dos testes de função hepática, aumento da creatina-fosfocinase (CPK) muscular em decorrência de miopatia e, raramente, rabdomiólise. Outros agentes que podem ser considerados incluem sequestrantes de ácidos biliares, ácido nicotínico, ácido fíbrico e óleo de peixe.

ABORDAGEM À
Síntese de colesterol

OBJETIVOS

1. Descrever a função da HMG-CoA-redutase na síntese do colesterol.
2. Explicar o mecanismo de ação de medicamentos de estatina.
3. Descrever como o colesterol leva à síntese dos hormônios esteroides.
4. Compreender o fato de que a niacina diminui a lipólise no tecido adiposo e a síntese de lipoproteínas de densidade muito baixa (VLDL) no fígado.

DEFINIÇÕES

SISTEMA DA ENZIMA CITOCROMO P450: os citocromos P450 são oxidases de função mista que necessitam tanto de NADPH como de O_2. Eles participam de várias reações na conversão de lanosterol em colesterol, assim como em etapas importantes na síntese dos hormônios esteroides. Os citocromos P450 são muito importantes na detoxificação de xenobióticos e na metabolização de medicamentos.
HMG-CoA-REDUTASE: β-hidroxi-β-metilglutaril-CoA-redutase; a enzima que catalisa a etapa limitante (marca-passo), a qual compromete a via no sentido da síntese do colesterol. Ela converte HMG-CoA a mevalonato.

CASOS CLÍNICOS EM BIOQUÍMICA **297**

ISOPRENOIDE: qualquer composto hidrofóbico derivado da polimerização de isopentenil pirofosfato e seu isômero, dimetilalil pirofosfato. A unidade de isopreno é um hidrocarboneto ramificado de cinco carbonos (2-metil-1,3-butadieno).
ESTATINA: um dos vários fármacos que inibem competitivamente a enzima da etapa limitante da síntese do colesterol, HMG-CoA-redutase.

DISCUSSÃO

O colesterol é principalmente sintetizado no fígado em um processo de três estágios. Todos os 27 átomos de carbono da molécula de colesterol são derivados da acetil-CoA. A primeira etapa consiste na síntese de uma unidade de isopreno ativado (cinco carbonos), o **isopentenil pirofosfato**. Seis moléculas de isopentenil pirofosfato, então, condenssam-se formando **esqualeno**, em uma sequência de reações que também sintetizam intermediários, importantes para modificações de proteínas conhecidas como isoprenilação. A estrutura de quatro anéis característica do colesterol é então formada pela ciclização da molécula linear do esqualeno. Várias desidratações, a redução de uma ligação dupla e a migração de uma outra ligação dupla resultam na formação do colesterol. A Figura 34.1 apresenta uma visão geral da biossíntese do colesterol.

A enzima-chave na síntese do colesterol é a **HMG-CoA-redutase, que catalisa a síntese de mevalonato a partir de HMG-CoA em uma reação irreversível e marca-passo**

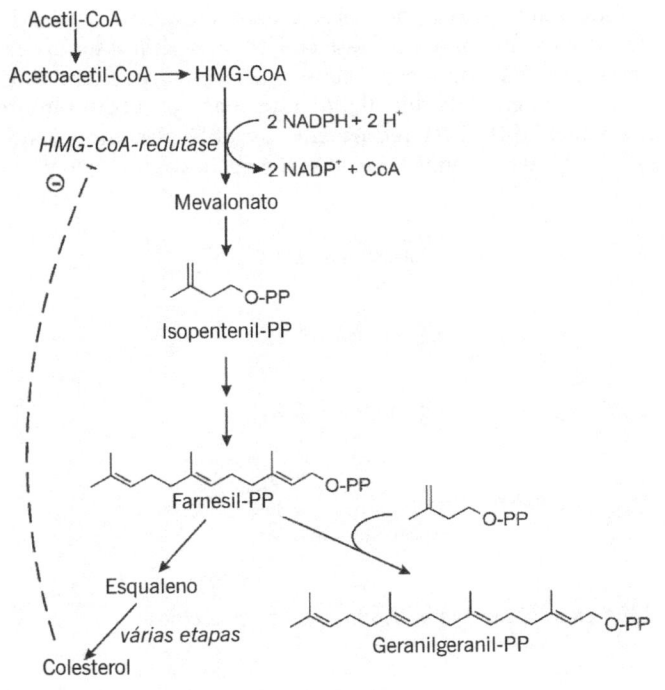

Figura 34.1 Visão geral da síntese de colesterol.

da via. O mevalonato é o precursor imediato de seis carbonos do isopentenil pirofosfato. A HMG-CoA-redutase localiza-se na membrana do retículo endoplásmico e atravessa a membrana (proteína transmembrana). O sítio ativo dessa enzima localiza-se no lado citosólico da membrana. A HMG-CoA-redutase é inibida por colesterol em um mecanismo de *feedback* e os níveis de mRNA da enzima são regulados pelos níveis de colesterol. Baixas concentrações de colesterol aumentam o nível o RNA mensageiro (mRNA) para a HMG-CoA-redutase, ao passo que concentrações altas de colesterol diminuem os níveis de mRNA. Devido ao fato de que a HMG-CoA-redutase é a **etapa limitante da velocidade** da biossíntese de colesterol, essa enzima é alvo de muitos medicamentos para diminuir o colesterol.

As cinco classes principais de **hormônios esteroides** são derivadas do colesterol conforme as vias ilustradas na Figura 34.2. Hidroxilações são importantes nessas conversões. As reações de hidroxilação necessitam de NADPH e de O_2 e são catalisadas pelo **sistema de enzimas do citocromo P450. A enzima 21-hidroxilase é necessária para a síntese dos mineralocorticoides e dos glicocorticoides.**

Um outro hormônio importante derivado do colesterol é a **vitamina D.** Esse hormônio do tipo esterol está envolvido na regulação do metabolismo do cálcio e do fósforo. A síntese completa da vitamina D necessita de **luz ultravioleta** para converter 7-desidrocolesterol em prévitamina D_3. O esquema da reação é demonstrado na Figura 34.3. O hormônio ativo 1,25-di-hidroxicolecalciferol (calcitriol) necessita de reações que ocorrem no fígado e nos rins e age de maneira semelhante aos hormônios esteroides para ativar a transcrição e, assim, regular a expressão de genes.

A lovastatina é um membro da classe de fármacos (atorvastatina e sinvastatina são outros medicamentos da mesma classe) denominadas estatinas, que são utilizadas para tratar hipercolesterolemia. **As estatinas agem como inibidores competitivos da enzima HMG-CoA-redutase.** Essas moléculas mimetizam a estrutura do substrato normal da enzima (HMG-CoA) e agem como análogos do estado de

Colesterol (C-27)
↓
Pregnenolona (C-21)
↓
Progestogênios (C-21)
↓
Glicocorticoides (C-21)
Mineralocorticoides (C-21)
Androgênios (C-19)
↓
Estrogênios (C-18)

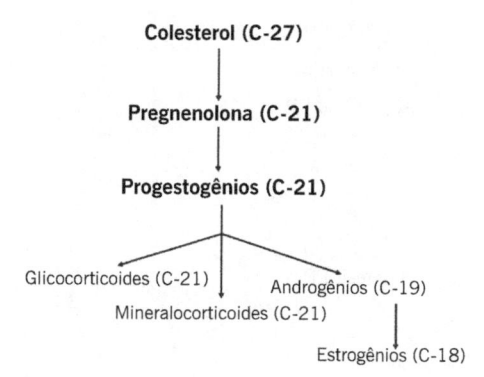

Figura 34.2 Via biossintética geral dos hormônios esteroides.

```
        7-Desidrocolesterol
                │
                ▼                  ⎫
        Pré-vitamina D             ⎬  Pele + luz UV
                │                  ⎭
                ▼
     Colecalciferol (Vitamina D₃)
                │
              Fígado
                ▼
      25-Hidroxicolecalciferol
                │
               Rim
                ▼
     1,25-Di-hidroxicolecalciferol
```

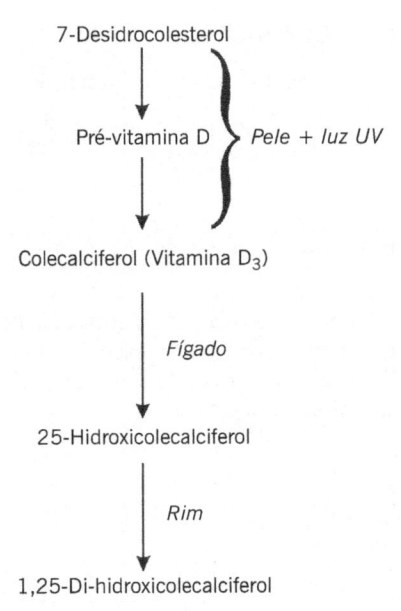

Figura 34.3 Biossíntese de vitamina D_3 ativa.

transição. Embora as estatinas se liguem à enzima, a HMG-CoA não pode ser convertida em ácido mevalônico, inibindo assim todo o processo de biossíntese do colesterol. Estudos recentes indicam que podem existir efeitos secundários da terapia com estatinas, porque os benefícios médicos das estatinas são rápidos demais para serem o resultado de uma diminuição nas lesões ateroescleróticas. A terapia com estatinas foi associada com riscos reduzidos de demência, doença de Alzheimer, acidente vascular cerebral isquêmico e outras doenças que não estão correlacionadas com níveis altos de colesterol. Embora essa ainda seja uma área de pesquisa em andamento, parece que os efeitos pleiotrópicos das estatinas podem ser o resultado da redução na síntese de intermediários isoprenoides que são formados na via da biossíntese do colesterol.

A niacina é a vitamina usada em altas doses para o tratamento da hipercolesterolemia. Age diminuindo os níveis plasmáticos de VLDL e de LDL; seu mecanismo de ação ainda não é claramente conhecido, mas provavelmente envolve a inibição da secreção de VLDL, que, por sua vez, diminui a produção de LDL. A niacina inibe a liberação de ácidos graxos livres do tecido adiposo, o que leva a diminuição da entrada de ácidos graxos no fígado e diminuição de síntese de VLDL no fígado. Isso diminui a disponibilidade de VLDL para ser convertido em LDL (contendo ésteres de colesterol). A niacina também aumenta a lipoproteína de alta densidade (HDL; o "colesterol bom") por um mecanismo desconhecido.

QUESTÕES DE COMPREENSÃO

34.1 Qual dos seguintes compostos inibe diretamente a expressão do gene da HMG-CoA-redutase?

   A. Esqualeno
   B. HMG-CoA
   C. Lanosterol
   D. Isopentenil pirofosfato
   E. Colesterol

34.2 Você decide tratar um paciente com níveis altos de colesterol sérico com atorvastatina, um medicamento do grupo das estatinas. Você sabe que esse fármaco age na via metabólica da síntese do colesterol. Qual das moléculas abaixo é o substrato da enzima inibida por estatinas?

   A. Acetoacetil-CoA
   B. HMG-CoA
   C. Farnesol pirofosfato
   D. Isopentenil pirofosfato
   E. Mevalonato

34.3 Qual das seguintes vitaminas pode ser usada em altas doses para o tratar hipercolesterolemia?

   A. Niacina
   B. Riboflavina
   C. Piridoxina
   D. Ácido fólico
   E. Tiamina

RESPOSTAS

34.1 **E.** A principal enzima regulatória do metabolismo do colesterol, a HMG-CoA-redutase, é regulada por três mecanismos distintos. O primeiro é a fosforilação por uma proteína cinase dependente de cAMP. A fosforilação da HMG-CoA-redutase inativa a enzima. Os outros dois mecanismos envolvem os níveis de colesterol. A degradação da enzima é controlada pelos níveis de colesterol. A meia-vida da HMG-CoA-redutase é regulada pelos níveis de colesterol, sendo que as altas concentrações de colesterol levam a uma meia-vida mais curta. O mecanismo regulatório final envolve o controle da expressão do gene da HMG-CoA-redutase. Altos níveis de colesterol levam a uma diminuição dos níveis de mRNA codificando para a HMG-CoA-redutase.

34.2 **B.** A primeira etapa na biossíntese de colesterol é a condensação de duas moléculas de acetil-CoA, formando acetoacetil-CoA. A adição de uma terceira molécula de acetil-CoA origina HMG-CoA que, pela ação da HMG-CoA-redutase, é convertido em mevalonato. A HMG-CoA redutase, cujo substrato é HMG-CoA, é o alvo dos medicamentos do grupo das estatinas.

34.3 **A.** Niacina é a vitamina que pode ser usada, em altas doses, para o tratamento da hipercolesterolemia, pois age diminuindo os níveis plasmáticos de VLDL e de LDL. Seu mecanismo de ação não é bem conhecido, mas provavelmente envolve a inibição da secreção de VLDL, que, por sua vez, diminui a produção de LDL. A niacina inibe a liberação de ácidos graxos livres do tecido adiposo, que leva a diminuição da entrada de ácidos graxos no fígado e diminuição da síntese de VLDL no fígado. Isso diminui a disponibilidade de VLDL para ser convertida em LDL (contendo ésteres de colesterol). A niacina também aumenta os níveis de HDL (o "colesterol bom") por um mecanismo desconhecido.

DICAS DE BIOQUÍMICA

▶ A **HMG-CoA-redutase** catalisa a síntese de mevalonato a partir de HMG-CoA em uma reação marca-passo irreversível.
▶ A enzima 21-hidroxilase é necessária para a síntese dos mineralocorticoides e dos glicocorticoides.
▶ As estatinas agem como inibidores competitivos da enzima HMG-CoA-redutase.

REFERÊNCIAS

Berg JM, Tymoczko JL, Stryer L. *Biochemistry*. 5ª ed. New York: Freeman; 2002:722-731.

Devlin TM, ed. *Textbook of Biochemistry with Clinical Correlations*. 7ª ed. New York: Wiley-Liss; 2010.

Granner DK. The diversity of the endocrine system. In: Murray RK, Bender DA, Botham KM, et al, eds. *Harper's Illustrated Biochemistry*. 29ª ed. New York: Lange Medical Books/McGraw-Hill; 2012.

Liao JK. Isoprenoids as mediators of the biological effects of statins. *J Clin Invest*. 2002;110(3): 285-288.

Mayes PA, Botham KM. Cholesterol synthesis, transport, & excretion. In: Murray RK, Bender DA, Botham KM, et al, eds. *Harper's Illustrated Biochemistry*. 29ª ed. New York: Lange Medical Books/ McGraw-Hill, 2012.

Goldberg AC. *The Merck Manual of Diagnosis and Therapy*. 19ª ed. Whitehouse Station, NJ: Merck Sharp & Dohme Corp.; 2013. http://www.merckmanuals.com/professional/endocrine_and_metabolic_ disorders/lipid_disorders/overview_of_lipid_metabolism.html.

CASO 35

Menino de nove anos chega ao setor de emergência levado por seus pais depois de dois dias com náuseas e vômitos, que foram se agravando, e dor abdominal. A dor abdominal está localizada na região epigástrica e se irradia para as costas. Ele teve vários episódios de dor semelhante no passado, mas nenhum tão grave como esse. Seus pais negam febre ou calafrios e mudança de hábitos intestinais. Na emergência, o paciente está sem febre e pouco angustiado, tanto o fígado como o baço parecem aumentados e ele tem dor epigástrica. Apresenta várias pápulas amarelo-esbranquiçada pequenas nas costas e nas nádegas. Os exames laboratoriais revelam níveis de amilase e de lipase elevadas. Na anamnese, o pai relata ter altos níveis de triglicerídeos e vários membros da família da mãe tiveram doença cardíaca precoce. Testes de laboratório realizados após a internação revelaram níveis elevados de triglicerídeos e atividade reduzida de lipoproteína-lipase (LPL).

▶ Qual é etiologia da dor abdominal do menino?
▶ Qual é o provável distúrbio bioquímico subjacente?
▶ Qual é o papel da lipoproteína-lipase?

RESPOSTAS PARA O CASO 35
Hipertrigliceridemia (deficiência de lipoproteína-lipase)

Resumo: menino de nove anos com dor abdominal aguda consistente com pancreatite, hepatoesplenomegalia, xantomas cutâneos eruptivos e história familiar de hipertrigliceridemia e doenças do coração.

- **Etiologia da dor abdominal:** Pancreatite aguda
- **Distúrbio bioquímico subjacente:** Transtorno do metabolismo de lipoproteínas
- **Papel da lipoproteína-lipase:** Hidrólise de triglicerídeos da lipoproteína de densidade muito baixa (VLDL, do inglês, *very-low-density lipoprotein*) e quilomícrons.

ABORDAGEM CLÍNICA

A LPL é uma enzima encontrada na superfície endotelial dos capilares do tecido adiposo, coração e músculo esquelético, e é necessária, juntamente com apoC-II, para a hidrólise de triglicerídeos. A ApoC-II, encontrada na superfície de quilomícrons e VLDL, serve como um ativador de LPL. Deficiência de LPL resulta em níveis elevados de triglicerídeos (VLDL e de quilomícrons). Os níveis de colesterol podem ser normais ou ligeiramente elevados. Deficiência de LPL é herdada de forma autossômica recessiva. Pacientes com deficiência de LPL apresentam frequentemente episódios recorrentes de pancreatite na infância e podem ter outros sinais clínicos de hipertrigliceridemia, incluindo xantomas, hepatoesplenomegalia e lipemia retiniana. A atividade reduzida da LPL no soro, após injeção intravenosa de heparina, confirma o diagnóstico de LPL ou de deficiência de apoC-II. A intervenção terapêutica inicial consiste principalmente de modificação da dieta (redução de ingesta de gordura).

ABORDAGEM AO
Transporte de lipídeos

OBJETIVOS

1. Descrever o metabolismo e o transporte de lipoproteínas.
2. Compreender o racional dos resultados dos testes séricos das diferentes hipertrigliceridemias.

DEFINIÇÕES

APOLIPOPROTEÍNA C-II (APOC-II): as apolipoproteínas na superfície dos quilomícrons e VLDL que se ligam e ativam a lipoproteína-lipase.

APOLIPOPROTEÍNA E (APOE): a apolipoproteína na superfície de várias lipoproteínas, incluindo quilomícrons, quilomícrons remanescentes, lipoproteína de densidade muito baixa (VLDL), VLDL remanescentes e lipoproteína de densidade intermédia (IDL, do inglês, *intermediate-density lipoprotein*). Ela medeia a ligação de lipoproteínas contendo apoE com o receptor de LDL (do inglês, *low-density lipoprotein*) e o receptor de quilomícrons remanescente (apoE).
LIPOPROTEÍNA-LIPASE (LPL): uma enzima ligada à superfície do endotélio dos capilares por proteoglicanos de heparan sulfato. LPL catalisa a hidrólise de triglicerídeos nos quilomícrons e nas VLDL em ácidos graxos e glicerol.
LIPASE HEPÁTICA (HL, do inglês, *hepatic lipase***):** uma enzima ligada à superfície das células endoteliais sinusoidais do fígado. Ela catalisa a hidrólise de monoglicerídeos, diglicerídeos e triglicerídeos, bem como dos fosfolipídeos fosfatidil-colina e da fosfatidil-etanolamina.

DISCUSSÃO

Os triglicerídeos (TG) são transportados com segurança na corrente sanguínea empacotados em lipoproteínas denominadas quilomícrons ou VLDL. Os quilomícrons são formados nas células epiteliais do intestino e são responsáveis pelo transporte dos lipídeos da dieta. VLDL é sintetizado no fígado e transporta lipídeos sintetizados endogenamente do fígado para os tecidos periféricos. Ambas as lipoproteínas são compostas por um núcleo, constituído principalmente de TG envolto por uma monocamada composta de fosfolipídeos, colesterol livre e apolipoproteínas.

Os triglicerídeos da dieta são hidrolisados pela lipase pancreática no lúmen do intestino delgado. Colipase, uma proteína secretada juntamente com a lipase pancreática, liga-se ao TG e à lipase pancreática e melhora o processo hidrolítico. TG é quebrado em ácidos graxos livres e em dois monoacilgliceróis, os quais formam micelas juntamente com sais biliares e outros compostos lipídicos solúveis, como colesterol e vitaminas lipossolúveis. Os ácidos graxos livres e os monoglicerídeos são absorvidos pelas microvilosidades das células epiteliais intestinais. Na célula epitelial, os ácidos graxos e monoglicerídeos são transformados em triglicerídeos, que são empacotados com fosfolipídeos, colesterol e apolipoproteína B-48 em quilomícrons.

Os quilomícrons sintetizados recentemente são secretados na linfa e entram na corrente sanguínea através do ducto torácico. Na corrente sanguínea, as partículas de quilomícrons captam proteínas das lipoproteínas de alta densidade (HDL, do inglês, *high-density lipoprotein*), incluindo apoC-II e apoE, que são importantes para a função do quilomícron (Figura 35.1).

Nos leitos capilares do tecido adiposo, do tecido muscular (músculo cardíaco especialmente) e das glândulas mamárias durante a lactação, apoC-II se liga e ativa LPL, que está ligada à superfície endotelial dos capilares pelo heparan sulfato. LPL hidrolisa o TG no núcleo do quilomícron para liberar ácidos graxos e glicerol. Os ácidos graxos são captados pelas células adiposas ou musculares; glicerol é reciclado de volta para o fígado. No músculo, os ácidos graxos são oxidados para produzir ATP e no tecido adiposo eles são transformados em TG para armazenamento.

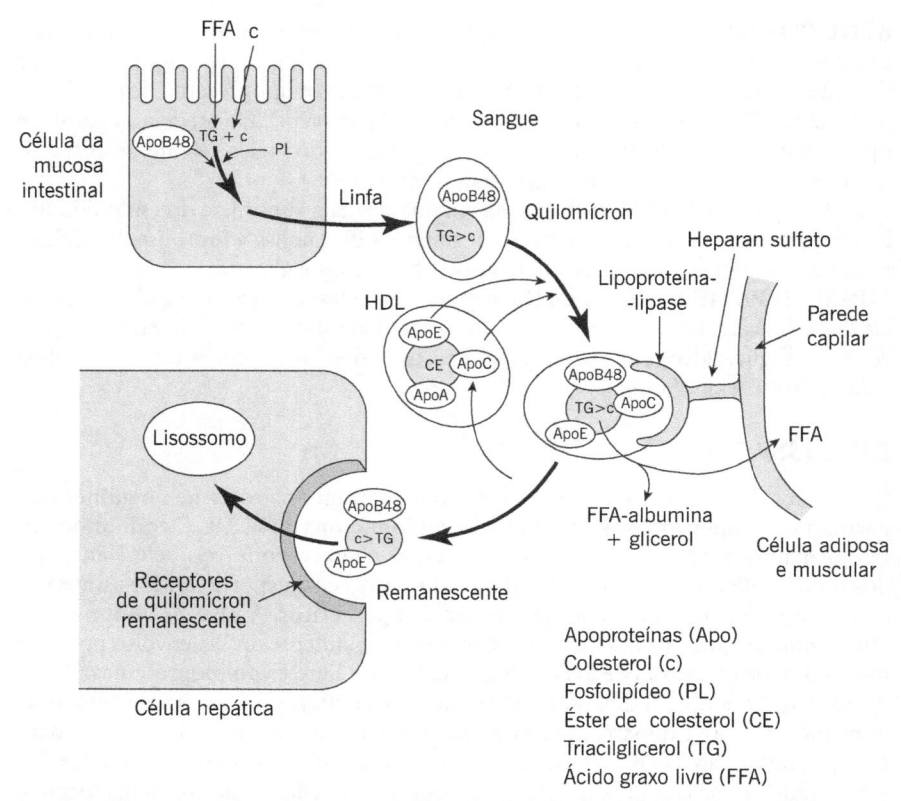

Figura 35.1 Formação e metabolismo dos quilomícrons. (As abreviaturas usadas estão definidas no quadro.)

O quilomícron sem TG remanescente permanece na corrente sanguínea até que se liga ao receptor de quilomícron remanescente localizado nos hepatócitos, um processo mediado pela apoE. O restante é captado pelos hepatócitos por endocitose e degradados no lisossomo em ácidos graxos, aminoácidos, colesterol, glicerol e fosfato.

Os quilomícrons aparecem no fluxo sanguíneo logo após o consumo de uma refeição contendo gordura. No entanto, a taxa de depuração para quilomícrons é rápida e o sangue é geralmente livre de quilomícrons após o jejum noturno.

VLDL são lipoproteínas sintetizadas no fígado a partir de TG endógeno, colesterol e fosfolipídeos, juntamente com várias apolipoproteínas, incluindo apoB-100, apoE e apoC-II. Após a síntese, a VLDL é secretada na corrente circulatória, onde obtém mais apoE e ApoCII do HDL (Figura 35.2). Em um processo semelhante ao da degradação do quilomícron, a apoC-II da VLDL se liga e ativa LPL nos leitos capilares dos tecidos adiposo, muscular e mamário. LPL degrada o núcleo de TG do VLDL, liberando ácidos graxos livres e glicerol. Cerca da metade dos VLDL

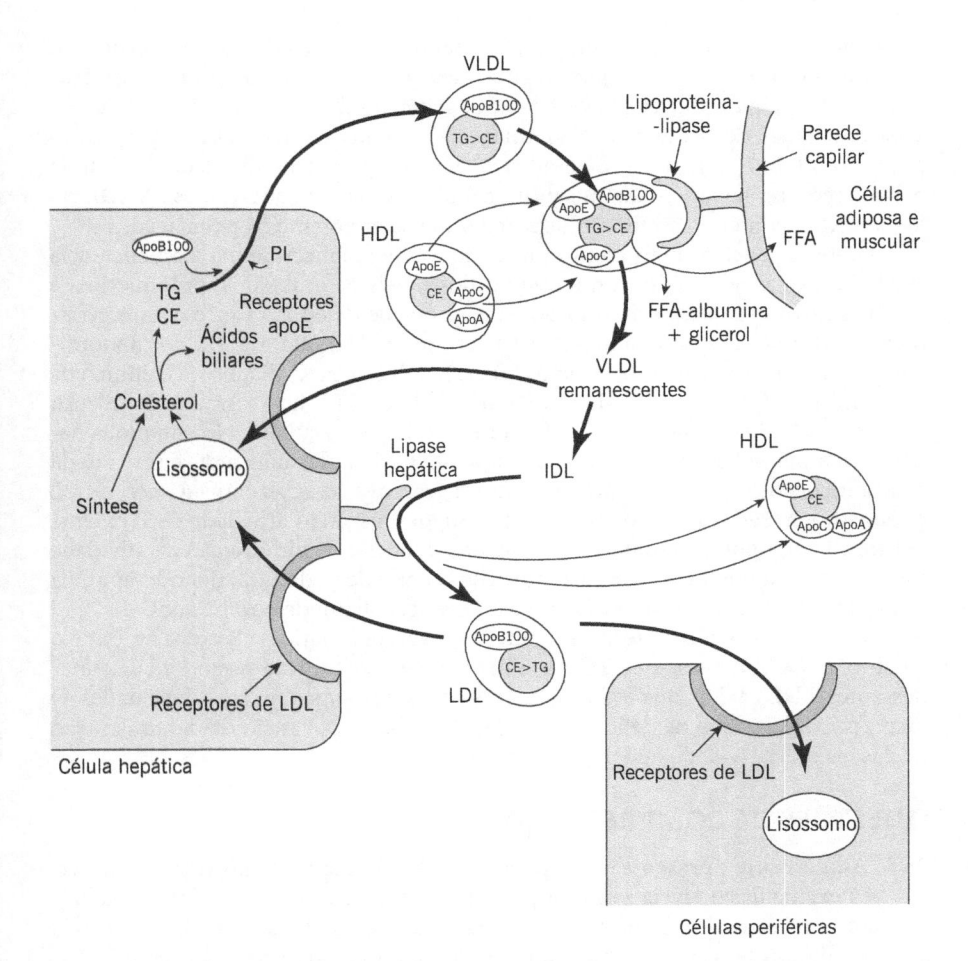

Figura 35.2 Formação de lipoproteína de densidade muito baixa e metabolismo da lipoproteína de densidade baixo. (As abreviações são as mesmas usadas na Figura 35.1.)

remanescentes resultantes ligam-se a receptores em células hepáticas que reconhecem apoE e são captados por endocitose. Os receptores de VLDL remanescentes são degradados a IDL, que têm os TG residuais removidos por ação da lipase hepática para produzir LDL. HL é sintetizado e secretado do fígado e fica ligado às superfícies externas das células hepáticas pelo heparan sulfato. LDL é captado por endocitose mediada por receptor pela ligação ao receptor de LDL no fígado e nos tecidos periféricos.

Os níveis elevados de TG no soro podem ocorrer por vários fatores. Hipertrigliceridemia pode ser o resultado de uma doença genética em uma das proteínas envolvidas no metabolismo das lipoproteínas ou pode surgir secundariamente a várias outras doenças, incluindo diabetes melito, obesidade e abuso de álcool, ou como um evento adverso de alguns medicamentos, como os β-bloqueadores, estrogênios orais e alguns diuréticos. Deficiências genéticas da LPL, da apoC-II ou da HL podem originar elevações dos TG circulantes, como pode causar uma superprodução de apoB-100 ou níveis aumentados de apoE$_2$. ApoE$_2$ tem afinidade diminuída pelos receptores hepáticos do que apoE$_3$ e quilomícrons remanescentes e VLDL remanescentes contendo apoE$_2$ são depuradas mais lentamente da circulação.

O defeito genético mais comum levando a hipertrigliceridemia é a deficiência em LPL, o qual resulta em um aumento dos níveis de ambos os quilomícrons e VLDL. Indivíduos que são homozigotos para o gene defeituoso apresentam geralmente sintomas de quilomicronemia (níveis de TG > 2.000 mg/dL, dor abdominal, pancreatite, xantomas, lipemia retiniana) na infância. O diagnóstico clínico da deficiência de LPL requer avaliação da atividade da LPL no plasma após injeção intravenosa de heparina, que substitui a LPL do heparan sulfato. No entanto, a heparina também libera HL no plasma e a pós-heparina plasmática deve ser tratada com anticorpos específicos para HL a fim de removê-lo. Alternativamente, a LPL pode também ser avaliada no tecido adiposo, que não tem atividade de HL. Uma deficiência da ApoC-II também irá mostrar evidências de diminuição da atividade LPL plasmática pós-heparina. Um aumento da atividade da LPL, quando apoC-II normal é adicionada ao ensaio, indica a ocorrência de um defeito na apoC-II.

A deficiência de HL pode levar também a níveis plasmáticos elevados de TG. No entanto, esses aumentos nos TG são normalmente encontrados em VLDL remanescentes, LDL e HDL, que todos tornam-se mais flutuantes em suas densidades. O diagnóstico definitivo de deficiência de HL é realizado por meio da demonstração da ausência de atividade de HL pós-heparina no plasma.

QUESTÕES DE COMPREENSÃO

35.1 Adolescente apresenta dor epigástrica de intensidade moderada a grave. O exame físico revela xantomas eruptivos extensos e hepatoesplenomegalia e uma amostra de sangue revela plasma leitoso. Qual das seguintes alternativas é a lipoproteína mais provavelmente elevada no plasma deste paciente?

A. Quilomícrons
B. Quilomícrons remanescentes
C. HDL
D. IDL
E. LDL

35.2 Resultados de laboratório de um paciente com diabetes melito tipo 1 não controlado revelam hiperglicemia (634 mg/dL) e hipertrigliceridemia (498 mg/dL). Qual das seguintes alternativas é a causa mais provável da hipertrigliceridemia neste paciente?

A. Deficiência de apoproteína C-II
B. Síntese hepática de triglicerídeos aumentada

C. Diminuição da atividade da lipoproteína-lipase
D. Deficiência de receptores de LDL
E. Ausência de lipase sensível a hormônio

35.3 Mulher de 25 anos foi encaminhada para um centro de pesquisa em lipídeos para investigação de hipertrigliceridemia moderada, pois os perfis de lipídeos e lipoproteínas plasmáticas apresentaram anormalidades. Ambos HDL e LDL foram mais flutuantes e mostraram elevações no conteúdo de TG, com a quantidade de TG aproximadamente igual à do colesterol. Qual das seguintes deficiências é a causa mais provável da anormalidade lipídica deste paciente?

A. Lecitina-colesterol-aciltransferase
B. Lipoproteína-lipase
C. Apoproteína C-II
D. Lipase hepática
E. Apoproteína B-100

RESPOSTAS

35.1 **A.** Este paciente apresenta sintomas clássicos da hipertrigliceridemia: plasma leitoso, xantomas eruptivos, aumento do fígado e baço e sintomas de pancreatite. O plasma leitoso é devido a níveis anormalmente elevados de quilomícrons, indicando que TG não está sendo removido do transportador de TG da dieta e acumulando-se no plasma. As outras lipoproteínas listadas que têm níveis baixos de TG são muito menores e não seria esperado a ocorrência de plasma leitoso, caso elevada.

35.2 **C.** Atividade diminuída da lipoproteína-lipase é o resultado da falha na produção e na secreção de insulina das células β do pâncreas. A insulina estimula a síntese de lipoproteína-lipase. Na ausência de insulina, a atividade da lipoproteína-lipase nos leitos dos capilares é baixa. Enquanto uma deficiência de apoC-II também conduziria para hipertrigliceridemia, esse defeito genético é raro. Caso não seja administrado insulina a um paciente com diabetes melito tipo I, o aumento da relação insulina-glucagon estimularia a gliconeogênese e a β-oxidação no fígado, em vez da síntese de triglicerídeos. Deficiência dos receptores de LDL nem de lipase sensível a hormônio seriam esperadas para aumentar os níveis circulantes de TG.

35.3 **D.** Lipase hepática. As flutuações anormais das frações LDL e HDL devido ao aumento do teor de TG indicam que IDL não está sendo processada a LDL, e HDL não está sendo ressintetizada. Ambos os processos são realizados pela lipase hepática. Uma deficiência de lecitina-colesterol-aciltransferase conduziria a níveis elevados de colesterol sérico, quase todos como colesterol livre. Deficiências de lipoproteína-lipase ou de apoC-II levaria a hipertrigliceridemia com aumento dos quilomícrons e/ou de VLDL. Uma deficiência de apoB-100 levaria ao aumento dos níveis de LDL, mas eles teriam proporção normal de TG/colesterol.

DICAS DE BIOQUÍMICA

- ▶ Os TG são transportados de forma segura na corrente sanguínea empacotados em lipoproteínas denominadas quilomícrons ou VLDL.
- ▶ O defeito genético mais comum levando a hipertrigliceridemia é a deficiência de lipoproteína-lipase, a qual resulta em um aumento dos níveis de ambos quilomícrons e VLDL.
- ▶ Indivíduos que são homozigotos para o gene defeituoso da lipoproteína-lipase geralmente apresentam sintomas de quilomicronemia (níveis de TG > 2.000 mg/dL, dor abdominal, pancreatite, xantomas, lipemia retiniana) na infância.

REFERÊNCIAS

Brunzell JD, Deeb SS. Familial lipoprotein lipase deficiency, apo C-II deficiency, and hepatic lipase deficiency. In: Scriver CR, Beaudet AL, Sly WS, et al, eds. *The Metabolic and Molecular Bases of Inherited Disease*. 8th ed. New York: McGraw ^{Hill}; 2001.

Haymore BR, Parks JR, Oliver TG, et al. Hypertriglyceridemia. *Hosp Physician*. 2005;41(3):17-24.

CASO 36

Durante sua residência como estudante de medicina, você passou um tempo em um serviço de atendimento pediátrico em um país do terceiro mundo. Um dos seus primeiros pacientes foi uma menina de 8 meses levada para atendimento devido a esgotamento extremo e fadiga. Ao ser perguntada, a mãe informou que a criança foi amamentada no peito desde o nascimento até que teve que parar devido ao trabalho. Para alimentar todos os seus outros filhos, ela costumava diluir a preparação de leite em pó para fazer render para toda a família. Após o exame físico, você diagnosticou que a criança tem desnutrição grave e que a mãe precisava de ajuda com recursos para aumentar a ingesta de alimentos para o seu agregado familiar.

▶ Qual é o nome dessa síndrome (com deficiência tanto em calorias como em proteínas)?
▶ Qual a diferença entre essa síndrome e a síndrome Kwashiorkor?
▶ Quais os achados clínicos que podem diferenciar as duas síndromes?

RESPOSTAS PARA O CASO 36
Desnutrição proteico-energética

Resumo: menina de 8 meses apresentando esgotamento e desnutrição grave devido à deficiência na ingesta de calorias e proteínas.

- **Diagnóstico:** Marasmo
- **Diferenças:** No marasmo há ingesta inadequada nas calorias totais, ao passo que o Kwashiorkor ocorre em razão da falta de ingesta de proteínas.
- **Principais achados no Kwashiorkor e não no marasmo:** Gordura subcutânea, abdome distendido, hepatomegalia e fígado graxo.

ABORDAGEM CLÍNICA

A desnutrição proteico-energética é causada pela ingesta inadequada de alimentos ou por doenças que interferem na absorção ou na digestão dos alimentos. Os dois tipos principais de má nutrição são o marasmo e o Kwashiorkor. No marasmo, com ocorrência geralmente em crianças de 1 a 3 anos, a ingesta inadequada de calorias leva a perda da gordura subcutânea, pele flácida e enrugada e abdome flácido ou distendido, devido à atrofia dos músculos da parede abdominal. Com frequência, as crianças são suscetíveis quando passam do aleitamento materno para comida sólida. As crianças afetadas geralmente têm uma aparência de "cara de velho". No Kwashiorkor, o ponto principal é a falta de proteína, levando a edema, cabelo ralo, fígado aumentado e abdome distendido. O edema da face e das pernas é diferente daquele do marasmo. A terapia para as duas doenças é a reposição calórica.

ABORDAGEM À
Doenças relacionadas com a desnutrição

OBJETIVOS

1. Descrever as mudanças metabólicas no marasmo.
2. Explicar o aumento da formação de corpos cetônicos no marasmo.
3. Descrever a oxidação dos ácidos graxos.
4. Comparar as mudanças metabólicas que ocorrem no estado de jejum e no marasmo.

DEFINIÇÕES

MARASMO: desnutrição resultante da ingestão inadequada de proteína e calorias.
KWASHIORKOR: desnutrição resultante da ingestão inadequada de proteína, embora a ingestão de calorias totais seja adequada.
CORPOS CETÔNICOS: metabólitos de ácidos graxos de cadeia curta: acetoacetato, β-hidroxibutirato e acetona.

TRIGLICERÍDEO: molécula de glicerol na qual cada grupo hidroxila está esterificado com um resíduo de ácido graxo.
DIGLICERÍDEO: molécula de glicerol na qual dois grupos hidroxila estão esterificados com resíduo de ácido graxo.
MONOGLICERÍDEO: molécula de glicerol com um grupo hidroxila esterificado com um resíduo de ácido graxo.

DISCUSSÃO

A má nutrição e sua forma final, a desnutrição, provém de muitas causas diferentes e está presente mesmo nas sociedades afluentes. A descrição deste caso revela que a criança mora em um país do terceiro mundo e as condições físicas mostram que a criança está sofrendo de desnutrição por deficiência de proteínas e calorias ou marasmo.

O jejum e a desnutrição grave representam mudanças nas interações metabólicas basais entre os tecidos, que ocorrem no estado alimentado. Cada um dos três estados – alimentado, jejum e desnutrição grave – deve ser considerado primariamente, a partir do ponto de vista do organismo inteiro, porque os diversos tecidos têm necessidades diferentes no que se refere às fontes nutricionais. Por exemplo, **eritrócitos têm necessidade absoluta por glicose como única fonte de nutriente para a obtenção de energia**. Embora outros tecidos também usem ácidos graxos e aminoácidos, os eritrócitos não podem fazê-lo, porque não possuem mitocôndria e, portanto, não possuem as enzimas necessárias para a maior parte das etapas metabólicas da β-oxidação dos ácidos graxos e da metabolização dos esqueletos de carbono dos aminoácidos. **O tecido cerebral normalmente apresenta uma preferência exclusiva para glicose**, a exceção é o **estado avançado da desnutrição grave** quando o **cérebro** pode utilizar **corpos cetônicos** para a produção de energia.

As interações metabólicas dos tecidos no estado alimentado são apresentadas na Figura 36.1. Glicose, ácidos graxos dos triglicerídeos e aminoácidos são fornecidos pela dieta e utilizados diferencialmente pelos tecidos. No **fígado, a glicose é usada para ser armazenada na forma de glicogênio ou convertida a ácidos graxos para formar triglicerídeos, que são armazenados no tecido adiposo**. Os esqueletos de carbono dos aminoácidos são usados como intermediários metabólicos para a produção de energia ou síntese de ácidos graxos. Células musculares em repouso captam glicose e a armazenam na forma de glicogênio e utilizam os aminoácidos para a síntese de proteínas. O músculo em repouso prefere ácidos graxos e corpos cetônicos, em vez de glicose para satisfazer a demanda de energia. O tecido adiposo capta glicose e ácidos graxos. O metabolismo da glicose fornece energia e glicerol-3-fosfato para a formação de triglicerídeos e os armazenam, utilizando os ácidos graxos transportados para as células do tecido adiposo pelas partículas de lipoproteínas. O cérebro e os eritrócitos captam a glicose do sangue para suprirem suas demandas energéticas.

Em circunstâncias de jejum por 16 a 20 horas (estado pós-prandial) ocorrem mudanças substanciais nas interações entre os tecidos (Figura 36.2). As funções do fígado mudam de consumo de glicose visando ao armazenamento de glicogênio,

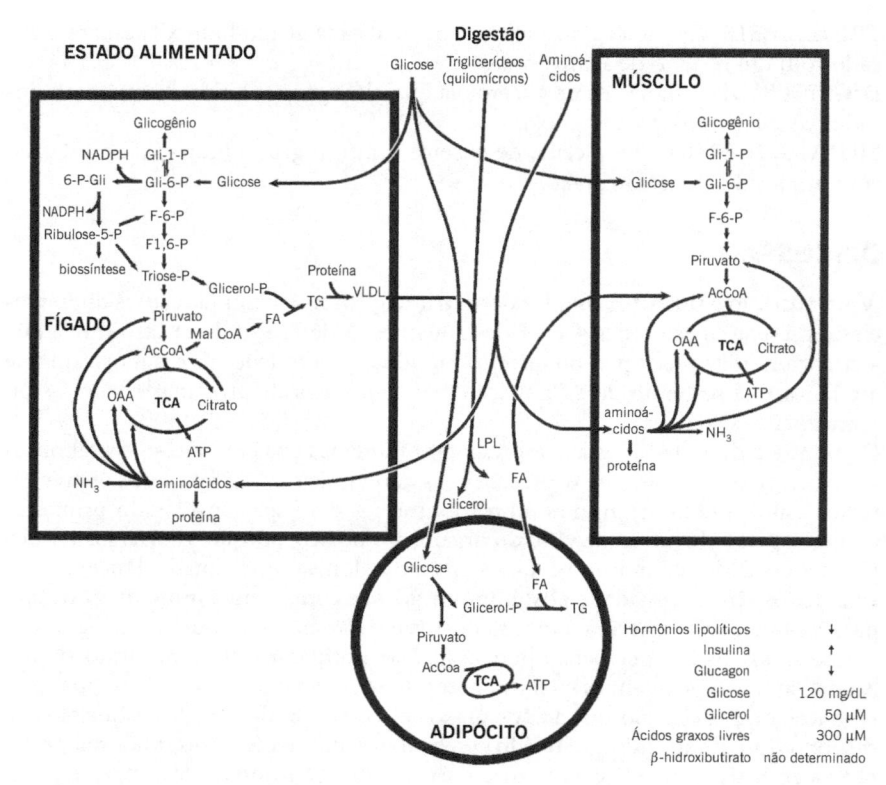

Figura 36.1 Fluxo metabólico durante o estado alimentado. O aumento da glicose sanguínea dispara a liberação de insulina e diminui a liberação de glucagon e hormônios lipolíticos. FA = ácido graxo, F-6-P = Frutose-6-P, F1,6-P = Frutose 1,6-P, Gli-1-P = Glicose-1-P, Gli-6-P = Glicose-6-P, 6-P-Gli = 6-P-Glicose, TCA = ciclo do ácido tricarboxílico, OAA = ácido oxaloacético, TG = triglicerídeo.

para mobilização das reservas de glicogênio com o objetivo de liberação de glicose para a corrente sanguínea e, por fim, suprimento das necessidades de glicose do cérebro e dos eritrócitos. Em razão da reserva de glicogênio hepático ser facilmente consumida, sinais metabólicos determinam um aumento na gliconeogênese hepática, consumindo intermediários do ciclo do ácido cítrico e estimulando o uso de **esqueletos de carbono de aminoácidos provenientes da degradação de proteínas para a formação de glicose.** A energia necessária para a gliconeogênese provem do aumento na ß-oxidação dos ácidos graxos mobilizados dos locais de depósito adiposo. A síntese de ácidos graxos é inibida simultaneamente para evitar um ciclo fútil. A medida que o suplemento de intermediários de quatro carbonos do ciclo do ácido tricarboxílico é drenado para a gliconeogênese na mitocôndria do fígado, a velocidade da ß-oxidação de ácidos graxos produz acetil-CoA mais rápido do que o ciclo do ácido tricarboxílico pode metabolizar os átomos de carbono da acetil-CoA

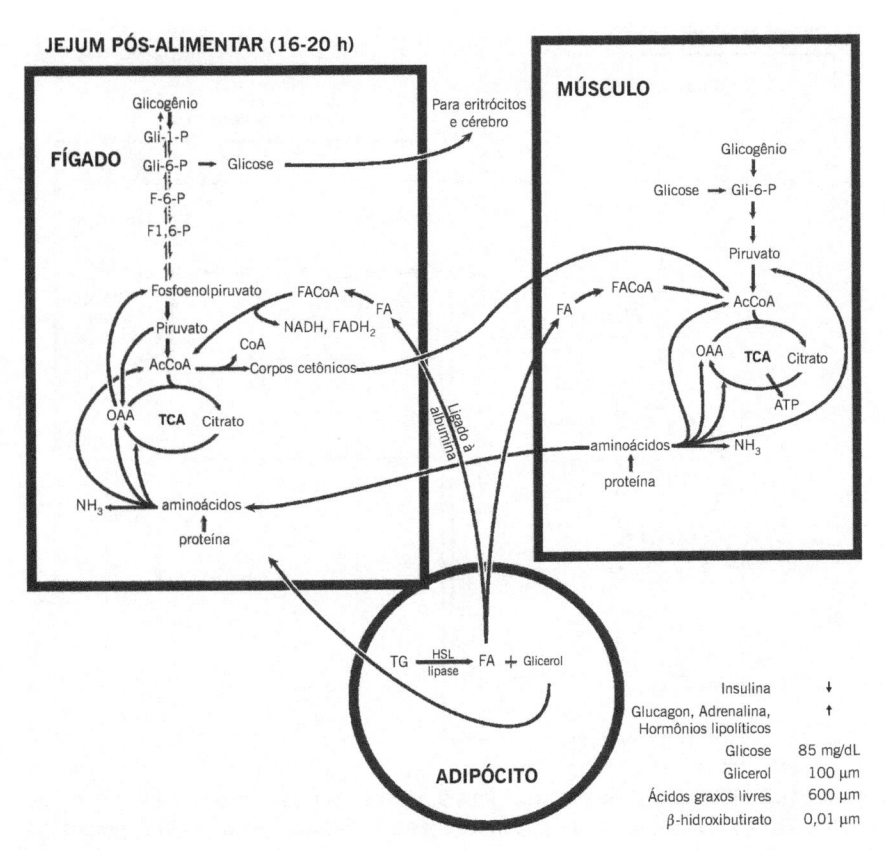

Figura 36.2 Fluxo metabólico após jejum pós-prandial. Os níveis de glicose começam a diminuir, ativando os mecanismos hemostáticos que evitam com que os níveis de glicose caiam muito. FA = ácido graxo, FACoA = Acil graxo-CoA, F-6-P = Frutose-6-P, F1,6-P = Frutose 1,6-P, Gli-1-P = Glicose-1-P, Gli-6-P = Glicose-6-P, 6-P-Gli = 6-P-Glicose, TCA = ciclo do ácido tricarboxílico, OAA = ácido oxaloacético, TG = triglicerídeo.

para CO_2 e CoA livre. Isso resulta em uma relação alta de acetil-CoA por CoA livre, o que leva a diminuição da β-oxidação e compromete a formação de ATP na mitocôndria do fígado. A conversão de CoA livre em acetil-CoA é revertida pela formação do **corpo cetônico acetoacetato** e, em seguida, do seu produto de redução, o β-hidroxibutirato, regenerando CoA livre (Figura 36.3). Isso ocorre apenas na mitocôndria do fígado, devido a sua função determinante na gliconeogênese. Os corpos cetônicos são transportados para fora da mitocôndria do fígado e, do fígado para a corrente sanguínea e, depois, transportados para outros tecidos, onde eles são reinseridos no metabolismo ao serem convertidos em acetoacetil-CoA às expensas de succinil-CoA, que então é clivado pela β-cetotiolase, produzindo duas moléculas de acetil-CoA para metabolização no ciclo do ácido tricarboxílico.

Tecido adiposo

Triglicerídeos
↓
Ácidos graxos

Fígado

Ácidos graxos
CoA ↻ β-oxidação
Acetil-CoA
CoA ↻
↓
acetoacetato
↕
β-hidroxibutirato

Tecido periférico

Ácidos graxos
↓ β-oxidação
Acetoacetato → Acetil-CoA
↕   ↘ Ciclo do ácido tricarboxílico
β-hidroxibutirato   ↘ ATP
                    $CO_2 + H_2O$

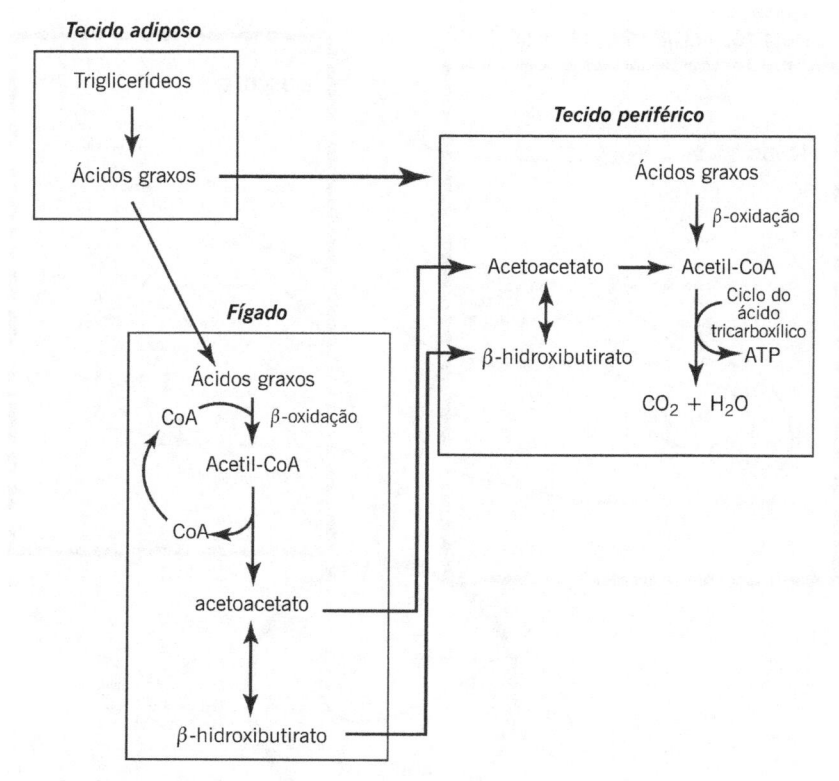

Figura 36.3 Mobilização dos ácidos graxos durante períodos nos quais o fígado está sintetizando glicose pela via da gliconeogênese. A β-oxidação de ácidos graxos pelo fígado produz a energia necessária para gliconeogênese. Entretanto, devido ao fato de que o ciclo do ácido tricarboxílico está diminuído por causa do esgotamento de ácidos com quatro carbonos (usados para a síntese de glicose) há formação de corpos cetônicos (acetoacetato e β-hidroxibutirato) a partir de acetil-CoA para regenerar CoA, permitindo assim a continuação da β-oxidação. Os corpos cetônicos são exportados para os tecidos extra-hepáticos onde são usados como fonte de energia.

A **β-oxidação dos ácidos graxos que ocorre na matriz mitocondrial fornece energia para a gliconeogênese hepática.** Os ácidos graxos transportados do tecido adiposo pela albumina do sangue atravessam a membrana plasmática do hepatócito e são ativados por ácido graxo-tiocinase, produzindo acil-graxo-CoA e necessitando de ATP (Figura 36.4). Os ácidos graxos são transportados através da membrana interna da mitocôndria como derivados de carnitina, utilizando a lançadeira da carnitina. Todas as demais reações ocorrem na matriz mitocondrial, iniciando pela oxidação dos ácidos graxos pela acil-graxo-CoA-desidrogenase ligada à flavina adenina dinucleotídeo (FAD), produzindo *trans*-Δ^2-enoil-CoA. Esse produto é hidratado pela enoilidratase, produzindo L-3-hidroxiacil-CoA. Esse

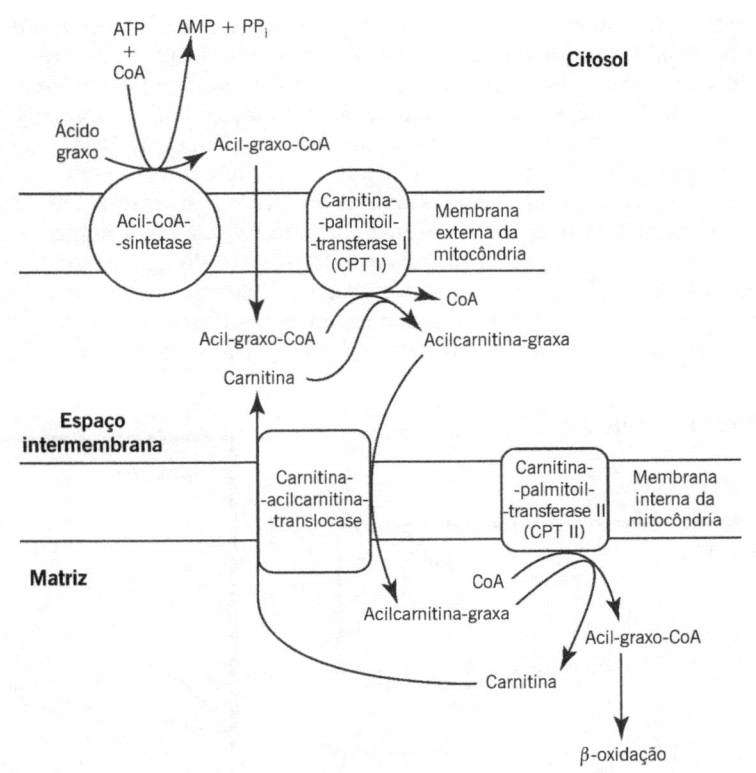

Figura 36.4 A ativação dos ácidos graxos e o transporte para dentro da mitocôndria por meio da lançadeira da carnitina. (*Reproduzida, com permissão, de: D.B. Marks, et al*, Basic medical Biochemistry: A Clinical Approach, *Philadelphia: Lippincott Williams & Wilkins, 1996:361.*)

produto sofre uma segunda oxidação, catalisada pela L-3-hidroxi-acil-graxo-CoA-desidrogenase ligada ao NAD, produzindo 3-cetoacil-CoA. Esse produto é clivado pela β-cetotiolase, produzindo uma molécula de acetil-CoA e um novo acil-graxo--CoA com dois átomos de carbono a menos do que o acil-graxo-CoA que entrou na reação, necessitando assim de uma outra molécula de CoA livre. O acil-graxo-CoA recém produzido repete o ciclo de etapas da β-oxidação sucessivamente até que a última etapa de clivagem hidrolisa acetoacetil-CoA em duas moléculas de acetil-CoA.

Embora o estado pós-prandial represente um estado normal que reflete a alternância entre comer e não comer, o estado de desnutrição grave mostrado na Figura 36.5 trata-se de um estado anormal, que reflete o aumento considerável nas modificações metabólicas observadas no estado pós-prandial, ilustrado na Figura 36.3. Assim, a desnutrição grave representa uma intensificação dos ajustes metabólicos do estado de jejum com diferenças significativas somente vistas na desnutrição grave prolongada. Ocorrem duas mudanças marcantes nas concentrações plasmáticas, diminuição da concentração de glicose e aumento significativo na concentração de corpos cetônicos, o que reflete as alterações metabólicas que se estabeleceram. No fígado, o ciclo do ácido tricarboxílico diminui pela drenagem de intermediários de quatro carbonos para a gliconeogênese, a degradação de ácidos graxos continua intensa e as proteínas do organismo continuam a serem degradadas para repor os intermediários do ciclo do ácido tricarboxílico. No músculo, os combustíveis utilizados para a produção de energia são os ácidos graxos e os corpos cetônicos. A atividade muscular diminui como resultado da mobilização das proteínas musculares, que diminuem conforme o estado de desnutrição se prolonga. No tecido adiposo, a degradação de triglicerídeos em ácidos graxos é acelerada. No cérebro e no sistema nervoso central (SNC) ocorrem mudanças adaptativas, que permitem que esses tecidos usem corpos cetônicos como fonte de energia, aliviando tanto a demanda do

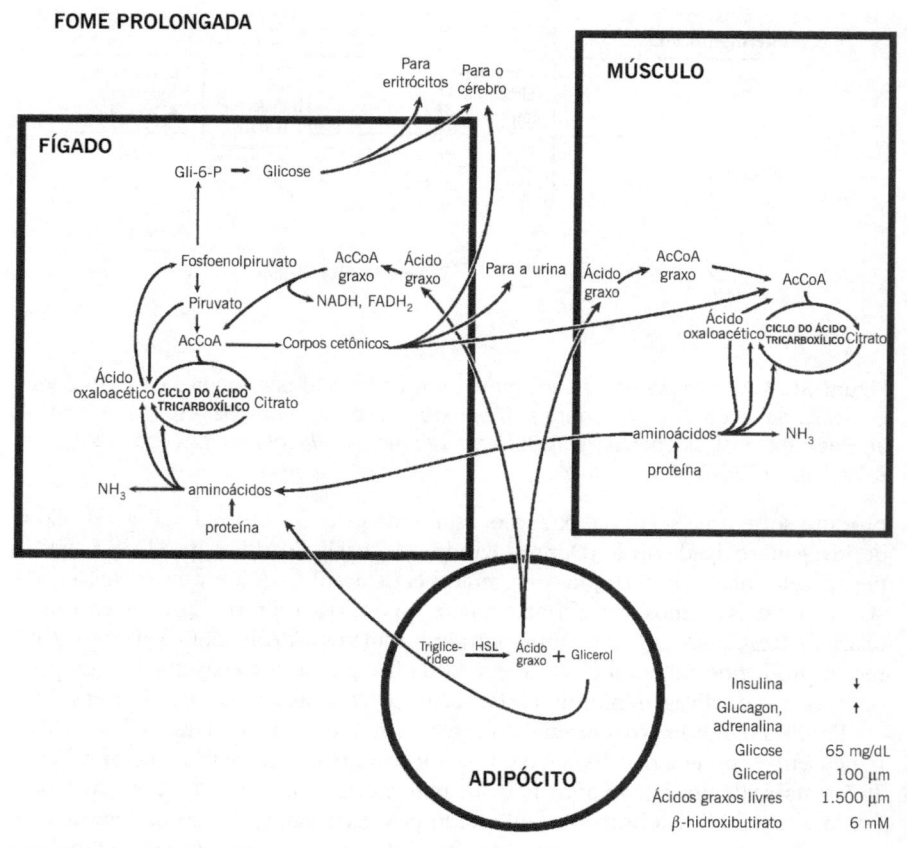

Figura 36.5 Fluxo metabólico durante o jejum prolongado. O cérebro se adapta para utilizar corpos cetônicos como fonte de energia, diminuindo assim seu consumo de glicose.

organismo por glicose como o uso de proteínas musculares como fonte de carbono para a gliconeogênese no fígado. A concentração sanguínea de corpos cetônicos aumenta, refletindo a acelerada degradação de triglicerídeos no tecido adiposo e o ciclo do ácido tricarboxílico lento no fígado. Apesar da utilização de corpos cetônicos nos tecidos periféricos, no cérebro e no SNC depois de 5 a 6 semanas de jejum, os níveis de corpos cetônicos aumentam, são eliminados na urina e excretados em quantidades significativas, desperdiçando material que poderia ser usado para a produção de energia, porque os tecidos que utilizam corpos cetônicos como combustível estão usando-os na maior quantidade possível. Assim, as principais diferenças entre o estado de fome e o estado de jejum pós-prandial são a capacidade adaptativa do cérebro e do SNC em usar corpos cetônicos para satisfazer um pouco da demanda energética e os níveis circulantes de corpos cetônicos, que estão altos o suficiente para serem eliminados na urina em quantidades significativas.

QUESTÕES DE COMPREENSÃO

36.1 Nos casos de desnutrição ocorrem muitas mudanças metabólicas para preencher as demandas metabólicas do organismo. Qual das seguintes opções ilustra as mudanças desencadeadas pela desnutrição no metabolismo intermediário?

   A. Aumento da dependência do fígado por glicose como fonte de energia
   B. Aumento da síntese de proteínas no tecido muscular
   C. Aumento do uso de corpos cetônicos como fonte de energia no cérebro
   D. Diminuição da mobilização de triglicerídeos pelo tecido adiposo
   E. Adaptação dos eritrócitos para a utilização de corpos cetônicos como energia

   Utilize as reações abaixo para responder a questão 36.2:

   1. Acetoacetil-CoA + acetil-CoA → β-hidroxi-β-metilglutaril-CoA + CoA
   2. Acetoacetato + NADH → β-hidroxibutirato + NAD^+
   3. β-hidroxi-β-metilglutaril-CoA + H_2O → acetoacetato + acetil-CoA
   4. Acetil-CoA + acetil-CoA → acetoacetil-CoA + CoA
   5. Acetoacetato + succinil-CoA → acetoacetil-CoA + succinato

36.2 Utilizando as reações acima, qual das opções abaixo descreve corretamente a via da formação dos corpos cetônicos?

   A. 3 → 2 → 1 → 4
   B. 4 → 1 → 3 → 2
   C. 4 → 2 → 3 → 1
   D. 5 → 1 → 2 → 3
   E. 5 → 2 → 3 → 1

36.3 Durante a desnutrição, a atividade muscular diminui e as proteínas do músculo são degradadas para fornecer uma fonte de carbono para que o fígado produza glicose pela gliconeogênese. Qual dos seguintes aminoácidos permanece nas células musculares como fonte de fornecimento de energia para o músculo?

   A. Alanina
   B. Aspartato

C. Leucina
D. Glutamato
E. Treonina

RESPOSTAS

36.1 **C.** Uma das principais adaptações do metabolismo que ocorre na desnutrição é a ativação da via metabólica dos corpos cetônicos pelo cérebro e o uso de corpos cetônicos para produzir energia, poupando assim parte das proteínas de serem degradadas para gerar esqueletos de carbono provenientes de aminoácidos para a gliconeogênese no fígado. Em casos de desnutrição grave, o fígado obtém a maior parte de sua energia da β-oxidação de ácidos graxos. Na desnutrição, proteínas musculares são degradadas para gerar esqueletos de carbono. Os depósitos de triglicerídeos do tecido adiposo são usados para fornecer ácidos graxos para a β-oxidação no fígado. Eritrócitos não têm a capacidade de usar corpos cetônicos por não possuírem mitocôndria.

36.2 **B.** A síntese de corpos cetônicos inicia com a combinação de duas moléculas de acetil-CoA, gerando uma molécula de CoA livre e uma molécula de acetoacetil--CoA que, por sua vez, se combina com uma outra molécula de acetil-CoA e gera uma outra CoA livre e β-hidroxi- β-metilgluraril-CoA (HMG-CoA). HMG-CoA sofre hidrólise, produzindo uma molécula de acetil-CoA e uma molécula de acetoacetato que, por sua vez, pode ser reduzida a β-hidroxibutirato. A reação entre succinil-CoA e acetoacetato é uma reação da via da utilização dos corpos cetônicos e não da via da formação de corpos cetônicos.

36.3 **C.** Nenhum dos aminoácidos listados, exceto pela leucina que é um aminoácido com cadeia lateral ramificada. O músculo tem uma via metabólica de aminoácidos ramificados muito ativa e usa essa via para obter energia para seu próprio uso. Os produtos do metabolismo da leucina são acetil-CoA e acetoacetato, ambos usados no ciclo do ácido tricarboxílico. O acetoacetato é ativado pela succinil-CoA e clivado em duas moléculas de acetil-CoA na reação da β-cetotiolase. Os demais aminoácidos ramificados, valina e isoleucina, produzem succinil-CoA e acetil-CoA como produtos dos seus catabolismos.

DICAS DE BIOQUÍMICA

▶ Os eritrócitos têm necessidade absoluta de glicose como única e exclusiva fonte de energia.
▶ **O tecido cerebral normalmente tem preferência exclusiva por glicose**, sendo uma exceção na **desnutrição avançada**, quando o cérebro pode usar **corpos cetônicos** para a produção de energia.

REFERÊNCIAS

Devlin TM, ed. *Textbook of Biochemistry with Clinical Correlations*. 7th ed. New York: Wiley--Liss; 2010.

CASO 37

Homem de 45 anos com histórico de infecção por hepatite C e agora com cirrose hepática foi levado ao setor de emergência por familiares após manifestar mudança brusca no seu estado mental. A família relata que o paciente estava muito desorientado e confuso nos últimos dias e tinha náuseas e vomitava sangue. A família informou, ainda, que percebeu os primeiros sintomas no seu padrão de sono, seguidos por alteração de personalidade e humor. O exame físico mostrou que o paciente estava desorientado e com evidências de esclera amarelada, o abdome apresentava-se distendido e com onda de líquido ao exame. O exame neurológico mostrou que ele apresentava asteríxis e reflexos aumentados. Exames de urina para álcool e drogas foram negativos, seu nível sanguíneo de amônia era elevado e todos os outros testes realizados apresentaram resultados normais.

▶ Qual é a causa mais provável para os sintomas do paciente?
▶ O que é asteríxis?
▶ Qual é o fator mais provável de ter desencadeado os sintomas do paciente?

RESPOSTAS PARA O CASO 37
Cirrose

Resumo: homem de 45 anos apresentando cirrose, provavelmente secundária à infecção por hepatite C, com brusca mudança no estado mental coincidindo com um surto de hematêmese. O paciente apresentava nível sanguíneo elevado de amônia e demais testes negativos.

- **Diagnóstico:** Encefalopatia hepática, provavelmente devido a níveis de amônia elevados.
- **Asteríxis *(ou mioclonia negativa)*:** Não é específica da encefalopatia hepática. Tremor assimétrico alternado com perda do controle voluntário das extremidades quando mantido em uma posição. Também conhecido como *flapping*.
- **Fatores desencadeantes:** Aumento na carga de nitrogênio por hemorragia do trato gastrointestinal superior.

ABORDAGEM CLÍNICA

A cirrose é uma condição clínica do fígado com lesão difusa do parênquima e regeneração levando a distorções na arquitetura do fígado e aumento de resistência a passagem de sangue pelo fígado. Os pacientes normalmente manifestam mal-estar, letargia, eritema palmar, ascite, icterícia e, nos últimos estágios, encefalopatia hepática. O acúmulo de toxinas na corrente sanguínea afeta o estado mental do paciente. As etiologias mais comuns da cirrose são toxinas, como o álcool; infecções virais, como infecção por hepatite B ou C; ou doenças metabólicas na infância (doença de Wilson, hemocromatose ou deficiência de α-1-antitripsina). O tratamento depende da etiologia exata, embora uma terapia comum inclua evitar toxinas no fígado, restrição na ingesta de sal e possivelmente procedimentos para reduzir a pressão na veia porta.

ABORDAGEM AO
Metabolismo dos aminoácidos e da amônia

OBJETIVOS

1. Descrever o ciclo da ureia.
2. Descrever a estratégia do metabolismo dos aminoácidos.
3. Explicar o significado bioquímico da remoção do excesso de amônia.

DEFINIÇÕES

GLUTAMATO-DESIDROGENASE: enzima mitocondrial presente em todos os tecidos que metaboliza aminoácidos. Ela catalisa a desaminação do glutamato em α-cetoglutarato, utilizando NAD^+ como aceptor de elétrons para produzir nicotinamida adenina dinucleotídeo (NADH) e amônia. A enzima usa os equivalentes redutores da nicotinamida adenina dinucleotídeo fosfato (NADPH) para catalisar a reação inversa.

ORNITINA: um α-aminoácido com estrutura semelhante à estrutura da lisina, mas com um grupo metileno a menos na cadeia lateral. Ela é carbamoilada, formando citrulina para que o ciclo da ureia inicie e é regenerada na etapa final que libera ureia.

TRANSAMINASE: uma aminotransferase, enzima que necessita piridoxal-fosfato e catalisa a transferência de um grupo amino de um α-aminoácido para um α-cetoácido.

CICLO DA UREIA: série de reações que ocorrem no fígado para sintetizar ureia para excreção de nitrogênio. Os dois átomos de nitrogênio presentes na ureia são provenientes do íon amônio e do grupo α-amino do aspartato. O ciclo também necessita de CO_2 (HCO_3^-), gasta quatro ligações fosfato de alta energia e produz fumarato.

DISCUSSÃO

Os aminoácidos são diferentes dos carboidratos e gorduras pelo fato de conterem nitrogênio como parte da estrutura molecular. Para que os carbonos dos aminoácidos entrem nas vias metabólicas que geram energia, os grupos aminos primeiro devem ser removidos, detoxificados e excretados. O nitrogênio dos aminoácidos é excretado predominantemente como ureia, embora alguns também sejam excretados como amônia livre para tamponar a urina.

A **primeira etapa** no **catabolismo da maioria dos aminoácidos** é a **transferência de grupos α-amino de um aminoácido para um α-cetoglutarato (α-KG)**. Esse processo é catalisado por transaminases (aminotransferases), enzimas que necessitam de piridoxal-fosfato como cofator. Os produtos da reação são glutamato (Glu) e α-cetoácido análogo do aminoácido destinado a ser degradado. Por exemplo, o aspartato é convertido no seu α-cetoácido análogo, oxaloacetato, pela ação da aspartato-transaminase (AST), que também produz Glu a partir de α-KG. O processo de transaminação é livremente reversível, de modo que a direção na qual a reação ocorre depende das concentrações dos reagentes e dos produtos. Essas reações não afetam a remoção líquida do nitrogênio dos grupos amino; o grupo amino é apenas transferido de um ácido para outro.

Para a remoção efetiva do nitrogênio, uma segunda enzima remove o grupo amino do Glu. A remoção líquida do nitrogênio amínico é realizada pela enzima mitocondrial **glutamato-desidrogenase (GDH)**, que catalisa a desaminação oxidativa do Glu, formando α-KG, em uma reação que utiliza NAD^+ como aceptor de elétrons. A enzima também catalisa a reação inversa para produzir Glu, mas nesse caso utiliza equivalentes redutores do NADPH em vez de NADH. A reação da desaminação oxidativa é ativada de forma alostérica por adenosina-difosfato (ADP) e guanosina-difosfato (GDP), ao passo que a aminação redutiva é ativada por GTP e adenosina-trifosfato (ATP). O processo total da remoção de grupos amino dos α-aminoácidos está resumido na Figura 37.1.

```
α-aminoácidos ╲      α-cetoglutarato ╲      NADH + NH₄⁺
              ╳                      ╳
Transaminases                         GDH
              ╳                      ╳
α-cetoácidos ╱       Glutamato ╱           NAD⁺
     │                                       │
     ▼                                       ▼
  Energia                                  Ureia
 (na maioria                              (fígado
 dos tecidos)                             somente)
```

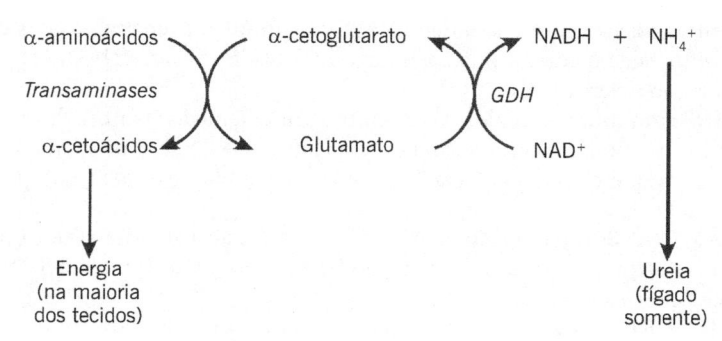

Figura 37.1 Resumo do catabolismo dos aminoácidos.

A amônia é produzida por praticamente todas as células do organismo, embora apenas o fígado possua a maquinaria enzimática para convertê-la em ureia. Portanto, a amônia extra-hepática deve ser transportada para o fígado, porém, a amônia no sangue é tóxica para as células e, por isso, os nitrogênios do catabolismo dos aminoácidos são transportados pelo sangue como glutamina ou como alanina. A glutamina é sintetizada a partir do Glu e amônia em uma reação que necessita de ATP e que é catalisada pela glutamina-sintetase. A alanina é formada a partir do piruvato em uma reação de transaminação catalisada pela alanina-transaminase (ALT).

O glutamato e a alanina são transportados através da corrente sanguínea para o fígado, onde eles são captados pelas células da região periportal. Há liberação de amônia pela ação combinada da ALT (no caso da alanina), glutaminase (no caso da glutamina) e GDH. O grupo α-amino da alanina é transferido para α-KG, formando piruvato e Glu. A glutaminase catalisa a hidrólise do grupo amida da cadeia lateral, liberando amônia e Glu. Amônia e Glu entram na mitocôndria, onde o Glu sofre desaminação oxidativa pela GDH. A amônia liberada pela glutaminase e GDH, então, entra no ciclo da ureia (Figura 37.2), que possui enzimas localizadas tanto na mitocôndria como no citosol.

A amônia é condensada com bicarbonato e ATP na mitocôndria, formando carbamoil-fosfato em uma reação catalisada pela carbamoil-fosfato-sintetase I. Nessa reação são usadas duas moléculas de ATP. Uma fornece o fosfato e a outra é hidrolisada a ADP e fosfato inorgânico (P_i) para fornecer a energia que a reação necessita. O grupo carbamoil ativado é então transferido para o aminoácido ornitina pela ornitina transcarbamoilase, enzima mitocondrial, formando citrulina. A citrulina é então transportada para fora da mitocôndria (para o citosol), onde ocorrem as demais reações da síntese da ureia. O segundo nitrogênio da ureia vem diretamente do aminoácido aspartato. A cadeia lateral da citrulina condensa com o grupo α-amino do aspartato, formando argininosuccinato em uma reação que é possibilitada de forma termodinâmica pela conversão de ATP a AMP e pirofosfato inorgânico (PP_i). A hidrólise rápida do PP_i pela pirofosfatase libera energia e remove o PP_i, tornando a formação de argininosuccinato termodinamicamente irreversível.

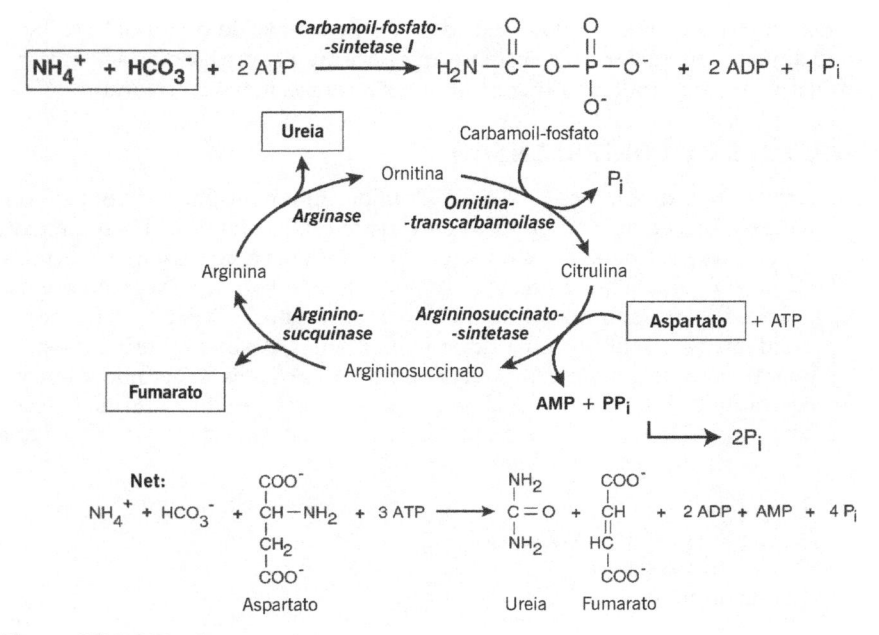

Figura 37.2 Ciclo da ureia.

O argininosuccinato é então clivado em arginina e fumarato pela argininosuccinase (argininosuccinato-liase). Assim, a arginase hidrolisa o grupo guanidino da arginina, liberando ureia e regenerando ornitina, que entra novamente na mitocôndria e aceita outro grupo carbamoil do carbamoil-fosfato. A ureia é transportada aos rins para ser excretada.

A glutamina também é usada pelos rins como fonte de amônia para tamponar a urina. A amônia é liberada a partir da glutamina pelas mesmas enzimas que são ativas no fígado. A amônia livre aceita um próton, formando o íon amônio e diminuindo assim a acidez da urina.

Embora a maior parte da amônia detoxificada pelo fígado seja proveniente da degradação dos aminoácidos das proteínas da dieta ou de proteínas endógenas em processo de renovação, bactérias do tubo digestivo também produzem amônia. Essa amônia é absorvida pelo sangue na veia porta e captado diretamente pelo fígado para convertê-la em ureia.

Quando a função hepática está prejudicada de forma grave, ou quando se estabelecem ligações colaterais misturando o sangue da veia-porta e o sangue dos vasos venosos, como ocorre na **cirrose**, a **capacidade do fígado em detoxificar amônia em ureia fica comprometida** e leva à **hiperamonemia**. Isso pode ser **exacerbado** por algum **aumento na carga de amônia,** podendo ocasionar **sangramento gastrointestinal.** Quando os níveis de amônia no sangue aumentam, a amônia se acumula nas células e direciona a reação da GDH para formar Glu, esgotando as reservas de α-KG e diminuindo a velocidade do ciclo do ácido tricarboxílico. Isso é especialmente devastador para o cérebro, que deve manter um ciclo do ácido tricarboxílico ativo para produzir a energia necessária para as funções cerebrais.

QUESTÕES DE COMPREENSÃO

37.1 Uma criança de 8 meses e meio foi admitida em um hospital em coma e com temperatura de 39,4°C. O pulso da criança estava elevado, ele apresentava hepatomegalia e os achados do eletroencefalograma eram bastante anormais. Devido ao fato de que a criança não podia reter o leite administrado por gavagem, foi feita administração de glicose intravenosa. O paciente melhorou rapidamente e saiu do coma dentro de 24 horas. Análise de urina mostrou quantidades de glutamina e uracila muito aumentadas, sugerindo alta concentração de íon amônio no sangue. Esses achados foram confirmados pelo laboratório. Considerando esses dados, qual das enzimas listadas abaixo poderia estar deficiente nesse paciente?

   A. Arginase
   B. Carbamoil-fosfato-sintetase I
   C. Glutamato-desidrogenase
   D. Glutaminase
   E. Ornitina-transcarbamoilase

37.2 Uma criança recém-nascida foi diagnosticada com fenilcetonúria e é imediatamente colocada em uma dieta com restrição de fenilalanina (Phe). Observância restrita da dieta e monitoramento frequente dos níveis de Phe no plasma, mostraram que o nível estava sendo mantido no limite inferior dos valores normais. O paciente aparentava crescimento normal até que apresentou hipotonia do tronco e espasmo dos membros. Apesar de ser mantida em dieta com baixos níveis de fenilalanina, aos 5 meses o paciente apresentou várias crises epilépticas. Depois de um teste de sobrecarga de Phe, a urina do paciente apresentava níveis muito elevados na concentração de biopterina. Qual das seguintes enzimas teria mais probabilidade de estar deficiente nesse paciente?

   A. Di-hidropterina-redutase
   B. GTP-cicloidrolase I
   C. Fenilalanina-hidroxilase
   D. Triptofano-hidroxilase
   E. Tirosina-hidroxilase

37.3 Qual dos seguintes esquemas de tratamento seriam mais benéficos para o paciente da questão 37.2?

   A. Dieta pobre em Phe com suplementação de biopterina
   B. Dieta pobre em Phe com suplementação de cobalamina (vitamina B_{12})
   C. Dieta pobre em Phe + L-dopa (3,4-di-hidroxifenilalanina)

D. Dieta pobre em Phe + L-dopa e 5-hidroxitriptofano
E. Dieta completamente livre de Phe

RESPOSTAS

37.1 **E.** O paciente apresenta sinais de um defeito no ciclo da ureia. A presença de uracila elevada além dos níveis elevados de amônia e glutamina apontam para um acúmulo de carbamoil-fosfato. Caso a ornitina-carbamoilase estiver deficiente, há acúmulo de carbamoil-fosfato na mitocôndria que vaza para o citosol, fornecendo o composto inicial para a síntese de uracila.

37.2 **A.** O paciente, embora submetido a uma dieta pobre em Phe, apresenta problemas neurológicos devido à incapacidade de sintetizar os neurotransmissores catecolamina e indolamina. Isso é causado pela deficiência na di-hidrobiopterina-redutase (DHPR). A DHPR regenera a tetra-hidrobiopterina (BH_4), a qual é oxidada à di-hidrobiopterina pela fenilalanina-hidroxilase, assim como de tirosina-hidroxilase e triptofano-hidroxilase (triptofano-5-monoxigenase). Se a fenilalanina-hidroxilase estivesse deficiente, uma dieta pobre em Phe aliviaria os sintomas. A possibilidade de deficiência na GTP-ciclo-hidrolase fica descartada porque a concentração urinária de biopterina está elevada e essa enzima participa da via biossintética de BH_4. As atividades da Phe-hidroxilase, da Tyr-hidroxilase e da Trp-hidroxilase estão diminuídas devido à falta de BH_4.

37.3 **D.** Em razão da deficiência de DHPR, as atividades da Phe-hidroxilase e Tyr-hidroxilase estão baixas e, consequentemente, a síntese de neurotransmissores do tipo catecolaminas está diminuída. A síntese do neurotransmissor serotonina, do grupo das indolaminas, também está diminuída porque há necessidade de BH_4 para a hidroxilação do triptofano. O melhor tratamento é diminuir a carga de Phe por meio de uma dieta pobre em Phe e fornecer os precursores dos neurotransmissores indolamina e catecolaminas, que ocorrem após as enzimas afetadas pela deficiência de BH_4, que seriam a L-dopa e o 5-hidroxitriptofano.

DICAS DE BIOQUÍMICA

▶ Praticamente todas as células do organismo produzem amônia, porém apenas o fígado possui a maquinaria enzimática para convertê-la em ureia.
▶ Doenças hepáticas como a cirrose afeta a capacidade do fígado em detoxificar amônia em ureia, levando à hiperamonemia.
▶ A hiperamonemia pode ser exacerbada por aumento na carga de amônia, como a que ocorre em decorrência de sangramento gastrointestinal.

REFERÊNCIAS

Coomes MW. Amino acid etabolismo. In: Devlin TM, ed. *Textbook of Biochemistry with Clinical Correla- tions.* 7ª ed. New York: Wiley-Liss; 2010.

Rodwell VW. Catabolism of proteins & of amino acid nitrogen. In: Murray RK, Bender DA, Botham KM, et al, eds. *Harper's Illustrated Biochemistry.* 29ª ed. New York: Lange Medical Books/McGraw-Hill; 2012.

CASO 38

Menina de um ano é levada ao consultório do seu pediatra pela mãe que afirma estar preocupada com o seu desenvolvimento. Ela nasceu fora dos Estados Unidos de parto sem complicações. A mãe relata que o bebê não está atingindo as marcas normais para um bebê de sua idade, e também descreve um odor estranho em sua urina e algumas áreas de hipopigmentação na pele e cabelo. No exame físico, a menina apresenta hipotonia muscular e microcefalia. A urina é coletada apresenta um odor "de rato".

▶ Qual é o diagnóstico mais provável?
▶ Qual é a fundamentação bioquímica da hipopigmentação da pele e do cabelo?

RESPOSTAS PARA O CASO 38
Fenilcetonúria

Resumo: menina de um ano nascida fora dos Estados Unidos com atraso do desenvolvimento, hipotonia, hipopigmentação e urina com odor desagradável.

- **Diagnóstico mais provável:** Fenilcetonúria (PKU, do inglês, *phenylketonuria*)
- **Bases bioquímicas da hipopigmentação:** Fenilalanina é o inibidor competitivo da tirosinase (enzima-chave na síntese da melanina).

ABORDAGEM CLÍNICA

Fenilalanina elevada pode ser causadas por várias deficiências enzimáticas diferentes, resultando em conversão diminuída de fenilalanina em tirosina. A deficiência mais comum é a de fenilalanina-hidroxilase (autossômica recessiva), que resulta no quadro clássico de PKU. Duas outras deficiências enzimáticas que conduzem a PKU incluem di-hidrobiopterina-redutase e 6-pirruvoil-tetra-hidropterina-sintase, uma enzima na via biossintética de tetra-hidrobiopterina. Com PKU, o bebê parece normal ao nascimento, mas depois não consegue atingir metas de desenvolvimento normais. Se não identificado, a criança desenvolverá retardo mental profundo e comprometimento da função cerebral. Um odor desagradável na pele, cabelo e urina pode muitas vezes ser detectado clinicamente. Áreas de hipopigmentação desenvolvem-se secundariamente à interrupção da síntese de melanina. Nos Estados Unidos, todas as crianças são rastreadas para PKU, visando a prevenção das complicações graves ao longo da vida. O tratamento consiste em modificações na dieta, com a limitação da ingesta de fenilalanina e a suplementação de tirosina. O diagnóstico de PKU e o início da modificação da dieta deve ser implementada antes de três semanas de idade para prevenir o retardo mental e outros sinais clássicos de PKU.

ABORDAGEM À
Fenilcetonúria

OBJETIVOS

1. Descrever a conversão bioquímica de fenilalanina em tirosina.
2. Descrever os eventos bioquímicos que ocorrem quando a conversão de fenilalanina em tirosina está inibida.

DEFINIÇÕES

HIPOPIGMENTAÇÃO: falta de cor na pele ou no cabelo em razão da ausência ou baixa quantidade do pigmento melanina na pele e no cabelo, um produto do metabolismo de tirosina (e fenilalanina).

TETRA-HIDROBIOPTERINA: uma forma reduzida de quatro elétrons do agente redutor biopterina necessário para fornecer elétrons para fenilalanina-hidroxilase para a conversão de fenilalanina no seu produto hidroxilado, o aminoácido tirosina.
FENILCETONÚRIA: a presença de quantidades elevadas de fenilcetonas, principalmente fenilpiruvato, na urina; uma indicação principal de alteração do metabolismo da fenilalanina resultante da transaminação elevada de fenilalanina devido à redução da hidroxilação de fenilalanina em tirosina.

DISCUSSÃO

A fenilcetonúria é uma doença facilmente diagnosticável na infância e é importante que seja diagnosticada o mais cedo possível, para que a evolução clínica seja a melhor possível. Testes de laboratório podem ser realizados no período neonatal, e, agora, o teste genético pode identificar a doença antes do nascimento.

A fenilcetonúria se desenvolve a partir de níveis elevados de fenilpiruvato na urina do paciente. Como pode ser visto na Figura 38.1, fenilpiruvato é o α-cetoácido correspondente do aminoácido fenilalanina. Ele é formado por transaminação da fenilalanina e α-cetoglutarato para produzir glutamato e fenilpiruvato. Essa reação é livremente reversível, portanto, é acionada por concentrações elevadas de reagentes ou produtos. Para conversão em larga escala de fenilalanina para fenilpiruvato, deve ocorrer um aumento na concentração da fenilalanina para impulsionar a reação de transaminação para a formação de fenilpiruvato. Esses níveis elevados de fenilalanina irão refletir no sangue como hiperfenilalaninemia, que é definida como níveis plasmáticos de fenilalanina acima de 120 μmol/L. A causa mais provável é uma alteração na reação da fenilalanina-hidroxilase. Os estados de doença resultante das alterações da reação de fenilalanina-hidroxilase podem ser encontrados: (1) no nível das enzimas, na reação, se refletir na ausência ou na alteração de proteínas; (2) no nível metabólico, refletido em efeitos semelhantes em outros processos metabólicos; e (3) no nível cognitivo, refletido em mudanças na função cerebral e retardo mental.

Reação de hidroxilação da fenilalanina e seus componentes. Como pode ser visto na Figura 38.2, a reação de hidroxilação da fenilalanina é a via pela qual fenilalanina da dieta pode ser convertida em tirosina, aliviando a sua necessidade na dieta. Essa reação é catalisada pela fenilalanina-hidroxilase, uma mono-oxigenase que requer oxigênio molecular e um doador específico de dois elétrons, a tetra-hidrobiopterina. Um átomo de oxigênio molecular aparece no produto tirosina com um grupo hidroxila na posição "para", ao passo que o átomo de oxigênio remanescente aparece no produto água.

O fornecimento de equivalentes redutores para fenilalanina-hidroxilase é dependente da redução da di-hidrobiopterina por NADH, catalisada pela enzima di-hidrobiopterina-redutase (Figura 38.2). Essa redução é dependente da disponibilidade de biopterina e, portanto, da via de síntese de biopterina. Assim, qualquer defeito genético ou de enovelamento em qualquer di-hidrobiopterina-redutase ou nas enzimas da via biossintética da biopterina, iria comprometer a eficácia da hidroxilação de fenilalanina em tirosina, resultando em hiperfenilalaninemia e tam-

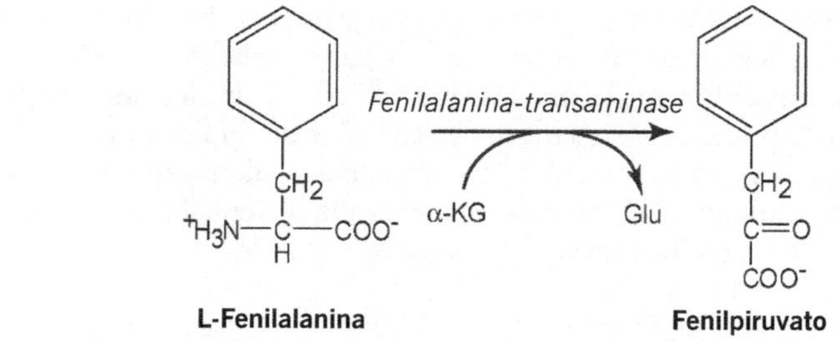

Figura 38.1 Transaminação da fenilalanina para produzir fenilpiruvato, uma fenilcetona.

bém fenilcetonúria resultante do aumento da transaminação de fenilalanina para fenilpiruvato.

A principal enzima nesta via é fenilalanina-hidroxilase. O gene da fenilalanina-hidroxilase está localizado no cromossomo 12 na região q23.2 e abrange 100 kb de DNA genômico. Centenas de alelos causadores de estados de doença foram identificados nesse gene, mais de 60% deles são classificados como alelos de sentido trocado (*missense*). Populações europeias e chinesas apresentam uma incidência maior, na faixa de uma ordem de grandeza, do que pessoas de ascendência africana. Essa expressão específica populacional de alelos causadores da doença pode explicar o vasto leque de incidência para esse distúrbio (5 a 350 casos/milhão de nascidos vivos).

Destinos da tirosina

A tirosina pode ser degradada por processos oxidativos em acetoacetato e fumarato, os quais entram nas vias de geração de energia do ciclo do ácido cítrico para produzir CO_2 e ATP, assim como indicado na Figura 38.2. A tirosina pode ser posteriormente metabolizada para produzir vários neurotransmissores, como dopamina, adrenalina e norepinefrina. Hidroxilação de tirosina pela tirosina-hi-

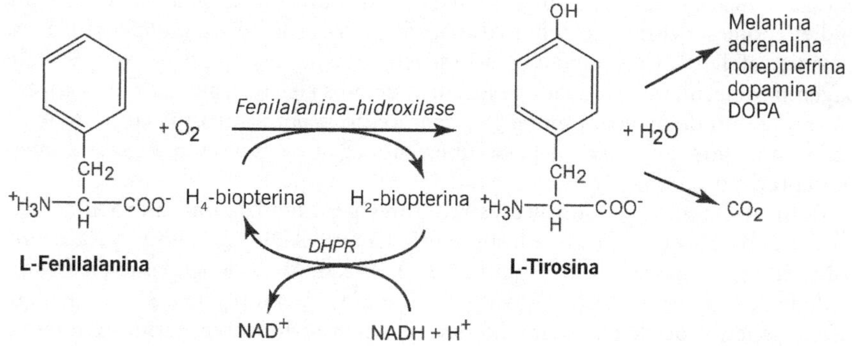

Figura 38.2 Conversão normal de fenilalanina no aminoácido tirosina catalisada pela fenilalanina-hidroxilase.

droxilase produz di-hidroxifenilalanina (DOPA). Essa enzima, como a fenilalanina-
-hidroxilase, requer oxigênio molecular e tetra-hidrobiopterina. Como é o caso da
fenilalanina-hidroxilase, a reação da tirosina-hidroxilase é sensível a alterações na
di-hidrobiopterina-redutase ou na via de síntese de biopterina, qualquer um dos
quais pode levar a uma interrupção na hidroxilação de tirosina, aumento nos níveis
de tirosina e aumento da transaminação de tirosina para formar o seu α-cetoácido
correspondente, para-hidroxifenilpiruvato, que também aparece na urina como
um contribuinte para fenilcetonúria.

A tirosina é também o precursor para a formação de melanina em melanócitos,
a primeira etapa sendo catalisada pela tirosinase, como mostrado na Figura 38.3.
Essa reação é uma reação em duas etapas em que DOPA é um intermediário na formação de dopaquinona. O fechamento do anel da porção alanina da dopaquinona
forma um anel pirrol, e as reações subsequentes dão origem a melaninas, o pigmento
escuro primário associado com a coloração da pele sendo eumelanina. A falta de tirosinase dá origem ao albinismo clássico. A fenilalanina é um inibidor competitivo da
tirosina pela tirosinase. Assim, em uma situação em que a atividade de fenilalanina-
-hidroxilase é deficiente, não só ocorre o aumento do produto de transaminação o
α-cetoácido correspondente fenilpiruvato, mas o mesmo acontece com os níveis de
fenilalanina. Assim, o excesso de fenilalanina inibe a tirosinase e a formação de melanina, resultando em hipopigmentação da pele e do cabelo em pessoas afetadas.

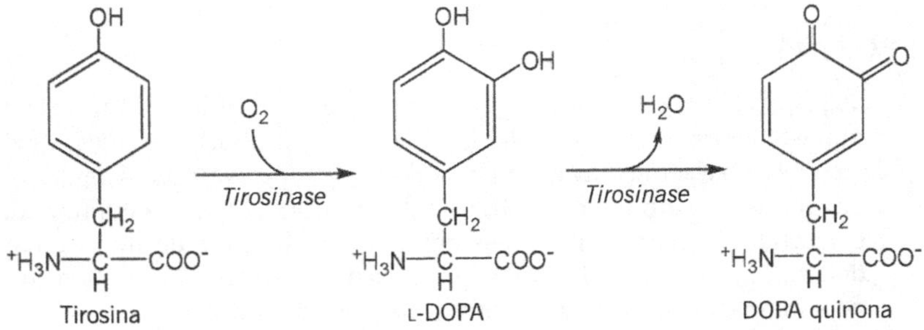

Figura 38.3 Conversão da tirosina em dopaquinona pela enzima tirosinase, uma enzima dependente de Cu^{+2} em melanócitos.

QUESTÕES DE COMPREENSÃO

38.1 Menino de três meses apresenta níveis elevados de fenilalanina, para-hidroxifenilpiruvato e fenilpiruvato no soro. Sua cor da pele é pálida. Seu diagnóstico
diferencial é PKU. Qual das seguintes opções seria consistente nesse caso?

A. Níveis elevados de ácido homogentísico no soro
B. Deficiência de vitamina B_{12} (cobalamina)
C. Níveis elevados de piridoxal-fosfato no soro
D. Urina na fralda do menino cheira a xarope de bordo fresco
E. Atividade de fenilalanina-hidroxilase é de apenas 2% do normal

38.2 Menina de um ano chega ao seu consultório um dia depois que você viu o menino de três meses. Os sintomas são os mesmos, de modo que você pede um teste em fenilalanina-hidroxilase para confirmar o seu diagnóstico de fenilcetonúria. Para sua surpresa, a atividade de fenilalanina-hidroxilase está dentro do intervalo de normalidade. Qual das seguintes opções você poderá verificar a seguir para confirmar o seu diagnóstico?

A. Tirosina: α-cetoglutarato-transaminase
B. Tirosinase
C. Ácido homogentísico-oxidase
D. Di-hidrobiopterina-redutase
E. Dopamina-hidroxilase

38.3 A cor da pele é o resultado global da expressão de um número de genes modificados por origem étnica e por herança genética. Hipopigmentação pode ser causada por qual das seguintes opções?

A. Excesso de formação de melanina
B. Excesso de fenilalanina no soro e tecidos
C. Hipossecreção de melatonina
D. Estimulação excessiva da tirosinase
E. Níveis baixos de para-hidroxifenilpiruvato

RESPOSTAS

38.1 **E.** A resposta correta é níveis muito baixos de fenilalanina-hidroxilase, uma enzima-chave nas sequelas metabólicas da fenilcetonúria, isto é, níveis elevados de fenilalanina, fenilpiruvato e para-hidroxifenilpiruvato no sangue. Ácido homogentísico é um intermediário na degradação de tirosina em fumarato e acetoacetato. A vitamina B_{12} é necessária no metabolismo de aminoácidos de cadeia ramificada e não de fenilalanina. Os α-cetoácidos dos aminoácidos de cadeia ramificada produzem o odor de xarope de bordo.

38.2 **D.** A resposta correta é di-hidropterina-redutase. Essa enzima reduz di-hidrobiopterina para tetra-hidrobiopterina, o doador de elétrons obrigatório da fenilalanina-hidroxilase. A tirosinase é a primeira enzima na via de melanina. A dopamina-hidroxilase e a tirosina-transaminase são enzimas em outras vias metabólicas da tirosina. Ácido homogentísico-oxidase é uma enzima na via de tirosina em fumarato e acetoacetato.

38.3 **B.** O excesso de fenilalanina inibe a tirosinase, o primeiro passo para a produção de melanina, resultando assim em hipopigmentação. O excesso de melanina conduz a hiperpigmentação. A melatonina é um hormônio envolvido no ciclo do sono. Estimulação excessiva da tirosinase levaria a mais melanina e, portanto, hiperpigmentação. Para-hidroxifenilpiruvato significa menos transaminação e, talvez, mais tirosina sendo convertida em melanina e hiperpigmentação.

DICAS DE BIOQUÍMICA

- ▶ PKU é uma doença autossômica recessiva do metabolismo de aminoácidos que afeta aproximadamente 1 em cada 10 mil crianças na América do Norte.
- ▶ É mais frequentemente causada pela deficiência da enzima fenilalanina-hidroxilase, que causa o acúmulo de metabolitos prejudiciais, incluindo fenilcetonas.
- ▶ O gene da fenilalanina-hidroxilase está localizado no cromossomo 12 na região q23.2.
- ▶ Se não for tratada, PKU pode levar a retardo mental, convulsões, psicoses, eczema e um odor característico desagradável.
- ▶ PKU é uma doença facilmente diagnosticável na infância, e é importante que o diagnóstico seja estabelecido o mais cedo possível para que a evolução clínica seja a melhor possível.

REFERÊNCIAS

Devlin TM, ed. *Textbook of Biochemistry with Clinical Correlations.* 7th ed. New York: Wiley-Liss; 2010.

Scriver CR, Beaudet AL, Sly WS, et al. *The Metabolic and Molecular Basis of Inherited Disease.* 8th ed, New York: McGraw Hill; 2001:1667-1776.

CASO 39

A mãe de uma adolescente de 16 anos telefona para a clínica devido a preocupações com os hábitos alimentares de sua filha. A mãe relatou que ela não comia nada e estava obcecada por fazer exercícios e perder peso. Também relatou que a filha estava se afastando dos amigos e da família. Depois de discutir com sua mãe, a paciente aceitou ser atendida por um médico. A paciente tem 1,55 m de altura e 38,5 kg de peso. Ela não parecia muito doente, mas parecia estar deprimida. A paciente relata que está preocupada que os amigos pensassem que ela era gorda caso comesse mais. Ela nega qualquer compulsão alimentar. Seu exame físico é normal, fora a pele seca e cabelo fino nas extremidades. Testes de laboratório revelam que ela está anêmica e com baixos níveis de albumina e magnésio, e os testes da função hepática e da tireoide estão normais.

▶ Qual é o diagnóstico mais provável?
▶ Quais os possíveis problemas médicos que podem ocorrer em pacientes com este distúrbio?
▶ Como este distúrbio pode afetar o ciclo menstrual?

RESPOSTAS PARA O CASO 39
Anorexia nervosa

Resumo: adolescente de 16 anos, magra, com obsessão por sua aparência e peso ao ponto de não querer comer e fazendo exercício em excesso.

- **Diagnóstico:** Anorexia nervosa. É diferente de bulimia porque a paciente nega compulsão alimentar associada com complexo de culpa.
- **Complicações médicas:** Pele seca, lanugem, bradicardia, hipotensão, edema localizado, hipotermia, anemia, osteoporose, infertilidade, falência cardíaca e morte.
- **Complicações menstruais:** Amenorreia secundária à depressão do eixo hipotálamo-hipófise. Infertilidade secundária da anovulação.

ABORDAGEM CLÍNICA

A anorexia nervosa é uma doença que afeta principalmente mulheres jovens que tem visão distorcida do seu corpo. Embora com peso inferior a 30% do peso ideal, elas se acham acima do peso. Anoréxicas geralmente usam agentes diuréticos e laxativos para perderem peso. Pacientes com bulimia, que geralmente induzem vômito, podem ter peso normal ou mesmo acima do normal. Diferentemente, anoréxicas têm sempre peso abaixo do normal. Frequentemente, os indivíduos afetados tornam-se amenorreicos, têm pelo fino do tipo lanugem e hipotermia. A terapia deve ser multifacetada e inclui aconselhamento individual e familiar, modificações no comportamento e, possivelmente, medicação. Os casos graves podem ser fatais.

ABORDAGEM AO
Balanço de aminoácidos e proteínas negativo

OBJETIVOS

1. Descrever a digestão de proteínas e a absorção de aminoácidos.
2. Explicar como o nitrogênio é adicionado e removido dos aminoácidos.
3. Descrever o metabolismo dos aminoácidos nos vários tecidos (músculo, trato gastrointestinal [GI] e rins).
4. Listar as moléculas especiais derivadas de aminoácidos.

DEFINIÇÕES

ANOREXIA NERVOSA: distúrbio mental no qual o paciente tem um medo extremo de tornar-se obeso e tem aversão pela comida. O distúrbio normalmente ocorre em mulheres jovens e pode levar à morte se o problema não for tratado com sucesso.

BALANÇO DE NITROGÊNIO: condição na qual a quantidade de nitrogênio ingerido (via proteínas) é igual à quantidade excretada. **Balanço de nitrogênio negativo** é uma situação na qual mais nitrogênio é excretado do que ingerido, geralmente durante períodos prolongados de restrição calórica. Balanço de nitrogênio positivo ocorre quando mais nitrogênio é ingerido do que excretado, como ocorre em crianças em crescimento.

PIRIDOXAL-FOSFATO: a coenzima necessária para as reações das transaminases (aminotransferases) e de outras enzimas. Ele é a forma ativa da piridoxina (vitamina B_6).

DISCUSSÃO

Proteínas são polímeros de α-aminoácidos ligados covalentemente por uma ligação peptídica. Os α-aminoácidos consistem em um átomo de carbono (α) central ao qual estão ligados de forma covalente um grupo amino, um grupo carboxílico, um átomo de hidrogênio e uma cadeia lateral. **Vinte aminoácidos diferentes são usados para sintetizar as proteínas, cada um deles é codificado por pelo menos um códon (o código genético de três nucleotídeos) e diferem entre si apenas pelo grupo da cadeia lateral.** Os aminoácidos são divididos em duas classes, aminoácidos essenciais e aminoácidos não essenciais. **O ser humano não pode sintetizar os aminoácidos essenciais** (ao contrário dos não essenciais), de modo que eles devem ser ingeridos para suprir as necessidades do organismo. Alguns aminoácidos não essenciais podem vir a ser pseudoessenciais, caso o material inicial a partir do qual são sintetizados tornar-se limitante (por exemplo, a metionina é derivada da cisteína). Aminoácidos também são utilizados para a síntese de moléculas não proteicas (por exemplo, nucleotídeos, neurotransmissores, antioxidantes) e também participam em processos importantes para o organismo, como a transferência de nitrogênio entre os órgãos e o balanço acidobásico. Ao contrário dos carboidratos e ácidos graxos, **não há forma de armazenamento do excesso de aminoácidos** por si só. Em vez disso, o excesso de aminoácidos, dieta que suplanta as necessidades sintéticas do organismo, é utilizado como fonte de energia e/ou **convertida em glicogênio e lipídeos.** Durante os períodos de **ingesta insuficiente de nutrientes** (por exemplo, no jejum e na anorexia nervosa), **proteínas não fundamentais do musculoesquelético e do fígado são degradadas preferencialmente** para liberar aminoácidos para serem utilizados e suprirem tanto as necessidades biossintéticas como de energia do organismo (Figura 39.1).

Os principais locais de digestão das proteínas da dieta são o estômago e o intestino delgado. Peptidases gástricas, pancreáticas e intestinais clivam hidroliticamente as ligações peptídicas. Os aminoácidos, dipeptídeos e tripeptídeos liberados são transportados para dentro das células do epitélio do intestino delgado, onde dipeptídeos e tripeptídeos são ainda degradados liberando aminoácidos livres. Os aminoácidos livres são subsequentemente liberados na circulação. Um indivíduo saudável e bem alimentado, em geral, está com o balanço de nitrogênio equilibrado. Isso significa que a quantidade de nitrogênio ingerida (como proteína) é igual

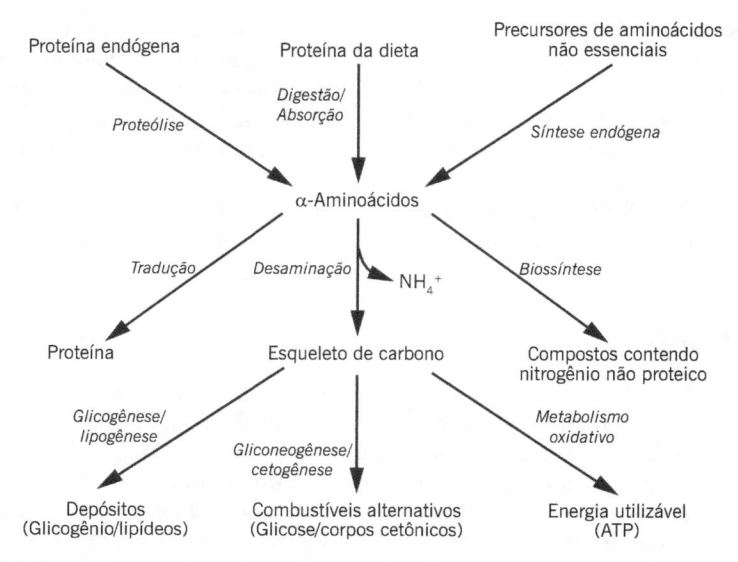

```
Proteína endógena      Proteína da dieta       Precursores de aminoácidos
                                                     não essenciais
          Proteólise      Digestão/
                          Absorção              Síntese endógena

                        α-Aminoácidos

     Tradução      Desaminação → $NH_4^+$      Biossíntese

  Proteína        Esqueleto de carbono      Compostos contendo
                                             nitrogênio não proteico
  Glicogênese/                                    Metabolismo
   lipogênese     Gliconeogênese/                 oxidativo
                    cetogênese
   Depósitos      Combustíveis alternativos    Energia utilizável
 (Glicogênio/lipídeos) (Glicose/corpos cetônicos)      (ATP)
```

Figura 39.1 Diagrama esquemático mostrando as fontes e a utilização dos α-aminoácidos nos processos metabólicos.

à excretada (principalmente como ureia). Quando a velocidade da incorporação dos aminoácidos da dieta nas novas proteínas for maior do que a velocidade da degradação de aminoácidos e excreção de nitrogênio diz-se que o indivíduo está em balanço nitrogenado positivo. Crianças em crescimento, geralmente estão em balanço nitrogenado positivo. Por outro lado, diz-se que um indivíduo está em **balanço nitrogenado negativo quando mais nitrogênio é excretado do que ingerido**. Isso ocorre durante períodos prolongados de restrição calórica (por exemplo, jejum e anorexia nervosa), quando há degradação de proteínas para liberação de aminoácidos para serem utilizados como fonte energética.

Uma tática usada durante o catabolismo dos aminoácidos é a remoção do grupo α-amino, seguida da conversão do esqueleto de carbono remanescente em um intermediário importante do metabolismo. A **principal via pela qual os grupos α-amino são removidos** é a **transaminação**, transferência de um grupo amino de um α-aminoácido para um α-cetoácido. Reações de transaminação são catalisadas por uma classe de enzimas denominadas de transaminases (ou aminotransferases). Durante o processo catalítico, essas enzimas utilizam piridoxal-fosfato, um derivado da vitamina B_6. O piridoxal-fosfato age como um aceptor inicial do grupo α-amino, formando uma base de Schiff (-CH=N-) intermediária. A piridoxamina-fosfato intermediária doa o grupo amino a um α-cetoácido aceptor, formando um novo α-aminoácido. O aceptor α-cetoácido geralmente é o α-cetoglutarato, o que resulta na formação de glutamato. Nem todos os aminoácidos são substrato para as transaminases. Alguns aminoácidos são inicialmente convertidos em um intermediário, que é subsequentemente transaminado (por exemplo, a asparagina é hidrolisada a aspartato, que então é transaminado pela aspartato-aminotransferase, formando oxaloacetato). Uma vez que a maioria dos aminoácidos utilizam transaminases nas suas vias de degradação (embora um seleto grupo de poucos aminoácidos possa ser desaminado diretamente, por exemplo, a treonina), há marcado incremento na formação de glutamato durante os períodos de aumento do catabolismo de aminoácidos. Ao final, a maior parte desse glutamato é desaminada de forma oxidativa no fígado, onde o amônio liberado é incorporado em ureia, via ciclo da ureia, e, subsequentemente, excretado na urina (Figura 39.2).

Os esqueletos de carbono liberados durante o catabolismo dos aminoácidos podem ter vários destinos, dependendo da situação metabólica na qual são formados, o tipo de célula na qual são gerados e o aminoácido do qual derivam. Por exemplo, durante períodos de **ingestão excessiva de aminoácidos, os esqueletos de carbono derivados de aminoácidos são utilizados como combustível metabólico ou convertidos em glicogênio ou lipídeos**. Ao contrário, quando a velocidade do catabolismo dos aminoácidos é aumentada, em resposta a **período prolongado de insuficiência calórica**, a maior parte dos esqueletos de carbono é usada pelo fígado para **a síntese tanto de glicose como de corpos cetônicos**, dependendo do aminoácido específico. De fato, os aminoácidos glicogênicos (aqueles cujos esqueletos de carbonos podem levar a produção líquida de glicose por meio da gliconeogênese) são fundamentais para a manutenção dos níveis sanguíneos de glicose durante períodos prolongados de insuficiência calórica. A manutenção da glicose sanguínea também é possível pelo aumento no uso de aminoácidos do músculo esquelético como fonte de combustível, diminuindo assim a utilização de glicose.

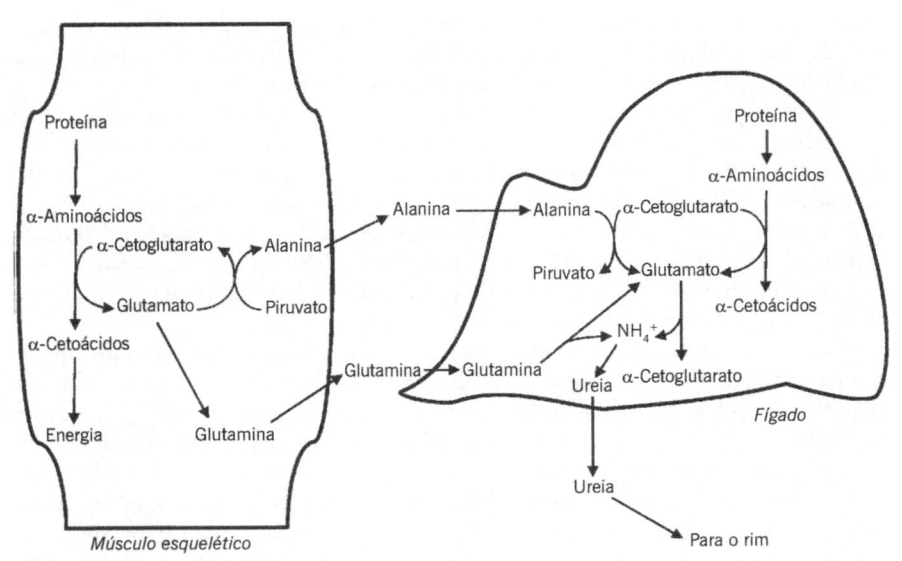

Figura 39.2 Via geral de degradação dos aminoácidos mostrando as relações entre os tecidos extra-hepáticos e o fígado, que é o local da formação da ureia.

Alguns aminoácidos são usados de uma maneira tecido-específica. Por exemplo, **o músculoesquelético tem uma preferência relativamente alta pela utilização de aminoácidos de cadeia ramificada (leucina, isoleucina e valina).** Em seguida à transaminação, os esqueletos de carbono são metabolizados oxidativamente como fonte de energia, durante situações como exercício sustentado e insuficiência calórica. Os grupos amino são transportados através da circulação até o fígado, como glutamina (formada pela adição enzimática de um grupo amino ao grupo da cadeia lateral do glutamato) ou como alanina (formada pela transferência enzimática de um grupo amino do glutamato ao piruvato). Uma vez no fígado, os grupos aminos transferidos são finalmente usados na síntese de ureia, como descrito na Figura 39.2.

Contrastando com o músculo esquelético, o qual é o principal local de síntese de endógena de glutamina, as células que se dividem rapidamente (por exemplo, linfócitos, enterócitos) usam de preferência a glutamina. A razão para isso é que as células que se dividem rapidamente requerem energia, bem como precursores para reações biossintéticas. O esqueleto de carbono da glutamina entra no metabolismo intermediário através do α-cetoglutarato, um intermediário do ciclo de Krebs, fornecendo a energia necessária para os processos celulares. Além disso, os grupos amino da glutamina são usados na biossíntese de purinas e pirimidinas, que, por sua vez, são necessários para a síntese de RNA e DNA. De fato, a proliferação de linfócitos é bastante acelerada quando a glutamina é utilizada como um substrato metabólico (oposto à glicose), levando a sugestões de que a deficiência de glutamina pode resultar em imunossupressão e, portanto, aumento de susceptibilidade à infecção. Uma razão adicional para elevadas taxas de utilização de glutamina em enterócitos parece ser para a síntese de citrulina. A citrulina é transportada para o rim, onde é convertida em arginina. A arginina é importante não só na síntese de proteínas, mas também é essencial na sinalização celular (por meio da produção de óxido nítrico) e na manutenção de níveis adequados de intermediários do ciclo de ureia (Figura 39-3).

A glutamina também desempenha uma função importante na manutenção do balanço acidobásico de todo o organismo. Níveis altos de catabolismo de aminoácidos carregados positivamente e de aminoácidos contendo enxofre levam a formação líquida de íons hidrogênio. Para manter o balanço acidobásico, o fígado utiliza glutamina como precursor gliconeogênico, levando a formação de glicose, íon bicarbonato e amônio (NH_4^+). O bicarbonato é liberado na circulação, onde se associa com um próton, formando CO_2 e H_2O, aumentando assim o pH sanguíneo. Por outro lado, o íon amônio é excretado (ver Figura 39.3).

Como foi observado anteriormente, os aminoácidos não são usados apenas para a síntese de proteínas, mas também são necessários para a biossíntese de outras biomoléculas. Entre elas incluem-se a carnitina (derivado de lisina), creatina (derivado de glicina e arginina), glutationa (derivado de glutamato, cisteína e glicina), serotonina e melatonina (derivados de triptofano), dopamina, noradrenalina e adrenalina (derivados de tirosina), bem como são utilizados para a síntese de purinas e de pirimidinas (a síntese necessita de aspartato e de glutamina). Alterações no conteúdo de aminoácidos da dieta pode influenciar na velocidade com que essas moléculas são sintetizadas. Por exemplo, a ingestão de uma dieta rica em tripto-

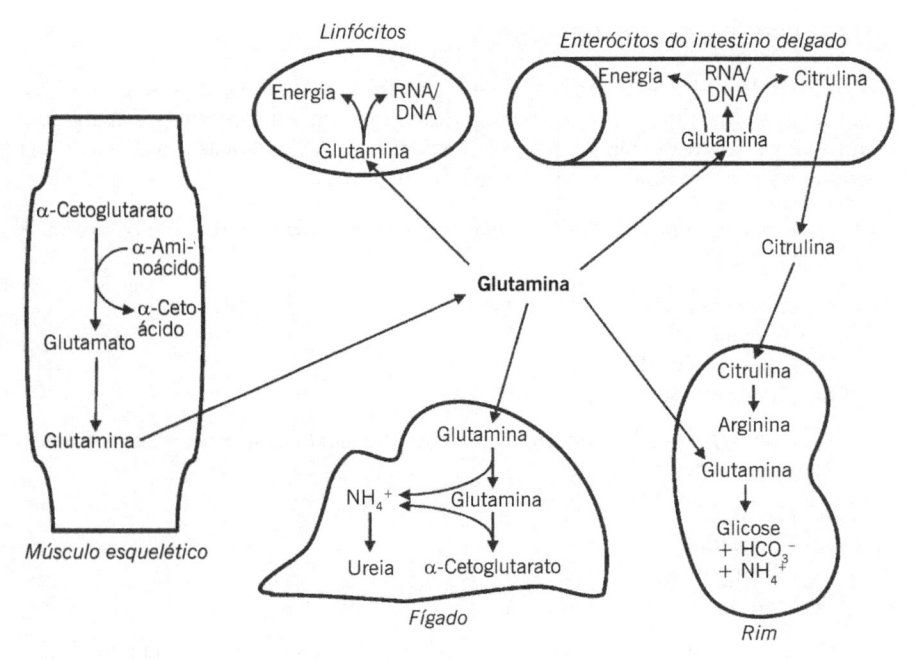

Figura 39.3 Diagrama esquemático mostrando o papel central da glutamina como transportador do nitrogênio dos aminoácidos aos vários tecidos.

fano eleva a síntese neuronal de serotonina, resultando em letargia. O triptofano atravessa a barreira hematoencefálica por meio de um transportador, que também é específico para aminoácidos de cadeia ramificada. Situações que influenciam a relação entre as concentrações sanguíneas de triptofano e de aminoácidos de cadeia ramificada afetam os níveis de serotonina no cérebro devido à competição por esse transportador. Por exemplo, o aumento do catabolismo dos aminoácidos com cadeia ramificada que ocorre no músculoesquelético durante o jejum, está associado ao aumento na relação sanguínea entre triptofano e aminoácidos de cadeia ramificada, aumentando, assim, a captação de triptofano no cérebro e aumentando a síntese de serotonina. A serotonina influencia o estado de vigília.

Aminoácidos também desempenham uma função importante na sinalização celular. O grupo guanidino da arginina é usado na síntese do óxido nítrico, uma molécula sinalizadora ubíqua e altamente reativa que regula muitos processos fisiológicos, incluindo a pressão sanguínea, a resposta imune, o aprendizado e o metabolismo. Muito menos conhecido é o mecanismo pelo qual a leucina afeta a sinalização celular. Esse aminoácido, chamado de "pseudo-hormônio", em razão da observação que um dos seus metabólitos iniciais (por exemplo, α-cetoisocaproato) está entre os mais potentes reguladores do *turnover* proteico identificados até hoje.

QUESTÕES DE COMPREENSÃO

As questões de 39.1 a 39.3 se referem ao seguinte caso: Uma menina de 12 anos foi atendida em uma clínica com queixa de desmaios frequentes e letargia. A menina tinha 1,52 m de altura e 36 kg de peso. Teste das dobras cutâneas mostraram uma porcentagem anormalmente baixa de massa gordurosa.

39.1 Qual das seguintes opções é *a menos provável* de ser consistente com os sintomas da paciente?

A. Anorexia nervosa
B. Bulimia
C. Diabetes tipo 1
D. Diabetes tipo 2

39.2 Qual dos seguintes hormônios provavelmente está mais severamente diminuído na paciente descrita acima?

A. Cortisol
B. Adrenalina
C. Glucagon
D. Insulina

39.3 Qual dos fluxos metabólicos abaixo seria o mais consistente nesta paciente?

A. Proteína → aminoácidos
B. Glicose → ácidos graxos
C. Glicose → glicogênio
D. Ácidos graxos → triacilglicerol

RESPOSTAS

39.1 **D.** Indivíduos com diabetes tipo 2 tendem a terem sobrepeso (índice de massa corpórea [IMC] entre 25 e 30 kg/m^2) ou obesos (IMC maior que 30 kg/m^2). Isso, parcialmente, pode dever-se a hiperinsulinemia crônica. Por outro lado, a diminuição dos níveis de insulina associados ao diabetes tipo 1, à anorexia e à bulimia estimula a lipólise e, consequentemente, diminuem a massa adiposa.

39.2 **D.** O baixo peso corporal e a baixa massa de gordura observados na paciente são consistentes com um estado metabólico de "jejum". Durante esse tipo de situação, os níveis de insulina circulantes são baixos, ao passo que os hormônios contrarregulatórios (por exemplo, glucagon, adrenalina e cortisol) estão elevados.

39.3 **A.** Consistente com um estado metabólico de jejum, níveis mais baixos de insulina sinalizam para atenuação das reações biosintéticas e aumento das reações catabólicas. Esse aumento das reações catabólicas fornece o combustível necessário para sustentar as necessidades energéticas do organismo. A elevação dos níveis de hormônios contrarregulatórios (por exemplo, glucagon, adrenalina e cortisol) estimulam sinergisticamente os processos catabólicos. O aumento da proteólise (proteína → aminoácidos) em tecidos, como o músculoesquelético e o fígado, fornecem aminoácidos como uma fonte direta de combustível, bem como precursores cetogênicos e glicogênicos (dependendo de qual aminoácido).

DICAS DE BIOQUÍMICA

- Vinte aminoácidos diferentes são utilizados para a síntese de proteínas, cada um deles é codificado por pelo menos um códon (código genético de três nucleotídeos) e diferem apenas no grupo da cadeia lateral.
- Os aminoácidos podem ser divididos em duas classes, essenciais e não essenciais. O homem não pode sintetizar os aminoácidos essenciais.
- O balanço de nitrogênio indica se há mais ou menos nitrogênio (proteínas) ingerido em relação ao excretado.
- Com insuficiência calórica prolongada, uma maior proporção de esqueletos de carbono é usada pelo fígado para sintetizar tanto glicose como corpos cetônicos, dependendo do aminoácido específico.
- Células em rápida divisão (por exemplo, linfócitos e enterócitos) usam preferencialmente glutamina para energia e processos biossintéticos.

REFERÊNCIAS

Newsholme EA, Leech AR. *Biochemistry for the Medical Sciences.* New York: Wiley; 1983.

CASO 40

Mulher de 20 anos foi levada a um setor de emergência depois de ser encontrada no chão do dormitório da casa de estudante com náuseas, vômito e queixas de dor abdominal. Seus amigos ficaram preocupados porque ela havia faltado à prova final de bioquímica na universidade. A paciente estava sob forte estresse devido aos exames finais, ao rompimento do namoro e à procura de emprego. No chão do dormitório e perto da cama da jovem os colegas encontraram um frasco de paracetamol vazio e comprimidos perto da amiga. Na chegada ao setor de emergência, a paciente mostrava-se angustiada e com vômitos e foi logo atendida. Coletou-se material para exame de laboratório. A paciente tinha nítida hipocalemia e níveis elevados de enzimas hepáticas. A contagem de leucócitos estava normal, o exame de urina para teste de drogas apresentou resultado negativo e o nível sanguíneo de paracetamol era de 200 μg/mL. O médico de plantão prescreveu administração oral de N-acetilcisteína como prevenção para a toxicidade do paracetamol.

▶ Qual é a fisiopatologia da toxicidade do fígado?
▶ Qual é o mecanismo bioquímico pelo qual a N-acetilcisteína ajuda nesta situação?

RESPOSTAS PARA O CASO 40
Overdose de paracetamol

Resumo: estudante universitária de 20 anos sob estresse crescente foi encontrada com angústia moderada, náusea, vômito e dor abdominal e com um frasco de paracetamol vazio ao lado de sua cama. Foi prescrito N-acetilcisteína via oral.

- **Fisiopatologia:** O paracetamol é metabolizado pelas enzimas do grupo do citocromo P450 em um produto tóxico N-acetil-benzoquinoneimina, um intermediário instável que produz derivados arila de proteínas, lipídeos, RNA e DNA, destruindo esses compostos. O fígado é o órgão mais afetado por overdose de paracetamol, pois tem altos níveis de enzimas do grupo do citocromo P450.
- **Mecanismo bioquímico da N-acetilcisteína:** Como a glutationa é usada para conjugar o paracetamol no metabólito tóxico, o antídoto N-acetilcisteína ajuda a facilitar a síntese de glutationa, por aumentar a concentração de um dos reagentes da primeira etapa da síntese.

ABORDAGEM CLÍNICA

A paciente descrita tem todos os sintomas iniciais de uma overdose deliberada por paracetamol. Normalmente, o paracetamol é removido pela conjugação com ácido glicurônico ou sulfato seguido pela excreção. Também ocorre metabolização com a produção de um intermediário capaz de se ligar a macromoléculas dos tecidos. Essas vias conjugativa e metabólica envolvem a participação de enzimas que podem ser comprometidas, de forma que o limiar da concentração que constitui uma overdose é substancialmente diminuído. Em geral, concentrações correspondendo a uma overdose são o resultado da ingestão deliberada, como no caso descrito, ou da ingestão acidental, como em crianças que encontram um frasco e tomam ou pessoas idosas desorientadas que perdem a noção de quantos comprimidos já tomaram. Geralmente, o nível sanguíneo de paracetamol é colocado em um nomograma para avaliar a possibilidade de dano hepático. A intoxicação pode resultar em necrose de hepatócitos com manifestações clínicas de náusea e vômito, diarreia, dor abdominal e choque. Poucos dos sobreviventes de uma overdose apresentam doença hepática com o tempo. A terapia inicial é lavagem gástrica, carvão ativado, cuidados paliativos e administração de N-acetilcisteína.

ABORDAGEM À
Glutationa e ao paracetamol

OBJETIVOS

1. Descrever o papel da glutationa na proteção contra uma overdose por paracetamol.

CASOS CLÍNICOS EM BIOQUÍMICA **349**

2. Explicar como uma overdose de paracetamol pode levar à toxicidade hepática.
3. Descrever o efeito da glutationa.
4. Descrever o mecanismo da ação da N-acetilcisteína no tratamento da toxicidade por paracetamol.

DEFINIÇÕES

FASE 1 DA METABOLIZAÇÃO DE FÁRMACOS: o metabolismo oxidativo de fármacos geralmente é mediado pelo citocromo P450, levando à hidroxilação ou à epoxidação do composto substrato.

FASE 2 DA METABOLIZAÇÃO DE FÁRMACOS: o metabolismo de conjugação de fármacos oxidados, geralmente, envolve a hidratação de epóxidos por epóxido-hidrases produzindo derivados fenólicos, conjugação catalisada pela uridina-difosfato(UDP)- -glicuronil-transferase e produzindo adutos glicuronados ou adutos S-alquilados, ou sulfatação pela sulfotransferase, produzindo derivados sulfatados.

TOXICIDADE POR MEDICAMENTOS: reações adversas a agentes terapêuticos, geralmente dependendo de variações individuais, tanto na quantidade ou nível da atividade das enzimas que metabolizam essas substâncias como no polimorfismo genético individual das enzimas que as metabolizam, levando a atividades maiores ou menores ou produzindo um perfil de produtos devido a variação genética *versus* a expressão normal de enzimas.

DISCUSSÃO

A **principal via de remoção do paracetamol é pela formação de conjugados glicuronados**. As reações que levam a formação de paracetamol glicuronado são mostradas na Figura 40.1 e dependem da geração de ácido glicurônico ativado. A primeira fase é a formação de ácido glicurônico ativado a partir da glicose. A glicose é fosforilada à glicose-6-fosfato pela hexocinase em uma reação que necessita de adenosina-trifosfato (ATP), reação que constitui a primeira etapa da glicólise, a via basal para geração de energia celular. A fosfoglicomutase, que tem função fundamental na formação de glicogênio, converte glicose-6-fosfato em glicose-1-fosfato. A glicose-1-fosfato é ativada em UDP-glicose pela UDP-glicose-pirofosforilase, utilizando UTP e produzindo também pirofosfato. O pirofosfato é hidrolisado de forma rápida em 2 mol de fosfato pela pirofosfatase, o que força a reação no sentido da formação de UDP-glicose. Essa é uma reação também da formação de glicogênio. A última etapa nessa fase de ativação é a oxidação do sexto carbono da glicose da UDP-glicose ao nível de ácido, formando ácido UDP-glicurônico. Essa reação é catalisada pela UDP-glicose-desidrogenase, que também produz 2 mols de nicotinamida adenina dinucleotídeo (NADH) como produto. A UDP-glicuronosil-transferase, na etapa seguinte, catalisa a transferência do grupo glicuronídeo para o grupo hidroxila do paracetamol, formando paracetamol-glicuronídeo, que é eliminado pelo organismo sem efeitos tóxicos.

Alternativamente, o paracetamol pode ser conjugado com sulfato orgânico para ser eliminado. Essa via alternativa é demonstrada na Figura 40.2 e também consiste

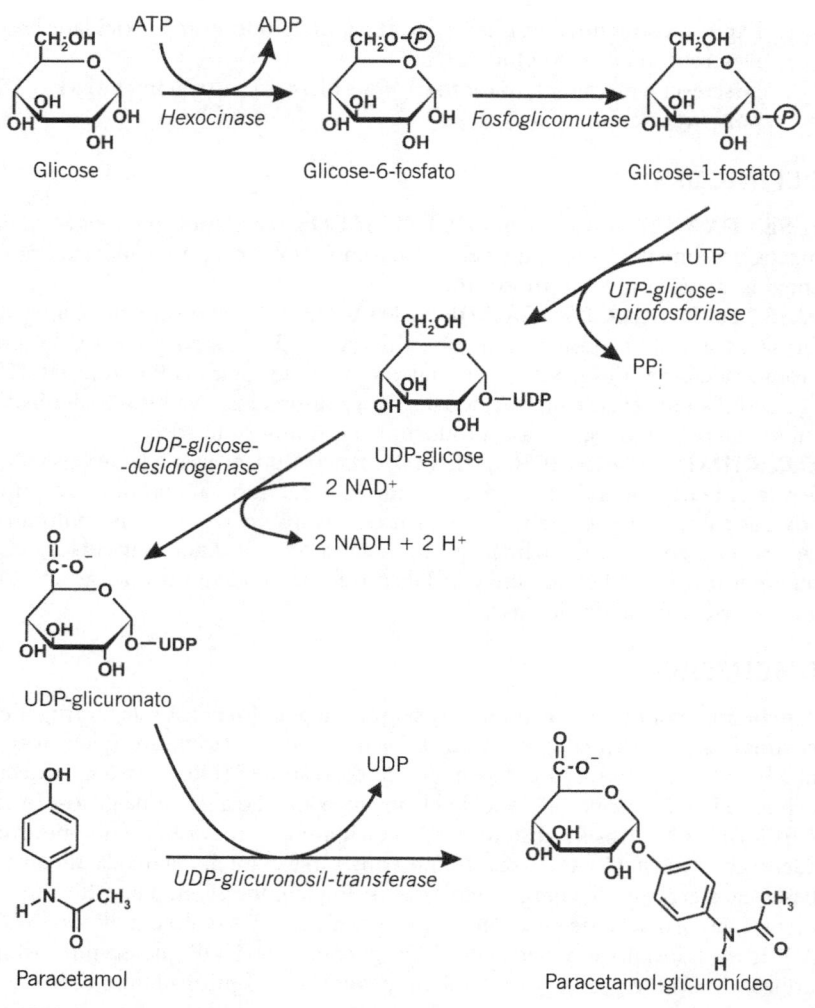

Figura 40.1 Formação de uridina difosfato (UDP)-glicuronato e paracetamol-glicuronídeo.

em duas fases. A primeira fase, trata-se da preparação de sulfato ativado para transferência, como 5'-fosfoadenosina-3'-fosfosulfato (PAPS); e a segunda fase consiste na transferência da porção sulfato para o paracetamol. Na primeira etapa da primeira fase, a ATP-sulfurilase catalisa a formação de pirofosfato e adenosina-5'-fosfosulfato (APS) a partir de ATP e sulfato. Na segunda etapa, a APS-cinase catalisa a formação de PAPS e adenosina difosfato (ADP) a partir de ATP e APS. A estrutura do PAPS aparece na Figura 40.2. Na segunda fase, a fenolsulfotransferase, uma enzima do grupo das sulfotransferases, transfere o grupo sulfato do PAS para o paracetamol, produzindo adenosina-3',5'-bisfosfato e paracetamol-sulfato, que é

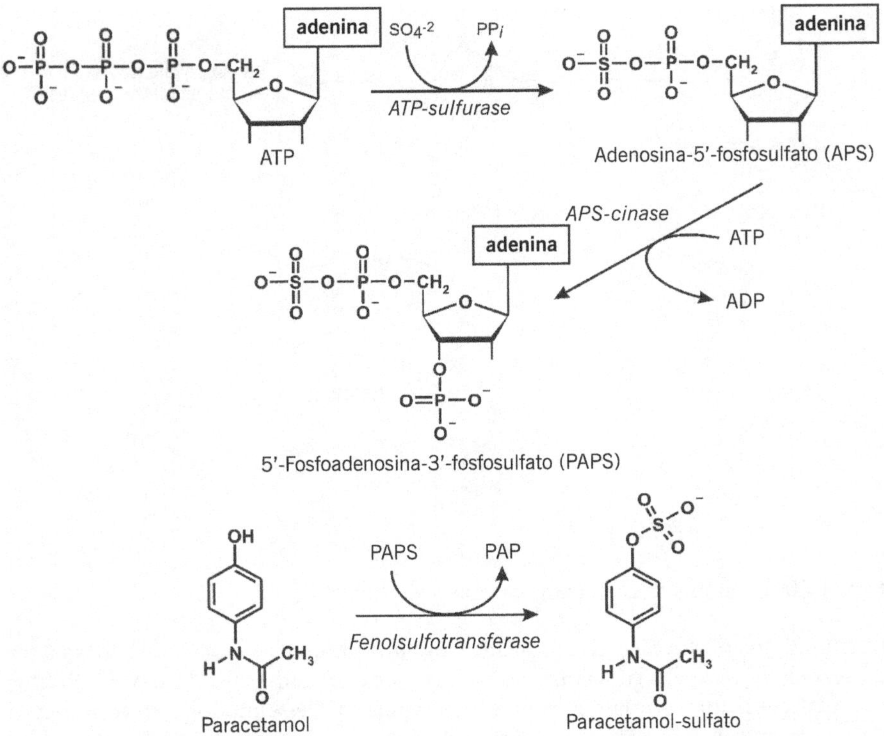

Figura 40.2 Formação de 5'-fosfoadenosina-3'-fosfosulfato (PAPS) e paracetamol sulfatado.

eliminado. Nos casos em que essa via e a via da formação de glicuronídeo forem suplantadas por uma overdose, mais paracetamol será metabolizado pela via do citocromo P450.

O metabolismo oxidativo do paracetamol pelo sistema do citocromo P450, mostrado na Figura 40.3, é **catalisado por vários citocromos P450, como o CYP2E1** e outros. O **produto nocivo é a N-acetil-benzoquinoneimina, um intermediário instável** (mostrado na Figura 40.3) que pode reagir com macromoléculas celulares danificando-as e perturbando a integridade das células onde ocorreu a alteração metabólica. O tecido que possui a **maior concentração de citocromos P450 é o fígado,** e é nele (juntamente com os rins) que o paracetamol causa os maiores danos. No fígado, a N-acetil-benzoquinoneimina pode formar **derivados arilados de proteínas, lipídeos, RNA e DNA, provocando a destruição não só desses compostos, mas também de qualquer estrutura grande** com as quais estejam associados, por exemplo, a membrana celular e as membranas intracelulares, levando a lise de hepatócitos e perda do conteúdo celular, como enzimas para a circulação. A N-acetil-benzoquinoneimina também pode alterar o balanço de Ca^{2+}, levando a

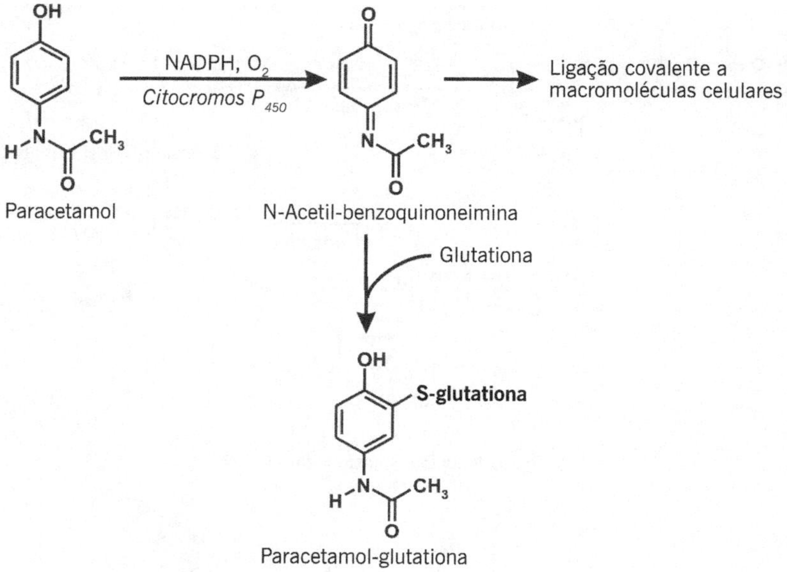

Figura 40.3 Metabolismo do paracetamol.

um aumento considerável das concentrações intracelulares de Ca^{2+}, que chega a ser 20 vezes maiores que a concentração normal que é 0,1 µm. O Ca^{2+} é um sinalizador potente regulador e por isso mesmo é bem regulado. Desse modo, o grave aumento da concentração de Ca^{2+} leva a efeitos danosos no balanço de muitos processos celulares, principalmente a geração de energia. O baixo nível de cálcio e os níveis elevados de enzimas do fígado no sangue observados na paciente refletem a lise de hepatócitos.

Quais são os mecanismos que protegem contra essa destruição da integridade celular induzida por metabólitos? A defesa primária contra danos causados por intermediários do metabolismo que sejam radicais é o sistema da glutationa (GSH). A glutationa é um tripeptídeo com um grupo sulfidrila ativo que participa na proteção de macromoléculas celulares contra-ataque por radicais como hidroperóxidos orgânicos ou metabólitos intermediários ativos, como a N-acetil-benzoquinonimina. A formação de glutationa está resumida na Figura 40.4. A γ-glutamilcisteína-sintetase catalisa a formação do dipeptídeo γ-glutamilcisteína, a partir dos aminoácidos glutamato e cisteína utilizando energia proveniente da hidrólise de ATP a ADP e fosfato. A glutationa-sintetase catalisa a adição de glicina à γ-glutamilcisteína, formando o tripeptídeo glutationa, novamente usando 1 mol de ATP.

A função da glutationa em detoxicar a N-acetil-benzoquineimina é demonstrada na Figura 40.3. O aduto paracetamol-glutationa já não é tóxico para as células e pode ser excretado sem novo dano. **Qualquer processo que esgote os níveis de glutationa compromete a capacidade das células em se protegerem contra**

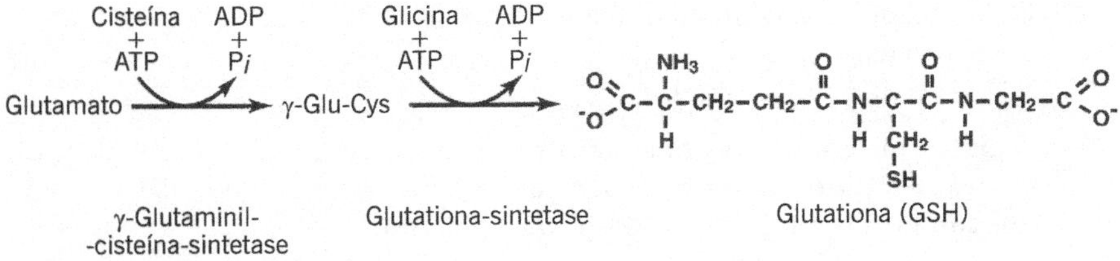

Cisteína ADP   Glicina ADP
Glutamato ⟶ γ-Glu-Cys ⟶ ⁻O−C(=O)−C(NH₃⁺)(H)−CH₂−CH₂−C(=O)−N(H)−C(CH₂SH)(H)−C(=O)−N(H)−CH₂−C(=O)O⁻

γ-Glutaminil-   Glutationa-sintetase   Glutationa (GSH)
-cisteína-sintetase

Figura 40.4 Formação da glutationa.

N-acetil-benzoquinoneimina. Isso inclui deficiência em qualquer uma das enzimas envolvidas na síntese de glutationa ou que mantenha glutationa em seu estado reduzido, assim como outros processos de geração de radicais que consumam glutationa. No caso de overdose de paracetamol, além da administração de carvão ativado para absorver o excesso de paracetamol ou de seus conjugados no estômago e intestinos, a estratégia de reposição da concentração de glutationa é importante. Geralmente o composto administrado é N-**acetilcisteína**. Esse composto é de obtenção fácil e bem solúvel, atua **facilitando a síntese de glutationa pelo aumento da concentração de um dos reagentes da primeira etapa da via de síntese**. O produto, o dipeptídeo, comprometido com a síntese é formado, e a glutationa é sintetizada para repor o suprimento esgotado. A N-acetilcisteína parece mais efetiva quando administrada em menos de 10 horas após a ingestão de paracetamol, mas é recomentada durante as primeiras 35 horas após a ingestão.

QUESTÕES DE COMPREENSÃO

40.1 Um paciente foi atendido no setor de emergência com náusea e vômitos, mostrou baixo nível de potássio sérico, altos níveis de enzimas no sangue e nível de paracetamol no sangue acima de 200 µg/mL. O paciente recebeu diagnóstico de overdose de paracetamol. O paracetamol é analgésico muito utilizado. Qual é a explicação mais provável da forma como uma alta dose de paracetamol pode levar a uma condição tóxica?

A. O paracetamol é tóxico.
B. O paracetamol é metabolizado em um produto com potencial tóxico.
C. O paracetamol é metabolizado em um produto com potencial tóxico que é totalmente conjugado.
D. O paracetamol é metabolizado a um produto com potencial tóxico que é parcialmente conjugado.
E. Nenhuma das alternativas acima está correta.

40.2 Na toxicidade do paracetamol, qual dos compostos abaixo é um intermediário com potencial tóxico?

A. Paracetamol-glicuronideo
B. Paracetamol-sulfato

C. N-Acetil-benzoquinoneimina
D. Paracetamol-glutationa
E. N-Acetil-p-aminofenol

40.3 A glutationa é um tripeptídeo crítico envolvido em reações de conjugação e em reações que protegem as células contra espécies reativas de oxigênio. Quais dos compostos a seguir que compõem a glutationa?

A. Ácido glutâmico, alanina, metionina
B. Glutamina, alanina, cisteína
C. Glutamato, glicina, cisteína
D. Alanina, glicina, cisteína
E. Metionina, glicina, cisteína

RESPOSTAS

40.1 **D.** O paracetamol por si só não é tóxico, mas um intermediário do seu metabolismo, a N-acetilbenzoquinoimina, pode ser tóxica a menos que seja conjugada adequadamente. No presente caso, uma dose alta de paracetamol suplantou a capacidade dos processos conjugativos, possibilitando que o intermediário tóxico interagisse com componentes do sangue, causando assim a náusea, o vômito e a elevação de enzimas no sangue observados.

40.2 **C.** A N-acetil-benzoquinoneimina é tóxica, mas o paracetamol-glicuronídeo, o paracetamol-sulfato e o paracetamol-glutationa são conjugados não tóxicos do paracetamol. N-acetil-p-aminofenol é um outro nome do paracetamol.

40.3 **C.** A glutationa (γ-glutamilcisteinilglicina) é um tripeptídeo de ácido glutâmico, cisteína e glicina no qual o resíduo de glutamato aminoterminal se une por ligação pseudopeptídica por meio da carboxila da cadeia lateral ao resíduo de cisteína.

DICAS DE BIOQUÍMICA

▶ A principal via de remoção de paracetamol ocorre pela formação de um conjugado com ácido glicurônico.
▶ O paracetamol é oxidado pelo sistema do citocromo P450, levando ao produto prejudicial N-acetil-benzoquinoneimina, um intermediário instável que pode reagir com macromoléculas celulares danificando-as.
▶ O fígado tem uma alta concentração de citocromo P450 e é especialmente suscetível a toxicidade do paracetamol.
▶ N-acetilcisteína é um antídoto da toxicidade do paracetamol e facilita a síntese de glutationa por aumentar a concentração de um dos reagentes no primeiro passo da via de síntese.

REFERÊNCIAS

Brunton L, Chabner B, Bjorn Knollman, eds. *Goodman and Gilman's The Pharmacological Basis of Therapeutics.* 12th ed. New York: McGraw-Hill; 2010.

CASO 41

Mulher de 37 anos chega a clínica para discutir seus planos para uma nova dieta vegetariana. A paciente foi informada por um amigo sobre uma dieta vegetariana que promete perda de peso rápida. A dieta consiste em muitos vegetais folhosos, sem carne de porco, frango, gado, ovos ou leite. Ela também está planejando continuar treinando regularmente com o objetivo de correr uma maratona ainda este ano. Após o relato da paciente, ela foi encaminhada para um nutricionista para assistência adicional e orientações.

- O que é um aminoácido essencial e quantos eles são?
- Liste os aminoácidos essenciais.

RESPOSTAS PARA O CASO 41

Dieta vegetariana (aminoácidos essenciais)

Resumo: mulher de 37 anos que planeja uma dieta vegetariana radical está no seu consultório para aconselhamento.

- **Aminoácidos essenciais:** Os aminoácidos que não podem ser sintetizados pelo organismo. Existe um total de nove aminoácidos essenciais.
- **Lista dos aminoácidos essenciais:** Histidina, isoleucina, leucina, lisina, metionina, fenilalanina, treonina, triptofano e valina.

ABORDAGEM CLÍNICA

Os vegetarianos devem ser muito cuidadosos para garantirem uma ingesta balanceada de proteínas, gorduras, carboidratos e vitaminas. A maioria das proteínas de origem animal contém todos os aminoácidos essenciais. Entretanto, de um modo geral, as proteínas vegetais são deficientes em um ou mais dos aminoácidos essenciais. Geralmente, os aminoácidos presentes nas plantas têm baixo valor biológico e são digeridos de maneira incompleta. Veganos geralmente precisam de um consultor nutricional para assegurar que estão ingerindo alimentos que se complementem de modo a fornecer os aminoácidos essenciais.

ABORDAGEM A

Aminoácidos essenciais

OBJETIVOS

1. Explicar a importância dos aminoácidos essenciais.
2. Delinear a síntese dos outros aminoácidos.
3. Descrever alguns dos problemas decorrentes da ingesta inadequada de aminoácidos essenciais.

DEFINIÇÕES

AMINOÁCIDOS ESSENCIAIS: aminoácidos que o organismo humano não pode sintetizar (ou não pode sintetizar nas quantidades necessárias para suprir as necessidades das células) e que devem ser obtidos pela dieta. Caso haja deficiência de aminoácidos essenciais haverá uma situação de balanço de nitrogênio negativo.
AMINOÁCIDOS NÃO ESSENCIAIS: aqueles aminoácidos que são sintetizados pelo corpo humano em quantidades suficientes para suprir as necessidades das células.
FENILALANINA-HIDROXILASE: enzima que converte o aminoácido essencial fenilalanina no aminoácido tirosina, utilizando tetra-hidropterina e oxigênio molecular. A deficiência genética dessa enzima causa a doença fenilcetonúria.

FENILCETONAS: normalmente um metabólito secundário da fenilalanina resultante da transaminação da fenilalanina e de reduções posteriores. Incluem fenilpiruvato e fenilacetato. Esses metabólitos estão elevados quando a conversão de fenilalanina em tirosina está prejudicada.

PKU: fenilcetonúria (PKU); condição patológica de aumento da excreção de fenilcetonas na urina devido ao comprometimento da conversão de fenilalanina em tirosina. A PKU clássica é causada por uma deficiência genética na fenilalanina-hidroxilase. Entretanto, também pode ser causada por deficiência na di-hidropteridina-redutase ou na biossíntese de tetra-hidrobiopterina.

DISCUSSÃO

As células necessitam de todos os 20 aminoácidos para crescerem e funcionarem normalmente. Os aminoácidos são as unidades básicas da estrutura de todas as proteínas sintetizadas nas células. Além disso, o metabolismo dos aminoácidos fornece unidades de carbono e de nitrogênio para a síntese de muitas biomoléculas importantes, incluindo neurotransmissores, heme, purinas, pirimidinas, poliaminas e várias moléculas sinalizadoras para as células. Os esqueletos de carbono dos aminoácidos também podem servir como fonte de energia. Após a remoção do grupo amino, os aminoácidos podem ser oxidados diretamente ou, então, convertidos em glicose no fígado, fornecendo unidades de carbono para que outros tecidos produzam adenosina trifosfato (ATP) por meio da glicólise e do ciclo do ácido tricarboxílico. Certos aminoácidos podem ser interconvertidos diretamente em intermediários do ciclo do ácido tricarboxílico, fornecendo uma fonte rápida de unidades de carbono. Finalmente, o catabolismo dos aminoácidos propicia uma maneira de remover nitrogênio e carbonos do organismo, metabolizando-os a ureia e CO_2. Portanto, todos os aminoácidos são essenciais para a vida.

Além da sua importância biológica, os aminoácidos são classificados em essenciais e não essenciais, com base no fato de serem sintetizados no organismo. **O termo aminoácido essencial é usado para identificar os aminoácidos que devem ser obtidos pela dieta** (Quadro 41.1). Existem 10 aminoácidos para os quais não existem vias biossintéticas no organismo humano. Por outro lado, existem 11 aminoácidos que são denominados *não essenciais* e para os quais o organismo humano possui as vias biossintéticas para formá-los. Um desses aminoácidos, a **tirosina**, é **sintetizada a partir do aminoácido essencial fenilalanina** (Figura 38.2). Deve ser ressaltado que a arginina está incluída tanto entre os aminoácidos essenciais como entre os não essenciais. A arginina é considerada não essencial porque a via metabólica para a sua formação existe em determinadas células do organismo, e ela pode ser sintetizada a partir do aminoácido glutamato. Primeiro, o **glutamato** é convertido em **ornitina**, que pode então ser convertido em **arginina**, por enzimas do ciclo da ureia. O ciclo da ureia ocorre apenas no fígado, por isso a produção de arginina por essa via é limitada. A produção de arginina por essa via é suficiente para adultos saudáveis, mas é insuficiente na fase de crescimento, quando a síntese de proteínas aumenta e a necessidade de aminoácidos é maior. Portanto, a arginina é essencial para crianças e para adultos após cirurgia ou trauma.

QUADRO 41.1 • AMINOÁCIDOS ESSENCIAIS E NÃO ESSENCIAIS

Aminoácidos essenciais	Aminoácidos não essenciais	
	Sintetizados a partir da glicose	Sintetizados a partir de aminoácido(s) essencial(is)
Histidina	Alanina	Tirosina
Isoleucina	Arginina	
Leucina	Asparagina	
Lisina	Aspartato	
Metionina	Cisteína	
Fenilalanina	Glutamato	
Treonina	Glutamina	
Triptofano	Glicina	
Valina	Prolina	
Arginina[a]	Serina	

[a]Necessária na fase de crescimento

Há uma **necessidade contínua de aminoácidos para a síntese de proteínas, utilização de energia e produção de mediadores biológicos**. A fonte mais disponível de todos os aminoácidos, principalmente dos aminoácidos essenciais, é a dieta. A proteína obtida da dieta é digerida a peptídeos menores e a aminoácidos no estômago e no intestino delgado por enzimas proteolíticas específicas denominadas proteases. Devido as suas diferentes especificidades, as enzimas atuam clivando ligações peptídicas específica nas proteínas. Individualmente, as enzimas digestivas não são capazes de digerir completamente uma proteína, mas a maior parte das proteínas é digerida de maneira eficiente pela ação conjunta das diferentes enzimas. Uma vez liberados pelas enzimas digestivas, os aminoácidos são absorvidos pelas células epiteliais do intestino delgado para distribuição e utilização pelo corpo todo.

Quando se quer entender e planejar a ingestão de aminoácidos essenciais é importante considerar a composição da dieta. Nem todos os constituintes da dieta são iguais, no que se refere ao tipo e a quantidade de proteínas que estão presentes ou os aminoácidos que podem ser obtidos dessas proteínas pelo trato digestivo humano. As proteínas derivadas de vegetais podem não conter todos os aminoácidos essenciais necessários e a digestão de certas proteínas vegetais pode ser insuficiente para produzir determinados aminoácidos. Por outro lado, as proteínas encontradas em produtos de origem animal são facilmente digeríveis e contém todos os aminoácidos essenciais. Portanto, deve-se considerar cuidadosamente a dieta de pessoas sob alto nível de esforço físico.

Regular a ingesta de aminoácidos pela dieta pode também ser importante quando se considera o tratamento de certos defeitos da biossíntese de aminoácidos. A **fenilalanina** é um aminoácido essencial que também é usado para formar um aminoácido não essencial, a tirosina. A enzima responsável por essa reação é uma oxidase de função mista, a **fenilalanina-hidroxilase** (PAH). A **deficiência hereditária da PAH está associada com uma condição conhecida como fenilcetonúria (PKU**; ver caso 38). A ausência de PAH leva a um aumento de fenilalanina e de várias fenilcetonas, cuja acúmulo está associado com os problemas neurológicos observados nessa doença. A PKU pode ser tratada pelo controle da ingestão de fenilalanina na dieta. Dietas com baixos níveis de fenilalanina podem ajudar a prevenir o aumento excessivo de fenilalanina. A fenilalanina não pode ser eliminada completamente da dieta, porque ela é um aminoácido essencial necessário para a síntese de proteínas. Na ausência de atividade da PAH, a tirosina torna-se um aminoácido essencial, pois não pode ser formada a partir da fenilalanina.

QUESTÕES DE COMPREENSÃO

41.1 Todos os aminoácidos são necessários para a produção de proteínas pelas células e também para a síntese de biomoléculas importantes. Qual dos seguintes aminoácidos (todos eles podem ser sintetizados pelo organismo humano) devem estar presentes na dieta porque não é sintetizado nas quantidades necessárias para as necessidades do organismo?

   A. Asparagina
   B. Glutamina
   C. Metionina
   D. Prolina
   E. Tirosina

41.2 Uma criança sofreu acidente de automóvel e necessitou de cirurgia e substancial tempo de internação no hospital. Com a consultoria de um nutricionista, foi planejada uma dieta específica. Essa dieta incluía suplementação de aminoácidos, que normalmente são considerados como aminoácidos não essenciais. Qual dos seguintes aminoácidos é um aminoácido essencial na fase de crescimento acelerado ou fase de recuperação de cirurgia?

   A. Alanina
   B. Arginina
   C. Glicina
   D. Serina
   E. Tirosina

41.3 Como parte de uma triagem neonatal padrão, um recém-nascido foi diagnosticado com perda de função da enzima fenilalanina-hidroxilase por defeito genético. Defeitos nessa enzima podem levar a uma doença conhecida como PKU, a qual resulta dos efeitos tóxicos das fenilcetonas derivadas da fenilalanina. Essa condição pode ser controlada pela regulação da quantidade de fenilalanina fornecida pela dieta. A dieta dessa criança deverá ser suplementada com qual dos seguintes aminoácidos não essenciais?

A. Alanina
B. Aspartato
C. Glicina
D. Serina
E. Tirosina

RESPOSTAS

41.1 **C.** A metionina pode ser sintetizada pela metilação da homocisteína pela enzima metionina-sintase, que necessita da participação de vitamina B_{12} e de 5-metiltetra-hidrofolato. Na realidade, o componente homocisteína da metionina é que é necessário, uma vez que essa reação tem capacidade de sintetizar metionina suficiente para o organismo. Entretanto, não existe uma boa fonte de homocisteína nos alimentos. Essa conversão de homocisteína à metionina também serve para produzir o tetra-hidrofolato (THF) de maneira a torná-lo disponível para outras reações biossintéticas.

41.2 **B.** A arginina é considerada um aminoácido não essencial porque certas células do organismo possuem a via para sua biossíntese. A arginina é sintetizada a partir do aminoácido glutamato. O glutamato é inicialmente convertido em ornitina, que então é convertida em arginina por enzimas do ciclo da ureia. O ciclo da ureia ocorre apenas no fígado de modo que a produção de arginina por essa via é limitada. A produção de arginina por essa via é provavelmente suficiente para adultos saudáveis, mas não é suficiente na fase de crescimento, quando maior síntese de proteínas aumenta a necessidade de aminoácidos. Portanto, em crianças em crescimento e adultos após cirurgia, a arginina torna-se um aminoácido essencial.

41.3 **E.** A fenilalanina é um aminoácido essencial que é também usada para gerar o aminoácido não essencial tirosina. Uma vez que a tirosina é formada a partir da fenilalanina, ela torna-se essencial quando os níveis de fenilalanina são limitados, devido à ausência de atividade da fenilalanina-hidroxilase.

DICAS DE BIOQUÍMICA

▶ O termo aminoácido *essencial* é usado para identificar os aminoácidos que devem ser obtidos da dieta e não podem ser formados pelo organismo.
▶ Existem 10 aminoácidos essenciais, para os quais não existem vias biossintéticas no organismo humano.
▶ A fenilalanina é um aminoácido essencial que também é usado para formar o aminoácido não essencial tirosina.

REFERÊNCIAS

Marks DB, Marks AD, Smith CM. *Basic Medical Biochemistry: A Clinical Approach*. Baltimore, MD: Lippincott Williams & Wilkins; 1996:569-646.

CASO 42

Mulher vegetariana de 38 anos, caucasiana, consultou seu clínico geral queixando-se de fadiga e formigamento e entorpecimento das extremidades (bilateral), esses sintomas foram piorando no decorrer do último ano. Com o aprofundamento da anamnese, a paciente relatou ter frequentemente episódios de diarreia e perda de peso. O exame clínico revelou que ela estava pálida e com taquicardia e a língua estava inchada e avermelhada. O exame neurológico revelou entorpecimento em todas as extremidades com diminuição da sensibilidade. O hemograma completo mostrou que a paciente apresentava anemia megaloblástica.

▶ Qual é o diagnóstico mais provável?
▶ Qual é o problema subjacente mais provável que essa paciente apresenta?
▶ Quais são as duas causas mais comuns de anemia megaloblástica e como o histórico e exame clínico dessa paciente permite diferenciar entre essas duas causas?

RESPOSTAS PARA O CASO 42
Deficiência de cobalamina (Vitamina B_{12})

Resumo: mulher vegetariana de 38 anos com fadiga piorando gradualmente, sintomas neurológicos e gastrointestinais (GI) e anemia megaloblástica.

- **Diagnóstico:** Deficiência de cobalamina (vitamina B_{12}).
- **Problema subjacente:** Falta de ingestão de cobalamina devido à dieta vegetariana estrita.
- **Causas da anemia megaloblástica:** Deficiência de ácido fólico e de cobalamina. Pacientes com deficiência de ácido fólico tem achados hematológicos e gastrointestinais semelhantes, mas *não* apresentam sintomas neurológicos como na deficiência de cobalamina.

ABORDAGEM CLÍNICA

As duas etiologias mais comuns da anemia megaloblástica são deficiência de folato ou de cobalamina. A deficiência de cobalamina pode ocorrer em decorrência da sua falta na dieta (como ocorre com vegetarianos estritos), ausência de fator intrínseco (tanto hereditário como por remoção ou lesão da mucosa gástrica), organismos intestinais ou anormalidades no íleo (diarreia tropical). Os pacientes apresentam sintomas de anemia, incluindo fadiga, fraqueza, palpitação, vertigem e taquicardia. Os sintomas gastrointestinais incluem úlcera, língua inchada e avermelhada, perda de peso e diarreia. Tanto a deficiência de folato como a deficiência de cobalamina apresentam os mesmos sintomas gastrointestinais e anemia. Entretanto, a deficiência de cobalamina também pode apresentar várias manifestações neurológicas que incluem torpor, parestesia, fraqueza, ataxia, reflexos alterados, diminuição na sensibilidade vibratória e distúrbios mentais (desde irritabilidade até psicose). O tratamento consiste em identificar e tratar a causa subjacente da deficiência e reposição de cobalamina ou folato.

OBJETIVOS

1. Descrever o papel da cobalamina na formação das hemácias.
2. Explicar porque a deficiência de cobalamina leva à anemia megaloblástica.
3. Entender o papel da cobalamina no metabolismo.

DEFINIÇÕES

DEFICIÊNCIA DE COBALAMINA (VITAMINA B_{12}): ingestão inadequada de cobalamina na dieta, frequentemente em razão da falta do fator intrínseco, uma proteína intestinal que transporta cobalamina, ou, com menos frequência, devido a uma dieta vegetariana rigorosa, que evita totalmente carne ou produtos da carne, a fonte de cobalamina na dieta.

ANEMIA MEGALOBLÁSTICA: distúrbio na síntese de reticulócitos devido ao comprometimento na síntese de DNA. Isso resulta em células com núcleos pequenos e citoplasma normal e uma alta relação RNA/DNA. O comprometimento na síntese de DNA ocorre em razão da diminuição da conversão (transferência C_1) catalisada pela timidilato-sintetase, de dioxiuridina monofosfato (dUMP) em deoxitimidina monofosfato (dTMP) decorrente da deficiência de cobalamina ou comprometimento das reservas de ácido fólico.

ESTOQUE DE UM CARBONO: derivados do folato carregam um só carbono em vários estados de oxidação (formila, metenila, metileno e metila) para transferi-lo para moléculas aceptoras, isto é, transferir para a deoxiuridina monofosfato e assim formar deoxitimidina monofosfato ou transferir para a homocisteína formando metionina.

DISCUSSÃO

A estrutura da cobalamina (vitamina B_{12}) está demonstrada na Figura 42.1. A cobalamina, de certa forma, tem uma estrutura análoga ao heme, por ter como base um anel tetrapirrólico. No lugar do ferro, que é o cofator metálico do heme, a co-

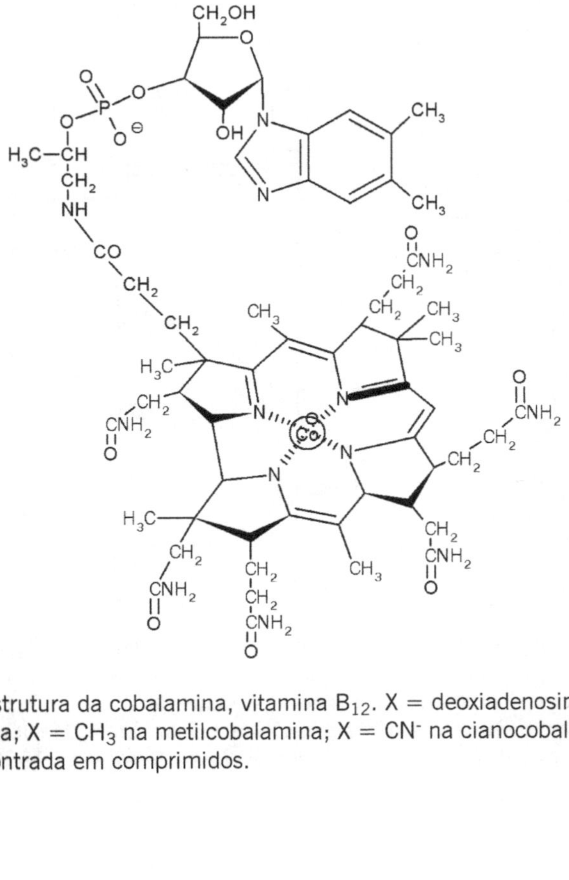

Figura 42.1 Estrutura da cobalamina, vitamina B_{12}. X = deoxiadenosina na deoxiadenosilcobalamina; X = CH_3 na metilcobalamina; X = CN^- na cianocobalamina, a forma comercial encontrada em comprimidos.

balamina tem cobalto em um estado de coordenação 6 com o nitrogênio do grupo benzimidazol, coordenado em uma posição axial, as quatro posições equatoriais coordenadas com nitrogênios dos quatro grupos pirrólicos e a sexta posição ocupada tanto por um grupo deoxiadenosina como por um grupo metila ou um grupo CN^- no caso dos comprimidos de vitamina disponíveis comercialmente. A cobalamina da dieta é absorvida no estado de oxidação Co^{3+} e deve ser reduzida por redutases intracelulares para forma de uso Co^+.

A cobalamina da dieta é absorvida a partir de fontes de alimento de origem animal em um processo de vários estágios (mostrado na Figura 42.2). A absorção da cobalamina necessita da presença de uma proteína (o fator intrínseco) secretada pelas células parietais do estômago e que liga-se à cobalamina e auxilia na sua absorção no íleo. A proteína é liberada no íleo, ao passo que a cobalamina é transportada para a corrente sanguínea, onde se liga às transcobalaminas (proteínas especializadas do soro), que transportam cobalamina para outros tecidos, como o fígado, onde a cobalamina pode ser armazenada (geralmente vários miligramas

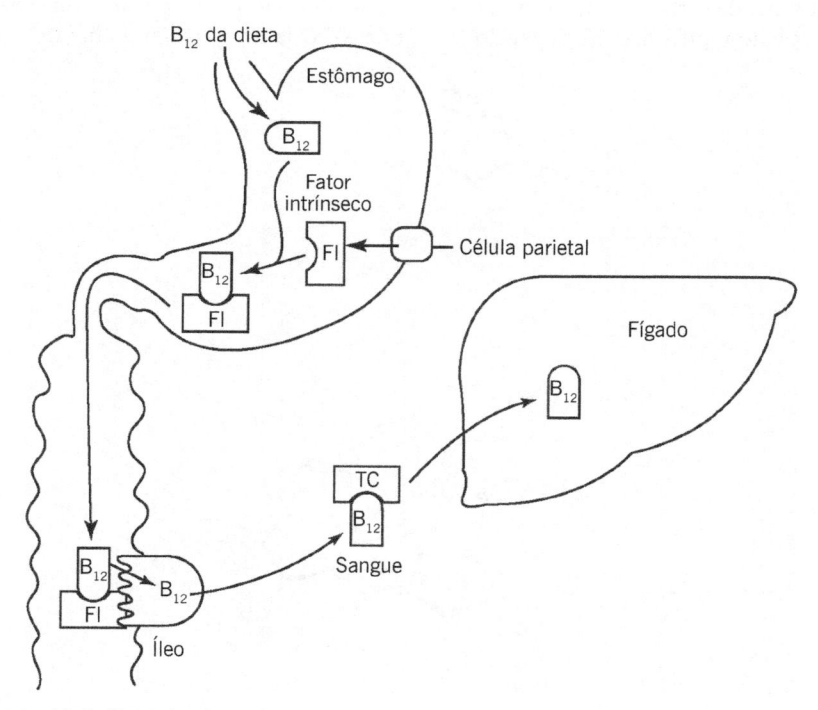

Figura 42.2 Absorção, transporte e armazenamento da vitamina B_{12}. FI = fator intrínseco, uma glicoproteína secretada por células parietais da mucosa gástrica; TC = transcobalaminas, proteínas do sangue que carregam cobalamina para o fígado. (*Reproduzida, com permissão, a partir de D.B. Marks, et al.* Basic Medical Biochemistry: A clinical Approach. *Philadelphia: Lippincott Williams & Willians; 1996:19.*)

estão presentes no fígado). Na ausência de fator intrínseco, são absorvidas quantidades insuficientes de cobalamina (a necessidade diária é de cerca de 200 ng/dia), o que leva à anemia megaloblástica. Quando a causa básica da anemia megaloblástica é a falta, ou valores insuficientes, de fator intrínseco, a doença é denominada de anemia perniciosa. Eventualmente, outras condições ou escolhas também podem levar a anemia megaloblástica devido à deficiência de cobalamina. Essa condição também é observada em vegetarianos que evitam totalmente carne e seus derivados.

A causa da anemia megaloblástica verificada em vegetarianos estritos que não recebem suplemento é atribuída aos efeitos da deficiência de cobalamina na síntese de DNA, especificamente na reação da timidilato-sintase, que converte dUMP em dTMP. Níveis inadequados de dTMP diminuem a síntese de DNA, mas não a síntese de RNA, levando ao aparecimento de células eritroides grandes com núcleos pequenos e contendo uma alta relação RNA/DNA. Essas células são removidas da circulação, estimulando assim a eritrogênese e originando anemia com a presença de número elevado de magaloblastos.

Esse processo é o ponto central da função da cobalamina no metabolismo do folato. Como mostra a Figura 42.3, a conversão de homocisteína em metionina necessita de cobalamina. Inicialmente, a cobalamina deve sofrer uma transferência de metila para formar metilcobalamina. Ela recebe o grupo metila do N^5-metiltetrahidrofolato, regenerando assim tetra-hidrofolato para participar em nova transferência de um carbono no metabolismo das purinas ou na remodelação de pirimidinas. No caso de deficiência de cobalamina, a reação da metionina-sintase não ocorre, N^5-metiltetraidrofolato acumula e as demais formas de tetra-hidrofolado doadoras de C-1 não são formadas. Caso N^5,N^{10}-metilenetetraidrofolato, que é necessário para a metilação de dUMP em dTMP, não possa ser formado a reação da timidilato-sintase estará diminuída e os níveis de dTMP cairão. Uma complicação adicional é que a reação da timidilato-sintase produz di-hidrofolato, ao contrário de outras reações de transferência de C-1, que produzem tetra-hidrofolato. A forma di-hidro deve ser reduzida para a forma tetra-hidro pela di-hidrofolato-redutase, que pode ser inibida por vários fármacos. Desse modo, na ausência de cobalamina, a síntese de metionina a partir de homocisteína cessa, permitindo que o folato seja "aprisionado" na forma de N^5-metiltetra-hidrofolato, o que diminui os níveis de N^5,N^{10}-metilenotetra-hidrofolato e impede a formação de dTMP e, portanto, a síntese de DNA. As células que primeiro sentem o peso dessa situação são aquelas que estão em regeneração, devido à renovação celular o que, consequentemente, resulta em anemia megaloblástica.

$5\text{-}CH_3\text{-}FH_4$ Cbl^I Met

Metionina-sintase

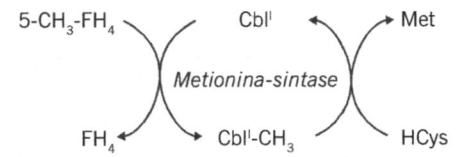

FH_4 $Cbl^I\text{-}CH_3$ HCys

Figura 42.3 Função da cobalamina como cofator na metilação de homocisteína à metionina.

Função da cobalamina no metabolismo

A cobalamina desempenha um papel vital no catabolismo de ácidos graxos de número ímpar de carbonos, da treonina, metionina e dos aminoácidos de cadeia ramificada (leucina, isoleucina e valina), como mostrado na Figura 42.4. A degradação de cada um dos compostos citados acima produz um mesmo metabólito, propionil-CoA. Esse ácido graxo de três carbonos ativados entra na via metabólica que gera energia no nível do ciclo do ácido cítrico na forma de succinil-CoA. Esse processo necessita de três enzimas especializadas: a propionil-CoA-carboxilase, que adiciona um carbono a mais no propionil-CoA, formando D-metilmalonil-CoA, em uma reação que necessita de ATP e cofator biotina (que liga CO_2); a racemase, que converte o isômero D da metilmalonil-CoA no isômero L; e a última etapa é catalisada pela metilmalonil-CoA-mutase, uma enzima que necessita de desoxiadenosilcobalamina, que transfere o grupo acil-CoA do carbono metilênico para o carbono metílico, formando assim succinil-CoA. Nos casos de deficiência de cobalamina essa reação fica comprometida, o que leva ao acúmulo de metilmalonil-CoA no soro, metabólito que tem sido proposto como a possível fonte dos defeitos neurológicos vistos na deficiência de cobalamina devido à diminuição na síntese de lipídeos. Alternativamente, a biossíntese de fosfatidilcolina prejudicada em razão de níveis diminuídos de metionina e de S-adenosilmetionina pode ter uma função no aparecimento dos sintomas neurológicos da deficiência de cobalamina, por comprometer o reparo da desmielinização.

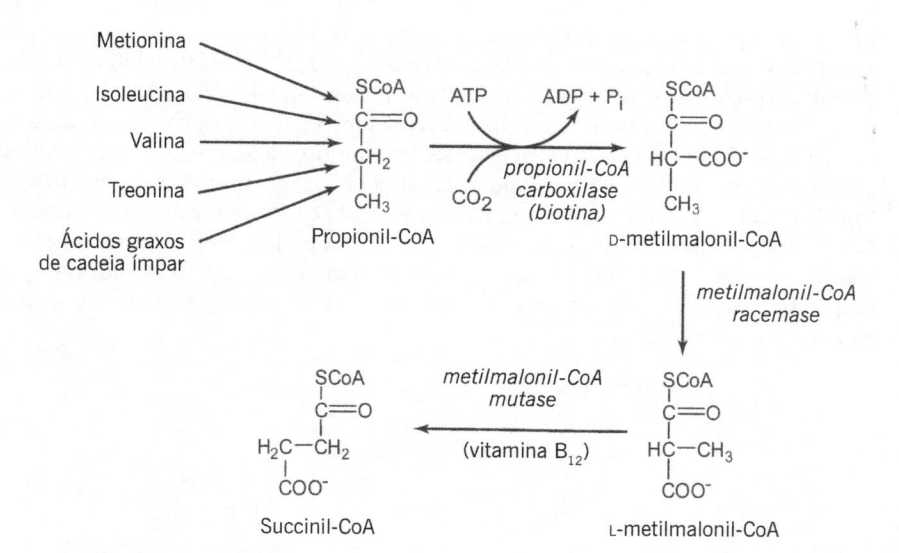

Figure 42.4 O papel da vitamina B_{12} na conversão de propionil-CoA em succinil-CoA.

QUESTÕES DE COMPREENSÃO

42.1 Um paciente com um diagnóstico presumível de deficiência de cobalamina está aguardando um exame de sangue completo. Qual das seguintes perturbações NÃO se ajusta com o diagnóstico?

A. Níveis elevados de ácido metilmalônico
B. Níveis elevados de ácido propiônico
C. Níveis elevados de para-hidroxifenilpiruvato
D. Diminuição no número de hemácias
E. Elevação no número de megaloblastos

42.2. Ao avaliar o caso apresentado acima, o residente que o acompanha fez algumas perguntas sobre o papel da cobalamina no metabolismo. Qual das seguintes afirmações é verdadeira?

A. A cianocobalamina é a principal forma de cobalamina usada fisiologicamente.
B. A cobalamina é igualmente ativa tendo ferro como cofator.
C. As hemácias produzem o fator intrínseco necessário para a captação de cobalamina no estômago.
D. A cobalamina é transportada no sangue para os tecidos por proteínas denominadas transcobalaminas.
E. A cobalamina é ativa em seu estado de oxidação 3+.

42.3 A anemia megaloblástica tem duas causas mais prováveis, deficiência de folato e deficiência de cobalamina. Geralmente pacientes tratados para deficiência de cobalamina com ácido fólico melhoram no que que diz respeito às características hematológicas, mas não quanto aos sintomas neurológicos. Qual é explicação mais provável para isso?

A. A deficiência de cobalamina não é grave.
B. O excesso de folato atenua a fixação do folato na forma de N^5-metiltetra-hidrofolato.
C. O folato em alta concentração pode servir como cofator na conversão de homocisteína em metionina.
D. O excesso de folato inibe diretamente a destruição de hemácias.
E. O excesso de folato estimula o tecido hematopoiético a sintetizar cobalamina *in situ*.

RESPOSTAS

42.1 **C.** Para-hidroxifenilpiruvato é um α-cetoácido cognato da tirosina e não é afetado pelos níveis de cobalamina. Todos as outras alterações são consequências da deficiência de cobalamina.

42.2 **D.** A cobalamina é transportada no sangue por transcobalaminas. A cianocobalamina, preparação farmacêutica de cobalamina disponível em comprimidos de vitamina, é tão ativa quanto a cobalamina. A cobalamina não é ativa tendo ferro como cofator. O fator intrínseco é produzido pelas células parietais do estômago. A cobalamina deve ser reduzida ao estado de Co^+ para ter atividade.

42.3 **B.** O excesso de folato, por suplantar a quantidade de folato fixado na forma de N^5-metiltetra-hidrofolato, possibilita a formação de N^5,N^{10}-metilenotetra-hidrofolato que é necessário na reação da timidilato-sintase para a síntese de DNA e a formação de hemácias. O folato não é reconhecido como doador de metila pela metionina-sintase. O folato não inibe a destruição de hemácias. A cobalamina é uma vitamina de importância determinante e não é sintetizada por seres humanos.

DICAS DE BIOQUÍMICA

▶ A vitamina B_{12} (cobalamina) desempenha uma função fundamental na síntese de DNA e na atividade dos neurônios.
▶ A deficiência de cobalamina pode levar a um amplo espectro de problemas hematológicos, neuropsiquiátricos e cardiovasculares que, geralmente, são revertidos por um diagnóstico precoce e tratamento imediato.
▶ A absorção de cobalamina pelo trato gastrointestinal necessita da presença de uma proteína (o fator intrínseco) secretada pelas células parietais do estômago, que ligam cobalamina e auxiliam na absorção de cobalamina pelo íleo.

REFERÊNCIAS

Devlin TM, ed. *Textbook of Biochemistry with Clinical Correlations*. 7th ed. New York: Wiley-Liss; 2010.

Longo D, Fauci AS, Kaspar D, et al, eds. *Harrison's Principles of Internal Medicine*. 18th ed. New York:McGraw-Hill; 2011.

Scriver CR, Beaudet AL, Sly WS, et al. *The Metabolic and Molecular Basis of Inherited Disease*. 8th ed, New York: McGraw Hill; 2001:2165-2193.

CASO 43

Homem de 46 anos chega ao setor de emergência com forte dor nos dedos do pé direito. O paciente apresentava um estado de saúde normal até de manhã cedo quando se levantou com dor forte no dedão do pé direito. O paciente nega qualquer trauma no pé por batida e não tinha histórico prévio desse tipo de dor em outras articulações. Relatou ter tomado "algumas cervejas a mais" com os amigos na noite anterior. O exame mostrou temperatura de 38,2°C e o incômodo decorrente da dor no dedão do pé direito, que estava inchado, quente, avermelhado e muito sensível. O resto do exame foi normal. Foi coletado líquido sinovial que mostrou a presença de cristais na forma de bastão ou agulha com birrefringência negativa quando examinado em microscópio com luz polarizada, o que é consistente com gota.

▶ Qual o diagnóstico mais provável?
▶ Como seria feito um diagnóstico definitivo?
▶ Qual é a fisiopatologia dessa doença?

RESPOSTAS PARA O CASO 43
Gota

Resumo: homem de 46 anos acorda no meio da noite com dor aguda no dedão do pé direito depois de ter ingerido álcool e sem história de trauma ou qualquer outro tipo de dor nas articulações.

- **Diagnóstico:** Artrite por gota.
- **Diagnóstico confirmatório:** Demonstração da presença de cristais de urato monossódico em leucócitos coletados do líquido sinovial ou em material obtido de tofos, por meio de microscopia com luz polarizada.
- **Fisiopatologia:** Aumento na conversão de bases púricas em ácido úrico ou diminuição na excreção de ácido úrico pelos rins. Os níveis elevados de ácido úrico insolúvel resultam na precipitação de cristais de urato nas articulações.

ABORDAGEM CLÍNICA

A gota é uma doença que ocorre quando há cristalização de ácido úrico nas articulações do corpo, geralmente no dedão do pé ou em articulações grandes. A hiperuricemia é uma condição clínica caracterizada por níveis elevados de ácido úrico. Isso leva à formação de cristais de urato de sódio, que são encontrados inicialmente nas articulações das extremidades e no interstício renal. A presença de cristais de urato está associada com grande inchaço e sensibilidade nas articulações das extremidades. Essa doença é geralmente chamada de gota ou artrite gotosa. Nela, níveis elevados de ácido úrico são detectados no sangue e na urina. O diagnóstico definitivo pode ser feito pela observação da presença de cristais de urato no líquido sinovial coletado das articulações afetadas. A preferência da formação de cristais de urato nas articulações das extremidades, como no dedão do pé, é associada a diminuição da temperatura das extremidades, que ajuda na formação de cristais de urato quando seus níveis excedem o limite da solubilidade.

ABORDAGEM À
Cristalização do ácido úrico

OBJETIVOS

1. Descrever a via do ácido úrico.
2. Esquematizar o metabolismo das bases púricas.
3. Explicar a base lógica do tratamento da gota com alopurinol e colchicina.

DEFINIÇÕES

ALOPURINOL: inibidor da enzima xantina-oxidase utilizado no tratamento da gota para diminuir a quantidade de urato de sódio no sangue, prevenindo assim sua cristalização nas articulações.
COLCHICINA: alcaloide tricíclico solúvel em água isolado do açafrão do outono. A colchicina inibe a formação de microtúbulos e inibe a fagocitose dos cristais de urato, prevenindo assim os eventos inflamatórios associados com o ataque de gota.
GOTA: inflamação desencadeada pela cristalização de urato de sódio nas articulações como resultado dos altos níveis de urato no sangue.
HGPRT: hipoxantina-guanina-fosforibosiltransferase; a enzima que catalisa a síntese de inosina monofosfato (IMP) e guanosina monofosfato (GMP) a partir de hipoxantina e guanina, respectivamente. Ela faz parte da via de recuperação das purinas, uma via que recicla as bases púricas formando novamente nucleotídeos.
SÍNDROME DE LESCH-NYHAN: doença genética causada pela deficiência de hipoxantina-guanina-fosforibosiltransferase (HGPRT), que se caracteriza por retardo mental e comportamento de automutilação. Pacientes com Lesch-Nyhan têm níveis aumentados de ácido úrico e de urato de sódio, o que leva à gota e a cálculos renais.
VIA DE RECUPERAÇÃO DAS PURINAS: síntese dos nucleotídeos das purinas por meio da condensação de uma base púrica com fosforibosilpirofosfato. Como o nome indica, essa é uma via na qual as bases púricas podem ser recicladas novamente a nucleotídeos. A via de recuperação das purinas é formada por duas enzimas, HGPRT e adenina-fosforibosiltransferase (APRT).
ÁCIDO ÚRICO: produto final da degradação dos nucleotídeos de purinas no metabolismo humano. O sal do ácido úrico, urato de sódio, está presente no sangue em níveis próximos ao da saturação. Quando os níveis de urato de sódio ultrapassam esse ponto, ele pode cristalizar, em cristais pontiagudos, geralmente nas articulações em que a temperatura é mais baixa.
XANTINA-OXIDASE: enzima que catalisa a etapa final na degradação das purinas, tendo urato como produto. Essa enzima é inibida por compostos como alopurinol em regimes planejados para diminuir as concentrações sanguíneas de urato de sódio.

DISCUSSÃO

As bases púricas são utilizadas em muitos processos biológicos importantes, que incluem a formação dos ácidos nucleicos (RNA e DNA), a **troca de energia** (adenosina trifosfato [ATP]), os **cofatores** (nicotinamida adenina dinucleotídeo, flavina adenina dinucleotídeo) e os **sinalizadores celulares** (guanosina trifosfato [GTP], ATP, adenosina). As purinas são sintetizadas tanto pela síntese de novo como obtidas por meio da dieta. A degradação de purinas é um processo ubíquo. Entretanto, os níveis elevados das enzimas envolvidas no metabolismo das purinas sugerem que o catabolismo das purinas é maior no fígado e no trato gastrointestinal. Anormalidades na biossíntese e na degradação de purina estão associadas a numerosos distúrbios, sugerindo que a regulação dos níveis da purina é essencial.

A degradação dos nucleotídeos púricos, nucleosídeos púricos e bases púricas ocorre por uma via comum (Figura 43.1). Durante o catabolismo das purinas, os nucleotídeos púricos adenosina monofosfato (AMP) e GMP são formados a partir da desfosforilação do ATP e GTP, respectivamente. Então o AMP é desaminado em IMP pela AMP-desaminase. Subsequentemente, GMP e IMP são desfosforilados por nucleotidases específicas, produzindo os nucleotídeos inosina e guanosina. Alternativamente, o AMP pode ser desfosforilados, formando adenosina, que é então desaminada pela adenosina-desaminase, formando inosina. A inosina e a guanosina são posteriormente degradadas pela quebra da ligação com o açúcar ribose, formando ribose-1-fosfato, hipoxantina e guanina, respectivamente. Reações semelhantes acontecem para a degradação de desoxirribonucleotídeos e desoxirribonucleosídeos das purinas. A guanina é desaminada formando xantina, ao passo que a hipoxantina é oxidada para formar xantina pela enzima xantina-oxidase. A xantina, por sua vez, também é oxidada pela xantina-oxidase, formando ácido úrico que é excretado na urina. O ácido úrico tem um pK_a de 5,4, de modo que, em pH fisiológico, está na forma de urato ionizado. O urato não é muito solúvel em ambiente aquoso e a concentração de urato no sangue dos seres humanos está muito próxima da saturação. Consequentemente, situações que levem à degradação excessiva de bases púricas podem levar a formação de cristais de urato.

Anormalidades metabólicas que levam à superprodução de nucleotídeos de purina por meio da via de novo, levam também a um aumento da degradação da purina e subsequente hiperuricemia. Um exemplo disso é o aumento na atividade de 5-fosforibosil-1-pirofosfato (PRPP)-sintetase. Essa enzima é responsável pela produção de PRPP, que é um precursor importante de ambas a biossíntese de novo de pirimidina e de purina. Elevações da PRPP induz ao aumento da produção de nucleotídeos de purinas, que pode, por sua vez, aumentar a taxa de degradação e, portanto, o aumento da produção de ácido úrico. A hiperuricemia pode também resultar de defeitos na via de recuperação das purinas. A enzima HGPRT é responsável pela formação de IMP e GMP, a partir de hipoxantina e guanina, respectivamente. Desse modo, as bases púricas são recuperadas de volta para o estoque de nucleotídeos da purina. A síndrome de Lesch-Nyhan resulta de uma deficiência hereditária de HGPRT, e está associada com retardo mental e comportamento autodestrutivo, que pode ser, ainda, associado com uma produção inadequada de nucleotídeo púricos, por meio da via de recuperação em determinadas células neuronais. Além disso, pacientes com síndrome de Lesch-Nyhan tem gota resultante da incapacidade de recuperar bases púricas, o que leva ao aumento dos níveis de ácido úrico. Hiperuricemia e gota também podem surgir a partir de numerosos mecanismos indefinidos, que incluem problemas alimentares.

Uma abordagem para o tratamento da gota é a diminuição da produção de ácido úrico para evitar o desenvolvimento de cristais de urato. **O alopurinol é um inibidor da atividade enzimática de xantina-oxidase** (ver Figura 43.1). A administração de alopurinol é um tratamento eficaz da gota, porque diminui a quantidade de ácido úrico produzido, o que, por sua vez, minimiza a quantidade de cristais de urato de sódio que são formados. Fármacos adicionais utilizados para o tratamento

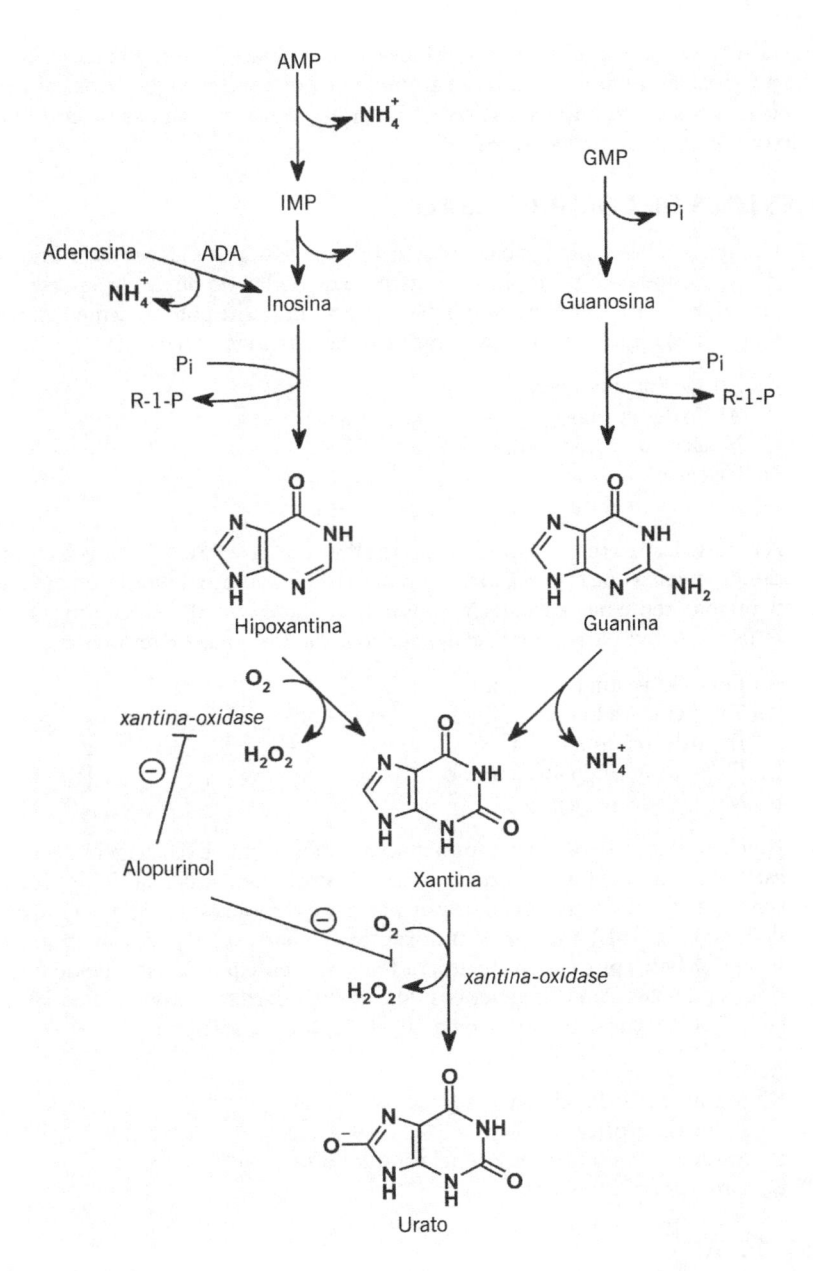

Figura 43.1 Via catabólica das purinas. As etapas enzimáticas inibidas por alopurinol estão indicadas.

da gota incluem aloxantina, outro inibidor da xantina-oxidase, e **colchicina, que inibe a formação de microtúbulos e impede que as células fagocíticas capturem cristais de urato.** Isso impede os cristais de urato de romperem os fagócitos e causando inflamação nas articulações.

QUESTÕES DE COMPREENSÃO

43.1 Um paciente apresenta inchaço e sensibilidade nas articulações das extremidades. O exame do líquido sinovial extraído do dedão do pé revela a presença de cristais de urato, confirmando o diagnóstico de artrite gotosa. O medicamento alopurinol foi prescrito para inibir qual das enzimas abaixo?

   A. Adenosina-desaminase
   B. AMP-desaminase
   C. Nucleosídeo-fosforilase
   D. Uricase
   E. Xantina-oxidase

43.2 A hiperuricemia (gota) é uma condição clínica caracterizada por níveis elevados de ácido úrico que levam à formação de cristais de urato de sódio, encontrados principalmente nas articulações das extremidades. Qual dos seguintes fatores mais contribui para a formação de cristais de urato nas extremidades?

   A. Fluxo sanguíneo diminuído
   B. Temperatura baixa
   C. Exposição à luz do sol
   D. Fluxo sanguíneo aumentado
   E. Motilidade aumentada

43.3 Defeitos hereditários em componentes do catabolismo e reciclagem de purinas estão associados com várias doenças e síndromes. A enzima HGPRT é a enzima-chave na via de recuperação de purinas. Ela é responsável pela nova formação de IMP e de GMP, a partir de hipoxantina e guanina, respectivamente. Desse modo, as bases púricas são recuperadas novamente para o estoque de nucleotídeos púricos. Defeitos genéticos que levam à perda da atividade da HGPRT constituem a causa primária de qual das seguintes doenças?

   A. Gota
   B. Síndrome de Lesch-Nyhan
   C. Acidúria orótica
   D. Síndrome da imunodeficiência combinada grave
   E. Doença de Tay-Sachs

RESPOSTAS

43.1 **E.** Uma das abordagens para o tratamento da gota é a diminuição da produção dos níveis de ácido úrico para evitar o desenvolvimento de cristais de urato. O alopurinol é um inibidor da atividade da enzima xantina-oxidase. A administração de alopurinol é um tratamento efetivo da gota porque diminui a quantidade de ácido úrico produzido e, consequentemente, a formação de cristais de urato.

43.2 **B.** O ácido úrico tem um pKa de 5,4 e é ionizado no organismo, formando urato. O urato não é muito solúvel em ambiente aquoso e a quantidade de urato no corpo humano é muito próxima da faixa de solubilidade. Desse modo, situações que levem a um excesso de degradação de bases púricas podem aumentar a concentração de urato para níveis superiores ao do ponto de solubilidade e, consequentemente, à formação de cristais de urato. A diminuição da temperatura corporal nas articulações contribui para a formação de cristais de urato nessas situações.

43.3 **B.** A síndrome de Lesch-Nyhan é causada pela deficiência hereditária da HGPRT. Essa síndrome está associada com retardo mental e comportamento autodestrutivo, que pode estar associada à produção inadequada de nucleotídeos púricos por meio da via de recuperação em determinadas células neuronais. Além disso, pacientes com Lesch-Nyhan desenvolvem gota como resultado da incapacidade de reciclar bases púricas, levando assim a um aumento nos níveis de ácido úrico. Entretanto, a maioria dos pacientes com gota não têm defeito na HGPRT, mas têm hiperuricemia devido a vários fatores, incluindo a dieta.

DICAS DE BIOQUÍMICA

- As bases púricas são utilizadas em muitos processos biológicos importantes, inclusive na formação de ácidos nucleicos.
- Situações que levem a uma degradação excessiva de bases púricas podem levar a formação de cristais de urato em razão de que o urato não é muito solúvel em ambiente aquoso e a concentração sanguínea de urato no homem estar muito próxima do nível de saturação.
- O alopurinol é um inibidor da atividade da enzima xantina-oxidase.
- A colchicina inibe a formação de microtúbulos e evita que células fagocíticas capturem cristais de ácido úrico.

REFERÊNCIAS

Becker MA. Hyperuricemia and gout. In: Scriver CR, Beaudet AL, Sly WS, et al, eds. *The Metabolic and Molecular Basis of Inherited Disease.* 8th ed. New York: McGraw-Hill; 2001:2513-2535.

Marks DB, Marks AD, Smith CM, eds. *Basic Medical Biochemistry.* Baltimore, MD: Lippincott Williams & Wilkins; 1996:633-635.

CASO 44

Estudante universitário, saudável, de 21 anos foi comemorar seu aniversário com alguns amigos em um bar. Seus amigos o convenceram a beber sua primeira cerveja, pois acabara de completar 21 anos. Depois de consumir a cerveja, ele começou a sentir dor abdominal intensa que foi se agravando, sem localização específica e descrita como cólicas. Náuseas e vômitos vieram a seguir e ele foi levado para a emergência. Ao chegar ao pronto-socorro, estava muito ansioso e tendo alucinações, hipertenso, taquicárdico e diaforético. Neuropatia periférica também foi detectada no exame físico, e testes de laboratório iniciais revelaram hemograma normal, triagem para drogas normais e níveis normais de álcool. Níveis séricos e urinários de ácido aminolevulínico (ALA) e porfobilinogênio (PBG) estavam elevados.

▶ Qual o diagnóstico mais provável?
▶ Qual é o problema bioquímico subjacente?

RESPOSTAS PARA O CASO 44

Porfiria (porfiria intermitente aguda)

Resumo: paciente do sexo masculino, saudável, de 21 anos, apresenta dor abdominal de início súbito, náuseas e vômitos, hipertensão, taquicardia e neuropatia periférica depois do consumo de sua primeira bebida alcoólica. Testes adicionais revelaram níveis elevados no soro e na urina de ALA e PBG.

- **Diagnóstico:** Porfiria (provavelmente porfiria intermitente aguda, ou seja, variegata).
- **Problema bioquímico:** Deficiência enzimática na via biossintética do heme.

ABORDAGEM CLÍNICA

Porfirias são distúrbios hereditários na via biossintética do heme. Porfirias são classificadas como hepática ou eritropoiética, dependendo do local principal de armazenamento. A herança é normalmente autossômica dominante. Os pacientes são, muitas vezes, assintomáticos a não ser quando expostos a fatores que aumentam a produção de porfirias (drogas, álcool, luz solar). Etiologias eritropoiéticas apresentam principalmente fotossensibilidade. Porfirias hepáticas podem se apresentar com sintomas, principalmente neuroviscerais, que podem incluir dor abdominal, náuseas e vômitos, taquicardia e hipertensão, neuropatia periférica e sintomas mentais (alucinações, ansiedade, crises convulsivas). O diagnóstico é confirmado com níveis elevados de ALA e PBG na urina e no soro. Testes específicos podem ser realizados para detectar qual enzima está deficiente (ou seja, porfiria variegada é causada por deficiência na enzima protoporfirinogênio-oxidase [PPO]). O tratamento é de suporte, evitando os gatilhos no futuro.

OBJETIVOS

1. Descrever a biossíntese do heme.
2. Explicar por que certos gatilhos (como o álcool) provocam o aumento dos níveis de ALA e de PBG.
3. Explicar por que o tratamento intravenoso com heme ou hematina é eficaz.

DEFINIÇÕES

ÁCIDO AMINOLEVULÍNICO-SINTASE (ALAS): enzima da matriz mitocondrial que catalisa a etapa limitante da velocidade de síntese de ALA por meio da condensação de succinil-CoA e glicina.
ALA-DESIDRATASE (ALAD): enzima citosólica que catalisa a condensação assimétrica de duas moléculas de ALA para formar PBG.
NEUROPATIA AUTONÔMICA: perturbação ou desregulação nervosa autonômica afetando os sistemas cardiovascular, urogenital e gastrointestinal. Os sintomas

incluem dor abdominal, náuseas e vômitos, taquicardia e hipertensão (também conhecido como neuropatia visceral).
COPROPORFIRINOGÊNIO-OXIDASE (CPO): enzima mitocondrial que catalisa especificamente a conversão de coproporfirinogênio III para protoporfirinogênio IX.
FERROQUELATASE: auxilia na inserção do ferro ferroso na protoporfirina IX; o passo final na síntese do heme.
HEMATINA: composto semelhante ao heme em estrutura, exceto pelo ferro estar no estado férrico (tetracoordinado com os átomos de nitrogênio pirrólicos e um grupo hidroxila); podem restaurar a regulação negativa de ALAS.
HEME: cofator metalorgânico essencial, que consiste em um átomo de ferro ferroso coordenado dentro de um anel de tetrapirrólico, protoporfirina IX.
PORFOBILINOGÊNIO-DESAMINASE (PBGD): enzima citosólica que processa seis moléculas de PBG através de um ducto hexapirrólico para catalisar a formação de um tetrapirrol linear livre, hidroximetilbilano (também conhecido como **uroporfirinogênio I-sintase**).
PORFIRIA: uma de várias doenças caracterizadas pelo desarranjo no metabolismo das porfirinas; muitas são causadas por defeitos genéticos nas enzimas biossintéticas.
PROTOPORFIRINOGÊNIO-OXIDASE (PPO): catalisa a oxidação de protoporfirinogênio IX para produzir protoporfirina IX.
PIRIDOXAL FOSFATO: coenzima ativa derivada da vitamina B_6.
UROPORFIRINOGÊNIO (URO) III-COSSINTASE: enzima citosólica que catalisa a formação do isômero URO III a partir de hidroximetilbilano.
URO-DESCARBOXILASE (UROD): enzima citosólica que catalisa a remoção dos grupos carboxila das cadeias laterais de ambas isoformas URO convertendo-as nos seus respectivos coproporfirinogênios (isto é, COPRO I e COPRO III).

DISCUSSÃO

O cofator heme é necessário para vários processos em todo o corpo. O mais importante deles é o ferro do heme, que facilita a transferência de oxigênio sistêmico via hemoglobina, participa no transporte de elétrons mitocondrial e medeia metabolismo oxidativo de medicamentos no fígado, por intermédio de vários citocromos P450. Todos os tecidos celulares são capazes de sintetizar heme, mas a expressão das enzimas da via e os níveis de intermediários são maiores nos tecidos eritropoiético e hepático devido à alta demanda para incorporação do heme em hemoglobina e nos citocromos, respectivamente. O heme é um composto metalorgânico, que consiste em um átomo de ferro ferroso coordenado dentro de um anel tetrapirrólico, protoporfirina IX. A protoporfirina IX é derivada de oito moléculas de succinil-CoA e oito moléculas de glicina. O heme é uma molécula relativamente planar e muito estabilizada por ressonância forte em todo o sistema do anel tetrapirrólico. A estrutura de heme é mostrada na Figura 44.1.

A via biossintética inclui oito passos, mostrado na Figura 44.2. O primeiro passo é a reação limitante de velocidade de condensação entre succinil-CoA e glicina, para

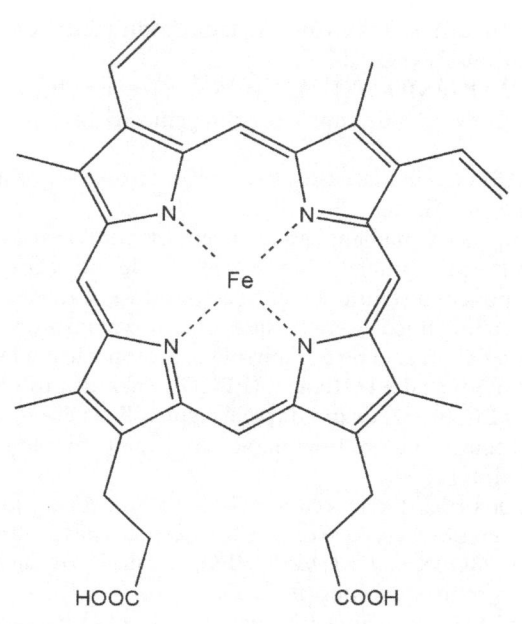

Figura 44.1 Estrutura do heme.

formar δ-ALA. Essa reação é catalisada por uma enzima da matriz mitocondrial, **ALA-sintase** (ALAS) e necessita do cofator **piridoxal fosfato**. A proteína ALAS é produzida no citosol e permanece desdobrada ou inativa até que seja dirigida à matriz mitocondrial, onde a sequência de sinalização N-terminal é clivada. Além disso, essa enzima catalisa o passo regulatório primário na biossíntese do heme e é regulada negativamente por qualquer armazenamento de heme livre na matriz mitocondrial. No próximo passo da via, **ALA-desidratase** catalisa a condensação assimétrica de duas moléculas de ALA para formar PBG. Por meio da adição de água e da remoção de quatro grupos amino, **PBG-desaminase** produz o intermediário tetrapirrólico linear, hidroximetilbilano (HMB), a partir de quatro moléculas de PBG. Nesse ponto, HMB pode se fechar de maneira independente da enzima para formar uroporfirinogênio (URO) I, ou de maneira dependente da enzima, por meio da **uroporfirinogênio III-cossintase,** para formar uroporfirinogênio III, o intermediário que acabará por levar à formação do heme. URO I e URO III diferem na ordem da carboximetila e substituintes carboxietila ao redor do anel tetrapirrólico. Nos últimos passos citosólicos, a **URO-descarboxilase** (UROD) reconhece o isômero URO I ou III e remove os grupos carboxila específicos, deixando o coproporfirinogênio I ou III, respectivamente. **Coproporfirinogênio-oxidase** (CPO) atua exclusivamente no isômero de tipo III do coproporfirinogênio; após a entrada do seu substrato na mitocôndria, CPO catalisa a conversão de COPRO III a protoporfirinogênio III. Esse intermediário é oxidado pelo PPO para formar protoporfi-

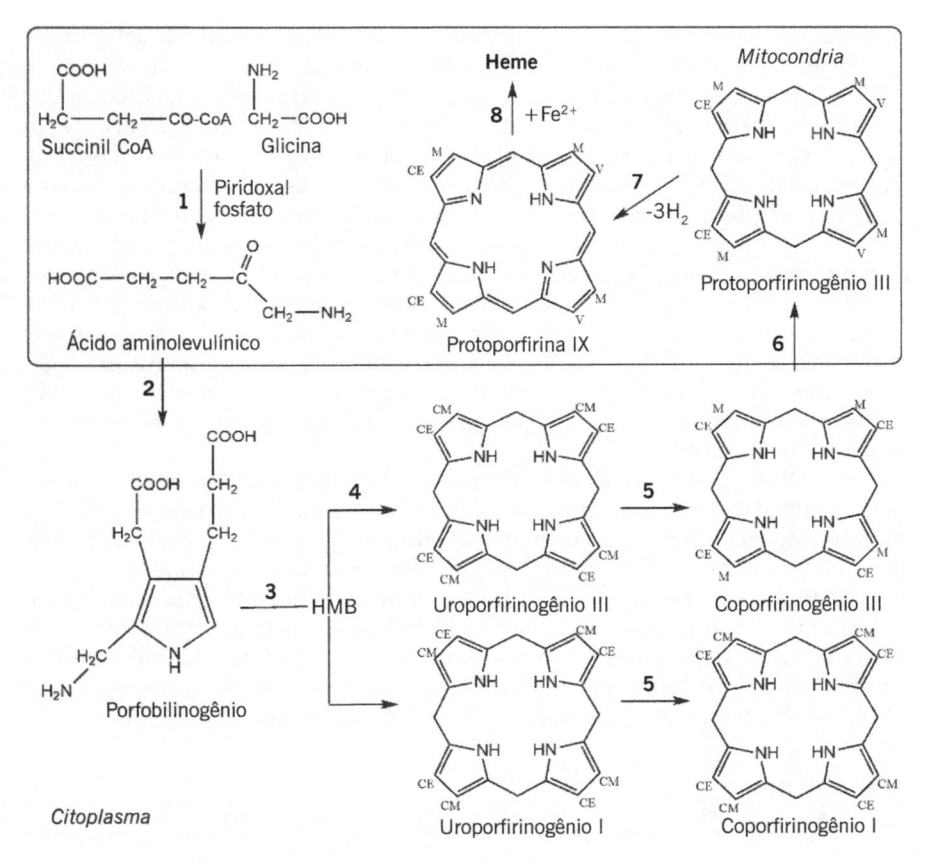

Figura 44.2 Via biossintética do heme envolvendo (1) ALAS, (2) ALAD, (3) PBGD, (4) UROS, (5) UROD, (6) CPO, (7) PPO e (8) ferroquelatase. CE = carboxietil; CM = carboximetil; HMB = hidroximetilbilano; M = metil; V = vinil.

rina IX. No passo final da síntese do heme, a enzima **ferroquelatase** insere um ferro ferroso na protoporfirina IX insolúvel em água. O excesso de protoporfirina IX não convertida a heme é removido por meio da excreção biliar para o intestino.

As porfirias são um grupo de doenças hereditárias resultante do defeito enzimático específico da via biossintética do heme. A Figura 44.3 mostra a via biossintética do heme e as características de porfirias associadas com cada passo. Um desarranjo em qualquer uma das enzimas envolvidas pode resultar em uma superprodução ou falta de precursores de heme, antes do passo enzimático deficiente. Todos os compostos intermediários nessa via são potencialmente tóxicos. As doenças são divididas em dois grandes grupos, porfirias eritropoiética e hepática, com base na fonte primária de armazenamento do precursor. Além disso, as porfirias são classificadas com base também no aparecimento de sintomas distintos agudos ou crônicos.

Pressão para superar o "bloqueio" metabólico contribui para o rápido acúmulo de precursores em ataques agudos. Intermediários de estágios iniciais da via, isto é, ALA e PBG, estão associados com sintomas neuroviscerais agudos, ao passo que intermediários posteriores (que sofrem conversões porfirinogênio-porfirina após a exposição à luz) causam fotossensibilidade da pele pelo dano de radicais livres. As porfirinas podem ser detectadas e identificadas por espectrofluorometria, com base nas características de excitação e emissão de luz em comprimentos de onda para cada porfirina. Por exemplo, os níveis séricos de uroporfirina podem ser determinados pela detecção em 615 nm após excitação em 395-398 nm, ao passo que a protoporfirina é detectada em 626 nm. A via de excreção das porfirinas é determinada por sua solubilidade em água. O primeiro subproduto de porfirina possível na via biossintética do heme, a uroporfirina, é, de longe, o mais solúvel em água, já a protoporfirina é a menos solúvel. Por conseguinte, a uroporfirina é predominantemente excretada na urina, coproporfirina na urina e na bile, e protoporfirina exclusivamente na bile.

Na maioria dos casos, esses transtornos são herdados de forma autossômica dominante, em que o indivíduo possui um alelo normal e um alelo de perda de função. Em circunstâncias normais, o alelo selvagem permite a expressão de enzima funcional suficiente para cumprir a exigência do indivíduo para heme (portadores sem sintomas). No entanto, certos gatilhos ambientais, por exemplo, drogas, álcool, esteroides, jejum, trauma e/ou estresse elevado, podem aumentar essa demanda além de um nível que possa ser compensado por um alelo funcional único. Após a exposição ao(s) gatilho(s), pacientes com porfirias hepáticas agudas podem mudar de uma fase compensada para uma fase latente descompensada (produção aumen-

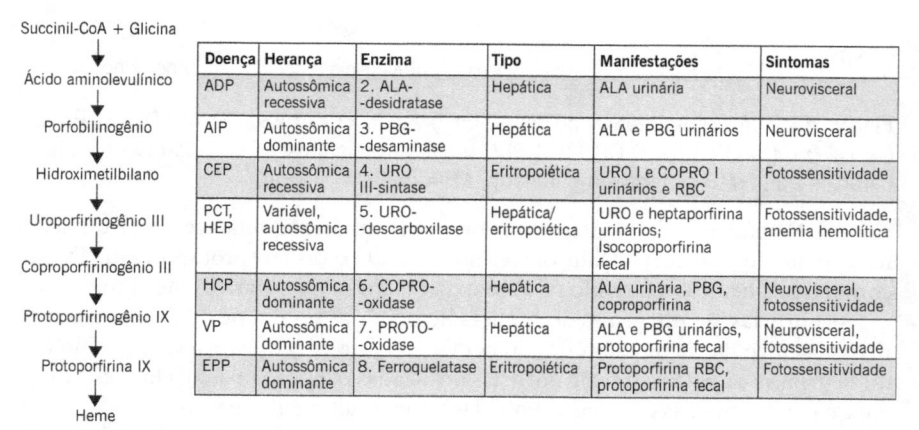

Succinil-CoA + Glicina
↓
Ácido aminolevulínico
↓
Porfobilinogênio
↓
Hidroximetilbilano
↓
Uroporfirinogênio III
↓
Coproporfirinogênio III
↓
Protoporfirinogênio IX
↓
Protoporfirina IX
↓
Heme

Doença	Herança	Enzima	Tipo	Manifestações	Sintomas
ADP	Autossômica recessiva	2. ALA--desidratase	Hepática	ALA urinária	Neurovisceral
AIP	Autossômica dominante	3. PBG--desaminase	Hepática	ALA e PBG urinários	Neurovisceral
CEP	Autossômica recessiva	4. URO III-sintase	Eritropoiética	URO I e COPRO I urinários e RBC	Fotossensibilidade
PCT, HEP	Variável, autossômica recessiva	5. URO--descarboxilase	Hepática/ eritropoiética	URO e heptaporfirina urinários; Isocoproporfirina fecal	Fotossensibilidade, anemia hemolítica
HCP	Autossômica dominante	6. COPRO--oxidase	Hepática	ALA urinária, PBG, coproporfirina	Neurovisceral, fotossensibilidade
VP	Autossômica dominante	7. PROTO--oxidase	Hepática	ALA e PBG urinários, protoporfirina fecal	Neurovisceral, fotossensibilidade
EPP	Autossômica dominante	8. Ferroquelatase	Eritropoiética	Protoporfirina RBC, protoporfirina fecal	Fotossensibilidade

Figura 44.3 Via biossintética do heme e características associadas com porfirias por deficiência de enzimas específicas. ADP = porfiria por deficiência de ALA-desidratase; AIP = porfiria intermitente aguda; CEP = porfiria eritropoiética congênita; EPP = protoporfiria eritropoiética; HCP = coproporfiria hereditária; HEP = porfiria hepatoeritropoiética; PCT = porfiria cutânea tardia; VP = porfiria variegata.

tada do precursor e excreção sem sintomas), ou a um estágio com manifestações clínicas (marcado por sintomas abdominais, neurológicos periféricos, cardiovasculares e psiquiátricos).

A ingestão de álcool induz aumento da atividade da ALAS significativamente no fígado e moderadamente nos tecidos periféricos. Esse efeito é mediado por aliviar a regulação negativa da ALAS por heme livre. Concentrações mitocondriais de heme livre são diminuídas pela utilização aumentada de heme e/ou atividade reduzida das enzimas a jusante da via. No fígado, a demanda por heme é exacerbada pela necessidade de incorporação do heme em citocromos P450 eliminadores de álcool. Como consequência do aumento da atividade de ALA, um defeito genético em ALAD ou PBGD causaria o acúmulo rápido de ALA ou de ambos ALA e PBG, resultando em **porfiria por deficiência de ALAD** (muito raro) ou **porfiria intermitente aguda**, respectivamente. Durante um ataque, o excesso de ALA e PBG produzidos no fígado são secretados para a circulação sistêmica e, depois, excretados na urina. Na circulação, esses compostos neurotóxicos têm o maior efeito sobre os sistemas nervosos autonômico e periférico, resultando na neuropatia periférica e em sintomas neuroviscerais, isto é, dor abdominal, náuseas e vômitos, taquicardia e hipertensão.

De forma alternativa, os doentes com porfirias cutâneas, por exemplo, **porfiria cutânea tardia** ou **coproporfiria hereditária**, desenvolvem sintomas crônicos, como resultado de exposição ao sol (radiação 400 nm). O excesso de porfirinas acumuladas na pele pode absorver a energia luminosa e transferi-la para as reações químicas prejudiciais, como a peroxidação de lipídeos da membrana. Isso manifesta-se como espessamento das paredes dos vasos dérmicos que conduzem a danos da membrana basal da epiderme, fragilidade excessiva, formação de bolhas e cicatrizes. Na **porfiria variegata**, os pacientes podem apresentar-se com sintomas neuroviscerais (sintomas agudos são idênticos, mas muitas vezes mais leves do que os de porfiria intermitente aguda [AIP]) e/ou sintomas cutâneos.

Porfirias são diagnosticadas após demonstração e identificação bioquímica do aumento do(s) precursor(es) de porfirina. Porfirias agudas são frequentemente mal diagnosticadas e ataques podem ser fatais. A administração intravenosa do heme ou da hematina pode ajudar no restabelecimento da regulação negativa da ALAS durante os ataques agudos. Com atividade atenuada da ALAS, o acúmulo do precursor na etapa da deficiência enzimática pode começar a voltar aos níveis administráveis, e a condição do paciente pode retornar para a fase compensada, livre de sintomas. Após a confirmação do diagnóstico de porfiria aguda, evitar rigorosamente os gatilhos ambientais pode prevenir ataques agudos. A maioria dos pacientes com porfirias agudas podem levar uma vida normal, no entanto, as complicações, como a hipertensão, insuficiência renal crônica e hepatoma, podem se tornar problemáticas.

QUESTÕES DE COMPREENSÃO

As questões 44.1 e 44.2 referem-se ao seguinte caso:

Mulher branca de 30 anos chega à emergência queixando-se de náuseas, dor abdominal intensa e prisão de ventre prolongada. Ela pareceu perturbada e estava suando. Descreveu ter iniciado uma dieta com níveis calóricos extremamente baixos nos últimos dois meses, em uma tentativa de perder peso. O exame físico demonstrou frequência cardíaca elevada, hipertensão moderada e fraqueza nas extremidades. Além disso, a presença de dermatite leve (bolhas) é notada em suas mãos, assim como cicatrizes em seu rosto.

44.1 Você suspeita de porfiria. Qual teste laboratorial bioquímico seria suficiente para determinar o tipo de porfiria?

A. ALA e PBG urinários
B. PBG urinário e fecal e porfirinas
C. Espectrofluorometria porfirina (triagem plasmática)
D. Nenhum dos testes acima é suficiente isoladamente

44.2 Os exames laboratoriais revelaram níveis elevados de PBG e coproporfirina na urina e fluorescência do plasma no comprimento de onda 626 nm. Que tipo de porfiria tem a paciente e qual é a explicação bioquímica mais provável?

A. Porfiria intermitente aguda; heterozigota para a deficiência da enzima PBGD causando acúmulo de PBG
B. Porfiria cutânea tardia; homozigota para a deficiência da enzima UROD causando acúmulo de uroporfirina
C. Porfiria variegata; heterozigota para deficiência de PPO causando acúmulo de protoporfirina IX
D. Porfiria variegata; homozigota para deficiência de PPO causando acúmulo de protoporfirina IX

44.3 A segunda enzima da via do heme, ALAD, é muito sensível à inibição por metais pesados (por exemplo, chumbo). Qual dos seguintes resultados do teste distinguiria envenenamento por chumbo de porfiria intermitente aguda?

A. Diminuição dos níveis de ALA e PBG no soro e na urina
B. Aumento dos níveis de ALA e PBG no soro e na urina
C. Aumento dos níveis de ALA no soro e na urina, diminuição dos níveis de PBG no soro e na urina
D. Diminuição dos níveis de ALA no soro e na urina, aumento dos níveis de PBG no soro e na urina

RESPOSTAS

44.1 **C.** Dados os sintomas do paciente (neurológicos e cutâneos), as principais porfirias a serem considerados são coproporfiria hereditária e porfiria variegata. Ambas coproporfiria hereditária e porfiria variegata mostram níveis elevadas de ALA e de PBG durante ataques agudos. Portanto, testes na urina e no soro para essas moléculas não distinguiriam entre essas duas possibilidades. Da mesma forma, as duas doenças apresentam coproporfirina. Neste caso, seria suficiente realizar somente o ensaio espectrofluorométrico no plasma para distinguir entre coproporfirina e protoporfirina.

44.2 **C.** Pacientes com porfiria variegata apresentam os mesmos sintomas de AIP, mas geralmente mais leves. Emissão de luz no comprimento de onda de 626 nm é característico de protoporfirina IX. O composto é responsável pela sensibilidade da pele não observada em AIP. Porfiria cutânea tardia também pode ser descartada, porque o comprimento de onda característico de emissão de fluorescência para uroporfirina é a 615 nm. Homozigotos para a deleção de PPO é improvável, porque os sintomas do paciente foram desencadeados por estresse sob a forma de restrição calórica. Pacientes homozigotos para deficiência de enzimas de via de síntese do heme apresentam início precoce e sintomas mais graves.

44.3 **C.** Um aumento dos níveis de ALA na urina/soro sem concomitante aumento de PBG indica atividade deficiente de ALAD. ALA isoladamente pode causar os mesmos sintomas neuroviscerais que ALA e PBG juntos causam em casos de AIP. Porfiria por deficiência de ALAD é uma doença autossômica recessiva extremamente rara.

DICAS DE BIOQUÍMICA

▶ As porfirias são um grupo de doenças hereditárias, resultante de defeitos enzimáticos específicos da via biossintética do heme.
▶ Os principais tipos de porfiria são, cada um, causados por mutações em um dos genes necessários para a produção de heme.
▶ O primeiro passo na formação do heme é a etapa limitante da velocidade de condensação entre succinil-CoA e glicina para formar δ-ALA. Essa reação é catalisada pela enzima da matriz mitocondrial ALAS.
▶ Formas de porfiria incluem porfiria por deficiência de ALAS, porfiria intermitente aguda, porfiria eritropoiética congênita, protoporfiria eritropoiéticas, porfiria hepatoeritropoiética, coproporfiria hereditária, porfiria cutânea tardia e porfiria variegata.

REFERÊNCIAS

Awad W. Iron and heme metabolism. In: Devlin TM, ed. *Textbook of Biochemistry with Clinical Correlations.* 7th ed. New York: Wiley-Liss; 2010.

Doss MO, Kuhnel A, Gross U. Alcohol and porphyrin metabolism. *Alcohol.* 2000;35(2):109-125.

Kauppinen R. Porphyrias. *Lancet.* 2005;365(9455):241-252.

Sassa S. Modern diagnosis and management of the porphyrias. *Br J Haematol.* 2006;135(3):281-292.

CASO 45

Mulher de 65 anos foi atendida em uma clínica sentido cansaço e fadiga o tempo todo. Informou também ter problemas de constipação cada vez piores, embora sua ingestão de fibras seja adequada. Geralmente ela sente frio quando as outras pessoas estão com calor e reclama que sua pele está ficando seca, além de sentir uma sensação de inchaço no pescoço. O exame mostrou que ela estava febril e seu pulso com frequência de 60 batimentos por minuto. Ela não se sentia muito adoentada e aparentava gozar de boa saúde. O pescoço apresentava um aumento de massa firme na área da tireoide. Seus reflexos estavam diminuídos e a pele seca ao toque.

▶ Qual o diagnóstico mais provável?
▶ Qual o exame de laboratório necessário para confirmar o diagnóstico?
▶ Qual o tratamento de escolha?

RESPOSTAS PARA O CASO 45
Hipotireoidismo

Resumo: mulher de 65 anos apresentado fraqueza, fadiga, intolerância ao frio, constipação, pele seca e bócio.

- **Diagnóstico:** Hipotireoidismo
- **Exames de laboratório:** Hormônio estimulante da tireoide (TSH) e tiroxina (T_4) livre
- **Tratamento:** Reposição do hormônio da tireoide com levotiroxina

ABORDAGEM CLÍNICA

O hipotireoidismo é muito comum em pessoas idosas e pode apresentar um curso leve ou induzir grande mudança no estado mental, assim como coma ou derrame pericárdico com compressão do coração. A etiologia mais comum é o hipotireoidismo primário ou a falência da glândula tireoide em produzir e liberar o hormônio da tireoide em quantidade suficiente. O diagnóstico é estabelecido baseado na elevação dos níveis de TSH. O tratamento consiste na reposição de tiroxina.

ABORDAGEM À
Glândula tireoide

OBJETIVOS

1. Descrever o metabolismo do hormônio da tireoide.
2. Explicar a regulação dos hormônios da tireoide.
3. Explicar o papel do iodo na síntese do hormônio da tireoide.

DEFINIÇÕES

DOENÇA DE GRAVES: doença autoimune na qual a produção de hormônios da tireoide é estimulada por anticorpos, levando a uma condição de hipertireoidismo ou aumento na síntese e secreção do hormônio da tireoide.
DOENÇA DE HASHIMOTO: doença autoimune na qual a glândula tireoide é destruída pela ação de anticorpos, levando a uma condição de hipotireoidismo ou diminuição na síntese e na secreção do hormônio da tireoide.
ELEMENTOS RESPONSIVOS DA TIREOIDE (TRE): uma região no DNA que se liga ao complexo formado pela ligação do hormônio da tireoide com o receptor do hormônio da tireoide. Quando esse complexo se liga ao TRE, que se localiza na região promotora no DNA, a transcrição do gene é ativada. Quando o hormônio da tireoide não está ligado ao receptor, o receptor age como um repressor da transcrição.
TIROXINA: T_4; hormônio da tireoide derivado do aminoácido tirosina, que contém quatro átomos de iodo por molécula.

TRH: hormônio liberador de tireotrofina; um hormônio tripeptídico liberado pelo hipotálamo e que age sobre a adeno-hipófise, estimulando a liberação do hormônio estimulador da tireoide.
TRI-IODOTIRONINA: T_3; um hormônio da tireoide derivado do aminoácido tirosina que contém três átomos de iodo por molécula.
TSH: hormônio estimulador da tireoide ou tireotrofina; um hormônio glicoproteico liberado da adeno-hipófise em resposta a níveis aumentados de TRH. O TSH liga-se a receptores de TSH na membrana basal das células epiteliais da glândula tireoide para estimular a liberação dos hormônios da tireoide, T_3 e T_4.

DISCUSSÃO

As principais formas circulantes dos hormônios da tireoide são a tiroxina (T_4), que contém quatro átomos de iodo por molécula, e a tri-iodotironina (T_3), que possui três átomos de iodo por molécula (Figura 45.1). Entre eles, T_3 é oito vezes

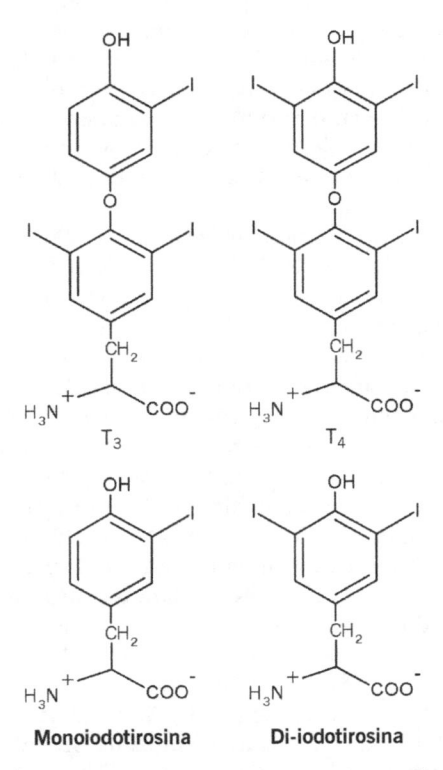

Figura 45.1 Estruturas dos hormônios da tireoide tiroxina (T_4) e tri-iodotironina (T_3). Também estão mostrados os intermediários monoiodotirosina (MIT) e di-iodotirosina (DIT) que também são formados na tireoglobulina.

mais ativo. Eles são sintetizados na glândula tireoide após estimulação por TSH. **O TSH liga-se a um receptor acoplado à proteína G para ativar a adenilato-ciclase e disparar uma cascata de sinalização que leva à biossíntese dos hormônios da tireoide.** O TSH é liberado da hipófise em resposta a um controle por retroalimentação negativa pelos níveis circulantes dos hormônios da tireoide, assim como pelos níveis circulantes de TRH, um tripetídeo que é sintetizado no hipotálamo.

Os hormônios da tireoide são uma das principais espécies bioquímicas conhecidas por incorporarem iodo. Efetivamente, **em países do terceiro mundo, a deficiência de iodo é a principal causa do hipotireoidismo** (deficiência de hormônios da tireoide). A deficiência de iodo se caracteriza pelo desenvolvimento de bócio, que representa o aumento da glândula tireoide. Em **países desenvolvidos, nos quais a deficiência de iodo é rara devido ao uso de sal iodado, doenças autoimunes constituem a principal causa da doença da tireoide.** Essas doenças são caracterizadas pela presença de anticorpos no sangue, que podem estimular e também danificar a glândula tireoide. Os exemplos mais comuns são a doença de Graves, caracterizada por anticorpos que fazem uma superestimação da produção do hormônio da tireoide, e a tireoidite de Hashimoto, que leva a uma destruição autoimune da glândula tireoide. Além disso, foram encontradas doenças hereditárias humanas resultantes de mutações no receptor do hormônio da tireoide que levam a perda da capacidade de ligar o hormônio. Essas pessoas apresentam sintomas de hipotireoidismo e também uma alta incidência de problemas de déficit de atenção. Essa característica é dominante geneticamente, indicando que o receptor mutante age de forma dominante negativa.

A biossíntese dos hormônios da tireoide (Figura 45.2) envolve a captura e a concentração de iodeto para dentro das células da tireoide onde ele é convertido em iodo pela **tireoperoxidase** no espaço coloidal do lúmen do folículo. O iodo é incorporado em resíduos de tirosina presentes na tireoglobulina encontrada no espaço coloidal na superfície basal da célula folicular da tireoide. Os resíduos de tirosina são iodados em uma ou duas posições, e esses resíduos são então acoplados para gerar tanto resíduos T_3 como T_4 na tireoglobulina. A tireoglobulina iodada é enviada da matriz extracelular para o citoplasma das células da tireoide, onde proteases lisossomais clivam T_3 e T_4 da tireoglobulina. Os hormônios são então levados pelo sangue ligados principalmente a uma globulina ligadora da tiroxina. T_4 é convertida em T_3 **no fígado** e, em menor proporção, em outros tecidos, correspondendo a 80% do T_3 circulante.

Os hormônios da tireoide estimulam a síntese de proteínas na maioria das células do organismo. Eles também **estimulam o consumo de oxigênio por aumentarem os níveis do transportador Na^+,K^+-ATPase.** A produção de gradientes de Na^+ e K^+ na membrana plasmática pela Na^+,K^+-ATPase é o processo que mais consome adenosina trifosfato (ATP) nas células, o que faz a síntese de ATP ser estimulada na mitocôndria, aumentando diretamente o metabolismo energético mitocondrial. Dessa maneira, **os hormônios da tireoide ajudam a converter os alimentos em energia e calor.** Em todas suas ações conhecidas, os hormônios da tireoide exercem seus efeitos por interação com seus receptores no núcleo das células e ativação da transcrição de genes-alvo.

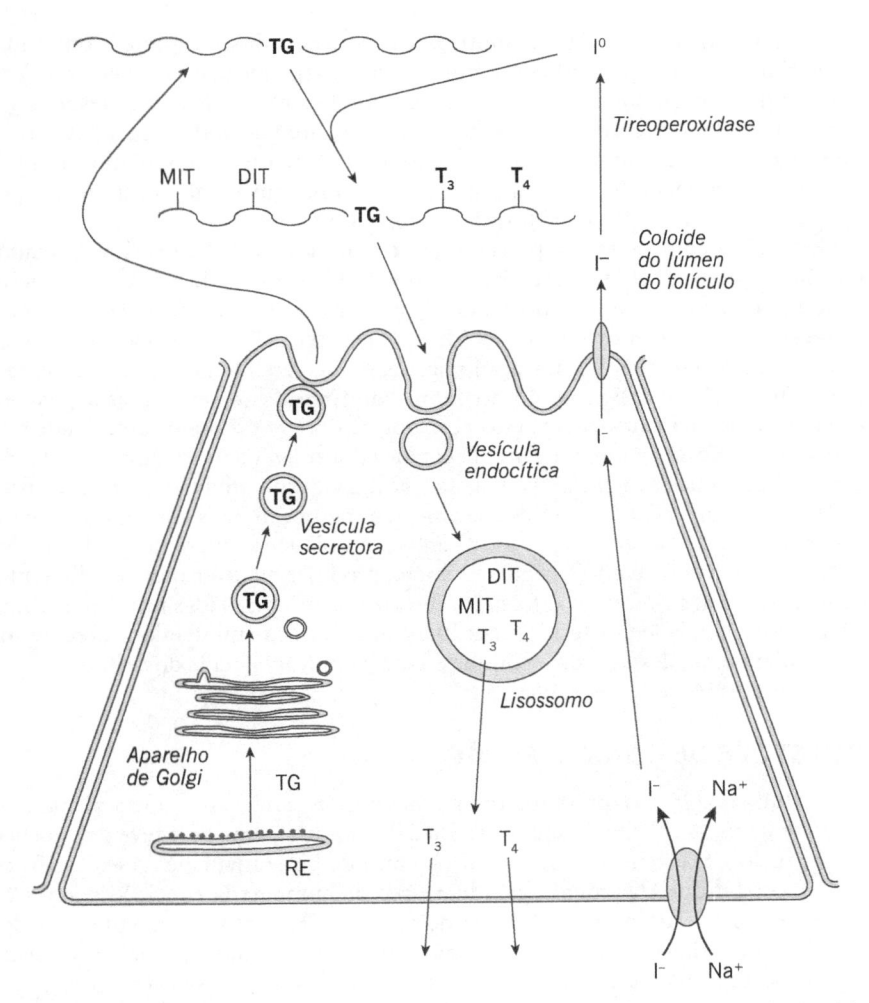

Figura 45.2 Biossíntese dos hormônios da tireoide T_3 e T_4 na célula folicular da tireoide e liberação na corrente sanguínea. DIT = di-iodotirosina; MIT = monoiodotirosina; T_3 = tri-iodotironina; T_4 = tiroxina; TG = tireoglobulina.

Os receptores dos hormônios da tireoide pertencem a uma grande superfamília de receptores nucleares que inclui os receptores de hormônios esteroides, de vitamina D_3 e de ácido retinoico. Os membros dessa superfamília de receptores contêm um **domínio de ligação ao DNA** responsável pela ligação ao elemento responsivo ao hormônio presente nos **promotores dos genes-alvo**. Além disso, os membros dessa superfamília apresentam uma região que é responsável pela ligação específica a determinado hormônio ou agente biologicamente ativo. A especificidade da ligação ao DNA é mediada por motivos na sequência dos receptores conhecidas como *dedos de zinco*, possibilitando que um zinco seja quelado por volta, ou *dedo*. No caso dos hormônios da tireoide, os receptores ligam-se a elementos responsivos à tireoide (TRE). Os receptores dos hormônios da tireoide podem ligar TRE como monômeros, como homodímeros ou como heterodímeros com o receptor retinoide X, um outro membro da superfamília. Esse último tem a mais alta afinidade por ligação ao DNA e é a principal forma funcional do receptor.

Essencialmente, esses **receptores agem como fatores de transcrição ativados por hormônios que regulam diretamente a transcrição de RNA mensageiro (mRNA) de genes-alvo**. Contrastando com outros membros dessa superfamília, os receptores de hormônios da tireoide ligam os seus sítios a regiões de promotores de DNA sem terem o hormônio ligado, o que geralmente resulta em repressão da transcrição. **A ligação do hormônio da tireoide ao seu receptor provoca uma mudança na conformação do receptor, convertendo-o em um ativador da transcrição.** Nesse estado, ele tem capacidade para se ligar a um grupo de proteínas coativadoras, que incluem a histona-transacetilase, uma atividade que serve para fazer a cromatina adjacente apresentar uma configuração mais aberta. Os receptores de tireoide de mamíferos são codificados por dois genes diferentes, cada um dos quais pode sofrer *splicing* alternativo e, então, produzir quatro isoformas diferentes de receptor. Essas isoformas diferem tanto nas suas propriedades funcionais como na sua especificidade por tecidos na expressão específica em estágios diferentes de desenvolvimento, destacando a complexidade da multiplicidade dos efeitos fisiológicos dos hormônios da tireoide.

QUESTÕES DE COMPREENSÃO

45.1 Mulher de 25 anos procurou tratamento porque sentia fadiga e letargia permanentemente, além de depressão. Ela é de estatura pequena e teve diagnóstico prévio de déficit de atenção e problemas de hiperatividade. O exame físico mostrou que ela tinha a glândula tireoide aumentada (bócio). Exames de sangue revelaram níveis elevados de T_3, T_4 e TSH, mesmo sem a presença dos sintomas típicos de hipertireoidismo. Qual das possibilidades abaixo apresenta a explicação mais provável para os sintomas apresentados pela paciente?

A. Superprodução de hormônio da tireoide devido a tumor na glândula tireoide
B. Hipersecreção de TSH devido a um tumor de hipófise
C. Alteração genética no receptor de hormônio da tireoide, reduzindo a sua capacidade de ligação ao hormônio da tireoide
D. Mutação no receptor de TSH na glândula tireoide, reduzindo sua capacidade de ligação ao TSH
E. Deficiência de iodo na dieta

45.2 Qual das opções abaixo é mais provável de ocorrer em uma pessoa com deficiência de iodo?

A. Os níveis de TSH estão elevados e estimulam diretamente o crescimento da glândula tireoide até um tamanho exagerado
B. Há produção de moléculas do hormônio da tireoide mono e di-iodadas e os níveis elevados dos seus derivados compensam a deficiência
C. Os níveis de TSH estão diminuídos, aliviando os seus efeitos inibitórios na proliferação das células da tireoide
D. A síntese da Na^+, K^+-ATPase está aumentada
E. A utilização de oxigênio pelos tecidos está aumentada

45.3 Em uma mulher que toma comprimidos para reposição dos hormônios da tireoide, a dosagem deve ser ajustada caso ela comece a tomar pílulas para o controle da natalidade. Qual das afirmações abaixo explica melhor essa situação?

A. Hormônios da tireoide bloqueiam a ação dos estrogênios, de modo que a dose de estrogênio deve ser aumentada
B. Estrogênios bloqueiam a ação dos hormônios da tireoide, de modo que a dose do hormônio da tireoide deve ser aumentada
C. Progestogênios bloqueiam a ação dos hormônios da tireoide, de modo que a dose do hormônio da tireoide deve ser aumentada
D. Hormônios da tireoide estimulam a ação de estrogênios, de modo que a dose de estrogênio deve ser diminuída
E. Estrogênios estimulam a ação dos hormônios da tireoide, de modo que a dose de hormônios da tireoide deve ser diminuida.

RESPOSTAS

45.1 **C.** A paciente apresenta sintomas de hipotireoidismo, incluindo bócio, e ainda os hormônios da tireoide estão elevados. Esse padrão só pode ser explicado por uma resistência das células-alvo ao hormônio da tireoide, por exemplo uma mutação no receptor que diminua sua afinidade pelo hormônio. Deficiência de iodo provoca bócio, mas não leva a aumento dos níveis de hormônio.

45.2 **A.** O aumento de TSH é o mecanismo da formação de bócio. Diminuição dos níveis do hormônio da tireoide reduz a inibição por retroalimentação da secreção de TSH pela hipófise. Desse modo, a secreção de TSH é aumentada. O TSH age como um fator de crescimento para a glândula da tireoide, aumentando sua massa e, assim, sua capacidade de sintetizar os hormônios tiroides.

45.3 **B.** Os estrogênios bloqueiam parcialmente a ação dos hormônios da tireoide, tornando-os menos efetivos.

> ### DICAS DE BIOQUÍMICA
>
> ▶ As principais formas circulantes do hormônio da tireoide são T_4, que contém quatro átomos de iodo por molécula, e tri-iodotironina (T_3), que contém três átomos de iodo por molécula.
> ▶ O TSH liga-se a um receptor acoplado à proteína G para ativar a adenilato-ciclase e disparar uma cascata de sinalização que leva à biossíntese de hormônios da tireoide.
> ▶ Em países desenvolvidos, onde a deficiência de iodo é rara devido ao uso de sal iodado, **doenças autoimunes são a principal causa de doenças da tireoide.**
> ▶ Os receptores de hormônios da tireoide ligam-se a seus respectivos sítios em regiões promotoras do DNA quando não há hormônio ligado, o que geralmente leva a uma repressão da transcrição.
> ▶ **A ligação de hormônio da tireoide desencadeia uma mudança na conformação do receptor, convertendo-o em um ativador da transcrição.**

REFERÊNCIAS

Barrett EJ. The thyroid gland. In: Boron WF, Boulpaep EL, eds. *Medical Physiology: A Cellular and Molecular Approach*. 2nd ed. Philadelphia, PA: W.B. Saunders; 2011.

Bowen RA, Austgen L, Rouge M. *Pathophysiology of the Endocrine System*. Colorado State University, 2006. http://arbl.cvmbs.colostate.edu/hbooks/pathphys/endocrine/.

Litwack G, Schmidt TJ. Biochemistry of hormones I: polypeptide hormones. In: Devlin TM, ed. *Textbook of Biochemistry with Clinical Correlations*. 7th ed. New York: Wiley-Liss; 2010.

CASO 46

Homem de 32 anos foi atendido no setor de emergência no dia de ontem, depois de sofrer uma comoção e um traumatismo craniano em um acidente de automóvel. O paciente foi estabilizado no setor de emergência e transferido para a unidade de tratamento intensivo (UTI) para observação. O paciente fez uma tomografia computadorizada (TC) da cabeça que revelou uma pequena quantidade de edema cerebral, mas, de uma forma geral, estava normal. No segundo dia na UTI, a enfermeira informou que o paciente havia urinado um grande volume nas últimas 24 horas. Os registros da enfermagem mostraram que o volume de urina das últimas 24 horas foi de 6.400 mL. Não havia sido administrado medicação diurética. Foi solicitado analisar a osmolaridade da urina que se mostrou baixa. O médico observa que os rins não estavam concentrando a urina normalmente.

▶ Qual é o diagnóstico mais provável para este aumento de urina diluída?
▶ Qual é o mediador bioquímico responsável por este problema?

RESPOSTAS PARA O CASO 46
Diabetes insípido

Resumo: homem de 32 anos com traumatismo craniano está em condição estável na UTI urinando em excesso e com urina diluída.

- **Diagnóstico:** Diabetes insípido (DI).
- **Mecanismo bioquímico:** Ausência de vasopressina, levando a incapacidade de reter água.

ABORDAGEM CLÍNICA

A vasopressina é um hormônio produzido pelo hipotálamo e armazenado na neuro-hipófise (hipófise posterior). Ela é também denominada hormônio antidiurético, porque sua presença estimula a reabsorção de água no túbulo renal distal. Excesso de hormônio antidiurético pode levar a uma "intoxicação por água" e hiponatremia, por outro lado, a falta de vasopressina leva à perda excessiva de água e hipernatremia. A apresentação clínica é de um paciente que tem sede excessiva, bebe grandes quantidades de água e urina grande quantidade de urina diluída. Traumatismo craniano é uma das causas mais comuns, especialmente se o talo da neuro-hipófise for atingido. Excesso de água (beber água por motivo psicogênico) pode ter apresentação semelhante, mas essas pessoas diminuem a quantidade de urina sob restrição de água e durante o sono. Por outro lado, pacientes com DI urinam excessivamente mesmo sob restrição hídrica e mesmo durante a noite. O tratamento é a administração de acetato de desmopressina (DDAVP), um análogo sintético da arginina vasopressina (AVP).

ABORDAGEM À
Vasopressina e o balanço hídrico

OBJETIVOS

1. Explicar o papel da vasopressina no controle do metabolismo da água.
2. Descrever o papel da aldosterona na regulação do balanço hidrossalino.
3. Descrever o papel dos hormônios renina e angiotensinas I, II e III na regulação do balanço hidrossalino.

DEFINIÇÕES

ALDOSTERONA: hormônio mineralocorticoide que é sintetizado a partir do colesterol no córtex das glândulas suprarrenais e liberado em resposta à angiotensina II ou à angiotensina III. Ele aumenta a capacidade dos rins de absorver Na^+, Cl^- e água do filtrado glomerular.

ENZIMA CONVERSORA DE ANGIOTENSINA: uma enzima encontrada principalmente no pulmão (bem como no epitélio vascular e outros tecidos) que remove dois aminoácidos da angiotensina I para formar angiotensina II.

ANGIOTENSINOGÊNIO: α_2-globulina; peptídeo de 14 aminoácidos que circula no plasma. Ele é clivado pela protease renina para produzir o decapeptídeo inativo **angiotensina I**. A enzima conversora de angiotensina hidrolisa dois aminoácidos da extremidade C-terminal da angiotensina I para produzir a forma ativa **angiotensina II**, a qual, por sua vez, dá origem à **angiotensina III** por ação de uma aminopeptidase.

DIABETES INSÍPIDO (DI): excreção crônica de grandes quantidades de urina muito pálida e com baixa densidade que resulta em desidratação e sede excessiva.

NEUROFISINA: uma proteína secretada com a oxitocina e a vasopressina na neuro-hipófise. A neurofisina liga-se a esses dois hormônios e os estabiliza.

RENINA: uma protease que é sintetizada pelas células justaglomerulares dos rins e secretada na corrente sanguínea em resposta a condições de hipovolemia e hiponatremia. Ela hidrolisa o angiotensinogênio circulante em angiotensina I.

VASOPRESSINA: hormônio antidiurético; peptídeo de nove aminoácidos que é sintetizado pelo hipotálamo e controla a reabsorção de água pelos túbulos distais dos rins. Ela estimula a inserção de canais de água (aquaporinas) na membrana apical dos túbulos renais.

DISCUSSÃO

A vasopressina (hormônio antidiurético) é um nonapeptídeo que controla a reabsorção de água pelos túbulos distais dos rins para regular a pressão osmótica do sangue. Age para conservar a água no organismo, reduzindo a quantidade de urina e, por isso, é conhecida como um **antidiurético**. **A vasopressina é sintetizada no núcleo supraóptico do hipotálamo,** onde se liga à proteína carreadora neurofisina, agregada em grânulos e levada por transporte intracelular até os terminais nervosos da **neuro-hipófise**. A vasopressina ligada à neurofisina é liberada dos grânulos em resposta ao aumento da osmolaridade extracelular sentida por osmorreceptores hipotalâmicos, sinalizado por receptores atriais de baixa pressão ou após a elevação dos níveis de angiotensina II. **Sua secreção é aumentada pela desidratação ou estresse e diminuída após o consumo de álcool.**

A vasopressina estimula o aumento da reabsorção de água no túbulo renal distal por estimular a inserção de canais de água, ou aquaporinas, na membrana apical dos túbulos renais. A água é reabsorvida para o sangue por meio do epitélio renal levando a uma diminuição da osmolaridade do plasma e aumento da osmoralidade da urina. No DI, esse processo é prejudicado, levando a uma produção excessiva de urina. Na ausência de vasopressina, o rim não pode reabsorver água e ela flui para fora como urina. Essa situação pode ser decorrente de uma deficiência na secreção de vasopressina pela neuro-hipófise devido a tumores do hipotálamo, trauma (como no caso deste paciente) ou infecção. Alternativamente, essa condição pode ser resultante de mutações nos genes do receptor de vasopressina ou da aquaporina ou, ainda, por doenças que prejudicam a resposta à vasopressina. Quando injetada em doses farmacológicas, a vasopressina age como um vasoconstritor.

Existem dois tipos principais de receptores de vasopressina, V1 e V2. O receptor V1 ocorre nos vasos dos músculos lisos e está acoplado, via proteína G_q, a ativação da cascata de sinalização do sistema do fosfatidilinositol e gera os segundos mensageiros inositoltrifosfato (IP_3) e diacilglicerol. Os receptores V2 são encontrados nos rins e estão acoplados, via proteína G_s, à ativação da adenilato-ciclase e à produção do segundo mensageiro AMP cíclico.

O hormônio esteroide aldosterona, sintetizado na zona glomerulosa do córtex suprarrenal, também desempenha um papel importante na manutenção da osmolaridade do sangue, pois liga-se a seus receptores no citoplasma das células epiteliais do cólon distal e dos néfrons, nos rins, e o complexo hormônio-receptor é translocado ao núcleo, onde ativa a transcrição de genes relacionados como transporte de íons para aumentar a reabsorção de Na^+ e a secreção de K^+. A água segue o movimento do Na^+ por osmose. Esses transportadores incluem o canal luminal de Na^+ sensível a amilorida, o canal luminal de K^+, o canal serosal de Na^+, K^+-ATPase, o permutador Na^+/H^+ e o cotransportador Na^+/Cl^-.

Tanto a vasopressina como a aldosterona agem nos rins aumentando a retenção de líquidos, e ambas são reguladas por angiotensina II. A renina é uma enzima proteolítica liberada pelos rins em resposta aos estímulos de neurônios do sistema simpático, em resposta à hipotensão da artéria renal ou em resposta à diminuição de Na^+ nos túbulos renais distais. A renina cliva o angiotensinogênio circulante no sangue, formando o decapetídeo angiotensina I. Então, a enzima conversora de angiotensina, que é encontrada principalmente nos pulmões, remove dois aminoácidos da angiotensina I, formando o octapeptídeo angiotensina II. Além de outros alvos importantes na regulação do volume sanguíneo, pressão arterial e cardíaca e função vascular, a angiotensina II estimula a liberação de aldosterona pelo córtex suprarrenal e a liberação de vasopressina pela neuro-hipófise. As ações da angiotensina II são mediadas por receptores de sete hélices da membrana plasmática acoplados pela sinalização por G_q à via de fosfoinositídeo.

QUESTÕES DE COMPREENSÃO

As questões de 46.1 a 46.3 referem-se ao cenário descrito a seguir.

Após ser submetido a uma cirurgia no cérebro que envolveu a remoção transespinoidal de um adenoma da hipófise, um paciente passou a apresentar poliúria, polidipsia e noctúria. Esses sintomas apareceram logo após a cirurgia e o paciente nunca os tinha apresentado anteriormente. A osmolaridade da urina está abaixo do normal, mesmo quando sob restrição de ingestão de líquidos. Administração de desmopressina aliviou esses sintomas.

46.1 Qual das seguintes possibilidades é a hipótese mais provável para explicar os sintomas?

   A. Dano no mecanismo da sede devido ao trauma cirúrgico, o que levou ao excesso do consumo de água
   B. Dano na hipófise ou hipotálamo devido ao trauma cirúrgico, o que levou a uma diminuição na secreção de vasopressina
   C. Estabelecimento de diabetes melito após a cirurgia
   D. Lesão renal
   E. Supersecreção de angiotensina II após a cirurgia

46.2 Qual dos mecanismos abaixo é o principal mecanismo de ação da desmopressina?

   A. Estímulo da secreção de aldosterona pelas glândulas suprarrenais
   B. Aumento da síntese de transportadores de Na^+ nos túbulos renais distais
   C. Aumento da inserção de aquaporina nas membranas apicais dos túbulos renais distais
   D. Atuando como um sensibilizador da insulina
   E. Estímulo da liberação da angiotensina II

46.3 Qual das opções abaixo tem menos probabilidades de estimular a liberação de vasopressina pela neuro-hipófise?

   A. Desidratação
   B. Estresse
   C. Angiotensina II
   D. Receptores atriais de baixa pressão
   E. Aldosterona

RESPOSTAS

46.1 **B.** A desmopressina é um análogo da vasopressina. Os sintomas são consistentes com DI devido ao trauma cirúrgico na hipófise ou hipotálamo que afetou a liberação de vasopressina. As demais possibilidades não podem ser aliviadas pela desmopressina.

46.2 **C.** A vasopressina e seu análogo desmopressina agem por aumentarem a inserção de aquaporina (canais de água) na membrana do túbulo renal distal, provocando um aumento na reabsorção de água do filtrado urinário.

46.3 **E.** A aldosterona age independentemente da vasopressina para aumentar a reabsorção de água pelos rins, por estimular a inserção de transportadores iônicos na membrana distal do cólon e dos túbulos distais renais.

DICAS DE BIOQUÍMICA

▶ A vasopressina (hormônio antidiurético) é um nonapeptídeo que controla a reabsorção de água pelos túbulos distais dos rins, regulando a pressão osmótica do sangue.
▶ **A vasopressina é sintetizada pelo hipotálamo e armazenada na neuro-hipófise.**
▶ A vasopressina é liberada em resposta ao aumento da osmolaridade extracelular detectada por osmorreceptores do hipotálamo, sinalizados por receptores atriais de baixa pressão ou após um aumento nos níveis de angiotensina II. **A sua secreção é aumentada por desidratação ou por estresse.**
▶ A vasopressina estimula um aumento na reabsorção de água pelos túbulos renais distais por estimular a inserção de canais de água, ou aquaporina, nas membranas apicais dos túbulos renais.

REFERÊNCIAS

Booth RE, Johnson JP, Stockand JD. Aldosterona. *Adv Physiol Educ.* 2002;26(1-4):8-20.

de Gasparo M, Catt KJ, Inagami T, et al. International union of pharmacology. XXIII. The angiotensin II receptors. *Pharmacol Rev.* 2000;52(3):415-472.

Litwack G, Schmidt TJ. Biochemistry of hormones I: polypeptide hormones. In: Devlin TM, ed. *Textbook of Biochemistry with Clinical Correlations.* 7th ed. New York: Wiley-Liss; 2010.

Colorado State University. *Pathophysiology of the Endocrine System.* http://www.vivo.colostate.edu/hbooks/pathphys/endocrine/.

CASO 47

Menina de 3 anos é levada ao setor de emergência depois de desmaiar enquanto brincava. Seus pais relatam que ela tinha saído para brincar no quintal com seu novo cão, enquanto sua mãe preparava o café da manhã. Ela começou a se sentir mal depois de perseguir o cachorro e caiu na cozinha. Seus pais imediatamente transportaram-na de carro para a emergência. Na chegada ao setor de emergência, a criança estava inconsciente, apneica, com bradicardia sinusal (52 batimentos/minuto). Ressuscitação cardiopulmonar foi iniciada, a menina foi entubada e inserida uma sonda intravenosa. Os pais negaram a ocorrência de febre recentemente, traumatismo craniano ou vômitos. A menina nasceu a termo sem complicações e atingiu os marcos de desenvolvimento. Os pais relatam que seu primeiro filho morreu devido a síndrome de morte súbita infantil. Um teste de glicosímetro revelou níveis de glicose no sangue inferiores a 20 mg/dL, que foi confirmada mais tarde por análise de laboratório. A criança foi então tratada com 10% de glicose em solução salina. A análise laboratorial também mostrou traços de cetonas na urina e no soro e níveis elevados de nitrogênio da ureia no sangue. Uma análise de ácidos orgânicos urinários revelou níveis elevados de hexanoilglicina e suberilglicina. Depois de passar a noite na unidade de terapia intensiva, a menina foi extubada com sucesso. Não houve sequelas neurológicas.

▶ Qual é a causa mais provável para a hipoglicemia da criança com baixos níveis de corpos cetônicos?
▶ Qual é o mecanismo molecular mais provável para esta doença?
▶ Como esta condição pode ser tratada para evitar novos episódios?

RESPOSTAS PARA O CASO 47

Deficiência da desidrogenase de acil-CoA de cadeia média

Resumo: menina de 3 anos com bradicardia, apneia, hipoglicemia grave com baixa produção de cetonas e evidência laboratorial de um defeito na oxidação dos ácidos graxos.

- **Causa mais provável para hipoglicemia com corpos cetônicos baixos:** Defeito na oxidação de ácidos graxos.
- **Mecanismo molecular mais provável:** Presença de hexanoilglicina e suberilglicina (derivados de acil-graxo de cadeia média) sugerem que há um defeito na desidrogenase de acil-CoA graxo de cadeia média (MCAD, do inglês, *medium chain fatty acyl CoA dehydrogenase*), impedindo assim o catabolismo de acil-CoA graxo que têm grupos acil graxos de 6 a 10 carbonos.
- **Tratamento e manejo:** Episódios graves de hipoglicemia são solucionados pela administração intravenosa de glicose. O manejo a longo prazo da deficiência de MCAD envolve a prevenção de jejum de longo prazo por meio do manejo dietético e ingesta adequada de calorias.

ABORDAGEM CLÍNICA

Um defeito na oxidação dos ácidos graxos impede a formação de corpos cetônicos, resultando na manutenção de CoA em intermediários acil-CoA na mitocôndria. Esses intermediários inibem a gliconeogênese em tempos de jejum, resultando em baixas concentrações de glicose no sangue. Episódios graves de hipoglicemia são solucionados pela administração intravenosa de glicose, ao passo que o manejo a longo prazo da deficiência de MCAD envolve a prevenção de jejum de longo prazo por meio de manejo dietético e ingesta adequada de calorias. As infecções que conduzem a anorexia precisam ser manejadas de forma agressiva para prevenir a hipoglicemia e o acúmulo de metabólitos tóxicos da oxidação de ácidos graxos.

ABORDAGEM À

Deficiência da desidrogenase de acil-CoA de cadeia média

OBJETIVOS

1. Descrever como os ácidos graxos são catabolizados para produzir energia para processos celulares.
2. Explicar como a alteração da oxidação de ácidos graxos pode levar à diminuição da biossíntese de glicose e hipoglicemia.

3. Identificar análises laboratoriais que possam ser utilizadas para diferenciar entre as doenças de oxidação mitocondrial de ácidos graxos.
4. Formular um plano de tratamento e manejo de pacientes com deficiência de MCAD.

DEFINIÇÕES

β-OXIDAÇÃO: processo metabólico pelo qual os ácidos graxos ativados (derivados acil-CoA graxo) são oxidados para remover acetil-CoA deixando um acil-CoA graxo, que são dois átomos de carbono mais curtos.
ω-OXIDAÇÃO: a oxidação sequencial do grupo metila terminal de um ácido graxo para um grupo carboxila. Essa oxidação ocorre no retículo endoplasmático e resulta em ácidos dicarboxílicos.
ÁCIDOS GRAXOS DE CADEIA CURTA: ácidos graxos com 4 a 8 carbonos.
ÁCIDOS GRAXOS DE CADEIA MÉDIA: ácidos graxos com 6 a 12 carbonos.
ÁCIDOS GRAXOS DE CADEIA LONGA: ácidos graxos com 10 a 16 carbonos.
ÁCIDOS GRAXOS DE CADEIA MUITO LONGA: ácidos graxos com 17 a 26 carbonos.
DESIDROGENASES DE ACIL-CoA GRAXOS: família de enzimas mitocondriais que catalisam o primeiro passo na β-oxidação de ácidos graxos. As enzimas têm especificidades que preferencialmente oxidam derivados de acil-CoA graxos baseado no comprimento de sua cadeia. A desidrogenase de acil-CoA de cadeia curta (SCAD, do inglês, *short-chain acyl-CoA dehydrogenase*) só irá oxidar grupos acil graxo de 4 a 6 carbonos; MCAD prefere aqueles com 4 a 12 carbonos; e desidrogenase de acil-CoA de cadeia longa (LCAD, do inglês, *long-chain acyl-CoA dehydrogenase*) prefere aqueles com 12 a 18 carbonos. Embora ácidos graxos de cadeia muito longa sejam preferencialmente oxidados nos peroxissomos, as mitocôndrias têm uma desidrogenase de acil-CoA de cadeia muito longa (VLCAD, do inglês, *very-long-chain acyl-CoA dehydrogenase*) que irá oxidar derivados de acil-CoA graxo que têm 14 a 20 carbonos.

DISCUSSÃO

Como pode ser visto no caso apresentado, hipoglicemia grave em pacientes pediátricos pode resultar em deficiências cardiopulmonares e até em parada cardíaca. Quando a hipoglicemia é acompanhada por níveis baixos de cetonas no sangue, é indicação de que pode haver um defeito no catabolismo dos ácidos graxos que previne a biossíntese da glicose (gliconeogênese) quando os níveis de glicose no sangue diminuem.

Para sintetizar glicose, a via gliconeogênica precisa de uma fonte de átomos de carbono, energia na forma de ATP e equivalentes redutores na forma de NADH (ver casos 21 e 22 para uma discussão sobre a gliconeogênese e figuras em anexo). As fontes de carbono são o lactato, produzido pela glicólise no músculo e nas hemácias, o glicerol, liberado a partir da hidrólise dos triglicerídeos, e os esqueletos de carbono de aminoácidos glicogênicos. O produto final da oxidação dos ácidos graxos, acetil-CoA, não pode ser utilizado como uma fonte de carbono para sintetizar glicose em uma forma líquida, mas a β-oxidação de ácidos graxos fornece os equivalentes redutores sob a forma de $FADH_2$ e NADH que vai ser utilizado para formar ATP por meio da fosforilação oxidativa, assim como o NADH que é necessário para o passo de redução na gliconeogênese.

A β-oxidação de ácido graxo é um processo mitocondrial que ocorre na maioria dos tecidos, exceto no cérebro (ácidos graxos não atravessam a barreira hematoencefálica) e nas hemácias (as quais não têm mitocôndrias). Depois de serem levados a cabo pela célula, os ácidos graxos de cadeia longa são ativados para derivados de acil-CoA graxos pela acil-CoA-sintetase, em uma reação que converte ATP em AMP e pirofosfato inorgânico. O acil-CoA graxo pode ser utilizado para a síntese de triglicerídeos, fosfolipídeos ou ésteres de colesterol; no entanto, em condições de baixo consumo de energia e baixos níveis de glicose no sangue, eles são direcionados à mitocôndria para oxidação. Acil-CoA graxos de cadeia longa não conseguem atravessar a matriz mitocondrial, precisam primeiro ser convertido em derivados de carnitina por um processo conhecido como lançadeira da carnitina (ver a Figura 36.4).

Após, a porção carnitina acil-graxo entra na mitocôndria e é convertida de volta para os derivados de CoA, então os ácidos graxos de CoA-ativados entram em um processo de oxidação repetitivo de quatro passos que resulta na liberação de acetil--CoA, que pode ser ainda mais oxidado em CO_2 no ciclo do ácido tricarboxílico (TCA) ou ser convertido a corpos cetônicos. Esse processo de quatro passos repetitivos, conhecido como β-oxidação, está representado na Figura 47.1.

O primeiro passo no processo de β-oxidação é a oxidação do acil-CoA graxo para introduzir uma ligação dupla do tipo *trans* entre os carbonos α e β (carbonos 2 e 3) para produzir um enoil-CoA. Essa reação é catalisada por desidrogenases de acil-CoA graxo, uma família de enzimas que possuem especificidades de acordo com o número de carbonos na cadeia acil graxo. Os elétrons liberados pela inserção da ligação dupla são transferidos para a flavina-adenina dinucleotídeo (FAD) para formar $FADH_2$. Os equivalentes redutores são então transferidos para a flavoproteína de transferência de elétrons (ETF, do inglês, *electron transfer flavoprotein*), que os alimenta na cadeia de transferência de elétrons via ETF : ubiquinona-oxidorredutase.

A enoil-CoA-hidratase adiciona uma molécula de água por meio da ligação dupla do tipo *trans* no segundo passo do esquema da reação β-oxidativa. Esse produto β-hidroxiacil-CoA é oxidado novamente pela β-hidroxiacil-CoA-desidrogenase, que requer NAD^+ para produzir β-cetoacil-CoA e NADH. O último passo é a clivagem de acetil-CoA do β-cetoacil-CoA pela β-cetotiolase. Essa clivagem enzimática requer CoA livre (CoASH) e resulta em uma porção de acil-CoA graxo, que é duas unidades de carbono mais curta do que o original. Esse derivado de acil-CoA graxo pode ser clivado novamente pela β-oxidação, até que o acetoacetil-CoA seja clivado em duas moléculas de acetil-CoA.

As desidrogenases de acil-CoA graxo (AD, do inglês, *fatty acyl-CoA dehydrogenases*) são uma família de enzimas que têm quatro especificidades diferentes baseadas no número de átomos de carbono na cadeia acil graxo. VLCAD está ligada à mem-

$$CH_3\text{-}(CH_2)_n\overset{\beta}{\text{-}CH_2}\overset{\alpha}{\text{-}CH_2}\overset{O}{\overset{\|}{\text{-}C}} \sim SCoA \quad \text{Acil-CoA graxo}$$

$$\downarrow\,\text{FAD} \quad \text{Desidrogenase de acil-CoA graxo}$$
$$\rightarrow\,FADH_2$$

$$CH_3\text{-}(CH_2)_n\text{-}CH_2\text{-}CH=CH\overset{O}{\overset{\|}{\text{-}C}} \sim SCoA \quad \textit{trans-}\Delta^2\text{-Enoil-CoA}$$

$$\downarrow\,H_2O \quad \text{Enoil-CoA-hidratase}$$

$$CH_3\text{-}(CH_2)_n\text{-}CH_2\overset{OH}{\overset{|}{\text{-}CH}}\text{-}CH_2\overset{O}{\overset{\|}{\text{-}C}} \sim SCoA \quad \text{L-}\beta\text{-Hidroxiacil-CoA}$$

$$\downarrow\,NAD^+ \quad \text{L-}\beta\text{-}\textit{Hidroxiacil-CoA-desidrogenase}$$
$$\rightarrow\,NADH + H^+$$

$$CH_3\text{-}(CH_2)_n\text{-}CH_2\overset{O}{\overset{\|}{\text{-}C}}\text{-}CH_2\overset{O}{\overset{\|}{\text{-}C}} \sim SCoA \quad \beta\text{-Cetoacil-CoA}$$

$$\downarrow\,CoASH \quad \beta\text{-}\textit{Cetoacil-CoA-tiolase}$$

$$CH_3\text{-}(CH_2)_n\text{-}CH_2\overset{O}{\overset{\|}{\text{-}C}} \sim SCoA + CH_3\overset{O}{\overset{\|}{\text{-}C}} \sim SCoA$$

Acil-CoA graxo (com 2 C a menos)   Acetil-CoA

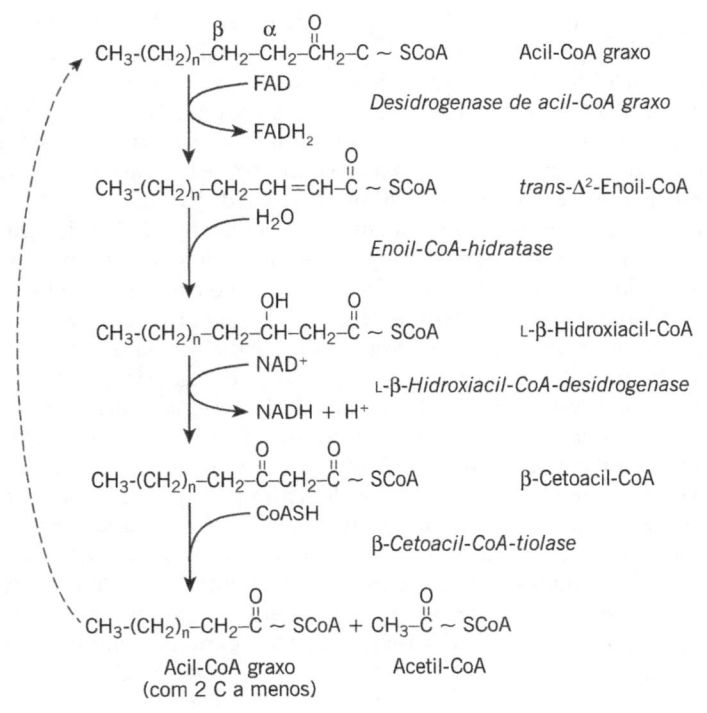

Figura 47.1 Via da β-Oxidação de acil-CoA graxo.

brana mitocondrial interna e oxida acil-CoA graxo com cadeia de comprimento entre 14 e 20 carbonos, com a sua maior atividade no palmitoil-CoA (C16). As outras enzimas AD são encontradas na matriz mitocondrial. LCAD prefere acil-CoA graxo com 12 a 18 carbonos, que se sobrepõe com a especificidade de VLCAD. MCAD atua em ácidos graxos ativados por CoA que apresentem entre 4 e 12 carbonos, com a SCAD agindo somente sobre aqueles de 4 a 6 carbonos. Assim, um acil-CoA graxo de cadeia longa como o estearoil-CoA (C18) pode ser degradado por até quatro desidrogenases de acil-CoA graxo, uma vez que é degradado a nove acetil-CoA.

A deficiência genética mais comum na via β-oxidativa é a deficiência de MCAD. A deficiência de MCAD é uma doença autossômica recessiva que afeta principalmente indivíduos descendentes do noroeste Europeu. Mais de 80% dos pacientes diagnosticados com deficiência de MCAD têm uma mutação de sentido trocado de um resíduo de guanina por um resíduo de adenina (c.985 A>G), que resulta na substituição de um resíduo de glutamato para uma lisina na porção alfa-hélice da extremidade carboxiterminal da molécula. Isto leva ao comprometimento da montagem da estrutura tetramérica da enzima e à instabilidade.

A deficiência de MCAD resulta em um acúmulo de acil-CoA graxo de cadeia média na mitocôndria e uma depleção da forma livre de CoA e acetil-CoA. Assim que CoA é amarrado como acil-CoA graxo de cadeia média, inibe todos os processos metabólicos que exigem CoA livre. Então, β-oxidação, formação de corpos cetônicos, o ciclo do TCA, a fosforilação oxidativa e a gliconeogênese são todos comprometidos. Quando os níveis de glicose no sangue baixam, após o esgotamento dos níveis de glicogênio, o fígado é incapaz de sintetizar glicose, podendo resultar em hipoglicemia grave. Isso explica o motivo pelo qual o indivíduo afetado geralmente manifesta os sintomas após um período de jejum.

Porções de acil graxo de cadeia média podem sair da mitocôndria como derivados de carnitina e serem exportados para o sangue. Eles também podem ser convertidos em ácidos dicarboxílicos por Ω-oxidação pelo citocromo P450 no retículo endoplasmático. Estes são normalmente excretados na urina depois de N-acilação da glicina, como suberilglicina. A presença de acilglicinas na urina é sugestivo de defeitos na β-oxidação. O diagnóstico específico de deficiência de MCAD pode ser confirmado definitivamente pela determinação do perfil de acilcarnitinas graxo de cadeia média presente no sangue por espectrometria de massa em tandem.

Deficiência de MCAD é manejável por meio de controle dietético cuidadoso. O objetivo do manejo é evitar períodos de jejum por 10 a 12 horas, o que pode levar à hipoglicemia e ao acúmulo de intermediários de ácidos graxos tóxicos. Uma dieta rica em gordura deve ser evitada e refeições ricas em carboidratos devem ser dada a crianças que estão doentes. Suplementação de L-carnitina tem sido utilizada por alguns médicos como um meio de diminuir os intermediários de ácidos graxos de cadeia média tóxicos que se acumulam durante o jejum ou em infecções.

QUESTÕES DE COMPREENSÃO

47.1 No terceiro dia de vida, um neonato do sexo feminino nascido de pais não consanguíneos começou a vomitar e se tornou letárgico e hipotônico. A análise laboratorial indicou que ela estava hipoglicêmica, acidótica (pH 7,3) e hiperamonêmica. A paciente manteve-se letárgica, hipotônica e tornou-se indiferente, apesar da administração intravenosa de glicose. Outras análises de laboratório revelaram acidose láctica, cetonas elevadas e aumento dos níveis dos ácidos orgânicos butirato, adipato e etilmalonato na urina. A recém-nascida provavelmente é deficiente em qual das seguintes enzimas?

A. Carnitina-palmitoiltransferase I
B. Carnitina-acilcarnitina-translocase
C. MCAD
D. SCAD
E. Succinato desidrogenase

47.2 Menino de cinco anos teve vários episódios inexplicáveis de letargia e coma associado ao jejum, a hipoglicemia com níveis baixos de cetonas e acidúria dicarboxílica começaram por volta dos 18 meses. Hospitalização após uma recorrência em cinco anos conduziu ao diagnóstico de deficiência de VLCAD. Qual das seguintes opções seria contraindicada no tratamento deste paciente?

A. Dieta rica em carboidratos
B. Suplementação de carnitina
C. Dieta cetogênica com alto teor de gordura
D. Alimentação frequente
E. Suplementação de triglicerídeos de cadeia média

47.3 O primeiro passo na β-oxidação de acil-CoA graxo é catalisado por uma família de enzimas, cada uma das quais são específicas para os diferentes grupos acil graxos de diferentes comprimentos de cadeia. A atividade dessa família de enzimas poderia ser mais afetada negativamente por uma deficiência dietética em qual das seguintes vitaminas?

A. Ácido ascórbico
B. Biotina
C. Niacina
D. Riboflavina
E. Tiamina

RESPOSTAS

47.1 **D.** A presença dos ácidos orgânicos urinários butirato, adipato e etilmalonato sugere um defeito no catabolismo de grupos acil graxos de cadeia curta. Os pacientes deficientes em carnitina-palmitoiltransferase I normalmente apresentam hipoglicemia hipocetótica com níveis elevados de carnitina no plasma. Análise do sangue de pacientes com defeito na carnitina/acilcarnitina translocase revelaria níveis elevados de carnitinas acil graxo de cadeia longa. Deficiência de MCAD causaria aumento de derivados acil graxos de cadeia média, como hexanoilglicina ou suberilglicina. Deficiência de succinato-desidrogenase levaria ao acúmulo de succinato e seus derivados. O paciente provavelmente tem um defeito no SCAD.

47.2 **C.** Com uma deficiência em VLCAD, os pacientes devem evitar a ingesta de grandes quantidades de triglicerídeos de cadeia longa, o que impediria uma dieta cetogênica e com elevado teor de gordura. Os pacientes são encorajados a comer refeições pequenas e frequentes, ricas em carboidratos para evitar a hipoglicemia. Alguns também recomendam a suplementação da dieta com carnitina e triglicerídeos de cadeia média para evitar VLCAD.

47.3 **D.** O primeiro passo na via da β-oxidação de degradação de acil-CoA graxo é catalisada por desidrogenases de acil-CoA. Cada uma dessas enzimas requer a participação de flavina-adenina-dinucleotídeo, que é um derivado de riboflavina. Uma deficiência dessa enzima iria afetar negativamente a atividade das desidrogenases de acil-CoA graxos.

DICAS DE BIOQUÍMICA

▶ MCAD resulta no acúmulo de acil-CoA graxo de cadeia média na mitocôndria e na diminuição de ambos CoA livre e acetil-CoA.
▶ Devido ao fato de que CoA está amarrado como acil-CoA graxo de cadeia média, ela inibe todos os processos metabólicos que necessitam CoA livre. Assim, β-oxidação, formação de corpos cetônicos, o ciclo do TCA, a fosforilação oxidativa e a gliconeogênese são todos comprometidos.
▶ Deficiência de MCAD é manejada por meio de controle dietético cuidadoso. O objetivo do manejo é evitar períodos de jejum de 10 a 12 horas, que pode levar a hipoglicemia e ao acúmulo de intermediários acil graxos tóxicos. Uma dieta com elevado teor de gordura deve ser evitada e refeições com alto teor de carboidratos devem ser fornecidas a crianças que estão doentes.

REFERÊNCIAS

Roe CR, Ding J. Mitochondrial fatty acid oxidation disorders. In: Valle D, et al, eds. *The Online Metabolic & Molecular Basis of Inherited Disease*. New York: McGraw-Hill, 2005. http://dx.doi.org/10.1036/ ommbid.129.

Salter N, Quin G, Tracy E. Cardiac arrest in infancy: don't forget glucose! *Emerg Med J*.2010;27(9): 720-721.

Sunehag A, Haymond M, Wolfsdorf J, Hoppin A. Etiology of hypoglycemia in infants and children. Accessed March 14, 2013.

CASO 48

Mulher de 52 anos chega ao seu consultório com queixas de fogachos, instabilidade de humor, irritabilidade, secura e coceira vaginal. Seu último período menstrual foi há pouco mais de um ano. Ela nega qualquer corrimento vaginal e diz estar preocupada com a possibilidade de ter problemas de tireoide, porque seu amigo tem sintomas semelhantes e foi diagnosticado com hipertireoidismo. Ao exame, a paciente não apresenta sofrimento agudo e tem sinais vitais normais. Seu exame físico é normal com exceção da mucosa vaginal fina e atrófica. Os níveis do hormônio estimulante da tireoide (TSH, do inglês, *thyroid-stimulating hormone*) estão normais e os níveis do hormônio folículo-estimulante (FSH, do inglês, *follicle-stimulating hormone*) estão marcadamente elevado.

▶ Qual é o órgão que secreta FSH?
▶ Qual é o sinal que estimula a liberação de FSH?

RESPOSTAS PARA O CASO 48
Menopausa

Resumo: mulher de 52 anos com fogachos, alterações de humor, irritabilidade, secura vaginal e atrofia, seu último período menstrual ocorreu há mais de um ano.

- **Órgão secretor de FSH:** Adeno-hipófise.
- **Sinal que estimula a liberação de FSH:** Hormônio liberador de gonadotrofinas (GnRH, do inglês, *gonadotropin-releasing hormone*) do hipotálamo liga-se aos receptores de membrana das células da adeno-hipófise, desencadeando a sinalização pelo fosfatidilinositol para estimular a produção e liberação de FSH.

ABORDAGEM CLÍNICA

Mulher de 52 anos tem sintomas de insuficiência de estrogênio, como fogachos, mudanças de humor e secura vaginal. Seu último período menstrual foi há um ano, consistente com menopausa. A etiologia do estado hipoestrogênico é atresia folicular dos ovários. Uma vez na puberdade, uma mulher geralmente tem ciclos menstruais bastante regulares como ditado pela secreção de estrogênio e progesterona dos ovários até a idade de 40 a 50 anos. Durante um período de 2 a 4 anos, algumas mulheres podem experimentar menstruação irregular por causa de ovulação irregular, até que finalmente não existem mais menstruação. O diagnóstico da menopausa é feito por critérios clínicos, embora os níveis de gonadotrofina, FSH e de hormônio luteinizante (LH, do inglês, *luteinizing hormone*) sejam geralmente elevados.

ABORDAGEM AO
Ciclo menstrual

OBJETIVOS

1. Identificar os hormônios que controlam a reprodução.
2. Descrever sobre a regulação do ciclo menstrual normal.
3. Explicar as mudanças hormonais que ocorrem durante a menopausa.

DEFINIÇÕES

APOPTOSE: morte celular programada que leva à destruição de células deixando partículas ligadas à membrana que são eliminadas ou sequestradas por fagocitose.
ESTRADIOL: 17-β-estradiol; hormônio esteroide estrogênico que é sintetizado nas células granulosas do ovário e secretada em resposta à ligação da FSH liberada pela adeno-hipófise.
FSH: hormônio folículo-estimulante; hormônio polipeptídico que contém as subunidades α e β que é sintetizado e liberado pela adeno-hipófise, em resposta a

ligação da GnRH. Quando ligada a receptores na membrana plasmática das células granulosas do folículo do ovário, ele estimula a síntese e secreção de estradiol.
GnRH: hormônio liberador de gonadotrofinas; um decapeptídeo contendo um resíduo piroglutaminil N-terminal e um resíduo de glicinamida C-terminal. GnRH é sintetizado e secretado no hipotálamo e liga-se a receptores na adeno-hipófise.
LH: hormônio luteinizante; hormônio polipeptídico semelhante estruturalmente ao FSH e, como o FSH, é sintetizado e secretado pela adeno-hipófise, em resposta à ligação de GnRH. Liga-se a receptores nas células tecais do folículo do ovário ao aumentar a síntese de androgênios. Quando ligada a receptores no corpo lúteo, aumenta a síntese de progesterona.
PROGESTERONA: hormônio esteroide sintetizado a partir do colesterol secretado a partir de um corpo lúteo na fase lútea do ciclo menstrual.

DISCUSSÃO

Com o início da **puberdade**, o ciclo menstrual (ovário) normal, como mostrado na Figura 48.1, é iniciado pela **liberação pulsátil de GnRH** do hipotálamo. GnRH liga-se a receptores de membrana plasmática nas suas células-alvo na adeno-hipófise e desencadeia a ativação da via de **sinalização do fosfatidilinositol**. Este, por sua vez, sinaliza a hipófise para liberar FSH e LH a partir da mesma célula. **FSH liga-se ao seu receptor de membrana plasmática no folículo do ovário para estimular, pela ativação da adenilato-ciclase, a produção de AMP cíclico e a ativação da proteína cinase A,** aumento da síntese e secreção ovariana de 17-β-estradiol, o hormônio sexual feminino. Isto leva a maturação do folículo e do óvulo. **Estradiol também induz receptores de progesterona.** Os estrogênios circulam na corrente sanguínea para manter as características sexuais femininas primárias e secundárias. Os hormônios esteroides estradiol e progesterona atuam ativando seus receptores intracelulares (E_2R e PR, respectivamente) para ligar os seus elementos de resposta em regiões promotoras dos genes-alvo. Juntos, eles promovem o espessamento e a vascularização do endométrio uterino em preparação para implantação do óvulo fertilizado. Síntese ovariana de inibina, um regulador de produção de *feedback* negativo de FSH (mas não de LH), também é estimulada. Como **os níveis de 17-β-estradiol atingem um máximo,** por volta do **13º dia** do ciclo, eles estimulam uma **liberação maciça de LH** e, em um grau menor de FSH, a partir da hipófise, conhecido como o pico de LH. O **pico de LH,** juntamente com outros fatores, como a prostaglandina $F_2α$, **induz a ovulação.**

Após a ovulação, a biossíntese de estrogênio pelo folículo diminui, levando a uma queda nos níveis de estrogênio no sangue. O folículo de Graafian agora se diferencia em corpo lúteo, sob a mediação de LH. O LH se liga aos receptores da membrana plasmática no corpo lúteo, atuando por meio da via de sinalização pela adenilato-ciclase/proteína-cinase A, para estimular a biossíntese de progesterona. A parede do endométrio uterino torna-se secretora, em preparação para a implantação do ovo fertilizado. Na falta da fecundação, o corpo lúteo morre, por causa da diminuição dos níveis de LH. Isto leva a diminuição da produção de progesterona

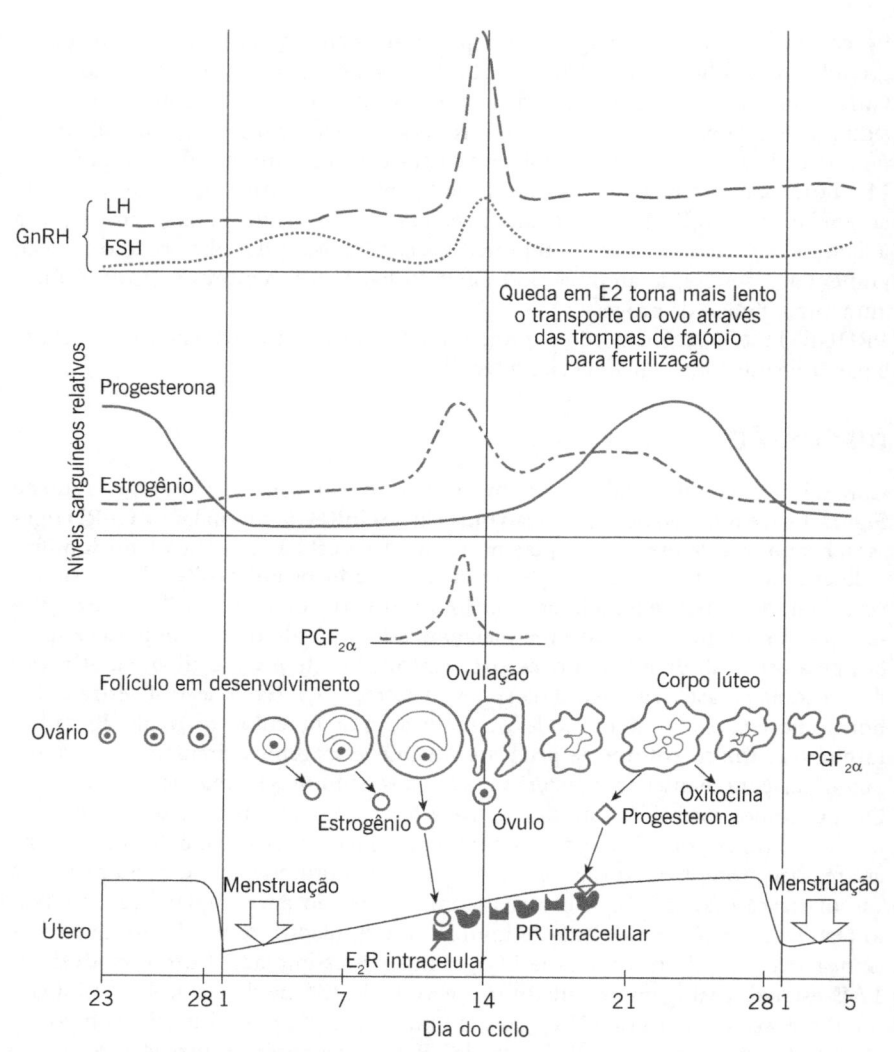

Figura 48.1 O ciclo ovariano. (*Reproduzido, com permissão, de Devlin TM, ed. Livro-texto de Bioquímica com Correlações Clínicas. 5th ed. New York: Wiley-Liss, Copyright © 2002:935. Esse material é usado com permissão de John Wiley & Sons, Inc.*)

e estradiol, culminando com a apoptose das células endometriais uterinas e a sua clivagem no 28° dia da menstruação, quando um novo folículo começa a se desenvolver. A diminuição dos níveis sanguíneos de estradiol e de progesterona aliviam a inibição por *feedback* dos gonadotrofos e do hipotálamo, levando à liberação de GnRH e o início de outro ciclo ovariano.

Se ocorrer a fecundação, o corpo lúteo continua a ser viável e começa a secreção de gonadotrofina coriônica humana, uma função, eventualmente, assumida pela placenta. Esse hormônio **é necessário para a manutenção do endométrio durante o primeiro trimestre da gravidez.**

Na menopausa, começando, em média, aos 51 anos, a produção ovariana de estrogênio e progesterona declina gradualmente. A **resultante liberação da inibição por *feedback* da hipófise leva à liberação muito maior de FSH e LH.** As glândulas suprarrenais continuam a produzir uma quantidade mínima de estrogênio. A ovulação cessa e a menstruação torna-se menos frequente e, eventualmente, cessa. O ovário pós-menopausa e as glândulas suprarrenais continuam a secretar androgênios. A conversão desses androgênios em estrogênios, principalmente nas células de gordura e na pele, pela enzima aromatase, fornece a maior parte dos estrogênios circulantes em mulheres pós-menopáusicas.

QUESTÕES DE COMPREENSÃO

48.1 Mulher de 57 anos obesa ainda não apresentou sintomas de menopausa, mas foi diagnosticada com síndrome dos ovários policísticos e resistência à insulina. Seus níveis plasmáticos de testosterona foram acima do normal. Qual das opções a seguir é a mais provável nesse caso?

   A. Hiperinsulinemia levando a excesso de produção de androgênio pelo ovário e a sua conversão em estrogênio nas células de gordura
   B. Superprodução de androgênio pelas glândulas suprarrenais e sua conversão em estrogênio nas células de gordura
   C. Superprodução de progesterona pelo ovário policístico levando a sua conversão em estrogênio
   D. Proporção de LH/FSH = 1
   E. Superprodução de estrogênio pelo ovário e conversão em testosterona

48.2 Qual das seguintes alterações é mais provável de ser observada em uma mulher pós-menopausa que não está tomando suplementação hormonal?

   A. Cessação da secreção de androgênios
   B. Aumento dos níveis de FSH e LH
   C. Aumento da atividade dos osteoblastos
   D. Diminuição dos níveis de hormônio liberador de gonadotrofinas
   E. Aumento dos níveis de progesterona

48.3 Em uma mulher normal em pré-menopausa, qual das seguintes opções é estimulada pela progesterona?

   A. Liberação do hormônio liberador de gonadotrofinas pela hipófise
   B. Ovulação
   C. Desenvolvimento do endométrio em preparação para uma eventual gravidez
   D. Contração uterina
   E. Desenvolvimento folicular

RESPOSTAS

48.1 **A.** Hiperandrogenismo é principalmente ovariano no início em mulheres com síndrome do ovário policístico, embora possa ocorrer uma contribuição menor a partir das glândulas suprarrenais. A hiperinsulinemia é o estímulo primário. As células de gordura convertem androgênios em estrogênios. Isto pode explicar a menopausa tardia nesse caso. Normalmente, nas mulheres pós-menopausa, a produção ovariana de testosterona continua e isso fornece a principal fonte de estrogênio circulante. Em geral, uma proporção LH/FSH de pelo menos 2,5 é associada com a síndrome do ovário policístico.

48.2 **B.** Aumento dos níveis de FSH e LH resultam na diminuição dos níveis de estrogênio e na liberação da inibição por *feedback*. A secreção de androgênios prossegue, apesar de diminuída. A atividade dos osteoblastos diminui, levando eventualmente a risco de osteoporose. Os níveis de progesterona diminuem e aumentam os níveis de GnRH.

48.3 **C.** A progesterona é secretada pelo corpo lúteo, sob a influência de LH, juntamente com estrogênio, que promove o espessamento e a manutenção do endométrio. Progesterona inibe a liberação de GnRH, a contração uterina e o desenvolvimento folicular.

DICAS DE BIOQUÍMICA

▶ A puberdade é iniciada pela liberação pulsátil de GnRH do hipotálamo.
▶ GnRH liga-se a receptores de membrana plasmática nas suas células-alvo na adeno-hipófise e desencadeia a ativação da via de sinalização do fosfatidilinositol, estimulando a libertação de FSH e LH na mesma célula.
▶ FSH se liga ao seu receptor de membrana plasmática no folículo do ovário para estimular, por meio da ativação da adenilato-ciclase, a produção de AMP cíclico e proteína-cinase, aumentando a síntese e secreção ovariana de 17-β-estradiol, o hormônio sexual feminino.
▶ Atresia folicular é a causa de hipoestrogenemia na menopausa, a qual está associada com níveis elevados de gonadotrofinas (FSH e LH).

REFERÊNCIAS

Bown RA, Austagen L, Rouge M. *Pathophysiology of the Endocrine System*. Colorado State University, 2006. http://arbl.cvmbs.colostate.edu/hbooks/pathphys/endocrine/.

Litwack G, Schmidt TJ. Biochemistry of hormones I: polypeptide hormones. In: Devlin TM, ed. *Textbook of Biochemistry with Clinical Correlations*. 7th ed. New York: Wiley-Liss; 2010.

CASO 49

Homem de 36 anos chega à clínica preocupado com a crescente fraqueza e fadiga. Relata que seus sintomas estão presentes em todos os momentos, mas em tempos de estresse, a fraqueza é muito pior. Teve náuseas, vômitos e dor abdominal inespecífica, que resultaram em perda de peso involuntária. Sua coloração da pele mudou, ficando semelhante a um bronzeado e esse bronzeado se espalha pelo corpo todo. Ao exame, ele não apresenta risco com outros sintomas além de uma pressão arterial ligeiramente baixa, e os sinais vitais estão normais. Sua pele está bronzeada com escurecimento nos cotovelos e nos vincos da mão, embora ele afirme que esteja evitando o sol. O resto do exame é normal.

▶ Qual é o diagnóstico provável?
▶ Qual é o transtorno molecular subjacente?

RESPOSTAS PARA O CASO 49
Doença de Addison

Resumo: homem de 36 anos chega a clínica com fadiga, fraqueza, sintomas gastrointestinais inespecíficos, hipotensão e escurecimento da coloração da pele, apesar de não ter se exposto à luz solar.

- **Diagnóstico:** Doença de Addison
- **Sinal que estimula a liberação de FSH:** Insuficiência suprarrenal com perda de mineralocorticoides e cortisol.

ABORDAGEM CLÍNICA

Homem de 36 anos apresenta os estigmas clínicos de doença de Addison ou deficiência de adrenocorticoides. Os sintomas de fraqueza, fadiga e hipotensão são causados pela diminuição dos níveis de cortisol, bem como dos mineralocorticoides. O escurecimento da pele é resultado do aumento do hormônio estimulante de melanócitos, metabolizado a partir do hormônio adrenocorticotrófico (ACTH, do inglês, *adrenocorticotropin hormone*), o qual está elevado devido aos baixos níveis dos hormônios suprarrenais. Essa é uma doença potencialmente fatal e requer pronto reconhecimento clínico. Os eletrólitos séricos dão uma pista da doença, porque o paciente provavelmente teria hiponatremia e hipercalemia. Um teste de estimulação de ACTH revelando baixos níveis de resposta cortical suprarrenal confirma a suspeita. O tratamento inclui hidrocortisona (cortisol), para substituir a deficiência de glicocorticoides, e a suplementação com mineralocorticoide. A causa mais comum de insuficiência suprarrenal em uma base crônica é a destruição autoimune das glândulas suprarrenais. Outras doenças autoimunes devem ser procuradas e testadas, como diabetes melito e lúpus eritematoso sistêmico. A insuficiência suprarrenal pode ocorrer de forma aguda quando a glândula suprarrenal não é capaz de gerar altos níveis de esteroides em momentos de estresse, como cirurgia ou infecção; a razão mais comum nesses casos é corticoterapia crônica levando à supressão suprarrenal relativa. Essas situações podem ser evitadas pela administração de hidrocortisona "estresse da dose" por via intravenosa, em um período suficiente para antecipar o estresse fisiológico.

ABORDAGEM AO
Hormônio suprarrenal

OBJETIVOS

1. Descrever as manifestações clínicas da deficiência de mineralocorticoides.
2. Descrever a regulação do ACTH e de cortisol.

DEFINIÇÕES

HORMÔNIO ESTIMULANTE DE α-MELANÓCITOS (α-MSH, do inglês, α-*melanocyte-stimulating hormone*): hormônio polipeptídico derivado a partir da quebra de ACTH (de 13 resíduos de aminoácidos N-terminal). Liberado a partir da adeno-hipófise, ele age sobre as células da pele para causar escurecimento da pele pela dispersão de melanina.
ACTH: hormônio adrenocorticotrófico; hormônio polipeptídico liberado a partir da adeno-hipófise para a corrente sanguínea em resposta a ligação do hormônio liberador de corticotrofina (CRH). ACTH se liga a receptores no córtex suprarrenal, causando a síntese e a liberação de cortisol.
CRH: hormônio liberador de corticotrofina; hormônio polipeptídico que consiste em 41 aminoácidos liberado a partir do hipotálamo, chegando até o córtex suprarrenal em um sistema porta fechado. Ele se liga a receptores do córtex suprarrenal causando a liberação de ACTH e β-lipotrofina.
CORTISOL: hidrocortisona; um hormônio esteroide glicocorticoide sintetizado pela glândula suprarrenal em resposta à ligação de ACTH. O cortisol se liga a receptores citosólicos ou nucleares que atuam como fatores de transcrição para genes que respondem a glicocorticoides. Em geral, o cortisol é um hormônio catabólico que promove a quebra de proteínas.
CORTICOSTEROIDE: uma classe de hormônios esteroides que incluem os glicocorticoides (por exemplo, cortisol) e os mineralocorticoides (por exemplo, aldosterona). Os glicocorticoides estão envolvidos na manutenção de níveis normais de glicose no sangue, ao passo que mineralocorticoides estão envolvidos no balanço mineral.
HIPOADRENOCORTICISMO: uma falha do córtex suprarrenal para produzir hormônios glicocorticoides (e, em alguns casos, de mineralocorticoides).
PRO-OPIOMELANOCORTINA: uma proteína precursora sintetizada na adeno-hipófise a partir da qual são gerados vários hormônios polipeptídicos, como ACTH, β-lipotrofina, γ-lipotrofina, α-MSH, γ-MSH, peptídeo intermediário semelhante a corticotrofina (CLIP) e β-endorfina (e, potencialmente, encefalinas e β-MSH).

DISCUSSÃO

O cortisol é um membro da família dos hormônios esteroides glicocorticoides. Ele atua em quase todos os órgãos e tecidos do corpo na realização de sua função essencial na resposta do corpo ao estresse. Entre as suas funções cruciais, ele ajuda a manter a pressão arterial e a função cardiovascular; atua como um anti-inflamatório; modula os efeitos da insulina sobre a utilização de glicose; e regula o metabolismo de proteínas, carboidratos e lipídeos. Em todas as suas ações, o **cortisol interage com receptores intracelulares** para provocar a sua ligação a elementos de resposta específicos nos **promotores dos genes-alvo**, influenciando a **transcrição dos seus RNA mensageiros**.

O cortisol é produzido pela glândula suprarrenal sob o controle rígido do hipotálamo e da hipófise. O hipotálamo secreta CRH em resposta ao estresse. CRH atua sobre os receptores da membrana plasmática em células corticotróficas na adeno-hipófise para estimular a liberação de ACTH. A secreção está também sob regulação circadiana. A vasopressina e a angiotensina II intensificam essa resposta positiva, mas, por si só, não são capazes de iniciá-la. O ACTH é derivado do precursor polipeptídico pró-opiomelanocortina após a clivagem na hipófise para liberar ACTH mais β-lipotrofina, uma endorfina precursora com atividade estimuladora de melanócitos. O **ACTH se liga a receptores da membrana plasmática na glândula suprarrenal para estimular a produção de cortisol, uma resposta de sinalização mediada pela adenilato-ciclase** (Figura 49.1). O aumento dos níveis de cortisol no sangue exerce inibição por *feedback* da secreção de ACTH, um ciclo de *feedback* atuando em vários níveis, incluindo o hipotálamo, a hipófise e o sistema nervoso central. Sob controle positivo, separado pela noradrenalina, a hipófise intermediária converte ACTH ao hormônio estimulante de melanócitos (β-MSH) mais CLIP.

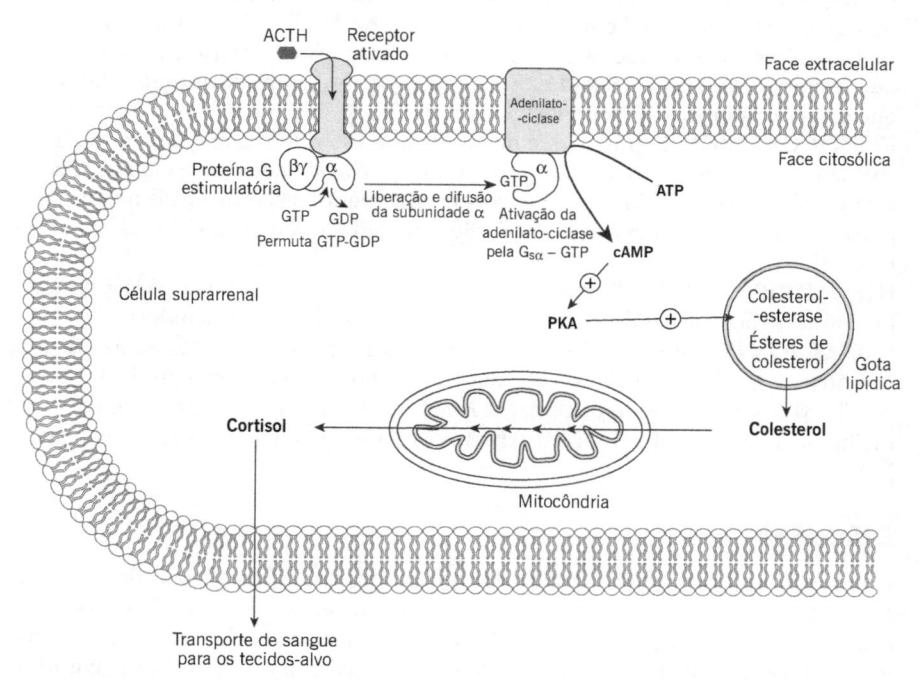

Figura 49.1 Sequência de eventos que leva à liberação de colesterol da glândula suprarrenal. A ligação de ACTH aos receptores da superfície da célula ativa a adenilato-ciclase para produzir cAMP, que, por sua vez, ativa a proteína-cinase A. Isso provoca a ocorrência de eventos de fosforilação, o que causa a liberação de colesterol das gotas de ésteres de colesterol na célula. Inicia-se então a conversão de colesterol em cortisol, o qual é liberado na corrente sanguínea.

A maioria dos casos de doença de Addison são resultado de atrofia idiopática do córtex suprarrenal induzida por respostas autoimunes, apesar da descrição de várias outras causas de destruição do córtex suprarrenal. Hipoadrenocorticismo resulta na diminuição da produção de cortisol e, em alguns casos, também resulta na diminuição da produção de aldosterona, o outro principal hormônio esteroide produzido por essa glândula. Se os níveis de aldosterona são insuficientes, alterações eletrolíticas características ficam evidentes devido ao **aumento da excreção de Na^+ e à diminuição da excreção de K^+**, principalmente na urina, mas também no suor, saliva e o no trato gastrointestinal. Essa condição conduz à urina isotônica e a **diminuição dos níveis sanguíneos de Na^+ e Cl^-, com o aumento dos níveis de K^+.** Quando não tratada, a **insuficiência de aldosterona** produz **desidratação grave, hipertonicidade do plasma, acidose, diminuição do volume circulatório, hipotensão e colapso circulatório.**

A deficiência de cortisol causa impacto no metabolismo de carboidratos, de gordura e de proteínas e produz grave sensibilidade à insulina. A gliconeogênese e a formação de glicogênio hepático ficam comprometidos, resultando em hipoglicemia. Como consequência, hipotensão, fraqueza muscular, fadiga, vulnerabilidade à infecções e estresse são os primeiros sintomas. Uma hiperpigmentação característica em ambas as partes expostas e não expostas do corpo fica evidente. Diminuição dos níveis sanguíneos de cortisol na doença de Addison levam ao aumento dos níveis sanguíneos de ACTH e β-lipotrofina, refletindo na diminuição da inibição por *feedback* da síntese pelo cortisol. β-lipotrofina tem atividade estimuladora de melanócitos, que explica o aumento da pigmentação. A doença é progressiva, com o risco de uma crise suprarrenal fatal ser desencadeada por infecção ou por um outro trauma.

Insuficiência suprarrenal secundária pode ser o resultado de lesões no hipotálamo ou na hipófise, levando a diminuição da liberação de ACTH. Essa condição não exibe hiperpigmentação, porque a liberação de inibição por *feedback* da produção de ACTH por níveis baixos de cortisol não pode superar o defeito primário na produção de ACTH. Geralmente, a secreção de aldosterona está normal.

Por outro lado, a síndrome de Cushing resulta na superprodução de cortisol e é causada, em geral, por um tumor nas glândulas suprarrenais ou na hipófise.

QUESTÕES DE COMPREENSÃO

49.1 Mulher de 29 anos com rosto arredondado, hirsutismo, obesidade na parte superior do corpo e pele machucável com facilidade apresenta fadiga grave, fraqueza muscular e ansiedade. Queixa-se também de períodos menstruais irregulares. Como ela tem asma a longo prazo, lhe foi prescrito prednisona durante os últimos dois anos. Os achados ao exame revelaram níveis elevados de glicose no sangue em jejum e pressão arterial elevada. Os níveis de cortisol estavam abaixo do normal.
Qual das seguintes é a explicação mais provável para explicar os sintomas da paciente?

A. Diminuição dos níveis de insulina
B. Aumento dos níveis de testosterona
C. Diminuição da secreção de ACTH
D. Excesso de hormônio glicocorticoide de fonte exógena
E. Aumento do metabolismo hepático dos hormônios esteroides

49.2 Paciente sofrendo de fraqueza, fadiga, náuseas e vômitos apresentou concentrações sanguíneas baixas de Na^+ e Cl^- e níveis elevados de K^+ no soro. O exame físico revelou um bronzeado intenso tanto das partes expostas como das partes não expostas do corpo e pigmentação escura no interior da boca. A hiperpigmentação nesse paciente resultou, provavelmente, de qual dos seguintes fatores?

A. Aumento da secreção de ACTH
B. Exposição prolongada do paciente à radiação ultravioleta
C. Ingestão excessiva de alimentos contendo β-caroteno
D. Ativação de melanócitos causada por eventos adversos de medicação
E. Inibição da Na^+, K^+-ATPase na membrana plasmática

49.3 Metirapona é usada para bloquear a 11β-hidroxilase mitocondrial na via de síntese de corticosteroide e é administrado para avaliar a função do eixo hipotálamo-suprarrenal. Qual dos seguintes resultados é o mais provável a partir desse teste de diagnóstico durante a noite em um indivíduo saudável?

A. Inibição por *feedback* da biossíntese de cortisol
B. Aumento dos níveis de precursores de cortisol
C. Diminuição nos níveis de ACTH
D. Inibição da atividade da adenilato-ciclase em células corticais da suprarrenal
E. Inibição da função da hipófise

RESPOSTAS

49.1 **D.** Prednisona atua como um análogo do hormônio glicocorticoide, dando origem aos sintomas da síndrome de Cushing após administração prolongada.

49.2 **A.** A hiperpigmentação é uma característica da doença de Addison, o diagnóstico nesse caso. Diminuição dos níveis plasmáticos de cortisol por causa da insuficiência suprarrenal libera a inibição por *feedback* da secreção de ACTH pela hipófise, resultando no aumento da biossíntese de ACTH. O peptídeo precursor de ACTH é clivado para também produzir MSH, o fator responsável pela hiperpigmentação mesmo em áreas não expostas à luz solar.

49.3 **B.** Inibição desse passo na biossíntese de cortisol alivia a inibição por *feedback* das suas enzimas biossintéticas, levando ao acúmulo de precursores de cortisol, em especial o 11-desoxicortisol. Pacientes normais terão também um aumento compensatório da secreção de ACTH.

DICAS DE BIOQUÍMICA

▶ A maioria dos casos de doença de Addison ocorrem em razão de atrofia idiopática do córtex suprarrenal induzida por respostas autoimunes.
▶ O cortisol interage com receptores intracelulares para provocar a sua ligação a elementos de resposta específicos nos promotores dos genes-alvo para influenciar a transcrição dos seus RNA mensageiros.
▶ Sob o controle positivo separado pela noradrenalina, o intermediário da hipófise converte ACTH em MSH, que representa aparência "bem bronzeada".
▶ Insuficiência de aldosterona produz desidratação grave, hipertonicidade plasmática, acidose, diminuição do volume circulatório, hipotensão e colapso circulatório.

REFERÊNCIAS

Bown RA, Austagen L, Rouge M. *Pathophysiology of the Endocrine System*. Colorado State University, 2006. http://arbl.cvmbs.colostate.edu/hbooks/pathphys/endocrine/.

Litwack G, Schmidt TJ. Biochemistry of hormones I: polypeptide hormones. In: Devlin TM, ed. *Textbook of Biochemistry with Clinical Correlations*. 7th ed. New York: Wiley-Liss; 2010.

CASO 50

Mulher de 32 anos chega ao obstetra e ginecologista com queixas de menstruação irregular, hirsutismo e humor instável. Ela também relatou ganho de peso e contusões frequentes. O exame revelou obesidade no tronco, um rosto arredondado tipo "lua", hipertensão, equimoses e estrias abdominais. A paciente foi encaminhada para um teste de supressão de dexametasona que revelou níveis elevados de cortisol.

- Qual o diagnóstico mais provável?
- O que níveis elevados de hormônio adrenocorticotrófico (ACTH, do inglês, *adrenocorticotropic hormone*) podem indicar?

RESPOSTAS PARA O CASO 50
Síndrome de Cushing

Resumo: mulher de 32 anos com menstruação irregular, hirsutismo, mudança de humor, ganho de peso, obesidade no tronco, hipertensão, estrias abdominais, equimoses e níveis elevados de cortisol.

- **Diagnóstico:** Síndrome de Cushing.
- **Níveis elevados de ACTH:** Provavelmente devido a hiperplasia das suprarrenais por tumor produtor de ACTH.

ABORDAGEM CLÍNICA

Essa paciente tem muitos dos achados clássicos da síndrome de Cushing. Hiperplasia das suprarrenais pode ser causada pela estimulação excessiva de ACTH (produzido na hipófise ou produção ectópica) ou por problemas primários das suprarrenais, como adenomas ou carcinomas. Além dos sintomas mencionados, as pacientes com síndrome de Cushing também estão sob risco de osteoporose e diabetes melito (DM). O diagnóstico é confirmado por níveis elevados de cortisol após um teste de supressão de dexametasona. O tratamento depende da etiologia e geralmente é cirúrgico.

ABORDAGEM À
Síndrome de Cushing

OBJETIVOS
1. Descrever a biossíntese dos esteroides nas glândulas suprarrenais.
2. Explicar, do ponto de vista bioquímico, porque a hipertensão é uma consequência comum da síndrome de Cushing.

DEFINIÇÕES

ESTRIAS ABDOMINAIS: marcas de estiramento na região abdominal.
HORMÔNIO ADENOCORTICOTRÓFICO (ACTH) OU CORTICOTROFINA: hormônio produzido na adeno-hipófise que estimula a produção de cortisol pelas suprarrenais.
ADENOMA: tumor benigno de origem glandular, encontrado geralmente nas glândulas suprarrenais, hipófise ou tiroide (observar que depois do adenoma atingir malignidade ele passa a ser denominado adenocarcinoma).
HORMÔNIO LIBERADOR DE CORTICOTROFINA: hormônio produzido no hipotálamo, que estimula a liberação de ACTH pela adeno-hipófise.
DOENÇA DE CUSHING: forma específica da síndrome de Cushing, que é causada por adenoma da hipófise secretor de ACTH. Representa cerca de 66% dos casos de

síndrome de Cushing. Devido a semelhanças estruturais com o hormônio estimulante de melanócito (MSH, do inglês, *melanocyte-stimulating hormone*), o excesso de ACTH de adenomas de hipófise pode induzir à hiperpigmentação da derme.

TESTE DE SUPRESSÃO DE DEXAMETASONA: teste noturno utilizado para rastrear pacientes com síndrome de Cushing baseado na administração de dexametasona ao paciente. Um resultado positivo do teste é indicativo de que o paciente não tem capacidade de reduzir os níveis de cortisol após o tratamento com dexametasona, geralmente porque o mecanismo de retroalimentação não é capaz de inibir a liberação de cortisol.

EQUIMOSE: ferida ou contusão normalmente proveniente de dano aos capilares no local da lesão, o que permite que o sangue vaze para o tecido adjacente, apresentando inicialmente uma coloração azul ou púrpura.

SÍNDROME ECTÓPICA DO ACTH: forma da síndrome de Cushing na qual aparecem tumores benignos ou malignos em outros locais que não a hipófise, levando à liberação excessiva de ACTH e, consequentemente, à liberação de cortisol na corrente sanguínea. Representa cerca de 10 a 15% dos casos de síndrome de Cushing.

HIRSUTISMO: aumento de pelos em mulheres em regiões do corpo onde normalmente não nascem pelos.

HIPERCORTISOLISMO: condição na qual o organismo é exposto a um excesso de cortisol por longo período de tempo.

SÍNDROME DE CUSHING IATROGÊNICA: condição na qual todos os sintomas da síndrome de Cushing são provenientes da administração de formas sintéticas de cortisol, como a prednisona e a dexametasona. O termo *iatrogênico* é derivado do grego e significa nascido do médico.

SÍNDROME DE PSEUDO-CUSHING: condição na qual o álcool induz sintomas da síndrome de Cushing sem que os níveis de cortisol tenham sido aumentados por um tumor.

DISCUSSÃO

Cortisol é o hormônio do estresse e é liberado em resposta a um trauma, físico ou emocional, levando a várias alterações fisiológicas, visando reduzir o estresse associado ao trauma. Esse processo é benéfico ao organismo porque a atividade do cortisol pode limitar os efeitos prejudiciais do estresse. Entretanto, se a secreção de cortisol for muito alta (hipercortisolismo) podem aparecer sintomas da síndrome de Cushing.

O cortisol é secretado pelas glândulas suprarrenais dos rins ("suprarrenal" significa próximo ou nos rins). Todos os hormônios esteroides são sintetizados a partir do colesterol, sendo que é a etapa limitante da biossíntese dos esteroides é a clivagem da cadeia lateral do colesterol. Isso é realizado por uma série de enzimas do complexo do citocromo P450. Altos níveis de Ca^{2+} e fosforilação de proteínas – devido a um aumento de cAMP no citosol – aumentam a velocidade de clivagem da cadeia lateral do colesterol na mitocôndria. Inicialmente, o colesterol é mobilizado para dentro da mitocôndria do córtex das suprarrenais, onde sua cadeia lateral é clivada pelo complexo de clivagem P450 (*CYP11A1*), produzindo pregnenolona

(Figura 50.1). A pregnenolona é oxidada pela 3ß-hidroxiesteroide-desidrogenase, formando progesterona, que, por sua vez, é convertida em cortisol pela ação de três

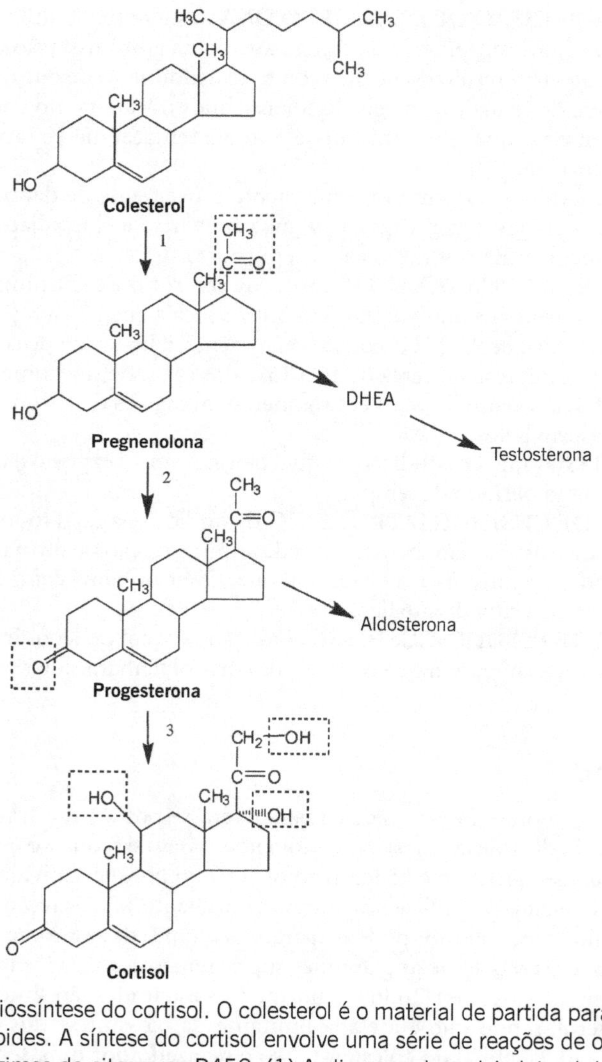

Figura 50.1 Biossíntese do cortisol. O colesterol é o material de partida para a síntese de todos os esteroides. A síntese do cortisol envolve uma série de reações de oxidação catalisadas por enzimas do citocromo P450. (1) A clivagem da cadeia lateral de seis átomos do colesterol é catalisada pela *CYP11A1*, a etapa-limitante na síntese dos esteroides. (2) Essa etapa é seguida pela desidrogenação do grupo hidroxila da pregnenolona, que é catalisada pela 3-ß-hidroxiesteroide-desidrogenase. (3) Essa molécula é então oxigenada nos carbonos 17, 21 e 11 por *CYP17*, *CYP21A1* e *CYP11B1*, respectivamente, produzindo cortisol. Todas as modificações nas estruturas estão indicadas por linhas tracejadas.

enzimas do citocromo P450, são elas *CYP17*, *CYP21A2* e *CYP11B1*. Uma vez que a síntese esteja completa, o cortisol é liberado via difusão simples da zona fasciculada do córtex das suprarrenais para a corrente sanguínea e distribuído para os órgãos-alvo, como o fígado e os rins.

As glândulas suprarrenais produzem cortisol em resposta a hormônios intermediários, denominados de **ACTH** e **CRH,** por meio de uma via humoral de estresse, a qual se estende do cérebro até as suprarrenais (Figura 50.2). Uma vez que o organismo tenha recebido um sinal de estresse do ambiente, esse sinal é detectado por neurônios do córtex cerebral e transmitido para o hipotálamo. O hipotálamo, então, libera CRH pela via secretora clássica da adeno-hipófise. O CRH estimula a liberação de ACTH, que circula pela corrente sanguínea até as glândulas suprarrenais. Uma vez na zona fasciculada do córtex das suprarrenais, o ACTH liga-se a receptores de membrana que estimulam a transferência de colesterol para as mitocôndrias, para os eventos de clivagem que levam à síntese e à liberação do cortisol. Após a difusão da célula para a corrente sanguínea, o cortisol liga-se a CBG, tam-

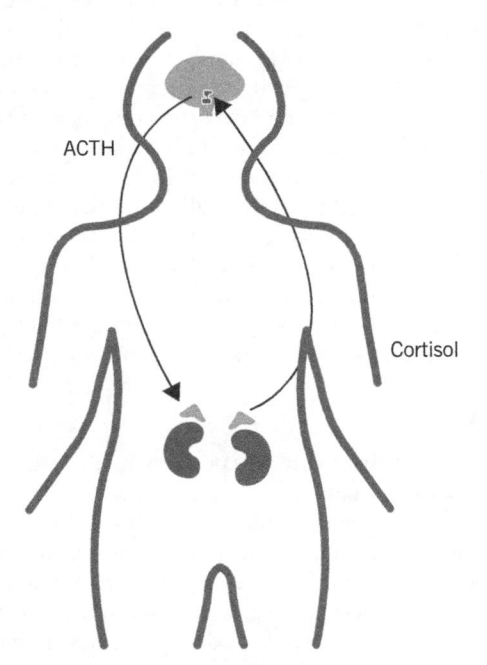

Figura 50.2 Indução da via humoral do estresse. Quando um estresse ambiental é detectado pelo sistema nervoso central, ele sinaliza para que o hipotálamo libere CRH na adeno-hipófise. Ocorre a liberação de ACTH pela hipófise para o sangue e o ACTH liga-se aos receptores da membrana de células do córtex das suprarrenais. O cortisol é sintetizado e sai das células por difusão simples, circulando através do sangue, onde é distribuído para o hipotálamo e a hipófise, inibindo a liberação de CRH e ACTH, respectivamente, por meio de uma alça de retroalimentação negativa.

bém conhecida como transcortina. O cortisol retorna para receptores do hipotálamo para sinalizar a redução na produção de ACTH e CRH, regulando assim sua própria síntese por um mecanismo de retroalimentação negativo.

Como principal hormônio de estresse, o cortisol tem muitas funções. Por exemplo, nas trabéculas dos ossos, o cortisol inibe a síntese de novo osso pelos osteoblastos e diminui a absorção de Ca^{2+} no trato gastrointestinal, levando à osteopenia. Entretanto, os dois papéis principais do cortisol são influenciar o metabolismo e o sistema imune.

METABOLISMO

O cortisol é catabólico e leva à lipólise e ao consumo de tecido muscular. O catabolismo muscular é uma fonte de aminoácidos usada pelo fígado para abastecer a gliconeogênese e aumentar os níveis de glicose no sangue. A proteólise do colágeno pode levar à fragilidade da pele, lesões com facilidade e estrias. A lipólise, ou degradação de lipídeos, produz ácidos graxos livres para o sangue que, quando degradados na ß-oxidação hepática, são uma fonte alternativa de energia, diminuindo a demanda por glicose. Pensa-se que o aumento da lipólise na síndrome de Cushing provoca o redirecionamento dos depósitos de gordura dos membros para o tronco, levando a sintomas como "face de lua" e "corcunda de búfalo". O excesso de cortisol, além de aumentar os níveis de glicose, pode inibir a atividade da insulina e exacerbar as complicações do diabetes. Cortisol e cAMP induzem duas enzimas, a fosfoenolpiruvato-carboxicinase (PEPCK) e a glicose-6-fosfatase (G6Pase), os quais levam ao aumento dos níveis de glicose. A função do cortisol é induzir a expressão dos genes da PEPCK e G6Pase por meio do elemento de resposta a cortisol (GRE, do inglês, *glucocorticoid response element*), que situa-se a montante de cada um desses genes. PEPCK e G6Pase aumentam a gliconeogênese e antagonizam a atividade de resposta à insulina, levando a um aumento dos níveis sanguíneos de glicose.

SISTEMA IMUNE

O cortisol tem efeitos imunossupressivos e pode reduzir a inflamação. Por exemplo, formas sintéticas de cortisol, como a hidrocortisona, são utilizadas clinicamente para reduzir a inflamação. Os efeitos imunossupressivos do cortisol devem-se, parcialmente, a sua capacidade de sequestrar linfócitos no baço, timo e medula óssea. A maioria dos demais efeitos imunossupressivos são provenientes da capacidade do cortisol de modular a transcrição gênica. O cortisol difunde-se para o interior das células e liga-se a receptores de glicocorticoides, que se desagregam em proteínas de uma única cadeia ou monômeros. Então, o receptor ativado, ou fator de transcrição, que têm uma região de ligação a DNA, transloca-se ao núcleo e altera a expressão gênica. Essa atividade induz a transcrição de vários genes imunossupressores que inibem a expressão de genes-alvo, como o gene da interleucina 2 (IL-2).

A síndrome de Cushing é uma condição rara na qual os níveis de cortisol estão elevados nos pacientes por um longo período de tempo (hipercortisolismo). Em geral, afeta pessoas entre 20 e 50 anos e raramente a doença ocorre em razão de uma condição herdada, que leva ao crescimento de adenomas nas glândulas endócrinas, como as suprarrenais, paratireoide, pâncreas ou hipófise. Tumores benignos da hipófise ou das glândulas suprarrenais podem levar a uma liberação excessiva de ACTH ou cortisol no sangue, causando os sintomas da síndrome de Cushing. Os níveis elevados de cortisol endógeno (formas não sintéticas de cortisol) podem causar hipertensão, provavelmente devido a sua fraca capacidade de se ligar a receptores de mineralocorticoides (isto é, receptores de aldosterona).

O hipercortisolismo pode provir de: (1) adenoma da hipófise, que secreta ACTH em excesso, causando assim a liberação de cortisol pelas suprarrenais; (2) adenoma das suprarrenais, que secreta cortisol em excesso; (3) tumor de pulmão, que secreta ACTH em excesso; ou (4) administração de formas sintéticas de cortisol (por exemplo, dexametasona, prednisona) em função de uma doença diagnosticada anteriormente, como a artrite reumatoide. No caso de adenoma da hipófise, a localização do adenoma faz a glândula hipófise ficar insensível ao mecanismo de retroalimentação negativa, devido ao excesso de cortisol no sangue. Sessenta por cento de todos dos casos de síndrome de Cushing ocorrem em razão de adenomas da hipófise. Quando o hipercortisolismo deve-se à administração de esteroides, ele é denominado de **síndrome de Cushing iatrogênica**.

Ademais, uma vez que o cortisol é um hormônio de estresse, pessoas que sofrem de níveis altos de estresse, como atletas, pessoas que abusam do álcool e mulheres grávidas podem ter altos níveis sanguíneos de cortisol e apresentarem sintomas da síndrome de Cushing (também conhecida como **síndrome de pseudo-Cushing**).

O tratamento da síndrome de Cushing visa fazer os níveis de cortisol voltarem ao normal e, geralmente, é cirúrgico. Em alguns casos, medicamentos, como o mitotano, capaz de baixar os níveis de cortisol no sangue e na urina, podem ser utilizados isoladamente ou em combinação com radioterapia.

QUESTÕES DE COMPREENSÃO

50.1 Mulher de 45 anos apresenta hirsutismo, estrias, feridas, acne e hiperpigmentação da pele. Depois de um exame clínico completo, o médico percebe que ela também tem hipertensão e mostra sinais de "corcunda de búfalo" nas costas, entre os ombros. A suspeita é de síndrome de Cushing e, após os resultados laboratoriais mostrarem níveis elevados de cortisol no sangue, ela foi submetida a um teste de supressão de dexametasona, com resultado positivo. Após a administração de dexametasona, essa paciente mostrou níveis elevados de cortisol (resultado positivo) devido a qual das seguintes possibilidades?

A. A via humoral de estresse já não pode regular os níveis de cortisol via retroalimentação negativa
B. Há deficiência na enzima que degrada a dexametasona, levando a quantidades excessivas de glicocorticoides no sangue
C. A adeno-hipófise não responde ao excesso de cortisol e está produzindo excesso de CRH de forma aberrante

D. Um tumor na glândula suprarrenal secretora de CRH está estimulando a síntese de cortisol e já não responde ao controle por retroalimentação negativa.

50.2 Qual das opções abaixo explica melhor o hirsutismo observado na questão 50.1?

A. Síntese de androgênios pelas suprarrenais por estímulo de ACTH
B. Síntese de androgênios pelas suprarrenais por estímulo de CRH
C. Ativação por cortisol de receptores da aldosterona
D. Estímulo por cortisol da expressão de enzimas da biossíntese de androgênios pelas suprarrenais

50.3 O acúmulo característico de tecido adiposo nas regiões da cervical, do tronco e da face em pacientes com síndrome de Cushing é melhor explicada por qual das seguintes afirmações?

A. Excesso de androgênios das suprarrenais devido a tumor de suprarrenal
B. Excesso de cortisol por longos períodos de tempo
C. Estimulação cruzada de receptores de mineralocorticoides por cortisol
D. Aumento da produção de MSH
E. Aumento de proteólise

50.4 Qual é a causa mais comum de hipercortisolismo?

A. Tumor de suprarrenal que secreta excesso de cortisol e dos hormônios mineralocorticoides
B. Tumor de pulmão que secreta ACTH em excesso, o que leva a um excesso de cortisol no sangue
C. Administração de cortisol sintético pelo médico
D. Adenoma da hipófise que secreta ACTH em excesso, o que leva a excesso de cortisol no sangue

RESPOSTAS

50.1 **A.** A via humoral de estresse já não pode regular os níveis de cortisol por retroalimentação negativa. Ao administrar uma forma sintética de cortisol (dexametasona), o médico faz um teste da capacidade natural do organismo em reduzir a produção de cortisol. Entretanto, um paciente com síndrome de Cushing produz cortisol em excesso devido a uma de várias fontes principais, como adenoma de hipófise que secreta ACTH, tumor de pulmão que secreta ACTH ou tumor de suprarrenal que secreta cortisol. Cada uma dessas fontes não é afetada no teste de supressão de dexametasona, de modo que os níveis sanguíneos de cortisol não são afetados. Se a via humoral de estresse estiver intacta, o teste não irá apresentar queda nos níveis de cortisol.

50.2 **A.** Fenótipos androgênicos são frequentemente observados na síndrome de Cushing, porque o ACTH, geralmente em excesso, estimula a síntese de androgênios pelas suprarrenais, além da síntese de cortisol.

50.3 **B.** Embora o mecanismo exato não seja conhecido, o excesso de cortisol por longos períodos de tempo mobiliza lipídeos e redireciona os depósitos de gordura das regiões periféricas para a região do tronco, criando uma aparência tanto de "corcunda de búfalo" entre os ombros como de "face de lua".

50.4 **D.** Embora todas as alternativas possam levar à hipercortisolismo, cerca de dois terços de todos os casos são devidos a adenomas de hipófise que secretam ACTH em excesso, levando ao excesso de cortisol no sangue.

DICAS DE BIOQUÍMICA

▶ Todos os hormônios esteroides são sintetizados a partir do colesterol, sendo que a etapa limitante da biossíntese dos esteroides é a clivagem da cadeia lateral do colesterol.
▶ O cortisol é catabólico e leva à lipólise e ao consumo de tecido muscular.
▶ A síndrome de Cushing ocorre devido ao hipercortisolismo por um longo período de tempo.
▶ O cortisol tem vários efeitos no organismo e, quando em excesso, pode causar hipertensão, lipólise, "corcunda de búfalo", "face de lua", facilidade em produzir ferimentos na pele e obesidade no tronco.

REFERÊNCIAS

Boron WF, Boulpaep EL, eds. *Medical Physiology: A Cellular and Molecular Approach*. 2nd ed. Philadelphia, PA: W.B. Saunders; 2011.

Lin B, Morris DW, Chou JY. Hepatocyte nuclear factor 1alpha is an accessory factor required for activation of glucose-6-phosphatase gene transcription by glucocorticoids. *DNA Cell Biol*. 1998;17(11):967-974.

Mahmoud-Ahmed AS, Suh JH. Radiation therapy for Cushing's disease: a review. *Pituitary*. 2002;5(3): 175-180.

Muller OA, von Werder K. Ectopic production of ACTH and corticotropin-releasing hormone (CRH). *J Steroid Biochem Mol Biol*. 1992;43(5):403-408.

Petersen DD, Magnuson MA, Granner DK. Location and characterization of 2 widely separated glu- cocorticoid response elements in the phosphoenolpyruvate carboxykinase gene. *Mol Cell Biol*. 1988;8(1):96-104.

Phillips PJ, Weightman W. Skin and Cushing syndrome. *Aust Fam Physician*. 2007;36(7):545-547.

CASO 51

Mulher de 42 anos foi atendida em uma clínica com queixa de desconforto espalhado pela região do abdome, fraqueza, cansaço e dor nos ossos. A paciente relata não ter história pessoal ou familiar de problemas médicos, mencionou apenas que teve infecções urinárias com frequência e tinha tido vários episódios de pedras nos rins. O exame físico não mostrou anormalidades, a contagem de células do sangue estava dentro da faixa normal e o exame de eletrólitos mostrou níveis significativamente elevados de cálcio e níveis baixos de fósforo.

▶ Qual o diagnóstico mais provável?
▶ Qual o segundo mensageiro bioquímico que está ativado nesta doença?

RESPOSTAS PARA O CASO 51
Hiperparatireoidismo

Resumo: mulher de 42 anos com histórico de infecções recorrentes do trato urinário e pedras nos rins apresentando dor abdominal generalizada, fraqueza, hipercalcemia e níveis baixos de fósforo.

- **Diagnóstico:** Hiperparatireoidismo levando à hipercalcemia e hipofosfatemia.
- **Mecanismo bioquímico:** Níveis elevados do hormônio da paratireoide atuam ligando-se ao receptor de membrana plasmática de 7-hélices para ativar o sistema de sinalização da adenilato-ciclase/proteína-cinase A.

ABORDAGEM CLÍNICA

Essa paciente apresenta pedras nos rins, o que causa dor intensa no flanco. As causas mais comuns de hipercalcemia incluem malignidades ou hiperparatireoidismo. Outras causas incluem distúrbios granulomatosos, como sarcoidose e tuberculose, e, menos comum, hipercalcemia, em razão de intoxicação por vitamina A ou D ou antiácidos contendo cálcio. Pode também ser um efeito colateral de terapias com medicamentos, como lítio ou diuréticos do grupo das tiazidas. Circunstâncias genéticas, como a hipercalcemia e a hipocalciúrica e o hiperparatireoidismo, como parte de uma síndrome endócrina neoplásica, são também incomuns. **Hiperparatireoidismo primário**, geralmente devido **adenoma de paratireoide solitário**, geralmente é a causa mais provável quando exames de laboratório rotineiros demonstram hipercalcemia em pacientes **assintomáticos**. A maioria dos pacientes não tem sintomas com hipercalcemia leve (abaixo de 12 mg/dL), exceto talvez por alguma poliúria ou desidratação. Quando os níveis ultrapassam 13 mg/dL, os pacientes começam a desenvolver sintomas cada vez mais graves, incluindo sintomas no sistema nervoso central (SNC) (letargia, estupor, coma, mudanças no estado mental, psicose), sintomas gastrointestinais (anorexia, náusea, constipação, úlcera péptica), problemas renais (poliúria, nefrolitíase) e queixas do musculoesquelético (artralgias, mialgias, cansaço). Os **sintomas do hiperparatireoidismo** podem ser lembrados como **pedras** (rins), **lamentação** (dor abdominal), **gemidos** (mialgias), **ossos** (dor nos ossos) e **alterações psiquiátricas**. O diagnóstico pode ser feito por achados de hipercalcemia e hipofosfatemia com níveis impropriamente elevados de hormônio da paratireoide (PTH, do inglês, *parathyroid hormone*). Pacientes sintomáticos podem ser tratados com paratireoidectomia.

ABORDAGEM AO
Metabolismo do cálcio

OBJETIVOS

1. Descrever o metabolismo do cálcio.
2. Descrever a regulação do cálcio sérico, inclusive os papéis do PTH e da calcitonina.

DEFINIÇÕES

CALCITONINA: hormônio polipeptídico com 32 resíduos de aminoácidos sintetizado pelas células parafoliculares (células C) da glândula tireoide. A calcitonina é secretada em resposta a níveis elevados de Ca^{2+} no sangue.

IP_3: inositol-1,4,5-trisfosfato (inositol-trisfosfato); um segundo mensageiro liberado pela ação da fosfolipase C sobre o fosfatidilinositol-4,5-bisfosfato (PIP_2). IP_3 liga-se a receptores no retículo endoplasmático (RE) provocando um rápido efluxo de Ca^{2+} do RE para o citoplasma.

CASCATA DE FOSFOINOSITÍDEO: a sequência de eventos que se segue à ligação de um hormônio a receptores que agem pela proteína Gq. O hormônio liga-se à um receptor acoplado à proteína Gq que ativa a fosfolipase C que, por sua vez, cliva PIP_2, liberando IP_3 e diacilglicerol, sendo que ambos são segundos mensageiros.

PTH: hormônio da paratireoide; um hormônio polipeptídico com 84 aminoácidos que é sintetizado na glândula paratireoide e secretado em resposta a níveis sanguíneos baixos de Ca^{2+}. PTH age aumentando as concentrações sanguíneas de Ca^{2+} por estimular a formação e a atividade de osteoclastos, liberando assim cálcio e fosfato dos ossos para o sangue.

VITAMINA D: vitamina D_3, um seco-esteroide (esteroide no qual um dos anéis foi aberto) formado pela ação da luz UV sobre 7-desidrocolesterol. A forma ativa da vitamina D é o hormônio 1,25-di-hidroxicalciferol (calcitriol), formado nos rins em resposta aos altos níveis de PTH. Esse hormônio se liga a receptores nucleares no intestino, ossos e rins para ativar a expressão de proteínas ligantes de cálcio.

DISCUSSÃO

A concentração do íon cálcio no sangue é finamente regulada devido à importância crítica desse íon em uma ampla gama de processos fisiológicos. A **hipocalcemia leva rapidamente a espasmos musculares, tetania, disfunção cardíaca e muitos outros sintomas.** Cerca da metade do íon cálcio circulante no sangue está ligada a proteínas e o restante está em um estado não ligado. A concentração do íon cálcio no sangue é próxima a 1 mM, valor que é 10 mil vezes maior do que a concentração do íon cálcio no citoplasma. As concentrações normais de cálcio e fosfato no sangue estão próximas de seus limites de solubilidade. Portanto, a elevação desses níveis leva à formação de precipitados e lesão aos órgãos.

O **íon cálcio intracelular é amplamente sequestrado dentro das mitocôndrias e do lúmen do RE.** O inositol-trisfosfato (IP$_3$) – um segundo mensageiro de hormônios que age pela estimulação da cascata de fosfoinositídeo (Figura 51.1) – liga-se ao seu receptor na membrana do RE, disparando rapidamente um efluxo de íons cálcio desse armazenamento intracelular para o citoplasma. A **proteína calmodulina, que liga o cálcio**, sente as flutuações na concentração intracelular de íon cálcio, alterando sua conformação e, desse modo, influenciando a atividade de várias enzimas as quais ela se liga, inclusive a **cálcio-ATPase**. Esse pico na concentração de

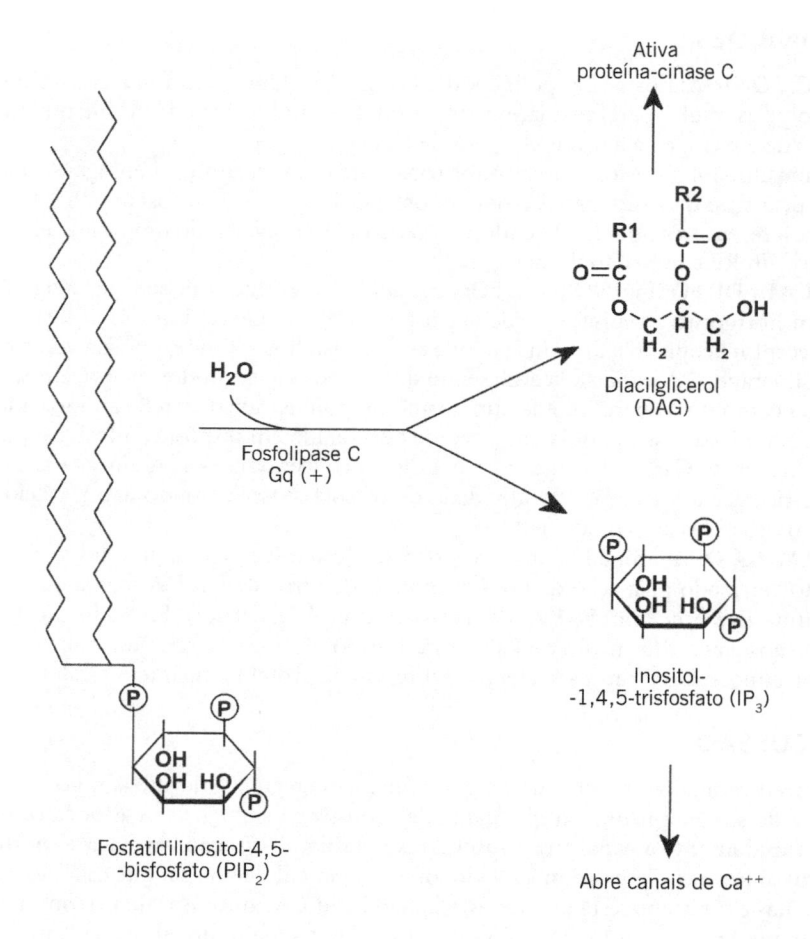

Figura 51.1 A cascata do fosfoinositol. A ligação do hormônio a receptores ligados a Gp leva à ativação da fosfolipase C, a qual hidrolisa PIP$_2$ na membrana para liberar os dois segundo-mensageiros, DAG e IP$_3$.

cálcio intracelular é restaurado aos níveis de repouso pela atividade de transportadores de cálcio, inclusive a cálcio-ATPase e do trocador sódio/cálcio.

O PTH desempenha um papel crucial na regulação das concentrações de cálcio e fósforo no líquido extracelular. O principal sinalizador para a liberação de hormônio da paratireoide é a diminuição dos níveis extracelulares de íon cálcio livre. O PTH age sobre três alvos principais, o intestino delgado, os rins e os ossos, para restaurar as concentrações do íon cálcio no líquido extracelular de volta para a faixa normal, caso essas concentrações baixem demais.

O PTH atua ligando-se ao receptor de membrana plasmática de 7-hélices para ativar o sistema de sinalização da adenilato-ciclase/proteína-cinase A. Em alguns tecidos, a ligação ao receptor está acoplada ao sistema de sinalização do fosfatidilinositol para ativar a proteína-cinase C.

O PTH é sintetizado como um pré pró-hormônio de 115 aminoácidos nas células principais da glândula paratireoide, onde é processado por proteólise até um peptídeo ativo de 84 aminoácidos e, então, é armazenado em vesículas secretórias. Quando os **níveis sanguíneos de cálcio baixam,** em relação aos níveis normais, o **hormônio ativo é secretado por exocitose** no sangue. As células da paratireoide monitoram os níveis do íon cálcio por meio de receptores de membrana sensíveis ao cálcio. O íon fosfato é um regulador de importância muito menor da secreção de PTH e faz isso por meio de um mecanismo indireto. A secreção de PTH diminui poucos segundos após a ligação de cálcio a seus receptores nas células principais da paratireoide. Em um período de horas, a transcrição do RNA mensageiro do pré pró-hormônio diminui. Caso a hipocalcemia persista por dias ou meses, a glândula paratireoide aumenta em um esforço para elevar a produção de PTH.

Os ossos servem como um grande reservatório de cálcio para o organismo. Aproximadamente 1% do íon cálcio dos ossos pode ser trocado rapidamente com íon cálcio extracelular. **O PTH estimula a desmineralização dos ossos e libera cálcio e fósforo no organismo para estimular a formação e a atividade de osteoclastos.** Esse processo é potencializado sinergicamente pela vitamina D.

O **PTH** age também **aumentando a absorção de íon cálcio pelo intestino delgado.** Ele faz isso indiretamente por provocar o aumento da formação de vitamina D ativa pelos rins. O PTH age na etapa final que limita a velocidade da via de formação de 1,25-di-hidroxicalciferol nos rins. Caso o PTH esteja baixo, a formação do derivado inativo 24,25-di-hidroxicalciferol é estimulada. A vitamina D atua nos receptores intracelulares do intestino delgado, aumentando a transcrição dos genes que codificam sistemas de captação de cálcio pelo aumento da expressão desses genes.

Os rins desempenham uma função fundamental na homeostase do cálcio. O **PTH age diretamente nos rins suprimindo a excreção de íon cálcio na urina** por maximizar a reabsorção tubular de cálcio. Também aumenta a excreção de íon fosfato pelos rins (efeito fosfatúrico) para evitar o acúmulo excessivo desse íon que é liberado durante a desmineralização dos ossos.

Hiperparatireoidismo é consequência da secreção muito aumentada de PTH. Essa condição leva a um *turnover* excessivo dos ossos e a desmineralização, que deve ser tratada pela remoção da glândula paratireoide. Essa doença é classificada em hiperparatireoidismo primário, secundário ou terciário. Hiperparatireoidismo primário esporádico é a terceira doença endócrina mais comum, depois do diabetes e do hipertireoidismo. É mais comum em mulheres com mais de 55 anos e a causa principal é um adenoma simples que secreta o hormônio de maneira constitutiva e desregulada. Os sintomas podem incluir osteopenia e fratura óssea, pedras renais (resultante da hipercalciúria), úlcera péptica e pancreatite. Nos casos mais leves, os pacientes são assintomáticos ou apresentam apenas fadiga muscular, cansaço e/ou depressão.

O hiperparatireoidismo secundário origina-se da hipocalcemia crônica. Essa condição pode resultar de uma insuficiência renal que leve a uma reabsorção de cálcio deficiente do filtrado urinário. Ele pode também originar-se de má nutrição ou má absorção de vitamina D pelos intestinos. Como resposta, as glândulas paratireoides aumentam a secreção de PTH. Essa condição leva também à descalcificação dos ossos. Hiperparatireoidismo terciário é geralmente visto depois de transplante renal. Nesses pacientes, a glândula paratireoide secreta o hormônio independentemente dos níveis de cálcio no sangue.

Paradoxalmente, embora a **exposição crônica a altos níveis de PTH leve à descalcificação óssea**, a administração desse hormônio em **pulsos, como injeções uma vez ao dia, estimula um aumento da massa óssea**. Esse tratamento é usado como uma terapia eficiente da osteoporose. A **calcitonina**, secretada pelas células C parafoliculares da glândula tireoide, **tem efeitos opostos ao PTH**. A calcitonina é secretada quando os níveis sanguíneos de cálcio são muito altos e ela age suprimindo a reabsorção de cálcio nos rins e inibindo a desmineralização óssea. Entretanto, nos seres humanos, ela tem um papel secundário na regulação dos níveis sanguíneos de íon cálcio.

QUESTÕES DE COMPREENSÃO

51.1 Uma paciente de 54 anos queixou-se de fraqueza muscular, fadiga e depressão. Ela teve um episódio recente de pedra renal e o exame de densitometria óssea revelou osteopenia. Ela ainda não entrou na menopausa e tem tomado diariamente um comprimido multivitamínico, além de 500 mg de citrato de cálcio nos últimos 20 anos. Os resultados de exames químicos do sangue indicaram níveis séricos elevados de íon cálcio e o exame de urina revelou fosfatúria. Qual das seguintes opções seria a causa mais provável dos sintomas da paciente?

A. Ingesta de vitamina D em excesso
B. Síntese do hormônio da paratireoide em excesso
C. Ingesta de cálcio em excesso
D. Síntese de calcitonina em excesso
E. Ingesta de fosfato em excesso

51.2 Antes da introdução de leite fortificado com vitamina D, crianças que ficavam a maior parte do tempo dentro de casa geralmente desenvolviam raquitismo.

Nessas crianças com deficiência de vitamina D, qual das opções abaixo seria a explicação mais provável para a má-formação óssea apresentada por essas crianças?

A. Excreção renal de cálcio em excesso
B. Excreção renal de íon fosfato em excesso
C. Captação inadequada de cálcio pelos intestinos
D. Falta de exercício e de levantar peso
E. Reabsorção de cálcio pelos túbulos renais em excesso

51.3 Por que a ingesta excessiva de refrigerantes contendo fósforo por pessoas mal nutridas leva à diminuição na densidade óssea?

A. Níveis aumentados de íon fosfato no sangue interagem com sensores na membrana de células da paratireoide e estimulam a liberação de hormônio da paratireoide
B. O íon fosfato liga-se ao sítio ativo de transportadores de cálcio no intestino, inibindo assim a capacidade de transportar cálcio
C. O íon fosfato esgota os níveis celulares de ATP, o que resulta na inibição dos transportadores de cálcio Ca^{2+}-ATPase
D. O íon fosfato forma espontaneamente precipitados insolúveis com o íon cálcio, diminuindo assim a absorção intestinal de cálcio.
E. O íon fosfato é incorporado em excesso nos ossos, enfraquecendo assim a estrutura deles.

RESPOSTAS

51.1 **B.** A causa mais provável de todos os sintomas da paciente é o hipeparatireoidismo. O aumento do hormônio da paratireoide leva à desmineralização dos ossos, aumento na captação de cálcio pelo intestino, aumento dos níveis sanguíneos de cálcio, diminuição da excreção de cálcio pelos rins e aumento da excreção de fosfato pela urina. O aumento dos níveis sanguíneos de cálcio provoca cálculo renal e a desmineralização óssea progride para uma osteopenia. A ingesta de cálcio e vitamina D pela paciente não é excessiva. A calcitonina age diminuindo a desmineralização óssea. A fraqueza muscular e a depressão refletem a ampla função do íon cálcio em muitos processos fisiológicos.

51.2 **C.** A principal ação da vitamina D é aumentar a absorção de cálcio no intestino delgado. Deficiência dessa vitamina leva a níveis sanguíneos baixos de cálcio, estímulo da secreção do hormônio da paratireoide e, por ação sinérgica, estimula a desmineralização óssea. A excreção renal de cálcio é diminuída na hipocalcemia, mas níveis elevados do hormônio da paratireoide estimulam a excreção renal de fosfato para evitar o acúmulo excessivo desse produto da desmineralização óssea. Embora a falta de exercício diminua a densidade óssea, ela não leva ao raquitismo caso haja quantidade suficiente de vitamina D.

51.3 **D.** A formação de precipitado diminui efetivamente a disponibilidade de íon cálcio. Essa consequência é motivo de preocupação por causa do consumo disseminado de refrigerantes em substituição à água por crianças em idade escolar.

DICAS DE BIOQUÍMICA

- O íon cálcio intracelular é amplamente sequestrado dentro da mitocôndria e no lúmen do retículo endoplasmático.
- O PTH age sobre três alvos principais – intestino delgado, rins e ossos – para restaurar a concentração de íons cálcio no líquido extracelular a sua faixa normal, caso estejam muito baixos.
- O hiperparatireoidismo provoca níveis elevados de cálcio e fosfato.
- O PTH age inibindo os seus receptores de membrana plasmática de 7-hélices para ativar o sistema de sinalização celular adenilato-ciclase/proteína-cinase A.
- O PTH estimula a desmineralização dos ossos e libera cálcio e fosfato no sangue por estimular a formação e a ativação de osteoclastos, aumenta a absorção de íons cálcio pelo intestino delgado e age diretamente sobre os rins, suprimindo a excreção de cálcio na urina.

REFERÊNCIAS

Chaney SG. Principles of nutrition II: micronutrients. In: Devlin TM, ed. *Textbook of Biochemistry with Clinical Correlations.* 7th ed. New York: Wiley-Liss; 2010.

Bowen RA, Austgen L, Rouge M. *Pathophysiology of the Endocrine System.* Colorado State University, 2006. http://arbl.cvmbs.colostate.edu/hbooks/pathphys/endocrine/.

Litwack G, Schmidt TJ. Biochemistry of hormones I: polypeptide hormones. In: Devlin TM, ed. *Textbook of Biochemistry with Clinical Correlations.* 7th ed. New York: Wiley-Liss; 2010.

CASO 52

Homem de 35 anos apresentando ataques de pânico, relatou que estava tendo episódios de ansiedade durante os últimos quatro meses, com aumento da gravidade e da duração. Junto com o aumento da ansiedade, ele sentia palpitações e dores de cabeça. No exame físico, apresentava sudorese, frequência cardíaca de 124 batimentos por minuto e pressão sanguínea de 160/105 mmHg. A frequência cardíaca estava anormalmente irregular. O eletrocardiograma (ECG) mostrou taquicardia rápida sem ondas P, e o sangue apresentava níveis elevados de catecolaminas e a massa das glândulas suprarrenais podiam ser vistas por tomografia computadorizada.

- Qual é o diagnóstico mais provável?
- Qual é o mecanismo dos sintomas apresentados pelo paciente?

RESPOSTAS PARA O CASO 52
Feocromocitoma

Resumo: homem de 35 anos apresentando ansiedade, taquicardia, hipertensão, níveis elevados de catecolaminas no sangue e evidência de aumento do tamanho das suprarrenais. O exame físico e o ECG revelaram fibrilação atrial.

- **Diagnóstico mais provável:** Feocromocitoma.
- **Mecanismos dos sintomas:** O feocromocitoma é uma neoplasia funcional da medula suprarrenal. Ele secreta as catecolaminas adrenalina e noradrenalina de uma maneira não controlada. Isso aumenta os níveis circulantes desses hormônios que controlam o ritmo cardíaco, o metabolismo e a pressão sanguínea. Os sintomas são causados pelos efeitos do aumento das concentrações dos níveis desses hormônios nos tecidos-alvo.

ABORDAGEM CLÍNICA

O feocromocitoma é um tumor funcional raro, geralmente da medula suprarrenal, que aumenta periodicamente a produção de catecolaminas. Esses tumores podem ocorrer esporadicamente ou em algumas síndromes genéticas familiares (neoplasia endócrina múltipla [NEM] tipo 2 e síndrome de von Hippel-Lindau [VHL]). A tríade clínica clássica é dor de cabeça, sudorese e taquicardia. Entretanto, alguns pacientes não apresentam essa tríade. A hipertensão paroxítica (periódica) é o sintoma mais comum, ocorrendo em 50% dos pacientes com feocromocitoma. O diagnóstico é confirmado pela elevação das metanefrinas séricas ou pela elevação dos níveis de catecolaminas e metanefrinas na urina de 24 horas. Tomografia computadorizada ou imagem de ressonância magnética podem ser usadas para identificar a neoplasia. Os tumores mais comuns (90%) são os das glândulas suprarrenais, contudo, neoplasias extramedulares podem surgir da região para-aórtica inferior, vesícula biliar, tórax, da cabeça e pescoço. A remoção cirúrgica da neoplasia é o tratamento de escolha, mas é um procedimento de alto risco que requer o monitoramento cuidadoso e preparação com medicação pré-operatória para prevenir crise hipertensiva. A maioria das neoplasias são benignas (90%). É essencial o acompanhamento a longo prazo, porque pode haver recidiva de alguns tumores "benignos" vários anos depois, com metáteses a distância. Enquanto isso, a saúde cardiovascular do paciente fica sob alto risco, podendo, por exemplo, ocorrer fibrilação atrial com rápida resposta ventricular e hipertensão. No que concerne o tratamento da fibrilação atrial, as prioridades incluem agentes bloqueadores do sistema simpático e controle do ritmo do ventrículo. β-bloqueadores de ação curta, como o esmolol, podem ser úteis. Agentes bloqueadores adrenérgicos, como fentolanina, são efetivos no tratamento da crise hipertensiva.

ABORDAGEM AO
Feocromocitoma

OBJETIVOS

1. Descrever a regulação normal e a secreção de catecolaminas na medula suprarrenal.
2. Explicar como as catecolaminas regulam o metabolismo, a frequência cardíaca e a pressão sanguínea.
3. Descrever como a produção excessiva de catecolaminas leva aos sintomas observados nos tecidos e órgãos afetados.

DEFINIÇÕES

SISTEMA NERVOSO AUTÔNOMO: parte do sistema nervoso que regula as funções-chave involuntárias do organismo, incluindo músculo cardíaco, músculo liso e os músculos do trato gastrointestinal e das glândulas. O sistema nervoso autônomo se divide em dois: (1) sistema nervoso simpático, aquele que acelera a frequência cardíaca, contrai os vasos sanguíneos e eleva a pressão sanguínea; e (2) o sistema nervoso parassimpático, o qual diminui a frequência cardíaca, aumenta a atividade intestinal e glandular e relaxa os músculos dos esfíncteres.
CATECOLAMINAS: amina derivada do aminoácido tirosina, incluindo a adrenalina, noradrenalina e dopamina, que agem como hormônios ou neurotransmissores.
NEOPLASIA FUNCIONAL: tumor que secreta hormônio na glândula endócrina.
MUTAÇÃO NA CÉLULA GERMINATIVA: alteração gênica em uma célula reprodutiva (óvulo ou esperma) que é incorporada ao DNA de cada célula do descendente. Mutações em células germinativas são transmitidas dos pais à descendência.
NEURÔNIOS PRÉ-GANGLIONARES: um neurônio pré-ganglionar está localizado no sistema nervoso central (cérebro ou medula espinal). Eles enviam fibras para fora da raiz central e deixam o nervo espinal através da substância branca (mielina), entrando no tronco simpático.
SEGUNDO MENSAGEIROS: moléculas no interior da célula que agem transmitindo sinais de um receptor a um alvo seguinte em uma via de sinalização.

DISCUSSÃO

Feocromocitomas são tumores da glândula suprarrenal provenientes de células cromafins que sintetizam, armazenam, metabolizam e secretam catecolaminas. A maioria é benigna com incidência de malignidade geralmente ao redor de 10%, embora eles apresentem um alto risco de morbidade e mortalidade, devido a complicações cardiovasculares. A idade de manifestação é geralmente entre o início e o meio da vida adulta, embora possam ocorrer tumores em qualquer idade. Normalmente, a medula suprarrenal secreta hormônios em resposta a um estímulo do sistema nervoso simpático. Entretanto, nos casos de feocromocitoma, a secreção de catecolaminas torna-se desregulada e o sangue apresenta quantidades excessivas de catecolaminas. Os sintomas produzidos por essas neoplasias estão diretamente relacionados com os efeitos das catecolaminas sobre os tecidos-alvo e incluem dor abdominal, dor no peito, irritabilidade, nervosismo, palidez, palpitações, taquicardia, dores de cabeça intensa, sudorese, perda de peso, tremor nas mãos, pressão alta e dificuldade de dormir.

Embora muitos casos de feocromocitoma sejam esporádicos, uma proporção significativa está associada a mutações em vários genes conhecidos por causar síndromes variadas: doença VHL, devido a mutações no gene *VHL*; MEN tipos 2A e 2B, em razão de mutações nas células germinativas no gene *RET*; neurofibromatose tipo 1, por mutações no gene *NF*; e síndromes do feocromocitoma, causadas por mutações nos genes de membros da família da succinato-desidrogenase (*SDHB*, *SDHC* e *SDHD*). A proporção de casos de feocromocitomas devido a essas mutações podem ser baixas (10%) ou altas (24%). Fora esses casos, mutações em células germinativas ocorrem com mais frequência no gene *VHL* seguido pelos genes *RET*, *SDHB* e *SDHD*.

Em geral, quando o organismo está estressado, por exemplo, durante exercício ou resposta ao medo, impulsos nervosos do hipotálamo estimulam neurônios simpáticos pré-ganglionares. A região interna (medula) das glândulas suprarrenais é um gânglio modificado do sistema nervoso autônomo. Embora provenientes do mesmo tecido embrionário dos outros gânglios simpáticos, essas células não possuem axônios e agrupam-se ao redor dos vasos sanguíneos. Quando essas células (células cromafins) são estimuladas por um potencial de ação de neurônios pré-ganglionares do sistema simpático, no nervo esplâncnico, elas secretam as catecolaminas adrenalina e noradrenalina. As catecolaminas são sintetizadas a partir da tirosina, como esquematizado na Figura 52.1. Esses hormônios elevam a resposta de "lutar ou fugir" por aumentarem a frequência cardíaca e a força de contração, aumentando assim o fluxo de sangue no coração e a pressão sanguínea. Simultaneamente, as catecolaminas dilatam as vias aéreas dos pulmões, aumentam as concentrações sanguíneas de glicose e a concentração de ácidos graxos para reforçar o suprimento de energia e elevar o fluxo de sangue no coração, fígado, músculoesquelético e tecido adiposo.

A adrenalina pode exercer seus feitos nos tecidos-alvo pela ligação a dois tipos de receptores acoplados à proteína G, o receptor β-adrenérgico e o receptor α_2-adrenérgico. Esses receptores estão acoplados a diferentes proteínas G intracelulares. Tanto o receptor β_1-adrenégico como o β_2-adrenérgico estão acoplados a proteínas G_s, que ativam a adenilato-ciclase. Por outro lado, os receptores adrenérgicos α_1 e α_2 estão acoplados a duas outras proteínas G, G_q e G_i, respectivamente. G_i inibe a adenilato-ciclase e G_q estimula a fosfolipase C, que então gera inositol-trisfosfato e diacilglicerol, que agem como segundos mensageiros em vias de sinalização intracelular.

Durante períodos de estresse fisiológico, todos os tecidos aumentam suas necessidades por glicose e ácidos graxos. Esses combustíveis podem ser fornecidos para o sangue em segundos pela degradação rápida de glicogênio hepático (glicogenólise) e de triacilgliceróis das células de depósito do tecido adiposo (lipólise). Tanto adipócitos como hepatócitos apresentam receptores β-adrenérgicos que, quando ligados com adrenalina, disparam a liberação de glicose e ácidos graxos por meio dos mecanismos de sinalização celular já mencionados. A adrenalina também se liga a receptores semelhantes aos receptores ß-adrenérgicos nas células musculares cardíacas, para aumentar a frequência cardíaca, aumentando assim o suprimento

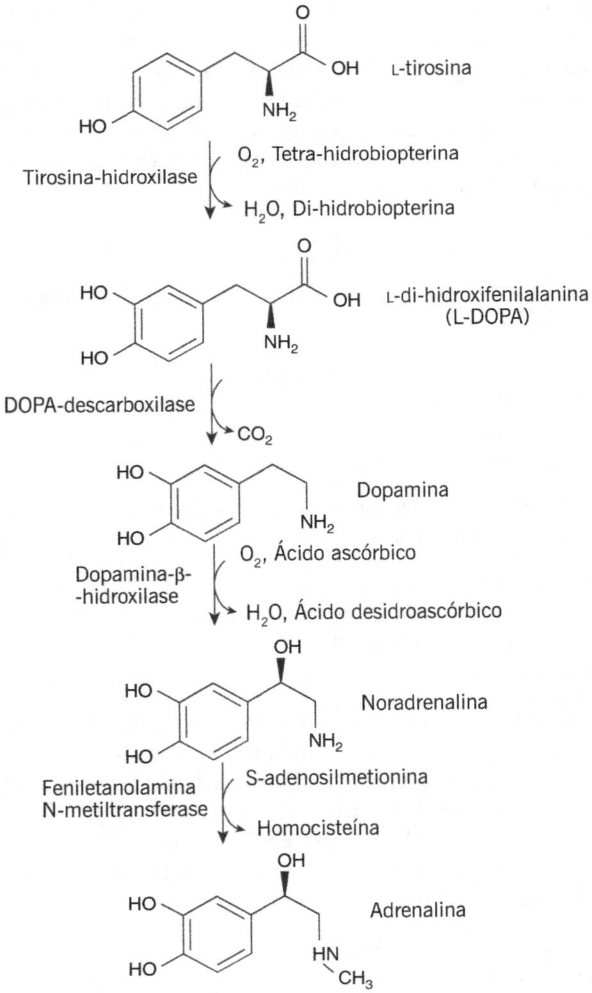

Figura 52.1 Biossíntese das catecolaminas noradrenalina e adrenalina a partir do aminoácido tirosina.

de sangue para os tecidos. A adrenalina liga-se a receptores β-adrenérgicos nas células do músculo liso do intestino fazendo com que elas se relaxem. Os receptores $α_2$-adrenérgicos estão presentes nas células do músculo liso que revestem os vasos sanguíneos do trato intestinal, pele e rins. A adrenalina ligada a receptores $α_2$ causa a contração das artérias, reduzindo a circulação a esses órgãos periféricos. Embora os efeitos da adrenalina sejam muitos, cada um deles é direcionado para suprir energia para um movimento rápido dos principais músculos locomotores em resposta ao estresse.

O tratamento do feocromocitoma frequentemente envolve a remoção cirúrgica do tumor. Além disso, a pressão e o pulso sanguíneo devem ser estabilizados com medicação antes da cirurgia. Quando o tumor não pode ser removido por cirurgia, usa-se medicação para controlar os sintomas. Geralmente, isso envolve uma combinação de fármacos para controlar a quantidade excessiva de hormônios circulantes. Como a maioria dos feocromocitomas são benignos, radioterapia e quimioterapia não são efetivas na cura desse tipo de tumor.

QUESTÕES DE COMPREENSÃO

52.1 A secreção de catecolaminas nos feocromocitomas é considerada desregulada porque o tumor:

   A. Não possui receptores β-adrenérgicos
   B. Contém moléculas transportadoras defeituosas
   C. Não é inervado
   D. Não possui receptores α-adrenérgicos

52.2 Qual das seguintes opções não é uma resposta dos tecidos a um aumento da secreção de catecolaminas?

   A. Constrição das vias aéreas
   B. Conversão hepática de glicogênio à glicose
   C. Aumento da frequência cardíaca
   D. Dilatação dos vasos sanguíneos do músculo esquelético

52.3 Apesar da preparação pré-operatória recomendada com bloqueadores α- e β-adrenérgicos, pode ocorrer instabilidade hemodinâmica severa durante cirurgias de ressecção de feocromocitomas. Alguns protocolos pré-operatórios recomendam a adição de metirosina, um inibidor da tirosina-hidroxilase, na tentativa de controlar melhor a hipertensão dos pacientes com feocromocitomas durante a cirurgia. Qual é o mecanismo que esse tratamento usa para controlar a instabilidade hemodinâmica?

   A. Metabolismo das catecolaminas
   B. Síntese de catecolaminas
   C. Ligação de catecolaminas a seus receptores
   D. Secreção de catecolaminas

RESPOSTAS

52.1 **C.** Normalmente, a secreção de catecolaminas é regulada pelo hipotálamo por meio de inervação da medula suprarrenal via neurônios simpáticos pré-ganglionares. Um feocromocitoma não possui essa inervação e, portanto, o mecanismo de regulação normal.

52.2 **A.** A secreção de catecolaminas aumenta a resposta de "lutar ou fugir". Por isso, as ações complementares dos tecidos-alvo visam aumentar o fluxo de sangue, o suprimento de energia na forma de glicose e oxigênio para o músculo esquelético. As vias aéreas dilatam em vez de se contraírem para atingir este objetivo.

53.3 **B.** A metirosina é um inibidor da enzima tirosina-3-monoxigenase e, consequentemente, inibidor da síntese das catecolaminas. Nos pacientes com feocromocitoma, esse medicamento é usado para controlar os sintomas da estimulação excessiva do simpático.

DICAS DE BIOQUÍMICA

▶ Feocromocitomas são classificados como neoplasias funcionais que secretam as catecolaminas noradrenalina e adrenalina.
▶ As catecolaminas sinalizam tecidos-alvo por meio de receptores acoplados à proteína G.
▶ A regulação hipotalâmica normal da liberação de catecolaminas da medula suprarrenal fica comprometida pela hipersecreção desses hormônios pelo tumor.

REFERÊNCIAS

Fishbein L, Nathanson KL. Pheochromocytoma and paraganglioma: understanding the complexities of the genetic background. *Cancer Genet.* 2012;205(1-2):1-11.

Goldstein RE, O'Neill JA Jr, et al, Clinical experience over 48 years with pheochromocytoma. 1999. *Ann Surg.* 1999;229:755-766.

Lodish H, Berk A, Zipursky SL, et al. G Protein–Coupled Receptors and Their Effectors. *Molecular Cell Biology.* 4th edition. New York: W. H. Freeman; 2000: Sec 20.3.

Tortura GJ and Derrickson B. The Endocrine System. *Principles of Anatomy and Physiology.* 11th edition. New Jersey: John Wiley & Sons; 2007: Chap 18.

Voet D, Voet JG. Signal transduction-hormones. *Biochemistry.* 3rd ed. Hoboken, NJ: John Wiley & Sons, Inc; 2004.

Young W, Kaplan N, Lacroix A, Martin K. Clinical presentation and diagnosis of pheochromocytoma. www.uptodate.com.

CASO 53

Menino de cinco semanas é levado ao setor de emergência de um hospital após apresentar crise de diarreia por dois dias, alimentar-se pouco, inchaço abdominal e aparência doentia. Os pais também falaram que a aparência da criança estava mais escura do que o normal. O menino nasceu de parto natural sem complicações e a termo. A criança foi atendida pelo seu pediatra na sua primeira consulta neonatal e durante o dia é cuidada por sua avó e recebe tanto amamentação materna como mamadeira. O exame físico mostrou que a criança estava com aparência doentia, coloração escura e aumento de tempo de reposição de sangue capilar. Os sinais vitais eram: pulso de 150 pulsações por minuto, pressão de 75/40 mmHg, frequência respiratória de 58/min, suor e temperatura retal de 37,8°. Pesa 4,8 kg, fontanela anterior é afundada e membranas mucosas são secas. Os pulmões estavam límpidos à auscultação, mas respirava com dificuldade. A auscultação cardíaca estava normal, mas extremidades estavam malperfundidas. Os resultados de laboratório mostraram hematócrito de 25,4%, contagem de leucócitos de $28,6 \times 10^3/mm^3$ e contagem de plaquetas de $953 \times 10^3/mm$. As amostras de sangue eram notavelmente escuras, coloração mais para o marrom do que as amostras de crianças normais. O pH do sangue arterial era de 7,18 (faixa normal: 7,35-7,45), pO_2 de 190 mmHg e pCO_2 de 24 mmHg.

▶ Qual é a causa mais provável da acidose da criança e dos sintomas anormais encontrados no exame clínico?
▶ Qual é o tratamento para este estado?

RESPOSTAS PARA O CASO 53
Metemoglobinemia pediátrica seguida de diarreia

Resumo: recém-nascido de cinco semanas apresentou aparência escurecida, dificuldade respiratória, acidose, evidenciada por gasometria do sangue, e o sangue também estava mais escuro do que o normal. O recém-nascido teve recentemente o que parecia uma infecção gastrointestinal.

- **Causa mais provável da acidose do recém-nascido e achados no exame:** Acidose metabólica devido a gastrenterite recente e, provavelmente, metemoglobinemia congênita.
- **Tratamento:** Azul de metileno.

ABORDAGEM CLÍNICA

A metemoglobina é uma forma de hemoglobina na qual o ferro não está no seu estado oxidativo (férrico). O íon férrico não é capaz de se ligar ao oxigênio, o que leva a uma anemia funcional pela redução do transporte de oxigênio aos tecidos. Os indivíduos afetados têm aparência cianótica, e o sangue tem uma aparência mais escura. A citocromo b5-redutase é importante na conversão da metemoglobina em hemoglobina. Pacientes com defeito na citocromo b5-redutase (defeito congênito) correm risco de terem quantidades excessivas de metemoglobina e anemia. Além da metemoglobinemia congênita, existem também causas adquiridas (drogas/substâncias químicas) dessa doença. O tratamento é feito com azul de metileno, porque ele reduz a metemoglobina novamente à hemoglobina.

ABORDAGEM À
Metemoglobinemia, ligação com oxigênio e eletroquímica

OBJETIVOS

1. Descrever os mecanismos moleculares da oxidação da hemoglobina em metemoglobina e como a metemoglobina é novamente reduzida à hemoglobina.
2. Explicar porque os recém-nascidos são suscetíveis à metemoglobinemia durante os seus primeiros meses de vida.

DEFINIÇÕES

HEMOGLOBINA FETAL: forma fetal da hemoglobina que contém duas cadeias de globina α e duas cadeias de globina γ. No útero, há predomínio de cadeias de globina do tipo γ em relação a cadeias do tipo β. A forma de hemoglobina dos adultos, na qual as cadeias γ são substituídas por cadeias β, começa a ter sua concentração

aumentada a partir da 36ª semana da gestação. A maior parte da hemoglobina fetal é substituída por hemoglobina do adulto 12 a 15 semanas após o nascimento. A hemoglobina fetal tem maior afinidade pelo oxigênio do que a hemoglobina do adulto.
AZUL DE LEUCOMETILENO: a forma reduzida do azul de metileno. Ao contrário da forma oxidada, ela não possui cor.
METEMOGLOBINA: hemoglobina na qual os íons ferro do grupo prostético heme estão na forma oxidada férrica (Fe^{3+}). Metemoglobina não liga oxigênio.
METEMOGLOBINEMIA: doença na qual as hemácias contêm excesso de metemoglobina. Metemoglobina é normalmente mantida em concentrações abaixo de 1%. Quando ultrapassa esses níveis, há diminuição dos níveis de oxigênio que são enviados aos tecidos.
AZUL DE METILENO: Corante aromático heterocíclico, que contém tanto átomos de enxofre como de nitrogênio. A forma oxidada tem uma cor azul característica quando em solução aquosa. Essa forma pode aceitar elétrons, produzindo a forma reduzida, o azul de leucometileno.
OXIDAÇÃO: perda de elétrons.
REDUÇÃO: ganho de elétrons.

DISCUSSÃO

A hemoglobina é a proteína das hemácias responsável por transportar oxigênio dos pulmões aos tecidos, que o utilizam para a produção de ATP na mitocôndria pela fosforilação oxidativa. Ela é uma proteína com várias subunidades formada por duas cadeias α e duas cadeias β, cada uma das cadeias tem uma estrutura parecida constituída de seis hélices α organizadas em uma estrutura tridimensional, normalmente chamada de **enovelamento da globina**. As cadeias α e β funcionam como dois dímeros αβ. Cada uma das cadeias α e β tem um bolsão hidrofóbico que contém o grupo prostético heme que contém ferro. O heme é a protoporfina IX, na qual está ligado um íon ferro por meio de ligações covalentes coordenadas aos átomos de N dos quatro anéis pirrólicos. O íon ferro se liga a um resíduo de histidina da proteína pelo seu quinto sítio de coordenação e o oxigênio se liga por meio do sexto sítio de coordenação. O oxigênio só pode se ligar ao heme-ferro quando ele está na sua forma reduzida, estado de oxidação ferroso (Fe^{2+}). Quando o íon ferro é oxidado para o estado de oxidação férrico (Fe^{3+}), o oxigênio não pode mais se ligar à hemoglobina que, então, torna-se metemoglobina.

O oxigênio é uma molécula muito eletronegativa e a hemoglobina irá reagir com ele formando metemoglobina e o ânion superóxido:

$$Hb(Fe2+)-O2 \leftrightarrow Hb(Fe3+) + O2-$$

Uma vez que os grupos prostéticos heme estão posicionados nos bolsões hidrofóbicos das cadeias de globina, a liberação do ânion superóxido ocorre muito lentamente e o elétron pode retornar ao íon ferro antes do oxigênio ser liberado. Assim, a formação de metemoglobina ocorre de forma lenta, mas a velocidade da sua formação pode ser aumentada com a elevação da carga oxidativa, devido a exposição a vários xenobióticos, substâncias químicas ou drogas. Normalmente, os níveis de equilíbrio da metemoglobina nas hemácias são mantidos baixos (<1% do total da hemoglobina) pelo sistema da citocromo b_5-redutase (NADH-metemoglobina-redutase) que utiliza NADH produzido na via glicolítica como poder redutor (Figura 53.1). Um sistema menos importante para reduzir metemoglobina utiliza um citocromo b_5-redutase que obtém seus equivalentes redutores do NADPH produzido na via das pentoses-fosfatos.

A metemoglobinemia é uma doença na qual os níveis de metemoglobina excedem 1% do total de hemoglobina. A metemoglobinemia hereditária é rara e ocorre quando as hemácias são deficientes na citocromo b_5-redutase ou no citocromo b_5 ou quando o paciente possui Hemoglobina M (na qual a hemoglobina com uma mutação que troca um aminoácido nas proximidades do ferro do heme faz o ferro ser mais suscetível à oxidação). A metemoglobinemia adquirida é muito mais comum e pode ocorrer quando o estresse oxidativo excede a capacidade das hemácias em reduzirem novamente a metemoglobina à hemoglobina. Isso pode acontecer em razão da administração de certos medicamentos (por exemplo, benzocaína, dipsona, sulfonamidas), ao uso de drogas recreativas, como nitrato de amila, ou pela exposição a pesticidas e herbicidas.

Os recém-nascidos, como no caso acima, são particularmente suscetíveis a episódios de metemoglobinemia porque a citocromo b_5-redutase não é expressa nos

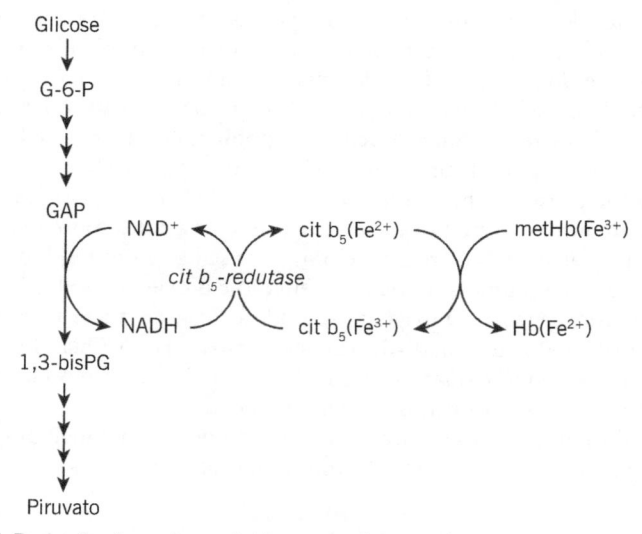

Figura 53.1 Redução de metemoglobina pelo sistema da citocromo b_5-redutase.

níveis de adultos até que a criança atinja 2 a 6 meses. Além disso, a transição de hemoglobina fetal ($\alpha_2\gamma_2$), a qual é mais propensa à oxidação, para hemoglobina de adulto ($\alpha_2\beta_2$) não se completa até os 2 ou 3 meses. Neste cenário, a criança padeceu de uma gastrenterite aguda e diarreia que levaram a acidose, provavelmente devido a perda excessiva de bicarbonato nas fezes. A diminuição do pH do sangue piorou os já baixos níveis de citocromo b_5-redutase. Como consequência, há acúmulo de metemoglobina, diminuindo assim a quantidade de oxigênio que pode ser enviada aos tecidos periféricos. A frequência respiratória aumenta em uma tentativa de compensar a diminuição do transporte de oxigênio. Essa concentração aumentada de metemoglobina é o que dá a coloração amarronzada ao sangue.

A metemoglobinemia infantil pode ser tratada com a administração de azul de metileno, que é um corante aromático heterocíclico (Figura 53.2). Quando no estado oxidado, o corante é azul, como o seu nome sugere, mas é incolor quando no estado reduzido. O azul de metileno mostrou-se capaz de aumentar a atividade da forma da citocromo b_5-redutase dependente de NADH (NADPH-metemoglobina-redutase), que normalmente não participa na redução da metemoglobina. A enzima reduz o azul de metileno para azul de leucometileno transferindo equivalentes redutores do NADPH. A forma reduzida do azul de metileno, então, transfere seus elétrons para a metemoglobina (Fe^{3+}), regenerando assim hemoglobina (Fe^{2+}). O NADPH utilizado pela redutase é produzido nas reações de oxidação na via das pentoses-fosfato. Portanto, esse tratamento não tem efeito se o paciente tiver uma deficiência na glicose-6-fosfato-desidrogenase. Também não terá efeito se houver deficiência na citocromo b_5-redutase dependente de NADPH.

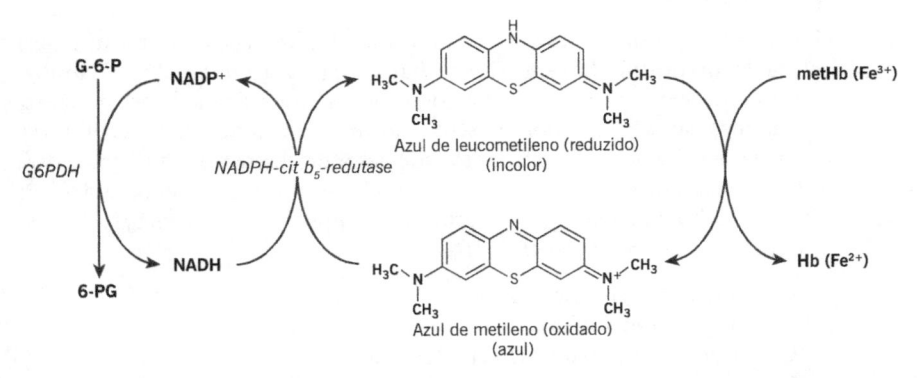

Figura 53.2 Tratamento da metemoglobinemia com o corante azul de metileno. A forma de citocromo b_5-redutase dependente de NADH reduz o azul de metileno à azul de leucometileno, que transfere seus elétrons para a metemoglobina, reduzindo a forma de ferro férrica para ferrosa.

QUESTÕES DE COMPREENSÃO

53.1 Quando oxigênio estiver ligado à hemoglobina, o íon ferroso (Fe^{2+}) pode ser oxidado a íon férrico (Fe^{3+}), que já não liga oxigênio. Isso resulta na produção do radical ânion superóxido e de metemoglobina. Os níveis de metemoglobina são mantidos normalmente a um mínimo por ação de qual das seguintes enzimas?

   A. Glicose-6-fosfato-desidrogenase
   B. Enzima málica
   C. NADH-citocromo b_5-redutase
   D. NADH-desidrogenase
   E. NADPH-citocromo b_5-redutase

53.2 Menina caucasiana jovem foi levada a uma clínica pediátrica pelos seus pais porque eles estavam preocupados pela tonalidade azulada da pele. O médico suspeitou que a criança tinha uma forma congênita de metemoglobinemia. Entretanto, ao adicionar metemoglobina a um homogenato de seu sangue, ele foi convertido em hemoglobina. É provável que a menina tenha qual das seguintes variantes anormais de hemoglobina?

   A. Hemoglobina A_{1C}
   B. Hemoglobina C
   C. Hemoglobina F
   D. Hemoglobina M
   E. Hemoglobina S

53.2 Uma criança de dois meses do sexo masculino foi levada a um setor de emergência depois de dois dias em crise de diarreia e pouca alimentação via oral. A criança estava letárgica, tinha uma coloração escura e sinais de desidratação. Os pulmões estavam límpidos à auscultação, mas tinha dificuldade respiratória. Além de desidratação, foi diagnosticado também metemoglobinemia. Para tratar a metemoglobinemia, a criança recebeu azul de metileno. O azul de metileno reduz a metemoglobina utilizando equivalentes redutores (elétrons) de qual das seguintes opções?

   A. Ciclo do ácido tricarboxílico
   B. Via das pentoses-fosfato
   C. Oxidação de glutamato a α-cetoglutarato
   D. Glicólise
   E. Via da β-oxidação

RESPOSTAS

53.1 **B.** Os níveis de metemoglobina são normalmente mantidos abaixo de 1% pela NADH-citocromo b_5-redutase, que usa equivalentes redutores do NADH citosólico para reduzir o íon férrico da metemoglobina em íon ferroso na hemoglobina. Basicamente, o NADH é originado pela conversão de gliceraldeído-3-fosfato em 1,3-bisfosfoglicerato na via glicolítica. A glicose-6-fosfato-desidrogenase oxida glicose-6-fosfato a 6-fosfogliconolactona e converte $NADP^+$ em NADPH. A enzima málica também produz NADPH na descarboxilação oxidativa do malato, produzindo piruvato. A NADH-desidrogenase é a primeira enzima na via de transporte de elétrons da mitocôndria. A NADPH-citocromo b_5-redutase desempenha um papel menor na conversão de metemoglobina em hemoglobina, mas pode ter um papel importante no tratamento da metemoglobinemia.

53.2 **D.** A metemoglobinemia congênita pode ser causada por uma deficiência na atividade da citocromo b_5-redutase, que leva a uma diminuição na velocidade pela qual a metemoglobina é reduzida à hemoglobina. Uma outra causa é a hemoglobina anormal, a variante hemoglobina M. A hemoglobina M é o termo aplicado a um grupo de hemoglobinas anormais, nas quais a substituição de um único aminoácido no bolsão hidrofóbico que liga heme faz o ferro do heme ser facilmente oxidado ao estado férrico. Um exemplo é a hemoglobina M Saskatoon, na qual a His da posição E7 está mutada para um resíduo de Tyr. A hemoglobina A_{1C} é o resultado da glicosilação da hemoglobina normal em níveis elevados de glicose no sangue. A hemoglobina C é o resultado de uma mutação de ponto que converte um resíduo de Glu em um resíduo de Lys na posição seis da cadeia ß. Isso resulta na perda da plasticidade das hemácias e em anemia hemolítica leve. A hemoglobina F é a forma fetal da hemoglobina. A hemoglobina S é a variante de hemoglobina da anemia falciforme.

53.3 **B.** O tratamento da metemoglobinemia com azul de metileno necessita de uma fonte de NADPH no citosol e de NADPH-citocromo b_5-redutase. O NADPH citosólico é originado basicamente da via das pentoses-fosfato, embora um pouco possa também ser obtido da oxidação de malato a piruvato pela enzima málica. O ciclo do ácido tricarboxílico é mitocondrial, assim como a reação da glutamato-desidrogenase e da via da ß-oxidação, que também produzem NADH. A glicólise é citosólica mas produz NADH e não NADPH.

DICAS DE BIOQUÍMICA

▶ A citocromo-b_5-redutase possibilita a redução de metemoglobina de volta em hemoglobina. Condições hereditárias que afetam essa enzima são fatores de risco para o desenvolvimento de hemoglobinemia.
▶ A metemoglobina com ferro no estado oxidado (férrico) é incapaz de transportar oxigênio.
▶ O azul de metileno possibilita que a metemoglobina seja reduzida novamente a hemoglobina.

REFERÊNCIAS

Ash-Bernal R, Wise R, Wright SM. Acquired methemoglobinemia: a retrospective series of 138 cases at 2 teaching hospitals. *Medicine*. 2004;83(5):265-273.

Jolly BT, Monico EP, McDevitt B. Methemoglobinemia in and infant: case report and review of the literature. *Pediatr Emer Care.* 1995;11(5):294-297.

Prchal J, Schrier S, Mahoney D, Landaw S, Hoppin A. Clinical features, diagnosis, and treatment of methemoglobinemia. www.uptodate.com.

Verive MJ. Pediatric methemoglobinemia. http://emedicine.medscape.com/article/956528--overview#showall.

SEÇÃO III

Lista de casos

- Lista pelo número do caso
- Lista por doença (ordem alfabética)

LISTA PELO NÚMERO DO CASO

Nº DO CASO	DOENÇA	PÁGINA DO CASO
1	Anemia falciforme	10
2	Deficiência de adenosina-desaminase	18
3	Metotrexato e metabolismo do folato	26
4	Deficiência de ácido fólico	36
5	HIV	46
6	Herpes-vírus simples/reação em cadeia da polimerase	56
7	Hipertireoidismo/regulação da transcrição mediada por esteroides	66
8	Fibrose cística	76
9	Eritromicina e doença de Lyme	84
10	Doença do xarope de bordo	94
11	Oncogenes e câncer	102
12	Talassemia/sonda de oligonucleotídeo	110
13	Síndrome do X Frágil	118
14	Metabolismo anaeróbio	126
15	Deficiência de tiamina	134
16	Envenenamento por cianeto	142
17	Cetoacidose alcoólica	152
18	Hipertermia maligna	160
19	Pancreatite	166
20	Esteatose hepática aguda da gravidez	174
21	Rabdomiólise	184
22	Diabetes tipo 2	192
23	Anemia hemolítica	204
24	Intolerância à frutose	212
25	Síndrome do colo irritável	220
26	Efeito Somogyi	228
27	Infarto do miocárdio	238
28	Doença de Tay-Sachs	248
29	Síndrome de Sanfilippo	256
30	Hipercolesterolemia	264
31	Cálculo biliar	272
32	Gastrite associada a anti-inflamatórios não esteroides (AINE)	280
33	Deficiência de glicose-6-fosfato-desidrogenase	288
34	Tratamento com estatinas	296
35	Hipertrigliceridemia (deficiência de lipoproteína-lipase)	304
36	Desnutrição proteico-energética	312
37	Cirrose	322
38	Fenilcetonúria	330
39	Anorexia nervosa	338
40	Overdose de paracetamol	348
41	Dieta vegetariana (aminoácidos essenciais)	356
42	Deficiência de cobalamina (Vitamina B_{12})	362
43	Gota	370
44	Porfiria (porfiria intermitente aguda)	378
45	Hipotireoidismo	388
46	Diabetes insípido	396
47	Deficiência da desidrogenase de Acil-CoA de cadeia média	402
48	Menopausa	410

49	Doença de Addison	416
50	Síndrome de Cushing	424
51	Hiperparatireoidismo	434
52	Feocromocitoma	442
53	Metemoglobinemia pediátrica seguida de diarreia	450

LISTA POR DOENÇA (ORDEM ALFABÉTICA)

nº DO CASO	DOENÇA	PÁGINA DO CASO
1	Anemia falciforme	10
23	Anemia hemolítica	204
39	Anorexia nervosa	338
31	Cálculo biliar	272
17	Cetoacidose alcoólica	152
37	Cirrose	322
4	Deficiência de ácido fólico	36
2	Deficiência de adenosina-desaminase	18
42	Deficiência de cobalamina (vitamina B_{12})	362
47	Deficiência de desidrogenase de Acil-CoA de cadeia média	402
33	Deficiência de glicose-6-fosfato-desidrogenase	288
15	Deficiência de tiamina	134
36	Desnutrição proteico-energética	312
46	Diabetes insípido	396
22	Diabetes tipo 2	192
41	Dieta vegetariana (aminoácidos essenciais)	356
49	Doença de Addison	416
28	Doença de Tay-Sachs	248
10	Doença do xarope de bordo	94
26	Efeito Somogyi	228
16	Envenenamento por cianeto	142
9	Eritromicina e doença de Lyme	84
20	Esteatose hepática aguda da gravidez	174
38	Fenilcetonúria	330
52	Feocromocitoma	442
8	Fibrose cística	76
32	Gastrite associada a anti-inflamatórios não esteroides (AINE)	280
43	Gota	370
6	Herpes-vírus simples/reação em cadeia da polimerase	56
30	Hipercolesterolemia	264
51	Hiperparetireoidismo	434
18	Hipertermia maligna	160
7	Hipertireoidismo/regulação da transcrição mediada por esteroides	66
35	Hipertrigliceridemia (deficiência de lipoproteína-lipase)	304
45	Hipotireoidismo	388
5	HIV	46
27	Infarto do miocárdio	238
24	Intolerância à frutose	212
48	Menopausa	410
14	Metabolismo anaeróbio	126
53	Metemoglobinemia pediátrica seguida de diarreia	450

3	Metotrexato e metabolismo do folato	26
11	Oncogenes e câncer	102
40	Overdose de paracetamol	348
19	Pancreatite	166
44	Porfiria (porfiria intermitente aguda)	378
21	Rabdomiólise	184
50	Síndrome de Cushing	424
29	Síndrome de Sanfilippo	256
25	Síndrome do colo irritável	220
13	Síndrome do X Frágil	118
12	Talassemia/sonda de oligonucleotídeo	110
34	Tratamento com estatinas	296

ÍNDICE

Nota: Números de página seguidos por *f* ou *t* indicam figuras ou tabelas, respectivamente.

A

Abacavir, 50-51
Acetaldeído, 153-155, 154f
Acetaldeído-desidrogenase, 153, 154f
Acetato, 154f
Acetato de desmopressina, 396
Acetil-CoA, 405f, 404-406
Acetil-coenzima A (acetil-CoA), 127, 128f, 129-130
  deficiência de tiamina e, 137-138
  na β-oxidação, 185-186
  no estado de jejum, 314-317, 316f, 317f
  síntese do colesterol e, 297, 297f
Acetoacetato, 229, 314, 316f
Acetoacetil-CoA, 315-316
Acetona, 229
Acetonitrila, 148-149
Acicloguanosina trifosfato, 61f
Aciclovir, 57, 60-62, 61f
Acidemia, 126
Acidemia láctica, 186-188
Ácido acetilsalicílico, 280-281, 283-285, 284f
Ácido aminolevulínico (ALA), 378-381, 381f
Ácido aminolevulínico desidratase (ALAD), 378, 380-381
Ácido aminolevulínico sintase (ALAS), 378-381
Ácido araquidônico, 282-283
Ácido cólico, 273, 274f
Ácido desoxicólico, 274f, 275-277
Ácido desoxirribonucleico. *Ver* DNA
Ácido fólico. *Ver também* Tetra-hidrofolato
  absorção, 40-40, 42, 41f
  deficiência, 35-44
  fontes, 38-41
  metabolismo, 40-40, 42, 365-366, 365f
  metotrexato e, 25-28
Ácido glucurônico, 348-349
Ácido hialurônico, 257-259, 258t
Ácido litocólico, 274f
Ácido N-acetilneuramínico, 248, 249
Ácido quenodesoxicólico, 273, 274f
Ácido ribonucleico. *Ver* RNA
Ácido siálico, 248, 249

Ácido úrico, 371
  gota e, 369-375
  na intolerância à frutose, 215-216, 215f
Ácidos biliares, 273-277, 275f-276f
Ácidos biliares primários, 273
Ácidos biliares secundários, 273
Ácidos graxos
  esteatose hepática aguda da gravidez e, 175-180
  gliconeogênese e, 230-232, 231f
  lipase pancreática e, 168
  metabolismo e mobilização, 313-319, 314f-318f
  proteínas desacopladoras e, 162-163
Ácidos graxos de cadeia curta, 403-404
Ácidos graxos de cadeia longa, 403-404
Ácidos graxos de cadeia média, 403-404
Ácidos graxos de cadeia muito longa, 403-404
Ácidos graxos livres, 305, 306f
Ácidos nucleicos, 27t
Acidose
  láctica, 50-51, 130-131
  na doença de Addison, 419-420
  na hipertermia maligna, 159-160
  na metemoglobinemia, 449-450
  no choque séptico, 125-126
Acidose metabólica
  no choque séptico, 125-126
  no envenenamento por cianeto, 142-143
Acidose respiratória, na hipertermia maligna, 160
Acil-CoA (colesterol acil-transferase; ACAT), 266-267, 275-277
Ácino, 167
Aconitase, 127, 128f
Acoplado a respiração, 144, 146
ACTH (hormônio adrenocorticotrófico), 416-420, 418f, 424, 427, 427f
Actina, 161
Adenilato-ciclase, 174
  ativação da, 70t, 70-71
  glicose no sangue e, 176-177
  hormônios da tireoide e, 390-391
  liberação de cortisol e, 418-419, 418f
  no ciclo ovariano, 411
Adenina, 27t
Adenina fosforibosiltransferase (APRT), 371

Adenoma, 424
  hipófise, 429-430
  paratireoide, 434
Adenopatias, na infecção pelo HIV, 46
Adenosina, 19-20, 22, 20f, 22, 38-40, 371, 373f
Adenosina 5'-fosfossulfato, 350-351
Adenosina desaminase, 19, 80-81, 372, 374
  deficiência de, 17-24
  doença da imunodeficiência combinada grave associada a, 19-22
  metabolismo de, 19-22, 21f
  terapia de reposição enzimática, 19, 22-24
  terapia gênica, 19
Adenosina difosfato. Ver ADP
Adenosina monofosfato. Ver AMP
Adenosina monofosfato cíclico. Ver cAMP
Adenosina trifosfato. Ver ATP
Adenosina trifosfato-sintase, 143-147, 145f, 162-163, 185-186
Adenosina trifosfato-sulfurilase, 350-351, 351f
Adenovírus, para transferência gênica, 80-81
ADH (hormônio antidiurético), 396-397
Adição nucleofílica, 135-136
ADP (adenosina difosfato)
  fosforilação oxidativa e, 129-130
  na formação de ATP, 144, 146-147, 145f
  na hipertermia maligna, 162-163
  na rabdomiólise, 184-187
  no catabolismo de aminoácidos, 323-324
ADP/ATP translocase, 144, 146, 145f, 146-147, 147t
Adrenalina, 228, 443-446, 445f
  na quebra do glicogênio, 176-179, 178f, 232-233, 233f
  síntese, 38-40, 343-344
Agitação, no envenenamento por cianeto, 141-143
Alanina, 324-325, 358t
Albinismo, 333
Albumina, hormônios da tireoide e, 70-71
Álcool-desidrogenase, 153, 154f
Aldolase A, 214
Aldolase B, 214-216, 214f
Aldolase C, 214
Aldosterona, 396, 398-399, 419-420
α-amilase, 165-170, 213
α-cetoglutarato, 127, 128f, 241-243, 323-324, 341-342
α-cetoglutarato-desidrogenase (a-KDGH), 127, 128f, 135-137, 137f
α-dextrina limite, 168
α-galactosidase A, 252t
α-hélices, 12
α-talassemia, 111-112
Alongamento, na síntese de proteínas, 58, 59f, 86-87

Alopurinol, 371-372, 374, 373f
Aloxantine, 372, 374
Amenorreia, na anorexia nervosa, 338
Amido, 221-223, 222f
Amilopectina, 221-223
Amilose, 221-223
Aminoácidos
  balanço proteico negativo e, 338-344
  catabolismo, 323-326, 339-344, 341f
  códon de nucleotídeos, 48
  dieta vegetariana e, 355-360
  essenciais, 355-360, 358t
  fontes alimentares, 358-360
  na sinalização celular, 343-344
  no processo metabólico, 339-344, 340f
  utilização, 339-344, 357-359
Aminoácidos de cadeia ramificada, 95, 96f, 97, 365-367
Aminoácidos essenciais, 355-360, 358t. Ver também Aminoácidos
Aminoácidos não essenciais, 356, 357-358, 358t
Aminoacil-tRNA, 48
Aminoglicosídeos, 87-88, 120-121
Aminopterina, 29-31
Aminotransferase, 323-324, 340-341
Amital, 147t
Amônia, 323-326, 325f
AMP (adenosina monofosfato)
  catabolismo das purinas e, 372, 374, 373f
  fosforilação oxidativa e, 129-130
  na rabdomiólise, 184-187
AMP-desaminase, 215-216, 215f
Amplificação do centrossomo, gene BRCA1 e, 105-106
Amplificação gênica, 104-105
Ampola hepatopancreática, 167, 168
Anáfase, 28-29
Análise de hibridização de oligonucleotídeo, 113-114
Análise por PCR com enzima de restrição, 113-114
Androgênios, 68-69, 298f
Anelamento, 57, 58, 59f
Anemia
  deficiência de ferro, 110-111
  falciforme, 9-16, 120-121
  hemolítica, 203-210
  macrocítica, 35-44
  megaloblástica, 32-33, 37-38, 361-364
  na anorexia nervosa, 338
  na talassemia, 110-111
Anemia de Cooley, 110-111
Anemia hemolítica, 203-210
  na deficiência de G6PD, 287-288
Anemia microcítica, 110-111. Ver também Anemia

ÍNDICE 465

Anencefalia, 36
Anestesia, hipertermia maligna e, 160
Aneuploidia, 105-106
Angina, 239-240, 264-265
Angiotensina I, 397-399
Angiotensina II, 397-399
Angiotensina III, 397
Angiotensinogênio, 397
Anidrase carbônica, 167
Ânion *gap*, 185-186
Anorexia nervosa, 337-345
Antagonistas β-adrenérgicos, para o
    hipertireoidismo, 66-67
Antibióticos
    locais de ação, 86*f*, 87-89
    resistência a, 88-89
Antibióticos macrolídeos, 88-89
Anticódon, 85-86
Antimicina A, 147*t*
Antiporter glutamato-aspartato, 241-243, 242*f*
Aparelho de Golgi, síntese de colesterol no,
    265-266
Apolipoproteína, 264-265
Apolipoproteína C-II, 304
Apolipoproteína E, 267-268, 305
Apoproteínas, 265-266, 266*t*
Apoptose, 410
Arabinose, 221-223
Araquidonato, 282-284
Arginase, 324-325
Arginina, 342-344, 357-358, 358*t*
Argininosuccinase, 324-325, 325*f*
Argininosuccinato, 324-325, 325*f*
ARMS (sistema de amplificação refratário de
    mutações), 113-114
Arritmia, na hipertermia maligna, 160
Artrite, gota, 369-375
Ascite, na cirrose, 322
Asparagina, 340-341, 358*t*
Aspartato, 30*f*, 323-324, 325*f*, 358*t*
Aspartato-transaminase, 323-324
Asteríxis, 322
Ataxia
    na anemia megaloblástica, 362-363
    na deficiência de tiamina, 133-134
Atividade antitrombótica, do ácido
    acetilsalicílico, 280-281
Atividade GTPase, 69-70
Atorvastatina, 298
ATP (adenosina trifosfato)
    adenilato-ciclase e, 70-71
    ativação de tiamina e, 135-136, 136*f*
    catabolismo das purinas e, 371-372, 374
    fosforilação de ADP e PI, 144, 146-147, 145*f*
    fosforilação oxidativa e, 129-130, 229

    glicólise anaeróbia e, 129-130
    hormônios da tireoide e, 390-391
    na deficiência de piruvato-cinase, 204-205
    na glicólise, 127
    na hipertermia maligna, 162-163, 162*f-163f*
    na intolerância à frutose, 215-216
ATPase de cálcio, 436-437
ATP-sintase, 143-147, 145*f*, 162-163, 185-186
ATP-sulfurilase, 350-351, 351*f*
Atractiloseo, 146-147, 147*t*
Atraso no desenvolvimento, na fenilcetonúria,
    329-330
Avidina, 42-43
Azidotimidina (AZT), 52-53
Azul de leucometileno, 451-452, 453*f*
Azul de metileno, 450-454, 453*f*

B

Bactérias, resistência a antibióticos, 88-89
Balanço acidobásico, 342-343
Balanço de nitrogênio, 339-340
Balanço de nitrogênio negativo, 339-340
Balanço de nitrogênio positivo, 339-340
Base de Schiff, 340-341
Bases, 27-28
Beribéri, 134
β-cetoacil-tiolase, 405*f*
β-cetotiolase, 404-406
β-glicosidase, 213, 252*t*
β-globina, 111-113, 112*f*
β-hidroxiacil-CoA, 404-406
β-hidroxiacil-CoA-desidrogenase, 405*f*, 404-406
β-hidroxibutirato, 229, 314, 316*f*
β-lipotrofina, 419-420
β-*N*-acetil-hexosaminidase, 252*t*
β-oxidação, 129-130, 185-186, 403-405, 405*f*
    gliconeogênese e, 229-234, 231*f*
    no estado de jejum, 315-317, 317*f*
β-talassemia, 109-116
Bilirrubina, na deficiência de piruvato-cinase,
    204-205
Bilirrubinato de cálcio, 272
Bioquímica, abordagem à aprendizagem, 2
Biotina, 42-43, 186-187
Blotting, 76, 78-80
Bócio, 387-388
Bongcrecato, 147*t*
Borrelia burgdorferi, 84
Bradicardia, na anorexia nervosa, 338
Bulimia, 338

C

Cadeias da globina α, 12

Cadeias de β-globina, 12
Cadeias laterais de aminoácidos, 12
Café com leite, 118
Calafrios, no choque séptico, 125-126
Calcitonina, 435, 438-439
Calcitriol, 68-69, 298. *Ver também* Vitamina D
Cálculos biliares, 165-170, 271-278
Cálculos renais, no hiperparatireoidismo, 433-434
Calmodulina, 436-437
cAMP (adenosina monofosfato cíclica)
    adenilato-ciclase e, 70-71
    em diabetes insípido, 398-399
    na glicogenólise, 176-177, 178*f*
    na intolerância à frutose, 215-216, 215*f*
    na regulação da tireoide, 70-71
    no ciclo ovariano, 411
Canal de cálcio, 161
Canamicina, 88-89
Câncer de mama, 101-107
Carbamoilfosfato, 324-325, 325*f*
Carbânion, 134
Carboidratos
    catabolismo, 127
    metabolismo
        amilase e, 167-168
        glicogênio e, 174-180, 229-234, 230*f*-231*f*
        hormônios da tireoide e, 71-72
        via das pentoses fosfato, 137-138, 138*f*
Carnitina, 342-343, 404-405
Carnitina-palmitoil-transferase 1 (CPT 1), 179-180
Carrapato, doença de Lyme e, 84
Cascata do fosfoinositídeo, 398-399, 435, 436*f*
Catecolaminas, 68-69, 443-446, 445*f*
CDKs (cinases dependentes da ciclina), 29-31
cDNA (DNA complementar), 77
Celecoxib, 283-285
Celobiose, 222*f*
Células acinares, 167
Células *T-helper* (células CD4), 46
Celulose, 220, 221-223, 222*f*
Centro de ferro-enxofre, 144, 146
Ceramida, 248, 250*f*, 251*f*
Ceramidase, 252*t*
Cérebro
    jejum e, 317-319
    lançadeira do glicerol-3-fosfato e, 242-243, 240*f*
    requisitos de energia, 313
Cerebrosídeos, 249, 251*f*
Cetoacidose, 153, 229
    alcoólica, 151-158
Cetogênese, 229
Cetose, 153

Choque séptico, 126
Ciclinas, 29-31
Ciclo celular, 26-32, 28*f*
    Gene *BRCA1* e, 105-106
    supressor de tumores p53 e, 105-106
Ciclo da ureia, 323-326, 325*f*
Ciclo de Cori, 186-188
Ciclo de Krebs. *Ver* Ciclo do ácido tricarboxílico (TCA)
Ciclo do ácido cítrico. *Ver* Ciclo do ácido tricarboxílico (TCA)
Ciclo do ácido tricarboxílico (TCA), 127-131, 128*f*
    hipertermia maligna e, 161
    níveis de amônia no sangue e, 325-326
    no estado alimentado, 313, 314*f*
    no jejum, 313-319, 318*f*
    oxidação da acetil-coenzima A e, 185-186
Ciclo do TCA. *Ver* Ciclo do ácido tricarboxílico (TCA)
Ciclo ovariano, 411-413, 412*f*
Ciência básica, aplicação na clínica, 2-5
Cinase, 95
Cinases dependentes de ciclina (CDKs), 29-31
5'-Fosfoadenosina 3'-fosfossulfato (PAPS), 350-351, 351*f*
5-Fosforribosil-1-pirofosfato (PRPP), 372, 374
Cirrose, 321-327
Cisteína, 358*t*
Cistinose, 251-252
Citocromo b5-redutase, 449-454, 452*f*, 453*f*
Citocromo C, 143-144
Citocromo C redutase, 143-144
Citocromo(s), 143-144, 146-147, 146*f*, 296
Citosina, 27*t*
Citrato-sintase, 127, 128*f*
Citrulina, 324-325, 342-343
Clatrina, 266-267
CLIP (peptídeo intermediário semelhante a corticotrofina), 418-419
Clonagem, eletroforese em gel e, 76-81
Cloranfenicol, 88-89
Cloreto, em fibrose cística, 77
Coagulação intravascular disseminada, 175
Coagulopatia, em esteatose hepática aguda da gravidez, 173-174
Cobalamina. *Ver* Vitamina B$_{12}$
Coceira, metotrexato e, 31-32
Códon, 85-87
Códons de parada, 86-87
Coenzima Q (ubiquinona), 143-144, 146-148, 239-242
Cofator flavina, 144, 146
Colchicina, 371, 372, 374
Colecalciferol, 299*f*
Colelitíase, 167, 275-277

Colesterol
  colelitíase e, 275-277
  síntese, 265-266, 296-300, 297f
  síntese de ácido biliar e, 273-277, 274f,
    275f-276f
Colesterol 7-α-hidroxilase (CYP7A1), 273, 274f,
    275-277
Colipase, 168, 305
Coloração com brometo de etídio, 78
Coma hepático, 173-174
Complexo desidrogenase, 135-137
Complexo hormônio-receptor, 67-68
Complexo sacarase-isomaltase, 213
Confusão, na deficiência de tiamina, 133-134
Consumo de álcool
  cetoacidose, 151-158
  deficiência de ácido fólico e, 35-44
  deficiência de tiamina e, 133-134, 138-139
  pancreatite e, 166
  porfirias e, 382-384
Controle pelo aceptor, 126
Conversão da pró-droga, 61f
Convicina, 289-290, 291f
Coproporfiria hereditárias, 382f, 383-384
Coproporfirinogênio, 381f
Coproporfirinogênio-oxidase (CPO), 379-381
Coração
  crise hipertensiva e, 142-143
  deficiência de tiamina e, 137-138
  hiperlipidemia, 263-270
  infarto do miocárdio, 237-246
  lançadeira malato-aspartato e, 238-239
Corpo lúteo, 411, 412f
Corpos cetônicos, 153, 156f, 193, 229, 313,
    317-319, 318f, 401-403
Corredor da maratona, rabdomiólise e, 184-190
Corticosteroide(s), 68-69, 417-418
Cortisol (hidrocortisona)
  funções, 417-418, 428-429
  liberação, 417-420, 418f
  na doença de Addison, 416-420
  na síndrome de Cushing, 423-424, 428-430
  síntese, 425-427, 426f
Coxibes (inibidores da ciclo-oxigenase-2),
    280-285, 284f
Creatina, 342-343
Creatina-cinase, 239-240
Creatina-fosfocinase (CPK), 184-186, 296
CRH (hormônio liberador da corticotrofina),
    417-420, 424, 427, 427f
Crise tireotóxica, 66-67
Crises convulsivas, em hipertermia maligna, 160
Cristais de urato, 370, 372, 374
Curva de dissociação do oxigênio
  hemoglobina, 12, 13f

  mioglobina, 13f

D

DAG (diacilglicerol), 70-71, 398-399, 435
Dantrolene, para hipertermia maligna, 160,
    162-164, 162f-163f
Dedos de zinco, 391-392
Defeitos do tubo neural, 36, 44
Deficiência da glicose-6-fosfato-desidrogenase,
    287-294
Deficiência de ácido aminolevulínico desidratase
  porfiria, 382-384
Deficiência de ácido ascórbico, 44
Deficiência de adrenocorticoides, 415-416
Deficiência de aldolase B, 211-217
Deficiência de iduronato-sulfatase, 259
Deficiência de vitamina C, 44
Deficiência de α1-antitripsina, 322
Déficits neurológicos
  na anemia megaloblástica, 361-363
  na emergência hipertensiva, 142-143
  nas mucopolissacaridoses, 259
Delavirdina, 50-51
Deleção, 119, 121-122
Deleções na região promotora, 112-113
Demência, deficiência de tiamina e, 134
Descarboxilação, 135-136
Desidratação
  na doença de Addison, 419-420
  no diabetes insípido, 397
  rabdomiólise e, 184-186
Desidrogenase (definição), 135-136
Desidrogenase de 3-hidroxiacil-coenzima A de
    cadeia longa (LCHAD), 174, 179-180
Desidrogenase de acil-CoA graxos, 403-404, 405f
Desidrogenase de acil-coenzima A de cadeia
    média (MCAD), 179-180, 401-408
Desidrogenase de α-cetoácido de cadeia
    ramificada, 95, 96f, 97, 135-137, 137f
Desidrogenase láctica, 239-240
Desnaturação, 57, 58, 59f
Desnutrição, 311-320, 314f-318f
  na anorexia nervosa, 337-338
  no balanço proteico negativo, 338-344
Desnutrição proteico calórica, 312. Ver também
    Jejum
Desoxiadenosina, 19-20, 22, 20f
Desoxirribose, 27t
Desoxitimidilato (dTMP), 27-31, 30f
Desoxitimidina-5'-monofosfato (dTMP), 37-39
Desoxiuridina 5-monofosfato (dUMP), 37-38
Dextrinas limite, 213
DHAP (di-hidroxiacetona fosfato), 154-155,
    239-240, 240f, 244f

DHF (di-hidrofolato), 29-31, 30f, 38-40
DHFR (di-hidrofolato-redutase), 26-31, 37-40
Diabetes insípido, 395-400
Diabetes melito, 191-202, 194f-200f
    hipoglicemia em, 227-228
    na síndrome de Cushing, 424
    nos mecanismos de homeostase da glicose, 232-233
Diabetes tipo 1 e 2. *Ver* diabetes melito
Diacilglicerol (DAG), 70-71, 398-399, 435
Diarreia
    na anemia megaloblástica, 362-363
    na síndrome do colo irritável, 219-220
Diarreia tropical, 362-363
Didanosina, 50-51
Didesoxirribonucleotídeo trifosfato (ddNTPs), 79-80
Dieta vegetariana, 355-360
Difusão facilitada, transportadores de glicose e, 213
Diglicerídeo, 313
Di-hidroceramida, 250f
Di-hidrofolato (FHD), 29-31, 30f, 38-40
Di-hidrofolato-redutase (DHFR), 26-31, 37-40
Di-hidrolipoil-desidrogenase, 135-137
Di-hidrolipoil-transacetilase, 135-137
Di-hidropteridina-redutase, 330, 332-333
Di-hidroxiacetona fosfato (DHAP), 154-155, 239-240, 240f, 244f
Di-hidroxifenilalanina (DOPA), 332-333, 333f
Di-iodotirosina, 389f
Dióxido de carbono
    no ciclo de ácido tricarboxílico, 128f
    no sistema de anel da base púrica, 30f
Disfunção cardíaca
    hipocalcemia e, 435
    na hipertermia maligna, 160
Disfunção do esfíncter de Oddi, 166
Dislipidemia no diabetes, 199-200
Dispneia, hiperlipidemia e, 264-265
Dissacarídeos, 212, 213
Divicina, 289-292, 291f
DNA (ácido desoxirribonucleico), 27-28
    folato e, 37-40
    metilação, 38-40, 119, 122-123
    métodos de sequenciamento, 79-81
    mutações, 104-105
    replicação, 46, 47, 103-105
    síntese, 29-31
    tecnologia recombinante, 80-81
    transcrição, 47-48, 48f, 85-86
DNA complementar (cDNA), 77
DNA polimerase, 49, 103-105
    herpes-vírus simples, 57
    Taq, 57

DNase, 168
Doença, abordagem a, 2
Doença biliar, pancreatite e, 166
Doença cardíaca coronária
    hipercolesterolemia e, 264-265
    infarto do miocárdio e, 238-239
Doença de Addison, 415-421
Doença de armazenamento do glicogênio tipo III, 180-181
Doença de Cori, 180-181
Doença de Cushing, 425
Doença de depósito de glicogênio tipo III, 180-181
Doença de Fabry, 252t
Doença de Farber, 252t
Doença de Gaucher, 252t
Doença de Graves, 66-68, 71-72, 388, 390-391
Doença de imunodeficiência combinada grave (SCID), 18
Doença de Lyme, 83-91
Doença de McArdle, 181-182
Doença de Niemann-Pick, 252t
Doença de Tay-Sachs, 247-254, 252f, 252t
Doença de Wilson, 322
Doença do xarope de bordo (MSUD), 93-99
    causas, 95-97
    classificação, 97
    mutações em, 97
    tratamento, 97
Doenças autoimunes, doenças da tireoide e, 390-391
Doenças genéticas
    doença de Tay-Sachs, 247-254
    doença falciforme, 9-16
    síndrome do X frágil, 117-124
Doenças lisossômicas de depósito, 249, 251-252, 252t
2,3-Bisfosfoglicerato, 12, 205-206
Dopamina, 343-344, 443
Dopaquinona, 333, 333f
Dor
    abdominal. *Ver* Dor abdominal
    na crise da anemia falciforme, 10
    na emergência hipertensiva, 142-143
    na gota, 369-370
    no infarto do miocárdio, 237-239
Dor abdominal
    na doença do cálculo biliar, 271–272
    na hipertrigliceridemia, 303-304, 307-308
    na overdose de paracetamol, 347–348
    na pancreatite, 166
    na porfiria, 377-378
    na síndrome do colo irritável, 219-220
    no hiperparatireoidismo, 434
Dor de cabeça na crise hipertensiva, 142-143

Dor de garganta na infecção pelo HIV, 46
Dor nas costas, no choque séptico, 125-126
Dor no peito
   na emergência hipertensiva, 142-143
   no infarto do miocárdio, 237-239
Dor óssea, no hiperparatireoidismo, 434
Dormência, na anemia megaloblástica, 362-363
Ducto biliar comum, 167
Ducto intercalar, 167

E

Edema
   em kwashiorkor, 312
   na anorexia nervosa, 338
Efavirenz, 50-51
Efeito Somogyi, 227-235, 230f-231f
Efeitos hidrofóbicos, estrutura da proteína e, 12
Efetor, 67-69
Efetores alostéricos, 11
Eicosanoides, 281
Eixo hipotálamo-hipófise-tireoide, 70-71
Elementos de resposta *cis*, 68-69
Elementos de resposta da tireoide, 388, 391-393
Eletroforese, 77, 78
Eletroforese em gel, 77, 78
Emergência hipertensiva, 142-143
Encefalinas, 68-69
Encefalopatia
   hepática, 322
   na doença do xarope do bordo, 94, 97
   na esteatose hepática aguda da gravidez, 175
Endocitose mediada por receptor, 266-267
Endoglicosidase, 256
Endonucleases, reação em cadeia da polimerase e, 57, 60-61, 113-114
Endossacaridase, 167
Endossomo, 259, 266-267
Enoil-CoA-hidratase, 404-406, 405f
Enolase, 240f, 244f
Enovelamento da globina, 11, 12, 451-452
Enterócitos, 341-343
Envenenamento por cianeto, 141-150, 147f
Enzima conversora de angiotensina, 397-399
Enzima de ramificação, 175
Enzima desramificadora, 175-177
Enzima transcriptase reversa, 49
Enzimas, 4-5. *Ver também enzimas específicas*
   de restrição, 57, 60-61
   digestiva, 167-168
   lisossômica, 255-256, 266-267
   mitocondrial, 127, 322-324
Enzimas tiaminases, 138-139
Epóxido-hidrase, 348-349
Equimose, 425

Eritema palmar, na cirrose, 322
Eritrócitos. *Ver* Hemácias
Eritromicina, 84, 88-89, 89f
Eritropoiese, 111-112
Eritrose 4-fosfato, 137-138
Erupção cutânea, metotrexato e, 31-32
Escorbuto, 44
Esfinganina, 249, 250f
Esfingolipídeo, 249-251
Esfingomielina, 249, 251f
Esfingomielinase, 252t
Esfingosina, 249
Esmolol, 442
Esofagite por candidíase, 45-46
Espinha bífida, 36
Esplenomegalia, na anemia hemolítica, 203-205
Esqualeno, 297, 297f
Estabilidade pós-traducional, 112-113
Estado de jejum, 313-317, 315f-317f
Estaquiose, 224-225
Estatinas (inibidores de HMG-CoA-redutase), 267-268, 295-301
Estavudina, 50-51
Esteatose hepática aguda da gravidez, 173-182
Estoque de um carbono, 363-364
Estradiol, 410, 411
Estreptomicina, 88-89
Estresse
   doença de Addison e, 415-416
   herpes-vírus simples e, 56
   liberação de cortisol e, 425, 427f
   síndrome do colo irritável e, 219-220
Estresse oxidativo, deficiência de tiamina e, 138-139
Estrias abdominais, 423-424
Estrogênio(s), 68-69
   no ciclo ovariano, 409-413, 412f
   síntese, 298f
Estrutura primária de proteínas, 11-12
Estrutura quaternária de proteínas, 11-12
Estrutura secundária de proteína, 11-12
Estrutura terciária da proteína, 11-12
ETS. *Ver* Sistema de transporte de elétrons
Eucariotos, síntese proteica e, 86-88, 87t
Exoglicosidase, 256
Éxons, 47, 48
Expansão de repetições trinucleotídicas, 119
Exposição ao sol, porfirias e, 383-384
Extensa extremidade terminal repetitiva (LTR), do HIV, 49-51

F

FAD (flavina-adenina dinucleotídeo), 135-137, 137f, 144, 146

lançadeira do glicerol-3-fosfato, 242-243, 240f
  na oxidação dos ácidos graxos, 315-316
  no ciclo de ácido tricarboxílico, 127-130, 128f
Fadiga
  na anemia megaloblástica, 361-362-363
  na deficiência de ácido fólico, 36
  na deficiência de G6PD, 287-288
  na doença de Addison, 415-416, 419-420
  na infecção por HIV, 46
  na rabdomiólise, 184-186
  no hipotireoidismo, 387-388
Fármacos antitireoide do grupo da tionamida, 71-72
Fase G_0, ciclo celular, 28-29
Fase G_1, ciclo celular, 28-29, 28f
Fase G_2, ciclo celular, 28-29, 28f
Fase I da metabolização de fármacos, 348-349
Fase II da metabolização de fármacos, 348-349
Fase M, ciclo celular. Ver Mitose
Fase S, ciclo celular, 28-29, 28f
Fator de alongamento (EF), 48, 85-86
Fator de iniciação (IF), 48, 85-87
Fator de liberação (RF), 48
Febre
  na doença de Lyme, 84
  no choque séptico, 125-126
Feijão-fava, 289-291-292
Fenilalanina, 330-333, 332f-333f, 356-360, 358t
Fenilalanina-hidroxilase, 330, 331-333, 332f, 356, 358-360
Fenilcetonas, 357-358
Fenilcetonúria (PKU), 329-333, 332f-333f, 357-360
Fenilpiruvato, 331-332, 332f
Fenolsulfotransferase, 350-351
Fentolamina, 442
Feocromocitoma, 441-447
Ferroquelatase, 379, 380-381
Fertilização, 412-413
Feto
  defeitos do tubo neural, 36, 44
  erro inato do metabolismo de ácidos graxos, 175, 179-180
Fibra dietética, 221-224, 222f
Fibras insolúveis, 221-222
Fibras solúveis, 221-223
Fibrose cística, 75-82
Fígado
  falência, na intolerância à frutose, 211-212
  gorduroso agudo, na gravidez, 173-182
  metabolismo da glicose em, 175-180, 176f, 178f, 197-198, 198f, 229-234, 230f-231f
  no estado alimentado, 313, 314f
  no jejum, 316-319, 318f

no jejum pós-alimentar, 313-317, 315f-316f
  overdose por paracetamol e, 350-353
  síntese de sais biliares, 273-277, 274f
  síntese do colesterol em, 265-266
Flavina adenina dinucleotídeo. Ver FAD
Flavina mononucleotídeo (FMN), 144, 146
Flurbiprofeno, 283-285
FMN (flavina mononucleotídeo), 144, 146
Foci, 105-106
Fogachos, 409-410
Folhas β, 12
Folículo de Graaf, 411
Forças de van der Waals, estrutura da proteína e, 12
Forças não covalentes, na estrutura da proteína, 12
Formil-metionina-tRNA, 48
Formil-tetra-hidrofolato, 30f, 32-33, 38-40, 40f
Fosfatase, 95
Fosfatidilinositol-4,5-bifosfato (PIP_2), 69-70
Fosfato, na intolerância de frutose, 215-216
Fosfoenolpiruvato (PEP), 186-187, 187f, 197f, 240f, 244f
Fosfoenolpiruvato-carboxicinase (PEPCK), 428-429
Fosfofrutocinase, 129-130, 187f, 197-198, 197f
Fosfoglicerato, 240f, 244f
Fosfoglicerato-cinase, 240f, 244f
Fosfogliceromutase, 240f, 244f
Fosfoglicomutase, 176-177, 176f, 177-179
Fosfolipase C (PLC), 70-71, 436f
Fosforilação oxidativa, 143-144, 160-164, 229
Fosforilação oxidativa acoplada, 143-144
Fosforilase, 176-179, 176f
Fosforilase b, 177-179
Fosforilase-cinase, 161, 177-179
Fragmento de Okazaki, 103
Fraqueza
  na anemia megaloblástica, 362-363
  na doença de Addison, 415-416
  na rabdomiólise, 184-186
  no hipotireoidismo, 387-388
Frequência urinária no diabetes, 191-192
Frutocinase, 213, 214, 214f
Frutose 1,6-bifosfato, 186-188, 187f, 194s, 198f, 239-240, 240f, 244f
Frutose 1,6-bisfosfatase, 198-199
Frutose 2,6-bifosfato, 193, 197-199
Frutose-1,6-bisfosfato-aldolase, 239-240, 240f, 244f
Frutose-1-fosfato, 214-216, 214f
Frutose-6-fosfato, 137-138, 197f, 205-206, 240f, 244f
Frutosúria essencial, 212, 214
Fucose, 221-223

ÍNDICE **471**

Fumarase, 128f, 129-130
Fumarato, 129-130, 324-325, 325f

G

Galactose, 213, 221-223
γ-glutamilcisteína-sintetase, 352-353, 353f
Gangliosídeos, 248-252, 251f, 252f
Gangliosidoses, 249
Gastrite, associadas aos NSAID, 279-286
Gastrite associada a AINE, 279-286
GDP (guanosina difosfato), 67-71, 69f, 323-324
Gel de agarose, 78
Gel de poliacrilamida, 78
Gene *Env*, 49-51
Gene *FMR1*, 121-123
Gene *Gag*, 50-51
Gene *Pol*, 50-51
"Genes saltadores", 111-112
Genes supressores de tumor, 103, 104-106
Gentamicina, 88-89
Glândula tireoide
   hipertireoidismo e, 65-72-73
   hipotireoidismo e, 387-394
Gliceraldeído, 214, 214f
Gliceraldeído 3-fosfato, 129-130, 137-138, 214, 214f
   na via glicolítica, 239-241, 240f, 241f
Glicina, 30f, 358t
Glicocinase, 187f
Glicocorticoides, 298, 298f
Glicoesfingolipídeos, 249, 251-252
Glicogênese, 175, 176f, 229, 231f
Glicogênio, 174-180, 176-177, 229-231
Glicogênio-fosforilase, 175-177, 176f, 181-182, 197f, 198f
Glicogênio-sintase, 175, 176f, 177-179, 178f, 196-197, 197f, 198f
Glicogenólise, 175, 176f, 178f, 197-198, 198f, 230-232, 230f-231f, 231f
Glicólise, 127, 161-163, 187f, 230-232, 231f
   aeróbia, 239-240
   anaeróbia, 127, 239-240, 243-244, 244f
   lançadeira de elétrons malato-aspartato e, 238-244, 240f
Gliconeogênese, 185-186, 187f, 197-198, 198f
   em estado hipoglicêmico, 229, 230f-231f
   hipoxemia e, 186-188
   no jejum, 316-319, 318f
   no jejum pós-alimentar, 313-316, 315f-316f
Gliconolactona-6-fosfato, 289-291
Glicoproteínas, 68-69
Glicosaminoglicanos, 257-259, 258t
Glicose. *Ver também* Metabolismo da glicose
   diabetes melito e, 191-202, 194s-200f
   efeito Somogyi, 227-235, 230f-231f
   intolerância à frutose, 213-216
Glicose no sangue. *Ver também* Metabolismo da glicose
   Efeito Somogyi e, 227-235, 230f-231f
   no diabetes melito. *Ver* Diabetes melito
Glicose-1-fosfato, 176-177, 176f, 177-179, 197f
Glicose-6-fosfatase, 187f, 428-429
Glicose-6-fosfato, 176-179, 176f, 205-206, 229, 240f, 244f, 290t
Glicose-6-fosfato-desidrogenase, 205-206, 288-292
Glicose-6-fosfato-isomerase, 205-206, 240f, 244f
Globina, 11, 12
Globulina associada a corticosteroide (CBG), 427
Glucagon, 68-69, 193
   insulina e, 193, 195f
   mobilização de glicogênio e, 176-179, 178f
   na glicogenólise e gliconeogênese, 197-198, 198f
   pâncreas e, 167
   proteína-cinase A e, 232-233
GLUT1 (transportador de glicose), 196-197
GLUT2 (transportador de glicose), 174-175, 196-197, 214, 228
GLUT4 (transportador de glicose), 196-197
GLUT5 (transportador de glicose), 213
Glutamato, 13-14, 40-41, 357-358, 358t
Glutamato-desidrogenase, 322-326
Glutamina, 358t
   no sistema de anel da base púrica, 30f
   síntese, 324-325
   utilização, 341-343, 342f
Glutationa, 342-344
   deficiência de tiamina e, 138-139
   na overdose por paracetamol, 348-354, 353f
Glutationa-peroxidase, 290t
Glutationa-redutase, 290t
GMP (guanosina monofosfato), 372, 374, 373f
GnRH (hormônio liberador de gonadotrofina), 411
Gomas, 221-222, 221-223
Gomas de plantas, 221-223
Gonadotrofina coriônica humana (HCG), 412-413
Gota, 369-375
Gradiente de íons de hidrogênio, 143-144
Gradiente de prótons, 185-186
Gravidez
   ciclo ovariano e, 411-413, 412f
   deficiência de ácido fólico na, 36
   esteatose hepática aguda na, 173-182
GTP. *Ver* Guanosina trifosfato
Guanina, 27t, 372, 374, 373f
Guanosina difosfato (GDP), 67-71, 69f, 323-324
Guanosina monofosfato (GMP), 372, 374, 373f

Guanosina trifosfato (GTP), 67-71, 69f
    catabolismo da purina, 371-372, 374, 373f
    catabolismo de aminoácidos e, 323-324

H

HAART (terapia retroviral altamente ativa), 50-53
Halotano, hipertermia maligna e, 159-164
HDL (lipoproteína de alta densidade), 265-267, 266t, 299-300
Helicase, 103
Hemácias
    eritropoiese e, 111-112
    fontes de energia, 313
    integridade da membrana, 289-291
    metabolismo da glicose, 205-209, 207f
    na anemia hemolítica, 203-209
Hematina, 185-188, 379
Heme, 11, 379-384, 380f, 381f, 382f
Hemicelulose, 221-224
Hemocromatose, 322
Hemoglobina, 11-14, 13f, 451-452
    cadeias de globina, 111-112
    na talassemia, 109-116, 112f
Hemoglobina adulta, 452-453
Hemoglobina fetal, 14-16, 111-112, 112f, 450, 452-453
Hemoglobina M, 452-453
Heparan-sulfato, 258t, 259, 260f, 305
Heparina, 258t
Hepatite C, 321-322
Hepatoesplenomegalia, em hipertrigliceridemia, 303-304
Herpes-vírus simples, 55-64
Hexamero de polipurinas de Shine-Dalgarno, 87-88, 87t
Hexanoilglicina, 402-403
Hexocinase, 181-182, 239-240, 240f, 244f
Hexosaminidase A, 248, 251-252, 252f
HGPRT (hipoxantina-guanina fosforibosiltransferase), 371-372, 374
Hidrocortisona. Ver Cortisol
Hidroximetilbilano, 379
Hidroxiureia, 15-16
Hiperamonemia, 325-326
Hiperatividade, na síndrome do X frágil, 118
Hipercalcemia, 434
Hipercalemia, na hipertermia maligna, 160
Hipercolesterolemia, 263-270, 272. Ver também Síndrome de Cushing
Hipercolesterolemia familiar, 267-268
Hipercortisolismo, 425. Ver também Diabetes melito
Hiperfenilalaninemia, 331-332

Hiperfosfatemia, no hiperparatireoidismo, 434
Hiperglicemia, 199-200
Hiperinsulinemia, obesidade e, 199-200
Hiperlipidemia, 263-270, 295-296
Hiperparatireoidismo, 433-440
Hiperparatireoidismo secundário, 437-439
Hiperpigmentação, na doença de Addison, 415-416, 419-420
Hiperplasia suprarrenal, 423-431
Hiperreflexia, no hipertireoidismo, 66-67
Hipertensão
    na esteatose hepática aguda da gravidez, 173-175
    na porfiria, 377-378
    na síndrome de Cushing, 423-424
    no feocromocitoma, 441-442
Hipertermia maligna, 159-164, 161f
Hipertireoidismo, 65-73
Hipertrigliceridemia, 166, 303-304, 307-309
Hiperuricemia, 215-216, 370, 372, 374
Hiperuricosúria, na intolerância à frutose, 215-216
Hipoadrenocorticismo, 417-420, 418f
Hipocalcemia, 435, 437-439
Hipófise
    adenoma, 429-430
    menopausa e, 412-413
    puberdade e, 411
    vasopressina e, 396, 397
Hipoglicemia, 401-403
    efeito Somogyi e, 227-228
    na doença de Addison, 419-420
    na esteatose hepática aguda da gravidez, 173-175
    na intolerância à frutose, 211-212
Hiponatremia no diabetes insípido, 396
Hipopigmentação, na fenilcetonúria, 329-330, 333
Hipotálamo
    hormônio liberador de tirotrofina e, 70-71
    síntese de vasopressina no, 397
Hipotensão
    na anorexia nervosa, 338
    na doença de Addison, 415-416, 419-420
    no choque séptico, 125-126
    no tratamento de emergência hipertensiva, 142-143
Hipotermia, na anorexia nervosa, 338
Hipotireoidismo, 387-394
Hipotonia, na fenilcetonúria, 329-330
Hipoxantina-guanina-fosforibosiltransferase (HGPRT), 371, 372, 374
Hirsutismo, na síndrome de Cushing, 423-425
Histidina, 356, 358t
HMG-CoA-redutase, 264-265, 273
    estatinas e, 298

níveis de colesterol e, 267-268
síntese do colesterol e, 296-298, 297f
Homocisteína, 38-40
Hormônio, 67-68
Hormônio adrenocorticotrófico (ACTH), 416-420, 418f, 424, 427, 427f
Hormônio antidiurético (ADH), 396-397
Hormônio da paratireoide (PTH), 435-439
Hormônio estimulante da tireoide (TSH), 70-71, 388-389
Hormônio estimulante do α-melanócito (α-MSH), 417-418
Hormônio liberador da tirotrofina (TRH), 68-71, 388-389
Hormônio liberador de corticotrofina (CRH), 417-420, 424, 427, 427f
Hormônio luteinizante (LH), 411-413
Hormônio(s) da tireoide, 68-73
    biossíntese, 390-391, 391f
    estrutura, 388-389, 389f
    funções, 391-393
    no hipertireoidismo, 66-67
    no hipotireoidismo, 387-388
Hormônios derivado de aminoácidos, 68-69
Hormônios esteroides, 68-69, 298, 298f
Hormônios peptídicos, 68-69
Hormônios polipeptídicos, 68-69
Hormônios semelhante a esteroides, 68-69

I

Ibuprofeno, 280-281, 283-285
Icterícia
    na anemia hemolítica, 203-205
    na cirrose, 322
    na deficiência de G6PD, 287-288
    na doença do cálculo biliar, 272
    na esteatose hepática aguda da gravidez, 173-175
Ilhotas de Langerhans, 167
Imagem óssea, na anorexia nervosa, 338
Imunoglobulina(s)
    estimulante da tireoide (TSIG), 71-72
    na anemia hemolítica, 204-205
Inchaço, na síndrome do colo irritável, 219-220
Indinavir, 50-51
Indometacina, 280-281, 283-285
Infarto do miocárdio, 237-246
Infecção do trato urinário
    na crise de anemia falciforme, 10
    no hiperparatireoidismo, 433-434
Infertilidade, na anorexia nervosa, 338
Inibidor 1, 177-179, 178f
Inibidores da HMG-CoA-redutase (estatinas), 267-268, 295-301

Inibidores de ciclooxigenase-1 (COX-1), 280-281, 283-285, 284f
Inibidores de ciclooxigenase-2 (COX-2), 280-281, 283-285, 284f
Inibidores de protease, 50-51
Inibidores não nucleosídeos, 50-51
Inibina, 411
Inositol-1,4,5-trifosfato (IP3), 69-70, 398-399, 435
Inserção, 119, 121-122
Insuficiência renal
    na esteatose hepática aguda da gravidez, 173-174
    na rabdomiólise, 186-188
Insuficiência respiratória, na fibrose cística, 80-81
Insuficiência suprarrenal, 415-421
Insulina, 68-69, 193
    mobilização de glicogênio e, 177-179, 232-233
    no diabetes melito, 194-200, 194s-200f, 232-233
    pâncreas e, 167
Integrase, 49, 49f
Interações eletrostáticas, na estrutura da proteína, 12
Intolerância à frutose, 211-217
Intolerância ao frio, no hipotireoidismo, 387-388
Intoxicação
    água, 396
    cianeto, 141-150, 147f
    paracetamol, 347-348
Íntrons, 47, 48
Iodo
    deficiência, 390-391
    hormônios da tireoide e, 71-72, 390-391
Iodo radioativo, 71-72
Íon cianeto, 147t, 147-148
Íons de cobre, 146-147
Isocitrato, 127, 128f
Isocitrato-desidrogenase, 127
Isoleucina, 356, 358t
Isopentenil pirofosfato, 297, 297f
Isoprenoide, 297
Isouramil, 289-292, 291f

K

Kwashiorkor, 312

L

Lactato, 129-131, 129f
    na glicólise anaeróbia, 244f
    na hipertermia maligna, 162-163

na isquemia, 243-244
rabdomiólise e, 184-190
Lactato-desidrogenase, 129-130, 129f, 187f, 244f
Lactose, 213
Lamivudina, 50-51
Lançadeira da carnitina, 315-317, 317f
Lançadeira do glicerol-3-4-fosfato, 129-130, 239-240, 242-243, 240f
Lançadeira hexose monofosfato. *Ver* Via das pentoses fosfato
Lançadeira malato-aspartato, 129-130, 238-244, 240f
Lançadeiras de elétrons, 239-242, 241f, 242f
LCHAD (cadeia longa 3-hidroxiacil-coenzima A-desidrogenase), 174, 179-180
Lecitina-colesterol aciltransferase (LCAT), 265-266
Leitura, abordagem a, 2-5
Lesões de pele
na doença de Lyme, 84
na síndrome do X frágil, 118
Letargia
na cirrose, 322
na intolerância à frutose, 211-212
Leucina, 343-344, 356, 358t
Leucotrienos, 281
Leucovorina, 32-33
LH (hormônio luteinizante), 411-413
Ligação de extremidades não homólogas, 104-105
Ligação de hidrogênio em proteínas, 12
Ligação peptídica, 86-87
Ligações dissulfeto, na estrutura da proteína, 12
Ligninas, 221-223, 223f
Lincosamidas, 87-89
Linfadenopatia, na doença de Lyme, 84
Linfócitos, 341-343
Língua, em anemia megaloblástica, 362-363
Lipase, 167-168
Lipase de ésteres carboxílicos, 168
Lipase hepática (HPL), 305-309
Lipase pancreática, 167-168
Lipemia retinal, em hipertrigliceridemia, 304, 308-309
Lipoamida, 135-137
Lipoproteína de alta densidade (HDL), 265-267, 266t, 299-300
Lipoproteína de densidade muito baixa (VLDL), 264-268, 266t, 299-300, 305-307, 306f, 307f
Lipoproteína lipase (LPL), 304-305, 306f, 307-309
Lipoproteínas, 265-268, 266t
Lipoproteínas de baixa densidade (LDL), 265-268, 266t, 299-300, 306-307, 307f

Lipoproteínas de densidade intermediária, 266-267, 266t, 306-307
Lipossomos, 80-81
Lipossomos catiônicos, 80-81
Lisina, 356, 358t
Lovastatina. *Ver* Inibidores da HMG-CoA-redutase
Luz ultravioleta, na síntese de vitamina D, 298, 299f

M

Malato, 129-130, 186-187, 187f
Malato-desidrogenase, 128f, 129-130, 186-187, 242-243, 240f
Mal-estar
na cirrose, 322
na deficiência de ácido fólico, 35-36
na esteatose hepática aguda da gravidez, 173-175
Maltose, 213, 221-223, 222f
Manose, 221-223
Marasmo, 312
MCAD (desidrogenase de acil-coenzima A de cadeia média), 179-180
Medicamentos anti-inflamatórios não esteroides (AINE)
características, 280-283
gastrite associada com, 279-286
Melanócito(s), 333, 333f
Melatonina, 343-344
Menopausa, 409-414
Metabolismo
aeróbio e anaeróbio, 126-131, 128f, 129f
carboidratos. *Ver* Carboidratos, metabolismo
cortisol no, 428-429
glicose. *Ver* Metabolismo da glicose
hormônios da tireoide e, 70-72, 391-393
no estado alimentado, 313, 314f
no estado pós-alimentar, 315f-317f
no jejum, 316-319, 318f
no jejum pós-alimentar, 313-317
Metabolismo da frutose, 213-214, 214f FSH (hormônio folículo-estimulante), 409-413
Metabolismo da glicose
deficiência de tiamina e, 138-139
na deficiência de MCAD, 403-404
nas hemácias, 205-209, 207f
no estado alimentado, 313, 314f
no fígado, 175-180, 176f, 178f
no jejum, 316-319, 318f
no jejum pós-alimentar, 313-317, 315f-317f
regulação, 194-200, 194s-200f
Metabolismo de fármacos, 348-349
Metáfase, 28-29

ÍNDICE 475

Metanefrinas, 442
Metemoglobina, 451-452, 452f
Metemoglobina-redutase, 205-207, 207f
Metemoglobinemia, 449-456, 453f
Metenil-tetra-hidrofolato, 30f, 40f
Metileno-tetra-hidrofolato, 30f, 39f-41f, 38-40
Metil-tetra-hidrofolato, 37-38, 39f-41f, 40, 42
"Metil trap", 37-40
Metionina, 37-40, 42, 87-88, 356, 358t
Metionina adenosiltransferase, 37-38
Metionina-sintase, 365-366, 365f
Método de didesoxinucleotídeo de Sanger, DNA sequenciamento, 79-80
Metotrexato, 25-32, 37-38
Mevalonato, 297-298, 297f
Mialgia
    na rabdomiólise, 184-186
    no hiperparatireoidismo, 434
Microchips, na detecção de talassemia, 113-114
Microlitíase, 166
Mineralocorticoides, 298, 298f
Mioglobina, 11, 13f, 184-188
Mitocôndria
    desacoplamento de proteínas em, 162-163
    sistema de transporte de elétrons. *Ver* Sistema de transporte de elétrons
Mitose, 28-29, 28f
Mitotano, 429-430
Modificação pós-transcricional, tRNA, 85-86
Monoglicerídeo, 313
Monoiodotirosina, 389f
Monóxido de carbono, 147t, 147-148
mRNA. *Ver* RNA mensageiro
MSUD. *Ver* Doença do xarope de bordo
Mucilagens (definição), 221-222
Mucolipidose II, 249, 251-252, 252t
Mucopolissacaridoses, 257, 259, 260f
Músculo
    contração na hipertermia maligna, 160-163
    hipocalcemia e, 435
    lançadeira do glicerol-3-fosfato e, 242-243, 240f
    no estado alimentado, 314f
    no jejum, 317-318, 318f
    no jejum pós-alimentar, 315f
    utilização de aminoácidos, 341-342
Musculoesquelético. *Ver* Músculo
Mutação autossômica, 94
Mutação completa, 118, 121-122
Mutação de mudança da fase de leitura, 111-112, 121-122, 121t
Mutação de sentido trocado, 119-121, 120t
Mutação fundadora, 95
Mutação germinativa, 443
Mutação no gene BRCA, 101-107

Mutação sem sentido, 119-121, 120t
Mutação silenciosa, 119-121, 120t
Mutações de ponto, 112-114, 118-121

N

na via glicolítica, 240f, 244f
N-Acetil benzoquinoneimina, 352-353, 352f-353f
N-acetilcisteína, 347-348, 352-354
N-Acetilgalactosamina, 251f, 252f
N-acetilglicosamina, 257
N-acetilglicosaminil-1-fosfotransferase, 252t
NADH (nicotinamida adenina dinucleotídeo), 451-453
    bloqueio, 147-148
    glicólise nas hemácias e, 206-207, 207f
    na glicólise, 127-130, 128f
    paracetamol e, 350, 350f
    rabdomiólise e, 184-188
NADH-desidrogenase, 144, 146
NADPH (nicotinamida adenina dinucleotídeo fosfato), 37-40, 138-139, 453-454
Nanismo, 259
Naproxeno, 280-281
Náusea
    na esteatose hepática aguda da gravidez, 173-175,
    na intolerância à frutose, 211-212
    na overdose por paracetamol, 347-348
    na pancreatite, 166
    na porfiria, 377-378
    no choque séptico, 125-126
    no envenenamento por cianeto, 141-143
Nelfinavir, 50-51
Neomicina, 88-89
Neoplasia funcional, 443
Nervosismo, no hipertireoidismo, 66-67
Neurofisina, 397
Neurônio, utilização da glucose, 193
Neurônios pré-ganglionares, 443
Neuropatia autonômica, 378
Neuropatia periférica, na porfiria, 377-378
Nevirapina, 50-51
Niacina, 299-300
Nicotinamida adenina dinucleotídeo. *Ver* NADH
Nicotinamida adenina dinucleotídeo fosfato (NADPH), 37-40, 138-139, 453-454
Nitroprussiato, envenenamento por cianeto com, 141-143
Nitroprussiato de sódio, envenenamento por cianeto a partir de, 141-143
Noradrenalina, 38-40, 343-344, 443-446, 445f
Northern blot, 77, 79-80
Nucleosídeo, 27-28, 27t

Nucleosídeos inibidores da transcriptase reversa, 50-51
Nucleotídeo, 27-28, 27t
Número variável de repetições em *tandem* (VNTR)
  análise, 62-64

O

Obesidade
  diabetes e, 191-192, 199-200
  na síndrome de Cushing, 423-424
Oftalmoplegia, na deficiência de tiamina, 133-134
Oligomicina, 146-147, 147t
Ω-oxidação, 403-406
Oncogene, 102, 103
Ornitina, 323-324, 325f, 357-358
Osteoporose
  hormônio da paratireoide para, 438-439
  na anorexia nervosa, 338
  na síndrome de Cushing, 424
Ovulação, 411-413, 412f
Oxaloacetato, 127, 129-130, 186-187, 187f, 242-243, 323-324
Oxidação, 135-136, 451-452
Oxigênio
  ciclo de ácido tricarboxílico e, 129-130
  e hemoglobina, 451-452

P

Palíndrome, 57, 63-64
Palmitoil-CoA, 249, 250f
Palpitações, na anemia megaloblástica, 362-363
p-aminobenzoato (PABA), 37-38, 38f, 40-41
Pâncreas, 167
Pancreatite, 165-170, 272, 303-304, 307-308
Pancreatite aguda, 165-170
Paracetamol
  metabolismo, 352-354, 352f-353f
  overdose, 347-348
  vias de remoção, 348-353, 350f, 351f
Paracetamol sulfatado, 350-351, 351f
Parestesia, na anemia megaloblástica, 362-363
PCR (reação em cadeia da polimerase)
  na infecção pelo herpes-vírus simples, 55-64, 59f
  na talassemia, 113-114
  para o sequenciamento de DNA, 80-81
PCR com oligonucleotídeo alelo-específico, 113-114
Pectinas, 221-223
Pedras de colesterol, 272
Pele fina, no hipertireoidismo, 66-67
Pele seca
  na anorexia nervosa, 338
  no hipotireoidismo, 387-388
Pelo fino do tipo lanugem, na anorexia nervosa, 338
Penicilinas, para a doença de Lyme, 84
Peptídeo intermediário semelhante à corticotrofina (CLIP), 418-419
Perda de cabelo, metotrexato e, 31-32
Perda de peso
  na anemia megaloblástica, 362-363
  no hipertireoidismo, 66-67
PGHS (prostaglandina H-sintase), 280-286, 284f
Picada de carrapato, doença de Lyme e, 84
Pielonefrite, 126
Piericidina A, 147t
Piridoxal-fosfato, 339-341, 379-381
Pirimidina, 27t, 342-344
Pirofosfato, 324-325
Piruvato, 129-130, 129f
  destino metabólico, 206, 208, 207t
  metabolismo, 204-209
  na hipertermia maligna, 162-163
  na via glicolítica, 240f, 244f
  rabdomiólise e, 186-187
Piruvato-carboxilase, 186-187, 187f
Piruvato-cinase, 129-130, 187f, 197f, 198-199, 198f, 206, 208-209
  deficiência, 203-210
  na via glicolítica, 240f, 244f
Piruvato-desidrogenase, 130-131, 135-137, 137f
PKU (fenilcetonúria), 329-333, 332f-333f, 357-360
Polidipsia no diabetes, 191-192
Polifagia no diabetes, 191-192
Polissacarídeos, 213, 220-224
Porfiria aguda intermitente, 377-378, 382f, 383-384
Porfiria cutânea tardia, 382f, 383-384
Porfiria eritropoiética, 382f
Porfiria eritropoiética congênita, 382f
Porfiria hepática, 378
Porfiria hepatoeritropoiética, 382f
Porfiria variegata, 378, 382f, 383-384
Porfiria(s), 377-385, 382f
Porfobilinogênio, 380-381, 381f
Porfobilinogênio-desaminase (PBGD), 379-381
Potencial de redução, 143-144
PPARs (receptores ativados de proliferadores de peroxissomos), 282-284
Pregnenolona, 426-427, 426f
Pré-mutação, 121-122
Pré-vitamina D$_3$, 298, 299f
Primase, 103
Prisão de ventre
  na síndrome do colo irritável, 219-220
  no hipotireoidismo, 387-388

ÍNDICE **477**

Procarioto, síntese proteica e, 86-88, 87*t*
Processo de sinalização hormonal, 67-68, 68*f*
Proenzimas, 167-168
Prófase, 28-29
Progesterona, 411-413, 426, 426*f*
Progestogênios, 68-69
Prolina, 358*t*
Pro-opiomelanocortina, 417-418
Propiltiouracil (PTU), 66-67
Propionil-CoA, 365-366, 366*f*
Prostaciclina, 282-283
Prostaciclina-sintase, 282-284
Prostaglandina H-sintase (PGHS), 280-286, 284*f*
Prostaglandina(s), 281-286
Prostanoides, 281-283, 283*f*
Proteína do retardo mental do X frágil (FMR), 118, 121-123
Proteína Nef, 50-51
Proteína Rev, 50-51
Proteína Tat, 50-51
Proteína transdutora, 67-68
Proteína(s)
    balanço de nitrogênio negativo e, 338-344
    desnaturação, 57, 58, 59*f*
    estrutura, 11-12
    síntese, 85-89, 86*f*, 339-340
Proteína(s) G, 67-71, 70*t*
Proteína-cinase A, 193
    glucagon e, 197-198, 198*f*, 232-233
    metabolismo de carboidratos e, 177-179, 178*f*
    no ciclo ovariano, 411
Proteína-cinase C, 70-71, 437-438
Proteína-fosfatase 1, 177-179, 196-197, 197*f*, 198*f*, 229
Proteínas cinases de serina/treonina, 29-31
Proteínas de desacoplamento, 162-163
Proteínas de ferro-enxofre, 143-144
Proteínas do envelope, 49-50-51
Proteoglicanos, 257, 259
Proto-oncogene, 102
Protoporfirina IX, 379, 381*f*
Protoporfirinogênio III, 381*f*
Protoporfirinogênio-oxidase (PPO), 379-381
PRPP (5-fosforribosil-1-pirofosfato), 372, 374
PTH (hormônio da paratireoide), 435-439
PTU (propiltiouracil), 66-67
Puberdade, 411, 412*f*
Purina(s), 26-27, 27*t*, 342-344, 371-372, 374
Puromicina, 87-88

Q

Quebras de fitas dupla (DSB), 104-106
Quilomícrons, 264-266, 266*t*. *Ver também* Lipoproteína de densidade muito baixa

R

Rabdomiólise, 184-190, 296
Rafinose, 224-225
Ramnose, 221-222
Reação em cadeia da polimerase. *Ver* PCR
Reações de hidroxilação
    fenilalanina, 331-333, 332*f*
    na síntese de hormônios esteroides, 298, 298*f*
Receptor, 4-5, 67-68
Receptor adrenérgico α-2, 444-446
Receptor do hormônio da tireoide (THR), 70-71
Receptor rianodina, 161
Receptor β-adrenérgico, 444-446
Receptores acoplado à proteína G, 70-71, 390-391, 444
Receptores associados à célula, 68-69
Receptores ativados de proliferadores de peroxissomos (PPARs), 282-284
Receptores de colecistoquinina, 167
Receptores de insulina, 196-197
Receptores de progesterona, 411
Receptores de superfície celular, 68-69
Receptores de vasopressina, 398-399
Receptores muscarínicos de acetilcolina, 167
Receptores nucleares, 68-69
Recombinação, 103
Recombinação homóloga, 104-105
Redução, 451-452
Região de controle do *locus*, 111-112
Região organizadora nucleolar, 85-86
Regulação da tradução do mensageiro esteroide, 65-73
Regulação do cálcio, 435-439, 436*f*
Regulador de condutância transmembrânico da fibrose cística (CFTR), 76-78
Renina, 397-399
Resíduos hidrofílicos, na hemoglobina, 12
Resíduos hidrofóbicos, na hemoglobina, 12
Resistência à insulina, 198-200, 200*f*
Retardo mental
    na fenilcetonúria, 329-332
    na síndrome de Lesch-Nyhan, 372, 374
    na síndrome de Sanfilippo, 255-256
    na síndrome do X frágil, 117-124
Retículo endoplasmático, síntese de colesterol no, 265-266
Retículo sarcoplasmático, liberação de cálcio a partir de, 161-163, 161*f*
Retinoblastoma, 106-107
Retrovírus, 47-48
Ribose, 27*t*
Ribose-5-fosfato, 137-138, 290-291, 290*t*
Ribossomos, 85-86
Rim. *Ver também* Insuficiência renal
    na regulação do cálcio, 437-438

pedras, no hiperparatireoidismo, 434
vasopressina e, 397-399
Ritonavir, 50-51
RNA (ácido ribonucleico)
    elementos de resposta *cis*, 68-69
    Northern blot e, 77, 79-80
    síntese, 48, 48*f*
    tradução, 85-86
RNA mensageiro (mRNA)
    processamento, 112-113
    receptores de hormônios da tireoide e, 391-393
    síntese, 47-48, 48*f*
    tradução, 48
RNA ribossomal (rRNA), 87-88
RNA transportador (tRNA), 48, 85-86
RNase, 168
Rodanase, 147-148
Rofecoxibe, 283-285
Rotenona, 147*t*, 147-148

S

Sacarose, 213
S-adenosil-homocisteína (SAH), 38-40
S-adenosil-metionina (SAM), 37-40
Sais biliares
    cálculos biliares e, 272
    conjugação, 275*f*-276*f*
    síntese, 273-277, 274*f*
Saquinavir, 50-51
Sedoeptulose 7-fosfato, 137-138
Segundo mensageiro, 67-68, 443
6-Metilpterina, 38*f*, 40-41
6-Piruvoil-tetra-hidropterina, 330
Sequência do promotor, 111-112
Serina, 29-31, 249, 250*f*, 358*t*
Serotonina, 68-69, 343-344
7-De-hidrocolesterol, 298, 299*f*
SGLT1 (transportador de glicose), 213
SGLT2 (transportador de glicose), 213
Sinalização celular, aminoácidos na, 343-344
Sinalização de cálcio, 160-161
Síndrome de Cushing, 419-420, 423-431
Síndrome de Cushing iatrogênica, 425, 429-430
Síndrome de Hunter, 259, 260*f*
Síndrome de Hurler, 260*f*
Síndrome de Hurler-Scheie, 260*f*
Síndrome de Lesch-Nyhan, 371-372, 374
Síndrome de pseudo-Cushing, 425, 429-430
Síndrome de Sanfilippo, 255-256, 260*f*
Síndrome de Scheie, 260*f*
Síndrome de Sly, 260*f*
Síndrome de Wernicke-Korsakoff, 133-134
Síndrome do ACTH ectópico, 425
Síndrome do colo irritável, 219-225
Síndrome do X frágil, 117-124
Sinvastatina, 298
Sistema de amplificação refratário de mutações (ARMS), 113-114
Sistema de anel da base púrica, 29-31, 30*f*
Sistema de transporte de elétrons (ETS), 127, 129-130
    componentes, 142-148, 145 *f*
    íon cianeto e, 147-148
    na hipertermia maligna, 162-163, 162-163 *f*
    na β-oxidação, 185-186
Sistema enzimático do citocromo P450, 296, 298, 348, 352-354, 352*f*-353*f*
Sistema microssomal de oxidação do etanol (MEOS), 153, 156*f*
Sistema nervoso autônomo, 443
Sítio A, 84, 86-87, 86*f*
Sítio P, 85-86, 86*f*
Sítios da cadeia respiratória, 147*t*
Somatostatina, 167
Sonda de oligonucleotídeos, 79-80
    para mutações no CFTR, 76
    para β-talassemia, 110-111
Southern blot, 77, 79-80
Spliceossoma, 47
Suberilglicina, 402-403
Subunidade α, proteína G, 68-71, 69*f*
Subunidade β, proteína G, 68-71, 69*f*
Subunidade γ, proteína G, 68-71, 69*f*
Sucção nasogástrica, por pancreatite, 168
Succinato, 127, 129-130
Succinato-desidrogenase, 127, 128*f*, 129-130
Succinato-tiocinase, 127, 128*f*
Succinil-CoA, 127, 366-367, 366*f*
Sudorese, no envenenamento por cianeto, 141-143
Sulfatase, 257
Sulfato de condroitina, 258*t*
Sulfato de dermatano, 258*t*
Sulfato de queratano I e II, 258*t*
Suor, na fibrose cística, 77-78
Supressor de tumor p53, 104-106

T

Talassemia, 109-116
Taq DNA-polimerase, 57
Taquicardia
    na anemia megaloblástica, 362-363
    na porfiria, 377-378
    no feocromocitoma, 441-442
    no hipertireoidismo, 66-67
Taquipneia, na hipertermia maligna, 160
Tecido adiposo
    no estado alimentado, 313, 314*f*

no jejum, 317-318, 318f
no jejum pós-alimentar, 315f
Tecnologia de DNA recombinante, 80-81
Telófase, 28-29
Template, 49
Terapia gênica
para a fibrose cística, 80-81
para deficiência de ADA, 19
Terapia retroviral altamente ativa (HAART), 50-53
Terminação, na síntese de proteínas, 86-87
Teste de Coombs, 204-205
Teste de supressão da dexametasona, 423-425
Tetraciclinas
mecanismos de ação, 87-88
para a doença de Lyme, 84
Tetra-hidrobiopterina, 330, 331-333, 332f
Tetra-hidrofolato (THF), 27-28. Ver também Ácido fólico
carreadores de um carbono, 29-31, 38-40, 40f
estrutura, 37-38, 38f
na síntese de purinas, 26-27, 29-31
no metabolismo da metilação, 37-40
Thermus aquaticus, 57, 58
Tiamina (vitamina B_1)
características, 135-136, 136f
deficiência, 133-134, 137-139
Tiamina pirofosfato, 134-140, 136f
Timidilato, 29-31
Timidilato-sintase, 29-31, 30f, 365-366
Timina, 27t
Tiocianato, 142-143, 147-148
Tipos de mutações, 118-122, 120t-121t
Tireoglobulina, 71-72
Tireoide-peroxidase, 71-72, 390-391
Tireoidite de Hashimoto, 388, 390-391
Tironina (T_3). Ver Tri-iodotironina
Tirosil, 71-72
Tirosina, 330, 332-333, 333f, 357-360, 358t, 445f
Tirosina-hidroxilase, 332-333, 333f
Tirotrofina, 68-69
Tiroxina (T_4), 66-67, 70-72, 388-389
Tonturas, na anemia hemolítica, 204-205
Toxicidade de droga, 348-349
Tradução, 47, 112-113
Transaminação, 340-341
Transaminase, 95, 323-324, 340-341
Transaminase glutamato-oxaloacetato, 241-243, 242f
Transcetolase, 137-138, 138f
Transcortina, 427
Transcrição, 47-48
na talassemia, 112-113
Transcrição reversa, 47-49, 48f
Transducina, 70t

Translocação, 86-87, 104-105
Transposons, 111-112
Tremor, no hipertireoidismo, 66-67
3-de-hidrosfinganine, 249, 250f
3-fosfogliceraldeído-desidrogenase, 240f, 244f
Treonina, 356, 358t
Triacilglicerídeos, 265-266
Triglicerídeos (triacilgliceróis), 305, 313, 317-319
Tri-iodotironina (T_3), 70-72, 388-389
Triocinase, 214, 214f
Triosefosfato-isomerase, 239-241, 240f, 244f
Tripsina, 167-168
Triptofano, 343-344, 356, 358t
tRNA. Ver RNA transportador
Trombocitopenia, metotrexato e, 25-27, 31-32
Trombólise, 243-244
Tromboxano, 280-281
Tromboxano-sintase, 282-284
Troponina I, 239-240
TSH (hormônio estimulante da tireoide), 70-71, 388-389

U

Ubiquinona (coenzima Q), 143-144, 146-148, 239-242
UDP-glicose, 176f, 177-179
UDP-glicuronato, 257, 348-350, 350f
UDP-glicuronil-transferase, 350
UDP-N-acetilglicosamina, 257
Úlcera, associadas aos NSAID, 279-286
Úlcera vulvar, herpes-vírus simples e, 55-56
Ulcerações orais, metotrexato e, 25-27, 29-31
1,25-di-hidroxicolecalciferol, 298, 299f, 437-438
1,3-Bisfosfoglicerato, 129-130, 241f, 244f
Uracila, 27t
Uridilato, 29-31, 30f
Uridililtransferase, 176f, 177-179
Urina
na anemia hemolítica, 204-205
na fenilcetonúria, 329-330
na rabdomiólise, 184-186
no diabetes insípido, 396
Uroporfirinogênio, 380-381
Uroporfirinogênio I, 381f
Uroporfirinogênio III, 381f
Uroporfirinogênio III-cosintetase, 379-381
Uroporfirinogênio I-sintase, 379
Uroporfirinogênio-descarboxilase (UROD), 379-381

V

Valaciclovir, 61f
Valina, 13-14, 356, 358t
Vasopressina, 396-399

Vertigo, na anemia megaloblástica, 362-363
Via das pentoses fosfato, 137-138, 138f, 205-206, 207f
Via de recuperação das purinas, 371-373, 373f
Via de sinalização do fosfatidilinositol, 411
Via do estresse humoral, 427f, 428-430
Via Embden-Meyerhof. Ver Via glicolítica
Via glicolítica, 129-131, 129f, 205-206, 207f, 239-241, 240f
Vicina, 289-290, 291f
21-Hidroxilase, 298
Vírus
   herpes-vírus simples, 55-64
   vírus da imunodeficiência humana, 45-53, 49f
Vírus adenoassociado, para transferência gênica, 80-81
Vírus da imunodeficiência humana (HIV), 45-53, 49f
Vitamina B_1. Ver Tiamina
Vitamina B_{12}
   absorção, transporte e armazenamento, 364-365, 364f
   deficiência, 37-38, 42-43, 361-363, 365-366
   estrutura, 363-364, 363f
   no metabolismo do folato, 365-367, 365f
   no metabolismo dos ácidos graxos e dos aminoácidos, 365-367, 366f
Vitamina B_6, 176-177

Vitamina D, 68-69, 298, 299f, 435
VNTR (número variável de repetições em *tandem*)
   análise, 62-64
Vômitos
   na esteatose hepática aguda da gravidez, 173-175
   na intolerância à frutose, 211-212
   na overdose por paracetamol, 347-348
   na pancreatite, 166
   na porfiria, 377-378
   no choque séptico, 125-126
   no envenenamento por cianeto, 141-143

W

Western blot, 51-53, 77, 79-80

X

Xantina-oxidase, 371, 372, 374, 373f
Xantomas, na hipertrigliceridemia, 303-304, 307-308
Xilose, 221-223
Xilulose-5-fosfato, 137-138

Z

Zidovudina, 50-51
Zimogênio, 167